世界著名计算机教材精选

Software Engineering 3
Domains, Requirements, and Software Design

软件工程卷 3
领域、需求与软件设计

Dines Bjørner 著

刘伯超 向剑文 等译

U0131738

清华大学出版社

北 京

北京市版权局著作权合同登记号　　图字 01-2007-0329 号

图书在版编目(CIP)数据

软件工程卷3：领域、需求与软件设计/（德）比约尼尔（Bjørner, D.）著；刘伯超等译. —北京：清华大
学出版社，2010.1
（世界著名计算机教材精选）
书名原文：Software Engineering 3: Domains, Requirements, and Software Design
ISBN 978–7–302–20892–1

Ⅰ. 软… Ⅱ. ①比 … ②刘 … Ⅲ. 软件工程–教材 Ⅳ. TP311.5

中国版本图书馆 CIP 数据核字（2009）第 159919 号

责任编辑：龙启铭
责任校对：徐俊伟
责任印制：王秀菊
出版发行：清华大学出版社　　　　　　　　　　地　　址：北京清华大学学研大厦 A 座
　　　　　http://www.tup.com.cn　　　　　　邮　　编：100084
　　　　社　总　机：010-62770175　　　　　邮　　购：010-62786544
　　　　投稿与读者服务：010-62776969,c-service@tup.tsinghua.edu.cn
　　　　质　量　反　馈：010-62772015,zhiliang@tup.tsinghua.edu.cn
印　刷　者：北京密云胶印厂
装　订　者：北京鑫海金澳胶印有限公司
经　　销：全国新华书店
开　　本：185×260　印　张：39　字　数：972 千字
版　　次：2010 年 1 月第 1 版　　印　　次：2010 年 1 月第 1 次印刷
印　　数：1～3000
定　　价：79.00 元

本书如存在文字不清、漏印、缺页、倒页、脱页等印装质量问题，请与清华大学出版社出版部联系
调换。联系电话：(010)62770177 转 3103　　产品编号：023238-01

Nikolaj、Marianne、Katrine 与 Jakob

我眼中的希望之光

没有理论
没有证明
可能有大胆的推测
将会有糟糕的证伪

Imre Lakatos 与 Sir Karl Popper 的自由解释 [204, 273, 274, 276]

原著作者为中文版所作的序

在妻子和我的家中，有许多纪念品。它们来自于我们对中国超过 50 次的访问以及我在中国澳门担任由联合国和中国共同创建的联合国大学国际软件技术研究院的首任院长为期 5 年时间的纪念品：20 多件从 18 世纪 60 年代到 1910 年的清代花瓶；三套成对的中国灯挂椅、马掌椅、低背椅。这些和一张非常棒的一米宽、两米长的黄花梨四柱卧床（原名如此！）装饰了我们的大客厅—— 伴上精雕细刻的中国屏风和五彩斑斓的中国玻璃窗，它们时时刻刻都让我们想起一个伟大的文化和卓越的工艺。14 年前我们的女儿和一位年轻的中国人结婚了，他们和我们的两个外孙女促使我们更加热爱中国和中国人民。

所以在 2006 年 8 月当刘伯超博士和他的同事们询问是否可以翻译我的三卷著作的时候，我自然会欣然接受了。我的著作，它代表着 25 年的劳动：思考、教学和写作。我非常高兴中国的优秀青年现在能够学习我的著作了。

要想真正成为计算科学和软件工程的专家，你必须要喜欢阅读和写作。现在你有机会来阅读了。阅读的同时，把你的所学应用到书写漂亮、抽象的规约中来。

我祝你愉快。我真心希望我的读者将享受计算科学、程序设计和软件工程的实践，就像我所享受到的并仍在享受它一样。

Dines Bjørner
Holte，丹麦，2007 年 8 月

译者序

本书是世界著名的计算机科学家 Dines Bjørner 教授对其所从事的软件工程研究的总结。

这几卷书主要讲述了如何使用形式方法指导软件工程的开发，特别是作者独创性地提出了领域工程这一全新的研究领域并在第 3 卷中予以系统的论述。作者结合 RAISE（工业软件开发的严格方法）规约语言，详细阐释了在软件的领域分析、需求分析、软件设计和开发的各个阶段，如何采用形式方法来指导软件开发模式，来保证软件开发的可靠性和正确性。

在翻译的过程中，译者得到了 Dines Bjørner 教授的大力支持。他非常关心中国学者在软件工程这一领域的研究，热心推动我们将他的三卷著作介绍给中国读者。

向剑文翻译了前言和第 1 章，刘伯超翻译了第 2~16、19~21、26~32 章以及附录，都玉水翻译了第 17~18、22~25 章。参加翻译和校对工作的还有田璟、王明华、袁春阳、李智伟、周琼琼、楚国华、齐亮、司慧勇、陈永然、李佳。限于译者水平，译文中难免会出现一些错误和不妥之处，敬请读者和专家予以批评指正。

前言

概述

本卷是有关软件工程的工程原则与技术的三卷教材中的第 3 卷。通过这三卷书我们宣称我们展示了形式技术（也被称之为形式方法）是如何可以在大规模开发项目中得以最大限度地使用。我们进一步提出：我们现在可以有理由宣称不再有任何借口不在开发的所有时期、阶段与步骤中使用形式技术。通常给出这样的借口是由于缺少在超大规模软件开发中使用形式技术的全面指南。这里就是十分详细地告诉你如何来做其中绝大多数事情的一套丛书！

当然，不是所有开发刻面现今都被详细说明到我们本希望可使用形式技术的层次。但是抑制使用现有的形式技术——在我们或许不是那么谦逊的看法来看——完全是犯罪！正如这几卷以及许多现有的优秀的专著所揭示的那样：不使用这些技术的傲慢可以简单地归结为犯罪性的忽略。

一些所谓的软件工程实践者"坚持"缺乏管理指南。对于他们，我要说：一旦你已经理解这几卷的原则与技术，并且如果你另外具有一些管理经验和判断力，那么其余的自然就得到了。你和我可以"填写"这些管理原则与技术。

卷 1 的附录 B 包含一个详尽的术语表，并且卷 2 的附录 A 包含一个我们命名规范的概览。

卷 3 的简要指南

本卷有多种学习方法。任何从图 2 中标号为 1 的输入节点（即章）到标号为 32 的输出节点的路径都可以形成一个课程。让我们简要地阐述图 2 如下：

软件工程的基础课程： 最小的课程包括第 1、2、5、8、11、16、17、19、24~26、30~32 章，即图 2 的所有左边列章节。

领域工程： 集中讨论领域工程的课程另外包括第 9、10 与第 12~15 章。

需求工程： 集中讨论需求工程的课程除了基础课程之外还包括第 18 与第 20~23 章。

软件设计： 集中讨论软件设计的课程除了基础课程之外还包括第 27~29 章。

任一上面概述的四种课程可以以两种方式的任一一种给出：

非形式的： 以这种方式学习本卷的读者可以略过形式化部分而只关注非形式的材料。换言之，学习本卷基本上且实际上可以不先学习卷 1 或卷 1 与卷 2。

形式的： 以这种方式学习本卷的读者需要学习所有非形式及形式的材料——因此学习本卷的一个先决条件是至少先学习了卷 1。

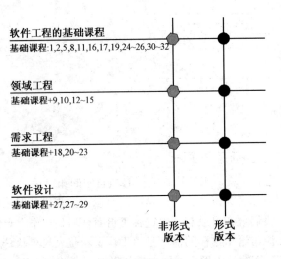

图. 1 课程选择

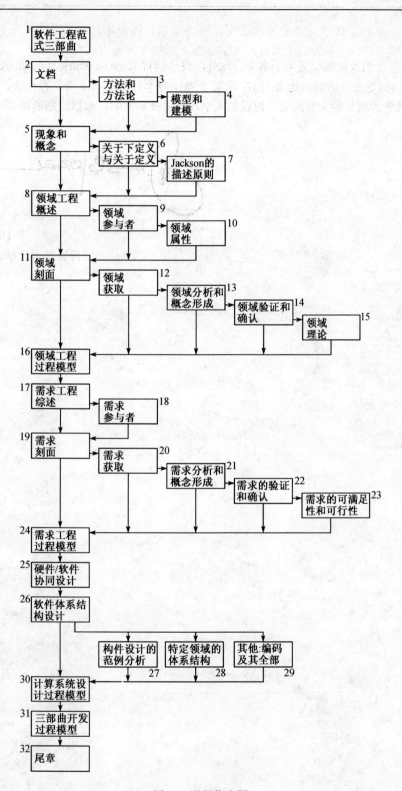

图. 2   课程优先图

致谢

卷 1 与卷 2 的致谢继续适用于本卷。此外，我希望对 Kirsten Mark Hansen 表示谢意，因为她允许我编辑她杰出的博士论文 [137] 的第 4 章作为本书第 19.6.5 节。再一次，我希望对过去近 30 年我学术快乐的主要源泉，即我的大学：丹麦技术大学，致以特别的谢意。

Dines Bjørner

丹麦技术大学，2005–2006

目录

I 开篇

IV 领域工程

VIII 附录

开篇

本书的开篇有两章。它们的内容在某种意义上说是"不相交的",即这两章是互相独立的。

1. 三部曲法则:

   我们在第 1 章里解释本卷及本书(即所有三卷)的主要法则。该主要法则是:

   - 在软件可以被设计、编程、编码之前,必须首先很好地理解其需求。
   - 在需求可以被正确地表达之前,必须首先很好地理解应用领域。

   为了实施正确的软件开发:

   - 必须首先非形式与形式地描述该应用领域。
   - 需求规定的核心部分必须以某种方式从领域描述中"推导"出来。
   - 最后,从需求规定中以某种方式"推导出"软件设计规约。

   本卷概述如何描述领域,如何规定需求,如何从前者中"推导出"后者,如何从需求规定中"推导出"软件设计。请注意我们对三个术语描述、规定与规约的使用。我们在领域描述中使用术语描述。我们在与领域描述有关的时候使用术语描述。我们在与需求规定 有关的时候使用术语规定。并且我们一般且特定地在与软件设计有关的时候使用术语规约。

2. 文档:

   领域描述、需求规定与软件设计规约实际上全部是文本与图形文档。在某种意义上可以宣称软件工程师的全部工作就是制作(构思、书写与分析)文档。在第 2 章我们会检查在软件开发中可能或必须特意生成的各种各样的文档。我们预览一下其多样性:

   - 非形式文档:

     如名所示,这些文档只是告知一些信息。它们没有描述领域,或规定需求,或规约软件设计。但是可以宣称它们规约某些元事实,或元性质,或元设计。为了预览该种类的信息文档,我们顺便提及一下合作者列表、当前情况、需要、(领域、需求与/或软件的)观点、概念、范围、区间、纲要、合同与设计任务书。第 2.4 节讨论构造这些种类的文档的原则、技术与工具。

- **描述性/规定性/规约文档：**

  无论领域描述、需求规定、软件设计，或全部这些或其中两个，其开发的真正本质分别是描述性的、规定性的、规约的文档。它们中的每一个在开发的各个时期中以各种形式出现。我们这里只提及它们的分类名来预览一下：粗略描述、术语、叙述与形式化。第 2.5 节介绍构造这些种类的文档（我们使用一个术语且称之为描述性文档）的原则、技术与工具。

- **分析文档：**

  使用形式化的一个主要原因，但不是唯一的一个，是可以在领域描述、需求规定或软件设计规约文本之上进行推理。实际上，仅仅是纯非形式的描述、规定与规约也的确允许软件工程师在某些"范围"内做（非形式的）推理。这些比除了代码之外没有可用文本的情况要好一些。分析文档时分析其他——通常是描述、规定或规约——文档的文档。为了预览一下，基本上有三种分析文档：确认、验证、理论形成文档。第 2.6 节讨论构造这些种类的文档的原则、技术与工具。

1

三部曲范式

- 学习本章的前提：你至少具有一些入门层次的程序设计技能，例如通过一年左右的 Java 或 C# 程序设计而获得的技能。
- 目标：介绍领域工程、需求工程与软件设计 的基本思想，它们是彼此相互联系的；介绍关注分离的概念，这里通过开发的时期、阶段与步骤等概念来表示；并且由此介绍软件开发过程模型三部曲的概念；
- 效果：使得读者成为理解软件开发的关键时期、阶段与步骤的专业软件工程师。
- 讨论方式：精确但非形式的。

1.1 软件工程的描绘

我们给出两组软件工程领域的特性描述。一组特性描述取自于文献资料。另外一（单元素的）组是我们的定义。

1.1.1 "旧的"描绘

术语"软件工程"似乎具有许多意义。我们介绍一些在以前的教材及其他地方给出的特性描述。

Friedrich L. Bauer [252], 1968

软件工程是建立与使用可靠的工程原则，以经济地获得可信的并且有效工作在实际机器之上的软件。

因此我们需要找出工程原则的意义到底是什么。这些"工程原则"不能仅仅是那些传统的工程原则，因为我们认为软件工程与其他工程完全不同。传统工程建立在物理定律之上。而软件工程建立在数学，特别是代数与逻辑之上。

Ian Sommerville [333], 1980–2000

软件工程是一门工程学科，它参与软件生产的所有方面，从早期的系统规约直到它已经进入使用之后的系统维护。

在这个定义中有两个关键短语：

(1) *工程学科*：工程师使得事物工作。他们应用适当的理论、方法与工具，但是他们有选择性地使用它们，并且即使在没有可应用的理论与方法来支持他们的时候，总是尝试找出问题的解决方案。工程师也认识到他们必须在组织与财政约束之下进行工作，因此他们寻找满足这些约束的解决方案。

(2) *软件生产的所有方面*：软件工程不但与软件开发的技术过程有关，而且与诸如软件项目管理以及支持软件生产的工具、方法与理论开发的活动有关。

我们正在揭示某些工程原则，即使是传统种类的那些。

IEEE Std. 610.12–1990 [172]

IEEE 标准术语表中的软件工程术语：

软件工程被定义为应用系统的、有纪律的、可计量的途径来开发、操作与维护软件。

再一次，这是一个十分传统的有关工程的特性描述。

David Lorge Parnas

软件工程被定义为多版本软件的多用户构造。

当然，这并不是 Parnas 谈论软件工程的全部。与他的其他许多沉思一样，这一个是令人信服的。

Shari Lawrence Pfleeger [270], 2001

Pfleeger [270] （第 2 页）有一个间接的特性描述：

作为软件工程师，我们使用我们的计算机与计算知识来帮助解决问题 ...对问题及何时有适当的计算解决方案的标识，对这些问题的进一步分析，以及使用方法、原则、技术与工具来合成解决方案是软件工程的组成部分。

我们并没有更加接近我们所宣称的传统工程与软件工程之间的区别。Pfleeger 的特性描述是对的，但是是不充分的。

Carlo Ghezzi、Mehdi Jazayeri 与 Dino Mandrioli [117], 2002

软件工程是处理构建大型和复杂软件系统的计算机科学领域。这些软件系统如此之大和复杂，使得要由一组或多组工程师来构建。

这个定义把真正内容隐藏在它对计算机（包括计算）科学的引用中，即软件工程师工作的数学学科。但是，就 Parnas 的特性描述而言，Ghezzi / Jazayeri / Mandrioli 的特性描述强调规模。

美国工程与技术认证委员会（ABET）

ABET（www.abet.org）给出了一个"工程"的定义，该定义被一些软件工程者所引用。

工程是为了人类的利益，把通过学习、经验与实践所获得的数学与自然科学知识加以判断而应用于开发经济地运用自然材料与力量的方法的专业。

我们对 ABET 描述的软件工程使用的一些部分持反对意见：首先，对于我们而言，软件工程（在几乎其所有活动中）并没有依赖于自然科学定律（但是几乎全部仅仅依赖于数学）。其次，自然材料与力量因此必须被重新描述成数学。第三，为了人类的利益仅仅只是（2005 年为止）政治上正确的言辞——因此我们不把它包括在我们对什么是软件工程的考虑之中。

Hans van Vliet [365], 2000

Hans van Vliet 不错的著作 [365] 的第 6~8 页详细描述了下述软件工程刻面：

- 软件工程关注大型程序的构造。
- 中心主题是控制复杂性。
- 软件进化。
- 开发的软件的有效性是至关重要的。
- 人们之间正常的协作是大型程序设计的主要部分。
- 软件必须有效地支持其用户。
- 软件工程是一个领域，在该领域中一个文化的成员代表其他文化的成员创建人工制品。

我们十分喜欢 van Vliet 的特性描述。

1.1.2 我们的观点：什么是软件工程

许多上述的特性描述是相关联的。一些描述软件工程是如何进行的，其他的描述其所做的是什么。我们倾向于后一种风格的特性描述。然而，为了强调许多我们在这几卷中所提倡的软件工程途径的新方面，我们的描绘同时结合了"如何"与"什么"的风格。

我们因此刻画"软件工程"的概念如下：

- 软件工程师建立与使用可靠的方法来有效地构造有效的、正确的、及时与合意的软件。该软件解决了诸如用户确认它们的问题。
- 软件工程扩充了计算科学领域到包括关注软件系统的构造。这些软件系统是非常大型或非常复杂的，以至于它们需要通过一组或多组工程师来构造。
- 软件工程是一门专业，其中把通过学习、经验与实践获得的数学知识加以判断来开发利用数学的方式，这些方式用于 (i) 理解问题领域，(ii) 该问题，以及 (iii) 为这样通常通过计算来解决的问题来开发计算系统，尤其是软件解决方案。
- 软件工程因此由以下几部分组成：(i) 领域工程（为了理解问题领域），(ii) 需求工程（为了理解问题及它们的解决方案的可能框架）与 (iii) 软件设计（为了实际上实现想要的解决方案）。

在下一节中我们将分析这三个概念：领域工程、需求工程与软件设计。

1.2 软件工程三部曲

在某个特定的软件可以被设计及编码前，我们必须理解这个软件必须实现的需求。

特性描述：通过软件的设计我们指实现该软件的过程以及从该过程中所产生的文档。换言之，我们精确地指（在开发的各个时期与阶段之中）构思并最终以某种可执行的程序设计语言来表达（即规约）这些文档。软件设计因此规约执行可以如何进行。∎

特性描述：通过需求规定我们指获取、分析与以某种语言记下什么是该（要被设计的）软件所被期望要做的事情的过程，以及从该过程中所产生的文档。∎

在需求可以被记下之前，我们必须理解要被开发的软件的应用领域。

特性描述：通过领域描述 我们指获取、分析与以某种语言记下该应用领域的实际 模型的过程，以及从该过程中所产生的文档——不涉及那个领域的任何软件的任何需求，更不用说涉及像那样的软件。∎

因此，从应用领域的描述我们构建需求规定；并且从该需求规定我们设计软件，即构造软件的规约。理论上而言，我们希望从描述应用领域开始，经过规定需求，再到实现该软件。现实生活有时强迫我们，并且总是允许我们重复这三个软件开发的时期。

1.2.1 领域与论域

上文中我们使用了术语"应用领域"而没有解释这个术语的含义。我们现在解释该术语和更一般的术语"论域"与更简单的术语"领域"。

特性描述：通过论域我们将理解任何可以被谈及的事物。∎

> **例 1.1   论域** 我们在这里将采用一种基本上有三种类型的论域的观点：
> (i)作为智力概念的确定的、单元素类的软件工程，即一般的软件开发与特定的程序设计。因此，领域工程、需求工程与软件设计可以单独或作为一个整体成为一个论域。这几卷采用这个软件工程的智力概念作为它的论域。作为智力概念该软件工程论域不是应用领域。
> (ii) 可以应用计算的不定类的"事物"，即应用领域（见下一条）。
> (iii) 没有满足上述特性描述的不定类的任何其他事物，例如：哲学、政治、诗歌等等。[1]

特性描述：通过应用领域我们将理解可以应用计算的任何事物。∎

---

[1] 读者可能注意到两件事情：我们不能精确地指出哪些是无法应用计算的，并且我们相信哲学、政治、诗歌等等属于那个类。当我们宣称计算不应用于哲学、政治、诗歌等等的时候，我们指关键的哲学思想、政治观点与诗歌不能（在我们看来）成为计算的结果。

例 1.2 应用领域 我们将采用基本上有三种类型的应用领域的观点：

(i) 可以被特性描述为支持主题领域的教学或学习的一类应用：教育或培训软件，用于定理证明的实验软件，或其他类似的软件。

(ii) 可以被特性描述为支持开发计算系统自身的一类应用：编译器、操作系统、数据管理系统、数据通信系统等等。

(iii) 可以被特性描述为不支持开发计算系统自身，但是支持开发商业或工业软件的一类应用。

基本上最后一类应用领域是这一卷中所关心的。我们把对应用领域 (i) 与 (ii) 的软件开发的特定原则、技术与工具的处理留给特定的教材。类 (i) 与 (ii) 在某种意义上来说是重叠的。类 (i) 可能更适合被看作知识工程主题，而类 (ii) 传统上被看作为系统软件主题。依照这些观点，类 (iii) 通常被看作"最终用户"，即"客户软件"主题。∎

特性描述：通过领域我们指应用领域。∎

换言之，两个术语"应用领域"与"领域"被当作是同义词。

例 1.3 领域 我们继续我们对上面刚刚提及的第三类的（应用）领域的进行举例说明。

(iii.1) 在运输部门之内的软件应用：铁路、航空、海运、公共与私有公路运输（巴士、出租汽车、载重汽车、一般的汽车）等等，单独定义其应用领域，并且合在一起把运输"定义"[2]成一个领域。

(iii.2) 在金融服务部门之内的软件应用：银行、保险公司、有价证券交易（股票与债券交易、交易商、经纪人）、有价证券与投资管理、风险资本公司等等，单独定义其应用领域，并且合在一起把金融服务业"定义"成一个领域。

(iii.3) 在健康护理部门之内的软件应用：医院、家庭医生（即私人开业医师）、药房、社区护士、再训练与疗养中心、公共卫生机构等等，单独定义其应用领域，并且合在一起把 健康护理"定义"成一个领域。

(iii.4) 在机械加工（金属加工）制造部门之内的软件应用：营销、销售与订货部门、设计研究与开发、生产计划部门、生产"区域"同其"输入"生产部分库存与其"输出"产品仓库、工人、管理者等等，单独定义其应用领域，并且合在一起把机械加工（金属加工）制造定义成一个领域。∎

1.2.2 领域工程

我们给出领域工程的概述。在第 IV 部分、第 8~16 章中给出详细介绍！

概述

在这一节中我们将给出一个简要的特性描述：通过领域工程我们指什么。

---

[2] 在这里我们对"定义"的使用说明我们没有形式地定义主体术语。我们仅仅只是给出粗略的特性描述。

特性描述： (I) 通过领域描述 我们将理解领域的描述，即描述该领域可观测现象的某事物。这些可观测的现象包括：实体与它们之上的函数、事件与行为。   ∎

特性描述： (II) 通过领域描述 我们也将指领域捕获、分析与合成的过程，以及从那个过程中所产生的文档。   ∎

特性描述： 通过领域工程 我们指领域描述的工程，即开发它们的工程：(i) 从领域捕获与分析，(ii) 经合成，即领域描述文档本身，(iii) 到与参与者对其的确认及其可能的理论开发。   ∎

因此理解应用领域到底指什么？对于我们而言指我们已经描述了它。该描述是一致的，即不会引起矛盾，并且该描述是相对完整的，即确实描述了需要被描述的"所有事物"。

我们希望从领域描述中得到什么？

我们对领域描述的期望中什么是必须的？我们希望它如实地描述了该应用领域。

什么是领域描述所没有描述的

对于我们而言"如实地"指我们在没有涉及任何新计算系统（即软件）的需求的情况下描述了该领域，更不用说像这样的新计算系统（即软件）的任何实现等等。上述的是根据什么是领域描述所没有包含的进行表达的。

什么是领域描述所描述的

因此领域描述包含什么？对于我们而言领域描述包含：在该领域中可被观测及物理感知的现象的描述，以及概念的描述，即这些现象"具体表现"的抽象。

领域现象与概念

上面刚刚提到的现象与概念是什么？

对于我们而言这些现象与概念是诸如：(i) 实体、(ii) 函数、(iii) 事件与 (iv) 行为。我们概述这四类现象与概念如下。

实体

实体是可以指向的"事物"，是典型地成为在计算机"之内"的数据的事物，是具有类型与（那个类型的）值的事物。

例 1.4　实体　对于港口（Harhour）领域而言，一些典型的实体有：船（Ship）、等候区（Holding Area）（在等候区船只可以等待浮标（Buoy）或码头（Quay）位置

（position）），浮标、码头位置与货物存储区（Cargo Storage Area）。可以认为港口是由上述实体所组成的实体。

─────────── 非形式表述：实体：类型、值与观测器 ───────────

我们稍后将解释现在使用的记法：

type

　　Harbour, Ship, HoldArea, Buoy, Quay, CSA, Position

value

　　obs_Ships: Harbour → Ship-**set**

　　obs_HoldAreas: Harbour → HoldArea-**set**

　　obs_Buoys: Harbour → Buoy-**set**

　　obs_Quays: Harbour → Quay-**set**

　　obs_CSAs: Harbour → CSA-**set**

　　obs_Position: Ship → Position-**set**

　　obs_Position: Quay → Position-**set**

　　obs_Position: Buoy → Position-**set**

　　obs_Position: HoldArea → Position-**set**

从一个港口我们可以观测所有

- 在该港口之内的船只，
- 该港口的等候区，
- 该港口的浮标，
- 该港口的码头位置以及所有
- 该港口的货物存储区。

位置与以下实体关联：

- 船、
- 等候区、
- 浮标与
- 码头。

正如我们稍后会做的那样，有人可能会有理由认为船只应该被建模成行为，而不是实体。实际上，所有上面列出的实体可以作同样的考虑。我们这样做的目的是什么？换言之，为什么这里把这些现象建模成实体？在这个示例中的答案是简单的：如果并且当我们把它们建模成实体而不是行为的时候，那么上面间接提到的实体类型与值在其他方面会成为格局（上下文与状态）属性。

在第 5 章中我们会更加详细地讨论实体、函数、事件与行为。

实体是一些值，并且值属于某个类型。换言之，类型通常代表值的无限集合。一些实体可以被认为是原子的。它们没有适当的子实体。其他实体可以被认为是复合的。人们可以谈及真子实体。实体具有属性，即有类型的。原子实体可以具有复合类型，像具有若干属性的笛卡尔。一个示例是人。人具有名字、生日与性别。这些是不同的类型，即不同的属性并且通常是常数值。人也具有当前（即可变的）体重与身高。复合实体必然具有复合类型。这些类型中的一些描述真子实体。其他的描述子实体们是如何复合成该总的复合实体。从实体可以观测其属性的值。因此从复合实体可以观测其子实体的一组或一序列的笛卡尔分量。

非形式表述： 实体：类型、值与观测器

我们概述并解释下述形式文本：

type
  A, B, C, ..., P, Q, R, ...
value
  a:A,

  obs_B: A → B
  obs_C: B → C
  ...
  obs_Ps: B → P-set
  obs_Ql: C → Q*

类型名 A, B, C, ..., P, Q, R, ... 这里被当作是抽象类型，即分类。值"声明" **values** a:A 非确定性地从类型 A 中选择任意一个值并把这个值命名（a）。像这样的值声明对应于非形式的言辞或书写：令 a 为类型为 A 的一个实体，...。观测器函数 obs_B 应用于类型为 A 的值并生成一个类型为 B 的值。观测器函数 obs_C 应用于类型为 B 的值并生成一个类型为 C 的值。观测器函数 obs_Ps 应用于类型为 B 的值并生成一组类型为 P 的值。观测器函数 obs_QI 应用于类型为 B 的值并生成一序列类型为 Q 的值。这些假定的观测器函数对应于如下的非形式的言辞或书写：从一个类型为 B 的实体可以观测一组（可能为零个）一个或多个类型为 P 的实体，...。在某个分类的值上假定少数或若干观测器函数并不阻碍这些值包含（即由其他子实体组合而成）或具有其他属性。

在卷 1 第 5.2 节中我们详细讨论过以下概念：现象学及概念上的实体，它们的原子性与复合，它们的类型与属性以及它们的值。卷 1 涉及对现象与概念的基本抽象与模型的形式技术。卷 2 涉及对实体、函数、事件与行为的系统规约，以及这些的语言的形式技术。在本章中介绍的实体、类型与值将会在本卷的第 5~7、10、11 章等等中进行非常详细地描述。

函数

  现象与概念可以是应用于实体的函数，这些函数或者 (i) 测试某个属性，或者 (ii) 观测某个子实体，即生成由这样的实体"计算"出的数据值，或者 (iii) 实际上改变该实体值——在这种情况下我们称该函数为操作或动作。

例 1.5 函数 对于港口领域的一些典型的函数有：

(i) 抵达的船只询问港口它是否可以被分配一个等候区、浮标或码头位置。

  value: inquire: Ship×Harbour → **Bool**

(ii.1) 可以被分配等候区、浮标或码头位置的抵达船只请求（request）该位置。

value: request: Ship×Harbour → Position

(ii.2) 对于指定码头位置的船只而言，需要了解有多少集装箱要卸载（unload）到该港口，以及从该港口有多少集装箱要进行装载（load）。

value: unload_load_quantities: Ship×Harbour → **Nat**×**Nat**

(iii) 船只装载（卸载）某些货物。

value: [un]load: Ship×Quay → Ship×Quay

刚刚列出的函数，如我们所称的那样只是进行了粗略的描述，但是给出了基调。现在我们给出更令人满意的叙述。函数 (i) 有两个参数：船与港口。它生成该船只是否可以被该港口接收的结果。函数 (ii.1) 有两个参数：船与港口。它生成一个等候区、浮标或码头位置标识。函数 (ii.2) 有两个参数：船与港口。它生成一对自然数 (u, ℓ) 指示要卸载集装箱 u 并且装载集装箱 ℓ。函数 (iii) 有两个参数：船与港口。它生成同样类型的配对物，但是现在该船只已经增加（减少）某些货物，并且该港口已经减少（增加）那些货物。∎

──────────── 非形式表述：函数基调 ────────────

我们定义三个分类，即抽象类型，并且给出四个函数的基调如下：

type
(0) A, B, C
value
(1) inv_A: A → **Bool**
(2) obs_B: A → B
(3) gen_C: B → C
(4) chg_B: A × B → B

(0) A, B 与 C 是分类，即未进一步规约的抽象类型。(1) inv_A 是谓词：对于 A 的良构值应该生成 **true**，否则为 **false**。(2) obs_B 被用于作为观测器函数：它从类型为 A 的值 a 观测，即抽取以某种方式"包含"在 a 之内的类型为 B 的值。(3) gen_C 被用于作为生成器函数：它从分类 B 的值计算类型为 C 的值。(4) chg_B 被用于作为操作（即生成器函数）：它从 A 与 B 之上的笛卡尔值生成用于替换类型为 B 的参数的类型为 B 的值。我们因此可以写下以下任何一种：

[5] **variable** b:B := ...; ... b:=chg_B(a,b) ...
[6] **let** b′=chg_B(a,b) **in** ...; b:=b′; ... **end**
[7] **let** b′=chg_B(a,b) **in** ... gen_C(b′) ... **end**

例 1.6　　船 A、B、C 与港口　我们请读者完成这个示例，即把例 1.5 的类型与函数与上面方框中的分类与函数联系起来！　　　　　　　　　　　　　　　　　　　　　　　　　　　■

事件

　　事件发生，即出现。并且当事件出现的时候它们是以瞬间的方式实现的。事件可以传送信息，即除了只是发生之外具有其他意义。我们可以谈及外部事件与内部事件。外部事件发生在外部的环境中，在正在被考虑的领域部分的"周围"——即与它连接——并且正在与那个部分进行通信。或者外部事件发生在正在被考虑的领域之内，并且正在与该领域的那个部分之外的"某处"进行通信。内部事件发生在正在被考虑的领域的一部分之内，并且被指定，即与该领域的另一部分进行通信——其中我们认为那些部分属于不同的行为。

例 1.7　　事件　对于港口领域的一些典型事件有：船只抵达港口；船只声明它自己已经准备好卸载或装载；船只与码头参与卸载与装载事件；船只声明它自己已经准备好离开等候区、浮标或码头位置。　　　　　　　　　　　　　　　　　　　　　　　　　　　　　　　　　　　　■

──────────── 非形式表述：事件 ────────────

在 RSL 中我们可以用 RSL/CSP 输入/输出来对事件进行建模：

type
　　ShipId, ShChar, HAPos, BuoyPos, QuayPos
　　MSG == mkArrive(shid:ShipId,shchar:ShChar)
　　　　　　| mkHoldArea(p:Pos)
　　　　　　| mkBuoy(b:BuoyPos)
　　　　　　| mkQuay(q:QuayPos) | ...
　　ArrDep == ready | depart
　　Cargo

channel
　　sh,hs:MSG
　　sqr:ArrDep
　　sq,qs:Cargo
value
　　ship(...) ≡
　　　　... sh!mkArrive(si,sc) ... **let** pos = hs? ... **end** ...
　　　　... sqr!ready ... sq!c ... **let** c' = qs? ... **end** ...
　　harbour(...) ≡
　　　　... **let** mkArrive(s,c) = sh? ... hs!mkQuay(q) ... **end**
　　quay(...) ≡

... **if** sqr?=ready **then let** c = sq? ... qs!c′ ... **end else** ... **end**

在这里我们只是概述了一些事件：船只的抵达，港口的（码头）位置消息，船只发准备就绪信号，船只卸载某些货物（c），船只装入某些货物（c'），以及在该港口与码头行为中的对应的事件。

行为

一些现象（或概念）被当作是行为。它们通过执行函数（动作），生成或对事件 作出反应，并且另外与其他行为互相作用（即同步与通信）而典型地及时进行。

─────────── 形式表述：行为 ───────────

我们概述并解释下面的规约文本：

type M
channel t_p,t_q : **Bool**, k : M

value
  P() ≡
  p:**while** t_p? **do**
    action_p1;
    k ! v
    action_p3
  end

Q() ≡
variable w:M;
q:**while** t_q? **do**
  action_q1;
  v := k ? **in**
  action_q3
end

R() ≡ P() ‖ Q()

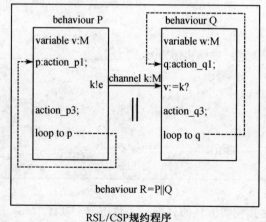

RSL/CSP规约程序

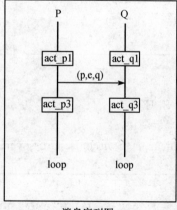

消息序列图

图 1.1　非形式进程图

──────────── 形式表述：行为 ────────────

我们解释图 1.1 中左边的规约文本：**type** M 是要从 **behaviour** P 发送到 **behaviour** Q 的消息的类型。**Channel** t_p, t_q 是谕示。它们决定进程 P 与 Q 的循环行为。**Channel** k 是行为间传递消息的媒体。**Behaviour** P 与 Q——在这个简单的示例中——没有参数，因此为 ()。并且它们都是循环的：在履行它们仅有的三个 **action** 之后，它们 **loop** 回到它们的第一个动作。唯一真正有趣的对是那对 **input/output** 动作。输出 k !e 规定在计算之前的，在通道 k 之上被通信的表达式 e 的值进入到下一个动作。输入 v := k ? 规定计算来检查通道 k 以查看是否有可用的消息。消息一旦被接收，它就被赋值给变量 v。现在存在有两种可能性：或者该名为 P 的进程等待它放到通道 k 之上的消息被某物（在这里是名为 Q 的进程）所消耗；或者该名为 P 的进程没有等待它放到通道 k 之上的消息被消耗。在前一种情形中我们说该通道是 0 容量缓冲器；消息是非持久的。在后一种情形中我们说该通道提供无限容量的缓冲区，消息因而是持久的。如同上面的那样，当概述（即给出）程序的时候，程序员连同规约员必须声明该通道是否提供非持久性或持久性。在 RSL/CSP 中通道是非持久的。如果通道是非持久的，即是 0 容量缓冲区，那么我们说在基于行为 Q 的计算已经消耗掉该消息（由 P 所发出）之前，基于行为 P 的计算不会进入到其下一个动作，该事实组成了一个同步。在任一情况下，正在被传送的消息组成了一个通信。我们通常会为了偏于进程而使用术语行为。然而，当一个行为（或更恰当地说是一组行为）是通过计算机而实现（即存在于该计算机之中）的时候，我们也会称之为进程。

在图 1.1 的右边我们展示了一个 MSC（消息序列图）。严格说来，loop 记法是在该正确的 MSC 句法之外。

我们请读者参阅卷 1 第 21 章来得到一个 CSP [164, 165, 296, 307] 与 RSL/CSP 的全面介绍。并且我们请读者参阅卷 2 第 13 章来得到一个 MSC [176–178] 的全面介绍。

例 1.8 　**铁路实体、函数、事件与行为** 　我们的示例来自于铁路。示例铁路实体有：(i) 铁路网（N），(ii) 其线路（L），(iii) 其车站（S），(iv) 该铁路网中可以被分解的单元（线性的、转辙器、渡线等等）等。

──────────── 形式表述：铁路实体 ────────────

type
　N, L, S, U
value
　is_Linear, is_Switch, is_Crossover: U → **Bool**

一个示例铁路函数是：(v) 发行车票作为其花费的钱的替换。函数 issue 以**钱 (Mo)、出发车站 (Sn)、到达车站 (Sn)、日期 (Da)、列车车次 (Tn)** 与**所有列车预订状态 (TnRes)** 作为参数，并且给出**车票 (Ticket)** 与更新的**所有列车预订状态**作为结果。

─────────── 形式表述：铁路函数 ───────────

type

Mo, Sn, Da, Tn, TnRes, Ticket

value

issue: Mo × Sn × Sn × Da × Tn → TnRes → TnRes × Ticket

(vi) 一个示例铁路行为是：乘客在车站月台上车；然后列车从该车站月台开出；该列车沿着铁路线朝着下一个车站行驶，包括该列车沿着该线路加速与减速；列车抵达下一个车站，并且随后停在月台；以及乘客在那个月台下车。

─────────── 形式表述：铁路行为 ───────────

type

Sn, Train

value

train_ride: Sn* → N → Train → N × Train

train_ride(snl)(net)(trn) ≡

   if len snl ⩽ 1

      then

         (net,trn)

      else

         let (net′,trn′) = get_on_train(**hd** snl)(net)(trn);

         let (net″,trn″) = train_dept(**hd** snl,**hd tl** snl)(net′)(trn′);

         let (net‴,trn‴) = ride(**hd** snl,**hd tl** snl)(net″)(trn″);

         let (net⁗,trn⁗) = arriv_and_stop(**hd tl** snl)(net‴)(trn‴);

         let (net⁗′,trn⁗′) = get_off_train(**hd tl** snl)(net⁗)(trn⁗);

         train_ride(**tl** snl)(net⁗′)(train⁗′)

   end end end end end end

我们解释上面的公式：Sn* 表示车站名的列表。我们假定该铁路网也在车站注册了乘客。train_ride 基于两个或多个车站名的列表，铁路网（带线路与车站）与列车。如果该车站名的列表长度小于 2，该列车行驶完成。getting_on_the_train 被假定为从车站列表中的第一个车站接收乘客，由此该铁路网与列车状态都发生改变。departure_of_train 对在车站名列表中命名为第一的车站之中的列车行驶进行建模。再次，从月台到驶向下一个车站的线路的开始的启程同时改变了该铁路网与列车状态。ride 对临近车站之间的旅程的线路部分进行建模，包括加速等等。arrival_and_stop 对在列车名列表中命名为第二的车站之中的列车行驶进行建模。再次，从该线路的终点进入这个下一个车站到其月台的抵达同时改变了该铁路网与列车状态。getting_off_the_train 被假定为对在车站列表的第二个车站的乘客下车进行建模，由此该铁路网与列车状态都发生改变。最后，train_ride 从这个车站向前继续行驶。

上述行为是以纯函数的方式进行表达的，只涉及简单的数学函数。换言之，这些函数全被认为是瞬时执行的。因此，可以很适当地提问：什么是它们的时态行为？答案是由函数定义所表示的动作与事件序列的集合。在卷 1 第 21 章第 21.2.3 节中我们解释什么是我们所指的行为规约的迹语义。时态性是通过这些动作与事件的顺序所展示的。然而，可以把上面的公式读作好像每个函数都花费了一些未进一步规约的时间来执行，即被应用。因此你可以欺骗你自己相信该公式规定了时间行为。

例 1.9 铁路函数 我们继续例 1.8。

形式表述：铁路函数与行为

接着我们给出一组函数定义。这些围绕着具有同步和函数间通信的通道和函数定义来进展。我们然后可以宣称这个形式化更加适当地描述了行为。我们已经尝试使得这两个形式化（上述的与下面的）尽可能地相似。

type
  P, SIdx, Tn, Σ, Train
  mTn == mkTn(t_n:Tn)
  mPs == mkPs(p_s:P-set)
channel
  { c[s]:(mTn|mPs) | s:SIdx }
value
  obs_Tn: Train $\to$ Tn

  passengers: Tn $\to$ Σ $\to$ Σ $\times$ P-set
  passengers: Train $\to$ SIdx $\to$ P-set
  passengers: Train $\to$ P-set

  station(s)(σ) $\equiv$
    let tn_or_ps = c[s] ? **in**
    case tn_or_ps **of**
      mkTn(tn) $\to$
        let (σ',ps') = passengers(tn)(σ) **in**
        c[s] ! mkPs(ps');
        station(s)(σ') **end**,
      mkPs(ps) $\to$
        station(s)(merge(ps)(σ))
    end end

  merge: P-set $\to$ Σ $\to$ Σ

$train(sl)(\tau) \equiv$

   if len snl $\leqslant 1$

      then

         skip /∗ **assert**: $passengers(\tau) = \{\}$ ∗/

      else

         let s = **hd** sl **in**

         c[s] ! $mkTn(obs\_Tn(\tau))$;

         let $mkPs(ps)$ = c[s] ? **in**

         let τ' = $seat(\tau)(ps)$ **in**

         let τ'' = $leave(\tau')(s)$ **in**

         let τ''' = $ride(\tau'')(s,\textbf{hd tl } sl)$ **in**

         let τ'''' = $arrive(\tau''')(\textbf{hd tl } sl)$ **in**

         let (τ''''',ps') = $passengers(\tau'''')(s)$;

         c[s] ! $mkPs(ps')$;

         $train(\tau''''')(\textbf{tl } sl)$

  end end end end end end end end

  assert: $tn = obs\_Tn(\tau) = ... = obs\_Tn(\tau''''')$

seat: 简单函数

leave: 行为– 与车站铁路进行通信

ride: 行为– 与线路铁路网进行通信

arrive: 行为– 与车站铁路网进行通信

我们将讨论在第 5 章中出现的概念与现象。现在只要证明上述的注释如下就足够了。实体典型地是显然的；换言之，它们存在于时间与空间中。函数可以通过它们的效应来理解，但是不能在它们自身之中以及通过它们自身来观测。没有人[3]曾经见过我们可以用以下任一数字表示的数：7、vii、七、IIIIIII、VII，等等。 即使对于行为更是如此：我们可以观测一系列连续变化的实体、函数应用与事件的效应；但是我们不能"看到"该行为，只能设想它！对于事件来说同样成立。

对于领域描述的进一步期望

    我们必须从领域描述中期望得到其他什么？尽管我们会在第 1.3.3 节中复习领域工程，并且在第 8~16 章中详细讨论领域工程，我们在这里只会提及一些事物。

    (i) 我们期望领域描述对于该领域的所有参与者（即"居住于"该领域的所有那些人）来说是易读且可理解的。

---

[3] 尽管这个类比更适当地应该是对函数，这里是对另一个数学事物，即数。

(ii) 我们期望领域描述成为学习该领域（即在该领域中的教育与培训）的基础——比方说，像在该领域中被雇佣的人，或像需要该领域所提供的服务的人。

(iii) 我们期望领域描述成为构造需求的主要部分（即我们会称之为领域需求的那部分）的基础。

(iv) 并且我们期望领域描述成为（在除了软件工程之外的其他上下文中）被认为是企业过程再工程的基础。我们会在第 11 章第 11.2.1 节中介绍企业过程再工程。

作为领域理论基础的领域描述

物理学家已经花费了过去 400 年的时间来学习自然。传统的工程学科，例如土木工程、机械工程、化学工程、电气工程与电子工程，都是建立在许多物理与化学理论之上的。这样的工程师所构造的人工制品具体化所谓的这些理论的片段。

对于被特性描述作为最终用户、面向公共管理与机构，以及面向商业与工业的应用领域类，对于那类人工制造的论域我们不能涉及任何这样类似的理论！

现在难道不是我们为各自的应用领域开发理论的时刻，正如物理学家所做的那样？本书的作者认为是。

根据领域工程的原则与技术，读者将准备好以有助于为关于这样的理论的研究和开发作出贡献。但是为了正确地实行，读者需要学习另外的原则、形式技术与相关的工具。

更多的关于领域工程

我们已近简要地预习了一些领域概念，还有许多更多的。对于领域工程师而言，知道如何处理，做什么，如何去做，以及有把握专业地做，有一点是很重要的，即他们知道什么是领域工程所必需的。特别地，他们必须知道在领域描述文档中什么（即其部分与结构）是应该和不应该的。在第 1.3.3 节中我们会稍微更多地介绍这些与其他领域工程概念，并且在第 8~16 章中进行详细地介绍。

1.2.3 需求工程

在本节中我们会对我们所指的需求工程给出一个简要的特性描述。

机器

我们介绍术语机器。

特性描述：通过机器我们将理解作为计算系统开发的目标或结果的硬件与软件的组合。   ∎

讨论：尽管这几卷的标题是软件工程，我们也无法避免处理计算系统硬件方面的工程，其中对于该计算系统我们首先创建了领域描述，然后开发需求，并且最终努力获得或完成随后的软件设计。换言之，尽管主要的开发动作必须涉及软件，在那个开发中也会需要硬件设计构件。软件"驻留"于，或在某硬件（计算机）"之中"；该软件因此依赖于具有某些最小性质的计算机与其外设,等等。因此,该软件会规定性质,不但包括该软件,而且可能包括该硬件的某些性质。

写下需求的目标是规定所需机器(软件与该软件驻留的硬件)性质。

机器环境

我们介绍机器的环境的概念。

特性描述:通过机器环境我们将理解世界的其他部分。更具体地说,我们指那些通过界面与机器连接的世界的部分:其用户,无论人或技术。

讨论:机器环境的概念是模糊的。理想而言,机器环境包括该机器(即该机器提供的新服务(函数与设施),以及到该机器的所有非人类界面:"围绕"该机器的世界的被监视与控制的现象)的所有参与者。但是,在建立要设计的软件的需求之前,以及在实际安装那个软件之前,预测哪些会成为"所有"这些参与者与"所有"那些被影响的现象是一门艺术;这是不简单的。

写下需求的目标也是描绘、决定并区分什么"属于"机器,以及什么"属于"环境。

概述

特性描述:通过需求我们指规定所需机器性质的文档:什么函数与行为是该机器应该(必须,而不是会)提供的,以及什么实体是它应该维持的。

特性描述:通过需求规定我们指需求捕获、分析与合成的过程——以及从该过程中所产生文档。

特性描述:通过需求工程我们理解工程,即我们理解需求规定的开发:从需求规定经分析该需求文档自身,参与者对它的确认以及其可能的理论开发。

不同种类的需求

我们发现四种不同种类的需求:(i) 企业过程再工程、(ii) 领域需求、(iii) 界面需求与 (iv) 机器需求。

传统上流行着以下术语:**系统需求**:基本上包含了我们的全部需求,**用户需求**:基本上包含了我们的领域与界面需求,**功能需求**:基本上包含了我们的领域与界面需求,以及**非功能需求**:基本上包含了我们的机器需求。

更多的关于需求工程

我们已经简要地预览了一些需求概念。还有许多更多的。对于需求工程师而言，知道如何处理，做什么，以及如何去做，并且有把握专业地做，有一点是很重要的，即该工程师知道什么是需求工程所必需的，尤其是：在需求规定文档中（其部分与结构中）什么是应该的和不应该的。

在第 1.3.4 节中我们会稍微更多地介绍这些与其他需求工程概念，并且在第 17~24 章中进行详细的介绍。

1.2.4 软件

特性描述：通过软件我们不但理解 (i) 可以成为计算机执行基础的代码，而且理解 (ii) 其全部开发文档编制：(ii.1) 应用领域描述的阶段与步骤，(ii.2) 需求规定的阶段与步骤，(ii.3) 以及编码之前的软件设计 的阶段与步骤，所有上述这些包括全部的确认与证明（包括测试）文档。此外，作为我们更广义的软件的概念的一部分，我们也包括 (iii) 支持文档的全面收集：(iii.1) 培训手册、(iii.2) 安装手册、(iii.3) 用户手册、(iii.4) 维护手册、(iii.5, iii.6) 开发与维护日志。因此，作为文档编制的软件由许多部分所组成。∎

1.2.5 软件设计

从理解软件在句法上（即作为文档）"是"什么，我们可以接着特性描述有关软件的语用与语义方面。

特性描述：通过软件设计我们理解转换需求到可执行代码（以及适当的硬件）的过程，以及从该过程中所产生的全部文档。∎

我们区分两种抽象软件规约以及它们的设计：软件体系结构与构件结构。在简要地介绍这些之后，我们会注释它们的本性。

软件体系结构与软件体系结构设计

特性描述：通过软件体系结构 我们指在需求之后的软件的最初规约，其指示该软件是如何用构件及它们的相互连接来处理给定的需求——尽管没有详细地给出，即设计这些构件。∎

特性描述：通过软件体系结构设计我们指从现有的需求以及可能一些已经设计好的构件开始到软件体系结构的开发过程——生产所有适当的体系结构文档编制。∎

这里使用的术语构件设计可能有些模糊：在体系结构设计中我们当然可以标识构件，描绘它们的"边界"[4]，但是留下它们的"内部"为未定义的。[5]

---

[4] 当阅读本书的形式版本时：只定义它们的类型为分类，并且只通过给出基调来定义它们的函数。

[5] 当阅读本书的形式版本时：换言之，它们的具体类型对应物，以及函数定义体 是未定义的。因此体系结构设计可以"设计"该构件结构的一部分。

构件结构与构件设计

特性描述：通过构件结构我们指在需求与软件体系结构之后的第二种类型的软件规约，其指示该软件是如何实现单独的构件与模块。∎

特性描述：通过构件设计 (I) 我们指从现有的需求与软件体系结构设计开始到详细的构件模块化的开发过程——生产所有适当的构件与模块文档编制。∎

软件体系结构与构件 + 模块结构

我们并没有说必须首先设计软件体系结构，然后是构件加模块结构。我们目前留下它们的开发顺序——两个中的一个，或甚至它们的"混合"——为未解释的！

模块、构件与系统

把程序设计文本按类集合成模块，并且把模块群集合成构件的原则既是古老的（对于模块而言起源于 20 世纪 60 年代后期，例如 Simula 67 [29]）又是新的（对于构件而言起源于 20 世纪 90 年代早期）。

特性描述：通过模块规约我们将理解一个句法结构，即一个程序文本的结构，其作为程序文本的一个单元定义了也被我们所称之为的**抽象数据类型**：即一组数据值与一组在这些之上的函数（即操作）。∎

讨论：所以，通过抽象数据类型，即模块我们指一组数据值与一组应用于这样的数据值且生成这样的数据值的过程（例程）。模块规约典型地具有以下的模式化形式：

```
module m:
    types
        t1 = te1, t2 = te2, ..., tt = tet;
    variables
        v1 type ta := ea, v2 type tb := eb, ..., vv type tc := ec
    functions
        f1: ti → tj, f1(ai) ≡ 𝒞₁(ai)
        f2: tk → tℓ, f2(ak) ≡ 𝒞₂(ak)
        ...
        fn: tp → tq, fn(ap) ≡ 𝒞₁(ap)
    hide: fi, fj, ..., fk
end module
```

(1) 上面的概念在句法上可以粗略地描述如下：m 是模块名。该模块定义了 t 种该模块的局部类型：$t1, t2, \ldots, tt$。类型定义具有左边的名字 ti，以及右边的类型表达式 tei。这些右边的类型表达式可以是诸如整数、实数、布尔、字符、一些类型上的记录结构，以及某个类型上的向量结构等等。该模块也声明了 v 个该模块的局部变量：$v1, v2, \ldots, vv$。变量声明由三部分组成：变量名，该变量所允许包含的数据值的类型，以及初始化表达式 e（某个事物）。该模块然后定义 n 个函数（过程、例程、操作、方法，或任何一个你想称之为的名字）。每个函数定义有两部分：函数基调与函数定义体。函数基调定义函数的名字 f，参数与结果值的类型——在函数空间符号 $\rightarrow$ 两边所提及的那些类型 t, t'。函数定义体由三部分所组成：后接形式参数列表的函数名，函数定义符号，比方说这里的 $\equiv$，以及函数体——这里以抽象子句 $\mathcal{C}(a)$ 的形式所表示。这个子句可以代表表达式，或语句列表，或任何你所中意的程序设计语言所允许的事物。该模块最终列出那些局部的函数名，即那些不能被在该定义模块之外的程序文本所引用的函数名。

(2) 上述在某种程度上（尽管是不完全的）描述了一种典型类型的模块的句法。对于模块的语义，即意义，我们只会通过以下说明来解释：假定你知道类型定义、变量定义以及函数（过程、方法等）定义的意义。因此，什么是新的？该新的"事物"是"封装"，结构化，把这些程序文本结构"装在一起"放到一个模块结构中——开始于关键词 **module** 并结束于关键词 **end module**。这个封装的意义是——再次粗略地说——正如它从实际程序设计语言到实际程序设计语言会有"轻微的"变化——所有的类型，所有的变量，所有的函数定义体，以及某些函数名与基调是隐藏的，换言之，它们的定义不能被该定义模块之外的程序文本所知道。因此，可以用其他模块文本来替换某个模块文本，只要那些从外部可见的函数基调在新替换的模块中保持不变。这典型地意味着可见函数的基调类型不是局部定义的类型。

(3) 模块的语用——可能是其最重要的特性——可以被总结如下：无论为了什么理由，程序设计员已经决定把一些数据结构以给定类型的变量声明与一些这些之上的函数的形式"聚在一起"，从而形成一个抽象数据类型，同时保留用任何其他被认为能产生该相同抽象数据类型的事物来替换这个抽象数据类型的实现细节的权利。这里涉及两点：首先是隐藏 实现细节，即 (i) 局部类型、局部变量、辅助函数（那些被隐藏的函数）以及所有函数定义体；(ii) 其次是分解较大的程序文本为一组通常无序的模块定义。在随后的章节中我们会更多地介绍这一点。∎

特性描述：通过构件规约 我们通常理解一组类型定义，一组构件局部变量声明，合在一起定义了一个构件局部状态，以及一组模块。∎

上述只是构件粗略的一般特性描述。

讨论：该想法是针对某些周围文本的构件规约 提供了其某些模块的函数。周围文本可能由模块组成，即我们所称之为的软件系统的初始模块。∎

我们可以为构件提出一个句法：

component
  types: $\mathcal{T}_{i_1}, \mathcal{T}_{i_2}, \ldots, \mathcal{T}_{i_t}$
  variables: $\mathcal{V}_{j_1}, \mathcal{V}_{j_2}, \ldots, \mathcal{V}_{j_v}$

> **modules:** $\mathcal{M}_{k_1}, \mathcal{M}_{k_1}, \ldots, \mathcal{M}_{k_m}$
> **hide:** $\mathcal{H}_{\ell_1}, \mathcal{H}_{\ell_1}, \ldots, \mathcal{H}_{\ell_h}$
> **end component**

$\mathcal{T}_i$ 暗示某种形式的类型定义，$\mathcal{V}_j$ 暗示某种形式的变量声明，$\mathcal{M}_k$ 暗示某种形式的模块规约，并且 $\mathcal{H}_\ell$ 暗示某种形式的输出或对模块可见函数的隐藏（等等）。

系统、设计与精化

特性描述：通过软件系统规约 我们理解一组被我们称之为的初始模块 以及一组构件—— 并且初始模块集合中的函数共同调用了构件集合中的函数。系统是我们正在开发的事物。

讨论：该想法是系统 是完全自主的软件"项"，并且由构件与该核心（即初始）模块所组成。 该想法也同样是最抽象的系统可以是同软件体系结构一样的事物，或构件加上初始模块结构。

特性描述：通过软件系统设计 我们理解： (i.1) 从领域需求与某些接口需求确定软件体系结构，或者 (i.2) 从机器需求与其他接口需求确定构件结构以及初始模块。由于软件体系结构设计也需要确定构件结构与初始模块，我们得出更一般的结论：软件系统设计在其第一个阶段，即当只有领域描述与需求规定存在的时候，需要 (ii.1) 确定值的主要（系统）类型， (ii.2) 确定构件的基本结构与其所提供的设施（即函数），以及 (ii.3) 确定一旦提交，这些初始模块是系统执行所必需的。

系统设计的第一个阶段通常是抽象地表达的，即以一种不适合作为规定来执行的形式。因此我们需要被称之为精化的阶段与步骤：

特性描述：通过软件系统精化 我们理解： (i) 逐阶段与逐步地转换， (i.1) 抽象规约， (i.2) 为越来越更加具体地规约的模块与构件。

特性描述：通过抽象规约 我们指指明需求是如何被实现的事物，但是它是通过使用不必能有效执行的规约与程序设计结构来做到的。

特性描述：通过具体规约 我们指使用规定有效执行的规约与程序设计结构的事物。

构件与模块，设计与精化

特性描述：通过构件设计 (II) 我们另外理解确定哪些设施，即构件应该提供哪些（被局部定义在该构件"之中"的）函数以及哪些（被全局定义的，即"之外的"）类型。粗略说来，通过构件设计我们也指把构件分解成模块，以及由这些模块所提供的函数。

不能指望构件设计的首次尝试就可以成功地完成一个有效实现的所有方面。正如下节中所主张的那样，关注分离可以更容易地处理许多不同的问题。因此我们的开发需要逐阶段、逐步精化地进行。

特性描述：通过构件精化 我们通常理解：(i) 具体化通常最初抽象定义的构件类型，(ii) 具体化通常最初抽象规约的构件变量的初始化，以及或者 (iii) 精化构件模块。 ∎

特性描述：通过模块精化 我们理解：(i) 具体化通常最初抽象定义的模块类型，(ii) 具体化通常最初抽象规约的构件变量的初始化，以及 (iii) 具体化通常最初为抽象的模块函数定义——(iv) 后者经常需要引入附加的辅助（即隐藏的）函数定义。 ∎

代码设计

最后，我们到达构造能够作为有效执行基础的程序规约的开发阶段。我们称这种程序规约为“代码”。 由于我们假设读者具备有程序设计的必要背景知识，在这几卷中我们不会讨论这个主题。

更多的关于软件设计

我们已经预览了一些软件的概念。还有许多更多的。我们将在第 1.3.1 节中稍加详细地介绍这些以及其他软件设计的概念，并且在第 25~30 章中对它们进行一些更具体的介绍。但是，这几卷几乎根本不会就软件设计问题给出一个令人满意的解答。那不是这几卷想达到的效果和目标。首先，我们已经假设读者具备一定的知识，受过一些教育和训练。其次，对于详细的软件设计原则、技术与工具我们不得不引用特定主题的教科书。

1.2.6 讨论

我们已经介绍了软件开发的三个主要时期：

- 领域工程，其中我们描述“有什么”；
- 需求工程，其中我们规定“应该有什么！”
- 软件设计，其中我们规约“如何成为那样！”

我们已经指出，假定读者具有一定的程序设计经验，一些软件设计结构——例如（具有局部性且隐藏名字的）构件与模块，（抽象与具体的）类型与变量，以及程序语句与表达式——被概括为子句 ($\mathcal{C}$)。

迄今为止，我们还没有对需求规定给出类似的结构化机制。软件设计与程序设计语言对构件与模块，类型与变量等构造的结构化通过提供文档“标准”帮助开发者知道“下一步做什么！”在下一节中我们会预览像这样的针对领域描述与需求规定的文本结构化（分解与复合）机制。

同时，我们已经非常不严格地暗示了抽象与具体软件设计规约的概念，并且我们因此暗示了必需的精化概念。除了企业过程再工程以及领域、接口与机器需求阶段，我们没有提及针对一般的领域描述与需求规定的逐阶段与逐步的机制。这些开发阶段与步骤原则在下一节中已经被提及。

1.3 开发的时期、阶段与步骤

三个术语

术语时期、阶段与步骤仅仅只是术语。它们用于指定基本上相同的概念：把在时间上发生的某事物分解为邻近的、重复或并发的区间。这里的"某事物"是软件开发。邻近的、并发或重叠的区间是在逻辑上或其他方面可区分的开发活动。

"关注分离"的原则

把软件开发过程分解为明显可区分的开发活动的主要原因是为了在不同的时间处理不同的开发问题，最好以一种富有成效的，有益的方式把它们安排相邻、并发或重叠的区间中。

在下几个编号的小节中我们简要回顾一下可能的分解。每一个表示一个关注；合在一起它们表示关注分离。

线性、循环与并行开发活动

在下面的节中我们介绍以严格线性顺序进行软件开发过程的观点。就人的本性而言，这很少发生。因此在本节的结尾处，我们介绍另外两种软件开发过程的观点：一种讨论迭代、回溯与前溯；一种讨论并行处理逻辑上分开的阶段或步骤。通过重复或循环的区间我们指两个发生在非重叠时间段，且基本上重复执行了一个相同工作项目的区间，例如由于第一次迭代的结果不是很好。通过并发或重叠区间我们指两个（或多个）可以彼此单独执行明显无关工作项目的区间，因此它们是并行的。

1.3.1 软件开发的时期

我们已经介绍了软件开发的三个主要时期：(i) 领域开发，(ii) 需求开发，以及 (iii) 软件设计。我们以前已经讨论了它们的差异，即它们集中解决完全不同的关注，但是我们也强调了它们的理想顺序，即如上所列的顺序。

1.3.2 开发的阶段与步骤

为了理解开发阶段的概念，首先理解开发时期的全部文档编制的概念是十分重要的。如果（在某个抽象层次上）所有要被文档化的事物都已经被文档化了，那么开发时期的文档编制就是完全的。在第 2 章有对"所有要被文档化的事物"这个概念的解释。

因此，理解开发时期的抽象与具体文档编制的概念也是十分重要的。时期文档编制可以是或多或少抽象的，即或多或少具体的。如果主要是描述性质，那么时期文档编制是抽象的。如果主要是给出用可计算程序或诸如集合、笛卡尔、列表、映射等数学概念表示的模型，那么该时期文档编制是具体的。上述的区别允许人们谈及抽象与具体的级别。

阶段与步骤之间的区别基本上是语用上的区别。换言之，不存在区分的"硬"理论基础，但是存在有正当的、可感知的实践理由来这样做。

特性描述： 通过开发阶段我们理解一组从无到生成全部时期文档编制的开发活动，或一组从某个阶段种类的全部时期文档编制到生成另一个阶段种类的全部时期文档编制的开发活动。   ∎

特性描述： 通过阶段的种类我们大致理解特性描述一组开发文档的方式，该方式把开发文档特性描述成全面的（即相对完全的），同时用一种使得其他像这样的文档可以被说成或者是描述该相同的阶段种类，或不同的阶段种类的方式来规约（描述、规定）正在被规约的事物的一组性质。   ∎

特性描述： 因此，阶段种类在一组相关文档的集合之上加上了一个等价关系：某些集合，$s_k, s'_k, \ldots, s''_k$ 属于该相同的种类 (k)，其他的一些集合，$s_k, s'_{k'}, \ldots, s''_{k''}$ 属于不同的种类 $(k, k', \ldots, k'')$。   ∎

讨论： 阶段种类的概念被故意弄成是模糊的。作为哲学的概念，它需要被讨论和例证。在这里我们讨论那个概念。基本问题实际上是，在现实的开发实践中，我们需要管理一序列"时期"、"阶段"与"步骤"。换言之，简单的时期三部分分解（领域、需求与软件设计）可能是可以的，然而同样简单的时期四部分分解，例如商业过程再工程、领域需求、接口需求与机器需求时期在若干开发情况中可能是不是完全满意的。这些时期之间的边界不是那么明显的。人的独创性允许我们打破模子，并且发现新的原则与技术。因此，我们为什么提出我们真正命名并描述的那些时期、阶段与步骤？我们这样做使得读者可以警惕地寻找另外的阶段与步骤的概念。最好的情形是读者可以发现另外的，通常是可命名的阶段概念。最坏的情形是读者可能最终决定我们的阶段与步骤的猜想是完全错误的，并且是必须被驳倒的。这样的情况有些时候会发生——如在 Imre Lakatos [204] 与 Sir Karl Popper [272–274] 的工作中所详细举例说明的那样。   ∎

下面给出的例子预先假定你已经仔细地阅读了前面的材料。我们基本上引用那些刚刚简要提到的概念，即下文中会进一步提到，在后面的章节中最终会"处理"的那些概念。某些例子以及其后的讨论引用了几页后就会介绍的概念！

例 1.10   阶段种类 领域阶段种类的例子有：(d_1) 企业过程，(d_2) 内在，(d_3) 支持技术，(d_4) 管理与组织，(d_5) 规则和规定和 (d_6) 人的行为。

需求阶段种类的例子有：(r_1) 企业过程再工程，(r_2) 领域需求，(r_3) 接口需求与 (r_4) 机器需求。

软件设计阶段种类的例子有：(s_1) 软件体系结构，(s_2) 构件设计（决定软件体系结构的全部构件结构），(s_3) 模块设计（设计所有构件的所有模块）与 (s_4) 代码。   ∎

讨论： 人可能会适当地争论如下是否也不是阶段种类，而是步骤：领域需求(r_{2_1}) 投影，(r_{2_2}) 确定，(r_{2_3}) 实例化，(r_{2_4}) 扩展与(r_{2_5}) 拟合。这确实只是一个有关方便与语用的问题。   ∎

为了正确地描述我们希望所称作的开发步骤，进一步详细阐述以下两个概念似乎是有必要的。

首先是描述模块的概念。 在先前的章节中我们已经介绍了这个概念的一个描述，在那里我们把它与程序规约（文本）的概念"捆绑"在一起。我们现在在该模块的概念之上进行扩充，并且谈及类似被包含的领域描述与需求规定部分。第二个我们指求精的概念。 在先前的章节中我们也介绍这个概念的一个描述，在那里我们我们也把它与程序规约（文本）对之间的关系的概念"捆绑"在一起。我们现在在这个求精的概念之上进行扩充，并且谈及类似的领域描述模块与需求规定模块的求精。

特性描述：通过开发步骤我们指描述模块的求精，从较抽象到较具体的描述。 ∎

现在可能有必要在阶段的概念的特性描述之上进行改进，使得阶段与步骤之间的区别更加实用。

特性描述：通过开发阶段 我们指一组开发活动，其中某些（一个或多个）活动创建了正在被描述的事物的新的、客观上可想象（即可观测）的性质，同时一些（零个、一个或多个）其他的活动已经对先前的性质进行了求精。 ∎

1.3.3 领域开发

领域开发的阶段

在领域开发之内我们可以区分下述主要阶段——基本上以可以从事哪些有益的工作的顺序列出：领域参与者的标识与分类， 以及许多涉及被标识的领域参与者类的领域刻面的标识与建模。 (i) 这些包括：领域企业过程刻面的建模， (ii) 领域内在刻面的建模， (iii) 领域可能的支持技术刻面的建模， (iv) 领域可能的管理与组织刻面的建模， (v) 领域可能的规则和规定刻面的建模， (vi) 领域可能的脚本刻面的建模，以及 (vii) 领域可能的人的行为刻面建模。我们将简短地给出这些阶段的特性描述，然后在第 11 章中对它们进行详细介绍。

特性描述：通过领域企业过程我们理解给定处理商业[6]、企业[7]、公共管理[8]、基础设施[9] 的战略、战术与操作序列的一个或多个行为描述——每一个可能来自于许多参与者的观点[10]。 ∎
企业过程刻面与下面的刻面有重叠。就是这样！

例 1.11　　**铁路企业过程**　一个简单的企业过程是旅客向旅行代理查询火车旅行可能性；被提供了一些选择方案；选中了其中一个；预订合适的车票；付款与收款；开始旅行（即火车旅行）；被提供车票与结束旅行。

---

[6] 通过商业我们指如零售店、批发商、旅店、饭店等的事物。
[7] 通过企业我们指制造厂、分销公司、运输公司等的事物。
[8] 通过公共管理我们指如税收、社会服务等的事物。
[9] 通过基础设施我们指如国家卫生保健系统（无论是公有与/或私有的）、铁路设施所有人、铁路系统等的事物。
[10] 上述的例子，即脚注 6～9，有重叠，并且只是供参考的。

特性描述：通过领域内在我们理解那些是其他任一刻面（下面列出的）的基本的领域现象与概念，通过这样一个领域内在最初覆盖至少一个特定的，因此是命名的参与者的观点。

例 1.12　铁路内在　铁路内在的例子有：铁路网、线路、车站——从乘客的观点来看——上述的加上铁路单元（不管是线性的（包括曲线的），点（转辙器），还是渡线等）、连接器（允许单元连在一起）等——从铁路网信号工作人员的观点看；等等。

特性描述：通过领域支持技术　我们理解实现特定观测现象的方式与方法。

例 1.13　铁路支持技术　铁路单元转辙器可以由许多支持技术中的任一一种来实现：如只靠人力来操作，如通过远方的机械电缆来操作，或者如以电子与电子机械的方式来操作（比方说在联锁模式中）。

特性描述：通过领域管理人员我们理解决定、制定与设定有关战略、战术与操作决策的标准（规则和规定，参见下文）的人。领域管理人员 (i) 确保这些决策传递到管理的"下"层，并且到"基层"工作人员，(ii) 确保这些命令能够真正不折不扣地被贯彻实行，(iii) 处理在贯彻这些命令与决策中出现的干扰与偏差，并且 (iv) "挡住"来自于管理下层与基层工作人员的抱怨。

例 1.14　铁路管理人员　列车操作管理人员的一个方面是一些战略性质的职责是在年度的基础上（是否提供新的列车服务）进行考虑的。其他战术性质的职责，尽管不是日常的，则更经常定期地进行考虑（由于更低或更高的成本，或由于竞争或缺少竞争而考虑价格是否应该减低或提高）。另外，其他操作性质的职责则是"按小时"进行考虑与决定的（由于迟延而重订列车时刻表等）。

特性描述：通过领域组织我们理解管理与非管理工作人员的层次结构，以及在管理与非管理工作人员层次中分配战略、战术与操作利害关系。因此我们指"命令行"：在管理与职责上，谁做了什么与谁向谁报告。

例 1.15　铁路组织　例 1.14 考虑了管理职责。这些职责的数目与特殊的本性通常授权给对应的组织结构：委托战略议题给高级管理层，委托战术议题给中级管理层，并且委托操作议题给"基层"（或操作）管理层。

特性描述：通过领域规则我们理解规定当分配人的职责或当设备执行它们的功能的时候，他们应该如何表现或运转的文本。

例 1.16   铁路规则 在中国:在铁路车站上,不允许两列(或多列)火车同时进入与/或离开,包括基本上的来回移动。实际上,火车的进站与离站必须被计划为发生在至少两分钟的时间间隔之上。

在别的地方:相邻车站之间的铁路线通常根据以下规则被分段为区间:最多只有一列火车可以占有任一一个区间,乃至也许在两列火车之间最少有一个"空区间"(即没有火车的区间)。

特性描述:通过领域规定我们理解规定当根据其意图断定规则没有被执行的时候应该采取什么补救措施的文本。

例 1.17   铁路规定 规定因此可能规定当诸如重新调度火车,与相邻车站协商等的时候必须保持的性质。或者规定可能规定当火车司机违反火车信号的时候所采取的惩罚性措施。

特性描述:通过领域人的行为我们理解执行所分配工作的人的品质区间:从仔细的、勤勉的与精确的,到马虎的派遣与失职的工作,再到完全是犯罪的追求。

例 1.18   铁路工作人员行为 铁路验票员可能检查与复查所有乘客已经按时提供车票了,或者可能忘记做这个事情,或者可能有意地略过检查整个车厢,等等。

领域开发的步骤

领域开发的步骤现在被认为是以下活动:没有实质上(即本质上)改变正在被描述的事物的性质,但是从更抽象到更具体来改进它们的描述方式的活动。除了上述内容,我们不会在本章中涉及领域开发步骤的问题,而是在第 8~16 章中对它们进行更加详细的介绍。

1.3.4 需求开发

从第 1.2.3 节中我们重复一些特性描述如下。

特性描述:通过需求我们理解规定所需机器性质的文档:该机器应该(必须,不是应该)提供什么 功能与行为,以及它应该"保持"什么实体。

特性描述:通过需求规定我们指需求捕获,分析与合成的过程——以及从该过程中所产生的文档。

特性描述:通过需求工程我们理解需求规定的开发:从需求规定经分析需求文档本身,与参与者对其进行验证,以及其可能的理论开发。

需求开发的阶段

我们考虑四种需求：(i) 企业过程再工程，(ii) 领域需求，(iii) 接口需求，以及 (iv) 机器需求 。传统上使用着下列术语：

- 功能需求，大致覆盖我们的领域需求；
- 用户需求，大致覆盖我们的接口需求；
- 非功能需求，大致覆盖一些我们的机器需求；以及
- 系统需求，大致覆盖一些其他的我们的机器需求。

企业过程再工程需求

特性描述：通过企业过程再工程需求 我们理解表达有关通过引入计算导致的通常改变了的未来企业过程行为的需求。

我们提出五个领域到企业过程再工程操作——将会在第 19.3 节中进行介绍：(i) 引入一些新的与删除一些旧的支持技术，(ii) 引入一些新的与删除一些旧的管理与组织结构，(iii) 引入一些新的与删除一些旧的规则和规定，(iv) 引入一些新的与删除一些旧的（有关人的行为的）工作实践， 以及相关的访问权 （即密码认证，授权）， 以及 (v) 有关的脚本。

领域需求

特性描述：通过领域需求我们理解完全用领域现象与概念来表达的对软件的需求。

我们提出五个将要在第 19.4 节中介绍的领域到需求的操作：领域投影，领域确定，领域实例化，领域扩展与 领域拟合。

企业过程再工程与领域需求

因此在最初开始获取（引出、"抽取"）需求之中，需求工程师自然地在该领域之中开始或以该领域作为出发点。 换言之，问参与者的问题或向参与者问问题，这些问题最终会导致企业过程再工程与领域需求的明确表达。

接口需求

特性描述：通过接口需求我们理解以环境与机器之间所共享的领域现象来表达的对软件的需求。

我们考虑五种将会在第 19.5 节中介绍的接口需求：共享的数据初始化需求， 共享的数据刷新需求， 人机对话需求， 人机生理接口需求，以及 机机对话需求。

机器需求

特性描述：通过机器需求我们理解那些主要以机器的概念来表达的软件需求。

我们特别地考虑下面几种机器需求——将会在第 19.6 节中对它们进行介绍：性能需求， 可信性需求， 维护需求, 平台需求与 文档编制需求。

需求开发的步骤

需求开发的步骤现在被看作是以下活动：没有实质上，即本质上改变正在被规定的事物的性质，但是从更抽象到更具体来改进它们的规定方式的活动。除了上述内容，我们不会在本章中涉及需求开发步骤的问题，而是在第 17~24 章中对它们进行更加详细的介绍。

1.3.5 计算系统设计

给定一组全面的需求，特别地包括机器需求，工程师因而准备去系统地处理实现这些需求的问题。通常这些需求不仅仅以它们的主要蕴含来指导我们设计软件，而且在许多情况下暗示硬件设计。换言之，计算系统设计来自于需求。

硬件设计的阶段与步骤

性能、可信性与平台需求典型地暗示需要有对硬件的相当直接的考虑——不管是计算机，计算机外部设备，还是感知与执行技术。通过硬件设计的阶段与步骤我们因此指决定硬件总体复合的事物：信息技术单元、总线等，与它们的接口，以及特定的信息技术单元与总线的设计，等等。

有时候必须决定作出权衡：需要的功能或行为是实现在硬件还是软件中。这些被称之为协同设计决定。除了只在这里提及这些事实以外，在第 25 章之前我们不会涉及这个主题。

软件设计的阶段

我们以前已经简要地提及了以下问题：有时候一组需求与一组涉及环境的稳定性与执行平台的（领域）假定允许我们首先从领域（以及有可能一些接口）需求开发高层，即抽象软件设计。在其他一些时候这些假定暗示了非稳定性以致我们必须首先保护性地从机器需求开发较少高层，即较少抽象的软件设计。

在前一种情形中我们说我们首先设计软件体系结构：非常直接地反映用户最直接期待的事物。在后一种情形中我们说我们首先设计软件构件与模块结构：非常直接地反映一些机器需求所暗示的事物。这两种设计选择之间的界线是不明显的。

有可能去标识其他的软件设计阶段。一些可能涉及以下"转换"：从非形式（或形式的抽象规约）语言规约到标识并（因此）重用已有的，"现成的"与/或可初始化的（即可参数化的）"现货供应的"（OTS）模块与构件。其他的涉及以下转换：不使用现货供应软件，从非形式（或形式的抽象规约）语言规约到形式的（比方说程序设计）语言规约。这个阶段包括最终的编码阶段。同样，这里的界线通常是模糊的。

软件设计的步骤

在本书中，我们假定读者已经具备有一定的程序设计知识，即软件设计知识，虽然有可能在相当具体的（即编码）层次。按照这个假定，我们不会论述重要的软件求精概念。相反，我们假定读者已经学习或将会学习诸如以下的教科书：Dijkstra 的 Discipline of Programming [83], Gries 的 Science of Programming [126], Reynolds 的 Craft of Programming [291],

Hehner 的 Logic and Practical Theory of Programming [154, 155], Jones 的 Systematic Software Development [193, 194], Morgan 的 Refinement Calculus [244] 或者Back 与 von Wright 的（早期的）Refinement Calculus [18]。在第 29 章中，我们会简单地介绍软件设计精化的概念。

1.3.6 讨论：时期、阶段与步骤

时期、阶段与步骤的概念，即关注分离的概念——在语用与语义上——是重要的。因此我们会进一步阐明这些概念。

时期、阶段与步骤的迭代

理想上而言，如果可以以线性的方式进行软件开发是美妙的，从领域开发，经需求开发，到软件设计。但是现实很少允许线性的思考与开发。相反，在跨越这三个阶段的软件开发中，我们经常遇到它们是迭代的：在时间上相邻，甚至进一步的时间空间阶段之间前进与后退。图 1.2 试图举例说明这个迭代。

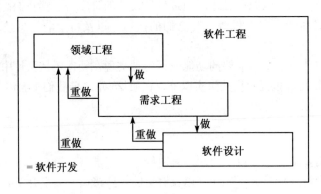

图 1.2   迭代三部曲阶段开发的图表

在图 1.2 中带有标签**做**的箭头表示前进，即时间上的线性行进。带有标签**重做**的箭头显示后退，即时间上的迭代回归。因此在开发中，迭代是通过遍历一系列一个或多个**做**与一个或多个**重做**标签箭头所获得的。我们稍后会更加仔细地解释迭代与进化式开发的可能含意。类似的注解可以加在逐阶段迭代与逐步迭代开发上。

时期、阶段与步骤的并发

通常每次开发一个时期。首先开发领域时期，然后需求时期，并且最终软件设计时期。对于不同时期的阶段与不同阶段的步骤，有些时候可以同时执行对它们的开发，即同时通过不同的开发小组，或至少在部分重叠的时间间隔之中。领域建模的阶段通常遵循如图 1.3 所示的序列顺序。

可以典型地独立（即并行）开发领域需求、接口需求与机器需求阶段。独立开发也适合于机器需求之中的单独"步骤"：性能、可信性、可维护性、平台，以及文档编制需求步骤。图 1.4 举例说明了机器需求阶段可能的独立开发。

本节中所示的图标带领我们进入过程模型的主题。

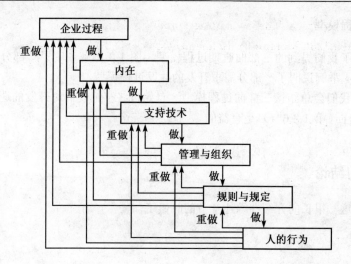

图 1.3　领域阶段迭代的图表

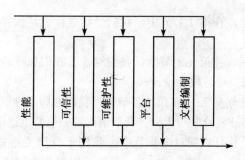

图 1.4　机器需求阶段并发的图表

1.4 三部曲过程模型——首次考虑

术语过程模型曾经并继续在软件工程实践者与研究者之中流传且在某种程度上流行着。我们因此会非常简要地介绍那个概念。

1.4.1 过程模型的概念

在软件开发中有许多小组和许多人，每一个可能会需要在长时期内以及地理上分布很广的区域与其他小组或人进行协作。因此，建立所有小组与人都一致同意的清楚的方针、原则、技术与工具是极其重要的。软件开发过程模型的概念及其阐明的作用就在于此。

特性描述：通过软件开发过程模型我们理解一组指导如何开始、实施与结束软件开发项目的方针，一组用于分解这些部分（开始，实施与结束）为更小、更可管理的部分的原则与技术，以及一组用于指导在这些更小的部分中做什么以及如何做的原则、技术与工具。

在本节中我们因此会十分简要地总结这几卷所基于的软件开发过程模型的基本思想。

1.4.2 三部曲过程模型

图 1.2 强调了我们提到的三部曲时期过程模型。图 1.3 图解说明了一部分领域开发的迭代过程模型。图 1.4 举例说明了一部分需求开发的并发过程模型。

在下节中，我们会总结该三部曲过程模型。自始自终牢记我们对开发的迭代与并发时期、阶段与步骤的评注（第 1.3.6 节）是有益的。

1.5 第 1 章的结论

现在是结束这一很长的介绍性综述章节的时候了。

1.5.1 概要

我们已经介绍了我们的软件开发方法至关重要的若干方面。

- **软件工程的定义**：首先，在第 1.1 节中，我们介绍"什么是软件工程"的"旧的"与"新的"定义及其特性描述。
- **软件工程三部曲**：然后，在第 1.2 节中，我们综述了我们独特的软件开发途径的三个关键时期：领域工程、需求工程与软件设计。
- **软件开发的时期、阶段与步骤**：在第 1.3 节中，我们回顾了这三个时期并进一步提出了在这些时期与阶段之中的开发阶段与步骤。我们请读者去扼要重述这些阶段。
- **软件开发过程模型**：并且在第 1.4.1 节中，我们十分简要地提出了过程模型的主题，特别是通过本书所提出来的这一主题。这个过程模型会在后面的章节中，尤其是在第 16、24、30 与 31 章中会进行进一步详述。

1.5.2 稍后将会介绍什么

自然地，这一章对那些将要介绍的内容只是匆匆一瞥。

- **领域工程**：第 IV 部分会"极度"详细地介绍领域工程。
- **需求工程**：第 V 部分会"努力"详细地介绍需求工程。
- **软件设计**：并且第 VI 部分会以某种更加粗略的方式来介绍软件设计！

1.6 文献评注

第 1.1 节提到若干软件工程的主要教材。那些以及其他的一些教材是由以下作者撰写的：

- Ian Sommerville [333]
- Roger S. Pressman [279]
- Shari Lawrence Pfleeger [270]
- Carlo Ghezzi, Mehdi Jazayeri 与 Dino Mandrioli [117]
- Watts S. Humphrey [169]

- Hans van Vliet [365]

如果你无法获得本套软件工程丛书的第 1 卷与第 2 卷，那么我们推荐 Ghezzi, Jazayeri 与 Mandrioli 的教材 [117]。特别地，软件工程第 2 卷使得我们对 [117] 的推荐变得没有必要。

为了对这几卷书进行补充，我们强烈推荐 Hans van Vliet 的杰出工作 [365]。同时，Humphrey 的工作 [169] 也是对这几卷书的一个很好的补充。

1.7 练习

1.7.1 一系列的软件开发

在本卷中我们会涉及许多完整的软件开发。其中一些会在本卷的各个章节中进行介绍，或者它们已经在先前的卷中被部分介绍过了（铁路系统等）。在大多数章的练习小节中我们会介绍这一被称作完整开发的其他方面。

这些介绍的共同点是许多特定应用领域的粗略描述。可以用短语把它们简要地表达成要解决的问题如下：

1. 什么是管理表格处理？
2. 什么是机场？
3. 什么是空中交通？
4. 什么是集装箱港？
5. 什么是文档系统？
6. 什么是金融服务系统？
7. 什么是物流？
8. 什么是医院？
9. 什么是制造公司？
10. 什么是市场？
11. 什么是都市圈[11]旅游业？
12. 什么是铁路系统？
13. 什么是大学？
14. 什么是公共管理？
15. 什么是财政部？

下面我们简要地给出每一个单独领域的十分粗略的描述。

1. **什么是管理表格处理？**

企业典型地把一部分它们的日常操作（尤其是管理）建立在一小组表格的基础之上。这些形式包括雇佣表格：申请表、雇佣信、要约接受或拒绝、工作练习表、带薪或不带薪病假报告单、终止或通知单等；以及采购单：产品或服务查询、产品或服务要约、请求单、收据、检查（接受或拒绝）表、付款表格等。每一份表格基本上包含要部分或全部填写的预先定义好的字

---

[11] 诸如新加坡、中国澳门、中国香港、伦敦、纽约、东京、巴黎等的城市可以被称之为"都市圈"。

段。每一份这样部分填写的表格可能要经历若干轮填写，并且可能当需要的时候，需要经过批准（即签名）。

2. 什么是机场？

这个主题的领域描述标识并描述与以下相关的实体、函数与事件： 人（乘客）流、物资（燃料、给养、行李）流、飞机、信息（乘客、行李、给养、燃料、服务等信息）与机场中的控制流。

3. 什么是空中交通？

这个主题的领域描述标识并描述与以下相关的实体、函数与事件： 飞机的运动（启动，起飞，飞行，准备降落，有可能等候（在等候区），降落与滑行）——在地面、终点、区域与大陆空中交通控制塔的监视与控制之下。

4. 什么是集装箱港？

这个主题的领域描述标识并描述与以下相关的实体、函数与事件： 从集装箱港进出的船只与货物流：船只抵达集装箱港，船只可能必须抛锚在集装箱码头位置，船只卸载与装载集装箱，由于顾客、非法货物或缺少适航的理由而被扣留在港口，船只在港口清洁它们的燃油箱，以及船只离开港口。

5. 什么是文档系统？

这个主题的领域描述标识并描述与以下相关的实体、函数与事件： 文档：在特定时间与地点它们作为原始文件被创建，把它们分配给人或放置在文件柜中，它们的拷贝（由此生成唯一的、彼此截然不同拷贝，该同一文档没有两个拷贝是相同的，因为这些拷贝必须是在不同的时间拷贝的），它们的编辑（因此该正在被编辑的文档——无论是原始的、拷贝还是版本——成为了它由编辑而来的文档的一个版本），它们的移动（即从人或文件柜传递到（其他）人或（其他）文件柜，所有的必须在不同的位置——或者由于与该文档有联系的人携带着该文档"四处走动"而造成的文档移动），或者它们的粉碎。

6. 什么是金融服务系统？

这个主题的领域描述标识并描述与以下相关的实体、函数与事件： 人、顾客使用银行、保险公司、股票经纪人与投资组合经理。因此需要描述这些现象的实体与函数等。特别有趣的是银行、保险公司、股票经纪人、（假定的）证券交易所与投资组合经理之间的证券文书的转让。

7. 什么是物流？

这个主题的领域描述标识并描述与以下相关的实体、函数与事件： （1）人（发送者）向物流公司查询与实际发送或接收货物运输；（2）物流公司与载重汽车运输公司、货运车司机、船主以及货物空运公司安排这些运输——物流公司也与载重汽车与货运车仓库、港口与机场相互配合；（3）载重汽车、火车、船与飞机在仓库、港口与机场装载与卸载货物，等等。其中一个中心概念是运货单（或提货单），它指示货物从其起始点经中间连接设备（仓库、港口、机场）到其终点。

8. **什么是医院？**

这个主题的领域描述标识并描述与以下相关的实体、函数与事件：病人、探望者与医护工作人员流，物资（床位、药品等）流、信息（带有临床测试、X 射线、心电图、核磁共振扫描、电脑断层扫描等更新信息的病人病历）流与医院中的控制流。因此需要叙述作为一个过程的病人治疗以及其与其他医院过程之间的相互作用。

9. **什么是制造公司？**

这个主题的领域描述标识并描述与以下相关的实体、函数与事件：进入制造公司的定单及其交货流，物资（零件）流，设备（卡车、传送带等）流，信息（销售定单、生产定单等）流，以及在制造企业各个部分之间与之中的控制流：营销，销售与服务，设计，生产平台（机器（车床、锯机、磨机、刨机等）及其进出托架，运货车等），零件与产品仓库，等等。

10. **什么是市场？**

这个主题的领域描述标识并描述与以下相关的实体、函数与事件：顾客向零售商查询订货，收货，退货（拒收），接收并付款，另外零售商向批发商做类似的活动，批发商又向生产商做类型的活动，其中分销公司可能会卷入从生产商到批发商到零售商到消费者的传送中。

11. **什么是都市圈旅游业？**

这个主题的领域描述标识并描述与以下相关的实体、函数与事件：人（游客、会议参加者、商务人士）查询，抵达，流动于并离开都市圈：在机场与旅店之间，以及在旅店、饭店、商场、博物馆、影院、公园及历史名胜之间。查询并预定旅店房间、饭店（桌位）、影院（电影票），查询并购买交通卡，购买什么，计划购物（行程），等等。所有这些都是旅游者到都市圈所要经历的事情的一部分，包括可能看牙医、医师或挂急诊。

12. **什么是铁路系统？**

这个主题的领域描述标识并描述与以下相关的实体、函数与事件：铁路网（线路与车站），时刻表，列车运行，乘客查询、购买车票，取消或使用车票，等等。线路与车站由钢轨单元、信号等组成。因此，铁路系统职员调度与重新调度，维护（清洁、修理等）列车，并且职员被登记在册（即被指派列车职责），等等。

13. **什么是大学？**

这个主题的领域描述标识并描述与以下相关的实体、函数与事件：学生、讲师与行政管理人员，学生与讲师的课程与上课，课程描述，课程计划，教室（练习与占用），考试，等等。这些包括学生向大学申请入学与注册课程；讲师准备课程，公布信息、授课笔记等，以及实际讲课。你可以"加上"，即在上述的基础之上加入所有那些你在大学中所经历的"其他事情"。

14. **什么是公共管理？**

这一组活动的基础是创建于管理有关公民日常生活的法律，公民每日、每周、每月、每年或只是偶然"遭受"或受益于这些法律的效果——根据具体情况而定。例如，管理社会福利、医疗保险、税金与消费税，建筑法规与土地规划（规章），等等。这些法律的创建发生在议会。在递交给议会之前内阁准备法律的草案。议会委员会讨论这些法律并有可能建议修改或推荐议会采用。议会讨论这些法律并最终采用有关这组活动的法律。内阁规划并签署公务员应该如何执行这些法律的规章制度。公共行政管理部门有可能依据特定的解释来进一步修订这些规章制度，等等。

这个主题的领域描述标识并描述与以下相关的实体、函数与事件：该创建过程从头至尾经过议会、内阁、公共行政管理部门直到与公民交互的办事处。公民可能会希望了解该法律的历史：最初创建该法律的动机，发生在议会小组委员会及议会中的讨论（即它是如何制定的），内阁办公室规划了哪些规章制度及行政程序，以及公共行政管理部门对它们的实践，等等。最后，涉及该法律的目的，公民需要通过请求诸如受益，提交诸如报告等来与该法律互动。

15. 什么是财政部？

这个主题的领域描述标识并描述与以下相关的实体、函数与事件：管理财政税收、预算及国库的国家部门。

与上面的 14 个领域概要形成对比——其中我们依赖于你自己以前的，虽然只是表面的那些领域知识——我们会在一定程度上更加详细地阐明财政部的"工作"。

一个财政部对其服务的国家的观点是该国家是层次地组织的：国家（s），（非重叠的）省（p_i），（非重叠的）地区（在省之内的，d_{i_j}），以及地区之内的（非重叠的）乡镇（城市、镇区、乡村等，$c_{i_{j_k}}$）——所有的省"组成"国家（$\{p_1, p_2, \ldots, p_i, \ldots, p_p\} = s$），一个省的所有地区"组成"了那个省（$\{d_{i_1}, d_{i_2}, \ldots, d_{i_\iota}, \ldots, d_{i_d}\} = p_i$），并且一个地区的所有乡镇"组成"了该地区（$\{c_{i_{\iota_1}}, c_{i_{\iota_2}}, \ldots, c_{i_{\iota_i}}, \ldots, c_{i_{\iota_c}}\} = d_{i_\iota}$）。

现在财政部关于税收与预算部门及国库的主要功能有以下这些：

（1）财政部税收部门每年签署一项命令，（该国家）各个省，（该国家）各省之内的各个地区，以及各地区之内的各个乡镇（等等，等等）对应的税收部门凭此通过调查或其他方式来收集，聚集，获得统计数据，即"评估数据"。这些数据表示税收收入（例如个人收入，销售（为了销售税的目的），规费（针对省、地区或乡镇机关所提供的服务）等）基础的"最佳猜测"。从乡镇开始交换这类数据（有可能以简单的总结报表形式）到乡镇所在的地区，并且以同样的方式从地区到省，然后到国家。这些交换必须发生在特定的日期（$D_{a_{c \to d}}, D_{a_{d \to p}}, D_{a_{p \to s}}$）之前。

（2）财政部的预算部门几乎同时签署一道命令，由此每个国家部委（包括财政部）为下一年度的活动（即开支）E_{m_μ} 设立一个预算 B_{m_μ}。财政部为各个部委期望的收入设定一个初始上限 I_{m_μ}（比方许多数以百万计的美元）。各个部委在特定的日期 $D_{\to m}$ 之前提交它们的（有可能经过协商的）下一年度的预算给财政部。在 $D_{\to m}$ 前，但是在 $D_{a_{p \to s}}$ 之后，财政部如果判定评估数据充分证明收入 I_{m_μ} 的调整是向下（悲观的）或向上的（乐观的），这个预算过程有可能发生改变。不同的部委在各个省、地区及乡镇也具有"影子"预算部门。

（3）议会然后聚集所有部委的单独预算 B_{m_μ}，议定并最终及时地通过下一年度的国家预算 B_s。

（4）预算 B_s 被再细分为省、地区与乡镇的开支。

（5）最后，下一财政年度到达，财政部税收部门要求（省、地区与乡镇的）税收部门定期收集所有相关税款并且定期按照适当的比率把这些税收的一部分上缴到对应的乡镇、地区、省及国家的国库中。作为独立于乡镇的地区也收集税款，它们的收入来自于这些税收与乡镇，并且其支出局部性地流向该地区的国库以及其所在省的国库，等等。

1.7.2 前言的注解

三个注解如下：

- 挑选的主题： 在下文中当我们提及选择的主题的时候，我们指第 1.7.1 节中所列出的 15 个问题中的任意一个。
- 非形式/形式： 当在软件工程的非形式化课程中使用本卷的时候，针对以下问题的答案只需要以非形式的方式给出，即用精确的自然语言文本（例如英语）。当在形式化课程中使用本卷的时候，你需要同时给出精确的自然语言文本与支持那个文本的公式。
- 增量式/进化式解决方案： 对于每一个练习——并且原则上你需要解决它们所有——你需要尝试思考并解决它。但是由于在这一卷中还太早，并且特别因为许多有关如何真正解决这些练习的材料几乎是在随后的所有章节中给出，我们期望你回顾你对以下练习的解决方案，对于每一个将要到来的章节而言，最好再回顾一次！

1.7.3 练习

后续章节中的练习会重复前九个练习，但是以更加详尽的形式。

练习 1.1 领域实体： 对于由你选定的固定主题。 列出约一打的领域实体。给出适当的短类型名，并且描述它们，无论是简单的还是复合的。如果是复合的，描述它们的复合。

练习 1.2 领域函数： 对于由你选定的固定主题。 列出约半打的领域函数：给出适当的短函数名，并且描述它们的基调，即它们"取"哪些参数以及有什么结果在"生成物"中。

练习 1.3 领域事件： 对于由你选定的固定主题。 给出约半打的领域事件。给出适当的短事件名，并且简要地描述它们。

练习 1.4 领域行为： 对于由你选定的固定主题。 比方说，列出三个行为。给出适当的短行为名，并且简要地描述它们。

提示： 把行为想象成进程，即把一个行为想象成"一个"进程。然后描述那个行为，例如它也会与其他行为相互作用，或通信，并因此例证了事件。

练习 1.5 领域需求： 对于由你选定的固定主题。 比方说，列出三个或四个领域需求。简要并非形式地描述它们。

练习 1.6 接口需求： 对于由你选定的固定主题。 列出两个或三个接口需求。简要并非形式地描述它们。

练习 1.7 机器需求： 对于由你选定的固定主题。 为以下每一个"标准的"领域列出一个机器需求：性能、可信性、维护、平台与文档编制。简要并非形式地描述它们。

练习 1.8 软件体系结构设计： 对于由你选定的固定主题。 明白而非草率地尝试简述一个软件体系结构——比方说用（简要规约的）框与（简要规约的）箭头来描述，其中框表示单线程进程，箭头表示进程间的相互作用（消息）。仅仅非形式地做这个练习。

练习 1.9　　软件构件设计：这个练习是对练习 1.8 的继续。对于你在练习 1.8 中简要给出的体系结构，挑选出一个或两个"框"并规约它们的数据结构与函数。仅仅非形式地做这个练习。

练习 1.10　　三部曲过程模型：不要求助于先前的第 1.4 节，尝试为你自己写下什么是三部曲过程模型的本质，即时期与阶段。给它们命名。尝试草拟一些进程模型图。

2

文档

- 学习本章的**前提**：你对软件工程的复杂性有基本的了解——比如正如在第 1 章中所勾勒的那样。
- **目标**：介绍文档编制的概念，介绍信息、描述（规定性的、规约性的）和分析 文档部分及其子部分的概念。
- **效果**：使得你在关键的文档编制方面成为专业的软件工程师。
- **讨论方式**：非形式地，几乎是随意的，但是严格的。

文档和项目

比如那些在软件工程中所产生的文档是项目的一部分。项目开发领域描述，或需求规定，或软件规约，或者是前两者，或者是后两者，或者这三者全部。软件工程项目基本上仅开发文档和不那么有形的人的洞察力。在这一章，我们将考虑软件工程项目会产生哪些种类的文档。

2.1 文档编制就是全部

软件工程的目标是构造（部署和维护）软件。前面我们给出了我们用软件所指事物的定义（参见第 1.2.5 节）。软件工程的本质是基于人的环境和软件将要进入的环境构造（和分析）文档。我们不仅指（成为计算的基础的）代码，同样也指对句法上软件是什么的刻画中所列出的所有其他事物。软件工程没有像机械、土木、化学、电气和电子工程中所做出的物质上的人工制品。由此软件工程师就我们在这一章所探讨的文档编制的全部内容来说是胜任的这一点极为重要。也即，软件工程师是一个受教育者这一点非常重要。

2.2 文档部分的种类

存在有大量地文档。所以我们需要首先考察它们；然后我们需要更加详细地对每一类进行探讨。

2.2.1 概述

我们对如下的三种文档文本种类进行区分：(i) 给出将要开发的是哪一个开发时期的信息

但（基本上）没有对其描述的文本，(ii) 进行描述（规定、规约）的文本，(iii) 进行分析的文本。一个开发文档可以包含所有这些文档部分，但应当清晰地记述和标记这些部分。

第 2.4~2.6 节现在将解释通过适当的文档编制的这些部分我们所指的是什么。本卷的其余部分将会解释如何构造这些适当的文档编制。但首先就描述谈一谈。

2.2.2 什么是描述

描述这一术语不是太容易理解。要想指出某文本描述某事物是指什么几乎就是一件哲学任务。所以我们在这一主题上花些时间是适当的。这里给出一小部分，更多的将在第 5~7 章谈到。

信息、描述、分析

上文我们区分了三种文本：(i) 给出信息但（基本上）没有描述的文本，(ii) 描述（规定、规约）要开发的是哪个开发阶段的文本，(iii) 分析的文本。需要澄清这些区别。但是我们提醒读者：永远不可能完全清楚、完全无二义性地进行区别。会有可以说既是描述的也是分析的文本，会有可以说既是信息的也是描述的（规定的）文本，以此类推。

在第 4.2.2 节，我们勾勒对描述和规定已做出的区分，但是没有适当地予以解释。目前，请把其看作语义上同义，而语用上相异。

特性描述：通过描述（或规定）文本，我们指表示和/或描述某物理上存在的现象的文本，或定义可以称之为对物理上存在现象进行抽象的概念文本。   ∎

例 2.1   **粗略描述的内城街道系统描述**   让我们想象一个内城的单向街道集合。比如，人们可以写出如下粗略描述的这样的一个系统的描述：有一个称作内城的城市区域。还有一个称作外城的分开的但是接壤的城市区域。城市由交通上有限数量的街道构成。街道是有两端和（它们之间的）长度的某事物，它允许交通工具从一端移动到另一端。每一内城街道都是单向的，即仅允许一个方向的交通。每一外城街道都是双向的，即允许两个方向的交通。或者每一内城街道在每一端与一条或者多条内城街道连接（有一个交叉），或者在每一端与一个或多个外城街道连接，或者—— 是上述的混杂—— 一端与一条或者多条内城街道连接，另一端与一条或者多条外城街道连接。进一步限制（"完全"）在内城的两条（或者多条）单向街道的连接（交叉），使得任何两条如此连接的街道只允许相同、连续方向的交通。也即，如果两条连接的街道是 (b_i, s_i, e_i) 和 (b_j, s_j, e_j) —— 其中（被注释的） b 表示街道头（beginning）， e 表示街道尾（end）， s 表示街道（street）本身， (b, e) 表示它们的方向—— 则 $e_i = b_j$ 。

特性描述：通过分析文本，我们指证明（即论证）或表示某其他文本的性质或文本对之间声称成立的性质的文本。   ∎

例 2.2   **粗略描述的内城街道分析**   我们通过陈述自该例的文本的分析所得到的性质来接着例 2.1。(i) 内城的交通不可能呈现环形。(ii) 一旦到了内城之中，出去实际上也是可能的。

(iii) 在相同的（两条街道）连接处，既进入内城也从内城出来是不可能的。(iv) 人们进出内城所要经过的内城的单向街道的最大数量是内城单向街道的数量。 ∎

特性描述： 通过信息文本，我们指基本上即不是描述也不是分析的文本，也即，不表示物理现象或与这些直接相关的概念的文本，而是另外"指"向或蕴含了描述或分析文档的文本。 ∎

对描述（规定）和分析文本所指内容的刻画相对较容易，而对信息文本所指内容的刻画则更加困难。我们接着例 2.1~2.2。我们给出信息文本的示例，它们通常先于粗略描述及其分析文本。

例 2.3 粗略描述的内城信息 (i) 这一合同工作的合作者是 (i.1) X（市）政府，路政部门，(i.2) 信息科学咨询公司 Y。(ii) 当前情况 是内城交通一团糟。(iii) 由此有对能够改善这一情况的内城交通系统的需要。(iv) 想法是为某种点到点的交通流来提供。(v) 也即，点到点的交通流是关键概念。街道段和街道交叉口是其他的重要概念。(vi) 我们关注的范围是内城。(vii) 我们关注的区间是街道中的交通。(viii) 我们想同一家擅长人口统计、交通分析和诊断的咨询公司签订合同以执行进一步的研究并提出建议——包括为市政府给出设计概要。

为了让我们更加容易地描述在软件开发项目中什么样的信息文本是必要的，我们（由此）限定上文所示及的这些文本：当前情况、需要、想法、概念、范围、区间和合同，包括设计概要文本。另外有时我们可以同样希望系统阐述纲要，前面的信息文档部分的一种总结（概要）。由此第 2.4 节将主要探讨这些信息主题。通过提供此种"信息文档系统体系"，我们同时使得软件工程师更加容易地了解这样的信息文档是重要的以及它们所应当包含的内容。

描述、规定和规约

与后面关于描述和规定的材料一致，我们简要地做如下区分。已做出但未完全解释这些区分：领域是被描述的，需求是被规定的，软件是被规约的。保持这些区分是有帮助的。

2.3 可交付物

特性描述： 通过可交付物，我们理解合同中需要且由此（将）被开发和（将）在该合同各方之间交换的一份文档——如这里的软件开发：无论仅是为领域描述，或者仅是为需求规定，或者仅是为软件设计，或者是为它们的一些部分，或者是为它们的组合。 ∎

有许许多多的种类的文档。由此合同清晰地说说明哪些是可交付物是非常重要的：它们的形式、预期内容、细节和形式的预期程度，它们是否已确认、验证、测试等等。我们也将看到，许多文档（开始时）可能不会被看作可交付物，但是它们的开发却满足了关键需要。这几卷很大程度上以文档交付物的专业生产为中心。

2.4 信息文档部分

在严肃且通常很长并有些单调的描述能够被开发之前，更不用说展示了，开发者和他们的客户必须就一些基本内容达成一致。一些公共信息必须要首先建立起来。信息文档达到了这一实际目的。

没有规定它们的句法。通常不能清晰地定义它们的语义。但是它们的语用是很关键的，且是管理决策的基础。通常开发者仅使用信息文档的小块—— 而且仅是在给出管理方向的时候：要干什么！

我们建议如下的信息文档部分种类：

1. 姓名、位置和日期
2. 合作者列表
3. 当前情况
4. 需要
5. 想法
6. 概念
7. 范围
8. 区间
9. 纲要
10. 假设和依赖
11. 隐含/派生目标
12. 标准
13. 合同
14. 设计概要
15. 日志

它们能很好的满足初始建立的合作者协议。

2.4.1 姓名、位置和日期

项目必须有简短、提供信息的名字。项目在某处进行，一个或者多个位置。信息项目文档必须标记日期。

2.4.2 合作者

典型地，在信息科学中的合同工作可以有许多合作者。典型情况下，我们把这些称为客户： 企业、机构，或其他。它们希望通过计算以及可能其他可以帮助开发者的工作，包括为企业给出建议的这样的咨询公司或其他人来探究问题的可能方案。同样相应地我们把这些看作开发者： 主要开发者，可能其本身也是一个咨询公司，或者更典型地，也许是一个软件公司，以及可以对主要的开发者给予客户工作的帮助，包括给出建议的可能是专家咨询公司或研究机构的科学家。现在我们再多谈一下这两个类别。

客户

客户能够为 (i) 领域模型的开发签订合同，包括描述和分析文档，(ii) 或者客户能够为需求模型的开发签订合同，包括规定和分析文档，并基于领域模型，(iii) 客户也同样能够为软件设计的开发签订合同，包括规约和分析文档，并基于领域和需求模型。(iv) 客户能够为领域和需求模型组合的开发签订合同，(v) 或者客户能够为需求模型和软件设计组合的开发签订合同，(vi) 或者客户能够为所有组合的开发签订合同：领域和需求模型，以及软件设计。

为了在对开发者给出建议和评价开发者工作（即可交付文档）方面帮助客户，客户通常用到咨询者，或者是客户领域及其信息化方面的专家，或者是开发者工作质量评价方面的专家。

可以给出一个类比：海运公司在签订轮船建造的合同时，会立即与如 法国船级社 [48]、劳埃德船级社 [220]、挪威船级社 [256]、TÜV [352] 等这样的质量评估咨询公司联系。这些公司不预先计划地审查这些轮船设计开发和实际建造。要点是海运公司通常不具有所需的专门知识来检查经常是（在数学上）非常复杂的设计，也不具备类似的高级船只建造工具技术及其正确的使用，等等。保险公司要求使用这些外部的第三方评估者来承保。为了做这一工作，这些公司雇佣具有卓越才干的轮船建造专家。

类似地，领域模型、需求模型和/或软件设计的客户可能需要信息科学专家来类似地检查开发工作的质量。由此一个新的行业就已在成长之中：它检查信息科学的工作是在专业的必要层次上进行的。

开发者

相称地，能够与开发者签订合同来开发 (i) 领域模型，包括描述和分析文档，(ii) 或需求模型，包括规定和分析文档，且基于领域模型，(iii) 或软件设计，包括规约和分析文档，且基于领域和需求模型，(iv) 也可以与开发者签订合同来开发领域和需求模型的组合，(v) 或需求模型和软件设计的组合，(vi) 或者所有的组合：领域和需求模型，以及软件设计。

为了对开发者就工作的"更艰难的"部分予以帮助，开发者可以使用顾问，或者是客户领域及其信息化的专家，或者是领域和需求模型以及软件设计的性质验证的专家，或者是从领域到需求再到软件的开发阶段正确性验证的专家，或者是特定的新颖的工具支持（即开发技术）专家。

2.4.3 当前情况、需要、想法和概念

四个相异的概念会合在一起：当前情况、需要、想法和概念。我们依次讨论它们。但首先是一个例子。

例 2.4　海上交通连接 本示例取自完全不同于软件领域的一个领域。它关注在两个大陆块沿海地点之间可能建立的非船只连接。

- **当前情况：**　当前情况是许多人和交通工具：汽车、卡车、火车每天必须经过这些大陆块，等待和实际渡运传输的时间产生了过分的延迟，而这些延迟又产生了过分的代价。
- **需要：**　所以就有了加速等待和运输时间的需要。
- **想法：**　所以就提出了想法，提供一个固定的连接，或者 (a) 是一条隧道，或者 (b) 是一架桥梁，或者 (c) 是隧道和桥梁的组合。
- **概念：**　更确切地来说，确定下来如下的固定连接概念，即 (i) 指定两个特定的沿海区域 π_1, π_2 作为固定连接的"锚定"点，(ii) 选择的原因是在这两点之间有一个适当的小岛 ϕ，(iii) 在 π_1 和 ϕ 上的某点之间提供铁路和道路桥梁的低架组合，(iv) 在 ϕ 上的另一点和 π_2 之间提供了高架道路桥梁，最后再提供 ϕ 上的另一点和 π_2 之间的铁路隧道。

注意当前问题是如何成为需要，需要又如何成为想法，想法又如何引出粗略阐述的概念的。　∎

例 2.4 表达了一个元需求，即（想法是）固定连接取代船渡。把上文的示例转化为软件工程以及由此的三个时期的任意一个，元需求表达了更好理解领域，或者获取需求规定，或者设计软件的想法。在例 2.4 中，对于固定连接没有表达任何特定的需求，比如以这样的成本等等要能够承载多少多少的道路和轨道交通。

当前情况

特性描述：通过当前情况 —— 在信息软件开发文档编制的上下文中—— 我们理解论域的领域中的问题的非形式表达：无论其是否与领域相关，或是与需求相关，或是与软件设计相关。 ■

例 2.5 当前的铁路网络处理问题 铁路网络维护的处理成本非常高。处理过程通常要很长时间且易于出错。除了其他以外，处理是基于对与铁路网及其实际状态（是否磨损，过去修理的历史，等等）相关的大量存储的纸质文档和画图的人工操纵。 ■

仅引出领域描述项目的当前情况—— 不必要跟有一个需求规定项目—— 通常来说很难让新的未经过训练的员工了解领域。根本就没有好的介绍性的训练材料。引出需求规定项目的当前情况通常是软件要被开发。

需要

特性描述：通过需要 —— 在信息领域描述文档编制的上下文中—— 我们理解对更好地理解领域这一需求的非形式表达—— 以及—— 在信息软件需求规定规定文档编制的上下文中—— 我们把需要理解为对软件的需要以及对由此的需求规定的需要的非形式表达。 ■

例 2.6 对改善铁路网处理的需要 我们接着例 2.5。接着例 2.5 所陈述的确认，存在有大量改善铁路网的维护处理成本、时间、精度的要求。 ■

想法

特性描述：通过想法 —— 在信息软件开发文档编制的上下文中—— 我们理解—— 在软件开发的上下文中—— 对原则上可以如何实现需要的一个非常简短的阐述。 ■

例 2.7 铁路网支持软件的需要 我们接着例 2.6。想法是计算机化铁路网文档编制机器处理过程，通过分布式计算系统来这样做，其中"在哪里存储"和"在哪里使用"是透明的，且令系统很容易存储、展示、搜索文本、图画、度量（表、虚线）和照片。 ■

当前的问题和由此派生的需要不仅仅通过计算系统来实现，还可以通过：新的管理人员和/或得到更好培训的工作人员，或者新的处理过程（即企业过程再工程）或其他。

在领域描述项目的上下文中，想法通常是就只开发：领域描述。在需求规定项目的上下文中，想法则是就只开发：需求规定。但是这些想法可以通过更加细化、提供更多信息的形式来表达，而不是仅说"就这些"！

概念和工具

"概念和工具"节的语用是—— 非常简要地—— 告诉合同各方什么是合同中对象领域的最重要的想法。

特性描述： 我们对术语概念和工具的使用某种程度上是互换的：工具是物理现象，而概念是思维构造（通常涵盖某物理现象或这些的概念）。在项目文档编制的信息部分，这里所提到的概念和工具依赖于论域。在仅关于领域描述的开发项目的信息的上下文中，概念和工具在该名字的文档小节中用于表示与领域最相关的事物。在仅关于需求规定的开发项目的信息的上下文中，概念和工具在该名字的文档小节中用于表示与需求最相关的事物。∎

在项目"早期的"信息文档中可能不得不提及若干概念和工具。

例 2.8 **铁路网计算机化的概念和工具** 我们接着例 2.7。工具和概念包括：(i) 进一步把每一铁路网单元（即网络每一最小个体处理部分）表示为元组（即在关系（如 SQL [79, 174, 230]）数据库中可独立存储的实体）；(ii) 通过类似的 SQL 关系等等来表示（邻接等）这样的单元、单元和邻接的（分离的，也是关系表示的）信号、电力线路、月台等等彼此之间的关系；(iii) 也要表示土木、机械、电子机械、电子工程的图像。通过这些，我们指图画、测量、照片，使得这些图像能够通过适当属性来引用——可能使用 SQL 关系的形式来注释这些图像。(iv) 概念上的想法就是为这样的数据库的地理分布做准备，(v) 为铁路网的全景而把上文所有的关系提供给地理信息系统（GIS, geographical information system），(vi) 为 XML [198, 286, 303] 方式描述的上文中所概述的这样的数据的铁路维护中心之间的交换提供方式。∎

在领域描述项目的上下文中，概念实际上就是所要描述的领域的主要实体、函数、事件和行为的列表。领域描述概念可能也包括主要的内在、支持技术、管理和组织、规则和规定等等的现象和概念的列表。

2.4.4 范围、区间、纲要

四种信息文档部分：当前情况、需要、想法、概念构成了介绍性的"总体"，它现在需要被"充实"。需要采用更加一致的方式把它们放到一起—— 在被称为范围、区间和纲要的文档之中。

范围

特性描述： 通过范围 —— 在信息软件开发文档编制的上下文中—— 我们理解问题更宽泛的环境的概述，即手头的论域。∎

我们开始一系列的新示例。我们将了解到，尽管与铁路相关，下面的例子没有"直接"相关，而仅是隐含地与前面一系列的示例（从例 2.5～2.8）相关。

例 2.9 交通范围 我们粗略刻画基础架构构件。一般来说问题是理解交通领域：道路、铁路、空中和海洋运输的领域，多模式货物运输物流的领域。 ∎

区间

特性描述：通过区间 —— 在信息软件开发文档编制的上下文中—— 我们理解更确切的领域的概述以及所要解决问题的本质。 ∎

例 2.10 铁路系统区间 更确切地来说，在例 2.9 中所勾勒的问题是构建铁路系统的领域理论：铁路网、铁路、交通，其规划、监测和控制，乘客和运输机车等等的铁路系统。 ∎

纲要

特性描述：通过纲要[1] —— 在信息软件开发文档编制的上下文中—— 我们将其等同于概述、总结，也即全面的观点，也即当前情况、需要、想法、概念、范围和区间的文档编制组合的抽取，它给出关于一个论域的信息，且对于该论域有一些开发工作要做：(i) 领域描述的构造；(ii) 基于已有的描述对需求规定的构造，或者两者；(iii) 或者基于已有的需求规定对软件设计的构造；(iv) 或者两者（需求和软件设计）；(v) 或者全部（领域、需求和软件设计）；(vi) 或者前两者（领域和需求）。 ∎

例 2.11 铁路系统领域理论项目纲要 该项目是开发和研究铁路系统的领域模型—— 如上文所示及的范围和区间！由此期望领域模型涵盖如下的现象：(i) 铁路网：其静态和动态性质，包括信号发送；(ii) 火车时刻表：其计划、构造并作为交通的基础；(iii) 全部机车：火车的组合和分解，维护等等；(iv) 交通：火车的派遣、监测和控制，包括重新调度等等；(v) 铁路工作人员：车站、铁路网和铁路的服务值班时间编排；(vi...) 以此类推。 ∎

当然，纲要比上文所举例说明的内容还要多。关于范围和区间也比所举例说明的要有更多的内容和更多的细节。典型情况下是半页到三分之二页之间。通常不会再多。合同签约人不会阅读更多的这样的内容！

· · ·

两种难以量化的信息文本通常在那些实现计算系统的人员的下意识中。一种是对位于应用领域之外的事物的假设，以及对任何这样的所需计算系统以后将会经历的依赖性假设。另一种是通过对所需计算系统的部署期望实现的元需求。在接下来的两节中对它们进行探讨。

---

[1] Synopsis（纲要）：来自希腊语，全面观点，来自 synopsesthai：将要放在一起看。

2.4.5 假设和依赖

有两种假设和依赖。一种和知识源有关。对于领域开发，需要有源头，从其领域工程师能够学习和开发领域描述。对于需求开发，需要有领域描述和人，从其需求工程师能够引出需求并由此开发需求规定。对于软件设计，需要有需求规定。另外一种和领域的描述有关。

通常领域描述（是我们的（领域）需求的基础）略去了我们称之为领域"边缘"的部分，即领域的环境。若也要描述那些部分的话可能就"太多了"！该环境被认为太大、太难以管理，以至于不能描述。

不过，如果它不在领域描述中，则迟早该环境会出现在需求规定中。最终需求规定就会—— 可能不是关键性地，但至少—— 依赖于由环境中发起的事件，或者计算系统把输出交给该环境的能力。

我们大概说这就是我们通过假设和依赖所指的事物。在第 23.2.9 节我们就是否忠于假设和依赖而回顾需求规定时再回到这一问题。

> **例 2.12** **假设和依赖的两组例子** 对于金融服务行业的领域描述开发，假设开发者可以接触到必要和足够数量的专家，他们具有必要和足够的关于他们的领域各自部分的知识，并且所产生的领域模型的质量（也同样）依赖于对假设的满足。对于如在金融服务行业领域中的特定银行的需求规定的开发，期望满足三组假设：有金融服务行业相关部分的互相认可的领域描述；开发者可以接触必要和足够数量的专家，他们具有必要和足够的关于所需需求各自部分的知识；客户准备好且愿意考虑对目前的领域管理和操作进行可能的企业过程再工程。期望满足两组依赖性：所产生的需求模型的质量（也同样）依赖于假设的满足；最终开发和安装的软件的用户忠实地采纳可能的企业过程再工程实践。∎

2.4.6 隐含/派生目标

通常计算系统提供了大量的实体、功能、事件和行为，且它就是那些我们规定的需求。但是那些实体、功能、事件、行为自己实际上并没有反映为什么要对它们规定。通常它们的规定是用于实现"隐秘的"目标，不能使用表示出所规定的计算系统应当提供什么的方式来量化它。

典型的元目标是：(i) "计算系统的部署应当为公司产生更大的利润"。 (ii) "计算系统的部署应当为公司的产品赢得更大的市场份额"。 (iii) "计算系统的部署应当产生更少的工人事故"。 (iv) "计算系统的部署应当产生更加满意的客户（和雇员）。"

其他种类的元目标是：(v) "领域描述的存在将会产生或应当产生对领域更好的理解，由此会改善在领域中基于这样的领域描述进行培训的领域工作人员的表现"。(vi) "需求规定的存在将会产生或应当产生目标更加适当的软件"。

当我们回顾需求文档是否符合这些目标时，我们将再回顾隐含和派生目标。

> **例 2.13** **两组隐含/派生目标示例** 对于金融服务行业的领域描述开发，我们预见到了如下的隐含或派生目标：（基于可信的领域描述）对新员工更好地培训，（比如由于新的政府规定）为金融服务行业的企业过程再工程计划提供更好的基础，为了制定更宏伟的计算机化规划提升信心。对于需求规定的开发，如金融服务行业领域中特定的银行，我们预见到如下隐含或派生

目标：（尽管显示需求不能直接被实现为所需计算系统的一部分）人们希望（将要开发的）需求能够产生一个有助于银行在行业中取得前沿位置的计算系统，同时确保更宜人的员工工作条件和增加利润。 ■

2.4.7 标准

对开发标准和文档编制标准进行了区别。

开发标准

通常开发是在遵循一些（一个或多个）开发标准的上下文中进行。电气与电子工程师协会（IEEE [173]）为各种各样的软件开发制定了许多标准。其他国家和国际组织，包括国际标准化组织（ISO [175]）和国际电信联盟（ITU [179]）建立了类似的标准。

文档编制标准

通常文档编制是在遵循一些（一个或者多个）文档编制标准的上下文中进行。电气与电子工程师协会（IEEE [173]）也已为已各种各样的软件文档编制建立了许多标准。其他的国家和国际组织，包括国际标准化组织（ISO [175]）和国际电信联盟（ITU [179]）也已建立了类似的标准。

标准和建议

一些标准是有约束力的，一些是建议。对特定标准和建议的引用能够写到项目合同中，其用意是项目必须遵守这些标准和建议。一些标准要求或建议对特定的开发实践的使用，以及由此而来的文档编制风格。其他的标准要求或建议对特定的拼写形式、助记法、简写等等的使用。

特定的标准

对于软件开发及其文档编制有许多标准。一些标准来了又没了。其他的一些则相当稳定。对于更加专门化的标准的研究显示了如下的首字母缩略词：MIL-STD-498, DOD-STD-2167A, RTCA/DO-178B, JSP188 and DEF STAN 05-91。请读者在互联网上搜索它们。由此我们列出许多组似乎更加稳定和可信的标准才是合理的。

- 国际标准化组织：http://www.iso.ch/
  - ★ ISO 9001：在设计、开发、生产、安装和服务方面的保证质量的**质量系统模型**
  - ★ ISO 9000-3：把 ISO 9001 应用到软件开发、供给和维护方面的**指南**
  - ★ ISO 12207：软件生命周期过程 http://www.12207.com/
- IEEE 标准：http://standards.ieee.org/
  - ★ IEEE Std 610.12-1990，软件工程术语之标准词汇表
    这一标准包含 1000 多个术语的定义，建立了软件工程的基本词汇表。

- ★ IEEE Std 1233-1996，开发系统需求规约的指南

  这一标准为开发一组在实现后将满足一个所表达的需要的需求提供了指南。

- ★ IEEE Std 1058.101987，软件项目管理计划标准

  这一标准规约了软件项目管理计划的形式和内容。

- ★ IEEE Std 1074.1-1995，开发软件生命周期过程的指南

  这一指南提供了 IEEE Std 1074 的实现方法。（这一标准定义了构成软件开发和维护强制过程的行为集）。

- ★ IEEE Std 730.1-1995，软件质量保证计划指南

  这一指南的目的是确认支持 IEEE Std 730 的良好的软件质量保证实践的方法。（该标准建立了软件质量确保计划所需的格式和一组最小内容。每一所需元素的描述是粗略的，由此为其他标准的开发提供了模板，每一标准都是对这一文档的特定章节进行扩展。）

- ★ IEEE Std 1008-1987（1993 **再次确认**)，软件单元测试的标准

  该标准描述了由分层的阶段、行为、任务构成的测试过程。另外，它定义了每一行为的任务最小集。

- ★ IEEE Std 1063-1987（1993 **再次确认**），软件用户文档编制的标准

  该标准为用户文档编制的结构和信息内容提供了最小需求。

- ★ IEEE Std 1219-1992，软件维护标准

  该标准定义了进行软件维护的过程。

- 软件工程学院（SEI，Software Engineering Institute）： http://www.sei.cmu.edu

  ★ 软件过程改善模型和标准，包括 SEI 的各种能力成熟度模型

- UK 国防部标准： http://www.dstan.mod.uk/

  ★ 00-55: 国防设备中安全相关软件的需求

  http://www.dstan.mod.uk/data/00/055/02000200.pdf

  ★ 00-56: 国防系统的安全管理需求

  http://www.dstan.mod.uk/data/00/056/01000300.pdf

因此，请使用互联网来找到与你的项目相关的最新标准。

2.4.8 合同和设计概要

合同

当前情况、需要、想法、概念、范围和区间、纲要文档部分是合同文档的前言，为其设定了舞台，也是必要的背景。对于小型项目通常一个合同（文档）就足够了。对于更大的项目通常需要若干相关的合同（文档）。

特性描述：通过合同 —— 在信息软件开发文档编制的上下文中—— 我们理解一个分离的、可清晰标识的文档，(i) 在法庭上它具有法律约束力，(ii) 它确认合同各方，(iii) 它描述了通过日期、内容、质量等等为可能的相互交付所签订的内容，(iv) 它细化了特定的开发所使用和遵循的原则、技术、工具和标准，(v) 它为支付物定义了价格和支付条件，(vi) 它概述了如

果任何交付物没有按时交付，或者不具有所期望的内容，或者不具有所期望的质量等等则应怎么办。

项 (iii~iv) 构成了设计概要的主要部分 （参见下文）。

　　对于国家和国际合同，通常可以得到预定义的表格，这使得合同所必须包含的内容更加明确。我们将不给出示例。这样的示例应反映出"法律约束力"非常"正式"的状态，由此需要大量和非常仔细的措辞，所以非常的长。因此我们提到了国家和国际合同表格。

　　软件开发领域经历着绝大的改善。客户有权具有法律所保证的质量标准（包括正确性验证）。(i) 如果（将）要签订领域描述的开发，合同将必须引用更宽泛的领域并给出对命名领域参与者更加确定的引用；或者 (ii) 如果（将）要签订需求规定的开发，合同将必须引用已有的领域描述并对命名的参与者给出特定的引用；或者 (iii) 如果（将）要签订软件开发，合同将必须引用已有的需求规定并对命名的参与者给出特定的引用。

　　因此合同应当命名"方法"，通过其来开发交付物—— 我们在特性描述的项 (iv) 中示及了它。

设计概要

　　特性描述：通过设计概要，我们理解清晰描述的合同子集文本。回忆一下（特性描述）：这一文本（项 (iii)）描述了通过日期、内容、质量等等为可能的相互交付所签订的内容，以及（(iv)）它细化了特定的开发所使用和遵循的原则、技术、工具；也即，设计概要指导合同所主要指代内容的开发者、提供者，关于合同内容而言要开发什么、如何开发、什么时候。

　　例 2.14 　设计概要　供应商要开发公司 X 的设备采购部分的领域描述，采用这样的日期，使用最好的实践领域描述原则、技术和工具——如这样的教材所示，等等。

2.4.9 日志

　　特性描述：日志　通过日志，我们理解记录、一组笔记，它尽可能正确地列出开发、发布、安装、使用、维护等等的历史。

在无数数不清且通常不可预见的开发实例中日志成为必要的参考。

　　例 2.15 　日志　一份假定的日志可以展示：

　　1991 年 1 月 2 日：合作者第一次相遇 *&c.*

　　...

　　1993 年 5 月 31 日：接受领域模型 *&c.*。

　　...

　　1994 年 10 月 24 日：接受需求模型 *&c.*。

　　...

> 1996 年 6 月 3 日：接受软件交付 *&c.*。
>
> ...

&c. 指报告，... 指其他的日志条目。∎

2.4.10 信息文档编制的讨论

概述： 我们已经标识了一些有用的信息文档部分构件。还会有其他这样的信息部分。它完全依赖于论域，即手头的问题。由此我们鼓励软件开发人员仔细地思考什么是必要和充分的信息文档部分。

通常对于每一开发时期，都有分别的一组信息文档要开发出来：(i) 领域时期，(ii) 需求时期，(iii) 软件设计时期。这些时期的当前情况、需要、想法、概念、范围、区间、纲要、合同文档部分在内容上是不同的。通常信息文档部分尽管非常重要，但并不需要大量的资源来开发，不过对它们的开发仍然要非常的仔细！

通常来说，信息文档部分与社会经济，甚至地理政治有关，且由此与项目的实际上下文有关，它们正是为其提供信息。如此，它们在它们的目标及其效果上来说是变化的，即不那么精确。接下来的两个文档编制种类在这一方面来说更加精确也更加集中一些。

方法论上的结果：原则、技术和工具

原则： 信息文档构造 当开始计划新的软件开发项目时，确保—— 作为首要的事情—— 建立（所有）信息文档的一个适当的全体。在整个开发中及之后—— 在结果的整个生命周期期间，无论是领域模型，还是需求模型，还是软件系统—— 维护这一整套的信息文档。∎

原则： 信息文档 信息文档必须是权威的、定义性的，且读起来令人饶有兴趣。∎

技术： 首先建立起来一个文档，它包含最大可能的目录，无论是否就是为领域开发，或是需求开发，或是软件设计项目，或是为了这些的组合。然后"一点一点地"填充各自文档部分，只用少量的句子，简练、精确（即简明）的语言，同时避免叙述（规定和规约）和分析。从头到尾对这些文档的所有版本保持清晰地监控。∎

工具： 信息文档构造 具有良好的交叉索引工具，甚至对独立"可编译的"文档之间交叉索引的文本处理系统，LaTeX 更好，但 MS Word 也可以，提供文档编制的"最小"工具。给这些添加上适当的版本监控系统（如 CVS [71]）的能力，你就有了一个可以工作的系统了。∎

在本卷将不讨论文档版本监控的主题。

2.5 描述文档部分

本章中我们使用描述这一术语及其派生词来同样涵盖规定和规约。

概述

本节尽管考虑了软件工程的一个关键的方面（即描述文档编制），但只谈及了描述文档。本节没有告诉你如何构造描述文档。我们几乎在所有后面的章节中来对此探讨！由此本节为你在开发中所需的描述文档而做好准备——无论它们描述领域，规定需求，或是规约软件设计。

语用、语义和句法

描述文档的语用是作为开发的主要表现形式。

描述文档的语义如下：一份描述描述了某事物，或是显然的某事物，或是概念上的某事物。在任何情况下，都能为该事物给定至少一个数学模型。因此我们也同样能够形式化我们的非形式，如英语文本描述。我们主要使用 RSL 或如类似于 UML 的类图 [42, 189, 258, 299]、佩特里网 [192, 268, 288–290]、状态图 [140, 141, 143, 144, 146]、消息 [176–178] 或活序列图 [72, 145, 199] 等组合。（后两者之一可能与状态图组合起来，且所有这些与 RSL 组合起来，或者 RSL [113] 扩展了时间（TRSL [116]），或时段演算 [376, 377] 对 TRSL 的扩展 [116, 151]。当形式地展示时，描述文档由此就表示了数学实体。

当使用了如英语的非形式语言时，描述文档的句法通常得到了相当良好的描述。

细节

与信息文档编制的工作相较而言，为任何时期要开发出来描述文档编制是一项主要且由此资源关键的开发工作。我们提醒读者我们前面对描述概念的特性描述：

特性描述：通过描述（或规定）文本，我们指指代/或描述某物理上存在现象的文本，或者定义了可以说是对物理上存在现象进行抽象的概念的文本。   ∎

我们考虑四种描述：

- 粗略描述
- 术语
- 叙述
- 形式化

最后一种描述，形式描述，在关于软件工程的这三卷的头两卷中予以介绍。

基本上我们认为粗略描述文档主要是非形式表达的。类似地对于术语：也同样认为它们在这里基本上是非形式表达的。当然叙述就是非形式表达的。

但是好的工程实践允许粗略描述、术语、叙述能够通过形式化来补充。由此典型情况下可以通过形式表达的分类（即抽象类型定义）和函数基调（即形式函数名和函数类型）来点缀粗略描述。术语条目可以类似地包含形式分类和函数基调。另一方面，在我们看来，典型情况下叙述必须通过形式化来补充。这里不是可以，而就是必须！如果你，即读者，在学习本书时的基础是略去了"形式部分"，则没有问题。你能够把必须看作可以。

非形式和形式文档部分

由此我们了解到软件工程的文档必然是或可以是非形式和形式的。沿着一条轴线，我们有非形式文档：

- 粗略描述
- 术语
- 叙述

沿着另一条轴线，我们有形式化文档。

图 2.1 试图通过更大或更小的 *（星号）来展示典型情况下我们可以在哪些地方用形式化来点缀非形式文本。

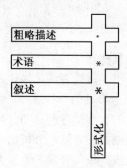

图 2.1　非形式和形式文档文本

2.5.1 粗略描述

特性描述：粗略描述　通过粗略描述 —— 在描述软件开发文档编制的上下文中—— 我们理解一个文档文本，它描述某事物，还尚未一致和完全，其描述可以仍旧很具体或重复，对于其描述者还不完全满意。

粗略描述的语用、语义和句法

粗略描述的语用是它们的构造作为开发的第一个明显步骤，且粗略描述可以用于分析，以及由此的概念形成—— 这些都应当产生清晰地概念，使用这些来建立它们在后续的描述文档中的最终形式：术语、叙述、形式化。

粗略描述的语义是模糊的。粗略描述实际上用于表示某事物，但是是粗略的，由于是粗略描述就意味着还有许多粗的地方（即不完备性），许多不一致的地方，而且粗略描述的内容并不是撰写人最终实际上想要的事物。

典型情况下像这里使用中文形式的粗略描述的推荐句法要遵循如下方针：使用清晰标记的段落，分隔实体（类型和值）、函数、事件、行为的描述。没有对其顺序规进行规定。后面将进一步探讨。

讨论

粗略描述作为真实的行动（尽管粗略描述通常不是交付物的一部分）允许开发者开始。这样的开始代表了没有像后续分析和进一步的描述所提供的那样系统的方式。

例 2.16　物流系统的粗略描述　通过物流系统我们指实体、函数、事件、行为的结构。它包括：(i) 货物发送方：查询货物发送条件，提交要运输的货物，跟踪这些货物等等；(ii) 货物的接受方：查询货物的到达，获取这些货物等等；(iii) 物流公司，它响应（上述的）查询，接收自发送方的货物和交付货物给接收方；与运输公司协商安排货物运输；跟踪（和组织）货物（的路线变更）；等等；(iv) 运输公司，如卡车公司，火车运营商，航运公司和空运公司，也即运营货物的线路或批量传送的公司，其卡车、火车、轮船、飞机停留在货物传送的卡车和火车车站、港口、飞机场等等；(v) 提供货物的暂时存储、接收、配发便利的卡车和火车车站、港口、飞机场等等。   ∎

上文是一个描述，其中物理世界中的某些现象——实体、函数、行为——得到标识，并示及了它们之间的某些关系。粗略描述提出了比读者阅读描述之前所具有的更多需要解答的问题。粗略描述作为一件活动，接着的是概念形成的分析活动。

粗略描述是一项迭代的、探索性的、实验性的活动。开发者尝试一个方法，分析结果，可能不满意。于是开发者尝试另一个粗略描述方法，分析结果，可能仍不满意。可选方法的这一探索，从不同起点开始的实验有望达成一致。开发者愿意丢弃对概念形成分析来说没有传递性的粗略描述（也即对于其这样的分析不会产生有趣的、有启发性的概念）是非常重要的。

粗略描述对于更加面向研究的开发项目来说是必不可少的活动。一些开发工程，无论是领域描述、需求规定，还是软件设计，都是新的：（至少）开发人员没有或几乎没有该领域的经验。由此需要实验性或探索性的开发。对于这些面向研究的开发，人们不能期盼固定的、预先就可确定的资源分配，包括人员和时间！经常忽视对面向研究的开发的需要。

方法论上的结果：原则、技术和工具

原则：　粗略描述　当开始领域描述、需求规定、软件设计的新开发时，首先进行一些粗略描述，把它呈给同事，获取评价，修改粗略描述等等，直到准备好术语化和概念分析。　　∎

技术：　但粗略描述——我们将在本卷的后面了解到，它通常基于领域或需求获取——仍然是门艺术，尽管有获取。它需要创造性技巧。可能通过阅读许多粗略描述（以及随后的许多叙述）能够最好地学习它。对等审查的反复试验是学习粗略描述的好办法。

轻松放松一下，散散步，想想主题。尝试着描述，如果你不满意，就把它扔掉——不要试着去编辑不令人满意的描述。从头开始。记住本质就在你的头脑之中。如果一天的工作之中，连续遇到问题，这一天就这样吧。睡觉前晚上闲逛的时候想想它；当你想要入睡之时再想想它。在早晨的时候，对你来说一切都更加清楚了！粗鲁描述不是一项团体工作；不是一项委员会的任务。个体必须给出方法。　　∎

工具：　粗略描述　第 2.4.10 节提及的工具这里也同样适用。　　∎

2.5.2 术语

请参见卷 1 的术语表附录 B，关于术语的术语表、词典、百科全书、本体论、分类学、术语学和类属词典。这一术语表提供了非常独特和完整的 788 项软件工程术语。

概述

特性描述：通过术语表 —— 在描述性软件开发文档编制的上下文中—— 我们理解文档文本，(i) 它是术语项的集合，(ii) 其中一条术语项是一个对：要被定义的术语及其（叙述）定义，(iii) 使得这些定义可以涵盖其他需被定义的项，(iv) 而又使得认为是完整的术语表令所有的术语得到定义且没有未解决的循环定义。∎

原则：术语化 在任何开发项目时期，(i) 在每一时期的早期为论域建立术语表，(ii) 在所有的文档编制中坚持这一术语表，并 (iii) 维护术语表。也即，确保更新（即改变）的需要能够立即得到满足，而且这些改变在所有的文档编制中立即得到体现。∎

术语表的语用、语义和句法

在上文的术语化之中给出术语表的语用。

术语表的语义是每一术语都得到明确定义且定义了某事物！该事物是什么依赖于术语定义的形式！如果定义（同样）是形式地给出，则我们期望被定义的术语表是某数学结构。

对术语表建议的句法要有助于术语创建者、使用者、维护者在典型情况下对术语表所作的如下操作：区分（即挑出）术语表的术语和经常使用但不是术语表的术语的词，也即：确定一个词是否是术语。确定一个术语是否已被定义。在其他定义中找到一个术语的所有使用。确定被使用但未定义的术语。通过某种方式列出（即展示）给定术语定义所用到的所有术语定义的结构。[2]

术语化—— 续

术语化原则基本上要求对于每一时期，不同的术语表得以 (i) 建立，(ii) 遵循和 (iii) 维护：(a) 应用领域的专业术语，(b) 需求领域的专业术语，(c) 软件技术领域的专业术语。

> **例 2.17 铁路系统术语表** 我们给出术语表的一个片段：
>
> **钢轨连接器**是未进一步解释的钢轨单元的性质。
>
> **钢轨线路**由一个或者多个**线性钢轨单元**构成，使得它们被顺序连接起来，且任何**线路**的第一个和最后一个钢轨单元 都被连接到一个**车站**的**钢轨单元**。
>
> **钢轨单元**是与铁路信号相关的最小单元。钢轨单元具有如下的性质：钢轨单元是线性的（直的或曲的），或者是转辙器，或者是渡线等等。钢轨单元具有钢轨连接器，通过其他可以连接到其他钢轨单元。∎

---

[2] 这可能涉及确认和展示似乎循环（即可能是递归）定义的术语。它也同样暗含了确认可能错误地循环定义了的术语。

在上文的例子中，我们示及了对每一项适当结构化和排版的需要：一些术语是可指定的，其他的是可定义的。对于术语表可以谈及很多其他。后面我们将解释指定和定义的区别（第 7.2 和 7.3 节）。我们（只）按照字母序[3]列出三项。

关于形式术语表和本体论

术语表可能使用纯文本来非形式地给出，混合着一般的、大众认同的词语和已定义的术语。术语可以形式地来表达。就像我们所了解到的叙述可以被形式化一样，我们也能够形式化术语表。在形式定义术语表的"本体论学派"中，现在称之为本体论的这些术语表是公理性地（即通过性质）来定义的。我们可以建议本体论学派的公理化概念，或者我们可以建议在这一系列的软件工程教材中所介绍的一般形式化概念应当得到遵循。一旦我们到达了已经形式化了叙述性描述的地方，实际上就能够说我们已经形式化了术语表。

但通常开发者创建、使用和维护一个非形式地（但却精确的）术语表。对叙述形式化的结构化通常不同于人们希望对形式术语表的所希望做的结构化。但作为一般的指导方针，尝试去结构化一个形式的叙述，这样它也能够用作形式术语表。另外，与叙述的形式化密切关联地来做，而不是与术语表的创建一起。你会经常发现，在叙述结束和其形式化发生之时，在对叙述的认真工作开始之前所需要的术语表创建工作必须被更新、重新做并维护。

方法论上的结果：原则、技术和工具

构造术语表是门艺术。必须遵循一些基本的原则。可以建议一些技术和工具。

我们前面阐述了术语化原则。接下来我们重复这一原则的一个版本，然后给出相应的技术和工具。

原则：术语化　主要的术语表构造原则是：术语化论域的专业语言的每一术语都必须包含在术语表中。每一术语都只使用普通的（即大众认同的）自然语言和术语表的（即由其所定义的）术语来定义。

∎

技术：一些术语表构造的技术是：首先标识出来最小的或适度小的术语集，其定义不需涉及被定义的术语。当定义术语时，形式地标识原子项的指称实体 τ，即数学意义，不必是计算意义。然后使用一个或者多个（已经或将要）定义的术语 $(t_1, \tau_1), (t_2, \tau_2), \ldots, (t_n, \tau_n)$ 来定义其余的（即复合的）术语。当定义复合术语时，形式地标识是否自然地存在一个同态[4] 函数 H，通过其，复合定义的术语 m 的意义可以给作 $H(\tau_1, \tau_2, \ldots, \tau_n)$。如果是这样，则同态的定义术语。如果不容易找到 H，则操作式的定义术语。

∎

工具：术语表文档编制　第 2.4.10 节中提及的工具这里也同样适用。有许多工具代表了上文提及的本体论学派。不过，这些都是实验性的。因此我们只是附带提及一下，另外提醒读者通

---

[3] 译者注：按照其英文的字母序。

[4] 卷 1 附录 B 的术语表把同态解释为一个函数 $\phi : A \to A'$，从一个代数 (A, Ω) 的载体 A 的值到另外一个代数 (A', Ω') 的载体 A' 的值，它是从 (A, Ω) 到 (A', Ω') 的同态，条件是对于任何 $\omega : \Omega$ 和任何 $a_i : A$，有一个相应的 $\omega' : \Omega'$ 使得：$\phi(\omega(a_1, a_2, \ldots, a_n)) = \omega'(\phi(a_1), \phi(a_2), \ldots, \phi(a_n))$。

过互联网或其他方式来寻找"最近的"本体论创建工具。   ∎

2.5.3 叙述

特性描述：通过叙述 —— 在描述性软件开发文档编制的上下文中—— 我们理解一个文档文本，它使用精确、无二义性的语言介绍和描述了一组现象和概念的实体、函数、事件、行为的所有相关性质，使得两个或者更多的读者对所描述的内容基本上得到相同的理解。   ∎

叙述的语用、语义和句法

叙述构造（即语用）的主要目的是：(i) 确保那些开发叙述的人确实理解他们文档编制的内容：领域、需求、软件设计。(ii) 与参与者交流所编制的内容：（描述的）领域、（规定的）需求、（规约的）软件设计。对于领域描述和需求规定，这些参与者包括：签订合同的客户以及一般来说领域中的不同团体。对于软件设计，除了那些编制软件设计规约的人以外，还有其他的软件开发人员团体。当然，仅仅是叙述描述并不能保证理解，但是其他参与者对其的接受就确保了理解的更进一步。

叙述的语义是它们指代物理上或数学上显然的某事物，即叙述描述某事物！

典型情况下，叙述的句法是以清晰标识的段落来结构化，它们描述了实体、函数、事件、行为。

令人完全满意的叙述配有一个数学模型（如使用 RSL 来规约[5]）。可以说叙述是形式模型的非形式表现。

例 2.18　**文档叙述**　我们介绍一种新的领域：**文档**的领域。

我们依赖于三个基本的，未进一步解释的概念：**文本**、**位置**和**时间**。通过文档，我们理解某文本。文档可以被**创建**、**编辑**、**复制**或**删除**。也即，文档是**原本**，或某**版本**，或**副本**，或者以前的文档已不再存在。从一个文档，人们可以观测到其**文本**，以及对**位置**、**时间**的引用，此时此地文档被**创建**（就原本而言）或被**编辑**（就某版本而言），或被**复制**（就副本）而言。

总体来讲，有七个操作涉及和/或产生文档。它们是：

(i)　**创建**文档，它从"无"到有地"在本质上"创建了这一文档！

(ii)　**编辑**文档，它接收一个文档然后产生"同一"文档的一个版本，使得总是能够确定对于输入（即原来的文档）做了哪些编辑。换句话来说，人们能够观测到编辑之前和之后的版本的文档（及其文本）。

(iii)　**跟踪**文档原本：从某版本以及从副本人们能够观测到的文档，从其某版本分别被编辑和复制。

(iv)　**复制**文档，它接收文档并产生两个事物：未改变的文档，从其进行了复制；副本，基本上具有同一文本的文档。

---

[5] 除了使用 RSL，也可以使用那些图形工具（即语言）来构建模型，如类似于 UML 的类图，佩特里网 [192, 268, 288–290]，状态图 [140, 141, 143, 144, 146] 和 消息 [176–178] 或 活序列图 [72, 145, 199]，后两个可能与状态图组合起来。另外，为了捕捉时间量，人们可以使用扩展了时间的 RSL [113, 114]，即 (TRSL [116])，或扩展了时段演算 [376, 377] 和 [116, 151]的 TRSL。所有这些语言（即工具）都在卷 2 的第 10，12～15 章分别进行了探讨。

(v) **移动**文档，在一定时间自某位置到某另一位置，其中假定文档分别"已位于起始"位置和"将位于目标"位置。

(vi) **粉碎**（删除）文档：有效地将其"删除"。

(vii) **比较**两个文档：基本上有两种比较，一种是显然的，另一种是概念上的，但不能实现！任何时候，人们可以比较两个文档以测试他们是否具有相同的本源，即通过"复制"和"版本"过程而"遗传自"相同（而不必是原本）的文档。我们不细化这一情况中比较操作的结果是什么，而是留给读者来想象。比喻性的来说，人们能够比较两个文档，其中一个文档反映了某时间 t 时的状态，另一文档反映了某该时间起相异的时间 t' 时的状态。同样在这一情况中，我们不细化比较操作的结果在这一情况中是什么，但是把它留给读者来想象—— 它可能涉及到某种跟踪。在（未确定的）比较操作背后的想法是能够谈及两个文档在相异的时间时"是相同的"（或者通过适当的复制和版本过程是相关的）。

需要一些公理和推导的性质：在任意时间没有两个文档能够占用相同的位置，由此在同一时间和地点不能创建两个文档。在任意时间任何文档只能占用一个位置，由此在同一时间不能在两个或者多个位置被复制、编辑。

我们可以把一个文档系统，即零个、一个或者多个文档的集合，看作从时间到（从位置到文档的）函数的函数。这样的文档系统具有**原始时间**，第一个文档首次被创建的时间。

其他的公理和性质：文档系统中在两个相异时间（如此）"存在"的文档在这两个时间之间的所有时间都存在，也即没有"幽灵文档"。在任何时间，文档系统的全部文档是自起始时间到目前如下数量的总和：文档创建的数目，加上"复制"的数量，减去粉碎的数量。 也即，文档不会突然消失，也不会重复出现。 ∎

讨论

构造令人满意的叙述可能是开发最重要的部分了。书写这些叙述通常需要开发资源中的主要部分。开发的最后一步是把叙述—— 或它们的形式化——"改变"成为可执行代码。从开始时完全文本化的叙述开始，其间的叙述逐渐包含图形和伪程序，或者甚至是形式文本，在较早的本章未对此举例说明。第 5～7 章将举例说明自"纯文本"到逐渐包含图形和形式化的文本的平滑变迁。

方法论上的结果：原则、技术和工具

原则： 叙述的主要原则是描述（规定、规约）：只叙述（领域中）存在的、（需求中）应存在的、（软件设计中）将存在的事物（现象、概念）。叙述的一条衍生原则是令所描述（规定、规约）的事物分离，包括：领域事实、需求的必需物、软件设计建议。叙述的最后一条原则是实现某事物：对所描述（规定、规约）的事物的理解，与其他人交流这一理解的能力，连续的、有意义的、富有成效的工作的坚实基础。 ∎

请参考关于模型和建模的第 4 章，对模型（即我们所叙述的事物）所大量枚举的性质集合的广泛讨论。

技术： 叙述的一个主要技术就是以创建令人满意的描述（规定和规约）为目标。这一系列软件工程教材的卷 1 中的许多技术都是以创建这样的文档为目标。抽象具有极端重要性，即使仅使用非形式语言时亦是如此。简单性和较少数量的概念也同样重要。强调性质（如公理性表现）或（数学）模型代表了技术上的选择。

卷 2 关注了如下的技术。层次或复合（"自顶向下"或"自底向上"）表现在卷 2 的第 2 章中予以探讨。卷 2 的第 3 章探讨了通过指称或操作式地通过计算来指代现象或概念。卷 2 的第 4 章探讨了从适当选定的状态和上下文格局中构建模型。表达并发和时态现象是卷 2 第 5 章的主题。总而言之，前面的章节探讨了许多叙述技术。　■

工具： 叙述文档编制　第 2.4.10 节提及的工具在这里也同样适用。由于叙述通常都是从大型到非常大型，工具就必须要能够处理本质上不定大小的叙述。　■

2.5.4 形式叙述

这一系列关于软件工程的教材的卷 1 和 2 探讨了形式规约。

特性描述： 通过形式化，我们指使用形式语言所表达的规约（描述、规定）。形式规约语言是具有精确的数学句法，精确的数学语义，且通常有一个与语义一致的数学逻辑证明系统。　■

形式化的语用、语义、句法

形式化的原因（即语用）在卷 1 的前言予以清晰地阐述。这里我们将总结主要的几点：

(i) 形式化带来的清晰度是不可能通过仅使用自然语言加上专业（论域）语言叙述所能够带来的。

(ii) 形式化允许我们精确地思考形式化描述的一致性和完备性，以及这些形式化是否满足另外形式表达的性质。

(iii) 形式化允许我们关联开发的时期、阶段和步骤，包括证明开发的正确性。换句话来说，证明开发的具体阶段是前一更抽象的开发阶段的正确实现。

如形式这一前缀所示，形式化的语义和句法是精确的，且一门形式语言不同于另一门形式语言。

关于形式化

使用非形式版本来学习本卷的那些读者可以略过接下来的段落—— 他们总是可以略去特别框起的形式版本的文本。在前几卷中大量涵盖的形式化原则、技术和工具[6] 并不需要我们进一步细化形式化，除了下文给出的总结以外。

---

[6] 绝大多数都是语言的工具：RSL, 佩特里网 [192, 268, 288–290]，状态图 [140, 141, 143, 144, 146]，消息 [176–178] 和活序列图 [72, 145, 199]，时间 RSL [116]（TRSL）和时段演算 [376]，或者后者作为 TRSL 的扩展 [116, 151]（卷 2，第 10 和 12~15 章）。

使用 RSL 表达的形式规约典型地包括如下部分：

(a) **类型定义**，即值空间，无论是使用分类（即命名的类型）来抽象地定义，或是具体地定义，如使用整数、自然数、实数、布尔、集合、笛卡尔、列表、映射或函数空间。

(b) 如果类型定义为分类，则典型地规约将包含大量的观测分类值性质以及生成这样的值的函数（即观测器和生成器）的**函数基调**，以及 (c) 函数和值上的**公理**。

(d) **函数定义**（即函数值的定义），其中这些定义的形式可以不同，从显示函数值定义，到前置/后置条件规约的函数值，再到完全代数式（即公理式）规约的函数值。

上文的四个形式规约部分几乎可以在所有的实际的形式化用例中找到。

(e) 可以命令式地表达一些形式规约，其中形式规约将另外包含**变量声明**。

(f) 可以使用从其他进程复合而成的进程来表达一些形式规约：并行的，具有外部或内部非确定性，或联锁的。这些进程在**声明的通道**上互相同步和通信。

如卷 2 的第 10 章中所探讨的那样，这些部分可以分组成为模式、类和对象。

例 2.19　形式化文档领域　我们给出一个形式化来接着例 2.18。在试图形式化非形式（即叙述性）描述时，通常发生的是发现描述缺乏精确。在项 (i) 中，它说：从"无"到有地"在本质上"....。它所指的可能是以前没有文档编制过其他信息，或者没有其他信息可用，而由该信息可以确定一份原始文档被构建起来。在下文的形式化中，我们建议把从"无"到有地"在本质上"细化为："从某文本，以及从创建发生时所在地点和时间的知识" —— 从对（例 2.18 中）项 (vii) 和后面关于公理的文本的分析中，确定位置和时间的必要性。（例 2.18的）项 (ii) 示及了从编辑过的文本，人们能够观测到一个文本，由其而被编辑。在实际的生活中，我们可能指类似于出版版本的某事物，它显示了划去（但不是完全"取消"）的文本，新插入的文本等等。这一观测使得我们把编辑建模为从文本到文本的函数对：一个"前向（forward）"函数 e_f，一个"逆向（reverse）"函数 e_r，使得对于任意文本 d，如下成立：$e_r(e_f(d)) = d$，和 $e_f(e_r(d)) = d$。我们把余下的形式模型留给读者来解释下文的形式化。

形式表述：文档形式化
---

type
　　D, O, V, C, L, T, Txt
　　FWD, REV = Txt → Txt
　　EDIT = FWD × REV
axiom
　　∀ (f,r):EDIT • ∀ d:D • r(f(d))=d=f(r(d))
value
　　is_O: D → **Bool**
　　is_V: D → **Bool**
　　is_C: D → **Bool**
　　create: Txt × L × T → O
　　edit: EDIT × L × T → D → V
　　copy: L × T → D → C

```
    trace: D → D*
 axiom ...
```

鼓励读者填上...

∎

方法论上的结果：原则、技术和工具

原则： 形式的原则依赖于许多假设：形式化是可能的，形式化能够带来好处：能够对形式化进行交流，在进一步的开发、验证、理论形成中能够使用形式化。

一旦这些原则成立，我们可以应用形式化的原则：形式化，但是不要过度形式化。选定适当的抽象层次。形式化那些形式化后有益处的事物：其中能够交流形式化，且形式化能够作为进一步开发的基础。

∎

技术： 卷 1 和 2 涵盖了许多形式化技术。由此我们这里将不再把许多形式化子原则和子技术整理成为一个单独的段落。

∎

工具： 形式化文档编制 第 2.4.10 节中提及的工具这里也使用。但是另外还需要非常复杂的软件包作为形式化的工具支持。每一形式规约语言通常都带有其自己或多或少完备的工具集：句法工具：编辑器、类型检查器等等；分析工具：定理证明器或证明辅助工具、模型检查器、测试工具等等；输出工具：符号解释器、编译器等等。 对于形式模型的文档编制，只有句法工具是必要的。

∎

2.5.5 描述性文档编制讨论

描述是门艺术。不过，很多是能够学习到的。第 5~7 章将给出通过指定、定义、可驳斥断言来描述现象和概念的原则、技术、工具。也即，尽管本章我们将不再谈及"如何描述"，在接下来的章节中我们将给出关于这一关键主题的更多材料。

卷 1 和 2 阐述了许多描述（规定、规约）的原则和技术。

2.6 分析文档部分

我们提醒读者前面对分析概念的特性描述：

特性描述： 通过分析，我们指一个文本，它证明（即对... 推理）或指代某其他文本的性质或声明为文本对间成立的性质。

∎

分析文档可以是非形式或形式地。只有被分析文档本身是形式的，才能实现形式分析文档。

语用、语义、句法

某分析文档的语用，即我们具有分析文档（或文档文本）的原因，是我们希望对被分析的单独或配对的文档具有一定程度的信任。我们希望确保它们满足期望的，但不是显示表达的性质，包括正确性。如果我们想要很高程度的信任，则被分析的文档以及分析文档基本上都必须是形式的。

典型情况下，形式分析文档的语义是证明[7]或模型检查的语义[8]。

形式分析文档的句法与所使用的形式语言（即证明规则、模型检查性质规约语言及其计算机化支持）的证明系统或模型检查系统密切相关。

分析文档部分的类别

我们考虑四种分析文档部分：

- 概念形成文档
- 确认
- 验证、模型检查和测试文档
- 理论形成文档

分析文本——对于任何由四种分析文档部分所暗示的目的——是软件开发的标志。在其他的工程分支中，典型情况下开发者、工程师为所开发的事物建立了微分方程作为模型。分析这些，包括在它们之上进行计算。在软件开发中，数学的、面向模型的或代数和逻辑的规约取代了土木、机械、航空工程师的微分方程。能够客观地执行数学的、代数和逻辑推理（即分析）。

在这几卷中，我们将不会（"正式地"）使用任何形式体系，由此我们的分析将是非形式的。在这里，可以说我们没有实现这一"标记"。在其他地方我们阐述了这一省略的原因：基本上我们认为这一系列关于软件工程的一般性教材不能包含这样特殊的内容，要与今日的形式验证方法相关地来表达，还有待于找到某最终的、更加持久的形式表述。由此我们请读者在接下来的年头中跟踪这一问题，寻找关于通过证明来形式验证主题的适当的一般性教材。同时，我们引用 RAISE 方法专著 [114]。

2.6.1 概念形成

特性描述：通过概念形成 —— 在分析性软件开发文档编制的上下文中—— 我们理解对许多概念（即另外所描述现象的抽象概念或其他概念）的创造，作为研究典型情况下为粗略描述的结果。   ∎

分析在一定程度上是门艺术。要做得好需要训练和经验。它涉及了抽象。类似地概念形成也是门艺术。只有为其展示许多示例，许多学生和软件工程从业人员才能学到如何形成抽象的、令人满意的概念。

---

[7] 卷 1 第 9 章简要地探讨了证明概念。

[8] 在这几卷中我们将不探讨形式验证和模型检查。关于模型检查的原创性教材和专著，请参考 Gerard Holzmann 原创性的 [124, 166, 167]。

例 2.20 **粗略描述分析和概念形成** 我们分析例 2.16 的物流系统的粗略描述。存在有卡车、货运列车、货运飞机、批量货轮的具体现象。我们把这些抽象为一个概念：运输器。存在有卡车运输和货运列车车站、飞机场、港口的具体现象。我们把这些抽象为一个概念：中心。存在有公路、铁路、空中交通走廊、航运线路的概念。我们把这些抽象为一个概念：路线。 ∎

语用、语义、句法

概念形成的目的，即语用，是把叙述及其形式化构建在抽象的、通常是简化和统一的概念的基础之上——而不是许多几乎近似的具体现象之上。概念形成文档文本提供两个层次的抽象之间的连接。概念形成的语义是实际上通过归纳和代替来简化。没有规定概念形成的句法，但可以是一系列的文本对：将要归纳的（具体的，通常指代显然现象的）文本，和作为代替的抽象的概念文本。

2.6.2 确认

特性描述：通过确认 —— 在分析性软件开发文档编制的上下文中—— 我们理解一个过程以及所产生的（分析）文档，其中由相关论域的参与者来审查一些描述（规定、规约）文档，并且他们对所描述（规定、规约）的任何内容进行正面和/或负面评论（即正面和/负面评判），如果必要，也包括指出描述的不一致性、不完备性、冲突和错误。 ∎

我们将在第 14 章（领域确认）和第 22 章（需求确认）大量地探讨确认。也即：在本卷中确认（包括其文档编制）将起到一个非常特殊的作用。

2.6.3 验证、模型检查、测试

我们使用术语验证、模型检查、测试，就好象它们是一样的。但是它们不一样，我们将在第 29.5 节中了解到。

特性描述：通过验证、模型检查和 测试 —— 在分析性软件开发文档编制的上下文中—— 我们理解一个过程及所产生的（分析）文档，其中一些描述（规定或规约）文档得以研究，以确定在被分析的描述文档中所描述（规定或规约）的内容是否满足特定（所声称或期望的）性质。 ∎

验证、模型检查和测试主要与如下事物相关：(i) 领域需求规定是和所声明的基础性的领域描述适当关联吗？(ii) 给定了在相关领域描述中所表达的假设，软件设计规约代表了其需求规定的正确实现吗？

只有各种各样的描述、规定和规约使用了适当的数学严格性来表达，验证和模型检查在本质上来说才是有意义的。只有各种各样的描述、规定和规约为计算机执行构成直接基础（亦如代码能够如此一样），测试才是有意义的。前面我们就为什么这几卷没有显著讨论形式验证给出了说明。

2.6.4 理论形成

特性描述： 通过理论形成 —— 在分析性软件开发文档编制的上下文中—— 我们理解一个过程及产生的（分析）文档，即对某所描述的论域的研究，其目的是所产生的模型（即描述、规定、规约）性质的发现（即阐述）和证明（即验证）。 ∎

我们将不给出领域形成的示例，但是我们将在第 15 章示及领域理论形成。

2.6.5 分析文档编制的讨论

概述： 我们非常简要地考察了分析和分析文档编制的概念。由于我们没有给出关于形式验证、模型检查或测试的大量内容，我们基本上仅是举例说明了一些概念形成。在第 14 章（领域确认）和第 22 章（需求确认）中非常彻底地探讨了领域和需求确认。

方法论上的结果：原则、技术和工具

尽管这几卷的当前版本并没有给出关于分析主题的大量材料，我们仍阐述一些方法上的考虑。

原则： 原则 与描述（规定、规约）密切相关，理想情况下，开发者思考描述（规定、规约）文档描述（规定、规约）了什么内容。开发者使用许许多多的方法之一来这样做：通过系统的但非形式的推理；或者通过严格推理，陈述证明义务，阐述引理和定理；或者通过形式推理，形式地验证所陈述的引理等等，模型检查所陈述的断言，或者严格地对这些测试。 ∎

由于我们没有给出关于分析的大量的材料，我们避免陈述分析文档构造的技术和工具。

2.7 讨论

2.7.1 概述

文档编制几乎就是全部！在本章关于文档编制的序言中，我们说文档编制就是全部！

所以区别是什么呢？区别如下：为了对领域和需求进行编制文档，我们必须获取领域知识和需求期望。为了要提出令人满意的模型（描述、规定、规约），我们必须分析。所以如果我们把获取和分析工作的文档编制包括进来，则文档编制就是全部 —— 实际上我们主张应当这样做。在第 12~13 章，第 20~21 章和第 23 章将提出这样的论点。

2.7.2 章节总结

本章表达了如下内容：在开发软件和对其编制文档时，必须构造如下的文档编制：(i) 信息文档，(ii) 描述文档，(iii) 分析文档。图 2.2 展示了与开发的任一阶段相关的各种各样的文档编制的结构。

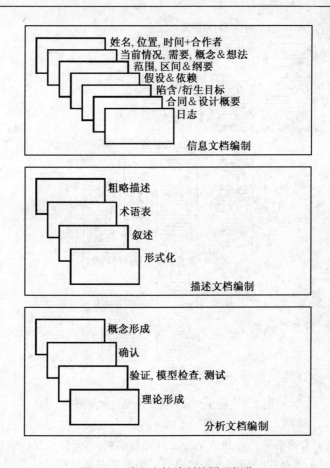

图 2.2 阶段文档编制的图形概览

关于 (i) 信息文档，如下是各种可能相关的文档部分：(i.1) 合作者：客户和开发者文档部分；(i.2) 当前情况，需要，想法和概念文档部分；(i.3) 范围，区间和纲要文档部分；(i.4) 假设和依赖 + 隐含/衍生目标文档部分；(i.5) 合同和设计概要文档；(i.6) 日志。

关于 (ii) 描述文档，如下是各种可能相关的文档部分：(ii.1) 粗略描述，(ii.2) 术语表，(ii.3) 叙述，以及理想情况下的 (ii.4) 形式化（尽管在本卷中仅仅示及了一下）。

关于 (iii) 分析文档，如下各种可能相关的文档部分：(iii.1) 概念形成，(iii.2) 确认，(iii.3) 验证，模型检查，测试，(iii.4) 领域形成。

图 2.3 展示了对于一个完整的开发相关的各种文档编制。请注意我们对两个术语的小心使用：一种或另一种的文档编制，而不是混合文档编制。因此，对这样的文档编制的适当"混合"来编制文档。

展示图 2.2 的目的是结构化你对大批文档种类的认识。展示图 2.3 的目的是结构化你对大批文档的认识。任何一个典型开发中，实际上将会有很多文档，因此追踪这些文档，追踪它们的许多版本，以及能够从正确的版本来构造"格局"是极端重要的。

方法论上的结果：原则、技术和工具

这一系列关于软件工程的教材支持如下的文档编制原则：

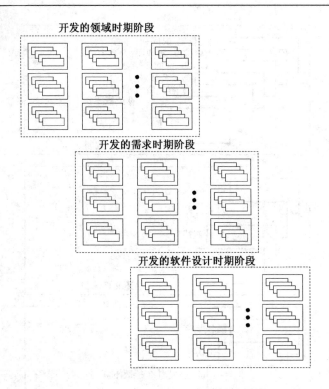

图 2.3   完全开发的文档编制的图形概览

原则： 文档编制是所有的事物。对任何事物进行文档编制： 全部信息，全部描述（规定、规约），全部分析。对于所有的时期，对领域模型、需求模型和软件设计编制文档。几乎以任何代价来维护全部文档，监控全部版本，保持它们的更新。   ■

2.8 练习

2.8.1 序言

请参考第 1.7.1 节，关于列出的贯穿全文的 15 个领域（需求和软件设计）示例；并请参考第 1.7.2 节的介绍性评述，关于"选定主题"这一术语的使用。

2.8.2 练习

在这一早期阶段，不要羞于尝试解决这些练习。无可否认的是在这一早期阶段，考虑到（对于你所选定的主题的）问题的广泛性，回答这些练习需要一些创造性的想象力。后面的章节将给出更多的材料，由此使得你能够开始寻找更加有意义、更加令人满意的解答。 本卷其余章节的后续练习将在一定程度上重复这些练习，但是以更加细化的形式。

练习 2.1   信息领域开发文档 对于由你选定的固定主题。 为一个要开发领域描述的项目起草一组信息文档。为绝大多数的解答至多留出四分之一页，可能对其他的一些留出至多半页（纲要、设计概要）。

练习 2.2 信息需求开发文档。 对于由你选定的固定主题。 为一个要用于选定领域中的软件开发需求的项目起草一组信息文档。尽可能的重用你对练习 2.1 的解答。

练习 2.3 描述性粗略领域描述。 对于由你选定的固定主题。 尝试为选定领域的某一领域进行粗略描述。为其留出至多一页。为练习 2.4 做准备，尝试去阐述你的粗略领域描述，使得其本身产生一些简化的概念形成—— 比如，使用例 2.20 的风格。

练习 2.4 粗略领域描述的概念分析。 给定你对练习 2.3 的解答，可能例 2.20 会给出一些"启发"，分析练习 2.3 以形成一个或者多个概念。

练习 2.5 描述性领域术语表。 以你对练习 2.3 和 2.4 的解答为基础，建立约四到五个术语的小术语表—— 使得一些术语依赖于其他术语的定义。

练习 2.6 描述性领域叙述。 以你对练习 2.3~2.5 的解答为基础，用两到三页系统阐述有较好结构的叙述。

练习 2.7 目录。 起草一份在开发领域描述、需求规定、软件设计的项目中所要开发的所有文档的可能目录。

练习 2.8 文档支持工具的需求。 这一章讨论了文档开发领域。它关注于这样一个领域的实体（即文档或文档部分）。粗略描述对一个软件包的需求，它帮助开发者开发、维护（即编译、版本化）、分发（包括追踪位置）开发文档等等。

概念框架

3

方法和方法论

- 学习本章的**前提**：你已经具备了一些程序设计经验，并且你对理解如本章所讨论的概念具有最低限度的好奇和意愿。
- **目标**：讨论方法和方法论的概念；讨论方法原则、方法技术、方法工具的概念。
- **效果**：使得你能够在开发原则、技术和工具中进行明智地选择。
- **讨论方式**：系统的，论证的。

> 尽管这是疯癫，
> 但其中却有方法。

威廉·莎士比亚，1564–1616; **哈姆雷特** II, ii

引自梅里亚姆-韦伯斯特 [340]：通过方法，我们理解"获取对象的程序或过程。作为一个特定的学科或艺术所采用或固有的系统程序、技术或研查模式，在展示用于指导的内容中所遵循的系统计划，实现某事物的方式、技术或过程，一组技艺或技术"。我们将很快细化这一特性描述。

3.1 方法

方法和方法论的概念广为传播：在"现代"，很不幸，方法这一术语使用在了我们认为程序或例程这些更加适当的术语所应使用的地方。通过方法，我们没有指在所谓的面向对象程序设计方法中被称为"方法"的事物。相反，我们遵循更传统的定义："工程行为的一些规则"，"一些记法"或其他被称为方法。一些方法被称为是形式的。在本节，我们首先来看一下什么构成了方法。我们对方法和方法论进行必要的区别。

特性描述：通过方法，我们理解一组用于选择、应用的原则，允许对人工制品进行分析和构造的一组指定的技术和工具。∎

讨论：（分析和合成的技术和工具的）选择以及（这些技术和工具的）一些应用都是由人来执行。通常原则具有指导开发者的性质。它们将不影响人的聪慧和创造性，不影响人发现、思考和质疑的能力。因此我们在任何时候根本就不能期望得到对这些原则的形式化。

因此"形式方法"这一术语是不合适的。更好的应当是形式技术和基于形式的工具。甚至更好的可以是重复 Michel Sintzoff 的话, [1] 谈论逻辑的或精确的技术和工具, 因为非常需要非形式的它们, 而不合逻辑和不精确的则不然。

3.2 方法学

特性描述: 通过方法学, 我们理解关于方法的研究和知识。

讨论: 似乎方法和方法学这两个术语经常互换地使用, 特别是在美国。由于有许多的方法, 比如: B 方法 [4], VDM (维也纳[软件]开发方法, Vienna [software] Development Method) [33, 34, 100] 以及 RAISE 方法 [113, 114], 比较这些是有意义的。由此有了方法学的概念。在组合形式技术的时候, 在这些建议背后就有了方法学研究。示例有扩展原本的 VDM 规约语言 (Meta-IV [33]) 以 ccs (表达通信进程上的计算的语言) [239, 240], 如 [81, 95] 所实现的那样, 或者扩展 RAISE 规约语言 RSL [113, 114] 以时间而成为时间 RAISE (TRSL) [374], 或 TRSL 被扩展以时段演算 (Duration Calculus) (DC [376, 377]) [151], 或者扩展 VDM 规约语言 VDM-SL 以模块性 (即对象) 而成为 VDM++ [89]。

3.3 方法构成

讨论: 上文对方法概念的特性描述标识了如下概念: 原则、分析、构造、技术、工具和人工制品。我们需要对这些概念进行特性描述。在下文我们聚焦在作为所关注的人工制品的领域描述。

3.3.1 原则

特性描述: 我们引自 [342]: 原则是接受或承认了的动作或行为规则, ..., 基本的信条, 行为正确的规则。

讨论: 原则的概念是变化的。通常通过方法, 一些人理解有序性。我们的定义把有序性作为整体原则的一部分。同样, 人们通常期望分析和构造是有效的, 并将产生有效的人工制品。我们通过一些原则、技术、工具来蕴含这一点。

3.3.2 分析

特性描述: 分析是在领域描述、需求规定或软件规约上执行。似乎有三种分析。首先, 我们有非形式确认和形式验证, 包括证明和模型检查。典型地, 此种分析是在叙述[2]和形式文本上

---

[1] Michel Sintzoff 是比利时天主教鲁汶大学 (Université Catholique de Louvain) 的荣誉教授。

[2] 我们理所当然地认为 (在领域、需求、软件设计时期中, 对于时期之中的每一精化或其他开发阶段, 对于阶段之中的步骤来说) 软件开发的目标是构建许多文档: (a) 信息, (b) 描述——非形式和形式的——以及 (c) 分析。在非形式描述之中, 我们区分那些[非交付的]粗略描述——其中粗略描述通常包含粗略的形式化——和那些叙述和术语表。信息文档提供开发的信息。描述 (规定、规约) 给出 (即描述、规定、规约) 论域, 这里就是领域 (需求、软件)。分析呈现 (即表示) 描述 (等等); 在这一意义上, 它们是元语言的。

执行。这样的分析引出了陈述（即元语言文本），如这样和那样的描述文本表示这样和那样的性质（即是正确的 或不是正确的 [把文本的一部分同另一部分关联起来]，或者表示一个 NP 完全问题，等等）。分析是在粗略描述上进行的，是不可形式化的，但是其目标是形成概念。

讨论：描述（规定、规约）描述（规定、规约）了某一论域（领域、需求、软件）。我们可以说我们在分析该论域，但实际上它是我们所分析的论域的一个模型，具有某描述（规定、规约）的形式。

3.3.3 构造（或合成）

特性描述：通过构造（或合成），我们指描述（规定、规约）的创建，以及由此的理论的创建：可以从描述（规定、规约）推演出来的一组性质。该创建涉及引出（获取）、书写、分析、重写、重新分析、重写等等。

讨论：书写信息或分析文档可以不看作构造。它们是必要的文档，但是它们没有描述领域（等）中显然的现象。

3.3.4 技术

特性描述：技术　我们引用 [342]：方法或技术技巧。

讨论：这里我们已经看到了一个可能的冲突：我们对方法的特性描述涉及了技术这一术语，而根据 [342] 它使用方法这一术语来定义。我们对技术这一术语的使用是在刻画技术技巧的特定程序、例程或途径的意义上。这一程序上的意义也同样是上文对术语方法的词典使用的用意。

3.3.5 工具

特性描述：工具　我们引用 [342]：执行机械操作的用具，别人为其个人目标而利用的一个人，...，使用工具来工作或定形。

讨论：我们将在更加宽泛的意义上使用工具这一术语：任何语言都是一门工具，纸和笔，黑板和粉笔，任何软件包也是。当我们谈起软件开发的工具时：从领域开发到需求开发，再到软件设计，我们想到支持如下这些活动的工具：构造、验证、确认领域描述、需求规定和软件设计。对于这样的形式软件开发方法，如 B、RAISE、VDM、Z 等等，有若干工具。

3.4 开发原则、技术和工具

我们进一步分析一些方法概念。

3.4.1 一些元原则

正如我们现在所要声明的那样，也正如我们在这一系列软件工程教材的前几卷中已经大量所作的那样，如果人们实际上能够确认一组原则、技术和工具，它们在许多开发场景中有条件地得以应用，则这些原则、技术和工具就可能也应当被应用。由此，我们有：

原则： **方法性** 是方法的现在就是指在软件开发中实际上应用了相关的领域[和需求]工程以及软件设计原则、技术和工具。 ∎

讨论： 显然，这里含糊的话就是相关这一术语。由此这里隐藏着另一个元原则。 ∎

原则： **开发选择** 这一原则是无条件的，也即是每一原则、技术和工具特性描述的一部分。只有在原则、技术和工具的前提得以满足时，才应用它们。 ∎

应用原则的前提通常表述为原则的一部分。

技术： **方法性** 这一技术表达了在软件开发的各自时期，人们坚持一组原则、技术、工具，确保在开发中对这些都给予应有的考虑。 ∎

讨论： 上文的方法性技术段落中提及的（以及后面我们将了解的）这一坚持列表包括如下尚未解释的原则和技术：(i) 一般抽象和建模；(ii) 领域属性、观点和刻面；(iii) 需求规则和技术：领域投影、实例化、扩展、初始化；(iv) 领域/人机接口；(v) 机器需求；(vi) 软件体系结构；(vii) 程序组织；(viii) 许多其他程序设计原则和技术。 ∎

技术： **开发选择** 与前面的"方法性"技术相关，这一技术表达了对于原则、技术、工具"坚持"列表中的每一项，人们都仔细地写下假设，基于这些假设来作出对特定的原则、技术或工具的选择。

当然在这几卷中我们显式地阐述这些条件。

3.4.2 一些原则、技术和工具

由前面的章节，我们需要阐述一些原则、技术和工具。我们推迟在早些时候阐述它们是因为我们需要本章对方法和方法论概念的系统探讨。

类型原则、技术和工具

原则： 对于所描述的每一实体（值的事物），确定其类型。由此对于每一类（即集合）的类似实体，把该类型归于该类。 ∎

上文的原则可能听起来有些简单。但实际上它是可能会导致误解。所以要注意。这些事物到底

是什么？显然我们应当深入地再回到这一问题。举例来说，那些"事物"暂时就是在论域、领域中可以被指向的显然的现象，比如：车、人、书、铁锭等等。它们不是发生在这些事物上的事件，尽管我们可以这么说且尽管我们能够把类型和事件关联起来。由此它们也不是许多其他的事物！

技术： 初始时用非形式的语言描述类型，然后作为形式分类，可能也有我们后面将更详细地了解到的观测器和生成器函数（参见下文"函数"的原则和技术）。依赖于抽象的层次，人们可能选择接着把类型建模得更加具体，即建模为笛卡尔、函数、关系等等。 ■

工具： 目前我们建议使用 RSL 类型建模工具：RSL 类型定义，初始时作为抽象类型，即分类，最终作为具体的，即面向模型的类型（集合、笛卡尔、函数、关系、列表、映射等等）。 ■

函数原则、技术和工具

原则： 函数 对于每一描述的实体，即对于具有相同类型的每一实际描述类的实体，确定哪些函数可以应用到它们的实例上：从这样的实例（即这样的实体）可以观测到什么，以及如何生成这样的实体。 ■

技术： 函数 目前我们能够显式地使用 λ 函数，隐式地使用通常把几个互关联的函数的功能联系起来的公理来对函数建模。 ■

后面我们将了解到定义函数的其他方式。

工具： 函数 目前，以及在下文的绝大多数情况，我们使用 RSL 语言工具来对函数建模。 ■

──── 形式表述：函数建模工具 ────

```
type
   A, B
value
[0]  f,f′,f″: A → B
[1]  f(a) ≡ 𝓔(a), f ≡ λa:A•𝓔(a)
[2]  f′(a) as b, pre 𝓟(a) post 𝓠(a,b)
axiom
[3]  ∀ a,a′,a″:A •
          ... f″(a) ..., ... f″(a′) ..., ... f″(a″) ...,
```

上文展示了使用 RSL 的三种形式的函数定义。形式 [1] 允许两个变体，两个都给函数以名字。这允许递归—— 当使用两个变体的第一个来表达时。仅是陈述表达式 λa:A•𝓔(a) 实际上并没有定义一个函数。𝓟(a) 和 𝓠(a,b) [2] 是适当的谓词表达式。

关系原则、技术和工具

若是就作为抽象实际世界的现象的手段，我们不会大量地使用关系，而是把其作为解释 RSL 和其他规约语言结构—— 特别是非确定性—— 意义的手段。关系作为主要的数据库数据结构当然是很有名的，而且在后面我们有必要对关系数据库概念建模。

原则： 关系 当对非确定性函数建模时，使用本质上表示关系的某事物来这样做。   ■

技术： 关系 表达关系意义中的一个主要技术通常是通过定义非确定性函数。   ■

在后面的章节，我们将回到非确定性。

工具： 关系 目前以及下文的绝大多数情况，我们使用 RSL 语言工具。   ■

───────────────── 形式表述：关系建模工具 ─────────────────

典型地，比如当我们写如下内容时：

type
   A, B
value
   f1,f2,...,fn: A → B
   g: A $\xrightarrow{\sim}$ B, g(a) ≡ f1(a) $\sqcap$ f2(a) $\sqcap$ ... $\sqcap$ fn(a)
   h: A → B-**set**, h(a) ≡ {f1(a),f2(a),...,fn(a)}

我们意指 f1,f2,...,fn 被假定为确定性函数。它们对每一参数都产生一个函数性（即确定的）值。g 是非确定性函数。$\sqcap$ （非确定性选择）操作任意地产生其左或右操作数值。h 是确定性函数：它始终产生 1 到 n 的值的集合—— 依赖于是否两个或多个的 fi, fj 对于某一 a 产生相同的 b 值。

───

代数原则、技术和工具

有三种"明显的"代数应用：(1) 在描述如集合、笛卡尔、列表、栈、队列的结构时；(2) 当描述如语言及其意义的句法和语义结构之间的关系时；(3) 当描述从更抽象的结构到更具体的结构的变迁时，如从集合的抽象数据结构到表示为链表的集合的变迁。

原则： 代数原则陈述：当一个问题遵循上文所列出的三种情况之一时，应用代数概念。   ■

对于这三种情况，相关的代数概念是：(1) 一个集合 A 和（通常有限的）操作集合 Ω 的代数；(2~3) 从一个代数到另一个代数的同态。

技术： 对代数建模通常所使用的技术规定了人们把载体集合 A 和操作 Ω 的规约"集结"（即句法分组）到一起。   ■

讨论： 对于"非形式版本"的读者来说，上文可能听起来非常抽象。但实际上没什么，只不过是绝大多数这样的读者在使用他们所喜欢的面向对象程序设计语言时所实践的内容：模块实际上指代代数。　■

工具：　代数　RSL 规约代数的方式——通常——是 **class** 结构。

――――――――― 形式表述：代数建模工具 ―――――――――

典型地：

class
  type
    X, Y, Z, W, ...
  value
    f: X → Y, g: Y → Z, h: X × Y → W, ...
  axiom
    ∀ x,x′:X, y,y′:Y, ... • ... f(x) ... g(y) ... h(x′,y′) ...
end

定义了一个代数，或者我们所称之为的类，由载体集合 X, Y, Z, W, ... 以及操作 f, g, h, ... 构成。

逻辑原则、技术和工具

原则：　逻辑　当描述实际世界的现象时，或者规定软件的需求时，或者规约软件（设计）时，强调性质。也即，使用逻辑。　■

技术：　逻辑　当定义领域、需求、软件体系结构等等的函数时，强调 它们的前/后置（**pre/post**）条件或者使用公理（**axiom**）。　■

工具：　逻辑　使用 RSL 的高阶逻辑：使用量化谓词并帮助你令它们的约束变量的论域是函数和谓词。　■

――――――――― 形式表述：逻辑建模工具 ―――――――――

模式化地使用 RSL 的高阶逻辑即为：

type
  A, B, C, ...
  P = A → **Bool**, Q = A × B → **Bool**
value
  f: A × B → C
axiom
  ∀ a:A,b:B,p:P, ∃ q:Q•p(a)⇒(q(a,b)⇒f(a) **as** b **pre** p(a), **post** q(a,b))

3.5 讨论

对于可能构成了方法的事物的描述—— 如本章所概述和运用的——是否构成从系统到严格工作的适当基础，我们冒了一些争论的危险。因为方法主要是由人来运用，我们更愿意进行特性描述而非定义。定义似乎具有更加确定、更加绝对性的东西。特性描述似乎"更加随意一些"。一些人可能认为我们将要接着列举和探究的方法原则、技术、工具可能会过度约束软件开发人员的才智：不得不遵循这些原则，使用这些技术，运用这些工具可能扼杀创造力。我们的看法相反：这些原则解放了开发者，而且认识到技术和工具允许开发者关注于概念，把思想放在对其的工作上。也即，开发者参与到思想中来，而非"官僚主义的"劳动。

3.6 练习

本章的练习是闭卷练习。这是指在你在适当的章节查找我们对问题的解答之前，你要写出若干行的解答。

练习 3.1   方法。 对本书通过方法所指的内容进行特性描述（然后检查第 3.1 节）。

练习 3.2   方法学。 对本书通过方法学所指内容进行特性描述（第 3.2 节）。

练习 3.3   原则。 对本书通过原则所指内容进行特性描述（第 3.3.1 节）。注意答案不是那么直接，因为有若干种对原则这一术语进行特性描述的方式。

练习 3.4   技术。 对本书通过技术所指内容进行特性描述（第 3.3.4 节）。注意答案不是那么直接，因为有若干种对技术这一术语进行特性描述的方式。

练习 3.5   工具。 对本书通过工具所指内容进行特性描述（第 3.3.5 节）。

练习 3.6   元原则。 列出两个软件开发元原则并尝试对其进行特性描述（第 3.4.1 节）。

练习 3.7   一些开发原则。 列出四到五个软件开发原则并尝试对每一原则进行特性描述（第 3.4.2 节）。

4

模型和建模

- 学习本章的前提：当你非形式或形式地描述领域、规定需求、规约抽象的软件设计时，你疑惑你到底在干什么。
- 目标：讨论模型和建模的概念，讨论形象、 类比、 分析模型， 描述、规定模型，以及外延、内涵模型的概念，讨论模型的使用。
- 效果：使得读者能够选择模型和建模最适当的目的和风格。
- 讨论方式：系统的，论证的。

4.1 介绍性、场景设定论述

4.1.1 模型和"可能世界"

下文中我们将使用模型这一术语。我们对该术语的使用就像绝大多数数学家对其的使用一样。相较而言，知识工程的研究人员和专业人员使用可能世界这一术语。对于我们来说，这些使用不太一样—— 但是相关。

特性描述： (I) 对于我们来说，知识工程是主体之间知识和信仰、承诺和义务的研究。∎

特性描述： 典型地，主体是某领域的人或该领域中的机器人。∎

特性描述： (II) 知识工程, 是对源自于如下内容的结果的逻辑的研究：关于某主体 A_i 知道或相信（承诺或承担 $\oplus'P$）的如下内容：关于某主体 A_j 知道或相信（承诺或承担 $\oplus''Q$）的如下内容：关于某主体 A_k 知道或相信（承诺或承担 $\oplus'''R$）的如下内容：关于...，其中对于某 A_ℓ ，我们可以有 $A_i = A_\ell$ 。∎

特性描述： 可能世界是对（上文的特性描述中）在知识和信仰（承诺和义务等等）的谓词 P, Q 和 R 中的自由标识符的解释。∎

注释操作符 $\oplus$ 代表知道、相信、承诺、承担等等，即模态操作符。 在这一章，我们将不考虑知识工程的问题，因此只使用模型（而非可能世界）这一术语。请参考 [94], 关于知识推理的原创性论述。我们在第 11.8.3 节中在领域工程的上下文中来回顾知识工程的概念。

4.1.2 规约的模型

我们说自然数是皮亚诺公理系统的模型。而且我们说平面几何是欧几里德公理系统的模型。

如果一个函数如 f 的定义使得其在一个模型如 m_i 中对于参数 a，它产生结果 r；在另一个模型如 m_j 中对于参数 a，它产生结果 r'；等等；在另一个模型如 m_k 中对于参数 a，它产生结果 $r''\cdots'$，则我们说 f 的定义本身有一组模型：

$$\{[f \mapsto [a \mapsto r, ...]]_{m_i}, [f \mapsto [a \mapsto r', ...]]_{m_j}, ..., [f \mapsto [a \mapsto r''\cdots', ...]]_{m_k}\}$$

在上文的表达式中， f 的非形式给出的模型下标表示 f 模型派生出来所依据的模型。由此规约的某标识符的意义依赖于其他标识符的模型。

特性描述： 模型是领域描述、需求规定、软件规约的数学意义，即是某论域规约的意义。   ∎

通俗地来讲，我们把规约等同于模型。请注意一个规约可能有许多（可能的）模型。

4.1.3 建模

特性描述： 建模 是为了构造适当反映所建模的论域的一个模型（或一组模型）而标识适当现象和概念的行为（或过程）。   ∎

本节中我们将不探讨标识和选择的原则和技术，而只是分析模型本身的概念。在这一系列软件工程教材的许多其他章节探讨了现象和概念的标识与抽象选择的原则和技术。

由此模型不是它所要建模的事物，而只是它的抽象！在建模中，我们在句法上规约某事物，同时期盼我们所思考的、头脑中的模型在一定程度上与规约所指称的模型一致。

4.1.4 论域

特性描述： 通过论域，我们指某事物，对于其一群人希望进行交流。   ∎

有若干种论域。一组论域是领域。 领域是应用所在的地方，对于该应用可能需要软件。另一组论域是需求。 需求是描述我们对所需要的软件的期望进行描述的那些文档。最后一组论域是软件设计。软件设计是勾勒了程序代码如何组织以及要实现哪些功能的或多或少抽象的规约，或者软件就是程序代码本身。在软件工程中，我们创建了连续的模型：领域 → 需求 → 软件设计。由此领域工程、需求工程、软件设计的组合领域构成了软件开发（软件工程）的论域。这一系列的软件工程教材令此为其论域！

4.2 模型属性

规约通过强调一个或者多个属性来实现它们的目的。如下之一：(i.1) 类比 (i.2) 分析 和/或 (i.3) 形象；以及如下之一：(ii.1) 描述 或 (ii.2) 规定； 以及最后的如下之一：(iii.1) 外延或

(iii.2) 内涵的。 也即，模型可以同时（尽管时间和模型的这一方面无关）是类比、分析和形象的，一个或者多个；表达为仅是描述的，或者绝大部分是描述的（有一些规定的方面），或者仅是规定的，或者绝大部分是规定的（等等）；表达为仅是外延的，或者绝大部分是外延的（有些内涵的方面），或绝大部分是内涵的（等等）。我们可以说好的模型有意识地且明智地将上述混在一起—— 包括就（或主要）强调源自这三个类别中每一类别的一个属性。接下来我们看一下这些模型属性。

4.2.1 类比、分析、形象模型

特性描述： 类比模型 类似于某其他领域而非所要建模的论域。 ∎

特性描述： 分析模型 是数学规约：它允许对所建模的论域进行分析。 ∎

特性描述： 形象模型 是我们注意目标的论域的"映像"。 ∎

例 4.1 **类比、分析和形象模型** 我们把三种示例汇成一个较大的示例：

- **类比模型：** (1) 在你的计算机显示屏上的表示删除文件的能力的垃圾箱。[1] (2) 可以使用电阻、电感、电容、电流或电源供给的四端电子电路网络来类比地对某些机械振动和/或弹簧减震群组行为的一些方面建模。(3) 带有色彩增强"斑点"的大脑 X 线体层照相是对大脑截面的类比模型！

- **分析模型：** (4) 其变量对空间的 x, y, z 坐标和时间 t 维度建模以及其常量 m 对石头的质量建模的微分方程可能是对这样的一块石头在真空中抛出的动态所进行的建模。(5) 涉及了对银行账户、余额、时间等等进行建模的量的 RSL 描述可能是—— 在真实世界中——银行业务系统的分析模型，假定模型至少反映了在实际生活中"一些可能出错的事情"。(6) 有标号的节点以及权重弧的图可以用来作为有城市和其间距离的道路网的模型，而且也能够用于最短路径计算，等等。

- **形象模型：** 典型的形象模型是具有建议或法律约束力的交通信号：(7) 典型地在瑞典，路边显示 Elk 的符号就表示前面可能会有麋鹿在任何时候穿过马路；(8) 路边显示 automobile（自后方）且"在下方划有"两个交叉的 S 曲线的符号就表示前面的路面光滑，由此机车可能失控打滑旋转；(9) 路边显示叉掉的喇叭的符号就表示不允许使用机车的喇叭。

注意一个模型可能具有多于一个的上述属性的特点。 ∎

原则和技术

我们勾勒试验性的原则和技术。

---

[1] 尽管毫无疑问 Macintosh 系统是所谓的"用户友好的"，但它还是弄错了的概念名：Macintosh"垃圾箱"符号不是一个图标！这是类比！

原则： 类比模型 这一原则首先表达了（某事物的）模型被选定为类比的，并且典型情况下是在非形式地解释一个不寻常的概念时这样做—— 类比为更加普通的某事物。然后它表达了被选定的类比必须适合场景；其无二义性的内涵必须相对容易地出现在脑海中。 ■

也即，抽象概念通常是"通过类比"来非形式地解释。我们需要说一下我们也许不应该非常多的使用类比模型。可能在粗略描述或许在叙述中作为注释出现，但是似乎我们并不需要类比形式模型！

原则： 分析模型 这一原则首先表达了（某事物的）模型被选定为分析的，并且典型情况下在如下情况之一时这样做：（领域描述的）分析模型是领域理论的基础，或者是为能够证明可关联的需求规定开发，或者当模型是需求规定的模型时，是为类似地能够证明可关联的软件开发。然后它表达了对选定的分析模型必须系统阐述以使得其允许相当直接的分析，也即计算，包括证明或模型检查。 ■

***

分析模型

在某一意义上，我们所有的形式模型都是分析的。是形式的，就会使用到证明系统和证明辅助工具，可能是定理证明器，可能是模型检查器，可能是在一个规约语言由复杂的抽象解释器来辅助之时，是形式的就意味着人们能够执行一种或另一种形式的形式文本分析并且在实现过程中得到机械化（即计算机化）方式的支持。因此我们总结如下：对于形式模型，我们同样有分析模型。除了形式模型，还可能形象地和/或类比地表达事物。

***

原则： 形象模型 这一原则首先表达了（某事物的）模型被选定为形象的。典型情况下当开发人机用户界面时这样做。然后它表达了形象必须适合场景；它们无二义性的内涵必须立即涌现在用户的脑海中。 ■

也即，具体的、已知现象通常通过适当选定的形象来非形式地可视化。我们首先要讲除了人机界面以外我们可能找不到形象模型原则的应用，第二个要讲的是我们在第 19.5 节探讨接口需求建模的主题。

由此已经理解了三种模型的背景知识：类比的、分析的、形象的，我们了解到我们的模型通常使用它们中的两种或者三种全部。它们在开发中使用分析模型，在人机界面中使用形象模型；或者在开发中使用分析模型，在非形式阐释（包括描述）中使用类比模型，在人机界面中似乎用形象模型。

现在我们开始相关可能的建模技术。

关于已经标识为类比的模型形式化，我们可以这样说：当为某相异论域中的现象或概念而在某论域中标识类比物时，如果对于该类比武已经存在某形式模型（规约），则选定该模型，否则我们所有的就是标准的选择形式化问题。

技术： 类比模型 如果对于问题的类比物已经存在有一个形式模型，则选定该模型—— 可能要在一些标识符的示意性重命名之后。如果没有，则只能够重新编辑类比物的叙述，从零开发形式规约。 ■

在模型的本质之中，人们希望它是分析的，它应被形式化。这与期望模型是形象的和/或类比的是无关的！

技术：分析模型 如果（现象或概念的）模型（也）要是分析的，则映像的形式模型：文本句法、带有图形图像的图形用户接口，也同样是分析模型。如果（概念的）模型（也）要是分析的，且——自上文——我们已经有了类比物的形式模型，则这就是分析模型。否则我们必须从零开始开发形式规约。 ∎

形象符号是句法标记。它们的表象都包含（即用于隐含地包含）一些语义（且可能同样包含一些语用）。

技术：形象模型 由此对形象模型建模就是针对句法，也即对文本、图形图像的句法进行建模。所以我们使用 BNF 语法，画出图形，展示图像等等。 ∎

在第 19.5.8 节，我们举例说明如何抽象图形用户接口族。

讨论

第一类模型属性：类比、分析、形象，有三类"不相交"，即或多或少独立的一个类别。我们发现对这三个形容词的规定进行区别非常有用。我们希望你也能发现这些区别是有用的。为了有助于理解这三个属性类别，我们建议了一些相关的原则和技术。某种程度上来说它们是推测性的。人们可能希望寻求更简要表达的原则和技术，作者当然也是如此。

4.2.2 描述和规定模型

特性描述：描述模型[2] 描述已存在的某事物。 ∎

特性描述：规定模型[3] 对要实现的某事物建模。 ∎

由此领域规约是描述的，而需求规约是规定的。需求规约规定了所需软件（和计算系统）应满足的性质。软件规约规定了特定种类的计算。

示例

我们提醒读者我们几乎同义地使用术语模型和规约。规约定义了零个、一个或多个，甚至可能无限的一个模型集合。但是我们对术语模型的使用与给定的规约相关以代表模型集合中的一般成员。由此当我们在下文使用术语模型时，请阅读规约。

---

[2] Descriptive（描述的）：以事实为基础的或提供信息的，而非规范的、规定性的或感情的 [340]。

[3] Prescriptive（规定的）：制定规则 [340]。

例 4.2 描述和规定模型

描述模型: 铁路网由两个或者多个相异的车站和一条或多条相异的铁路线路构成。铁路线路由一个或者多个的线性钢轨单元的线性序列构成。任何铁路线路仅连接两个相异的车站。进路是一条或者多条铁路线路的序列,如果为多个时则是连接的。两条铁路线路是连接的,若它们具有共同的连接车站。

规定模型: 火车时刻表应为每一火车旅程列出所有的停留站点。火车时刻表车站停留站点应列出停留车站的名字、火车到达时间、火车离开时间。没有火车时刻表的火车旅程条目必定列出同一站点两次。火车离开和抵达时间应 与在车站的合理停留和停留车站间的距离相容。两个时间上立即连续地火车时刻表停留站点必须与铁路网相容:在这两个连续站点之间安排一辆火车应是可能的。 ∎

注意描述模型中对动词构成、连接、是的明确使用。描述是指示的: [4] 它讲述了有什么。类似地,注意在规定模型中,对(强制性)动词应和必须(必定)的使用。规定是假定的(putative): [5] 它讲述了将有什么。

原则和技术

我们勾勒试验性的原则和技术。

原则: 描述模型应在领域规约中发现其主要应用。 ∎

上文看上去不像一条原则,但它的确是。"应"把这一陈述变为原则:当规约领域性质的时候你应使用描述语气! 一旦按照设计规约成功完成所规约的软件代码,人们有理由说软件设计规约也是(即变成了)描述。尽管这样,为了在 (i) 领域模型 (ii) 需求模型 (iii) 设计模型 之间进行语用上的区分,我们采取如下的观点:我们说第一个是 (i) 是描述的,第二个 (ii) 是规定的,最后一个 (iii) 是规约的。

技术: 叙述性描述模型 陈述事实:既不是希望,也不是需要。使用断言性[6] 语言。 ∎

比较我们对诸如是、构成、连接等等动词的使用。

使用自然却专业的语言来描述不是容易的事情。人们通常忘掉这些"是、构成"等等,而陷入到印象之中。形式语言,从其本质上来说,对于能够表达什么有很多限制,就很适于描述、规定和规约。非形式语言,从其本质来说,允许丰富的词汇且对于组合这些术语几乎没有约束,就需要更加仔细和严格,即(讲述人所施加的)约束,以实现理想上的描述,或理想上的规定等等的叙述。注意形式规约不是模糊的:没有"是、应、必须"等诸如此类的模态。[7]全部都是"是"!

---

[4] Indicative(指示的): 把表示的动作或状态表示为客观事实的动词形式或动词形式集合的,与其相关的,或者构成它的 [340]。

[5] Putative(假定的): (拉丁语)"putare(想)"认为、假设存在的 [340]。

[6] Assertive(断言的): 倾向于大胆或自信的**断言**(即**断言**的行为:证明… 的存在,或者通常期盼否定或反对的肯定性陈述)的,或由其刻画的 [340]。

[7] Modality(模态): 根据逻辑命题对其内容的可能性、不可能性、偶然性、必然性的断言或否定而对其进行的分类 [340]。

原则： 规定模型应在需求规约中发现其的主要应用。 ∎

上文看上去不像一条原则，但它的确是。动词"应"把这一陈述变为一条原则：当你对所需软件性质进行规约时，你应使用规定语气！ 人们有理由认为直到根据设计规约成功完成所规约的软件代码之时，软件设计规约也同样是规定。

技术： 叙述性规定模型 陈述希望和需要。使用如"应"和"必须"的词。 ∎

使用自然却专业的语言来规定不是容易的事情。人们通常会忘掉"应"和"必须"，而陷入到印象之中。

讨论

第二类模型属性，描述和规定，构成了有三类不相交，即或多或少独立的另一类别。我们发现对描述的和规定的这两个形容词规定的内容进行区分是有用的，我们希望你也发现这很有用。为了有助于"掌握"这两个属性的类别，我们提出了一些相关的原则和技术。某种程度上它们是推测性的。人们可以期望更加简洁表达的原则和技术，作者当然亦是如此。

4.2.3 外延和内涵模型

特性描述： 外延模型[8] （不透明黑盒）的展示对某物建模，就好象是外部于论域的某人的观察。 ∎

特性描述： 内涵模型[9] （玻璃（或白）透明盒）展示对论域的内部结构建模。 ∎

外延模型展示（即反映）了从外部看到的行为。在这一意义上，人们可以断言外延模型关注于性质，关注于所建模的事物为外部世界（即该事物的用户）提供了什么，但是不能仅从外延性来证明该断言。如果使用了面向性质的风格来表达模型，则我们能够说相反的内容：模型是外延的！

内涵模型展示了所建模事物的内部机制，其方式能够解释为什么它能够具有它可能所具有的外延。

在数理逻辑和哲学之中，内涵和外延的主题还是尚未闭合之卷。它还十分有待于分析、重定义、再思考。在这几卷中，我们把我们自己限制在上文所表达的观点之中。外延是观测被规

---

[8] 外延的： 与客观现实相关的。

[9] 内涵的： 在逻辑中，表明术语或概念引用的关联词。内涵表明构成形式定义的术语和概念的内部内容。

　内涵和外延意义： (i) 内涵意义：由术语内含的特性或属性（类成员属性）构成；(ii) 外延意义：由术语指称的特性或属性（类成员本身）构成。

　内涵： 除词语明确命名或描述的事物以外的由该词语所传达的意义。

　指称： 直接、特定的意义，与隐含或关联的概念不同。

约物仅从外部可观测到性质的"黑盒"观点。内涵是观测被规约物的一些、绝大多数或全部内部工作方式的"玻璃盒"观点。

例 4.3   外延模型展示

(1) 通过解释 $r \times r = n \wedge r \geqslant 0$ 来解释平方根函数 $\sqrt{n} = r$，是给出外延定义模型。

(2) 为了外延式地解释栈，我们可以定义 (a) 元素和栈的栈分类，(b) 空、出栈、栈顶、压栈函数的基调，(c) 把分类和操作关联起来的公理。 ■

例 4.4   内涵模型展示

(1) 为了解释平方根函数 $\sqrt{n}$，通过展示 Newton–Raphson 算法([280] 页 230, 347, 355 和 360)就是给出一个内涵定义模型。

(2) 参见例 4.3 的项 (2)，栈的内涵模型可以把 (a) 栈建模为（外延建模的）元素的列表，并使用 (i) 构造空列表，(ii) 产生列表尾，(iii) 产生列表头以及 (iv) 拼接给定元素到列表前来定义 (b) (i) 空，(ii) 出栈，(iii) 栈顶，(iv) 压栈函数—— (c) 基调与例 4.3 中的相同。 ■

原则和技术

我们勾勒试验性的原则和技术。

原则：在开发的早期时期、阶段、步骤，选择外延模型。 ■

也即，领域模型通常期望是外延的。需求模型亦是如此—— 如领域需求中，有一些是从领域模型中带过来的。甚至是在软件设计的初步阶段，类似继承的模型还仍然是外延的。当引入新的、辅助的、面向实现的软件设计的时候，通常也可以首先对其外延式地定义。

技术：使用规约语言面向性质的特点（即代数式地，通过分类、函数基调和公理）来开发形式外延模型。 ■

它不仅仅是这样简单。一些模型可能更加容易表达，简短地且仍旧保持了适度高层的抽象，尽管它们使用了为内涵建模而建议的技术来阐述，见下文。而且，通常与上文密切相关，开发者很容易陷入到面向模型的建模当中，可能有一点太容易了！

原则：当机器需求在一些软件设计中实现时，以前外延式定义的模型部分通常被精化为内涵模型。 ■

正如我们在上文中所注意到的，这一理想要求可能太理想化了！一些到内涵模型的精化甚至可能在领域建模中发生。所以，从实际的观点来看，我们最好早点允许"大剂量"内涵！

技术：使用规约语言的面向模型的特点来开发形式内涵模型，也即，从应用式到命令式和并

行规约程序设计并使用集合、笛卡尔、列表和映射抽象——在最终"翻译"底层的抽象层规约到如 Java 的代码之前。 ∎

讨论

第三类模型属性，外延和内涵，构成了有三类互不相交，即或多或少相互独立的另一类别。我们发现对这两个形容词的规定进行区别非常有用，并且我们希望你也发现这很有用。为了有助于"把握"这两个属性的类别，我们表达了一些相关的原则和技术。对于描述和规定，它们在一定程度上是推测性的。我们可以期望更加简洁的表达。

4.3 模型的角色

我们进行建模的原因有一个或多个：

(i) 获得理解： 在建模的过程中，迫使我们理解论域的许多问题。

(ii) 为了获取灵感以及激励： 抽象通常会引入概括，而它会促使作者或读者求变。

(iii) 为了展示、教育和培训： 模型可以作为给别人展示以了解、教育和培训的基础。

(iv) 断言和预测： 数学模型，包括形式模型，通常允许抽象解释——俗话是计算——它模拟、预测或表达论域可能的性质。

(v) 实现： 可以建议两种实现：在企业过程再工程中，我们建议在模型的基础上某领域的再工程，在计算系统设计中我们基于领域规约来进行需求 开发并令软件设计基于需求。

原则： 模型的角色 客户/开发者合同清晰地说明所开发的模型是为了通常有许多个的多少个角色（即目的），这是非常重要的。 ∎

4.4 建模原则

最后我们强调模型和建模的最为关键的方面 (α, β, γ)：

原则： 建模原则取决于：(α) 存在有问题领域： 预先给定的论域； 存在有 (β) 模型（的数学结构）； 存在有 (γ) 问题领域和模型之间的关系标识。这一原则表达了开发者必须时常记住上文的三部曲。 ∎

讨论： 模型不是论域，只是其表示。对模型论证的任何性质不一定是论域的性质。 ∎

4.5 讨论

模型和建模都是元概念。作为软件工程师，你的工作是创建模型，不是把模型和建模的概念作为对象，而是某特定事物的特定实例化模型。我们阐述了许多模型属性：形象的、类比的和分析的；描述的和规定的；外延的和内涵的。对于每一个，我们都阐述了建模原则和建模技术。我们希望我们所建议的事物被发现非常有用。但是我们不十分确定！也即，我们可能希望本节所提出的所有原则和技术清晰的表达形式！还需要进行更多的程序设计方法学研究、探索和实验性工作！

4.6 练习

练习 4.1~4.3 是闭卷练习。这表明在你查找我们对这些问题解答的适当章节之前，你要尝试写下若干行你的解答。

练习 4.1　模型。　给出本书通过模型所指内容的特性描述。

练习 4.2　建模。　给出本书通过建模所指内容的特性描述。

练习 4.3　模型属性类别。　通过列出模型属性的（两个或三个）成员来列出三类模型属性。

练习 4.4　类比模型。　你能想到除例 4.1 所给出的类比模型之外的其他示例吗？请描述这样的类比模型。你可以从人类所尝试的任何分支中选择它们。

练习 4.5　分析模型。　你能想到除例 4.1 所给出的分析模型之外的其他示例吗？请描述这样的分析模型。你可以从人类所尝试的任何分支中选择它们。

练习 4.6　形象模型。　你能想到除例 4.1 所给出的形象模型之外的其他示例吗？请描述这样的形象模型。你可以从人类所尝试的任何分支中选择它们。

练习 4.7　规定模型。　你能想到除例 4.2 所给出的规定模型之外的其他示例吗？请描述这样的规定模型。你可以从人类所尝试的任何分支中选择它们。

练习 4.8　描述模型。　你能想到除例 4.2 所给出的描述模型之外的其他示例吗？请描述这样的描述模型。你可以从人类所尝试的任何分支中选择它们。

练习 4.9　外延模型。　你能想到除例 4.2 所给出的外延模型之外的其他示例吗？请描述这样的外延模型。你可以从人类所尝试的任何分支中选择它们。

练习 4.10　内涵模型。　你能想到除例 4.2 所给出的内涵模型之外的其他示例吗？请描述这样的内涵模型。你可以从人类所尝试的任何分支中选择它们。

III

描述：理论和实践

这一步分包含三个章节：

- 第 5 章：现象和概念
- 第 6 章：关于下定义和关于定义
- 第 7 章：Jackson 的描述原则

它们都十分相关。这都是关于从由人类所察觉、观测的世界到描述、规定或规约该世界的书面文档的关键变迁。不同的个体参与者可能观测到的所谓的同一世界是不同的。由如软件工程师（同样是参与者）所书写的文档，当由另一参与者阅读时可能会产生不同意见。

这三章的一个目的是确保无论谁写下了该世界的描述（规定或规约），都遵循了一个共同的风格，且基本上都依据共同达成一致的原则、使用共同达成一致的技术和工具来尝试描述（规定或规约）同样的事物。这样，意见的不同不再是风格的不同，而是实质内容上的不同。

现象和概念

- **学习本章的前提**：你愿意思考，且能够、至少希望抽象地思考。
- **目标**：介绍"发现"需要概念化的现象的基本原则和技术，特别是，介绍那些使用实体（信息、数据）、函数（和关系）、事件（异步和同步）以及行为来概念化的现象，介绍对这样的现象及其深层概念的描述的基本原则和技术。
- **效果**：必要性地启迪读者，但是还不足以令读者能够成为高效专业的软件工程师。
- **讨论方式**：从系统的到严格的。

5.1 前言

在本章中，我们将探讨描述概念的刻面的初步集合：标识的问题，也即，能够标识或描写所关注的 (i.1) 现象和 (i.2) 概念；也即 (i.1) 物理上显然的事物，和 (i.2) 思维构造。

我们要尝试应对一些抽象概念。它们对能够了解什么，能够描述什么有所影响。由于这些抽象概念接近哲学，特别是如认识论和本体论这样的哲学学科。由此，我们不能像通常在数学或自然科学领域中那样带有确定性地探讨这些概念，而是要必须准备好一定程度的不确定性！

5.2 现象和概念

在本章中，我们将经过严谨的一课。我们不希望建立一个崭新的现象理论。我们当然不希望考虑如面向对象、概念模式或任何其他的这样的概念。我们仅希望达到数学所能支持我们的非常简单程度。通过其我们指：类型和值、函数、事件和行为。并无其他！

但首先我们讨论现象和概念的概念。

我们认为专业的软件工程师清晰地理解这两个概念（即元概念）以及他们不感到迷惑是非常重要的。

5.2.1 物理上显然的现象

在世界上，有物理上显然的现象。我们能够感知它们：触、看、听、感、闻、尝。或者我们能够测量它们：在机械上，在电气/电子上，在化学上，等等。由此我们能够用一种方式或另一种方式指向它们且指定它们。

5.2.2 思维构想的概念

我们通常把现象抽象为概念。

例 5.1　汽车现象和汽车概念　"那辆汽车"的特定现象被抽象为所有汽车的集合、类型、类，即概念汽车。　■

上文的示例举例说明了具体的值的概念 （"那辆汽车"）和抽象的类型概念 （汽车）。

5.2.3 现象和概念的类别

出于语用的原因我们把现象和概念分为四个类别：(i) 实体 —— 它们的值、性质和类型；(ii) 实体上的函数；(iii) 事件 （与行为相关）；(iv) 行为（作为事件和函数应用（即动作）的迹）。这些类别的名字代表元概念。

特性描述：通过现象，我们粗略地理解人类能够感知或基于自然科学的技术能够测量的某物理事物，且其中典型情况下现象是自然事物或人工制品。　■

特性描述：通过概念，我们将粗略地理解思维构造—— 由人所构思—— 它通过抽象的方式捕捉通常是一类现象或一类概念的本质。　■

5.2.4 具体和抽象概念

可以指向和测量现象。它们是物理的。精神是思维构造。当我们把我们的思考从一个现象，那里的那辆特定的汽车提升到汽车集合的一个代表，则我们就已从特定的现象抽象到了具体的汽车概念。当我们把我们的思考从那些汽车、火车、飞机、轮船的论述（也即从具体概念的一个集合）"提升"，来考虑作为交通工具 （或运输器）的样本（即实例），则我们把交通工具 （运输器）看作抽象概念。以此类推。

特性描述：通过具体概念，我们指从一组类似概念到一个概念的抽象。　■

给定具体概念的描述，我们可以谈及其具体化是一个标识，它建立了具体概念和该具体概念所要涵盖的至少一个现象之间的关系。

特性描述：通过抽象概念，我们指一组类似概念到一个概念的抽象。　■

给定抽象概念的描述，我们能够谈及其具体化是一个标识，它建立起了抽象概念和由该抽象概念所要涵盖的至少一个具体概念之间的关系。

讨论：当我们说"一辆汽车"，我们不是指一辆特定的汽车，也即不是一个特定的现象，而是一个具体的概念，不是汽车的集合，而是单一实例（一般的汽车）。如果我们说"那里的那些汽车"，我们指一个现象的集合。如果我们说"考虑一个汽车的集合"，则我们指一个具体概念的集合——简而言之：一个具体概念。我们能够描述一个值 a 的集合 s，所有的值都具有某类型 A。在这里，集合 s 是具有类型 A-set 的一个值。

5.2.5 描述的类别

通常我们使用概念而非现象来系统阐释描述。但是偶尔也要求使用现象来开发和展示描述。

特性描述： 描述被称为是现象学的，如果其全部实体、函数、事件和行为都是现象的。

特性描述： 描述被称为是概念的，如果其全部实体、函数、事件和行为都是概念的。

特性描述： 描述被称为是面向特定问题的，如果其全部实体、函数、事件和行为是现象（一个或多个）和概念（一个或多个）的某种混合。

讨论：现实描述 绝大多数实际的领域描述的实现都与特定的用户领域相关。这样的客户领域"几乎"就是更一般（即一般性和概念性）的领域的实例，由此可能是一个概念性领域描述的实例。但通常这一（或这些）概念性领域描述并不存在。并且由于典型情况下的客户企业竞争力的原因，客户愿意资助的全部就是面向特定问题的描述。在这样的客户所倾向的描述中，人们不是概念化许多现象的实例，而是维护特定的现象。

例 5.2 面向特定问题的"玩具"描述 南海岸线铁路线地区铁路网由单条线性进路 r 构成，它由六个车站 $s_1, s_2, s_3, s_4, s_5, s_6$ 和 五个连续线路 $l_{12}, l_{23}, l_{34}, l_{45}, l_{56}$ 构成，使得进路 r 能够被看作交替的车站和线路序列：$\langle s_1, l_{12}, s_2, l_{23}, s_3, l_{34}, s_4, l_{45}, s_5, l_{56}, s_6 \rangle$ 或另一个方向的序列：$\langle s_6, l_{56}, s_5, l_{45}, s_4, l_{34}, s_3, l_{23}, s_2, l_{12}, s_1 \rangle$。更确切地说，线路 l_{12} 是 17 千米长，线路 l_{23} 是 19 千米长，…，线路 l_{56} 是 23 千米长。线路 l_{12} 在拓扑和大地测量上走势如下：…（等等）。车站 s_1 被命名为阿灵顿，s_2 被命名为伯灵顿，…，车站 s_6 被命名为乔治敦。车站 s_1 在拓扑和大地测量上被组织为如下：…（等等）。其他等等。

5.2.6 什么是描述

最后我们准备好来解决描述是什么这一关键问题。

————— 描述是什么？ —————

特性描述： 通过描述，我们指某文本，它或者指代一组现象，使得描述的读者能够从描述识别出这些现象，或者指代一组概念，使得描述的读者能够把这些具体化为可识别的现象，或者它是既指代可识别现象也指代可识别概念的文本。

第 7 章涵盖 (i) 描述的可识别性，(ii) 提供尽可能少的现象（或实际上是具体的概念）描述的问题（即所谓的"窄桥"），(iii) 依赖于定义的问题，(iv) 冒险尝试可驳斥描述的问题。

5.3 实体

一个人的实体是另一个人的函数!

我们通过一个含糊的警告回避了这一节的开篇。现在当我们要试图对实体是什么进行特性描述时，则必须将其理解为开发者必须做出的关于是否把一个现象和概念看作实体或函数的选择。通常是很容易做出这一选择的。通俗地来说：如果你把现象或概念看作典型情况下可以计算机化为数据的信息，则现象或概念是实体。对于实体和行为之间的可能关系也可以做出类似的评述。

特性描述：通过实体，我们粗略地理解固定的、稳定的、静态的某事物。尽管该事物可以移动，在其移动之后，本质上它还是同样的事物，一个实体。   ■

从实际的观点来看，实体是若实现在计算机内部则典型情况下可能表示为数据的"事物"。

例 5.3　**实体**　我们给出一些示例：一根（特定的）铅笔，一条（特定的）巧克力棒，一桶（特定的）染料，一个（特定的）人，一个（特定的）铁路网，一列（特定的）火车，或者一个（特定的）运输行业。   ■

我们区分原子实体和复合而成的（即复合的）实体。

5.3.1 原子实体

特性描述：通过原子实体，我们理解不能将其理解为由其他实体复合构成的实体。   ■

例 5.4　**原子实体**　我们给出一些示例：一根（特定的）铅笔，一条（特定的）巧克力棒，一个（特定的）人，或者一张（特定的）时刻表。   ■

如果我们把铅笔拆开成如铅芯和木头，则这些部分实际上不是真正的实体。把一个铅笔拆开可能破坏了铅芯或损坏了木头，而且在任何情况下这两个部分除了成为一个原子整体的一部分之外没有任何功用。类似地，对于人：把人的头、四肢等等看作分离的实体可能只有在外科手术（器官移植等等）中才合理，但这可能使得我们整体的人的概念一定程度上有些风险。但最后这一示例对于确定某实体是否是原子的来说实际上选择的很好：这里的决策似乎依赖于（在我们）对实体（审视的上下文中对其）的看法。

5.3.2 复合实体

特性描述：通过复合实体 e，我们理解最好理解为由其他被称为实体 e 的子实体的实体 $e_1, e_2, \ldots, e_n$ 构成的实体。   ■

例 5.5　**复合实体**　我们给出一些示例：一个（特定的）铁路网（由线路和车站构成），一列（特定的旅客）列车（由旅客车厢和机车）构成，或者一个（特定的）运输行业（由运输网、运输工具等等）。   ■

5.3.3 子实体

特性描述：通过子实体，我们理解是另一个实体的构件的实体。 ▪

例 5.6 子实体 我们给出一些示例：一个（特定的）铁路网的线路和车站，一列（特定的）火车的机车和车厢，一个（特定的）铁路系统的铁路网。

5.3.4 值、部分整体关系、属性

例 5.4~5.6 指代特定的实体。对于它们中的每一个，我们都能够谈起该实体的值。而且对于它们中的每一个，我们都能谈起该实体的零个、一个或多个属性。部分整体关系的概念仅与复合实体相关，且表达了子实体如何构成实体。

特性描述：通过实体的值 v_e，我们粗略地理解如下内容：如果实体是一个原子实体，则是实体标识出来的属性的全体集合 $a_{1_e}, a_{2_e}, \ldots, a_{n_e}$。如果实体是一个复合实体（即由子实体 $e_1, e_2, \ldots, e_m$ 构成），则实体值有三个部分：它是如何构成的—— 其部分整体关系 m，实体标识出来的属性 $a_{1_e}, a_{2_e}, \ldots, a_{n_e}$ 的全体集合，（归纳地）各自子实体（$e_1, e_2, \ldots, e_m$）的标识出的值 $v_{e_1}, v_{e_2}, \ldots, v_{e_m}$。 ▪

特性描述：通过实体的属性，我们粗略地理解不能与实体相分离的特性。 ▪

例 5.7 属性和值 下文是一个原子铅笔实体的一些属性：铅笔的物理长度，制作的材料，铅笔中铅芯的颜色，与笔的外观相关的所有其他属性（损耗），购买价格等等。原子铅笔的值就是（部分整体关系上的）如下的事实：它是原子实体，以及所有上文（包括"等等"）的属性的总和。

5.3.5 实体的部分整体关系

通过部分整体关系学，我们理解部分之间关系的理论。也即部分到整体的关系以及在一个整体内部分到部分的关系。

特性描述：通过实体的部分整体关系，我们粗略地理解它是否是原子的，或者当它是复合的时候，它是如何成之为复合的（即由哪些种类的子实体构成的）。 ▪

请注意我们尝试区别实体、实体值、实体属性和实体的部分整体关系。注意我们使用了术语尝试。你有理由说所观察到的实体等同（即同义）于它的值。

例 5.8 铁路网的部分整体关系刻面 铁路网的部分整体关系学在楷体的术语中得以反映。网络由线路集合和车站集合 构成，也即可以分解为这些。任何线路仅连接两个相异的车站。任何车站连接到一个或多个相异的的线路。铁路线路由线性钢轨单元构成。钢轨单元的连接器

（这里被看作）是不能与构成钢轨单元的主要部分的钢轨（枕木及其钉子等等）配对分离开来的。我们没有提及关于集合是如何形成网络的事情。但这样的形成规则是部分整体关系的一部分。 ∎

对于人们最终可以同实体关联起来的属性种类和部分整体关系的形式来说是没有尽头的。对于此，人们同样能够把函数和行为关联到属性和部分整体关系上来，正如将了解到的那样。我们坚信，试图枚举出人们能够同实体（函数和行为）关联起来的部分整体关系和属性——信息——的所有可能类别来说不会富有成效。人们很容易在哲学陈述中迷惘，比较 [335]。我们的任务主要受到了把我们领域分析的任何事物放在计算机中这一点的约束。所以，在最后的分析中，我们只需要求助于使用计算机数据（即值和类型）、计算例程（算法）和计算进程的抽象能够描述什么。由此我们主要关注于如下的部分整体关系：使用自然英语[1]能够非形式地但精确地描述什么，什么能够在数学上得以描述，或者进一步约束部分整体关系的问题，什么能够表示在计算机中。

5.3.6 部分整体关系和属性

因此在粗略地意义上来说，实体 e 的值 v_e 由如下构成：(i) 其部分整体关系——(i.a) 是否是原子的或 (i.b) 由子实体构成，以及如何构成——(ii) 实体属性 $a_{1_e}, a_{2_e}, \ldots, a_{n_e}$ 和 (iii) 当实体 e 是复合的时候，则（归纳性地）是这些实体（$e_1, e_2, \ldots, e_m$）的值 $v_{e_1}, v_{e_2}, \ldots, v_{e_m}$。

我们将把所有这一信息建模为适当类型的值。

5.3.7 面向模型的部分整体关系

这几卷的卷 1 和 2 关注于规约部分整体关系和属性的面向性质和模型的方式。除了卷 2 的第 2 章（层次和复合），在这几卷中，我们没有析出部分整体关系这一概念。但是把复合实体建模为集合、笛卡尔、列表、映射、函数的面向模型的方式是有这一用意的。

5.3.8 面向模型的属性——题外话

原子类型和值

我们可以把可能施加在某实体的面向模型的部分整体关系之上的约束看作部分整体关系的性质或实体的属性。除此以外，还有最终构成任何实体的原子实体的最终类型。在我们看来，这些原子类型的实际值构成了实体的属性。

其他属性

但是正如在卷 2 中所大量展示的那样，似乎有大量的复合类型，它们对我们想要分类为属性而非部分整体关系的事物进行建模：对时态进展（如交通）进行建模的函数，对指称建模的

---

[1] 译者注：对于中文读者来说，应当是中文自然语言。

函数, 等等。因此对于本卷, 我们必须放弃, 并且说: 关于对实体的刻面适当建模的讨论, 我们必须参考这一系列的卷 1 和 2 的全部。

5.3.9 实体性质

因此粗略地来说, 实体值由其部分整体关系、属性、(若是复合的) 所有子实体的值构成。方便起见, 我们把部分整体关系和属性这两个刻面合成一个概念: 性质。

概述

重复一遍: 物理上显然的事物具有值。也即我们令一些值是物理上显然的事物的值。另外, 物理上显然的事物具有部分整体关系: 物理上显然的事物的值是其部分整体关系及其全部属性的总和。性质 (部分整体关系和属性), (一般来说) 就像值, 具有类型且使用 (通常为非事物) 值来表达。

"事物"的性质

如果有所帮助的话, 你可以把性质范畴划分为两类: (i) 事物的部分整体关系: 通常是复合的、显然的现象的性质: 它本身是一个显然的原子或复合现象; (ii) 属性: 显然现象的性质, 这不是一个显然的现象。它更像一个性质。这两种性质都通过类型和值来表示。

例 5.9 "事物"的性质 特定的铁路网是显然的现象。任何线路或车站, 且就此而言, 任何最小的钢轨单元和其间的许多事物, 就像月台或道岔, 同样也是显然的现象, 且由此就是网现象的事物的性质。我们可以说钢轨单元的曲率是该钢轨单元的属性 (也即同样是一个性质, 一个概念)。曲率本身是不能够脱离钢轨单元且如此显示出来的。铁路网属性的其他示例是: 线路的长度; 线路的单元对交通来说是闭合的; 以及线路在开的时候, 仅能在一个方向上开 (对于连接到车站的线路 (进和出) 来说的与下线相对的上线)。 ∎

5.3.10 现实的示例和我们的类型系统

对于那些还没有学习这一系列的前面几卷的读者, 我们给出一些面向模型的类型 (和值) 的规约的形式示例。

集合复合

例 5.10 社区和社区网络: 内部和之间 首先是非形式描述: 社区 C 由一个或者多个人 P 的有限集合构成。社会 S 由一个或者多个分离社区的有限集合构成。社区内部网络 Intra 由社区内一个或者多个人的有限集合构成。社区间网络 Inter 由一个或者多个人的有限集合构成, 社会的社区的每一子集只有一人。

然后, 我们给出形式描述。

────── 形式表述：社区和社区网络 ──────

type P

   C = P-**set**

   S = C-**set**

        使得对于 S 中的某 s 的任何两个相异的元素 c_i, c_j，

        没有共同的人

        $\forall$ s:S • $\forall$ ci,cj:C • {ci,cj}$\subseteq$s $\wedge$ ci$\neq$cj $\Rightarrow$ ci $\cap$ cj = {}

   Intra = P-**set**

        使得对于 Intra 中的任何 i，存在有

        S 中的某 s 的 c，i 是其子集

        $\forall$ i:Intra • $\exists$ s:S • $\exists$ c:C • c $\in$ s $\Rightarrow$ i$\subseteq$c

   Inter = P-**set**

        使得对于 n 个元素的 Inter 中的任何 i，存在有 S 中的某 s的 n

        个相异的社区 $c_1, c_2, ..., c_n$，

        使得每一 i 成员 $\equiv$ 各自 c_k 的仅一个成员

        $\forall$ i:Inter • **card** i = n $\Rightarrow$

        $\exists$ s,cs:S • cs$\subseteq$s $\wedge$ **card** cs = n $\wedge$ unique(i,cs)

value

   unique: Inter $\times$ S $\rightarrow$ **Bool**

   unique(i,cs) $\equiv$

        $\exists$! p:P,c:C • p $\in$ i $\wedge$ c $\in$ cs $\wedge$ unique(i \ {p},cs \ {c})

        pre card i = **card** cs

令适当标注下标的 p 指代相异的人，则：

(1) {{p1,p2,p3},{p4,p5},{p6}}

(2) {p1,p2}, {p5}, {p6}

(3) {p1,p4}

分别指代一个可能的：(1) 社会，(2) 三个社区内部网络和 (3) 一个社区间网络。

    社区、社会、社区内部和社区间概念的部分整体关系反映在幂集操作符（**-set**）和"使得"约束的使用。社区、社会、社区内部和社区间的概念的属性相当于相关集合的势。

由此我们可以使用如下的伪 RSL 记法：

type	**type** 指代类型定义
A	A 是分类，即抽象类型
S = A-**set**	S 是 A 元素集合族的具体类型

value	value 指代值定义
a,b,...,c:A	a,b,...,c 是 A 的元素
{}:S	空集在 S 中
{a,b,...,c}:S	a,b,...,c 集合在 S 中
set1∪set2:S	set1 或 set2 或两者之中的元素的集合在 S 中
set1∩set2:S	既在 set1 又在 set2 中的元素的集合在 S 中
set1⊆set2:**Bool**	set1 集合是 set2 集合的子集
e ∈ set:**Bool**	元素 e 是 set 的成员

集合操作符可以"读"作：∪：并，∩：交，⊆（和 ⊂）：子集（真子集），以及∈：是...的成员。

笛卡尔复合

接着我们给出一个示例来举例说明笛卡尔复合。

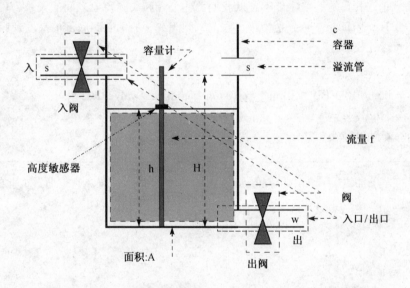

图 5.1　框形液体容器系统

例 5.11 **流体容器格局** 我们在图 5.1 中举例说明了一个框形流体罐。我们有物理上显然的现象：如例所示的整体罐就是一个物理上显然的现象。我们能够且会说入、溢流、出阀，高度敏感器，以及（若有的话）罐中的液体也都是如此。而且还有属性：（液体的）高度是一个属性，入和出阀的开/闭状态也是。

我们可以说整个流体容器系统的"值"由上下文和状态分量构成。上下文分量是物理流体容器的固定的（值）属性：宽度、深度、整体高度，即物理（体积）度量，入阀距容器底部的高度，出阀距容器底部的高度，以及溢流管距容器底部的高度。状态分量是物理流体容器的变量（值）属性：流体表面距容器底部的高度，以及两个阀的开/闭状态。

我们可以将其形式化：

───────── 形式表述：流体容器格局 ─────────

type
   LCS = CONTEXT × STATE

固定值的上下文可以建模为：

type
   CONTEXT = VOL × VALS × OFLOW
   VOL = wdth:**Real** × dpth:**Real** × hght:**Real**
   VALS = in_valve:(**Real**×DIAM) × out_valve:(**Real**×DIAM)
   OFLOW = **Real** × Diam
   DIAM = **Real**

这里我们给一些类型名"装饰有"小写的（选择器）名字，就像记录（结构）的字段标识符。通过适当地选择，这些名字能够帮助我们记住公式和实际现象之间的关系，也即系统标识的问题。　**Real**×Diam 对分别指代（假定）圆阀或管的中心距底部的高度及其直径。变量值的状态可以建模为：

type
   STATE = liquid:LEVEL × input_valve:OC × output_valve:OC
   LEVEL = **Real**
   OC == open | closed

OC 代表阀的开/闭状态。open 和 closed 是原子标符，即标识符。它们通过彼此的不同来表示不同的"值"。

令下文各种数字指代实数（单位为厘米），则：

lcs: (ctx,sta)
ctx: (vol,vvs,ofw)
  vol: (100.0,100.0,300.0)
  vvs: ((250.0,5.0),(10.0,5.0))
  ofw: (255.0,5.0)
sta: (221.0,(open,closed))

即 (((100.0,100.0,300.0),((250.0,5.0),(10.0,5.0)),(255.0,5.0)),(221.0,(open,closed)))
例示了一个格局。

由此我们认为流体容器系统是一个原子实体。流体容器系统的属性就是容器的宽度、深度、高度，阀高度位置和直径，输入/输出阀的开或闭状态，流体的高度。　■

列表复合

下一示例举例说明了列表复合。

例 5.12 列车的旅程 列车的旅程是两个或更多停留车站的有序列表。停留车站是到达时间、车站和月台名称、离开时间的分组。

我们可以将其形式化：

─────────── 形式表述：列车的旅程 ───────────

type
    Time, Sn, Pn
    Journey = Sta_Visit*
    Sta_Visit = arrival:Time×sta_name:Sn×pla_name:Pn×dept:Time

Time, Sn 和 Pn 是未进一步解释的分类名（即抽象类型名）。

列表（和笛卡尔）表达式：

$$< (a_1, s_1, p_1, d_1), (a_2, s_2, p_2, d_2), (a_3, s_3, p_3, d_3), (a_4, s4, p_4, d_4) >$$

指代开始于时间 d1 结束于时间 a4 按照从车站 s1 到车站 s2 和 s3 最后停留在车站 s4 的顺序的旅程，其中适当的标记下标 a,s,p 和 d 分别代表到达时间、车站名、月台号码（或名称）、抵达时间，

列车旅程概念的部分整体关系在上文的列表和笛卡尔类型构造器（*, ×）的使用中得以反映。由此我们认为列车旅程概念是一个复合实体，其原子子实体是停留车站。我们仅考虑列车旅程的一个属性，即其停留车站数量。原子的停留车站的属性是抵达时间、车站名、月台号、离开时间。∎

适时给出一些列表记法：

type
[1] A, fL = A*, iL = A^ω
value
[2] a,b,c:A, ℓ:fL
[3] $\langle$a,b,c$\rangle$:fL
[4] $\langle$a$\rangle$^ℓ, ℓ^$\langle$a$\rangle$, **hd** ℓ, **tl** ℓ, **elems** ℓ, **len** ℓ, **inds** ℓ

分别表达了 [1] 分类 A，A 元素的有限列表和可能无限的列表的具体类型定义；[2] a, b 和 c 是任意的 A 元素，ℓ 是任意的 fL 元素；[3] 简单列表的枚举；[4] 操作：到列表头和尾的拼接，非空列表的头（列表的第一个元素），非空列表的尾（列表所有其余元素，若有的话），所有相异列表元素的集合，列表的长度和（可能为空的）列表整数索引集合。如果非空，则索引集合的整数是从 1 到 n，其中 n 是列表的长度。

映射复合

我们给出举例说明映射复合的示例。

例 5.13   计算机文件目录　这是一"经典"示例。目录由零个、一个或者多个唯一命名的文件以及零个、一个或者多个唯一命名的目录构成。因此目录映射文件名到文件，目录名到目录。文件、文件名、目录名是未进一步解释的实体。

我们可以将其形式化：

形式表述：计算机文件目录

---

type

    File, Fn, Dn

    $DIR = (Fn \underset{m}{\rightarrow} File) \times (Dn \underset{m}{\rightarrow} DIR)$

这里 $A \underset{m}{\rightarrow} B$ 表示从唯一的 A 到不必唯一的 B 的映射。映射就类似于一个函数：给定映射 m（如在 $A \underset{m}{\rightarrow} B$ 中）和在 A 中的 a，使得 a 在 m 的定义集中，则 m(a)（m 被应用到 a）是某个 b。

    目录示例是：

([ ],[ ])

([fn↦file],[ ])

([fn↦file],[dn↦([ ],[ ])])

([fn1↦file1,fn1↦file1],[dn1↦([ ],[ ]),dn2↦([fn↦file],[ ])])

([fn1↦file1,fn1↦file1],[dn1↦([ ],[ ]),dn2↦([fn↦file],[dn↦([ ],[ ])])])

这里 **fn, fn1** 和 **fn2** 是文件名；**file, file1** 和 **file2** 是文件，**dn, dn1** 和 **dn2** 是目录名。一般性的映射表达式 [a1↦b1,a2↦b2,...,an↦bn] 表示从 a_i 到 b_i 的映射，其中所有的 a1, a2, ... 和 an 都是相异的。

    目录概念的部分整体关系在上文对映射和笛卡尔类型构造器（$\underset{m}{\rightarrow}$, ×）的使用中得以反映。目录的属性是文件的数量和名字以及子目录的数量和名字。

适时给出一些映射记法：

type

[1] A, B

[2] $M = A \underset{m}{\rightarrow} B$

value

[3] a:A, b:B

[4] m∪[a↦b] : M, m†[a↦b] : M, m\{a} : M

上文表达了：[1] 抽象类型 A 和 B；[2] 作为从 A 到 B 的映射集合的具体类型 M；[3] 任意命名的 A 的元素 a，B 的元素 b；[4] 新映射 [a↦b] 合并到映射 m；用映射 [a↦b] 对 m 中的如 [a↦b′] 的某映射的替换，其中假定 b 不同于 b′；以及从映射 m 对映射 [a↦b] 的移除（对于任何 b）。∪ 操作符是可交换的：m∪m′ = m′∪m。操作符可以"读"作 ∪：并，†：覆盖，\：限制。

5.3.11 类型系统

由此我们能够总结我们将要求读者使用的类型记法。有简单类型名（即类型表达式）：

类型表达式：

Bool, Int, Nat, Real, Char

Tn_1, Tn_2, ..., Tn_m

这里 TN_i 是用户选定的（与其他标识符不同的）标识符。**Bool, Int, Nat, Real** 和 **Char** 表示布尔真假值、整数、自然数、实数和字符。

有复合类型名（即类型表达式）：

类型表达式：	意义
A-set, A-infset	分别是有限和可能无限的集合
$A \times B$	笛卡尔
A^*, A^ω	分别是有限和可能无限的列表
$A \overrightarrow{m} B$	（从 A 到 B 的）有限映射
$A \to B, A \overset{\sim}{\to} B$	分别是全和部分函数空间
A | B	A 或 B 的并类型

这里 A 和 B 是任何用户选定的标识符。**A-infset** 包括有限集合，即 **A-set**。A^ω 包括有限列表，即 A^*。

还有类型定义：

类型定义：	注释：
A, B, C, ...	分类
D = A-set, E = A-infset	D (E): 有限集合（无限集合）
$F = A \times B \times C$	F: （三元组的）笛卡尔
$G = A \overrightarrow{m} B$	G: 映射
$H = A \to B, J = A \overset{\sim}{\to} B$	H (J): 全（部分）函数
K == alpha | beta | ... | omega	标符判别并

5.3.12 类型约束

在例 5.10 中，公式行之间的非形式文本举例说明了类型约束的概念。这些类型约束可以看作被建模实体的部分整体关系的一部分。

特性描述： 通过类型约束，我们粗略地理解某文本，它限定了前面的类型描述不要包含该类型描述所允许的全部值。■

例 5.14 类型约束 我们将举例说明一些本应该在前面的示例中表达的类型约束：

液体容器系统： （例 5.11）入阀的放置必须高于出阀。液体的高度不能低于出阀的高度减去该阀的直径。液体的高度不能高于溢流管的高度加上/减去该管的直径。出阀的直径在如下与入阀直径的关系中应当成立：...（等等！）。

火车旅程: （例 5.12）在任何一个车站中抵达时间必须先于离开时间，它们的差最小值是 t_{lo} 分钟，最大值是 t_{hi} 分钟，可能依赖于这些时间所关联的车站。在一个车站中的离开时间应当先于任意下一车站地抵达时间，并且它们的差应当与这些车站之间的一般的旅行时间相称。车站名的序列必须和穿过铁路网的路线相称。[2] 没有车站名的出现能够多于一次。（也即，没有环。）

计算机目录: （例 5.13）人们可以设想一些在目录上严格来讲不必要的约束：在目录的任何层次，（该层次的）文件名必须相异于（该层次的）目录名。给定目录 $\Delta = (f, \delta)$，令（该目录 Δ 的）目录名有效路径 p 是非空的目录名序列（即列表），使得路径 p 的第一个目录名 d，如 $p=\langle d\rangle^\frown p'$，实际上是 δ 的一个目录（Δ'）的名字，并使得若路径 p 的长度为二或更多，则其余的路径 p' 是 Δ' 的有效路径。   ■

如上例所示，有时通过一些集合、笛卡尔、列表、映射以及我们很快将了解到的函数记法来表达约束是很有用的。因此我们在上文展示了一些集合、笛卡尔、列表和映射记法。

5.3.13 总结：原则、技术和工具

原则：分析和建模实体的原则如下：首先确定实体是否（也即实体的一个类 [即类型] 是否）是原子的或复合的。然后，对于原子实体，确定这些原子实体具有一个或多个属性。对于复合实体，确定这些复合实体具有如下的哪两个方面：它们的部分整体关系，即复合属性，及其子实体。   ■

回忆一下复合实体具有两个刻面：存在有属性示及了复合实体是如何构成的；还有其他的属性，我们将其称为从属属性。复合属性通过如下陈述来表达：复合实体由集合、笛卡尔、列表以及唯一标识出来的子实体的集合（即映射）构成。复合实体的从属属性非常类似于原子实体的属性：它们刻画了这样的实体的值，而非更多地刻画其可能的子实体。

技术：对实体的建模如下：对于原子实体，陈述可能约束了的类型（如分类）的任意集合；对于复合实体，陈述两件事：可能约束了的类型（从属属性，如分类）的任意集合，以及类型的特定集合、笛卡尔、列表、映射（或函数）复合（复合属性）。   ■

工具：比如，实体模型是使用 RSL 的抽象类型（分类）或具体类型的概念来表达的。   ■

5.4 函数

特性描述：通过函数，我们粗略地理解某事物，一个数学的量（没有人曾经见过），当它被应用到某被称作函数参数的（其他）事物时，产生被称作函数对于该参数的结果的（其他）某事物。如果函数被应用到不是该函数的正确参数，则产生被称作 **chaos** 的完全未定义结果。   ■

---

[2] 也即：车站名必须命名铁路网的车站，且旅程路线必须是该网的路线。

对于我们来说，当我们面对一种或另一种现象的时候，问题是确定我们应当把哪种现象建模为函数，哪种现象不应建模为函数。

> **例 5.15** **函数** 我们给出一些粗略描述的示例：
>
> (i) 在储蓄账户中存款可以看作是一个函数：存储函数被应用到两个参数，*存储金额* 和*账户余额*。该函数产生一个新的*余额*。
>
> 如果我们仅考虑账户余额（和存储金额），上文就是对参数和结果类型的适当选择。不过，如果我们考虑整个银行（和存储金额），则存储函数更适宜应用到如下的参数，*银行*、*客户名*、*客户账户号码*（由此的账户余额）和*存储金额*，并产生新的*银行*。
>
> 如果你希望考虑对客户的某种响应，比如依赖于客户姓名和账户号码有效性的存储交易成功或没有成功，则你可能希望添加另外一个响应部分到结果中来，比如，**交易成功**或**交易没有成功**。
>
> 另外一个示例：
>
> (ii) 查询和实际购买飞机票被抽象为一个函数。比如，这可以看作：购买函数被应用到三个参数，*从哪里到哪里的旅行信息*，*哪一航班*等等，*航线航班的预订注册* 以及*价格*（金额）。这一函数产生了一个"对"结果：*票* 和更新了的*航班预订注册*。
>
> 另一示例：
>
> (iii) 可以把在港口的码头卸载轮船看作一个函数。比如，看作：卸载函数被应用到两个（复合）参数：（装载有货物的）*轮船*、（运输目的是）*港口的码头*。这一函数产生了一个"对"结果：减去卸载了的货物的*轮船*、"加上"卸载了的货物的*码头*。
>
> 另一示例：
>
> (iv) 可以把接收病人入院看作一个函数。比如，看作：接收函数被应用到许多参数：*病人*、（未注册该病人的）*医院*、*接收医生*、*护士*等等。这一函数产生一个"复合"结果：更新了的*医院*（现在注册有该病人）。
>
> 最后一个示例：
>
> (v) 可以把发射飞行器看作一个函数。比如，看作：触地函数被应用到两个参数：（处于飞行状态的）*飞行器*，（假定对于降落来说开放的，也即为"该"飞行器预订的）*跑道*。这一函数产生了一个"复合"结果：（现在处于沿跑道滑行状态的）*飞行器*、（由"该"飞行器占用的）*跑道*。∎

在描述、规定或规约（领域、需求或软件设计）中的一个重要任务就是标识所有相关的函数，(i) 命名它们以及它们的 (ii) 参数和 (iii) 结果，并 (iv) 定义它们所"计算"的内容。在上文的示例中，我们探讨了 (i~iii) 但没有探讨 (iv)。

5.4.1 函数基调

特性描述：通过函数基调，我们理解如下的复合信息：函数名，参数类型的名字序列和所产生的结果类型的名字序列。∎

函数基调不是函数的定义。而是对函数"看上去是关于"什么作出重要的提示。

例 5.16   *函数基调* 相应于例 5.15 中提及的函数的基调是：

(i) 函数名：存储（deposit）； 参数类型：金额（amount）和余额（balance）；结果类型：余额。

(ii) 函数名：购票（ticket_purchase）； 参数类型：旅行信息（travel information），预订注册（reservation register）和价格（price）； 结果类型：预订注册和票（ticket）。

(iii) 函数名：卸载（unload）； 参数类型：轮船（ship）和码头（quay）； 结果类型：轮船（ship）和码头。

(iv) 函数名：接收（admission）； 参数类型：病人(patient)、医院（hospital）和医疗人员（medical staff）； 结果类型：医院。

(v) 函数名：触地（touchdown）； 参数类型：飞行器（aircraft）和跑道(runway)，结果类型：飞行器和跑道。

────────── 形式表述：函数基调 ──────────

我们形式化上文：

type
  Amount, Balance
  TravInfo, ReservReg, Price, Ticket
  Ship, Quay
  Patient, Hospital, MedicalStaff
  Aircraft, RunWay
value
  deposit: Amount×Balance → Balance
  ticket_purch: TravInfo×ReservReg×Price → ReservReg×Ticket
  unload: Ship×Quay → Quay×Ship
  admission: Patient×Hospital×MedicalStaff → Hospital
  touch_down: Aircraft×RunWay → Aircraft×RunWay

注意没有"隐藏"类型。如果我们使用某命令式程序设计语言对上文进行程序设计，则一些类型可能会被省略掉，因为相应的参数值和/或结果部分的值将会被分别保留和存储在全局变量中。

一旦函数得以粗略地标识出来，开发者能够确定函数基调，至少实验性地。为此，实际上经常要求仔细地考虑。描述函数基调令开发者的思维集中。在这一预备性的粗略描述步骤之中，许多问题浮现出来。仅是非形式的或同样也是形式的系统书写用于进一步关注开发：可以记录逐步的"成果"！

5.4.2 函数定义

上文之中我们没有花费大量的时间或篇幅，但实际上提及了函数定义的概念。

特性描述：通过函数定义，我们理解定义了函数的参数和结果之间的关系的描述、规定、规约。

例 5.17 **函数定义** 我们为例 5.15 和 5.16 中的一些函数举例说明函数定义。

(i) 存储函数，当被应用到（要存储的）金额和（账户）余额时，产生了（该账户的）新的余额，它是原来的余额和存储金额的总和。

(ii) 机票购买函数，当被应用到一些（相关的）旅游信息、航班预订注册、（假定的机票）价格时，产生了新的航班预订注册和机票，使得机票满足旅行信息并且机票（即它所指代的预订）在结果（即新的航线预订注册）中得到了正确地反映。

关于旅行信息、航线预订注册和机票这三个实体必须给出更多的信息以定义"满足"和"正确地反映"所指内容。

(iii) 轮船卸载（unload）函数，当被应用到轮船和码头时，产生 (1) （更新了的）码头，除了卸载之前码头上已存在的货物之外，现在也同样存储了自轮船的货物，其目的（destined）即是该码头，(2) 更新的轮船，要减去已经被卸载的货物，且仅减去这些货物！

─────── 形式表述：卸载函数定义 ───────

type
    Sn, Qn /∗ 轮船和码头指代器∗/
    C /∗ 集装箱 ∗/
variable
    s_c:C-set
    q_c:C-set
value
    q:Qn
    is_destined: $Qn \times C \to$ **Bool**
    unload: **C-set** $\times$ **C-set** $\to$ **C-set** $\times$ **C-set**
    unload(scs,qcs) **as** (scs′,qcs′)
      post
        scs \ scs′ = qcs′ \ qcs
        $\forall$ c:C • c $\in$ scs \ scs′ $\Rightarrow$ is_destined(qn,c) $\wedge$
        $\sim\exists$ c:C • c $\in$ scs′ $\wedge$ is_destined(qn,c)

从轮船移除的货物就是添加到该码头的货物。仅是且全部这些目的地为该码头的货物才从轮船移除。∎

我们注意到尝试完成函数定义可能会受到缺乏参数和结果的类型和属性的足够细节的阻碍。陈述上文中上一句的另一种方式是：定义函数有助于"发现"参数和结果的类型和属性，对辅助函数的可能的需要（即例 5.17 的项 (ii) 的"满足"和"适当的反映"）。在尝试完成函数定义的时候，通常人们要准备好修改函数基调。

5.4.3 算法

要小心地区别规约函数定义、定义算法，包括实现函数定义的程序编码。这里认为函数定义是抽象的，它强调要计算什么，与算法（和代码）相比较，后者强调计算如何实现函数定义所规约的内容。

特性描述：通过算法，我们理解逐步规约，它可以作为对机械设备（即计算机）计算的规定，使得计算机计算函数定义所定义的内容。 ■

例 5.18 **算法** 最后我们为例 5.17 中计算存储函数（项 (1)）和轮船卸载函数（条目 (iii)）示及算法的粗略描述。

(i) *存储算法*：

令变量 v_d 包含要存储的金额，令 v_d 初始内容为 d。

令将要进行存储的账户的余额包含在变量 v_b 中，令 v_b 的初始内容为 b。

现在添加 v_d 的量 d 到 v_b 的量 b 上，产生了作为变量 v_b 的新量的 $d+b$。

没有谈及 v_d 的最终量。

(iii) *卸载算法*：

令变量 s_c 表示轮船 s 的货物区。假定 s_c 的量是一组集装箱 $\{s_{c_1}, s_{c_2}, \ldots, s_{c_n}\}$。

令轮船所停泊的码头 q 的货物区由变量 q_c 来标识。假定 q_c 的量为一组集装箱 $\{q_{c_1}, q_{c_2}, \ldots, q_{c_m}\}$。

令辅助谓词函数 **is_destined** 应用到码头指示器 q 和轮船集装箱 s_{c_i}，若集装箱的目的地是码头 q，则产生 **true** 否则 **false**。

对于每一轮船 s 的 s_c 的集装箱 s_{c_j}，若 $q(q, s_{c_j})$ 成立，则从 s_c 移除 s_{c_j}，把 s_{c_j} 添加到 q_c。

───────────── 形式表述：卸载算法 ─────────────

```
type
    Sn, Qn /* 轮船和码头指示器*/
    C /* 集装箱 */
variable
    s_c:C-set
    q_c:C-set
value
    q:Qn
    is_destined: Qn × C → Bool
    unload: C-set × C-set → C-set × C-set
    unload(s_c,q_c) ≡
        while ∃ c:C•c ∈ s_c ∧ is_destined(qn,c) do
            let c:C•c ∈ s_c ∧ is_destined(qn,c) in
            s_c := s_c \ {c} ‖ q_c := q_c ∪ {c}
        end end
```

只要在 s_c 中有目的地为码头 q 的集装箱，就同时并行地把 c 从 s_c 删除（\），把 c 添加（∪）到 q_c。

我们的非形式算法展示能够以伪程序的形式来展示：

> **动作：**
>   **name:** unload
> **全局变量：**
>   q: Quay_name,
>   s_cs: Ship_containers,
>   q_cs: Quay_containers.
> **伪程序：**
>   **while** 存在有 s_cs 中目的为码头 q 的集装箱
>   **do**
>   令 c 为目的是 q 的 s_cs 中的集装箱；
>   从 s_cs 删除 c；
>   把 c 添加到 q_cs
>   **end**

能够使用各种各样的形式来表达伪程序。∎

我们将其留给读者来考察**卸载**函数、**卸载**算法、**卸载**伪程序这三个定义。我们认为这些定义之间的区别一般来讲展示了函数定义、算法规约之间区别的一些方面。

5.5 事件和行为

为了适当地解释事件和行为的概念，我们首先非常简要地回顾状态和动作的概念。

5.5.1 状态、动作、事件和行为

我们需要刻画许多概念。这些概念是领域、需求、计算的概念。

特性描述：通过状态，我们粗略地理解其值可以变化的一个或者多个实体的集合。∎

特性描述：通过动作，我们粗略地理解改变状态的某事物。∎

特性描述：通过事件，我们粗略地理解触发动作的某事物的出现，或者由动作所触发的某事物的出现，或者改变行为进程的某事物的出现，或者是它们的组合。∎

特性描述：通过行为，我们粗略地理解动作和事件的一个序列。∎

例 5.19 状态、动作、事件和行为 我们展示一些示例，其中这四个概念"交织在一起"。下文的示例与例 5.15~5.18 中的子示例 (i, ii, iii) 相关。

(i) 客户和银行账户:

- 某客户的银行账户的余额构成了一个**状态**。
- 执行向账户存款（和自账户取款）的函数相当于**动作**。
- 客户要存款和取款的决策相当于出发各自动作的**事件**。
  假定有一个最低存款限额，则取款动作引发银行账户余额超过了存款限额的情况就相当于一个事件。该事件会或不会触发动作，或者以延迟的方式来触发。
- 存款或取款事件和动作的特定系列的序列形成了一个**行为**。对于任何给定的客户和银行账户，许多这样的行为都是可能的。

(ii) 购买机票:

- 航班座位预订注册形成了一个**状态**。
- 对实际上购买（或取消已购买的）机票的执行相当于**动作**。
- 买（预订却没有付款，或实际预订和付款）和取消机票的决策都是触发各个动作的**事件**。
  已经预订却没有为机票实际付款，且在特定日期之前不为该机票付款，相当于一个事件，它会或不会触发一个动作。
- 特定系列的一个或者多个机票购买以及零个、一个或者多个机票取消事件和动作的序列构成一个**行为**。对于任何给定的航班预订系统和可能的乘客，许多这样相互交织和/或并发的行为是可能的。

(iii) 卸载轮船和装载码头:

- 可以把轮船货物和码头货物存储分别看作轮船的一个组合的**状态**或看作码头的**状态组**。
- 对卸载轮船函数的执行相当于一个**动作**。
- 开始卸载的决策相当于触发卸载动作的**事件**。没有更多的货物需要卸载的现象相当于一个事件，它会或不会触发一个动作。
- 行为:
  - ★ 码头行为：从码头的角度来看，特定系列的卸载事件和动作的序列就可能不同的轮船而言形成了一个**行为**。对于任何给定的码头，许多这样的行为都是可能的。
  - ★ 轮船行为：从轮船的角度来看，特定系列的卸载事件和动作的序列就可能不同的码头来说构成了一个**行为**。对于任何给定的轮船，许多这样的行为都是可能的。
  - ★ 组合的码头/轮船行为：相称的码头和轮船行为的任何对集合形成了一个行为。

通过一对相称的行为，我们指在其中从轮船的卸载和到码头的装载的相应对是匹配的。   ∎

5.5.2 同步和通信

从上文我们注意到了两个密切相关的现象：行为可以通信，以及通信可以同步地或 异步地 发生。

特性描述：通过通信，我们粗略地指行为之间，从一个到另一个或者双向的实体交换。   ∎

通信可能涉及到一个"发送者"，即输出，以及一个或者多个"接收者"，即输入。

特性描述：通过同步通信，我们粗略地指从一个发送者到一个或者多个接收者的一个实体的行为之间的同时通信。

特性描述：通过共享事件，我们指在一个发送者行为中的一个输出事件与在一个或者多个接收者行为中其一个或者多个同步通信的输入事件的同时出现。

由此可以说同步通信似乎通过发送和接收行为之间的零容量的缓冲。这里没有陈述同步通信是在一个发送者和一个接收者或是多个接收者之间—— 但是任何描述（规定、规约）必须陈述如何实现对发送和接收行为的标识。由此期望发送者的行为从其希望进行同步通信的时刻起就"持续有效"，直到实现所有的通信。

特性描述：通过异步通信，我们粗略地理解从一个发送方到一个或者多个接收方的一个实体的行为之间的可能延迟（比如缓冲）的通信。

由此可以说异步通信是通过发送和接收行为之间的非零容量的缓冲。这里我们没有规约缓冲的动作类似于队列或是堆—— 但是任何描述（规定、规约）必须陈述如何实现发送和接收行为的标识。由此期望发送方一旦发起异步通信，其行为能够继续进行其"自己的"动作。

特性描述：通过同步，我们粗略地理解在两个或多个行为中显式表达的（即控制的）一个事件的同时出现。

由此我们认为一个发送方行为中的输出通信指代的事件与在一个（或多个）接收者行为中同时刻的输入通信的事件相同。

我们说同步反映了共享事件。

例 5.20 通信 我们继续例 5.15~5.19 的子示例 (i, iii, v) 。

(i) 当银行账户所有人，即客户，把要存储的货币递交给银行柜员，则我们说输出/输入事件已经发生了，正在对货币交换，且交换是同步的。

(iii) 当轮船卸载一件货物（即一个集装箱）到码头时，则我们说输出/输入事件已经发生了，正在对货物进行交换，且交换是同步的。

(v) 当着陆的飞行器触地时，则我们说输出/输入事件已经发生了，正在对"触地"概念进行通信，且通信是同步的。

5.5.3 进程

特性描述：通过进程，我们粗略地将其等同于行为。

有时我们进行语用上的区分：行为是我们在领域中所观测到的，而进程则是计算机所提供的。我们可以把一些、许多，或全部可观测的行为的动作和事件使用计算机进程来实现。

例 5.21   进程 我们接着例 5.15~5.20 的子示例 (iii)。

 我们关注轮船卸载的示例:现在我们把卸载看作如下两个行为、两个进程之间的交互:轮船和码头。轮船反复检查其全部货物。对每一目的地为指定码头的货物,该货物从轮船移除并运送到码头。当它不再包含这样的货物时,轮船"接着做其他的事务"—— 对此并未规约。码头反复接受从任意轮船运送的所有货物。且其"无限次地"这样运作!

──────────── 形式表述:轮船卸载和码头装载进程 ────────────

```
type
    C, Qn
channel
    sq:C
value
    qn:Qn

    is_destined: Qn × C → Bool

    ship: C-set → out sq  Unit
    quay: C-set → in sq  Unit

    ship(cs) ≡
        if ∃ c:C • c ∈ cs ∧ is_destined(qn,c)
            then
                let c:C • c ∈ cs ∧ is_destined(qn,c) in
                sq ! c ;
                ship(cs\{c}) end
            else skip
        end

    quay(cs) ≡ let c = sq ? in  quay(cs ∪ {c}) end
```

请仔细观察上文中非形式和形式阐述的密切关联。   ■

5.5.4 迹

特性描述:通过迹,我们粗略地几乎将其等同于行为:单个进程的一系列的动作(通常是动作标识)和(通常是动作标识的)事件。

 由于两个或者多个行为的并行复合同样形成了一个行为,即进程,我们需要为这样的复合行为澄清迹的概念。或者我们在迹中关注于两个或多个行为共享的事件,或者我们同样包括每一行为的动作。   ■

例 5.22 迹 我们接着例 5.15～5.21 的子示例 (iii)。

在港口中，更确切地来说，在卸载过程中，轮船的事件迹是零个、一个或者多个卸载事件的有限序列。就轮船卸载来说，港口码头的事件迹是零个、一个或多个卸载事件的不定长度的序列。 ∎

5.5.5 进程定义语言

例 5.21 的形式部分举例说明了进程的文本（RSL/CSP）定义 [164, 165, 296, 307]。RSL/CSP 在卷 1 的第 21 章中予以介绍，在卷 2 中予以大量地使用。

同样有许多二维、图形的方式来展示两个或多个进程的进展和交互。这在卷 2 的第 12～14 章中予以大量地介绍：各种形式的佩特里网 （条件事件网、位置变迁网和染色佩特里网）[192, 268, 288–290]，消息 [176–178] 和活序列图 [72, 145, 199]（MSC 和 LCS）和状态图 [140, 141, 143, 144, 146]。这些图形形式的变体现在都包含在 UML [42, 189, 258, 299] 之中。

5.6 建模现象和概念的选择

一方面，我们具有使用现象和概念所构思的论域。另一方面，我们有一些原则、技术和工具来对现象和概念建模。

第 5.3～5.5 节 探讨了实体、函数、事件和行为的模型概念。面对着描述（规定、规约）的任务，有许多建模问题。一些我们已经在这一系列的软件工程教材的前几卷中进行了探讨。其中一些将在这一节进行探讨。其他的将在本卷余下的章节中进行探讨。

5.6.1 定性特性

我们使用什么顺序来描述（规定、规约）现象和概念？我们的对它们的建模是不是要依据它们要被建模为实体，或函数，或事件，或行为？对这些问题的回答很简单：它依赖于对所描述（规定、规约）的论域进行最佳"刻画"的那些现象和概念！

5.6.2 定量特性

由此描述者（规定者、规约者），即软件工程师，就面临着另一个问题：一个现象或概念就另一个现象或概念而言"更好地"对论域进行特性描述是指什么？基本上，回答就是它是风格和品味的问题。但是我们将尝试阐述一些指导方针。

为此我们介绍论域的"密集"概念。

我们的"密集"概念的背景是现象或概念作为（建模为）

- 实体、
- 函数、
- 事件、
- 行为

的定量刻画。

相应地我们假定人们能够定量地刻画现象和概念为如下的一个或者多个：

- 信息密集的
- 函数密集的
- 事件密集的
- 过程密集的

通常如果现象或概念主要是上述之一，或最多就两个的时候谈及密集才是合理的。如果是三个或都是，则我们说它没有密集！

信息密集论域

特性描述：通过把论域称为信息密集的，我们粗略地指实体及其数量和类型在理解论域中起到了核心作用。

例 5.23   信息密集现象

可以把记录有保险、索赔和（就索赔）判定的保险系统称之为信息密集的系统。

可以把有许多关于地产和地理区域地图的地图地理系统称作信息密集系统。

可以把有许多关于假想敌（的军事强弱、战略战术等等）报告的一个国家的军事情报机构称作信息密集系统。

典型情况下，信息密集系统——当部分（或全部）计算机化时——会产生基于大量的数据库系统、文档处理系统和数据通信的信息管理系统。

函数密集论域

特性描述：通过把论域称作函数密集的，我们粗略地指函数及其定义、应用、复合在理解论域中起到了核心作用。

例 5.24   函数密集现象 可以把绝大多数的资源规划、调度和分配以及再调度系统（如为了生产和运输）称作函数密集的。

典型情况下，函数密集系统——当部分（或全部）被计算机化时——会产生基于操作研究的优化软件。

事件密集的论域

特性描述：通过把论域称作事件密集的，我们粗略地指事件，即行为间实体的同步或异步交换，对于在对论域的理解中起到了核心作用。

例 5.25   事件密集现象

可以把带有火车的移动、抵达车站和离开车站、沿线上中间位置的抵达、伴随的钢轨点联锁和信号设置的铁路火车交通系统称作事件密集的系统。

类似地，对于空中交通系统：飞行器的抵达和里卡、地面进出、通路和地区监测和控制区，可以被称之为事件密集系统。

可以把带有单方和多方电话呼叫、挂断、简单的面向服务的查询等等的电话交换系统称作事件密集系统。

典型情况下，事件密集系统—— 当部分（或全部）计算机化时—— 会产生实时的，通常是嵌入式和安全关键的软件系统。

进程密集的论域

特性描述：通过把论域称作进程密集的，我们粗略地指行为在对论域的理解中起到的核心作用。

例 5.26   行为密集的现象

可以把带有通过发送方和物流公司，从发送方到物流公司、运输中心和运输器而到达接收方的对货物的处理和实际流动的物流系统称作行为密集的系统。

可以把带有人（病人和工作人员）、材料（药品等等）、信息（病人医疗记录）流和控制的医疗系统称作行为密集的系统。

可以把带有对轮船、火车、飞行器抵达和离开的处理，码头、平台和机门的分配，卸载和装载，以及提供箱包、配餐、加油、清洁等等许多种类服务的港口、火车站、飞机场称作行为密集的系统。

典型情况下，进程密集的系统——当部分（或全部）计算机化时——会产生分布式系统。

讨论：由于事件和行为是密切相关的，我们将发现事件密集和行为密集的系统都将产生使用进程的实现。

5.6.3 原则、技术和工具

我们基本上通过展示我们所探讨的内容和我们如何对其探讨的方法论上的结果来结束本章！在本节，我们对术语描述的使用将与规定和规约同义。

原则：当描述论域时，关注于标识和描述现象和概念。

讨论：如果你所思考的事物是一个现象，即物理上可观测的"事物"，但是你发现它不适于本章所展示的实体、函数、事件和行为"模型"的"任何方式、形状或形式"，则你所标识的事物可能不是一个真正的现象，类似地概念亦是如此。

技术：分析所标识的现象或概念并确定是否建模为一个实体，包括建模为实体的集合（即类型），或函数，或事件，或行为。接着使用在其他地方给出的技术（和工具）来分别对实体、函数、事件和行为建模。

讨论: 有一些对偶性。实体可能能够被建模为函数,或者实体可能能够被建模为行为,等等。我们对此提示如下。

　　实体作为函数: 你可以把现象 p 考虑建模为比如整数实体 i_p,或者建模为函数 f_p。作为实体,i_p 表示值。作为函数,f_p 要被应用到一个空参数 $f_p()$,然后产生值。

　　实体作为行为: 你可以把现象 p 考虑建模为比如一个整数实体 i_p,或者行为 b_p。作为实体,i_p 表示值。作为行为,b_p 是与希望知道、使用整数现象的值的现象(即查询行为)q_p 并行复合起来的行为。将其建模如下:有两个行为,查询行为 q_p,整数行为 b_p。为了确定 p 的值,行为 q_p 与 b_p 通过请求整数现象的值并得到回复值来同步和通信。

　　由此,我们把看上去是实体的现象建模为实体,或者函数,或者行为不是总是那样直接的。如果现象很简单,即不受到为接下来的两个选项所列出的约束的限制,则将其建模为实体。如果现象在许多行为现象之间共享,则将其建模为行为。　■

例 5.27　共享文档 可以把一个(可能甚至是信息密集的)现象看作唯一标识文档的大型集合。这些文档的用户可能希望读取、复制或者编辑一些文档。我们把这些用户看作许多行为现象的集合,因此我们把文档集合建模为行为。这一文档集合行为围绕着内部实体:文档存储。用户行为现在与文档集合行为通过如下方式通信:请求文档的拷贝以阅读,且无返回;请求文档的拷贝以复制,且无返回;或者请求原始文档以编辑,且随后返回。从用户行为到文档集合行为来传递请求,从文档行为到请求用户的行为来传递响应,从用户行为到文档集合行为来传递文档返回。　■

工具: 对实体建模的工具是分类和具体类型以及公理,即其上的约束。对函数建模的工具是函数基调和函数定义,是否通过显式(即函数体)定义,或是前/后置条件,或是公理。对行为建模的工具是文本的或图形的,或者是两者的组合。典型情况下,在这几卷中的文本工具是 RSL/CSP 规约语言。图形工具是如下的一个或多种不同的形式:佩特里网(条件事件网、位置变迁网和染色佩特里网),比较卷 2 第 12 章 [192, 268, 288–290],消息 [176–178] 和活序列图,比较卷 2 第 13 章 [72, 145, 199],和状态图,比较卷 2 第 14 章 [140, 141, 143, 144, 146]。　■

5.7 讨论

5.7.1 实体、函数、事件和行为

　　我们假定实体、函数、事件和行为的概念在现象和概念建模时提供了一套适当的选择。

　　我们是如何知道的呢?从哪里我们知道的呢?

　　实际,即经验,展示了在很大程度上它们足够了。而且这四个概念每一个都适于如下良好相称的理论:数据类型、递归函数论、进程代数。但是,正如这一系列的卷 1 和 2 所示,以及在本卷的若干章节中所示的那样,对于对现象和概念的建模还有很多很多,而不仅是本章所展示的内容。

5.7.2 密集和问题框架

密集的概念在很大程度上是 Michael Jackson 的问题框架 [185,187]概念的一部分。我们认为密集的概念形成了一维，根据其可以对问题框架的更加宽泛的概念进行特性描述。在上文的密集类别中，我们没有区别实体类型，在实体密集现象中或在任何其他密集的现象中。一旦我们把该维加入到我们的分类之中，则我们就离 Michael Jackson 的问题框架的概念更近了。我们将在第 28 章中深入了解问题框架。

5.8 文献评注

请参考 Michael Jackson 的不错的著作 [185]：《软件需求和规约：实践、原则和偏见的辞典》（*Software Requirements & Specifications: a Lexicon of Practice, Principles and Prejudices*）。

5.9 练习

5.9.1 序言

请参考第 1.7.1 节，关于列出的贯穿全文的 15 个领域（需求和软件设计）示例；并请参考第 1.7.2 节的介绍性评述，关于"选定主题"这一术语的使用。

5.9.2 练习

如果你对本卷的学习仅是基于非形式探讨的部分，则非形式解答就足够了。否则，除了叙述文本和公式注释以外，期望你给出形式化。本卷其余章节的后续练习将在一定程度上重复这些练习，但是以更加细化的形式。 在这一早期阶段，不要羞于尝试解决这些练习。无可否认的是在这一早期阶段，考虑到（对于你所选定的主题的）问题的广泛性，回答这些练习需要一些创造性的想象力。后面的章节将给出更多的材料，由此使得你能够开始寻找更加有意义、更加令人满意的解答。

练习 5.1 实体。对于由你选定的固定主题。标识约 10～12 个实体。描述它们的类型，即是否是简单（原子）或复合的。尝试列出原子实体的一些属性，以及复合实体的一些性质。

练习 5.2 函数。对于由你选定的固定主题。标识约 5～7 个函数。描述它们的基调。描述它们的功能，即当应用到参数时产生什么结果—— 其中参数和结果是实体。

练习 5.3 事件。对于由你选定的固定主题。标识约 4～6 个事件。粗略地描述它们（如使用在事件中所表达的（即所交换的）实体）。

练习 5.4 行为。对于由你选定的固定主题。标识约 4～6 个行为。粗略地描述它们—— 使用实体、函数和事件，也即同样使用与其他行为的交互。

练习 5.5 对于你所给出的—— 练习 5.1～5.4—— 解答，哪些实体、函数等等表示物理上显然的现象，哪些指代概念？

关于下定义和关于定义

- 学习本章的前提：*你在定义类型和函数方面有一定经验，但你也许经常疑惑你是否真正地理解"定义的艺术"？*
- 目标：*讨论更一般的定义形式，比如出现在哲学论述中的那些，并讨论定义的更特殊的形式，即出现在软件工程中的那些。*
- 效果：*帮助你认真地思考你将作出的定义，由此有助于确保你将成为博学的软件工程师。*
- 讨论方式：*系统的和论证的。*

> Opto magis sentire·compunctionem quam scire eius definitionem
> **（我宁愿感到愧疚（compunction）[1]，也不愿理解其定义。）**
>
> Thomas à Kempis, 1380–1471 [218]

> **Definition**（定义）： 范围的设定。
> 确定所争议问题的动作。
> 下定义的动作：表达...的本质特性。
> 事物本质特性的精确陈述。
> 词或短语的含义声明。
> 使...确定的动作。
> 外形或轮廓中设定的状态或确定的状态。
> ...的边界和限制的确定。
>
> **牛津英语词典** [218]

> 自然界中任何事物都是相异的，但任何事物都未被定义。
>
> William Wordsworth, 1770–1850

在线大英百科全书 [339] 对定义的特性描述如下：在哲学中，就一个语言而言一个表达的意义的规约。 可以把定义分类为词汇的、直指的、规定的。

- 词汇定义通过使用假定意义已知的其他表达（如牝羊就是母羊）来陈述一个表达以规定其意义。

---

[1] Compunction: 意识到罪责而出现的焦虑；对预期的动作或结果的思想上的忧虑 [340]。
http://www.m-w.com/cgi-bin/dictionary。

- 直指定义通过指向一个表达所适用的事物的样例（如绿是草、酸橙、睡莲叶、翡翠的颜色）来规定其意义。
- 规定定义把新的意义赋予一个表达（或把意义赋予一个新的表达）；所定义的表达（被定义者）可能是第一次引入到这一语言的一个新的表达，或者是现存的一个表达。

我们有时涉及词汇定义，有时涉及规定定义，但绝大多数情况都是前者。我们把直指定义称作名称指代。

特性描述： 正确的定义 设定了界限。它把现象和概念的世界一分为二，两者都是非空的，非平凡的一半：[2] 一半是现象或概念满足该定义的，另一半则是现象或概念不满足这一定义的。 ∎

特性描述： 有用的正确定义的阐述使得"其所分成的两半"的界限清晰、明确、无二义性。 ∎

• • •

在这一卷的第 3 章，我们刻画了通过方法、方法论、原则、技术、工具、人工制品等等我们是指什么。在这样做的同时，我们尝试定义了这些术语。不过，问题是由于一些定义形式所定义的内容，实际上可以说一些定义形式精确地描述了所定义的事物，而另外一些定义形式的尝试却不具有这一特性！也即，能够在形式上精确定义一些概念，而其他一些概念却没有这样精确。由于软件工程师实际上要阐述许多定义，在这一章，由此我们将简要地介绍定义的概念。这一讨论更多是哲学上的而非科学或工程上的。

> 可以给出一段个人评述：我们想你可能会喜欢这一节。在第 6.2 节，我展示一组对如下内容描述的尝试：什么是艺术？ 你可能觉得它很有趣、内容丰富甚至很好笑。但是我的目标却是更为严肃的：我希望向你灌输对"能够定义的且合理客观地[3]定义的内容以及不能这样定义的内容"的某种尊重。界限是非常模糊的。不过后面我们将提问如下问题：什么是铁路系统？ 什么是物流？ 什么是金融服务系统？ 什么是医疗？ 什么是市场？ 什么是项目且什么是生产？ 什么是大学？ 等等。由于这些人工系统的参与者是人类，当人们从这些参与者引出领域知识的时候，对于上述此种问题的解答将是各种各样。情绪、感受、美学（Aesthetics[4]）和政治观点没有问题，但是就通过计算和通信而得到的有效支持而言对于理解这些基础设施和其他社会构件的目的来说，不能对它们进行有效利用。由此我们必须准备好作为软件开发人员要针对更宽泛的人的问题——许多问题碰巧是不可计算的——来权衡什么构成了我们的定义性工作的适当的、富有成效的有用输入。

---

[2] 人们能够把整个人类一分为二：一半是把世界分为两半的人，另一半则是没有这样做的！

[3] 通过客观地，这里在某种程度上狭义地指：就如下问题而言客观地：它是否和任何形式的机械化处理（即计算）相关。

[4] Aesthetics: (i) 研究美、艺术、品味以及美的创造和欣赏的哲学分支；(ii) 美或艺术的特定理论或概念，对愉悦感官，特别是视觉（现代美学）的事物的特别的品味和方法；(iii) 令人愉悦的表现或结果。引自 Merriam–Webster's Collegiate Dictionary [340]。

6.1 定义的语用

首先我们必须解决为什么要定义的语用 问题，以及我们通常通过定义来理解什么的语义问题。然后我们能够讨论是否能够做出数学上精确的定义的元问题，以及定义本身形式的句法问题。

6.1.1 现象、人工制品和概念

定义关于"事物"。当考察或分析定义的概念时，这些事物是什么是非常重要的。由此我们举例说明三个这样的事物。

特性描述： 通过显然的（自然）现象，我们理解一个我们能够指向的事物，存在于物理世界的某事物，就像河流、湖泊或山脉。　　　　　　　　　　　　　　　　　　　　　　　　　■

特性描述： 通过人工制品， 我们理解由人所创造的事物，显然的或思维的。　　　　　　　　■

显然的人工制品的示例是：椅子、房子、机动车、绘画、书籍。思维的人工制品的示例是：被看作艺术作品或计算机程序的绘画。

特性描述： 通过思维概念，我们理解一个抽象，通常不是显然的某事物，一个想法、理念、思想构造。　　　　　　　　　　　　　　　　　　　　　　　　　　　　　　　　　　　■

思维概念的示例是：定义（是的！）、方法、方法学、原则、技术。

如示例所示，这三个似乎相异的概念之间的界限似乎还不清晰，或者说：我们希望考虑的事物的语用确定了分类。一些绘画，除了是绘画以外，同样也是艺术品，即除了许多性质之外，同样也具有思维属性，我们说它们在非艺术绘画中是没有的。关于上文所勾勒的三类，人们可能作出如下评述：物理学家、生物学家等等研究我们周围的显然世界；计算机科学家、工程师、设计师、工匠等等研究和探讨显然的人工制品的世界。艺术史学家、文学学者、哲学家等等研究思维人工制品的世界。

6.1.2 什么是定义

前一节中充满了定义！定义是解释术语的形式。由此，术语是解释的简写。有一些现象是理所当然的，由此无需定义。通常这样的现象都很简单，也即原子的。并且通常定义的目标，我们希望定义的那些事物是复合的，有时被看作是复杂的—— 定义的语用目标就是简化人们对复杂性的理解：令这一理解不那么复杂。

人们不必定义椅子是什么，桌子是什么。人们能够指向它们。从语用观点来看，椅子是人们用来坐的工具。不过，人们能够尝试定义椅子是什么：这样的定义似乎同样也必须定义如人、站立、坐下、休息等等这样的概念。而且这样的定义不能排除任何可作为椅子的事物，尽管可能它不是设计用来作为人工制品以服务这一目的的（比如，石头、树叉、砍倒的树干等等）。

6.1.3 所定义的概念的特性

上文我们已经触及了可以定义的三类"事物"。并且我们了解了这三类有一些基本的不同点。相对于一些在物理世界中显然的事物来定义的事物能够通过某种"比较"定义来"确认"其自身的定义—— 特别是从其派生出来的任何理论—— 带有该物理世界中显然的示例现象。所定义的显然的人工制品能够通过不同于上述提及的确认比较的方式来进行验证：能够确认一个实体房屋符合或不符合本例中可能有的某建筑师对该房屋的规划。然而永远不能证明思维概念、哲学概念、数学原则或计算科学概念是有效的。似乎就是这样！下文中我们将更详细地考察上文中的一些。

6.1.4 数学定义

在卷 1 关于数学，特别是逻辑的第 2~9 章中，我们了解了若干数学定义。它们都具有如下特性：接受它，抛弃它。 也即，这不是你接受与否的问题：你必须玩这一游戏，接受它，或者到别处去，玩其他的游戏。

它们也具有一些共通性：它们都起始于初步的原则。 也即，对每一事物的解释都深入到一块石头； 没有概念未被定义。当性质没有被定义时，它们是被假设的。也即，清晰地、无可争辩地陈述假设。

数学定义的显著示例是函数（卷 1 第 6 章）：函数映射、类型、属性：λ 演算（卷 1 第 7 章）：自由和约束名、代入、alpha 重命名和 beta 归约；代数（卷 1 第 8 章）：不同形式的代数、射的概念、特殊种类的射；逻辑（卷 1 第 9 章），布尔代数语言、命题语言和谓词语言：它们的句法形式和语义求值。在所有的示例中，所引用定义的语用是定义精确的数学概念。作为数学定义，必须接受它们—— 或者忽略它们！它们的有效性仅依赖于包含它们的数学理论是否被认为是有趣的！我们（再次）请读者以这里对定义概念的讨论的理解来回顾该卷的那些部分。

6.1.5 物理世界定义

通过物理世界，我们理解由开普勒和牛顿定律（即力学）、流体力学、热力学、电学、核（原子）物理（波动力学等等）、化学、生物学等等所示及的物理现象的全体。某种意义上来说，这一世界是存在的。它就在那里且能够被观察。当对物理世界的片段进行数学建模时，物理学家阐释了抽象概念的定义。

示例性的概念定义是速度： 每时间单位（如每小时）的物理距离（如使用千米）；加速度： 每时间单位速度的增加。这些定义指代了不能立即观测到的事物，但是可以从可观测到的现象计算出来：距离、时间等等。抽象物理概念成为物理定律的一部分，比如（两极电路上的）电压等于（通过该电路的）电流乘以（电路上的）电阻。 概念定义的有效性（或无效性）可以通过验证和驳斥概念成为其一部分的定律来建立！

● ● ●

哲学家或者就是适度了解哲学的学生看到上述小节的时候可能会发抖！他们会疑惑：他真的知道自己在讲什么吗？他略去了非常重要的问题："存在"，"性质"[232]，"感觉和意义"[73]，等等。 这些的确是核心问题。

因此，我们是关心这些的。但是我们能够让感兴趣的读者参考关于这一主题的大量的文献。除了上文给出的这些外，个人的一个选择就是：Favrholdt 的《哲学抄本——关于推动人类推理的动机（Philosophical Codex — On Motivating Human Reasoning ("erkenntniss")》[96]（丹麦语）；Martin Heidegger 的《存在和时间（Being and Time）》[156]；以及 Karl Popper 爵士里程碑式的著作：《科学发现的逻辑；推测和驳斥：科学知识的成长（The Logic of Scientific Discovery; Conjectures and Refutations: The Growth of Scientific Knowledge）》，以及论文《框架的神话。科学和理性之辩（The Myth of the Framework. In Defence of Science and Rationality）》[273, 274, 278]。

6.1.6 形式定义

数学定义通常是精确的，但通常不是形式的。形式定义使用具有形式（即精确、无二义性的）句法的语言来表达，其中句法所指代的句子具有精确的，即形式（包括数学的）语义，且作为公理的定义能够成为对上文所提及句子的性质进行证明的一部分。

人们能够形式定义（许多）数学概念——这就是数理逻辑出现的方式——并由此"过程化"（检查或甚至产生）某些以前非形式的数学证明。人们能够形式地定义物理概念并构建能够仅基于定律定义来计算物理量的软件系统。并且人们能够形式定义许多人工世界：什么是铁路系统？什么是金融服务部门？什么是物流系统？什么是医疗部门？什么是机场？等等。本卷写作的目的正是为此。

6.2 各种各样的哲学定义

在这一节，我们将非常简要地触及哲学陈述中一些定义性内容。主要问题是关于哲学的论文中的定义探讨了高度思维化的事物。就好像我们有数和其中的超越数，似乎我们有定义以及其中那些与哲学问题相关的定义。

6.2.1 艺术的六种刻画

将哲学上的美学主题作为一个示例：什么是艺术？以及什么是艺术品？哲学文献充斥着所建议的定义。它们的语用背景差异很大。似乎一些来自于社会政治背景，其他则来自社会心理学背景等等。我们仅简要地提及——没有讨论——几个示例。示例（例 6.1～6.6）全部取自 David Favrholdt 的丹麦语著作 《美学和哲学(Aesthetics and Philosophy)》[97]。

例 6.1　艺术的主观相对论定义　艺术是品位和愉悦的问题基本上就是主观相对论的有关内容。因此，每一个事物都被称为艺术！ ∎

例 6.2　艺术的本质定义　这里尝试用艺术的本质而非其他现象的性质来定义艺术。对这样的本质的断言是情绪的个人体验以及 重要形式（线段、颜色等等）的排列和组合。　(Clive Bell, 1995 [23]) ∎

例 6.3 **艺术的合取定义** 如果人造制品满足如下许多条件,则是艺术品: (a) 某种超自然的感觉的释放和满足,通常通过 (b) 形式和材料的某种组合来实现,换句话来说, (c) 独一无二的,原创的。 (d) 独立的人工制品:艺术价值就是制品本身的功能。 (e) 创造者的主观性的提炼。 (f) 观众思维中受主观制约的重构,与创造者和其他的观众共享 (g) 共同的人类(社会)空间。 (Jakob Wamberg, 1999 [366])

例 6.4 **艺术的析取定义** 艺术是有意识的人类活动,它或者再现事物,或者构造形式,或者表达体验,使得其能够唤起愉悦、情绪、震惊。艺术品相应地遵循上述内容。 (Władysław Tatarkiewicz, 1971 [349])

例 6.5 **艺术的"家族相似"定义** Wittgenstein 认为类似于艺术这样的概念是不能得到显式地定义的。但是人们能够正确地学习使用概念(这里的艺术或艺术品)。如艺术品这样的词语的意义不是词语所引用的某实体,而是其使用、应用:意义就是使用。 一些概念只能通过刻画一组(由此)相互依赖的概念之间的关系来予以刻画。为了无二义性地描述这些概念和我们对其的理解,对概念术语(即词语)的使用必须根据专门、依赖概念的规则。(Ludwig Josef Johan Wittgenstein [370])

例 6.6 **艺术的参数理论定义** 参数理论建立了十条标准,根据其可对想要成为艺术品的任何事物进行评价。

(1) 整合度: 在各个层次上的细节之间的相互作用以在各个层次上形成整体和统一。

(2) 多样性和复杂性: 元素的多样性,同样形成了这样的层次。

(3) 技术: 技能手艺。

(4) 美学上的美 —— 与丑陋相对。

(5) 个性: 所假定的艺术家的个性如何以及以哪种方式来增添所鉴赏的人工制品的品味。

(6) 可重复性: 人工制品反复地反映其他特性的性质,包括反反复复地从新的角度,唤起新的情感。

(7) 理性吸引: 艺术品要描绘一个想法(政治的、社会的、心理的等等)吗?如果是,程度如何。

(8) 感性吸引: 所想要的好或坏的情感的唤起。

(9) 暗示的其他特性: 除了美学上的美,还可以"算上"其他的特性:丑陋的、不祥的、令人恐惧的等等。

(10) 无法描述、无法解释的: 在对一件艺术品的体验之中,所不能描述的,可以说其是形而上学的或"这个世界之外的"。

对于这十条标准中的每一条,人们可以为称为艺术品的给定的人工制品给出如 1~10 的等分制的分数,表示它们在多大程度上满足特定的条件。60 分以上的人工制品则可以依约看作艺术品。(David Favrholdt, 2000 [97])

6.2.2 讨论

对于每一学派既有追随者也有批评者。这一情况展示了哲学的活跃性以及它实际上是不可形式化的。

为了举例说明如下几点，我们适度深入细节并叙述了艺术品的概念是什么：哲学家有意回避对如高兴、情感、愉悦的事物—— 任何一种情感——进行刻画。他们将其用作基本原语，基本上所有人都理解。比如，当我们在开发人机界面中把这些需求表达为用户友好、令人高兴等等之时，作为软件工程师，我们应当拒绝接受这些粗略表述的（正如我们所称之为的界面）需求。正如我们将了解的那样，在第 19 章，我们将试图建立这些"软希望"的"硬性标准"！

6.2.3 可能的反对

一些"聪明的"读者可能会反对：但这只是一个设定方式：上文的六个例子，即各种特性描述，实际上不是定义，而只是讨论。 如果你如此认为，那么是什么呢？它们还没有举例说明定义的艰难吗？显然我们如此认为。

6.3 预备性讨论

在第 6.1 和 6.2 节中我们讨论了不同种类的定义：数学的、物理世界、形式的和哲学的。似乎是把我们的注意力从软件工程转移开来，并进行对元语言和哲学问题的探讨是为了向读者展示定义问题不像我们所习惯的纯数学或计算机科学中的那些问题一样直接。因此目的就是令读者做好准备：作为（描述领域、规定需求和规约软件设计的）软件开发人员，我们需要利用宽泛的定义形式。当我们需要定义所描述领域中出现的概念时，则我们像哲学家那样必须准备好各种方法：适合于一个领域参与者的定义形式可能不适于其他的领域参与者，对于其来说，其他的形式可能更为合适。但是最终我们希望形式化我们的定义。当我们定义在规定领域相关的需求中所出现的概念时—— 且由于我们现在面对着需要对其进行计算的"事物"进行规约—— 一方面，我们必须满足可能各种各样的领域定义，另一方面，满足一些可计算性标准。也即，最终我们的定义必须要被形式化。并且必须协调各种各样的参与者观点以形成一致和相对完全的整体。我们定义在描述软件设计中所出现的概念时，我们可以从形式定义开始并将其展示为专业的软件工程师可读的非形式的形式，以便于获取。在阐述定义时，我们必须一直考虑如何能够最好地表达所刻画问题的语用和语义。

6.4 形式定义的句法

数学和形式定义的共同点如下：定义基本上有两个部分：被定义者（被定义的某事物）即要被定义的事物的名字，和定义者，即定义表达式。注意句子 **定义** 基本上有两个部分怎样是定义名字的一种形式。另一方面，句子要被定义的**定义名字**和**定义表达式**（即对其定义的事物）是定义表达式。也即我们已经在句法上定义了定义！

对于复杂的概念，定义表达式部分含有一个或者多个其他的定义，它们也同样需要定义。对于简单的、基本的或如我们将其称之为原语的概念，定义表达式部分仅含有那些众所周知的术语！稍后我们将更进一步地考查形式定义。因此我们将对如下事物感兴趣：循环， 实际上它们在构造性地定义某事物吗， 等等。

例 6.7 **树的定义** 为了定义树的概念，我们首先假定一些未解释的概念：

基本子句： 根是未进一步解释的原子量。

归纳子句： 树由根和零个、一个或多个子树所构成的一个集合构成。子树是树。

极子句： 只有有限次应用基本子句和归纳子句所得到的事物才是树。∎

由此定义，树可以仅由根构成；或者具有有限的宽度，树中所有的子树都有有限数量的子树；或者具有无限的宽度，树中一些子树具有无限数量的子树。但是没有树具有无限的深度，因为只允许我们有限次地应用上述的树构造规则。注意上文定义的树没有对树和子树的根进行标号。树是无标号的。

例 6.8 **图的定义** 为了定义图的概念，我们首先假定一些未进一步解释的概念：

基本子句： 节点 —— 除了下文所示的以外—— 是未进一步解释的原子量。边 —— 除了下文所示的以外—— 是未进一步解释的原子量。

归纳子句： 图由许多相异的节点和许多相异的边构成，使得每一条边连接[5]两个不必相异的节点。

极子句： 只有（仅一次应用的）基本和归纳子句所得到的事物才是图。∎

由上述定义，图可以为空，也即没有节点和边；或大小有限，具有优先数量的节点和有限数量的边；或大小无限，具有无限数量的节点，或边，或两者！

6.4.1 识别和复制

前面提到定义用于将事物的世界分为两类：属于第一类满足定义的事物；其他不满足的事物！现在我们所要定义的事物可以看做句法（目前是静态）结构。为了确定结构是否满足定义，由此我们必须把定义应用到结构且通过某种方式识别出彼此适应！这里将不予讨论给定定义和结构来如何进行识别。一旦我们识别出结构满足定义，则我们会希望仅从识别过程（在不是从结构本身的意义上）来重构该结构！需要一个示例。

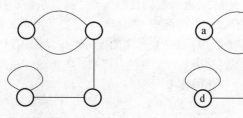

要被识别的图   注释图
识别图:节点{a,b,c},边2:{a,b},1:{b,c},1:{c,d},1:{d}

图 6.1 图及其注释和识别

---

5 我们假定已知连接的本体论概念。

例 6.9   识别和重构图 让我们简要地重述图的定义：有一个节点的有限集合 N 和边的有限集合 E。每一条边，即 $e : E$，仅连接两个不必相异的节点，即 $n, n' : N$。图 6.1 的左边根据这一定义展示了一个图。如定义所述，它展示了节点和边，且边连接了图的节点。现在，什么构成了图 6.1 左边的图的识别呢？一个建议可以是：节点的列表，边的列表，以及后一列表通过某种方式表达每一边连接了哪些节点。但是当类似于图 6.1 左边的图那样没有对节点和边进行注释的标号时我们如何来这样做呢？我们如何来确定哪个是哪个？一个答案可能是非形式地提及节点的位置，如通过它们的北/南/东/西（N/S/E/W）的方向（或纸上 X, Y 坐标的位置）。对于所示的例子来说这很容易，但是对于有很多节点的图来说非常乱。但是 N/S/E/W（或坐标位置）的想法告诉我们做什么：即对图进行注释。也即，暂时为节点分配唯一的名字，这里是 a, b, c, d，并通过列出边所连接的一个或两个节点的集合以及指代如此连接的边的数量的自然数来列出每一条边。在图 6.1 右边展示了这一识别。从这样的一个识别就很容易了解重构图并删除节点标号以便得到与原来的图同构的图是非常直接的事情。 ∎

6.4.2 唯一性和标识

图 6.2 展示了四个图：没有标号的，只有节点上有标号的，只有边上有标号的，节点和边上均有标号的。

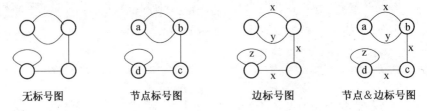

无标号图   节点标号图   边标号图   节点&边标号图

图 6.2   四个图

适当地定义这些图实际上是可能的。在卷 1 第 16 章的第 16.4.1、16.4.5、16.4.6 和 16.8 节中的例子和练习举例说明了这一点。但是人们如何确保对如图 6.2 左边的无标号图的给定图来说，当识别出来时就能够进行复制？ 就像我们在前一节中所发现的那样，我们需要某种形式的标识以唯一地指示有多少和什么地方。标识（即标号）是否是所定义图的一部分或者任何如此定义的（即无标号的）图能够被注释以便创建图的唯一性仅是原则问题。注意图 6.2，最右边的图不具有边的唯一标号；不过该图是可识别的且可唯一重构的（在同构之内）。

这里隐藏着一个原则和一个可能的技术：

原则：   **定义/唯一识别** 当展示定义时，确保所定义的事物能够在同构之内得到唯一地识别。 ∎

技术： 遵循定义/唯一识别原则的一种方式是作为定义的一部分，对所定义事物的子结构进行标号，使得其能够确保唯一标识。 ∎

没有进行标号的唯一方式。但是所有这样的标号在重命名之下都是同构的。

6.4.3 本体论术语

脚注 5 反映了当我们定义（即规约）时，我们总是在涉及至少三种术语：我们正在定义的那些术语，在定义表达式中所使用的且我们认为其理所当然的那些术语，以及我们在定义者中也要使用的那些术语，但是它们在如下意义上是技术性的：如果它们能够被误解，则一定有不一致。

术语连接就是这样一个术语。就所定义的术语（即图）来说它是元语言的[6]。我们说这样的术语就所探讨的论域（这里是图的部分整体关系）而言是本体论的[7]。

6.5 形式定义的语义

在问如下问题的时候，就有两个问题很成问题：如果认为作为一段文本的定义是句法量，则其语义是什么？ 第一个问题我们可以称作定义语义的语义或就是形式问题。第二个问题我们可以称作定义语义的语用问题。

在形式问题中，我们可以问：什么是定义的意义？它真地指代某事物吗？定义是空的吗？或者它定义了所有事物的领域？在前面给出的示例中，我们了解了至少有一个纸上的图像符合定义；想像其他不符合定义的图像也不困难：假定一个适当的图。然后删除一些边入射的一个节点。结果还是图吗？不！

定义语义的基本的语用概念是有在现实世界中的现象或如数学之中的概念，当抽象地来看时它们满足定义，同时还有其他这样的现象当类似地来看时不满足定义。给基本的语用概念同样添加了如下内容：对于所有的情况，满足是否成立是明显的。

对于我们将了解和构造的此种定义来说，问题如下：如果定义的目的同现实—— 实际世界，领域 —— 相关，也即如果所定义的术语命名该世界的概念，则从定义上得到的结果也必须类似地、现实性地与该世界相关。如果定义是对软件的需求的定义，则它们必须指代可计算对象。并且如果定义是软件设计的定义，则它们也必须同样指代可计算对象。

不是很容易对现实性地与该世界相关这一概念给出令人完全满意的解释。最终要这样做会把我们带到认识论 [8] 和本体论，还有很多其他的哲学领域来。

我们所从事的领域描述、需求规定和软件设计规约都具有如下的共同点：我们首先使用清晰的自然语言，典型情况下是某专业（领域特定和/或软件工程）语言，来非形式地表达这些定义。然后我们再通过使用某形式语言，通常是 RSL，所表达的形式定义来补充该定义。由此定义的意义通常是 RSL （类）表达式的意义：满足 RSL 表达式的数学模型集合。

6.6 讨论

6.6.1 概述

能够指向"上帝所给的"或"人工制作的"真实的制品，但是通常不可能指向所有指定现象的集合。因此典型情况下类型被定义。许多近似现实的其他事物亦是如此。就好象定义有时取代了这一现实。但是定义以及实际上不管任何描述都只是它们所要描述的事物的模型。

---

[6] 术语是元语言的，如果它是用于描述另一语言的语言的一部分。

[7] 本体论的：与存在相关或基于其的。本体论是对概念化的规约。

[8] epistemology（认识论）：知识的本质和基础的研究或理论，特别是关于其限度和效力 [340]。

在后面的几章中，我们将接着本节的示例和想法。也即：我们将形式地对可唯一标识的事物进行建模，我们将形式地对识别建模，并且我们将形式地对如何重构已识别的事物进行建模。

6.6.2 原则、技术和工具

在这些关于软件工程的文本和手册中，我们选择通过术语特性描述来对可能看作是定义的事物进行标记。原因是它们不是严格如数学或物理上可衡量的事物的定义。相反，它们是对论域元素到人类开发的原则和技术的特性描述。因此，它们"有一点模糊"，也由此不是可精确陈述的。相较而言，在我们的软件工程工作中，当我们处理精确问题时，我们就定义。

工具： **特性描述和定义** 有两种工具。(i) 语言：或者使用精确的民族、自然、专业的语言，或者以数学表达式来加强非形式定义。(ii) 命名：当我们要描述人类现象时，我们使用术语特性描述，当我们要描绘精确的现象时，我们似乎用术语定义来指明我们的意图。　　■

什么时候进行特性描述和什么时候进行定义的界限是模糊的；它反映了哲学性质的基本原理。在下一章将会展示，人们通常起始于一些基本事实：存在的事物，可以指定、指向的物理上显然的事物。有时候其他类似显然的事物（即其他现象）可以使用基本事实来进行特性描述或定义。有时候需要对那些不是显然的想法、观念、概念或事物进行特性描述或定义。

原则： **特性描述和定义有两个方面：(i)** 当我们遇到概念，不是物理上显然的某事物时，则我们必须对其进行特性描述或定义；(ii) 当我们遇到物理上显然的事物，即可以使用其他可指定的事物且/或其他的特性描述和定义来解释的现象，则我们类似地对其进行特性描述或定义。　　■

技术： **特性描述和定义的基本技术是：(i)** 为特性描述或定义给一个名字（被定义者）；(ii) 简要和精确地（即简明地）阐述定义者；(iii) 确保定义者中的所有术语都得到了清晰地理解：它们或者被指定或被定义。　　■

6.7 练习

练习 6.1~6.3 是闭卷练习。对于这三个练习的每一个，反复重试你的解答，直到你自己认为接近于我们的解答时。

练习 6.1 **定义、定义者和被定义者。** 用你的母语写出对定义由什么构成的特性描述，命名其组成部分，并对那些部分进行特性描述。

练习 6.2 **基本子句、归纳子句和极子句。** 基本、归纳和极子句在定义中的作用是什么？

练习 6.3 **什么是艺术？** 为艺术的概念给出了多少种特性描述？尝试重新阐释每一特性描述的本质。

• • •

当在本卷的形式课程中来使用本书练习 6.4~6.11 才多半是有意义的。这些练习全部举例说明了正确定义的问题，同样亦是形式地。总之，我们在练习的阐述中示及了一些定义。当在本卷的非形式课程中使用本书，尝试沿着如下脉络来重新阐述定义：树由根和零个、一个或者多个子树所构成的一个有限集合构成。子树是树 —— 尽管在适当的地方插入根和分支标号。另外，对于练习 6.4~6.11，我们要参考第 6.4 节，特别是关于唯一性和标识的第 6.4.2 节。

练习 6.4 有限的根标号树。 非形式地定义树的概念，就像例 6.7，但对于其所有根都是被标号的—— 并使得一个树的任何两个"立即"但在其他方面"相异的"的子树不会具有"相同标号"根。

对我们用立即、相异、相同标号可能指什么给出建议。

• • •

图 6.3 给出了在例 6.7 和练习 6.4~6.6 中所提及的标号树的快照。

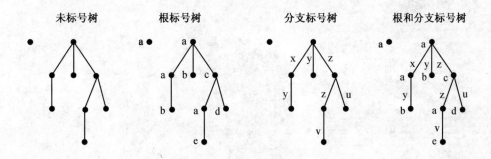

| 未标号树 | 根标号树 | 分支标号树 | 根和分支标号树 |

图 6.3 未标号和标号树

• • •

练习 6.5 有限的分支标号树。 非形式地定义树的概念，就像在例 6.7 中那样，但对于其所有的分支（把树的根和其立即子树的根"连接"起来的事物）都被标号—— 并使得树的任何两个分支都不会被相同标号。

练习 6.6 有限的根和分支标号的树。 非形式地定义树的概念，就像例 6.7 中那样，但是对于其所有的根和所有的分支（把树的根和其立即子树的根连接起来的事物）都被标号—— 使得从根发射（到子树的根）的任何两个分支都没有被相同标号。

你需要维护根和分支标号树的子树的根标号的相异性吗？引出你的解答。

练习 6.7 相异标号的树。 如同练习 6.6，只是现在要求任何两个根标号都不一样，任何两个分支标号都不一样，根和分支标号也不相同。

练习 6.8 树的森林。 基于练习 6.4~6.7，定义由树构成的森林的概念，它是未标号的或使用一种或其他方式来标号，但使得任何两个以某种方式标号的树的两个标号都不相同。

图 6.3 "描绘"了这样一个森林吗？引出你的答案。

练习 6.9　　有限的节点标号图。　非形式地定义图的概念，就像例 6.8 中那样，但是对于其所有的节点都是相异标号的。

练习 6.10　　有限的边标号图。　非形式地定义图的概念，就像在例 6.8 中，但是对于其任何给定的（本练习中未标号的）节点对之间的所有的边都是相异标号的。

练习 6.11　　有限的节点和边标号图。　非形式地定义图的概念，就像例 6.8 中，但对于其所有的节点都是相异标号的，并且对于其任何给定的（本练习中现在标号的）节点对之间的所有的边都是相异标号的。

7

Jackson 的描述原则

- 学习本章的**前提**：你已经阅读了前两章。
- **目标**：介绍 Jackson 指示、定义和可驳斥断言的概念，并为表达这些概念的表现形式提供形式工具。
- **效果**：确保开发者成为专业的规约者。
- **讨论方式**：从系统的到形式的。

我们是基于 Michael Jackson 在 [185] 《软件需求和规约，实践、原则和偏见的词典》中生动表达的思想。

因为我们所做的全部就是构建、分析和比较描述，我们应当分析描述的概念和组成部分。[1] 描述是关于显然的个体，即现象和概念。其中一些表示或者用于表示事实；其他的表示心理构造，即概念。描述包括指示、定义和可驳斥描述。描述可以是形式的或非形式的。描述设定了范围和区间，描述表达了语气。通过个体我们指物理上显然的现象。在其他的上下文中，我们可能使用术语事物来称个体。

7.1 现象、事实和个体

现象是看上去存在的事物。领域现象从关于个体的事实构建起来。事实是关于世界朴素的真实：它是观察的最小单元。大型和复杂的观察和真实可以分解为关于若干事实的断言。一个事实涉及一个或多个个体。任何事物都可以是一个个体。每一个体等同于自身，却与所有其他个体相异。如果 x 等同于 y，则 x 和 y 是同一个体：$x = y$。如果我们说 x 类似于或相等于 y，则 x 和 y 是共享某性质、特点、属性或特性的相异个体。我们可以使用操作符 $\equiv$ 或 $\approx$ 来表示这一关系。有时我们会说一个现象等同于（即被绑定到）某标识符，尽管这可能是对术语的滥用。

7.2 指示

尽管本节开头的小节使用了术语"论域"，它们的系统叙述主要应用于（将要描述的）领域。不过，只要很少的文字变动，它们也同样应用于除了其他论域以外的如需求和软件设计的论域。在这一节和接下来的两节中，我们默认地引自 Michael Jackson [185]。

---

[1] 这里我们使用描述这一术语来同样涵盖术语规定和规约。

特性描述： 通过指示描述（简称：指示），我们在句法上指文本的三元组： 指示项、 指示识别规则和 指示标识。   ∎

特性描述： 指示项 是简单名，即原子名。   ∎

特性描述： 指示识别规则 是用于指示某事物的文本。   ∎

特性描述： 指示标识把指示识别规则关联到（前一特性描述中提及的）某事物。   ∎

为了创建指示，我们写下两项：指示描述、指示标识。指示描述通常具有如下形式：

- 指示项（designated term）： `dt`。
- 识别规则： `dt` 满足如下非形式陈述性质：... —— 其中所有其他的言语，即项，都必须众所周知！

也即：只使用良好理解的言语，即民俗语言的一部分的言语，来表达识别规则。如果识别规则含有在别处定义的项，则它不是识别规则，而成为一个定义。

例 7.1   钢轨单元，I 我们给出一系列铁路网相关示例的第一个。

- 指示项： 钢轨单元 `rail_unit`，或者只是 U。
- 识别规则： `rail_unit` 是偶数数目并行放置的钢轨（长的、窄的、异型钢材）的复合，它们是分离的，使得人们总是能够确定以指定距离（轨距）复合的钢轨对，另外通过一组枕木把它们连在一起。

当我们写 `rail_unit` 的时候，我们指该术语的外延意义（类型）。   ∎

当对所指的是类型的值还是类型有所疑问的时候，我们将总是指类型—— 除非特别提及了类型的值。

例 7.2   钢轨单元，II 我们给出一系列铁路网相关示例的第二个。

- 指示项： 线性钢轨单元 `linear_rail_unit`，或者只是 U，对于其假定如下谓词成立：`is_linear_rail_unit(u)`，对于所有在外延 U 中的 u，即 u:U。
- 识别规则： `linear_rail_unit` 是一对并行放置的钢轨（长的、窄的、异型钢材），它们以指定距离（轨距）分离，并通过一组枕木连接在一起。（谓词 `is_linear_rail_unit(u)` 源自于识别规则。）

注意指示项和指代项和识别规则涉及一个具体概念，对于其一个直接具体化指向一个现象集合。所指代和将被识别的事物是该集合中的一个成员。   ∎

后一示例是前一示例的一个特殊化。前一示例表达：... 偶数数目并行放置的"钢轨"的复合...，由此允许比如在转辙器或简单渡线钢轨单元中的两个对。

　　指示标识通常具有形式："该'事物'（u）有一个 U。 因此那个'事物'（u'）在那里！" —— 由此在物理上指出一个指示集，也即一起构成一个类型的一部分值的实例。

7.2.1 一些观察

通常指示描述可以被形式化：但是人们不能形式化标识 —— 因为它把一个形式世界关联到一个本质上非形式的世界。如前两个示例所示，后者是前者的一个特殊化，指示可以在外延上表示可以继续划分为子类的（事物）类。

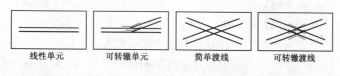

　　线性单元　　　　可转辙单元　　　　简单渡线　　　　可转辙渡线

图 7.1　　钢轨单元示意图

例 7.3　　钢轨单元，III　我们给出一系列铁路单元相关示例的第三个。

- 指示项：钢轨单元 rail_unit。
- 识别规则：—— 如上文所示的前一个 rail_unit 示例。
- 指示项：线性钢轨单元 linear_rail_unit。
- 识别规则：—— 如上文所示的前一个 linear_rail_unit 示例，另外：因此 linear_rail_unit 有两"端"和这些端之间单一的（双向）连接。任意其他的 rail_unit 可以连接到（connect）任意端（并且如果这样，该端被称作连接器（connector））。

为了支持文本上表达的识别规则，使用如图 7.1 所示的图形方式通常是有用的。甚至可以使用照片的方式。通常人们可以给出若干同一种指示个体变化的照片。

- 指示项：可转辙钢轨单元 switchable_rail_unit。
- 识别规则：—— 就像上文的 rail_unit，另外：可转辙钢轨单元有三个连接器，它们"定义"（允许）通过可转辙钢轨单元的两个双向连接。

- 指示项：简单渡线钢轨单元 simple_crossover_rail_unit。
- 识别规则：—— 如上文的 rail_unit，另外：简单渡线钢轨单元有四个连接器，它们"定义"（允许）通过简单渡线钢轨单元的两个双向连接。

- 指示项：可转辙渡线钢轨单元 switchable_crossover_rail_unit。
- 识别规则：—— 如上文的 rail_unit，另外：可转辙渡线钢轨单元有四个连接器，它们与单元的可转辙能力一起"定义"（允许）通过可转辙渡线钢轨单元的四个双向连接。

- 指示项：连接器 connector。
- 识别规则：连接器允许两个钢轨单元"端到端地"连接起来。

其他的识别规则涉及连接器和钢轨单元。连接器是一个钢轨单元的任意"端"，其他的钢轨单元可以"连接"到其上。任意连接器最多由两个钢轨单元共享。钢轨单元互斥排它性地：或者是线性钢轨单元，或者是可转辙钢轨单元，或者是简单渡线钢轨单元，或者是可转辙渡线钢轨单元。 参见第 7.2.2 节中上文的形式化中的公理 [2,3]。 ■

我们将在第 7.4 节中了解到，可能会对上文的识别规则的一些文本部分是否表达了断言产生疑问。（指示陈述了事实，而非断言）。比如："有两端"（或三个，或四个）。这些部分是识别规则的一部分，但是如下的如何："任意一个连接器都至多有两个钢轨单元共享吗"？或者就在其后的部分："... 互斥排它性地..."？对于最后这个（互斥排它性），我们可以声称它是一个事实，因此它是识别规则的一部分。对于"最多两个"，这一情况更复杂点。然后，正如我们在下文将了解到的那样，当我们形式化全部的时候，且当比较这样的形式化和可驳斥断言的时候，我们将了解到在形式上来讲差别几乎不可见。由此我们必须准备好如下的可能性：区别指示、定义和可驳斥断言的语用不能被显而易见地保留到事物的形式模型，且该事物是被指示或定义的，或者关于其的断言被表达。

7.2.2 形式化

我们将要形式化上文中哪一个可选的指示方法呢？典型地，我们形式化如下一示例所示的指示描述。它允许若干可选择性表达的指示的一般情况。

例 7.4　单元
────── 形式表述：钢轨单元形式化，I ──────

我们决定仅引入一个类型（即分类） U 来表示钢轨单元，我们决定令（面向识别规则的）观测器函数和适当的公理来帮助分离的钢轨单元成为其更加特殊化的钢轨单元划分。

令 W 表示通过一个单元的不定向概念（图 7.2）。

type
　　U, C, W
value
　　obs_Cs: U→C-set
　　obs_Ws: U→W-set
　　is_linear,is_switch,is_simpl_cross,is_switch_cross: U→**Bool**
axiom
[1] $\forall$ u:U, $\exists$ c,c′,c″,c‴:C •
　　card{c,c′,c″,c‴}=4 $\land$ obs_Cs(u)$\subseteq${c,c′,c″,c‴} $\Rightarrow$
　　　　is_linear(u)$\Rightarrow$obs_Cs(u)$\subseteq${c,c′}$\land$**card** obs_Ws(u)=1 $\lor$
　　　　is_switch(u)$\Rightarrow$obs_Cs(u)={c,c′,c″}$\land$**card** obs_Ws(u)=2 $\lor$
　　　　is_simpl_cross(u)$\Rightarrow$obs_Cs(u)={c,c′,c″,c‴}$\land$**card** obs_Ws(u)=2 $\lor$
　　　　is_switch_cross(u)$\Rightarrow$obs_Cs(u)={c,c′,c″,c‴}$\land$**card** obs_Ws(u)=4,

[2] $\forall$ c:C • **card**{ u | u:U • c $\in$ obs_Cs(u) } $\leqslant$ 2,

[3] **let** lus={|u:U•is_linear(u)|}, sus={|u:U•is_switch(u)|},

> cus={|u:U•is_simpl_cross(u)|}, scus={|u:U•is_switch_cross(u)|}
> **in** lus ∩ sus = lus ∩ scus = lus ∩ scus = {} ∧
> sus ∩ cus = sus ∩ scus = cus ∩ scus = {} **end**

 U 表示满足 rail_unit 识别规则的所有指示的可能无限的集合。C 代表满足 connector 识别规则的所有指示的可能无限的集合。W 表示方向（way）（或连接 [link]）的概念。谓词 is_linear, is_switch, is_simpl_cross 和 is_switch_cross 进一步约束 rail_unit 识别规则，如 **axiom** 所示。

注意形式化是如何符合叙述的。   ■

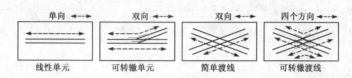

图 7.2　通过单元的不定方向

7.2.3 观测器函数和标识

　　观测器函数，如 obs_Cs 和 obs_Ls，是与我们所具有的识别规则的未定义项最相近的对应物。这些观测器函数是不能被定义的。它们是假设的。它们作为识别的结果来呈现。给定一个实际论域 —— 我们说上文的指示应用于其上 —— 人们可以通过 "走进和走出" 论域和提供标识来 "定义" 这些观测器函数。为了更好的理解识别规则和观测器函数之间可能的关系，让我们给出另外一个例子。

例 7.5　铁路网：线路和车站　铁路网由 [一个或多个] 线路和 [两个或多个] 车站构成。线路是一个或多个线性钢轨单元构成的线性序列。车站是钢轨单元的任意复合（连接）。[线路只连接两个相异的车站。] 上文（不包含括号括起的部分）可以说是一个定义，很快我们将对定义进行探讨。但我们说上文的每一概念（未括起部分）可以被指示。上文的楷体文本可能看上去不像识别规则，但它们却是！

　　实际上人们可以 "走出、走进" 铁路系统论域，挥着手说：那个 "事物" 是个线性铁路单元。邻接着它的那个类似地也是。 我所指的那两个线性单元构成的那个特定的序列构成了一个线路（的一部分）。 这个 "事物" 是车站的钢轨单元。 它是一个渡线。 这个是把线路与车站分离的连接器。 没有钢轨单元同时是线路和车站的钢轨单元，或同时是两个相异线路或车站的钢轨单元。

───── 形式表述：钢轨单元的形式化，II ─────

type
　　N, L, S, U, C, L
value

obs_Ls: N → L-set, obs_Ss: N → S-set,
obs_Us: (N|L|S) → U-set
axiom
∀ n:N, l,l′:L, s,s′:S •
    card obs_Ls(n) ⩾ 1 ∧ **card** obs_Ss(n) ⩾ 2 ∧
    {l,l′} ⊆ obs_Ls(n) ∧ {s,s′} ⊆ obs_Ss(n) ⇒
        l≠l′ ⇒ obs_Us(l) ∩ obs_Us(l′) = {} ∧
        s≠s′ ⇒ obs_Us(s) ∩ obs_Us(s′) = {} ∧
        obs_Us(l) ∩ obs_Us(s) = {} ∧
        exactly_two_distinct_stations(l,obs_Ss(n))

我们略去 exactly_two_distinct_stations 的定义。   ■

7.2.4 数学和计算实体

从形式的角度来看，即从数学以及计算机和计算科学的角度来看，指示的种类是那个？它们是哪种数学实体？或者，用计算的行话来说：它们是哪一类型的计算机和计算科学实体？

数学实体

当从数学来看时，指示是标量吗？如数（整数、实数（或复数）、有理数、超越数），或真假值等等。或者它们是复合的吗？如集合、笛卡尔、列表、映射或函数（或代数等等）。如果是后者，则什么是它们的分量元素？

计算实体

当从计算机和计算科学来看时，指示是（如上文提及的数学这一种类（其中模型就像代数）的）值吗？或者它们是这些的类型，即我们在计算机科学中所知晓的类型：单格（simple lattice）、Scott 域（Scott domain）[129,311–319] 或其他？或者它们是事件—— 它们到底是什么呢？如果是列表，则这些列表对什么进行建模：（使用动作和/或事件的迹等等表达的进程的）行为，或其他？在任何情况下，当我们对计算实体（值、类型、事件、（进程）行为、语义代数）进行建模时，则我们使用上文提及的数学实体对它们进行建模。

注意

我们并不想对如下问题给出完整的答案：可以通过哪种（类型）形式实体来对指示建模？我们只是建议从业的专业软件工程师应当在如下这些事情上适度熟练：使用数学实体来形式地对指示建模—— 可能使用如下的计算术语来表达：类型和值、事件和（进程）行为、语义代数或其他。

一些指导原则

在下文中，如果在科学上是可能的，我们试图避免概念建模上的深层次问题，如目前在计算机和计算科学中正在研究的 [108,335]，以及如在各种哲学领域中正在研究的 [232]。但是我们必须—— 因为（如果我们要探讨任何基础话）是不能避免它的—— 假定一些概念建模的可能性（因为在本质上概念建模就是全部）。我们这样做是为了确认一些指示（等等）原则和技术。

• • •

一些指示是特定的，"一类事物的一个"（"那里的那个钢轨单元"），或者它们是特定的事件或特定的行为。或者指示是这些之上的类型或模型（即代数）。一些指示是上下文和状态分量。上下文是其性质—— 其属性、其值——随时间变化保持静态的实体。状态是其值随时间变化的实体—— 它们是动态的。上下文示例是：道路和钢轨单元（当从拓扑的角度来看且时间期间不是非常长时），航班时刻表也是类似的。状态的示例是：道路、铁路和空中交通，由此的卡车、火车和飞机，以及中心（这里它们会合，乘客上车（和登机）以及下车（和下机），或者可以在这里进行货物接收、转移以及递交。

提货单是"在中间的"某个地方：我们假定运输货物 的路线是静态的，但提货单（可能）被标记（"被更新"）以反映该提货单的货物的（所认为的）当前（或最后一个记录的）位置。

不过，在任意情况中，所有这些示例都可以建模为给定类型的，通常为复合值的，固定的或变化的。我们把这些值看作是惰性的：它们自己不会变化。一些外部的动作必须改变它们。

由此指示可能是写下货物条目来让物流公司运输、装载其到卡车上、卸载它等等的特定动作（活动现象、功能、操作、任务、过程）。在这一情况中，我们把指示称作函数值。或者指示可以是卡车离开运输中心或抵达运输中心的**事件**。或者指示可以是使用惰性和动态现象的特定序列来描述的从写下到卸载的部分或全体（**进程**）行为。在这一情况中，我们把指示称作**行为**（一个特定种类的函数值）。

• • •

上文的解释仅给出了一种概念建模方法。它"倾向于" CSP 和 RAISE [114,296]。

原则： 概念框架 当开始初始描述时，确认你想要在哪个概念建模框架中工作。   ■

技术： 框架模型 在概念建模框架中，能够可信地给出的是：

- B [4], VDM [33,34,100], Z [158,336,338,372]
- RAISE [113,114]
- CafeOBJ [82,106,107], CASL [27,60,246]

我们列出了三组。第一组仅是面向模型的，（使用代数语义风格的）最后一组仅是面向性质的。RAISE 基本上提供了两种风格。如果这些都不适用，则要谨慎地，非常谨慎地选择某"集成的形式规约"方法，它"从这个规约语言取一点"，"从那个规约语言取一点"，以此类推。如果潜在的语义模型是相容的，则很好，否则对于确保集成的语义会有问题 [15]。   ■

"大型"示例

我们通过给出一个形式定义来举例说明上文所蕴含的内容，其中我们确认不同的"可指示"的量。

例 7.6 *运输*

────────── 形式表述：运输的形式化 ──────────

该示例详述了上文中一对 ●●● 之间的楷体文本说明。

type
    Fre, BoL, Trk, Hub
value
    m,n:**Nat**
    obs_BoL: Fre $\to$ BoL
axiom
    m>0 $\wedge$ n>0
type
    HIdx = {| 1..m |}, TIdx = {| 1..n |}
channel
    { ht[h,t]:(Fre×BoL) • h:HIdx, t:TIdx }
value
    truck: t:TIdx $\to$ Trk $\to$ **Unit** $\to$ **in,out** {ht[h,t]|h:HIdx} **Unit**
    truck(t)(tr) $\equiv$ (...; **let** h = ... **in** truck(t)(unload(tr)(h,t)) **end**)$\sqcap$(...)
    hub: h:HIdx $\to$ Hub $\to$ **in,out** {ht[h,t]|t:TIdx} **Unit**
    hub(h)(hu) $\equiv$ $[]$ {hub(j)(add(ht[h,t]?)(hu))|t:TIdx} $\sqcap$ (...)
    load: Fre×BoL $\to$ t:TIdx × h:HIdx $\to$ **in,out** ht[h,t] Trk
    unload: Trk $\to$ (h:HIdx × t:TIdx) $\to$ **out** {ht[i,t]|i:HIdx} Trk
    unload(tr)(h,t) $\equiv$
        let (f,b):(Fre×BoL)•ii(tr,f,b,h) **in** ht[h,t]!(f,b);rem(f,b)(tr) **end**
    ii: tr:Trk×f:Fre×b:BoL×h:HIdx $\to$ **Bool** /∗ b of f of tr mentions h ∗/
    rem: Fre×BoL $\to$ Trk $\to$ Trk
    add: Fre×BoL $\to$ Hub $\to$ Hub

Fre, BoM, Trk 和 Hub 命名运输货物、货物单、卡车和运输中心的集合。TIdx 和 HIdx 命名唯一标识卡车和运输中心的索引集合的集合。物流系统由 n 个 卡车和 m 个 运输中心（这里是卡车场）构成。索引集合使得我们可以对任意卡车能够在任意运输中心停泊进行建模。函数名 truck 和 hub 对卡车和运输中心的行为建模。通道 ht[h,t] 对运输中心（h）和卡车（t）之间的交互进行建模。函数 load 和 unload 引发装载和卸载动作；is_in, rem 和 add 命名辅助函数。truck 和 hub 进程是循环的（永不结束）。ht[h,t]!(f,b) 和 ht[h,t]? 子句规约（使用 CSP [164,165,296,307]）同步和通信事件。由此使用通道、同步输入/输出与通信来表达事件概念。∎

我们提醒读者上文只是给出了能够如何对指示建模的示例—— 使用 RAISE/CSP 范型。

形式建模

对于如何准确地对指示形式建模，既不给出原则也不给出技术，这并不是本节的意图。这样的原则和技术是前卷以及后面章节的主题。本节的目的是指出如下的原则：

原则：描述风格选择 在考虑指示和描述什么事物的时候，让选定的最合适的形式描述风格来决定非形式描述风格。 ∎

也就是说，描述者，即软件工程师，这样做可以很好地达到目的：考虑是否能够给将要被非形式描述（粗略描述、术语化并叙述）的事物一个形式模型。如果不能，则也许人们试图想要非形式描述的事物不是恰当的所要描述的事物！当然，如果它能够被形式化，很可能能够很好地对其非形式描述。因此它也很可能是值得描述的事物。

7.2.5 讨论：指示

原则：类型和值（实例化）建模 在构建指示中—— 在如 RAISE 的概念范型（即框架）中—— 人们必须决定是在试图指示类似于一些指示（即满足它们共同的识别规则）的所有那样事物的**类型** —— 关于上文的 Fre, BoL, Trk 和 Hub —— 或者是在试图仅定义一个特定的**值**（一个特别的事物）—— 关于上文的 hub, truck, load, unload, ii, rem 或 add。 ∎

我们发现在 [185] 中并没有进行足够清晰地区别。也许因为该书可能明智且明确避免了令其自身涉及到任意特定的形式规约范型中去。

除了把指示建模为类型、通道和值，人们在选定的 RAISE 概念框架中可以想到其他的指示模型，比如模式、类、对象和变量。其他的概念框架可能偏向于类似或非常不同的选择—— [185] 的一般指示原则适用于任意这样的范型。

• • •

到目前为止，我们只探讨了描述的三个方面中的一个：指示。还要探讨另外两个：定义和可驳斥断言。在紧接着的上文的形式示例中我们业已能够举例说明只是处理指示，人们可能就要走上很长一条路。

人们可以正当地辩驳 (i) 所给出的上一尽管只是粗略刻画的整个形式示例是否实际上是仅为可指示实体的模型，(ii) 正如我们将了解的那样，引入一些定义是否会产生一个不同的、可能更容易阅读的描述。人们也可以辩驳 (iii) 一些公理是否实际上是可驳斥断言。我们将在本章的结束节"讨论"回到这些问题上来。

7.3 显式定义

首先，指示表示定义的一个形式。在任意描述中，特殊于正在被描述的论域的术语都必须通过指示或显式定义来定义。

7.3.1 定义："狭窄之桥"

上文的示例仅包含可指示量，或者说我们这样声称。但是那并不总是可能的或方便的。有时通过给项一个定义但（尤其是）使用已定义（包括指示）项来定义该项更加方便。

例 7.7　铁路线路（Rail Line）　铁路线路是线性钢轨单元（linear rail unit）的线性非循环序列，也即一个序列，其中序列的邻接元素是仅共享一个连接器（connector）的钢轨单元。

──────────── 形式表述：铁路线路 ────────────

type
    U, C
    L1$'$ = U-set
    L1 = {| us:L1$'$ • wf_L1(us) |}
    L2$'$ = U*
    L2 = {| us:L2$'$ • wf_L2(us) |}
value
    obs_Cs: U $\rightarrow$ C-set

    wf_L1: U-set $\rightarrow$ **Bool**
    wf_L1(us) $\equiv$ $\exists$ ul:U* • **len** ul = **card** us $\land$ **elems** ul = us $\land$ wf_L2(ul)

    wf_L2: U* $\rightarrow$ **Bool**
    wf_L2(ul) $\equiv$
        $\forall$ u:U • u $\in$ **elems** ul $\Rightarrow$ is_linear(u) $\land$
        $\forall$ i:**Nat** • {i,i+1}$\subseteq$**inds** ul $\Rightarrow$
            card(obs_Cs(ul[i]) $\cap$ obs_Cs(ul[i+1]))=1 $\land$
            len ul > 1 $\Rightarrow$ obs_Cs(**hd** ul) $\cap$ obs_Cs(ul[**len** ul]) = {}

这里项**线性钢轨单元**和**连接器**是已指示项；**线路**的概念使用了其他的指示来定义。回忆一下先前的一个公理，它陈述了对于任意连接器，至多有两个单元共享该连接器。上文假定了该公理。　■

技术：　必须使用指示和/或定义项来表达定义，并且最终定义必须基于指示。　■

原则：　尽管这看上去十分显然，我们推荐开发者开发选择性定义。　■

这里我们开发了可选项 L1 和 L2。尽管人们可以声称那些线路可以是指示，但由于在某意义上它们是真实的，我们这里定义了线路的概念。我们遵循 Michael Jackson 的意见 [185]，尽管我们把其形成了原则：

原则: 狭窄之桥 尽可能少地寻求指示: 能够定义所有其他可能的可指示概念以及所有期望的抽象、非现实概念就足够了。 ∎

7.3.2 抽象、非现实概念的定义

下面我们将定义一些抽象、非现实概念。

例 7.8 通路(path) 钢轨单元定义了通路的概念。(通过钢轨单元的)通路 表示火车沿该通路通过钢轨单元 移动的能力。[2]

(注意目前我们既没有指示也没有定义通过火车或移动我们是指什么。)我们把通路定义(即建模)为一对连接器。 (基于通路的定义,我们接着继续定义其他的非现实(即不是物理上显然的)概念。) 我们可以给任意钢轨单元关联一个状态: 一个可能为空的通路集合。最后,我们可以把任意钢轨单元与其状态空间关联起来: 钢轨单元在作为钢轨单元的生存期内可以"处于"的所有状态集合。

─────── 形式表述:钢轨单元状态 ───────

type
   U, C, P = C×C
   Σ = P-set, Ω = Σ-set
axiom
   $\forall$ (c,c'):P • c≠c'
value
   obs_Σ: U → Σ, obs_Ω: U → Ω

在第 7.4 节我们将了解铁路系统的指示和定义之间的可能关系。 ∎

7.3.3 要定义多少?

现在的问题是: 要定义多少? 对于需求和软件设计论域来说,有一个实用概念: 我们知晓我们的目标是什么,因此我们至少要定义它;但是为什么多于它呢? 对于应用领域论域,原则上来说,我们不知道我们的目标是什么,因此我们需要的更多:只要一些有趣的概念在被定义,那么为什么不是呢? 我们认为只有通过"漫步"和实践于定义以及稍后的可驳斥断言,我们才可能发现最有趣、最相关、最恰当的领域概念。在这一探索中,以及基于定义,我们能够期待构建其特定论域的理论。

原则: 探索理论基础 在构造领域模型(即领域描述)中,根据"狭窄之桥"的原则来

─────────────

[2] 当我们在更早时谈到连接(link)的概念时,某种意义上它可以被看作一个抽象概念,很像一对相反方向的通路。

指示，然后定义抽象概念，只要它们的定义（和附带的可驳斥断言有助于）"揭示"其他概念。■

最后一个例子可以举例说明前一点。

例 7.9 进路（route） (i) **进路是连接的钢轨单元序列。** (ii) **进路是开进路**，如果进路的所有钢轨单元的状态使得在那些状态中有**通路**也是**连接**（connect）的（在一个方向或另一个方向上）。 (iii) 给定**车站**中的**单元**，定义所有那些进入车站和（由此）从其发出的**线路**为从**车站单元** 可达的，并且对于其有一个在单元和线路 之间的进路。 (iv) 给定**铁路网**的任意两个铁路**单元**，一个"起点"和一个可能的"目的地"，定义**可达性**更一般的概念，只有从"起点"到"目的地"有**开进路**才满足它。

以此类推。本例举例说明了许多（即四个）概念的定义，而未先验地确保这些概念将起到一个有用的作用。■

7.3.4 讨论：定义

在适度小的指示集合和适度（大的、"丰富的"）定义集合之间保持适当的平衡是门艺术！³ 也许除了上文已给出的那些不能给出确定的意见，当遵循它们的时候，有助于确保"适当的平衡"。

现在我们已经探讨了两个非形式和形式描述原则以及它们的形式化技术。从目前的例子来说，我们已经可以做出结论，即人们从公式不能看出描述是否形式化了指示或定义！也就是说，区别指示和定义的语用在公式中丢失了。由此用一些句法来开始非形式和形式文本非常重要，以提醒读者它是什么！

7.4 可驳斥断言

特性描述：通过可驳斥断言，我们指可能证明为错误的声明。

7.4.1 指示和定义断言

在例 7.5 中，我们描述线路和车站的铁路网的地方，我们有一些括号括起的句子部分。那些部分不指示显然的事物。它们表达了指示（以及稍后的定义）的适当的、所期望的或其他的关系。我们将把这些约束称作可驳斥断言。

例 7.10 铁路网断言 线路仅连接两个相异的车站是一个可驳斥断言的这样的示例。它表明在铁路网中必定有至少两个车站 —— 另一个可驳斥断言 —— 和至少一条线路 —— 另外一个

---
³ 当然，模棱两可的"适当的平衡"表明"是门艺术"的性质。

可驳斥断言。在别处我们断言每一连接器由最多两个（在其他方面相异的）钢轨单元共享；线性钢轨单元有两个连接器并定义了一个连接； 可转辙钢轨单元有三个连接器（并定义了两个连接）； 等等。这些句子部分都可以看作可驳斥断言。

技术： 必须使用指示项或定义项，或者两者一起来表达可驳斥断言。

在某意义上，指示是事实。事实是不可能被驳斥的。定义是定义，是必须被接受的。但是定义可能似乎一般化，由此需要通过某种形式的约束性断言来刻画（"束缚"）。

例 7.11 **单元状态** 我们接着先前给出的钢轨单元通路、状态和状态空间示例。钢轨单元的通路，即其任意状态的通路必须仅涉及该单元的连接器。

─────── 形式表述：单元状态 ───────

axiom
$\forall$ u:U,c:C,σ:Σ •
　obs_Σ(u) $\in$ obs_Ω(u) $\land$
　σ $\in$ obs_Ω(u) $\Rightarrow$ $\forall$ (c,c'):C×C • (c,c') $\in$ σ $\Rightarrow$ {c,c'}$\subseteq$obs_Cs(u)

上文假定了先前的一个公理，它表达了一条通路的连接器总是相异的事实。

这是一个可驳斥断言：人们可以考虑某单元状态中通路的连接器可能不是该单元的连接器的情况，或者说可能吗？基本上我们不会知道，直到有人天某人给出了"偏好"这样的解释的对一个铁路网的理解！

7.4.2 分析

上文中声称为可驳斥断言的示例当然就是断言。它们是否将被驳斥需要以后来看，但它们潜在地来说是可驳斥的。以任意连接器被"约束"为最多由两个钢轨单元共享 为例。如果在将来人们可以给出实际上有连接器是被三个（或更多的）钢轨单元共享的，则实际上我们驳斥了这一断言。但是这有可能吗？

例 7.12 **车站和线路** 车站被连接到至少一条线路。

驳斥这一断言就等于允许完全孤立的车站的铁路网。这可能吗？

例 7.13 **车站和开进路** 对于任一车站，至少有一可能的开进路来自于网络中的某其他车站，至少有一这样的进路到网络中的其他车站。

如果这一断言被驳斥，则至少有一个车站，人们不能从其或到其"旅行"！这可能吗？

7.4.3 "悬垂"断言

非常容易写下"编织了一张"伪指示、伪定义和伪断言"网"的文本。

例 7.14　货物运输提货单　假定如下文本是我们所拥有的全部内容：提货单列出了运输中心，在这些地方先被装载到一个运输器的相关货物从一个运输器转移到下一个，最后被卸载。根据提货单运输不会多于最多一次地访问运输中心。那么我们是指什么呢？
进一步假定我们继续前行并形式化上文的楷体文本：

──────────── 形式表述：货物运输提货单 ────────────

type
   Hub, HIdx, Fre, Con
   $BoL' = (F \times (HIdx \times HIdx^* \times HIdx))$
   $BoL = \{| \; b{:}BoL' \cdot wf\_BoL(b) \; |\}$
   $Transport = Fre \times (Con \times Hub)^*$
value
   wf_BoL: $BoL' \to$ **Bool**
   wf_BoL(f,(o,hl,d)) $\equiv$ **card**($\{o,d\} \cup$ **elems** hl)=2+**len** bol

   obs_Fn: Fre $\to$ FIdx
   load,unload: Fre $\times$ BoL $\to$ Con $\to$ Con
   transfer: Fre $\times$ BoL $\to$ (Con $\times$ Con) $\to$ (Con $\times$ Con)
   M: BoL $\to$ Transport-**infset**

问题是什么？问题是我们肆意地提及那些可能的可指示现象为 **运输中心**（Hub）、**运输中心索引**（Hub index）、**货物**（Freight）、**货物索引**（Freight index）、**运输器**（Conveyor）、**装载**（load）、**卸载**（unload）和**转移**（transfer），并为函数给定基调却没有尝试最细微的指示！类似地我们定义了意义函数 M，它定义提货单的意义为被定义的运输（Transport）的可能无限的集合。
　　断言不会多于最多一次地访问运输中心由此是十分没有意义的。　　　　　　　　　■

技术：悬垂断言　确保断言的全部项被指示，或被定义，或在断言中是约束的。　　　　■

例 7.15　传输子类型　就前一示例而言，我们本应该也适当地为运输类型等给定子类型。　■

7.4.4 讨论：可驳斥断言

断言类似于公理。它们是不证自明的真理──直到它们被在相关的论域中所做的观察所驳斥。由此断言不是事实，也不是定理。定理是根据指示、定义和可驳斥断言（的公理）证明得到的谓词表达式。定理（引理、命题）和指示、定义、断言的公理以及其他定理（引理、命题）一起构成所描述论域的理论。

7.5 讨论：描述原则

我们已经把指示、定义和可驳斥断言的描述原则概念和形式规约（尽管是概述的示例）关联起来。在前面的上文中我们了解了在没有遵循 Jackson 原则的 适当的、必须是非形式的描述的情况下，形式规约（比较上文中最近的形式化示例）如何能够很容易地"麻醉"我们，令我们相信模型标识原则（比较第 4.4 节）能够被跳过。

为大家考虑，我们自己要准备好经常承认已陷入了这一陷阱！

7.6 文献评注

基本仅有一个主要的参考文献使得本章"相形见绌"并"预示"了本章的内容，它就是 [185]。

7.7 练习

7.7.1 序言

请参考第 1.7.1 节，关于列出的贯穿全文的 15 个领域（需求和软件设计）示例；并请参考第 1.7.2 节的介绍性评述，关于"选定主题"这一术语的使用。

7.7.2 练习

练习 7.1 指示和识别规则。 对于由你选定的固定主题。 列出五个能够被指示的现象。陈述适当的识别规则。

练习 7.2 显式定义。 对于由你选定的固定主题。 选择两个或三个你决定用其他指示来显式定义的指示。然后给出这些显式定义。

练习 7.3 可驳斥断言。 对于由你选定的固定主题。 试着提出至少一个不简单的可能可驳斥的断言。（这听起来有些困难，但是思路开阔一些并允许极端的怀疑态度。）

IV

领域工程

在接下来的九章中，我们将适度详细地探讨领域工程时期的开发阶段和步骤的原则：

- 第 8 章，领域工程概述
- 第 9 章，领域参与者
- 第 10 章，领域属性
- 第 11 章，领域刻面
- 第 12 章，领域获取
- 第 13 章，领域分析和概念形成
- 第 14 章，领域验证和确认
- 第 15 章，领域理论
- 第 16 章，领域工程过程模型

请参考第 1 章关于软件开发的三个主要时期的综述性介绍：

- 领域工程
- 需求工程
- 软件设计

领域工程概述

- 学习本章的**前提**：现在你准备好要开始理解软件开发的三个核心时期的第一个时期。你已经理解了前面章节的内容，最好也同样理解了这一系列关于软件工程教材卷 1、2 中的（形式）抽象和建模的原则和技术。
- **目标：** 给出领域工程的阶段和步骤的概述，给出源自于领域工程的文档的概述。
- **效果：** 使得你适于领域开发的许多阶段和步骤，以及所产生文档的许多部分。
- **讨论方式：** 非形式的和系统的。

8.1 前言

在这一部分，从本章开始以及接着的八个其他章节，我们将探讨三个主要的软件开发活动中的一个：领域工程。其他的主要活动是需求工程（第 V 部分）和计算系统设计（第 VI 部分）。它们被认为是软件开发中主要的时期，因为所有其他的事物，即所有的工具和管理活动，它们自己都分组到这三个主要的活动集中。

在这一介绍性的章节中，我们将简要地确认和简要地解释许多属于领域工程的问题。这里的每一问题都将在接下来的章节中予以更加详细地探讨。

如前所论证的：

- 在我们能够设计软件之前，我们必须理解其需求。
- 在我们能够开发需求之前，我们必须理解应用领域。

在第 1 章，我们回顾了领域工程。现在我们进行更加系统和全面的讨论。我们将强调领域工程的原则、技术和工具。

8.2 回顾：为什么有领域工程

特性描述： 通过领域模型，我们理解领域描述的意义。

特性描述： 通过领域描述，我们指文档（或一个文档集合），它描述了领域是什么，及其实体、函数、事件和行为。

特性描述：通过领域理论，我们指声称在领域模型上成立的一个定理集合。   ∎

特性描述：通过领域工程，我们指在本章中概述的过程以及另外在这一部分（第 IV 部分）细述的过程。   ∎

    如同物理学家已经研究和开发大自然的模型至少 500 年，如同传统的工程师基于自然科学的理论设计人工制品，我们将倡导对人类行为而非自然起主导作用的人工领域的理论进行研究和开发。然后我们就能够采用更加可信赖和科学上更加可信的方式来开发软件的需求和设计。

    研究和开发领域理论是一个全新的活动。但是许多如今的软件工程过程都已涉及领域工程。在这几卷，我们令领域工程更加公开化，由此简化许多过去对软件工程的考虑，特别是需求工程的那些。也就是说，我们强烈地认为许多以前—— 由其他作者—— 所倡导的需求工程的问题在我们一旦解决了领域工程的工作以后就变得非常容易处理（或者它们一下子就"消失"了）！因此我们声称，至少是这样！

8.3 部分和章节的概述

    适当的领域工程，即适当的领域模型开发，以阶段来进行：

- 领域参与者标识，第 8.4 节和第 9 章。
- 领域获取，第 8.5 节和第 12 章。
- 领域分析和概念形成，第 8.6 节和第 13 章。
- 领域建模，第 8.7 节和第 10~11 章。
- 领域确认和验证，第 8.5 节和第 14 章。
- 领域理论形成，第 15 章。

读者可能注意到我们为这里的每一阶段给出原则和技术的顺序与上文它们列出的顺序不尽相同。这里给出原因并在后面予以进一步的详述。

———————————————— 领域模型和领域理论 ————————————————
> 领域工程最重要的结果就是领域模型及其相关的领域理论。

不知道领域模型包含什么，人们就不能知道如何构造它们。第 11 章给出领域模型包含事物的原则和技术。第 12~13 章概述了如何为领域模型构造（领域获取）收集材料和如何分析和理解这样的材料（分析和概念形成）。但是参与者作用的问题是如此重要并经常被忘记（或至少"最小化"），使得我们决定首先在第 9 章给出参与者标识和联络的原则和技术。第 10 章是第 11 章的前言。

8.4 领域参与者及其观点

特性描述：通过领域参与者，我们理解一个人，或对领域（需求、软件设计）具有共同兴趣和依赖而通过某种方式"联合"起来的一组人；或者一个机构、企业，或（也是）由对领域具有共同兴趣和依赖所刻画（亦是粗略地）的一组机构或企业。

领域参与者的标识具有开发原则、技术和工具。这些将在第 9 章中予以考查。

特性描述：通过领域参与者观点，我们理解由特定标识的参与者群体对共享论域的理解——同一个论域的不同的参与者群体，其观点可以不同。

参与者观点标识具有开发原则、技术和工具。这些将在第 9.3 节中予以考查。

─────── 领域参与者 ───────
| 没有清晰地标识和联络所有相关的领域参与者，人们不可能有望构造可信的领域模型。 |

我们将在第 9 章回到参与者的概念上来。

8.5 领域获取和确认

特性描述：通过领域获取 我们理解从领域参与者、文献、我们的观察收集关于领域的知识。这一知识包括现象实体、函数、事件和行为，这一收集通过使用粗略陈述（即粗略描述片段）来表现。

领域获取具有许多开发原则、技术和工具。这些将在第 12 章中予以考查。

特性描述：通过领域确认，我们理解与参与者，特别是客户，确保如下内容：作为领域获取、领域分析、概念形成和领域建模（后者包括描述）所产生结果的领域描述与参与者如何看待领域是一致的。

领域确认具有许多开发原则、技术和工具。这些将在第 14.3 节中予以考查。

8.6 领域分析和概念形成

特性描述：通过领域分析，我们理解对领域获取（粗略）陈述的研究，其目的是发现在这些领域获取陈述中的不一致、冲突和不完全以及从其形成概念。

领域分析具有许多开发原则、技术和工具。这些将在第 13 章的章节中予以考查。

特性描述：通过领域概念形成，我们理解由领域获取（粗略）的陈述所示及的领域现象到概念的抽象。

领域概念形成具有开发原则、技术和工具。这些将在第 13 章的章节中予以考查。

8.7 领域刻面

特性描述：通过领域刻面，我们理解分析领域的一般方法的一个有限集合中的一个方法：领域观点，使得不同的刻面涵盖概念上不同的观点，而且这些观点共同涵盖了该领域。∎

我们列出领域刻面的主要类别：

- 企业过程刻面
- 内在刻面
- 支持技术刻面
- 管理和组织刻面
- 规则和规定刻面
- 脚本刻面
- 人类行为刻面

这些刻面将在第 11 章中予以论述。

领域模型≡ 领域刻面的模型

因此通过领域模型，我们指领域刻面的一个或多个一致模型构成的一个集合——这些可能被重写（和重新形式化）为一个合并了的模型。

8.8 领域开发的辅助阶段

前面当我们枚举一些开发阶段时使用了前缀设计。现在我们使用术语"辅助的"。从紧接着的下文中将会得知我们为什么这样做。

开发的辅助阶段包括如下：

- 领域（知识）获取
- 领域（知识）分析和概念形成
- 领域（知识）验证
- 领域（知识）确认
- 领域理论形成

我们将在稍后的章节中讨论它们。这里我们说它们"装饰"了领域刻面建模的主要阶段就足够了：对领域刻面建模，我们必须首先获取它；然后我们必须分析已经获取了什么，并从已经分析的事物中形成概念；然后我们可以描述它：(a) 粗略的，(b) 把它术语化，(c) 叙述，并 (d) 可能把刻面形式化。阶段 (a~d) 构成了主要阶段。在后面这些描述活动之中，我们验证领域模型的性质，确认领域刻面描述（即模型），并且我们可能构建起领域的理论。

8.9 领域模型文档

8.9.1 要谈问题的预览

领域工程的目标是创建有关和构建领域模型的信息、描述和分析文档。因此总是紧记文档的这样一个完整集合的可能的内容清单是什么总是非常重要的。因此我们将以简洁的形式来概述对于我们来说领域文档的这样一个集合可能的所期望的目录结构可以是什么。第 IV 部分的目标因此就是为创建（即开发）这样的领域文档集合给出原则、技术和工具。

8.9.2 领域模型文档内容

我们为领域文档的一个典型的集合列出全面的所期望的目录 结构。请参考第 2 章，关于这些种类的文档的概述，特别是第一个类别的信息文档。

───── 一般的领域文档编制内容列表 ─────

1. 信息
   (a) 姓名，地址和日期
   (b) 合作者
   (c) 目前情况
   (d) 需求和想法
   (e) 概念和工具
   (f) 范围和区间
   (g) 假设和依赖
   (h) 隐含/派生目标
   (i) 纲要
   (j) 标准一致性
   (k) 合同
   (l) 团队
      i. 管理人员
      ii. 开发人员
      iii. 客户人员
      iv. 咨询人员
2. 描述
   (a) 参与者
   (b) 获取过程
      i. 研究
      ii. 会谈
      iii. 调查表
      iv. 索引的描述单元
   (c) 术语
   (d) 企业过程
   (e) 刻面
      i. 内在
      ii. 支持技术
      iii. 管理和组织
      iv. 规则和规定
      v. 脚本
      vi. 人类行为
   (f) 合并的描述
3. 分析
   (a) 领域分析和概念形成
      i. 不一致性
      ii. 冲突
      iii. 不完备性
      iv. 决定
   (b) 领域确认
      i. 参与者遍历
      ii. 决定
   (c) 领域验证
      i. 模型检查
      ii. 定理和证明
      iii. 测试用例和测试
   (d) （面向）领域理论

8.10 这一部分的其他结构

我们从对参与者概念的简短分析开始（第 9 章）。为了知道如何适当地获取领域知识，我们认为知道领域工程的最终结果是什么是很重要的。所以我们细化领域模型的两个核心概念：被建模现象和概念的属性（第 10 章），领域现象和概念的刻面（第 11 章）。如此我们给出领域模型的那些方面的原则和技术，并且在我们探讨领域获取的原则和技术（第 12 章）之前来这样做。接着我们探讨领域分析和概念形成（第 13 章）—— 领域模型在其上建立起来。一旦认为领域模型已就绪，则可以对其确认（第 14.3 节），并且可以验证领域建模工作的阶段和步骤（第 14.2 节）—— 通常在领域建模时。第 15 章和第 16 章结束了这一部分：它们（非常简要地）探讨了关于领域理论的想法，并总结了领域工程过程模型。

我们对读者强调，这一部分章节的顺序没有遵循领域开发中所做工作的顺序。我们重复一遍：在我们能够做适当的领域获取（第 12 章）、概念分析和形成（第 13 章）工作之前，我们必须理解所应该期望的适当领域模型的内容和形式是什么（第 10、11 章）。因此第 10 章和第 11 章在第 12 章和第 13 章之前。为了让我们的行文一目了然，我们在第 8.9.2 节为一个典型的领域文档集合给出了目录结构。

8.11 文献评注

我们的领域工程方法有一些非常新颖的特点。也就是说，我们给出了软件工程的新原则和新技术—— 即完整的领域工程概念—— 在目前可得到的关于软件工程的其他文献中 [117, 270, 279, 333, 365] 都没有予以探讨。

8.12 练习

本章的练习是闭卷练习。这是指在你在适当的章节查找我们对问题的解答之前，你要写出若干行的解答。

练习 8.1   为什么有领域工程？ 不要查阅本卷章节的内容，使用若干行非形式文本扼要重述本书如何给出领域工程的动机。

练习 8.2   领域工程阶段。 不要查阅本卷章节的内容，使用六行左右的非形式文本扼要重述领域工程的有序阶段。

练习 8.3   领域建模子阶段。 不要查阅本卷章节的内容，使用七行左右的非形式文本扼要重述领域刻面建模的有序阶段。

练习 8.4   领域获取。 不要查询本卷章节的内容，使用若干行来特性描述本章如何定义了领域获取。

练习 8.5   领域确认。 不要查阅本卷章节的内容，使用若干行来特性描述本章如何定义领域确认。

练习 8.6   领域分析。 不要查阅本卷章节的内容，使用若干行来特性描述本章如何定义了领域分析。

练习 8.7   领域概念形成。 不要查阅本卷章节的内容，使用若干行来特性描述本章如何定义了领域概念形成。

练习 8.8   参与者。 不要查阅本卷章节的内容，使用若干行来特性描述本章如何定义了领域参与者的概念。

练习 8.9 参与者观点。 不要查阅本卷章节的内容，使用若干行来特性描述本章如何定义了领域参与者观点的概念。

练习 8.10 领域文档编制。 不要查阅本卷章节的内容，使用尽可能全面和结构化的风格，列出一般文档编制目录。

9

领域参与者

- 学习本章的前提：你已经阅读了本卷的第1、8章。
- 目标：介绍（领域）参与者的概念，区别不同类别的参与者，并简述了一个适当高级的（同样也是形式化的）企业参与者示例。
- 效果：当你在将来开发领域描述、需求规定和软件设计的时候，确保你仔细地考虑所有相关的参与者，并囊括他们的考虑。
- 讨论方式：从系统的到形式的（简述）。

9.1 前言

在任意开发阶段开始之时，无论论域是某领域模型开发、需求开发或软件设计，标识所有可能相关的参与者是很重要的。在整个开发期间，确保适当"照顾到"了每一开发者（组），即他们的考虑得到了适当建模，是很重要的。

9.2 参与者

特性描述：通过领域参与者，我们理解一个人，或对领域（需求、软件设计）具有共同兴趣和依赖而通过某种方式"联合"起来的一组人；或者一个机构、企业，或（也是）由对领域具有共同兴趣和依赖所刻画（亦是粗略地）的一组机构或企业。

显然我们可以把机构和企业与一个人或多个人构成的组等同起来。处于标识（即"发现"）上的语用原因，我们认为在一些情况下考虑机构和企业有时更容易一些。

9.2.1 一般应用参与者

特性描述：通过一般应用领域参与者，我们理解那些参与者，其主要兴趣既不是开发（从领域到需求再到软件设计的）软件的项目，也不是源自于这样项目的产品。我们是指来自典型非 IT 的企业领域的参与者。

由此一般应用领域参与者典型地是那些我们能够刻画为来自于如下领域的参与者：运输业、制造业、矿业、金融工业、公共政府、服务业等等。

例 9.1 其他铁路火车系统参与者　当对铁路领域建模（即描述）时，人们最好考虑如下的参与者组——使用了可以反映第一组视角的顺序：(i) 所有者（比如股票持有人或政府），(ii) 管理人员（由(ii.1) 行政管理人员、(ii.2) 中层管理人员、(ii.3) 运营（"车间"）管理人员（即"白领工人"）等等构成），(iii) 全体铁路工作人员（"车间人员"而非"车间"管理人员，即"蓝领"工人——可能编排为包含家庭的若干参与者群体，(iv) 客户（(iv.1) 乘客和(vi.2) 货物运输人员（发送和接受货物的人员等等）），(v) 用户（(v.1) 前来送迎乘客的人员以及(v.1) 前来送收货物的人员），(vi) 代理（(vi.1) 旅行社和 (vi.2) 物流公司），(vii) 铁路基础设施公司[1] (viii) 供应商（(viii.1) 日常设备（消耗品）的供应商，(viii.2) 新铁路基础设施构件（即线路、轨道、信号等等）的供应商，以及(viii.3) 信息技术和软件的供应商），(ix) 铁路管理机构，(x) "全体"从政者，和(xi) "全体"公众。

上文的示例典型地是一种粗略描述，或甚至是陈述性文档编制的文本，软件开发人员在描述领域的过程中必须产生它。但上文的列表仅是象征性的，不是不可改变的。这里给出它也是为了"增加"参与者概念是指什么的特性描述。因此你可以把这一清单作为为其它领域构造其它类似参与者清单的提示。

9.2.2 软件开发参与者

人们可以确认两种软件（SW，software）开发极端：交钥匙（turnkey）软件和商业成品软件（COTS，commercial off-the-shelf software）。

交钥匙软件开发参与者

特性描述：　通过交钥匙软件，我们理解在对特定的客户/开发者合同的非常特定的响应中——通常几乎是从"零开始"——所开发的软件。

特性描述：　通过交钥匙软件开发参与者，我们由此理解来自软件开发者或该客户领域的参与者。

来自这一"外向"领域的参与者（由此）典型地是：(i) 客户(i.1) 客户管理人员，(i.2) 客户用户，(i.3) 顾客，它们受到签订了合同的软件影响；(ii) 软件公司，(ii.1) 合同管理人员，(ii.2) 软件工程师，(ii.3) 支持技术人员。

---

[1] 因此，相较于拥有（并运营）铁路网的那些来说，我们在考虑一个火车服务运营商。在许多国家，它们是两个相异的企业群体。

商业成品软件开发参与者

通过 COTS，我们指一般种类的软件，即其功能是由或更多地由软件的制造者而非软件的顾客和用户来决定的软件；期望涵盖或实际上涵盖许多客户需要的软件以及制造者由此期望成百上千地出售拷贝的软件。

特性描述：COTS 参与者　通过 COTS 参与者，我们（由此）典型地指：来自于软件公司的人员：(i~ii)　软件公司所有者和管理人员（至少两个群体），(iii~v)　市场、销售和服务部门（三个群体），(vi)　程序设计人员，即软件工程师，(vii)　软件经销商，(viii)　基于 COTS 的定制软件开发的其它软件公司；以及来自于软件公司作为制造这些产品的目的的应用领域的人员：(ix)　顾客（客户）和 (x)　用户。　　　　　　　　　　　　　　　　　　　■

9.2.3 列出参与者的目的

为了避免我们忘记它，让我们提醒一下为什么我们希望系统地记录所有可能相关的参与者群体：这样做我们能够系统地和"近乎完全地"考虑所有相关的参与者群体，现在我们接着来确定它们对论域—— 这里是领域—— 的观点。

9.3 参与者观点

特性描述：通过参与者观点，我们理解由特定标识的参与者群体对共享领域的理解—— 同一个领域的不同的参与者群体，其观点可以不同。　　　　　　　　　　　　　　　　　■

对于每一参与者群体，我们必须探究（引出、获取、分析）其关于接下来探讨的每一可能的领域属性以及之后探讨的每一可能的领域刻面的观点。就参与者观点而言，我们可能要准备好观察到由不同群体考虑的一个同样的现象会具有不是十分一致的属性，以及不是十分一致的刻面。由此两个或者多个这样的群体观点会导致关于领域属性和刻面的不一致和/或冲突的整体观点。当我们后面探讨领域获取和确认的方法学问题的时候，我们将回到上文的问题。

9.3.1 一般应用的观点

一般应用领域的参与者观点一般来说有若干方面：
(i~ii)　客户管理人员和其它的高层管理人员期望计算系统改善他们公司的竞争力、财务状况等等。这些是很难系统陈述的问题，更不用说形式化了。在信息文档中，我们在标题假设和依赖下列出了这些问题的一部分和隐含/派生目标。关于其的更多内容，请参见第 2.4.6 节。
(iii)　战术和运营管理人员通常具有的观点与管理和组织问题相关。
(iv)　非管理人员通常具有的观点与他们的日常工作和其与客户的接触有关。
(v)　所有上文的参与者群体具有的观点主要关注于他们的共享领域：一般应用领域。

(vi) 这与软件公司的参与者、客户与其签订契约的开发人员的观点相对。

(vii) 在他们的观点中，除了希望确保他们公司的职业道德以外，软件公司开发人员观点包括满足客户的那些的观点。

例 9.2 其他资源管理 现在我们给出一个很长的示例来举例说明许多参与者观点之间的界面。参与者是（简化来说）：企业的顶层，执行管理人员（规划、做战略决策并进一步执行），企业垂直管理人员（规划、做战术决策并进一步执行），企业运营管理人员(规划、做运营决策并进一步执行）以及企业"工人"（通过任务来执行决策）。管理人员群体具有如下种类的职能：战略管理人员与升级和减小规模有关，即把企业的资源从一个形式转化到另一个形式——确保资源对于战术管理人员来说可用。战术管理人员与通常是中期和长期的在时间上调度以及在空间上分配这些资源有关，为运营管理人员做准备。运营管理人员规划（消耗资源的）任务的最终（通常是短期的）调度和分配，为实际的企业（"生产经营场所"）运营做准备。

在一些分析之后，我们得到如下内容：令 R, Rn, L, T, E 和 A 代表资源、资源名、空间位置、时间、企业（及其预算、服务和/或生产计划、手头的订单等等）以及任务（动作）。SR, TR 和 OR 分别代表战略、战术和运营资源视图。SR 表达（时间上的）调度：哪些资源集合在哪些（语用上来说：整体的，及"更大的"）时间区间中是约束的或自由的。TR 表达时间上和空间上资源集合在特定（语用上来说：模型更细粒度的，即"更小的"）时间区间到特定位置的分配。OR 表达特定动作 A 在特定时间区间将被或正在被应用到（参数命名的）资源。

———————— 形式表述：资源管理 ————————

```
type R, Rn, L, T, E
    RS = R-set
    SR = (T×T) ⇸ RS,              SRS = SR-infset
    TR = (T×T) ⇸ RS ⇸ L,         TRS = TR-set
    OR = (T×T) ⇸ RS ⇸ A
    A = (Rn ⇸ RS) ⥲ (Rn ⇸ RS)
value
    obs_Rn: R → Rn
    srm: RS → E×E ⥲ E × (SRS × SR)
    trm: SR → E×E ⥲ E × (TRS × TR)
    orm: TR → E×E ⥲ E × OR
    p: RS × E → Bool
    ope: OR → TR → SR → (E×E×E×E) → E × RS
```

包含有宽松规约并有时是非确定性函数的部分函数 srm, trm 和 orm 分别代表战略、战术、运营资源管理。p 是一个谓词，它确定企业（以其状态和在其环境 e 中）是否能够继续运营。为了让我们的模型保持较小，我们必须求助于一个小技巧：把所有可知的和为了管理能够正常运转所需的事实都放在 E 中。除了企业本身，E 也对其环境建模：影响企业的那一部分世界。

相应地，有如下的管理函数：

战略资源管理: srm(rs)(e,e'''') 。让我们把结果称作 (e',(srs,sr)) [参见下文 enterprise "函数"的"定义"]。srm 的进行基于企业: 现在它是 (e), 人们期望它成为(e''''), 以及其目前的资源 (rs)。srm "理想地估计"所有可能的战略资源获取(升级)和/或规模减小(剥夺)(srs)。srm 选择一个期望的战略资源调度 (sr)。"估计"是探索式的。通常所知的太少, 以至于不能在算法上计算 sr。不过, 基于对 srm 前置和后置条件的仔细分析, 通常可以为战略管理提供某种形式的计算机化的决策支持。

战术资源管理: trm(sr)(e,e'''') 。让我们把结果称作 (e'',(trs,tr))。trm 的进行基于企业: 现在它是 (e), 人们希望它成为 (e''''), 以及一个选定的战略资源视图 (sr)。trm "理想地计算"所有可能的战术资源可能性 (trs)。trm 选择一个期望的战术资源调度和分配 (tr)。同样, trm 不能被完全算法化。但是能够提供一些组合的部分解答计算和决策支持。

运营资源管理: orm(tr)(e,e'''') 。让我们把结果称做 (e''',or) , orm 的进行基于企业: 它现在是 (e), 人们希望它成为 (e''''), 以及一个选定的战术资源视图 (tr)。orm 有效地决定一个运营资源视图 (or)。典型地, orm 可以被算法化—— 应用标准的运营研究技术。

实际企业运营: ope 使能企业的某一个"共同"视图, 但是不能予以保证。ope 依赖于管理"传递的"企业及其上下文、状态和环境 e 视图; ope 根据保留在企业上下文和状态中的规定把动作 a 应用到命名的资源集合 (rn:Rn)。

显然, 上文的叙述是非常理想化的, 但是我们希望它表明了发生了什么。把上文模式性的示例关联到如铁路领域, 我们可以建议: 资源 R 包括对铁路网使用(不必对其所有), 租借给乘客火车车厢和机车, 工作人员, 资金等等。比如, 战略资源是关于需要额外的或变化的铁路网使用权, 需要其它的或不同种类的火车组, 等等。战略资源管理 srm 典型地把许多操作者聚在一起, 与铁路基础设施所有者协商使用权以及与火车组租赁(和租赁金融)公司协商火车组租金等等。srs:SRS 指代一个公司自己战略规划的所有可能的结果; sr:SR 指代经过协商的方案。比如, 战术资源是关于编制火车工作人员时间表(人员分配)、分配火车组到维护地点等等。战术资源管理 trm 典型地涉及到与工会的协商, 与维护部门的协商等等。trs:TRS 指代一个公司自己战术规划(其协商选项)的所有可能的结果; tr:TR 指代经过协商的解决方案。

为了给出对企业"生命周期"的进一步抽象, 我们把其理想化, 如下所示:

value

enterprise: RS $\overset{\sim}{\to}$ E $\overset{\sim}{\to}$ **Unit**

enterprise(rs)(e) $\equiv$

  if p(rs)(e) **then**

   let (e',(srs,sr)) = srm(rs)(e,e''''),

      (e'',(trs,tr)) = trm(sr)(e,e''''),

      (e''',or) = orm(tr)(e,e''''),

      (e'''',rs') = ope(or)(tr)(sr)(e,e',e'',e''') **in**

   let e''''':E • p'(e'''',e''''') **in**

   enterprise(rs')(e''''') **end end**

  else stop end

p': E × E → **Bool**

enterprise 再次调用参数 rs′，一个操作结果，用于体现战略上、战术上和运营上获取的以及空间上和任务分配和调度的资源的使用，包括部分消耗、损耗、丢失、替换等等。

let e′′′′:E • p′(e′′′′,e′′′′′) in ... 对变化的环境建模。

这里有两种形式的递归：简单尾递归（即 enterprise 的递归调用），以及 enterprise 状态 e′′′′ 的递归"构造"。前者简单。后者是我们感兴趣的：通过迭代到某一可接受的但不必是最小不动点的解决方案，它"模拟"了三层管理方式，而且"生产经营场所"运营改变该状态并在管理层次之间"反复地传递"它。操作函数 ope "统一"了对 enterprise 不同的视图，并影响他们的决策制定。对 E 的依赖同样对企业管理人员和可以想到的所有其他参与者之间的可能的交互进行建模。

我们提醒读者——在前一示例中——我们"仅"建模了领域！ 显然，该模型是粗略的。但是我们认为它描绘了领域建模和参与者观点的重要刻面。重复一遍，参与者是：战略（"执行"）管理人员（srm, p）、战术（"垂直"）管理人员（trm），运营（"生产经营场所"）管理人员（orm）、工人（ope）。所建模的观点关注于两个方面：由"函数"（srm, p, trm, orm, ope）所"建模"的他们各自的工作，以及由参数（e, e′, e′′, e′′′, e′′′′）的传递所"建模"的他们的交互。let e′′′′′:E • p′(e′′′′,e′′′′′) in ... 对变化的环境"建模"，由此总结了"所有其他"参与者的观点！

我们对领域的建模都有其瑕疵：我们并没有在算法上规约任何事物；所有的函数都是非常粗略地，因此是部分定义的；实际上，只给出了它们的基调。这表明我们既对良好管理的企业建模，也对管理不良、粗糙或非常糟糕的企业建模。当然，我们能够定义在企业状态及其环境上的许多谓词，并且我们能够部分地刻画内在——无论怎样，对于企业总是成立的事实。

如果我们"程序规约"了企业，则我们将不是在对企业的领域建模，而是对一个特定"企业过程工程的"企业建模。或者我们进入了需求工程之中——我们认为。 ∎

9.3.2 软件开发的观点

如果应用领域就是软件开发本身，则领域参与者主要就是软件公司所有者和高层管理人员，软件工程师及其直接经理，支持软件工程师工作的技术人员，支持管理人员、软件工程师和技术人员工作的技术（硬件和软件）供给人员。无论软件开发是领域工程，或是需求工程，或是软件设计，或是前两者、后两者、三者全部，这都成立。我们强调前提："如果应用领域就是软件开发本身"。或者，换一种说法，这几卷的目标领域是软件开发本身。

9.4 讨论：参与者及其观点

9.4.1 概述

请参考第 18 章关于需求参与者的探讨。这一章讨论了参与者的概念。在后面的章节中，我们将接着这一主线，并偶尔示及在我们的描述及其他当中我们对不同参与者的观点进行区分的地方。在第 10 章这不是一个问题，但在第 11 章对企业过程、管理和组织的探讨中，我们偶尔要说明对参与者观点特别描述的需要。

9.4.2 原则、技术和工具

原则： 领域参与者 在开发项目的起始确认所有可能和潜在的领域参与者。把许多都包括进来总比忘记了某参与者，稍后其可能引起麻烦或者当其正当介入时引起更多麻烦要好些。贯穿于一个项目之中，要准备好修改领域参与者列表。 ■

原则： 领域参与者观点 在开发项目的起始，与指定的领域参与者一起定义他们的职能，他们的"管辖权限"以及他们的"权利和义务"。贯穿于一个项目之中，要准备好修改领域参与者的职能。 ■

技术： 领域参与者联络 (i) 维护所有认定的和所有实际的领域参与者的可公开审查的清单。(ii) 定期与所有的实际领域参与者联络。(iii) 通知所有其他（认定的）领域参与者事物的进展。(iv) 使用明确（自然，但有法律约束力的）语言写下每一实际参与者的职能。(v) 维护与所有的领域参与者的全部通信卷宗。正如我们稍后将了解的那样，这样的通信典型地涉及：职能分配、获取和确认。 ■

工具： 领域参与者联络 在信息文档（第 2.4.10 节）中提及的工具这里也同样适用。 ■

9.5 练习

9.5.1 序言

本章的前 4 个练习（9.1~9.4）是闭卷练习。这表明你在适当的章节查找我们对问题的解答之前，你尝试着写下若干行，如 3–4–5 行的解答。

9.5.2 练习

练习 9.1 领域参与者。 这是一个"重复"问题（见练习 8.8）：不要查阅这几卷章节的文本，尝试使用若干行来刻画本章如何定义了领域参与者的概念。

练习 9.2 领域参与者观点。 这是一个"重复"问题（见练习 8.9）：不要查阅这几卷章节的文本，尝试使用若干行来刻画本章如何定义了领域参与者观点的概念。

练习 9.3 一般应用和软件开发参与者。 不要查阅这几卷章节的文本，尝试使用三行左右来列举本章如何看待从一般应用领域参与者到软件开发参与者。

练习 9.4 一般应用和软件开发参与者观点。 给定你对前一练习（上文的练习 9.3）的解答，通过为你所列出的每一条目给出相应观点的简短刻画来扩充它。

练习 9.5 领域特定参与者。 对于由你选定的固定主题。给出对于你的领域建模而言你所认为相关的参与者的完全清单。

练习 9.6 领域特定参与者观点。 给定你对前一练习（上文的练习 9.5）的解答，通过为你所列出的每一条目给出相应的领域特定的观点的简短刻画来扩充它。

9.5.3 尾言

类似于上文的练习将在第 18.5.2 节中给出。

10

领域属性

- 学习本章的**前提**：你已经学习了卷 1 和 2 中的抽象和建模章节，而且正寻找对现象和概念建模所需的其他原则和技术。
- **目标**：介绍四组现象和概念的概念：(i) 连续、离散、混合和混沌；(ii) 静态和动态（其中后者呈现出了丰富的子概念体系）；(iii) 可触知性（和由此的不可触知性）；(iv) 维数；给出对这样的现象和概念建模的原则和技术。
- **效果**：圆满完成卷 1、2 中抽象和建模的漫长之路，使得你在成为专业的软件工程师之路上更进一步。
- **讨论方式**：系统的到形式的。

第 10.3~10.5 节的思想无疑是受到 Michael Jackson 的工作 [185] 的启发，由此非常直接地源自于它并适度扩展，且在某些方面重新对其解释。

10.1 前言

这一系列丛书的卷 1 和 2 探讨了许多抽象和建模原则和技术。它们的每一个都适用于可特定刻画的现象和概念。以卷 2 来说，我们提及了：层次和复合的现象、可指称和可计算的概念、上下文和状态的概念、时间和空间现象等等。

在这一章，我们接着可特定刻画的现象和概念这一脉络。可以这样说，我们将加上一些更多的这样的可特定刻画的现象和概念。它们是连续、离散、混合和混沌（第 10.2 节）；静态和动态（第 10.3 节）；可触知性和不可触知性（第 10.4 节）；维数（第 10.5 节）。在动态现象和概念中（第 10.3.2 节）有一个可进一步刻画的现象和概念的丰富子结构。它们包括：惰性的、活动的（自治的、顺从的、可程序设计的）和反映的现象和概念。

10.2 连续、离散和混沌

在本节中，*连续、离散* 和 *混沌* 主要被看作与现象呈现的时态行为相关的概念。这里对混合的考虑类似，且涵盖在任一时刻既呈现连续也呈现离散行为的现象。但连续、离散、混合和混沌不必只与时间行为相关。不过，本节的示例只举例说明了时态现象。在学习完关于连续、离散、混合和混沌的本节之后，对读者来说，对于如何能够采取"时态"思想并"提升"它们到任意类型应该更为清晰。

10.2.1 时间

卷 2 第 5 章给出了时间各种各样的公理系统。它们都包含在 Johan van Benthem 的公理集合当中。这些公理的指定（即特定）的子集构成了时间的一个或者另一个概念：过去的时间，从某现在或将来的时间开始，或者最近过去的确定时间；将来的时间，从某这样的时间开始；循环时间；等等。在下文中，当我们使用某时间概念时，相应地当你使用某时间概念时，说明正在使用的是哪一个时间概念是明智的。

10.2.2 连续

特性描述：领域现象被称作具有连续属性，如果一个适当的、甚至可能是"最优的"抽象模型将其描述为从某点集值类型 A （A 可以是时间）到某值类型（B）的连续函数：

type
    A, B
    Phenomenon = A → B

B 不必是点集类型。

通过点集值类型，我们理解数学上值的稠密集，其中稠密是在微分上的数学意义上。

例 10.1 **空中交通** 令 AirSpace, T, F, Fn 和 P 代表 空域、时间、班机（飞行器）、唯一班机标识（名）和（飞行器）位置类型。这里把类型 T 看作从某一最近的过去时间到某一不太远的将来时间的稠密实数区间是可接受的。接着我们能够把空中交通 AT 建模为从时间到飞行器位置的连续函数。

———— 形式表述：空中交通 ————

type
    AS, T, F, P, Fn
    FPs = F $\xrightarrow{m}$ P
    AT′ = T → (AS × FPs), AT = {| at:AT′ • wf_AT(at) |}
value
    wf_AT: AT′ → **Bool**
    obs_Fn: F → Fn

这里空中交通的良构性表达了自然定律：(a) 在两个无穷小接近的时间（t, t'，恰在空中交通函数的定义集中），如果一个班机（即具有给定名字的班机）在这两个时间都位于空域中，则它们的位置在空间上无限小的接近。(b) 在被观测的空中交通的两个时间，如果一个（具有

同样名字的）班机在空中交通中，则（该名字的）该班机在其间的所有时间都在空中交通中（"没有幽灵班机"）。(c) 所有的班机位置都在空域中，等等。

─────── 形式表述：空中交通的良构性 ───────

令 Δ 为无穷小的时间区间，令 icis 为 **空间中无限小接近的**（infinitesimally close in space）谓词，令 $\mathcal{D}$ 是应用到函数并产生其定义集的元函数。

type
   TI
value
   Δ:TI **axiom** $\Delta = 0.00...01$
   icis: P $\times$ P $\to$ **Bool**
   wf_AT(at) $\equiv$
      $\forall$ t,t':T $\cdot$ {t,t'}$\subset\mathcal{D}$(at)
         let ((as,fps),(,fps')) = (at(t),at(t')) **in**
      $\forall$ f,f':F $\cdot$ f $\in$ **dom** fps $\wedge$ f' $\in$ **dom** fps' $\wedge$
         (a) obs_Fn(f)=obs_Fn(f')$\Rightarrow$t'=t+$\Delta\Rightarrow$icis(fps(f),fps'(f')) $\wedge$
         (b) $\forall$ t'':T$\cdot$t'' $\in\mathcal{D}$(at)$\wedge$t<t''<t'$\Rightarrow$
            $\exists$ f'':F$\cdot$obs_Fn(f'')=obs_Fn(f')$\Rightarrow$f''isin **dom** at(t'') $\wedge$
         (c) is_in_airspace(f,as) **end**

定义集函数是在数学上而非 RSL 上可定义的函数。

我们必须诉诸于（这里没有给出）对连续的建模（即在空间中无限小接近的 $\mathcal{D}$ 位于空域中），就像经典数学演算所作的那样。

原则： **连续** 当领域现象最好能够被描述作函数时，则就应当这样描述它—— 无论是部分函数或全函数。

技术： 就像上面原则的阐述所示及的那样，应用连续 技术：使用（即定义、应用和复合）部分和全函数。

10.2.3 离散

特性描述： 领域现象被称作具有离散属性，如果一个适当的、甚至可能是"最优的"抽象模型将其描述为从某类型 A 到某类型 B 的离散映射：

type
   A, B
   Phenomenon = A $\underset{m}{\to}$ B

现象是否等距地"记录"时间不必是基本离散属性的一部分。仍旧假设"时间"种类，也不必对"相继"时间值之间"距离"的任何概念做任何假设。也就是说，我们可以把离散现象"再分"为等距离散以及认作非等距的现象。∎

例 10.2　空中交通　我们接着空中交通的例子。当雷达监测空中交通时，离散化就发生了。

──── 形式表述：离散化的空中交通 ────

type

　　$FPs = F \overrightarrow{m} P$

　　$rAT' = T \to (AS \times FPs)$

　　$rAT = \{| \ rat:rAT' \bullet wf\_rAT(rat) \ |\}$

　　$dAT' = T \overrightarrow{m} (AS \times FPs)$

　　$dAT = \{| \ dat:dAT' \bullet wf\_dAT(dat) \ |\}$

value

　　$wf\_rAT \equiv wf\_AT$

　　$wf\_dAT: dAT' \to \textbf{Bool}$

　　$wf\_dAT(dat) \equiv /* \ wf\_AT \ 的简单变体*/$

　　$ideal\_radar: rAT \to dAT$

我们把 **wf_dAT** 的定义留给读者。∎

关于状态的概念

　　我们可以把状态的概念和其行为如同对上文所抽象的类型　Phenomenon 所描述的那样的现象关联起来：在任一可观测的时间，现象呈现一个值。可以想到一个全然不同的构思一个离散状态的方式。我们可以想到这样一个方式，其中下一状态值依赖于当前状态和来自于一个刺激的有限集合的一个输入刺激。我们就可以说可观测的值就是一个可观测的输出结果。现在给出在时间上的刺激：

type

　　Time, Stimulus, Value, State, Result

　　$Tick == tick\_event \ | \ stable$

　　$Stimuli = Time \overrightarrow{m} Stimulus$

　　$Phenomenon = Stimulus \to Value \overrightarrow{m} Value$

value

　　$obs\_Event: Stimulus \to Tick$

　　$obs\_State: Value \to State$

　　$obs\_Result: Value \to Result$

只有当 **tick_event** 发生时，现象才改变状态。连续地提供刺激，但是只有在 **tick_event** 发生时，现象才对刺激采样。 tick_event 这样的事件的发生被看作是瞬时的：在某一时间发生，在紧接着一个事件之前或之后的更大的时间区间中不发生。这些区间的长度可以是变化不定的。

方法论上的结果

我们总结一下：

原则： 离散 当领域现象最好能被描述为离散映射时，则就应当这样描述它。   ∎

技术： 就像上文中原则的阐述所示及的那样，应用离散技术：使用（即定义、应用和复合）映射。   ∎

混合

特性描述：混合 系统被看作具有混合的属性，如果它既具有连续属性也具有离散属性，并且它们通过某种方式互相关联起来。   ∎

也就是说：系统的某现象具有连续属性；另外一个或者其他的具有离散属性。上文中，在连续和离散下考虑了"一个系统"，我们主要关注单一、"不可分割的"现象。现在我们考虑复合现象。

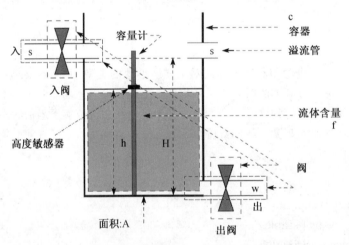

图 10.1   水罐系统

例 10.3   水罐系统 我们在图 10.1 中举例说明水罐系统。该图给出了一个"现实的"液体罐系统到垂直面的投影、横截面。图中部的大 凵 形举例说明了容器（罐，c）。它附有三个管道：左上、右上、右下。以水平线段对给出的两个管子"饰有"蝶状的 ⊠ Ｘ 形。它们用以指示（**开、闭**可控的）阀门。图的中部是一个竖直的、杆状的图形。它表示罐（高度）测量计。

在杆上似乎"漂浮"在液体上的深色的小矩形表示（可移动的）高度测量计。图中部的主要阴影区域表示罐的瞬时水容量。五个水平的、三个斜虚线的单箭头"指"向命名的构件。两个竖向虚线双箭头（标号有 h 和 H）指示高度。虚线框表示可分别标识的构件。该图文本中涉及的不同的单字母标识符分别附着于构件，它们表示后者的属性。

该水罐系统是一个混合系统：它是离散的，这是因为阀在两个状态之一—— 考虑到两个阀，因此就有四个可标识的离散状态。它是连续的，这是因为依赖于阀的设定，水 (i) 流入罐，(ii) 并且/或者通过阀流出罐，(iii) 通过溢流管道流出罐，(iv) 在下雨时落到罐中，(v) 从罐蒸发—— 所有这些流动都是连续的。除了离散的阀状态，同样有水的高度状态，它或者低于高标记 H 或者就在该标记。

我们提前看一下一些动态属性现象—— 它们在第 10.3.2 节"动态现象和概念"中予以更系统地探讨。

把系统看作自治的，我们考虑当我们观测其时系统中到底发生了什么：逝去的时间，系统构件阀和水的流动。阀开或闭，水正在被重新装满或取走。开和闭，以及由此水的供给（和可能的溢流）或消退是在我们无法施加任何影响之下发生。我们不能影响系统。

当我们把它看作反应的时候，我们就"开启"了系统，这里是指我们允许我们自身来改变一些状态分量的值：现在允许我们来设定、控制阀。我们能够打开和关闭它们。我们能够影响系统。这一观点，即动态反应领域属性的观点就是我们在下面所应具有的观点。

我们对一个水罐系统建模，其中时间被离散化。假定时间单元足够"小"使得能够确保连续的某种"出现"。水罐系统有上下文、状态和环境。上下文由"从来不会"变化（即静态）的那些系统分量值构成。状态由可以变化（即动态）的系统分量值构成。环境这里由可以影响系统状态值的那些分量值构成。这里就是降水和蒸发。因此我们建模的领域由水罐系统和"周边"气候的降水和蒸发现象构成。

──────── 形式表述：水罐系统 ────────

type
    Height, Area, Supply, Withdraw, Time, Time_Interval
    Context :: Height × Area × Supply × Withdraw
    Σ = Time $\overrightarrow{m}$ State
    State = Valve × Height × Valve
    Valve == closed | open
    P,E /∗ 降水（Precipitation）、蒸发（Evaporation）∗/
    ENV = Time $\overrightarrow{m}$ (P × E)
value
    H:Height, A:Area, s:Supply, w:Withdraw, Δ:Time_Interval
axiom
    mk_Context(H,A,s,w):Context $\wedge$ Δ=1 $\wedge$
    $\forall$ σ:Σ,ρ:ENV •
        dom σ = { min **dom** σ .. max **dom** σ } $\wedge$
        $\forall$ t,t′:Time • t $\in$ **dom** σ $\wedge$ t′=t+Δ $\Rightarrow$
          let ((iv,h,ov),(iv′,h′,ov′)) = (σ(t),sigma(t′)) **in**

$0 \leqslant h \leqslant H \wedge$

$(iv=open \wedge ov=closed \Rightarrow h>0) \wedge$

$(ov=open \wedge iv=closed \Rightarrow h<H) \wedge$

let $(\pi,\epsilon) = \rho(t)$ **in**

$h' =$ **case** (iv,ov) **of**

　　　　　　$(open,open) \rightarrow h + s - w, (open,close) \rightarrow h + s,$

　　　　　　$(close,open) \rightarrow s, (close,close) \rightarrow 0$ **end** $+ \pi + \epsilon$

end end

从对领域建模，我们接着通过非形式表述的需求来对软件设计建模。我们这样做的目的是进一步捕捉领域属性是反应性所带来的结果。图 10.2 用于抽象在这样一个控制器中的信息和控制流。

　　给定阀和高度值的初始状态，程序设定的控制器（即脚本）打开和关闭输入和输出阀，并假定没有降水（雨）到罐中且没有罐的蒸发，人们能够令高度依据某曲线来变化。考虑到降水和蒸发，我们必须规则性地对高度采样。这一采样是对降水和蒸发建模的一种方式。采样以及控制器算法对其的使用反映了关于领域的假设，即上文的公理中所表达的最后九行。

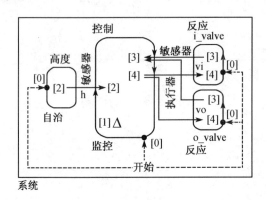

图 10.2　水罐：进程模型

　　现在依赖于高度，开和/或闭阀。因此我们把水罐建模为一组并发的进程：两个阀和高度。第四个进程对所需求的控制器建模。

　　请参考图 10.2。它把四个进程展示为四个圆角框。按照箭头的顺序循着边框指代了进程行为。因此这里进程都被看作是循环的。想象有一个标记在边框上传递。在任意点，它指代一个进程点。四个大的点指代进程开始点。连接两个进程的箭头指代通道，箭头所示的方向指代哪一进程输出以及哪一个进程（箭头方）输入一个消息。当两个进程到达这样的程序点，即一个通道与各自的边框相交，则两个进程间的会合能够发生：它们被同步且传递一个值。Δ 指代Δ 时间单元的延迟。括起的数字（[0], [1], [2], [3] 和 [4]）是程序点标号并指形式文本中的程序点。

我们对下文给出的软件设计模型予以评注。这里我们使用了 RSL 进程概念的命令式版本。时间被—— 非常生硬地—— 建模为系统（system）进程变量。阀设定被建模为各自阀（valve）进程的变量。阀敏感器被建模为对阀设定的读取（riv?,rov? [1,2]）。阀执行器被建模为阀设定的写（wiv!,wov! [3]）。高度敏感器被建模为未进一步解释的源自自治高度（height）进程的读（rh? [1]）。通过 **wait** Δ 时间期间的 RSL 扩展 [151,374] 来对 Δ 时间间隔的规则性检测和执行进行建模。

————— 形式表述：软件设计规约：水罐控制器 —————

type
    Curve_Script = Time $\overrightarrow{m}$ Height
axiom
    $\forall$ cs:Curve_Script,t:Time • t $\in$ **dom** cs $\Rightarrow$ t+Δ $\in$ **dom** cs
channel
    rh:Height, riv,rov,wiv,wov:Valve
value
    s:Supply, w:Withdraw, H:Height

    system: Valve×Valve×Curve_Script×Time $\rightarrow$ **Unit**
    system(ioc,ooc,cs,it) $\equiv$
        i_valve(ioc)‖o_valve(ooc)‖height()‖control(cs,it)
        pre: it $\in$ **dom** cs

    i_valve: Valve $\rightarrow$ **in** wiv **out** riv **Unit**
    i_valve(ioc) $\equiv$ [0] **variable** vi:Valve := ioc;
        while true do [3] riv!vi; [4] vi := wiv? **end**

    o_valve: Valve $\rightarrow$ **in** wov **out** rov **Unit**
    o_valve(ooc) $\equiv$ [0] **variable** vo:Valve := ooc;
        while true do [3] rov!vo; [4] vo := wov? **end**

    control: Curve_Script × Time $\rightarrow$ **in** rhm,rivm,rov **out** wiv,wov **Unit**
    control(cs,it) $\equiv$ [0] **variable** tv:Time := it;
        while true do
            wait Δ;
            let (i,o) = calc((s,w,H),cs,(tv,[1]rh?,[2]riv?,[2]rov?)) **in**
            [3] (wiv!i‖wov!o) **end**; tv := tv+Δ
        end

    calc: (Supply×Withdraw×Height)×Curve_Script×
        (Time×Height×Valve×Valve) $\rightarrow$ Valve×Valve

这结束了我们的多属性 (1~3) 和论域 (4~5) 示例，它举例说明了 (1) 惰性的 (2) 自治的和 (3) 反应的 (4) 领域和 (5) 软件设计属性。   ■

方法论上的结果

我们总结一下：

原则： 混合 当必须通过使用连续和离散现象（即行为）之间的交互来理解领域现象时，则它应当被描述为某一这样的依赖于连续函数和离散映射的行为（面向进程的）系统。 ■

技术： 如上文的原则陈述所示，应用把系统描述为由连续函数和离散映射的构成（即它们的某种笛卡尔）以及一组交互（比如同步和通信）进程的混合技术。   ■

对于反应系统的适当理论和设计技术，请参考 [54, 203, 224–226]。

10.2.4 混沌

特性描述：混沌现象 领域现象被称作具有混沌属性，如果一个适当的、甚至可能是"最好的"抽象模型把其描述为从某密集点集类型 A 到类型 B 值的某些单元素的（或者更大些的可能无限的）集合：

type
  A, B
  Phenomenon = A $\overset{\sim}{\to}$ B-infset

对结果值无限集合的解释是只有一个被选择，但是哪个被选择是不可预先判定的，即它反映了现象混沌的本质。   ■

例 10.4 空中交通 接下来适时给出对空中交通示例的最后一次使用。世界的行为从来不是像我们所希望的那样：雷达（radar）是不完美（即理想）的。依赖于我们所要解决的问题（即空中交通灾难监测和控制系统），气象以及故障的飞行器响应器，包括飞行器灾难，可能迫使我们混沌式地考虑空中交通以及由此的对其的建模。

───────────── 形式表述：空中交通 ─────────────

type
  FPs = F $\overset{\sim}{\twoheadrightarrow}$ P
  cFPs = F $\overset{\sim}{\twoheadrightarrow}$ P-infset

$$rAT' = T \to (AS \times FPs), rAT = \{| \ rat:rAT' \cdot wf\_rAT(rat) \ |\}$$

$$dAT' = T \underset{m}{\to} (AS \times FPs), dAT = \{| \ dat:cAT' \cdot wf\_dAT(dat) \ |\}$$

$$cAT' = T \underset{m}{\to} (AS\text{-}\mathbf{infset} \times cFPs), cAT = \{| \ cat:cAT' \cdot wf\_cAT(cat) \ |\}$$

value

$\quad$ wf_cAT $\equiv$ wf_AT

$\quad$ wf_dAT: dAT' $\to$ **Bool**

$\quad$ wf_dAT(dat) $\equiv$ /∗ wf_AT 的简单变体∗/

$\quad$ radar: rAT $\to$ cAT

在混沌的空中交通领域中，那些被看作"移动的"航班可能没有连续地"移动"航班，而是甚至是向前和向后地"游动不定"。幽灵航班可能出现—— 由此飞行器可能似乎在空间之外（一会儿的时间，不料却再次出现）。飞行器的位置是"模糊的"：似乎是不确定的，并且空间本身是不能被精确地确定的—— 由此的对空间位置的部分函数性和无限集合的使用。∎

方法论上的结果

我们总结一下：

原则： 混沌 当领域现象呈现这里描述为混沌的这种行为时，则需要非常谨慎地确认（即分离）哪些子现象是离散的，哪些是连续的，哪些真正地具有混沌的行为。∎

技术： 如上文的原则陈述所示，应用把系统描述为由非混沌的行为和适当确认（即分离）的混沌行为适当构成的混沌技术。典型地，后者是通过宽松和内部非确定性规约技术来建模。∎

10.2.5 讨论

我们已经简要地讨论了四个概念：连续、离散、混合和混沌。在我们的软件工程方法论论文所主要使用的规约记法（RSL [113,114]）中，可以简单地对离散概念建模。为了完全令人满意地对连续、混合、混沌概念建模，我们需要把主要的规约记法（B [4]、RSL、VDM-SL [33,34,100]、Z [158,336,338,372] 或其他）与经典数学演算的（可能较不"形式的"，但是同样合理的）记法组合起来。为了适当处理如可微和可积这些必要的概念，人们需要利用如近似极限的概念。

10.3 静态和动态

可以把静态和动态属性看作与那些我们典型地将其建模为格局的上下文或状态分量的现象相关。我们在 卷 2 的第 4 章探讨了格局、上下文和状态的概念。那里我们使用了静态上下文和动态状态这些术语。也就是说，一个格局分量，或者就其而言值不会变化的任何信息实体是静态的。如果实体的确变化其值，则它是动态的。

我们同样注释到当对这样的现象就其时态性质（及其的缺失）进行分析时，它们或多或少是上下文的，或者或多或少是面向状态的。也即，我们谈到了一个从 (i) 硬到 (ii) 软 (iii) 再到硬的性质范围：(i) 非常静态，(ii) 有些静态，但不是完全静态，等等，(iii) 到非常动态。因此静态和动态属性的概念必定与时间相关：或者是领域的实际时间，或者是在计算中所经历的时间。对上文的另一种解释如下。令 C 为假定为静态属性信息的类型。通常许多函数都可以应用到这样的信息。在其中，典型地不会有具有下列形式的基调的函数 f：

type

    C

value

    f: ... × C × ... → ... × C × ...

example:

    f(c) **as** (...,c′,...)

    pre ..., **post** ...

如果有这样的函数类型，则对于我们来说这可能意味着两件事情：(1) 在 c′ 的计算后，值 c 将不会再被引用。(2) 在 c′ 的计算后，值 c 将接着被引用，且独立于值 c′。在前一情况中，(1) 我们说 C 可能是动态类型。在后一情况中，(2) 我们说 C 可能是静态类型。注意我们的不确定。故事并没有结束—— 本节的其他部分将更多地揭示这一故事。

10.3.1 静态现象和概念

静态属性

    在这一世界中极少有现象是静态属性的。人们可以认为一个实体具有静态性质，但是当近距离地审视的时候，它（同样）具有动态性质。

> **例 10.5　静态属性的领域现象**　我们列出静态属性的领域现象的示例。每一示例都受到其被看作静态类型这一观点的制约。(i) 季节中的火车时刻表。(ii) 从乘客的角度来看，在乘坐特定的列车时（即拓扑性地）的一个铁路网。(iii) 对于所有的工作申请来说被看作一个模板（一个类型）的一份工作申请表。(iv) 计算机程序。请把上文的列表与例 10.7 的列表做比较。　■

我们为什么介绍这个概念呢？基本上是因为对于一些建模活动来说，把抽象现象看作具有静态属性是为了方便：线路和车站保持固定。

特性描述：静态领域实体　如果领域实体的个体不会受到改变其值的动作的影响，则它是静止的。　■

静态领域的个体和现象没有时间维。事件不会影响它们；没有事情发生，没有事物变化。[1] 静

---

[1] 请参考 [185] 中第 67 页第 4 章关于 Domain Characteristics（领域特点）的条目。

态领域个体在这几卷中可能作为常量。在我们的软件中（即在我们的计算系统中），它们最终会需要大的复合数据结构或者数据库文件。在这些实体创建（初始化）的上下文中来看，它们暂时成为了动态个体。

例 10.6 **静态的书** 通过书，我们这里指带有打印行等的结构化、句法集合，这里结构化是关于部分、章、节、子节等等。模块（部分、章、...）名同样连带有一个次序关系。**出售、接着阅读、翻页**这些表面"事件"实际上不改变书的"状态"。它的章、节等结构和打印的字保持不变。在书上可执行的函数可以是：**展开书、部分、章、节、子节、项**等等；**指出页、行**等等。

━━━━━━━━━ 形式表述：静态的书，I ━━━━━━━━━

type

    $SBook' = \textbf{Text} \times Modu$

    $Modu = Txt \times (Mn \times Modu)^*$

    $Txt = (Word \mid Itms)^*$

    $Itms = (Entry \times Txt)^*$

    $Mn = Pn \mid Cn \mid Sn \mid Ssn \mid ...\; /*\ 层次\ */$

    $Pn, Cn, Sn, Ssn, ..., In$

    $SBook = \{\mid (text,modu):SBook' \cdot wf\_Modu(modu) \mid\}$

    $PBook = \textbf{Text} \times Pagelist$

    $Format$

    $Pagelist' = Line^*$

    $Line = (Mn \mid In \mid Word)^*$

    $In = L1\_In \mid L2\_In \mid ... \mid Lm\_In$

    $Pagelist = \{\mid pgl:Pagelist' \cdot wf\_Pagelist(pgl) \mid\}$

value

    $obs\_format: PBook \rightarrow Format$

    $wf\_Modu: Modu \rightarrow \textbf{Bool}$

    $wf\_Modu(mod) \equiv$

        $/*$ 唯一标识的模块的适当的层次结构和嵌套等等 $*/$

    $wf\_Pagelist: Pagelist \rightarrow \textbf{Bool}$

    $wf\_Pagelist(pgl) \equiv$

        $/*$ 第一页起始于文本，接着是 $*/$

        $/*$ 可能若干最外层模块的第一个模块的文本，等等$*/$

到目前为止我们已经非常具体地形式化了静态领域的"所感兴趣的主要类型"：书。现在我们来看看一些"有趣的"函数和它们的性质。

━━━━━━━━━ 形式表述：静态的书，II ━━━━━━━━━

value

s_p_Book: SBook × Format → PBook

p_s_Book: PBook → SBook

axiom

∀ pb:PBook • pb = s_p_Book(p_s_Book(pb),obs_format(pb)),

∀ sb:SBook, f:Format • sb = p_s_Book(s_p_Book(sb,f)),

∀ pb:PBook, ∃ f:Format • f = obs_format(pb)

value

s_display: Mn* × SBook $\xrightarrow{\sim}$ Modu

s_display: Mn* × In* × SBook $\xrightarrow{\sim}$ Txt

p_display: **Nat** × PBook $\xrightarrow{\sim}$ Page

p_display: **Nat** × **Nat** × PBook $\xrightarrow{\sim}$ Line

我们对两组参与者观点建模：作者和读者、结构化的书的观点，以及印刷者、排字者、书籍打印者和出版者的观点。我们定义在这两个观点之间转化的函数—— 为此引入排版（formatting）的概念。显示（display）（浏览、阅读）函数应用到书上，但是不改变它们。■

技术： 静态属性 使用抽象或具体的仔细陈述和形式化的类型来描述，并带有相关数量的观测器函数，但是无需生成器函数。 ■

原则： 静态实体 构成上下文的一部分，而非状态。总是标识这样的实体，并相应地建模。 ■

10.3.2 动态现象和概念

我们回顾一下上文的叙述：人们可以认为一个实体具有静态性质，但是当近距离地审视的时候，它（同样）具有动态性质。可以用一个例子来说明这一点。

例 10.7 动态属性的领域现象 我们列出动态属性的领域现象示例。每一示例都受到其被看作动态类型这一观点的制约。请注意这些示例与例 10.5 中的示例非常相关。(i) 正在制定的列车时刻表。(ii) 从火车司机的角度来看，在乘坐特定的列车时的一个铁路网：通常在火车行驶时转辙器单元、信号和铁路单元状态是变化的。(iii) 正在填写的工作申请表。(iv) 基于某计算机程序的（即由其规定的）计算。 ■

特性描述：动态现象，I 对于其时间是显式部分，也即其值随着时间变化，这样的现象具有动态属性。 ■

另外一个可能更好地刻画动态现象的方式在下文给出。

特性描述： 动态现象，II 如果领域实体的个体受事件的影响且做相应地变化，则它是动态的。

时间是如何进入到这样的现象的抽象模型的是本节的主题。Michael Jackson [185] 建议了三种动态属性现象：惰性的、活动的、反应的。对于惰性现象，时间无需显式地进入模型。对于活动和反应现象，时间以各种不同的方式进入—— 我们将看到。

惰性现象和概念

我们给出一个特性描述，展示一个或者多个例子，并阐述建模原则和技术。

特性描述： 如果现象永远不会自主地改变值，则它被称为具有动态惰性属性。惰性现象只会由于外部刺激而改变值。这些刺激准确地规定了它们将要变化到哪些新值。

例 10.8 火车时刻表 从铁路管理人员角度来看，火车时刻表是 [具有] 惰性的 [动态属性]，这是由于它只在季节性火车交通调度人员调度时才改变值。

例 10.9 道路网 从地区道路当局的角度来看，道路拓扑是 [具有] 惰性的 [动态属性]，这是由于它只在当局管理时才改变值—— 典型地与道路维护、关闭旧（不再使用的）道路、开启新的道路相关，或者与更大的交通事故、庆典、人群控制措施或其他相关。

在上文中，我们把现象同其他现象分离开来考虑。所展示的前者用于举例说明惰性现象，而后者代表了那些能够改变这些惰性现象的值的"力量"。

原则： 惰性动态现象 当就其是静态还是动态属性来分析一个现象的时候，人们必须非常精确地陈述从哪个范围来看待现象。如果认为它是惰性的，则它的范围不能包括影响其值变化的"主体"。

当范围包括影响值变化的主体时，则现象不可能是惰性的。

技术： 为了对惰性现象建模，必须描述其值（d），其类型（D），以及函数—— 包括值变化操作—— 它（g）应用到这些值上：

type
  A, D
value
  g: A × D → D

这里 A 是改变惰性现象的值时所需要的辅助值的类型。

典型地，对于大型现象，人们典型地可以使用查询/更新数据库来实现惰性现象。当现象被判定为惰性的，则人们无须采样状态以了解惰性状态是否改变了值并更新该现象的数据库映像。[2]

例 10.10   时刻表编排 在时刻表编排系统中，我们创建时刻表。这里把时刻表看作一组唯一火车名字标识（Tn）和火车特点注释（TAnn）的火车行程描述（TJ）。火车特点注释（TAnn）使用一个或者多个火车分类（Cat）来描述火车：可选的一等（`first`）和总是二等（`second`）的描述；可选的用餐（餐厅（`rest`））描述和小吃（自助餐厅（`cafe`）、酒吧（`bar`））的描述；火车行程（TJ）描述是一序列的车站停留（TV）描述。车站停留描述由四个部分构成：抵达时间（T）、月台号（Pno）、站名（Sna）和离开时间（T）。

───────── 形式表述：时刻表，I ─────────

type
$$TT = Tn \underset{m}{\rightarrow} TAnn \times TJ$$
$$TAnn = Cat\text{-set}$$
$$Cat == first \mid second \mid rest \mid cafe \mid bar \mid handi \mid baby \mid ...$$
$$TJ = TV^*$$
$$TV = T \times Pno \times Sna \times T$$

这里我们所采取的观点是把时刻表看作惰性动态实体。

这里我们只关注与创建和改变（更新）火车时刻表的操作：创建（create）没有火车行程描述的空时刻表。插入（insert）一个完整的适当标识的火车行程描述。移除（remove）一个适当标识的火车行程描述。从一个适当标识的火车行程描述中删除（delete）一个适当命名的停留车站。更新（update）一个适当表示的火车行程描述的一个适当命名的停留车站的火车抵达和离开时间。改变（change）一个适当标识的火车行程描述的一个适当命名的停留车站的月台号标识。

我们始终假定火车时刻表上成立的大部分都十分明显的某些良构性约束在任何操作后仍然保持有效。

───────── 形式表述：时刻表，II ─────────

value
$$creaTT: \textbf{Unit} \rightarrow TT$$
$$insertTJ: Tn \times TJ \rightarrow TT \overset{\sim}{\rightarrow} TT$$
$$remTJ: Tn \rightarrow TT \overset{\sim}{\rightarrow} TT$$
$$delSV: Tn \times Sna \rightarrow TT \overset{\sim}{\rightarrow} TT$$
$$updSVTT: Tn \times Sna \times (T \times T) \rightarrow TT \overset{\sim}{\rightarrow} TT$$

---

[2] 我们给出这一段落是出于两个原因：(i) 在我们探究 Michael Jackson 的静态和动态属性概念的领域中，需求工程和软件设计领域也在其中。由此必须给出对于这样的现象建模（包括"编码"）的技术。(ii) 即使领域是本章的论域，也即典型地是一个并非以 IT 为核心的应用领域，在最终的软件中具有惰性属性这一结果这里认为也是值得评释的。

chgSVPn: Tn × Sna × Pn → TT $\overset{\sim}{\to}$ TT

…

活动动态属性

我们给出一个特性描述，展示一个或者多个示例，并阐述建模原则和技术。

惰性动态现象被称作不活动的。在现象"之中"没有任何事情"发生"。似乎—— 它是—— 不活动的。

特性描述：如果现象自主地改变值，则它被称作具有动态活动属性。

上文的特性描述并没有排除由于"外部刺激"而改变值的动态活动现象。这里"外部刺激"指来自于无该现象处（即在该现象"之外"）"输入"的某事物。

例 10.11 **活动动态现象** 我们给出简单的一些动态活动现象示例：(a) 全球气候系统 (b) 空中交通控制系统 (c) 简单的行政数据处理（即计算机）系统。

Michael Jackson [185] 建议了三种动态活动属性现象：(a) 自治的 (b) 顺从的 (c) 可程序设计的。我们将看到，在例 10.11 中所给出的三个子示例举例说明了各种动态活动现象。在下文中，我们将采取 Michael Jackson 的动态活动属性现象的理论，同时对动态活动属性概念进行细微的重解释。作为一些新东西，我们将给出形式示例、开发原则和技术。

自治活动动态属性

特性描述：我们使用两种方式来刻画自治活动动态属性：(i) 如果现象只是自主的改变值——也即，它不能由于外部刺激而改变值，则现象被称为具有自治活动动态属性；(ii) 或者当它的动作不能以任何方式被控制时。也即，它们是"其自身和其周围环境的法则"。

对于动态活动自治现象，我们没有预见到应用外部刺激的方式！

例 10.12 **形形色色的自治现象** 我们给出一些非形式示例：(i) 天体系统通常被建模为自治系统，它遵循尼克劳斯•哥白尼、约翰尼斯•开普勒、艾萨克•牛顿和其他人的天体力学定律。这样我们的模型可以是分析的。(ii) （比如，全球）气候通常被建模为自治系统—— 对于其我们可以发现或确定我们没有可应用的法则—— 由此我们必须对气候观测进行建模。由此我们的模型是经验统计的。(iii) 时间的流逝通常被建模为自治系统。但是我们不能停止时间，或者说我们能够停止它吗？

当我们对模拟时间建模时，则它不是作为一个自治系统，实际上我们将看到它是一个可程序设计的活动动态现象。

原则： 自治 (i) 只有一些非常基本的自然界现象似乎才是自治活动动态的。(ii) 当我们对假定为自治的现象建模时，为了确定（所假定的）自治行为是否是可预见的，必须进行分析。也即，它遵循（自然界或其他的）一些法则，其中若它不是可预见的，则必须对这些法则建模；我们必须确定模型是否必须包括一些观测函数，其中必须给定观测函数的基调。   ∎

技术： 自治 除了自治值类的抽象或具体类型定义（非形式叙述或形式规约），对自治的非形式描述和形式建模基本上被"限制"在观测器和不变式的假定上：至少阐明它们的基调，并尽可能表达这些函数上的一些公理。另外，建议把"所感兴趣的"自治活动的"主要类型"非形式地描述和形式地建模为时间变化的函数空间。现在使用一个可驳斥断言和一个公理来表达自治。公理表达了"所感兴趣的"活动自治的"主要类型"的两个涵盖重叠时间区间的值在这些区间上"重合"，也即具有相同的函数值。   ∎

例 10.13 天气预报 我们令公式"为其自己解释"，比较/* 注释 */:

──────────── 形式表述：天气预报，I ────────────

type
  G /* 全球气候 */
  T /* 时间 */
  P /* 地理位置 */
  A /* 大气测量 */
  /* 实际天气: */
  $Wa' = T \xrightarrow{m} (P \to A\text{-set})$
  $Wa = \{| \ wa{:}Wa' \cdot wf\_Wa(wa) \ |\}$
  /* 天气预报: */
  $Wf' = T \xrightarrow{m} (P \xrightarrow{m} A\text{-set})$
  $Wf = \{| \ wf{:}Wf' \cdot wf\_Wf(wf) \ |\}$
value
  $obs\_Wa: (T{\times}T) \times P\text{-set} \to Wa$
  $wf\_Wa: Wa \to \textbf{Bool}$
  $wf\_Wf: Wf \to \textbf{Bool}$
    /* 良构性谓词 */
    /* 表达连续性质 */

对全球气候的观测是在某时间区间上、在特定的地点进行。

—————— 形式表述：天气预报，II ——————

axiom

　　$\forall$ wa,wa′:Wa • **dom** wa $\cap$ **dom** wa′ $\neq$ {} $\Rightarrow$

　　　　wa/**dom** wa $\cap$ **dom** wa′ = wa′/**dom** wa $\cap$ **dom** wa′

value

　　forecast: (Ta×Ta) × (Tf×Tf) × P-set $\rightarrow$ Wa $\overset{\sim}{\rightarrow}$ Wf

　　forecast((ta,ta′),(tf,tf′),ps)(wa) **as** wf

　　　　pre {ta,ta′} $\subseteq$ **dom** wa $\wedge$ ta < ta′ < tf < tf′ $\wedge$ ...

　　　　post {tf,tf′} $\subseteq$ **dom** wf $\wedge$ ...

该公理表明重叠期间的两个天气观测在共同期间中"重合"。（非确定性的）预报（forecast）函数规约了基于在某过去的（以前的）期间 (ta,ta′) 中实际的天气观测将要对预报期间 (tf,tf′) 作出的预报。注意预报的结果不是天气，而是天气预报。

　　大气测量的集合 A-set 可以是风向 W、摄氏度 C、湿度 H 等等的组合。obs_Wa 函数的"实现"可以通过独立的观测器函数 obs_W, obs_C 和 obs_H函数且结果在时间区间上求平均值。

—————— 形式表述：天气预报，III ——————

type

　　W /∗ 风向 ∗/

　　C /∗ 摄氏温度 ∗/

　　H /∗ 湿度 ∗/, ...

　　P /∗ 地理位置、海平面 ∗/

value

　　obs_W: P $\rightarrow$ G $\rightarrow$ W

　　obs_C: P $\rightarrow$ G $\rightarrow$ C

　　obs_H: P $\rightarrow$ G $\rightarrow$ H, ...

这一示例举例说明了对观测器（即分类）函数的很强的依赖关系。

顺从活动动态属性

　　我们将发现即使不是全部，我们将要开发软件支持的绝大多数种类的领域都具有顺从的本质。可以指示它们执行一些动作，但是人们需要监控这些动作的确被执行了。

特性描述：顺从的活动动态　如果可以（通过合同安排）对活动动态实体（子系统领域的实体）建议在不同状态下什么动作是对其的预期，则它（它们）是顺从的。顺从的个体（等）不必采取这些动作—— 但是这样与其交互的（即共享现象的）其他个体（其他子领域）将无需再遵守这些合同安排[3]。   ∎

例 10.14   飞机 在空中交通控制的更大领域中，地面空中交通控制中心的控制人员可以指示（即建议）飞机机长沿着特定的路线，但航班机长具有最后决定权，并可以选择另一个飞行航线。飞机飞行员是顺从的。   ∎

更一般地：

例 10.15   其他的交通工具 船长、火车司机、汽车驾驶员是顺从的个体：他们知道公海、铁路、公路的交通规则；他们分别听到了海上引航员的告知，看到了轨道边或路边的交通信号，但是并不保证他们遵守它们。当我们遵循"团体（生产、服务或办公）程序"时我们在日常工作中所作的绝大多数都是顺从的：我们可以诚实地按照预期、规定努力地执行我们的工作，但我们都是人。一些人比其他人更容易犯工作行为的错误，少部分人在他们的职责分配中玩忽职守或者甚至是非常罪恶的。   ∎

但并不只是人会失误。并不是所有的设备都是 100% 可信的（可靠的或无误的）。请求自设备的确认，或命令设备执行动作都可以在完成过程中失败。在第 11.4、11.6 和 11.8 节我们将进一步分别在对支持技术、规则和规定以及人类行为建模的上下文中探讨顺从性的概念。许多人类行为的建模问题源自于它们是顺从领域。

例 10.16   社会福利 我们描述两个参与者团体：客户（client）和社会福利工作者（social worker）（的某个子团体）。根据请求，社会福利工作者和客户面谈（interview）。基于社会福利的规则和规定（rules and regulations），社会福利工作者决定提供给客户特定的社会福利津贴（benefit）。客户可以接受（accept）或不接受这些。社会福利工作者和客户都是顺从的。

───────────── 形式表述：社会福利 ─────────────

```
type
    Client, SocWrk, Status, RulReg, Dossier
value
    interview: Client×SocWrk×RulReg×Doss ⇾ Status
    interview(c,w,r,d) ≡
        i(c,r,d) ⨅ i′(c,r) ⨅ i″(c,d) ⨅ i‴(c) ⨅ i⁗() pre: ...
    benefit: Status×SocWrk×RulReg×Doss ⇾ Offer
    benefit(s,w,r,d) ≡
        b(c,r,d) ⨅ b′(c,r) ⨅ b″(c,d) ⨅ b‴(c) ⨅ b⁗() pre: ...
    accept: Offer×Client ⇾ Bool
```

─────────────────────────────

[3] 请参考 [185] 中第 70 页，第二段关于 领域特点（Domain Characteristics）的条目。

accept(o,c) ≡ **true** ⨅ **false**

我们没有再费力地分别给出非确定性内部选择的津贴面谈和津贴函数的基调。（读者可以很容易地做到这一点）。

与这些函数相配的陈述性文本是：面谈的社会福利工作者要（即受命）遵循规则和规定并同样要基于记录在客户档案（dossier）的客户过去的案例来确定状态。现实中社会福利工作者可能没能适当地考虑到所有的—— 或者关于此的任何—— 事实。类似地有津贴"计算"过程。客户被期望（即受命）接受所给的津贴。 ∎

例 10.17 电子市场（e-market）买方/卖方（buyer/seller）协议 买方**查询**（inquire）和**订购**（order）商品（merchandise），**接受**（accept）或**拒绝**（reject）所交付的商品，**支付**（pay）支票并可能**返还**（return）有毛病的商品。卖方**报**（quote）价格和交付条件，**确认**（confirm）和**交付**（deliver）订单，为所交付的货物**开发票**（invoice）和为返还（并已支付的）商品**退款**（refund）。

───────── 形式表述：电子市场买方/卖方协议，I ─────────

type
    Merch, Money, ...
    BMsg = BuyAct | Merch | Money | ...
    SMsg = SelAct | Merch | Money | ...
    BuyAct = Inq | Ord | Acc | Rej | Pay | Ret
    SelAct = Quo | Con | Del | Inv | Ref
    ...
    Del == mkDel(m:Merch)
    ...

除了例中所示及的卖方交付动作，我们不再具体化单独的动作命令。

买方可以任意地行动。他们可以无需查询就订购，多次支付已开发票的货物，等等。卖方可以类似地行动：他们可以无需查询就报价，无需提前订购就可确认和/或交付，等等。查询、订购、拒绝和返还代表买方的请求命令：请响应。交付、发票代表卖方的请求命令：请响应。无买方请求命令"翻译为"卖方请求命令：即"什么都不做"。

───────── 形式表述：电子市场买方/卖方协议，II ─────────

type
    BΣ, SΣ
channel
    bs:BuyAct, sb:SelAct
value
    bσ:B`Sgma, sσ:SΣ

emkt: BΣ × SΣ → **Unit**

emkt(bσ,sσ) ≡ buyer(bσ) ‖ seller(sσ)

buyer: BΣ → **out** bs **in** sb **Unit**

seller: SΣ → **in** bs **out** sb **Unit**

我们的模型非常地简化：电子市场由一个买方和一个卖方构成。这已足够举例说明顺从领域现象的本质。

────────── 形式表述：电子市场买方/卖方协议，III ──────────

value

buyer(bσ) ≡

buyer(

let (msg,bσ')=b_choice(bσ) **in** bs!msg;bσ' **end**

$\sqcap$

let msg=sb? **in** bσ⊕msg **end**)

b_choice: BΣ $\overset{\sim}{\to}$ BuyAct × BΣ

⊕: BΣ × BuyAct → BΣ

seller(sσ) ≡

seller(

let (msg,sσ')=s_choice(sσ) **in** sb!msg;sσ' **end**

$\sqcap$

let msg=bs? **in** sσ⊕msg **end**)

s_choice: SΣ $\overset{\sim}{\to}$ SelAct × SΣ

⊕: SΣ × SelAct → SΣ

选择（choice）函数通过它们的谓词呈现出了非确定性行为。

b_choice(bσ) ≡

let msg = $\mathcal{C}_b$(msg,bσ) **in** (bσ⊕msg,msg) **end**

s_choice(sσ) ≡

let msg = $\mathcal{C}_s$(msg,sσ) **in** (sσ⊕msg,msg) **end**

上文的模型通过使用内部非确定性举例说明了任意的人类行为（即偏离了顺从行为）。非确定性通过 $\sqcap$ 显式地表达出来，并通过分别满足某谓词 $\mathcal{C}_b$ 和 $\mathcal{C}_s$ 的任何（买方和卖方的）动作消息（msg）来隐式地表达：

─── 形式表述：电子市场买方/卖方协议，IV ───

type
   B == inq | ord | acc | rej | pay | ret
   S == quo | con | del | inv | ref
value
   $\mathcal{C}_b$: BΣ → BuyAct
   $\mathcal{C}_b$(msg,bσ) $\equiv$
     let m = inq $\bigsqcap$ ord $\bigsqcap$ acc $\bigsqcap$ rej $\bigsqcap$ pay $\bigsqcap$ ret **in**
     case m **of**
       inq → **let** i:Inq • $\mathcal{P}_b$(i)(bσ) **in** i **end**
       ord → **let** o:Ord • $\mathcal{P}_b$(o)(bσ) **in** o **end**
       ...
       ret → **let** r:Ret • $\mathcal{P}_b$(r)(bσ) **in** r **end**
     end end
   $\mathcal{C}_s$: SΣ → SelAct
   $\mathcal{C}_s$(msg,sσ) $\equiv$
     let m = quo $\bigsqcap$ con $\bigsqcap$ del $\bigsqcap$ inv $\bigsqcap$ ref **in**
     case m **of**
       quo → **let** q:Quo • $\mathcal{P}_c$(q)(sσ) **in** q **end**
       con → **let** c:Con • $\mathcal{P}_c$(c)(sσ) **in** c **end**
       ...
       ref → **let** r:Ref • $\mathcal{P}_c$(r)(sσ) **in** r **end**
     end end

比如若买方状态（通过 ⊕）记录了某发票，则将会有与该发票相关的支付，或者支付给某错误的发票。

─── 形式表述：电子市场买方/卖方协议，V ───

value
   $\mathcal{P}_b$: BuyAct → BΣ → **Bool**
   $\mathcal{P}_s$: SelAct → SΣ → **Bool**

或者比如若卖方状态（通过 ⊕）记录了某查询，则可以给出与该查询相关的报价，或者主动给出某报价。

技术：　顺从性　当对许多应用领域观测器和其他的函数以及许多操作（它们改变所关注的具

有顺从属性的类型的状态），我们将发现我们基本上仅能给出（即非形式和形式地描述）这些谓词、函数、操作的基调。通常我们不能完全定义它们的值（它们的效果），这是由于它们与顺从现象相关且它们不遵从期望。人们可以把顺从现象建模为一组协商进程：顺从的事物收到查询或命令。命令的事物发出这些请求。定义了在这两方（即命令者和顺从者）之间的协商协议。这一协议可以描述若没有遵守命令则将会发生什么，如若这是领域的一个性质，或者这是（企业过程再工程）需求的强制要求。

顺从性建模的核心是内部非确定性（⊓）的使用。一般来讲，表达顺从性的函数是部分函数：

value
   f: A $\stackrel{\sim}{\to}$ B-infset

且可以指代无限结果值。

原则： *顺从活动动态* 把涉及人和/或支持技术的领域现象看作顺从的。

可程序设计的动态活动属性

如形容词"可程序设计的"所暗示的，当然可程序设计概念[4] 非常接近于一般性计算主题。但请不要被该形容词误导。

特性描述： *可程序设计的活动动态* 如果可以精确地规定在将来的时间区间上的活动动态现象的动作，则该现象具有可程序设计的活动动态属性。

计算和通信平台是可程序设计的。由于在我们介绍其他这样的设备之前计算机设备同样构成了领域的重要部分，在我们创建领域描述时，我们同样需要把这些个体考虑进去。

例 10.18 简单计算机 当为某计算机语言开发编译器时，如 Java [11, 16, 121, 217, 322, 364]、C# [157, 236, 237, 269] 或类似的语言，一些编译器需求会陈述该编译要为某特定的硬件计算机生成代码。由此，我们必须认为特定的硬件计算机"属于领域"，也因此必须描述它。简化起见，我们假定一个非常简单的硬件计算机：计算机状态实体是：计算机具有从地址（自然数）0 到包括地址 2^{n-1} 的（线性）地址的 2^n 个字（n 位）单元的数据存储。计算机具有从地址（自然数）0 到包括地址 2^{m-1} 的（线性）地址的 2^m 个字（q 位）单元的代码存储。计算机具有 n 位累加器和 q 位的代码地址寄存器。

—————————— 形式表述：简单计算机，I ——————————

value
   n:**Nat**, m:**Nat**

---
[4] 请参考 [185] 中第 70 页，第三段关于 领域特点（Domain Characteristics）的条目。

type

$\Sigma = \text{Acc} \times \text{Ins} \times \text{Data} \times \text{Code}$

$\text{Acc} = \text{Word}$

$\text{Ins} = \text{Ptr}$

$\text{Data}' = \text{Addr} \nrightarrow \text{Word}$

$\text{Addr} = \textbf{Nat}$

$\text{Data} = \{| \ d\text{:Data}' \ \bullet \ \textbf{dom} \ d = \{0..2^{n-1}\} \ |\}$

$\text{Code}' = \text{Ptr} \nrightarrow \text{Ins}$

$\text{Ptr} = \textbf{Nat}$

$\text{Code} = \{| \ c\text{:Code}' \ \bullet \ \textbf{dom} \ c = \{0..2^{m-1}\} \ |\}$

计算机代码概念如下：在任意时间，计算机根据存储在代码存储处的程序执行。计算机程序由最多 m 条指令的线性序列构成。（假定每一指令适合 q 位）。

现在我们列出并叙述许多计算机指令。存储（store）指令规定把存储在数据存储地址 a 的数拷贝到累加器，由此替换其以前的内容，并且 a 是指令的一部分。装载（load）指令规定把累加器的内容拷贝到地址 a 的数据单元，由此替换了累加器以前的内容，a 是指令的一部分。加（add）指令规定把存储数据存储中地址 a 处的数加到累加器，a 是指令的一部分。减指令规定从累加器减去数据存储中地址 a 处的数，a 是指令的一部分。整数乘和整数除指令以此类推。显式转移（explicit jump）指令使用地址 b 来替换代码地址寄存器中的内容，其中 b 是指令的一部分。条件转移（conditional jump）指令只有在累加器是全零（即 $00\cdots000$）时使用地址 b 来替换代码地址寄存器中的内容，b 是指令的一部分。停止（stop）指令终止计算机的执行。还有其他的指令。

—————————— 形式表述：简单计算机，II ——————————

$\text{Ins} = \text{Sto} \mid \text{Loa} \mid \text{Add} \mid \text{Sub} \mid ... \mid \text{Jmp} \mid \text{CJp} \mid \text{Stp} \mid ...$

$\text{Sto} == \text{Addr}$

$\text{Loa} == \text{Addr}$

$\text{Add} == \text{Addr}$

$\text{Sub} == \text{Addr}$

...

$\text{Jmp} == \text{Ptr}$

$\text{CJp} == \text{Ptr}$

$\text{Stp} == \text{nil}$

...

一些这里没有描述的外部刺激因素设定代码地址寄存器的初始内容。在任意时间都执行着由代码地址寄存器所指代的代码存储的指令。我们通过略去更为现实的指令以简化讨论，如外部中断，包括操作员面板干预和输入/输出。

形式表述：简单计算机，III

$M: \Sigma \xrightarrow{\sim} \Sigma$

$M(\alpha, \iota, \delta, \gamma) \equiv$

    if $\iota = 2^m$

        then $(\alpha, \iota, \delta, \gamma)$

        else

            let ins $= \gamma(\iota)$ **in**

            let $\sigma =$ **case** ins **of**

                     mk_Sto(a) $\rightarrow (\alpha, \iota+1, \delta\dagger[a \mapsto \alpha], \gamma)$,

                     mk_Loa(a) $\rightarrow (\delta(a), \iota+1, \delta, \gamma)$,

                     mk_Add(a) $\rightarrow (\alpha+\delta(a), \iota+1, \delta, \gamma)$,

                     mk_Sub(a) $\rightarrow (\alpha-\delta(a), \iota+1, \delta, \gamma)$,

                     ...

                     mk_Jmp(i) $\rightarrow (\alpha, i, \delta, \gamma)$,

                     mk_CJp(i) $\rightarrow (\alpha,$ **if** $\alpha=0$ **then** i **else** $\iota+1$ **end**$, \delta, \gamma)$,

                     mk_Stp(n) $\rightarrow (\alpha, 2^m, \delta, \gamma)$, ... **end**

        in $M(\sigma)$ **end end end**

计算机，作为一个领域，由 M、Ins 和 Σ 来表示，它具有可程序设计的活动动态属性。

原则：可程序设计的活动动态 很少有领域现象具有可程序设计的活动动态属性。甚至"程序设计了的"计算机和通信系统都可能发生故障。

技术：可程序设计的活动动态 通常内部非确定性在可程序设计的活动动态现象中不起作用。就其他方面而言，对于顺从活动动态现象，全部建模技术都完全适用，也即没有区别。换句话来说，我们不能强调特殊的技术。由此依赖上下文和状态的函数可以具有各种各样的基调：

value

    eVALuate: ... Context $\rightarrow$ State $\rightarrow$ Value

    INTerpret: ... Context $\rightarrow$ State $\rightarrow$ State

    ELABorate: ... Context $\rightarrow$ State $\rightarrow$ State $\times$ Value

    DECLare: ... Context $\rightarrow$ State $\rightarrow$ State $\times$ Context

最后一个基调典型地是对创建新上下文的声明（declaration）的计算。

反应动态属性

我们给出一个特性描述，展示一个或多个示例并阐述建模原则和技术。

特性描述：反应动态　如果领域现象对外部刺激响应而执行动作，则它是反应的。[5] 由此一个系统（一个更大领域的子集）要具有反应动态属性，必须满足三个性质：(i) 必须使用输入刺激的提供 (ii) 来定义一个接口，(iii) 以及（状态）反应的观测。

上文的特性描述并没有排除反应领域现象另外还自主的改变状态。惰性现象只是由于显式外部刺激而改变状态，并且现象的新状态可以基于现象的旧状态和"输入"（即应用）到现象的外部刺激来预测。

例 10.19　铁路分叉转辙器　铁路分叉转辙器是一个反应现象。基本上期望其只根据所提供的适当的机械或电子刺激来开/闭通过转辙器单元的通路。

例 10.20　形形色色的反应动态现象　我们简要地示及反应动态现象示例：参考上文的顺从反应动态现象示例，即例 10.14 和 10.15，我们可以说飞机、船、机动车、火车是反应现象，无论我们是否包括飞行员、船长（乘务长）、司机和火车司机。

原则：　反应动态现象关键是由领域的这些现象（系统）和（系统的）环境之间的交互所刻画的。反应动态现象领域是所谓的实时、安全关键和嵌入式计算系统应用的主要目标。

卷 2，第 12~15 章（佩特里网、状态图、消息和活序列图和时间的定量模型）给出为反应系统建模的许多示例和详细的原则和技术。

技术：反应动态　一个或多个进程对领域建模。外部事件，即与领域共享事件但从"环境"传递消息的通道——外部于领域——对环境建模。有时我们也可以选定把环境的一部分建模为发出这些"外部"事件的进程。由此领域与环境的事件同步且通过执行动作来响应。在其他方面剩余的所有建模技术都适用。

工具：反应动态现象　由于通常来说时间在对反应动态现象建模中非常重要，对于形式描述而言就需要适当的语言。这样的语言（及其支持的软件包）示例是：Statemate [140, 141, 143, 144, 146]、时段演算 [376, 377]、TLA+ [205, 206, 233]、Esterel [26]、Lustre [132, 133]、信号 [24] 和其他。

讨论

　　概述：　动态领域的概念基本上与状态概念同义。状态是在一个特定的时间（点）真实的任何事物。[6]　状态是进程动作的汇总。　状态是变量上谓词的值。　由此动态领域和状态的概念

---

[5] 请参考 [185] 中第 69 页，第四段关于 领域特点（Domain Characteristics）的条目。
[6] 请参考 [185] 中第 67 页，第三段关于 领域特点（Domain Characteristics）的条目。

与事件和进程的概念非常相关。

静态和动态属性之间的相互影响：　从一个观点来看，我们可能考虑一个实体具有静态本质，是恒定的、不可变的。从另一个观点来看，我们可能考虑该同一实体具有动态本质，呈现变化值。

例 10.21　钢轨单元　请参考例 7.1~7.4 和 7.11。在那些示例中，任一钢轨单元从一个空间角度来看从来不会改变空间特点。但是随着时间，它可能改变状态。　　　　　■

10.4 可触知性和不可触知性

可触知性的问题是人和机器的问题，也即如何记录、如何观察现象的问题。我们可以区别三种可触知性：人可触知的现象，其他物理上可触知的现象，以及不可触知的现象。现在我们依次探讨它们。

10.4.1 人可触知的现象

特性描述：领域现象是人可触知的，如果它能够被人所感觉到：看到、听到、尝到、触到、闻到。　　　　　■

在人可感知的现象中我们不包括情绪上所感受到的个体（即现象）。人可触知的感觉能够被度量。情绪是不能被客观地度量的。人可触知的个体不可避免地是非形式的：我们永远不可能期望形式化人可触知的现象所有方面、所有性质。

例 10.22　形形色色的人可触知的现象　我们非形式地给出许多人可触知的现象：机动车、火车、飞行器和船的移动；保健部门的人、设备、材料的流动；生产车间（工厂）的人、设备、材料的流动；人心脏脉搏的跳动。　　　　　■

接下来我们给出一个形式模型示例，绝大多数实体都是人可触知的。

例 10.23　生产　一个金属加工生产车间（即工厂）由（i）从 1 数到 n 的机器（machine(i)）和一条生产线（pl）构成。每一台机器，即车床、带锯、沙带磨床、铣床、钻床、磨床、剪床、断屑器、压弯机等等，从生产线接受金属部件（一个 m），或递交金属部件（一个 m′）到生产线。机器在金属部件上执行操作 $o : \mathcal{O}$，每一台机器都由一个操作来标识。生产线，即传送带，有可能为空集的金属部件，有从 0 到 n 索引的到机器的每一输入，以及索引为 $n+1$ 的从机器到环境的共同输出。每一机器有未进一步解释的状态（$\sigma : \Sigma$）。在这一简单示例中，每一操作自生产线（即从到这一机器的输入）接受一个金属部件和机器状态和，并交付、产生一个处理过的金属部件到生产线以及该部件所应送到的机器的标识（即索引）。

―――――――――――― 形式表述：生产，I ――――――――――――

value

n:**Nat axiom** n>0
type

Σ /* 机器工具状态 */

Mat   /* 材料（即金属部件）*/

Idx0n_1 = {|0..n−1|} /* 输入：外（0）或内（1..n−1）*/

Idx1n = {|1..n|}   /* 机器索引 */

Idx1n′ = {|1..n+1|}   /* 输出：内（1..n）或外（n+1）*/

ProdLine = Idx0n_1 $\overrightarrow{m}$ (Idx1n′ $\overrightarrow{m}$ Mat-**set**)

MΣ = Idx1n $\overrightarrow{m}$ Σ

M$\mathcal{O}$ = Idx1n $\overrightarrow{m}$ $\mathcal{O}$

$\mathcal{O}$: Mat → Σ → Σ × (Mat×Idx1n′)

当启动车间时，我们初始化**机器**到依赖于其索引 i 的状态（即 mσ(i)）和操作（即 oω(i)）。生产线类似地被初始化到某状态 pl，通常它是空输出和自外部到机器的非空输入，但这里未这样给出。

———— 形式表述：生产，II ————

value

  mσ:MΣ

  oω:M$\mathcal{O}$

  pl:ProdLine

  line: **Unit** → **Unit**

  line() ≡ || { machine(i)(oω(i))(mσ(i))|i:Idx1n} || p(pl)

传送带（即"生产线"）由一组通道来"模仿"（即模拟）：自生产线到机器的一个集合 pm[j:0..n,i:1..n+1]，使得来自机器 m[j] 或外部（索引 0）而要被发送到机器 m[i] 或外部（索引 n+1）的结果在通道 pm[j,i] 上传送。自机器到生产线的另一个集合 mp[i:1..n,j:1..n+1]，使得来自机器 m[i] 而要被发送到机器 m[j] 或外部（索引 n+1）的结果在通道 mp[i,j] 上传送。

———— 形式表述：生产，III ————

channel

  {pm[j,i]|j:Idx0n,i:Idx1n′} : (Mat×Idx1n′)

  {mp[i,j]|i:Idx1n,j:Idx1n′} : (Mat×Idx1n)

机器现在在如下之间迭代：从生产线获取部件 m=pm[j,i]?，处理一个部件 o(m) (= $(\sigma',(m',k))$)，交付被处理部件到生产线 k]!m'，"重来一遍" machine(i)(o)(σ'')。

────────────────── 形式表述：生产，IV ──────────────────

value

    machine: i:Idx1n $\to \mathcal{O} \to \Sigma \to$

                in {pm[j,i]|j:Idx0n} **out** {mp[i,k]|k:Idx1n$'$} Unit

    machine(i)(o)(σ) $\equiv$

      let $\sigma'' =$

        ⌈⌉ {**let** m=pm[j,i]? **in let** $(\sigma',(m',k))$=o(m) **in** mp[i,k]!m';σ'

          | j:Idx0n **end end**} **in**

    machine(i)(o)(σ'') **end**

生产线（p）（由其自身）非确定性地选择（即内部选择，⌈⌉）是提供给机器输入还是接受自机器的输出。在前一情况中，生产线任意地选择一对机器和/或外部，且如果在生产线的"通道"上有部件，则它任意地选择一个部件，更新生产线并发送该部件到机器。如果没有部件，则它继续保持是一个生产线！在后一情况中，生产线（p）愿意接受自任意机器的输出，且等待，直到有这样的输出被提供，如果有，则把它添加到传送带上。

────────────────── 形式表述：生产，V ──────────────────

value

    p: ProdLin $\to$ **in** {pm[i,j]|j:Idx0n} **out** {mp[i,j]|j:Idx1n$'$} Unit

    p(pℓ) $\equiv$

      let i,j:**Nat** · i $\in$ **dom** p$\ell \wedge$ j $\in$ **dom** pℓ(i) **in**

      if (pℓ(i))(j) $\neq$ {}

        then

          let m:Mat · m $\in$ (pℓ(i))(j),

              update = [j$\mapsto$(pℓ(i))(j)\{m}],

              pℓ' = pℓ†[i+ pℓ(i)†update]

          in pm[i,j] ! m ; p(pℓ') **end**

        else p(pℓ) **end**

      ⌈⌉

      ⌈⌉ {**let** m = mp[i,j]?,

          update = [j$\mapsto$(pℓ(i))(j)$\cup${m}]

      in pℓ†[i$\mapsto$pℓ(i)†update] **end**|i:Idx0n,j:Idx1n$'$}

    end

请令你自己确信绝大多数上文提及的实体都是人可触知的。 ∎

10.4.2 其他物理上可触知的现象

所有人可触知的现象—— 在一定程度上——都是物理上可触知的。化学现象通常是通过物理设备来感知的。同样物理上可触知的个体也不可避免地是非形式的：由此我们永远不能期望形式化其他物理上可触知现象的所有方面和所有性质。一般来说，物理上（包括人）可感知的现象被称作显然的。

特性描述： 其他物理上可触知的现象是那些可以通过如机械、电机、电气、电子、化学、电气化学及其他测量工具（即测量物理、化学、生物等类似量的工具）来测量的现象。∎

例 10.24 *设备与计算机的"钩连"* 对于医疗电子设备的软件应用领域，监测和控制血压、肺部状况（通过 X 光设备）和心脏行为（通过心电图）的某些方面是物理上可触知的。对于核物理应用领域，自旋是物理上可触知的。∎

10.4.3 不可触知的现象

不可触知的现象与思维概念非常相关。我们区别两种不可触知的现象：不精确或不可形式化的概念和精确、可形式化的概念。

特性描述： 不可触知的现象是那些不是人可触知或物理上可触知的现象。∎

例 10.25 *形形色色的不可触知的现象* (i) 人的感情和情绪是不可触知的—— 且不能使其在客观上是精确的，更不用说形式化了。(ii) 数学的数、真假值、集合、函数等等是不可触知的，但绝大多数是可以被形式化的，并且可以使其全部都足够精确。(iii) 字处理器过程所操作的文本的语用和语义是不可触知的。(iv) 由编译过程所遍历的程序语法解析树的语用和语义是不可触知的。(v) 可能反映外部世界信息的数据库文件和记录（在这一问题的上下文中我们将它们理解为"驻留在计算机中的数据"）的语用和语义是不可触知的。条目 (ii∼v) 全部是不可触知的，但都是能够被完全形式化的。∎

由于任意定义以及由此的任意形式化都指代一个不可触知的现象，并且由于这几卷具有大量的定义和形式化，我们将不再进一步举例说明不可触知现象的概念了。

10.4.4 讨论

可能我们本应该在这几卷中更早的地方给出关于可触知性的这一节。当然可能在表达可以描述什么和如何表达这些描述上我们会有的一些担心和困难可以通过这几卷主题的另一组展示来在教育和教学上予以消除。尽管如此，我们现在已经探讨了重要的可触知性概念，并且我们了解了其与可描述性和形式化的关系。

我们之所以在这里而非早些给出了关于可触知性和不可触知性的材料的原因是由于可触知性和不可触知性的概念是领域实体的属性，而这一章是关于领域属性。

10.5 一、二、…… 维

我们使用切合现实的方式来精确描述个体的能力在很大程度上被文本语言的一维性所阻碍。这一问题的出现与复杂个体（即由两个或多个其他简单或复杂的个体构成的个体）的描述相关。

例 10.26 **空间 GUI 窗口对象** 可以把图形用户接口（graphical user interface，GUI）看作一个长方形，因此是一个几何图形。在 GUI 上叠加有许多所谓的窗口。可以同样把窗口看作一个长方形，即一个几何图形。一个窗口可以与另一个窗口部分或完全重叠。给定两个或多个窗口的序列 $< w_1, w_2, \ldots, w_n >$，令其为 w_i 遮盖 w_j，其中 $i < j$。w_j 遮盖 w_i 也就是不可能的了，其中 i, j 与前文相同。因此 GUI 窗口似乎是三维的：仅窗口自身的两维，和窗口堆积或遮盖的另一维。∎

在描述中，我们通常引入被定义术语。令定义由一个或者多个简单定义构成，每一个都仅是被定义的术语和定义该术语的描述文本所构成的对。定义通常由若干顺序的简单定义构成。

我们介绍一些定义术语。当前面的（或后面的）（某简单定义的）描述文本引用后面（和前面）（简单）定义的术语，我们称之为前（后）引用。当立即使用术语本身来定义术语时，我们称之为立即递归引用[7]。这样的一个定义可能涵盖若干简单定义。当术语是使用组成术语非递归定义的，它们最终表示更小的个体类，由此我们称为下降引用。由此递归术语不是下降引用。类似地我们谈及上升引用。

例 10.27 **抽象树** 我们假定标号是要被定义的概念。根是标号。分支是标号。一颗（有限）树由一个根、零个、一个或多个相异标号的分支的一个（有限）集合构成。分支是树。
不能对上文定义的句子重新排序以得到（立即）递归和下降引用。∎

我们把形式化例 10.26 和 10.27 留给读者。

10.5.1 零维

最简单的现象是零维的现象，我们称之为原子的现象。我们通过原子数据类型（数、布尔、字符和未进一步解释的分类）和这些零维值上的简单操作来对它们建模。

10.5.2 一维

接下来最简单的现象就是一维现象。典型地可以把它们理解为线性序列。

特性描述： 复杂个体是一维个体，如果相邻的适当包含的（即组成的）个体之间的所有关系都可以仅使用下降引用（也即由此的仅前或后引用）来描述。∎

---

[7] 当术语使用其本身来定义，但却通过某中间的（简单）定义，我们也称之为递归引用，但现在它不是立即递归引用。

例 10.28 **形形色色的一维现象** (i) 要被字处理器操作的文本是一维的：符号形成了原子元素，且是字符、数字、空格、回车或其他。文本是线性的符号序列。(ii) 通常可以把列车行程看作一维个体：列车行程由停留车站的线性序列构成。这里未进一步定义停留车站。 ∎

注意我们决定在第一个子示例 (i) 定义的术语中仅使用后引用，而在第二个子示例 (ii) 定义的术语中仅适用前引用。当然，我们不能阻止作者在只需要一个引用方向的时候不必要地使用前引用和后引用而迷惑读者。

原则： **一维现象** 不要期望有趣的现象和概念是一维的。当现象或概念是一维的，则尽可能简单的描述它：只有前引用或只有后引用。如果读者对所描述的现象或概念不熟悉，则使用后引用；否则使用前引用。类似地探究概念：如果不熟悉，则先是原子部分；然后是它们的复合。 ∎

前引用就相当于分层描述的概念（卷 2 第 2 章）。相应地，后引用就相当于复合描述的概念（同样在卷 2 第 2 章予以探讨）。

技术： **一维现象** 我们把所感兴趣的类型建模为简单几何类型、笛卡尔类型或更简单类型的序列类型（标量或这样的但不递归的类型），并带有适当的观测器和可能也有的生成器函数。 ∎

我们把向量、矩阵、张量（即任意维的数组）概念看作一维的，因为它们都享有一个简单的（多）邻接概念。

10.5.3 多维性

计算机和计算科学与普通数学有所区别，它们处理高度结构化的多维现象且其组成部分本身就是这样的现象。

例 10.29 **数学表达式** 一般来讲就像任何自然语言的句子那样，程序设计语言的程序是多维个体。如常量（的名字）（数符等等）、变量（的名字）（标识符）和（前、中、后缀）操作符的数学（不必是计算）概念是未进一步定义的零维或一维术语。表达式是常量、变量或多维的前、中、后、散缀的复合量。中缀复合量由一个表达式、一个中缀操作符和一个表达式的线性序列构成。 ∎

注意我们不能对上文重新排序来避免得到递归引用。

特性描述： 复杂个体是多维现象，如果邻接的所包含的（即组成）个体之间的一些关系只能通过前和后引用和/或递归引用来描述。 ∎

例 10.30   形形色色的多维现象 (i) 超链接的字处理器文本：首先，我们有简单的一维字处理器文本。接着我们把一些（任意选定的）符号子序列与节点的概念关联起来。然后通过链接的概念把两个或者多个节点彼此关联起来。链接就像图中节点的边，但是允许它连接不仅仅是两个节点，而是三个或更多的节点。链接的节点可以指代重叠的文本段。可以分析上文以建立四维的现象。

(ii)   典型地，有（道路、铁路线、河流、湖泊、海洋和运河上的）桥和（通过山川，道路、铁路线、河流、海洋和运河下方的）隧道的道路网络、铁路线路（等）网络、河流网络、运河（等）网络构成了三维现象。   ■

原则：期盼"有趣的"现象是多维的 。仔细地分析它们。寻求绝对的简单性，尽管模型仍旧是多维的。   ■

技术： 典型地我们使用图上可能递归的类型来对多维性建模，并带有关联的观测器和生成器函数。   ■

10.5.4 讨论

真正的问题是多维性问题。派生的主要问题是两维和更高维的图形表示问题。

我们对问题的了解如下：一方面，我们有叙述和形式规约的线性文本。另一方面，我们有过多的图形记法。后者中的一些具备有充分基础的语义理论，由此构成了形式规约语言，即：佩特里网（卷 2，第 12 章）[192,268,288–290] 和状态图（卷 2，第 14 章）[140,141,143,144,146]。

但后者中的一些并不具备有充分基础的理论，即：UML 的类图（卷 2 第 10 章）[42,189,258,299]：UML 类图没有精确的句法和语义。它们没有精化关系：什么时候一个图是另一个图的实现（分解）？而且它们没有逻辑：人们不可能在图上推理。

然而图具有异常的吸引力。提出了许多建议来把形式规约语言和图形记法组合起来：VDM-SL 和 UML 类似特点的组合 [88–90]；Z 和佩特里网的组合；等等。研究现在只是刚刚注意到这些统一理论 [163] 和形式方法集成 [15,41,49,128] 的挑战，同时认知科学家和其他的科学家在研究图形推理的主题 [10]。

10.6 讨论

我们已经概述并一定程度上深入探讨了许多领域属性：连续、离散、混合、混沌的属性；静态和形形色色的动态属性；可触知性和不可触知性；零维、一维和多维属性。

对于一些属性，我们仅给出了非形式的，但简洁、陈述性的描述，而对于其他的，我们既给出了它们也给出了形式描述。还有其他的属性，但是这些在卷 1 和 2 中探讨。

当面临一些将要描述的领域现象时，开发者分析它们，并沿着分析的一维来确定它们是否具有本节所讨论的这种属性，如果有，是如何组合起来的。接着为了描述它们，即对它们建模，开发者使用所阐述的原则和技术给出的提示——无论是非形式地还是形式地。然而，读者不应忘记领域属性的论域同样也可是需求和软件设计——而不只是应用领域！

10.7 文献评注

主要的参考文献是 Michael Jackson 的 令人高兴的 [185]。

10.8 练习

10.8.1 序言

请参考第 1.7.1 节关于 15 个贯穿全文的领域（需求和软件设计）示例的列表。请同样参考第 1.7.2 节的介绍，关于术语"选定主题"的使用。

10.8.2 练习

"描述"这一术语的使用指粗略描述和/或术语化，以及陈述。如果你在学习本卷的形式版本，则描述这一术语另外还指形式化。

练习 10.1 连续的、离散的、混合的现象。 对于由你选定的固定主题。 确认并描述：

- 一个或多个连续的现象，
- 一个或多个离散的现象，
- 以及可能地一个或多个混合的现象。

练习 10.2 静态现象。 对于由你选定的固定主题。 确认和描述一些静态实体。

练习 10.3 动态惰性现象。 对于由你选定的固定主题。 确认和描述一些动态惰性实体。

练习 10.4 动态活动现象。 对于由你选定的固定主题。 确认和描述一些动态活动实体：自治的、顺从的、可程序设计的；最好每一个给出一个。

练习 10.5 动态反应现象。 对于由你选定的固定主题。 确认和描述一些动态反应实体。

练习 10.6 可触知的和不可触知的现象。 对于由你选定的固定主题。 确认和描述一些可触知的和一些不可触知的现象。

练习 10.7 有维数的现象。 对于由你选定的固定主题。 确认和描述一些有维数的现象。最好至少一个 0 维现象，一个 1 维现象，一些 2 维或更多维的现象。

领域刻面

- 学习本章的**前提**：作为一个领域工程师，你需要知道：什么构成了一个领域的适当的模型？
- **目标**：介绍一个概念，即一个适当的领域描述是由绝大多数如下的组成描述（即刻面）所构成的：领域易化企业过程、领域内在、领域支持技术、领域管理和组织、领域规则和规定、领域脚本、人类行为等等，展示描述这些刻面的原则、技术和工具。
- **效果**：确保你成为完全专业的领域工程师。
- **讨论方式**：从系统的到形式的。

11.1 前言

让我们提醒一下自己全部内容。软件开发就是令软件到市场去，软件能够和将被出售。由此它必须是其使用取悦人们的软件，必须是解决问题的软件，也就是说，必须是紧密地符合它所将要服务的应用领域的软件。

因此描述领域是非常重要的。如果我们不能描述领域，则我们不是可靠的。我们就不能得到信任来为该领域开发软件。于是描述领域是最为重要的。由此了解和实践描述是由什么构成是首要的。

本章全部都是关于这一点：确认领域各种各样可描述的，由此很可能是一个适当的领域描述的一部分的刻面。因此，在本章，我们将确认那些刻面，并且我们为它们的适当描述给出原则、技术和工具。

本章构成了本卷的第一个高潮，这是因为本章我们将给出软件开发的原则和技术，而这在任何其他关于软件工程的教材中都不可能得到。所以花些时间来彻底熟悉本章的内容。

特性描述：通过领域刻面，我们理解一个分析领域的一般方式的有限集合中的一个：一个领域的观点，使得不同的刻面在概念上涵盖不同的观点，并使得这些观点一起涵盖了领域。 ∎

在这一节，我们确认许多领域刻面，并考察为每一确认的刻面进行建模（与确认的领域参与者类别相关）的原则和技术。目前我们已经能够确认如下的刻面：

- (i)　内在、
- (ii)　支持技术，
- (iii) 管理和组织，
- (iv)　规则和规定，包括
- (v)　脚本 刻面，和
- (vi)　·人类行为。

我们使用如下简短的特性描述来进一步阐述上文列举的条目。

- (i)　**领域内在：** 它共同于全部刻面（第 11.3 节）。
- (ii)　**领域支持技术：** 它是关于使用了什么实现了若干其他刻面（内在、企业过程、管理和组织、规则和规定）（第 11.4 节）。
- (iii) **领域管理和组织：** 它主要确定和约束企业参与者之间的交流（第 11.5 节）。
- (iv~v) **领域规则、规定和脚本：** 它指导企业参与者的工作，它们的交互，以及非企业参与者的交互（第 11.6~11.7 节）。
- (vi)　**领域人类行为：** 领域参与者有效处理与企业有关的他们的动作和交互：尽责地、健忘地、懒散地，甚至犯罪了地（第 11.8 节）。

为了帮助我们确认上面的刻面部分，我们建议首先给出我们称之为领域企业过程易化器的粗略描述：

- **领域企业过程易化器** 关于实现内在（等等）所使用的那些过程—— 主要由人来执行。（第 11.2 节）。

11.1.1 分而治之

现在我们将适度详细地探讨每一刻面。对于每一刻面，我们尝试着表达某一规约模式。它紧密地捕捉到了刻面的本质。把每一（和可能其他的）刻面分开来探讨反映了如下的原则：

原则： *刻面分离* 当可能的时候，应当确认可区分的刻面，并且当适当（即可行且令人满意）的时候，分别处理它们。

我们认为我们将给出的刻面在绝大多数开发中都能被分别处理—— 但不必总是这样。是否分离是开发和表达风格的问题。

11.1.2 分离原则的讨论

更一般的来讲，把计算机系统开发分为领域工程、需求工程和机器（硬件 + 软件）设计同样也是分而治之的结果。（需求工程中的）领域需求、接口需求和机器需求以及软件体系结构、构件、模块设计的分离亦是如此。

11.1.3 章节结构

在我们单独探讨每一刻面之前（第 11.3~11.8 节），我们探讨一下企业过程易化器的概念

（第 11.2 节）。第 11.2 节的材料除了有助于帮助领域描述者确认不同的领域刻面，同样也探讨了企业过程的重要概念。描述企业过程不仅是软件开发者的责任，同样也是任何企业管理者的责任。在理解甚至是肤浅地理解当前的企业过程之前，企业管理者如何能够批准进行这些过程的再工程呢？因此第 11.2 节也用作关于企业过程再工程（一个领域需求刻面 19.3）这一节的前提。

11.2 领域易化器：企业过程

领域的参与者通常通过他们在领域中各种各样的动作来了解领域。也就是说，通过参与者所接触到的、正在执行的以及受到影响的实体、函数、时间的各种各样的序列来了解领域。这样的序列就是我们这里所理解的企业过程。

在我们所给出的铁路系统示例，企业过程的非形式示例是：对于一位潜在的乘客，他计划买旅程的车票并旅行。对于一位机车司机，有如下序列：进行火车行程计划的简要介绍，获得火车车辆，检查该列火车的一些基本性质，协商启程时间，沿路线行驶，遵守信号灯和计划，最后进入下一车站，停在月台，完成火车行程之旅——所有这些构成了一个企业过程。对于一位火车车辆调度员，在一个工作班次中火车和信号的监测和控制构成了一个企业过程。

描述领域内在关注领域最本质的事物。有时对于与参与者协作的领域工程师来说确定什么是领域内在有点困难。如果人们选择去分析和描述所谓的企业过程，或者密切关联地这样做，则这通常（对确认领域内在的过程）有帮助。从企业过程的描述，人们能够分析这样的一个分析的哪些部分指代（即是关于或与）哪些刻面（相关）。

原则： *描述领域企业过程刻面*　作为理解任何（至少为人工）领域的一部分，把其企业过程勾勒和描述出来是很重要的。开始时，最好使用粗略描述的形式来实现。这些粗略描述应当——同样是在开始时——关注于可标识的实体、函数、事件和行为。很自然，作为企业过程，首先要做行为标识。接着准备好在对其他刻面进行深入描述时，重新修订这些描述。　∎

11.2.1 企业过程

特性描述： 通过企业过程，我们理解企业、工厂等进行其年度、季度、月度、周度、日度过程（即规则性出现的事务）所采取的一种或多种方式的过程上可描述的方面。过程可以包括战略、战术和业务管理和工作流规划和决策活动；管理活动，以及可运用的市场活动、研究和开发活动、生产规划和执行活动、销售和服务（工作流）活动——仅指出一些。　∎

例 11.1　*一些企业过程*
(i) 企业规划的企业过程：任何公司的董事会指示其首席执行官（chief executive officer，CEO）制定修订的企业规划。[1] 简单来说，企业规划是公司在战略、战术上，以及某种程度上在业务上希望如何经营其企业的规划：奋斗目标是什么，关于产品、关于形象、关于

---

[1] 企业规划与企业过程的描述是不一样的。

市场份额、在财务上等等。 CEO 与执行层（即战略）管理人员协商制定企业规划。战略管理人员（之间）与战术管理人员讨论规划（CEO 希望将其递交给董事会）等等。一旦达成一致，CEO 把规划递交给董事会。

(ii) 购买规定的企业过程： 在我们的"示例公司"中，设备的购买必须符合如下—— 粗略描述的—— 过程：一旦确认对某设备的一个或多个部件或一组相关设备的获取需求，负责使用这一设备的最为相关的人员发出**购买查询请求**。**购买查询请求**被发送到购买部门。购买部门调查市场并回报给发出请求的人员一个**购买查询报告**。它包括零个、一个或多个可能的设备选择、价格、购买（即支付）、交付、服务和保证条件。发出**购买查询请求**的人现在可以接着发出**购买请求订单**，附上**购买请求报告**并把其发送给相关的预算控制经理以接受请求。如果批准了购买，则购买部门得到指示发出**购买请求订单**给选定的供应商。一旦供应商交付订购的设备，购买部门检查交付并发出**设备检查报告**。只有**设备检查报告**建议为上文所提到的设备支付来自供应商的**发票**时，才这样做。否则把交付的设备返还给供应商。上文仅是一个粗略描述。需要更加精准，如例外描述等等。 ∎

例 11.2 **更多的一些企业过程** 加州大学欧文分校（University of California at Irvine，UCI）令它们自己的管理和企业服务部门给出**许多企业过程的描述**，这可以作为一个学习示例。实际上，"学习"应当与企业过程再工程（business process reengineering，BPR）一起来进行。所以我们真应该把下文的示例在第 19.3 节给出而非这里！我们引用它们的主页 [353]：

- **人力资源：** "探究大学的雇用企业过程，包括申请人过程。应当特别注意简化过程，确认没有增加意义的那些部分—— 即人们考虑简化"掉"的，没有增加任何意义的部分。加快对申请人和单位的响应速度，减少过程成本，同时争取高质量。"

- **革新：** "回顾校园的"重构和改动企业过程，为（低于 \$50,000 的）小项目和（达到 \$250,000 的）微资金项目制定建议以改善对 UCI 部门的资源管理服务。应当特别注意简化过程，确认那些对客户的产品没有附加意义的部分；提高响应速度和灵活性；减少过程成本，同时争取高质量。"

- **采购：** "回顾校园采购的企业过程，为过程改善制定建议/解决办法。重新设计的过程应当提供'无碍'采购，为采购者提供快速采购，节约各种成本，适度无错且与（美国）联邦采购标准一致。"

- **旅行：** "研究从教员/工作人员确认旅行需要的开始阶段直到收到费用报销的旅行企业过程。基于如下的企业过程改善（business process improvement，BPI）原则通过六步骤的程序分析并重新设计：(i) 简化过程，(ii) 确认那些对客户没有增加任何意义的部分，加快 (iii) 反应速度和 (iv) 灵活性，(v) 改善责任的清晰度，(vi) 降低过程成本，同时满足用户对旅行服务的期望。重新设计应当发硬客户需要、服务、运作的经济性，且符合适用规定。"

- **应付账款：** "重新设计应付账款企业过程以满足如下的功能目标（除了 BPI 衡量以外）：对货物和服务的支付必须确保对于提供给大学的所有货物和服务，卖方及时的收到汇款。长足地改善运作能力以服务校园客户同时保持财务清偿能力和足够的内部控制。"

- **停车：** "回顾如何把停车许可[2]出售给学生、教师和工作人员，其目的是略去不必要的步骤和冗余的数据收集。重新设计的过程应当实现大量地减少人们排队购买许可所花的时间，以及减少记录和追踪许可销售的管理时间（和成本）。"

请注意上文的例子举例说明了对于可能的企业过程再工程的要求—— 但他们同样给出了潜在的企业过程的粗略描述。

特性描述： 通过企业过程工程，我们理解对哪些企业过程应当进行精确地描述的标识确认，描述这些并确保它们在企业中的总体采用（接受），制定这些企业过程的描述。

例 11.3　企业过程工程示例

(i)　企业规划：关于我们的公司示例，我们假定—— 截止到某时间—— 就企业规划的创建等而言没有确定的程序。随着公司的成长，就企业规划而言感到需要"更严格的"程序。由此 CEO 和/或董事会起草了企业规划，在例 11.1 (i) 中暗示了它。上文中的最后两句描绘了一个企业过程工程的示例。

(ii)　购买规定：关于我们的公司示例，我们假定—— 截止到某时间—— 就设备购买而言没有确定的程序。随着公司的成长，就采购而言感到需要"更严格的"程序。因此某（如业务）经理起草了购买过程，在例 11.1 条目 (ii) 对其予以粗略描述。前两句话描绘了一个企业过程工程示例。

11.2.2　总体原则

我们总结一下：

原则： 人工论域[3] 需要企业过程的概念。企业过程原则陈述了在对人工论域的任何描述中企业过程的描述都是必需的。企业过程原则也同样陈述了描述这些是不够的：必须描述全部的刻面。

技术： 企业过程　描述人工论域的基本技术涉及：(i)　一个适当全面的行为集合的确认和描述：所考虑的行为和环境的行为；(ii)　对于每一行为，对这一行为的实体特点的确认和描述；(iii)　对于每一实体，应用到实体上或产生该实体的函数的确认和描述；(iv)　对于每一行为，它—— 与其他所考虑的特定标识的行为，或者是与另外一个抽象的环境—— 所共享的事件的确认和描述。

工具： 企业过程　其他描述企业过程的技术和基本工具包括：(1) RSL/CSP 进程定义，其中人们适当定义它们的输入/输出（in/ out）基调，关联的通道名和类型，及其进程定义体；[4] (2) 佩特里网；[5] (3) 用于行为间交互的定义的消息和活序列图；[6] (4) 用于高度复杂、

---

[2] 这里我们假定公司是一个非常大的公司，有很多但仍旧有限的停车设施。

[3] 人工论域的示例是：公共管理、制造工业（机械、化学、医疗、木材加工等等）、交通、金融服务行业（银行、保险公司、证券代理、贸易和交易、证券管理等等）、农业、渔业、矿业等等。

[4] RSL/CSP [164, 165, 296, 307] 在卷 1 第 21 章中予以详细讨论。

[5] 佩特里网 [192, 268, 288–290] 在卷 2 第 12 章中予以详细讨论。

[6] 消息 [176–178] 和活序列图 [72, 145, 199] 在卷 2 第 13 章中予以详细讨论。

典型地相互交织在一起的行为定义的状态图；[7] (5) 通常的全体 RSL 的类型、函数值和公理结构及其为实体和函数建模的抽象技术。 ∎

11.2.3 非形式和形式示例

我们粗略描述许多示例。在每一示例中，我们根据上文中阐述的原则和技术从标识行为、事件及由此的通道和在通道上通信（即参与事件）的实体类型。因此我们在这些例子中强调行为或进程图。我们令其他的例子来展示其他的方面，使得它们全体提供了领域描述的原则、技术和工具。

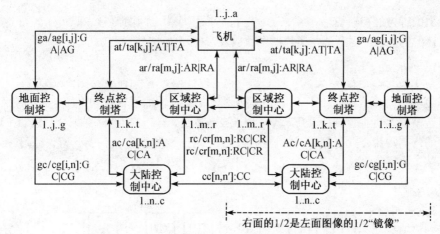

图 11.1 空中交通行为系统的抽象

例 11.4 空中交通企业过程 空中交通系统的主要企业过程行为如下：(i) 飞机 (ii) 地面控制塔 (iii) 内部控制塔 (iv) 区域控制中心 (v) 大陆控制中心（图 11.1）。

我们分别描述每一行为：

(i) **飞机** 从地面控制塔获得许可离开；接着根据飞行计划（一个实体）飞行；在行程中与区域控制中心保持联系，（在接近时）联系终点控制塔，简单来说，从其获得着陆许可；一旦降落，从终点控制塔转移到地面控制塔指引。

(ii) 一方面，**地面控制塔**从终点控制塔接过对着陆飞机的监测和控制；另一方面，把离开飞机的监测和控制交给区域控制中心。当离开的飞机实际上能够起飞时，地面控制塔代表请求中的飞机与目的地面控制塔和（简单来说的）大陆控制中心协商，以满足某"沟槽"规则和规定（作为一个企业过程）。地面控制塔代表关联的机场分配出入口给着陆的飞机，并指引它们从着陆点到达该出入口等等（作为另一个企业过程）。

(iii) **终点控制塔**在处理飞机接近机场想要着陆时发挥着重要的作用。它们可能指引这些飞机暂时等在等候区。它们—— 最终 —— 为飞机导航，通常把它们排成有序的着陆队列。在如此做的过程中，终点控制塔从地区控制中心接过对着陆飞机的监测和控制，并把它们的监测和控制转交给地面控制塔。

---

[7] 状态图 [140,141,143,144,146] 在卷 2 第 14 章中予以详细讨论。

(iv) 区域控制中心处理飞过其地区的飞机：从地面控制塔或从邻接的区域控制中心接过监测和控制。区域控制中心有助于确保平稳飞行，若需要的话，分配飞机到适当的空中走廊（作为一个企业过程），否则通知飞机路途中"相邻的"飞机和天气情况（其他的企业过程）。区域控制中心把飞机交给终点控制塔（作为另外一个企业过程），或者交给邻接的区域控制中心（作为另一个企业过程）。

(v) 大陆控制中心与地区和地面控制中心协作检测和控制由若干地区控制中心所构成的区域中的全部交通（作为一个主要的企业过程），并能够由此监测和控制能否遵循协议好的（着陆）时段分配和调度，如若不能，重新调度这些（着陆）时段（作为另一个主要的企业过程）。

从上文的行为的粗略描述，领域工程师接着描述行为之间的消息（即实体）类型、特定于行为的实体的类型，应用到那些实体的函数以及产生那些实体的函数。   ∎

例 11.5   **物流企业过程** 物流系统的主要企业过程行为如下：(i) 物流的发送方，(ii) 计划和细条货物运输的物流公司，(iii) 货物在其传送设备上运输的运输公司，(iv) 货物中心，在它们之间传送设备"勤勉地干着活"，(v) 传送设备本身，(vi) 货物的接收方（图 11.2）。对于上文列出的每一物流企业过程行为的详细描述应当在下文给出。我们将其留作练习，让读者来完成。   ∎

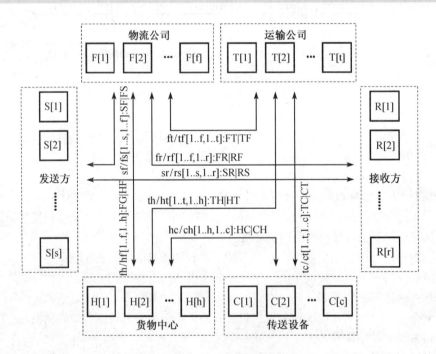

图 11.2   物流行为系统的抽象

例 11.6   **港口企业过程** 港口系统的主要企业过程行为如下：(i) 寻找港口以便在一个港口码头卸载和装载货物的轮船，(ii) 分配和调度轮船到码头的港务长，(iii) 轮船停泊、卸载（到集装箱区）、（从集装箱区）装载货物所处的码头，(iv) 暂时存储集装箱的集装箱区

（图 11.3）。可有其他的港口部分：轮船的等候区，在获得能够进入港口并停泊在浮标或码头处的许可之前等待，或者在其前行之前休息；以及轮船在卸载和装载时可以抛锚处的浮标。

我们这里假定读者能够适当地完成一个适当的、现实的港口领域。

对于上文列出的每一港口企业过程行为的详细描述应当在下文给出。我们将其留作练习，让读者来完成。 ■

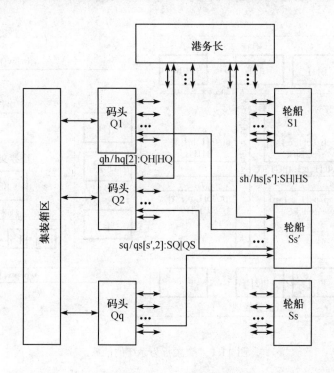

图 11.3　港口行为系统的抽象

例 11.7　金融服务行业企业过程　金融服务系统的主要的企业过程行为如下：(i) 客户，(ii) 银行，(iii) 证券经纪人和交易人，(iv) 有价证券管理商，(v) （一个或多个）证券交易所，(vi) 股票有限公司企业以及(vii) 金融服务行业监察员。我们粗略描述金融服务行业的许多企业过程行为。

(i) 客户参与到许多企业过程中：(i.1) 他们开户、存款、取款、获取结算书、转账、销户，这些涉及到活期存款、抵押和其他账户；(i.2) 他们要求代理商买或卖证券（债券、股票、期货等等），或撤销对它们的买/卖订单；(i.3) 他们与证券经理协商管理他们的银行和证券资产，偶尔就这些方面给证券经理一些指示。

(ii) 银行密切关联着在与客户和银行、证券经理、经纪人和交易人（以及本身也作为客户的他们）的交易相关的交易所中的客户、证券经理、经纪人和交易人。

(iii) 证券经纪人和交易人密切关联着在与客户和经纪人和交易人交易相关的交易所中的客户、证券经理和证券交易所，对于交易人来说还有其本身作为客户的证券交易所。

(iv) 证券经理密切关联着与客户证券投资相关的交易所中的客户、银行、经纪人和交易人。

(v)　证券交易所密切关联着金融服务行业监察人、经纪人和交易人、上市企业、交易惯例的强化、企业证券交易的可能延迟等等。

(vi)　股份有限公司与股票交易密切关联：它们根据法律发送可能的主要收购、企业发展以及季度和年度股东报告及其他报告。

(vii) 金融行业监察人密切关联着银行、证券经理、经纪人和交易人以及证券交易所。　　■

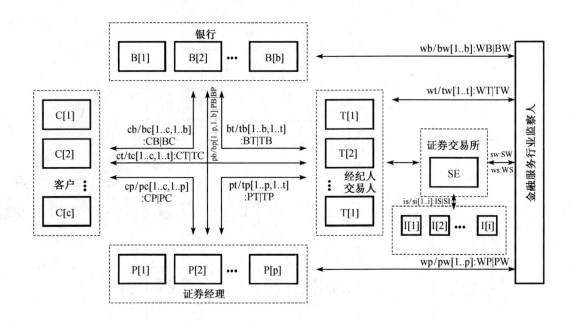

图 11.4　　金融行为系统的抽象

11.2.4 讨论

适度提醒一下读者。

示例的本质不是所展示的特定的图形，而是人们能够画出这样的行为的粗略描述。这些可以包括指代行为的方形或圆形框；单向或这里所展示的双向箭头指代（如在通道上的）给定类型的消息通信；这些消息的（实体）类型给定；以此类推。

示例的另一个本质由此是有一个行为的图形语言，并且这一语言具有文本对应物—— 如使用 CSP 或 RSL/CSP 的形式。依赖于上文的示例中所没有揭示的性质，也可以选定其他的图形形式。这些其他形式可以是佩特里网、消息或活序列图，或者比如状态图。

此外，这些示例是粗略的，但它们为仔细和艰苦地描述一个领域的艰巨任务提供了一个直接的、有建设性的开始。

在所有的示例中，我们勾勒了所建议的通道及其类型（作为分类）的数组。这些仅仅是建议。行为间的交互则使用在这些通道上通信的消息来建模。但是这种模型仅仅是这样：没有要求任何后续的软件设计的一部分应当把通道实现为在什么地方类似于通道的事物！

读者应当理解要完全令人满意地描述领域至少需要在卷 1 和卷 2 中的所有章节所探讨的全体原则、技术和工具，以及截止到本卷中的本章的所有章节，也包括本章！

11.2.5 总结

首先粗略描述了许多而非全部可标识确认的企业过程的目的是使用这些描述来标识：

- 实体、
- 函数、

- 事件、
- 行为。

并且把它们分类到它们的"刻面性质"：

- 内在、
- 支持技术、
- 管理和组织、

- 规则和规定、
- 脚本和
- 人类行为。

11.2.6 提示

我们提醒读者在关于领域企业过程刻面的这一节的开始处阐述的原则。

原则： 描述领域企业过程刻面 作为理解任何（至少为人工）领域的一部分，把其企业过程勾勒和描述出来是很重要的。开始时，最好使用粗略描述的形式来实现。这些粗略描述应当—— 同样是在开始时—— 关注于可标识的实体、函数、事件和行为。很自然，作为企业过程，首先要做行为标识。接着准备好在对其他刻面进行深入描述时，重新修订这些描述。 ∎

开始时描述领域的企业过程的主要原因是发现、标识和捕捉该领域的实体、函数、事件、行为。另一个原因是从某个地方启动描述过程！

11.3 领域内在

尽管铁路具有许多"选手和演员"，但仍围绕着一些核心概念：铁路网和其上的火车。通常来讲，选手和演员（即参与者）重叠的群体和由此的不同的观点具有一个共同实体和现象的核心。我们将这一核心称之为领域的内在。

原则： 领域内在 从描述领域开始：就其内在现象和概念来分析它。关注于首先描述这些。确保后续所描述的领域刻面的描述是领域刻面的次要描述。 ∎

原则： 描述领域内在的刻面 从描述领域的开始之时，就其内在现象和概念而对领域进行分析。关注于首先描述这些，并确保所有其他（后续所描述的）领域刻面的描述是领域内在的次要描述。 ∎

11.3.1 总体原则

典型地，每一参与者群体具有其对领域的观点。不同的参与者群体由此具有（在其他方面则是共享的）领域的不同观点。在开发领域内在的描述中，我们必须为每一个参与者群体首先开发一个描述。然后，在开发的某一步，协调可能的领域描述不一致和冲突。为了系统地这样做，我们需要首先形成一个基础，即内在，它共同于以后所有的刻面。

特性描述： 通过领域内在，我们理解对于其他（前文列出的，在下文将予以详细探讨的）任何刻面来说都是基础的那些领域现象和概念，这样的领域内在首先涵盖至少一个特定的命名的参与者观点。   ▪

在接下来的许多例子中，我们将展示粗略描述或陈述性描述片段—— 就像软件开发者在创建一个领域描述时所必需构造的那样。

例 11.8 铁路网内在 我们叙述和形式化三个铁路网内在。

- 从潜在的列车乘客的观点来看，铁路网由线路、车站、火车构成。线路只连接两个相异的车站。
- 从实际的列车乘客的观点来看，铁路网—— 除了上文以外—— 允许任意一对车站之间有若干线路，并且在车站中，它提供了一个或多个月台，由此上下车。
- 从火车工作人员的观点来看，铁路网—— 除了上文以外—— 具有由适当连接的钢轨单元所构成的线路和车站。钢轨单元是一个简单（即线性的、直的）单元，或者是一个转辙器单元，或者是一个简单渡线单元，或者是一个可转辙的渡线单元等等。简单单元有两个连接器。转辙器单元有三个连接器。简单和可转辙渡线单元有四个连接器。（通过一个单元的）是该单元的一对连接器。单元的状态是通路的集合，其方向是火车行驶的方向。（当前状态）可以为空：对于交通来讲单元闭合。单元可以处于其状态空间中的许多状态中的一个。

--- 形式表述：铁路网内在 ---

所叙述的三个铁路网内在的总结性形式化可以是：

- 潜在的列车乘客：

  scheme N0 =
  　class
  　　type
  　　　N, L, S, Sn, Ln
  　　value
  　　　obs_Ls: N → L-**set**, obs_Ss: N → S-**set**
  　　　obs_Ln: L → Ln, obs_Sn: S → Sn
  　　　obs_Sns: L → Sn-**set**, obs_Lns: S → Ln-**set**
  　　axiom
  　　　...
  　end

N, L, S, Sn 和 Ln 指代铁路网（net）、线路（line）、车站（station）、车站名（station name）和线路名（line name）。人们可以从铁路网观测到线路和车站，从线路和车站可以观测到线路名和车站名，从线路观测到车站名对的集合，以及从车站观测到进出一个车站（线路）的线路名。公理确保了这些概念的适当的图的性质。

- 实际的列车乘客：

scheme N1 = extend N0 with
  class
    type
      Tr, Trn
    value
      obs_Trs: S $\to$ Tr-set, obs_Trn: Tr $\to$ Trn
    axiom
      ...
  end

唯一增加的是月台（track）和月台名（track name）分类，及相关的观测器函数和公理。

- 列车工作人员：

scheme N2 = extend N1 with
  class
    type
      U, C
      $P' = U \times (C \times C)$
      $P = \{| \; p:P' \bullet \textbf{let} \; (u,(c,c'))=p \; \textbf{in} \; (c,c') \in \cup \; obs\_\Omega(u) \; \textbf{end} \; |\}$
      Σ = P-set
      Ω = Σ-set
    value
      obs_Us: (N|L|S) $\to$ U-set
      obs_Cs: U $\to$ C-set
      obs_Σ: U $\to$ Σ
      obs_Ω: U $\to$ Ω
    axiom
      ...
  end

新增加的有单元（unit）和连接器（connector）分类，以及具有具体类型的通路（path）、单元状态（unit state）、单元状态空间和相关的观测器函数。后者包括单元状态和单元状态空间观测器。

请读者逐行比较三段叙述和三个形式描述。

对于这里的内在以及任何刻面，不同的参与者观点都会导致许多不同的模型。一个观点（即一个模型）的现象的名字可能与另一个观点（即另一个模型）的"类似"现象的名字重合，等等。如果意图是该"同一"名字涵盖可比较的现象，则开发者必须陈述比较关系。

例 11.9 **可比较的内在** 请参考例 11.8。我们断言例 11.8 的三个模型中的铁路网、线路、火车站概念必定是关联的。可能最简单的关系就是令第三个模型为共同的"合一子（unifier）"并要求：

- 潜在的列车乘客的网、线路、车站的模型就是列车工作人员模型的网、线路、车站；
- 实际列车乘客形式化的网、线路、车站和月台的模型就是列车工作人员的模型。

由此第三个模型被看作初始表达的参与者观点的定义性模型。   ∎

通常来讲，所表达的不同参与者模型之间的关系需要更加精细的表达。为使用 RSL 来形式地表达，我们使用 RSL 的模式（scheme）工具。请参考卷 2 第 10 章（模块化），那里我们探讨了 RSL 的模式概念（该卷的第 10.2 节（RSL 类、对象和模式））。通过使用其他的类型、值、公理来扩展（extend with）基本的（即内在的）模式，可以表达更加精细的参与者模式可以类似地使用模式的隐藏（hiding）机制来表达不同但一致的模型。

在这个例子里的比较关系是非常简单的，即保守代数包含（conservative algebra inclusion）。一个代数被保守地包含在另一个代数中，如果前者的所有实体和操作（等等）都被包含在后者之中，且如果前一代数所有为真的定理在后者中也成立。在上文的描述中，像线路、车站、单元这样的事物，包括它们的特定种类（线性的、转辙器等等），都是现象，也即它们都是可以被指向的。可以把像连接器和通路这样的事物考虑为现象或者概念。单元状态和单元状态空间，包括开和闭单元的概念，这里都将考虑为概念。上文的示例只是象征性的。需要更加注意以确保描述时一致和完整的。同样也要注意不要描述那些更适于属于其他刻面的现象或概念，正如下文所述。标识确认和描述内在也是一门艺术！

例 11.10 **转辙器的内在** 钢轨转辙器的内在属性是它具有许多状态。简单转辙器（$^{c_|}Y_c^{c_/}$）有三个连接器：$\{c, c_|, c_/\}$。c 是共同钢轨连接器，由其可以"直行"$c_|$ 或"分叉"$c_/$（图 11.5）。所以我们得到这样的一个转辙器的可能的状态空间可以是 ω_{g_s}：

$$\{\{\},$$
$$\{(c,c_|)\}, \{(c_|,c)\}, \{(c,c_|),(c_|,c)\},$$
$$\{(c,c_/)\}, \{(c_/,c)\}, \{(c,c_/),(c_/,c)\}, \{(c_/,c),(c_|,c)\},$$
$$\{(c,c_|),(c_|,c),(c_/,c)\}, \{(c,c_/),(c_/,c),(c_|,c)\}, \{(c_/,c),(c,c_|)\}, \{(c,c_/),(c_|,c)\}\}$$

上文的模型对一般的转辙器进行了理想建模。任何特定的转辙器 ω_{p_s} 可以有 $\omega_{p_s} \subset \omega_{g_s}$。并没有说明如何确定一个状态：谁设定和重设它，是否只由转辙器装置的物理位置来确定，或者是由转辙器外，沿钢轨前向或后向的可见的或虚拟的（即不可见的、无形的）信号来确定。   ∎

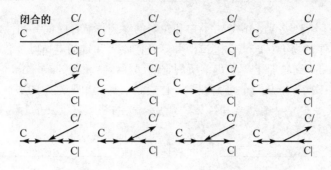

图 11.5　钢轨转辙器的可能状态

11.3.2 概念上和实际的内在

为了给读者提供一个在其他方面看上去复杂的领域，可以确定采用拆散的方法来展示：[8] 首先，人们展示最基本的，最少数量的必然的实体、函数、行为。然后，在一个富化（enrichment）的步骤中，人们加上多一些的（内在）实体、函数和行为。以此类推。在最后一步中，加上最后的（内在）实体、函数、行为。为了开发开始时看上去复杂的领域，可以确定采用拆散的方法来开发：我们基本上就像展示的步骤那样来做：富化的步骤—— 从一个大的假像，通过逐渐变小的假像，直到到达真实！

例 11.11　概念上的内在：货物运输　货物运输的本质是：实体：发送方（sender）、货物（freight）、"运输的系统（system）"、接收方（receiver）。函数：递交（submit）要运输的一件货物、接收（receive）已运输的一件货物。行为：正在被运输（transport）。

—————— 形式表述：货物运输 ——————

type

　　Sndr, Frei, Rcvr

value

　　submit: Sndr × Frei → System → System

　　receiv: Rcvr → System → System × Frei

　　transport: System → System

注意实际上我们并没有谈起关于"运输系统"的任何事物。　　　　　　　　　　　　■

例 11.12　实际的内在：物流　现在我们详述在例 11.11 中示及的"运输系统"。系统实体是：港口（harbour）、货单（bills of lading）、轮船和轮船路线（从港口到港口）。我们假定没有必要细化什么是港口、轮船和轮船路线。货单是一个文档，附在一件货物上，规定了货物（发送方（sender）、接受方（receiver）、运输起点（origin）、运输目的地

---

[8] 该表面看来复杂的领域可能非常复杂，包含成百上千的实体、函数和行为。无需一下子展示全部的实体、函数、事件和行为，人们可以分阶段地展示：首先，展示大约七个（这样的实体、函数、事件、行为），然后再来七个，等等。

（destination）、运输路线（route）：港口和轮船的序列，航行时间）的性质。系统函数是：提交（submit）一件货物给（起点）港口，并示及接收者和目的港口以及获取货单；把一件货物从港口装载（load）到轮船上，如货单所规定的那样；从轮船卸载（unload）一件货物，如货单所规定的那样；接收方从目的港口获取一件货物，如货单所规定的那样。系统行为可以是一次提交、一次或多次成对地装载和卸载、最后一次的获取。上文的行为把航行（即实际移动）的概念抽象"掉"了！

─────────── 形式表述：物流 ───────────

type

   Sndr, Sndr_Na, Frei, Rcvr, Rcvr_Na,

   Harb, H_Na, Ship, S_Na, System, BoL

   Dest = H_Na

value

   obs_Harbs: System → Harb-**set**

   obs_HNa: Harb → H_Na

   obs_Route : BoL → (H_Na × S_Na)*

   obs_Dest : BoL → HNa

   obs_RcvrNa : BoL → Rcvr_Na

   obs_RcvrNa : Rcvr → Rcvr_Na

   submit: Sndr × Frei × Dest → System → BoL

   load: Frei × BoL × Ship × Harb → Ship × Harb

   unload: BoL × Ship × Harb → Ship × Harb × Frei

   receiv: Rcvr → Harb → System → Frei × BoL

   transp: System → System

就像叙述那样，形式化只是粗略描述了物流的一些内在。■

我们未进一步定义虚拟和"更加现实"的两个版本。两个描述都采取了粗略描述的形式。后者能够进一步精化，即使得其更加精确。

11.3.3 方法论上的结果

原则： 在任何建模中，人们首先构建和描述内在刻面。■

技术： 领域的内在模型是一个部分规约。如此，它涉及到几乎全部的描述原则。典型地，我们诉诸于面向性质的模型，即分类和公理。■

11.3.4 讨论

由此内在成为接下来的每一刻面的一部分。从代数语义的观点来看，这些后者是上文的扩展。我们尽可能忠实地展示了内在的情况。决定什么是、什么不是内在是一门艺术——它是选择问题，也即由此的风格问题。不存在有根据其就能够勾勒出内在和非内在区别的明确标准。

11.3.5 完全本质的内在

上文示及了铁路网完全本质的内在是原子的火车和抽象为原子线路和原子车站的铁路网。类似地人们可以断言医院系统完全本质的内在是原子的病人，原子的医疗工作者和原子的病床。没有病床，前两个实体将仅被看作医生办公室。类似地人们可以断言空中交通完全本质的内在是飞机、机场、领空。以此类推。

我们提出完全本质的内在概念的原因有三个方面。首先，领域工程师必须就试图去分离、标识确认和捕捉一个领域的完全本质的内在而"努力思考"。其次，领域工程师在选择完全本质的实体、函数、事件、行为时"越是节俭"，则领域工程师需要花更多的时间来考虑以其余的将要探讨的领域刻面来适当地扩展完全本质的内在。第三，通过"强行"试图分理出完全本质的内在，领域工程师实际上试图为领域建立起科学的基础。领域描述者更是一个研究者而非工程师。这基本上是一个尚未有人探索的领域：很少有人试图系统阐述领域描述，更不用说内在了，并且极少有人（如果有的话）试图去标识确认领域的完全本质。我们断言对于好的领域描述来说，发现完全本质的内在来说是先决条件。

11.3.6 提醒

我们提醒读者在关于领域内在的本节开始的地方所陈述的原则：

原则： 描述领域内在的刻面 从描述领域的开始之时，就其内在现象和概念而对领域进行分析。关注于首先描述这些，并确保所有其他（后续所描述的）领域刻面的描述是领域内在的次要描述。∎

11.4 领域支持技术

技术是用来支持人类活动的。通常技术一对一（即非常直接）地替换人类的动作。（也即，对于一个人类动作种类来说，通常都有一个替代技术。）在其他的实例中，技术彻底改变了完成事物的方式。所以：

原则： 描述领域支持技术刻面 当描述一个领域时，就其支持技术的现象和概念对其分析，关注于可能的分别描述，以及确保其他领域刻面的描述与领域支持技术的可能多个、可选择的描述相一致。∎

11.4.1 整体原则

在例 11.8，我们示及了一个转辙器可以具有许多状态：适当的连接器对连接起来形成通路，或者空。但是这样的状态是怎么来的被抽象（掉）了。

特性描述：通过领域支持技术，我们理解实现特定可观测现象的方式和方法。

上文的描述特意是粗略的。这样做的目的是稍后我们不会受到一个非常紧致的特性描述的约束。因此举例说明这一概念非常重要，来帮助读者的直观理解，由此使得对支持技术的适当标识和描述成为可能。

例 11.13   **铁路网支持技术** 我们给出可能的钢轨单元转辙器技术的粗略描述。

(i) 在早期，钢轨转辙器是人工（即通过分配定岗在转辙器处的铁路工作人员）来开闭的。

(ii) 随着相当可靠的机械设备的出现，制作了滑轮、杠杆[9]（以及钢丝）、转辙器来通过在位于车站中心的信号塔中开闭杠杆（杠杆通过钢丝被连接到实际的转辙器）来改变状态。

(iii) 这一局部机械技术后来演化为电动机械，信号塔的工作人员和简化为按动电钮。

(iv) 今天，从车站的抵达点到车站的轨道或者是从车站的轨道到车站的离开点，同样通过电子以及所谓的联锁（比如，这样就使得两条不同的路线如果交叉则不会在一个车站内开通）来设置和重新设置转辙器组。[10]

必须强调的是例 11.13 仅是一个粗略描述。在一个真正的陈述性描述中，软件（和领域）工程师必须详细地描述电子、电动机械、人力操作人员接口（按钮、光、声等等）。

支持技术的一个方面包括记录对外部刺激响应的状态行为。我们给出一个例子。

例 11.14   **概率上的钢轨转辙器单元状态变迁** 图 11.6 示及了形式化支持技术的这一方面的一种方式。图 11.6 用于对转辙器在被设定（到转辙（s）的状态）和重新设定（到直行（d）的状态）时可能的（错误和正确的）行为建模。当转辙器以概率 psd 被设定转辙 s 时，可以从直行状态转换到转辙状态。

展示了支持技术的另一方面的另一示例：即技术必须保证其自身行为的某些方面，使得所设计的与这一技术交互的软件和该技术一起满足可信性的需求。

例 11.15   **铁路光闸** 从内在来讲，火车交通（itf:iTF）是在某时间区间上从时间（t:T）到连续定位的（p:P）火车（tn:TN）的全函数。

传统上的光闸采样以规则的间隔来对固有火车交通采样。结果就是采样交通（stf:sTF）。由此对于任意给定铁路，所有光闸的采样是从固有的火车交通到采样的火车交通（stf）的部分函数。

我们需要表达任何光闸技术应当满足的质量标准——相对于相近（close）谓词的一个必要和充分的描述。如下的公理实现了这些：

对于所有的固有交通 itf 以及对于所有的光闸技术 og，如下必须成立：令 stf 为由光闸采样的交通。对于在采样交通中的所有时间点 t，那些时间点也必须在内在的交通

---

[9] 关于滑轮请参见：http://www.walter-fendt.de/ph11e/pulleysystem.htm。关于杠杆请参见：http://www.edhelper.com/ReadingComprehension_24_90.html。

[10] 在卷 2 第 12 章佩特里网第 12.3.4 节中，我们通过基于位置变迁网对软件设计进行规约举例说明了联锁这一概念。同样请参见：http://irfca.org/faq/faq-signal4.html。

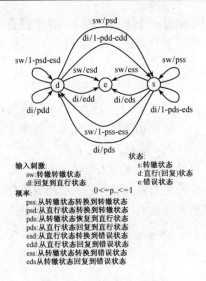

输入刺激:
　sw:转辙转辙状态
　di:回复到直行状态
概率:　　　　　　　　　0<=p..<=1
　pss:从转辙状态转换到转辙状态
　psd:从直行状态转换到转辙状态
　pds:从转辙状态恢复到直行状态
　pds:从直行状态回复到直行状态
　esd:从直行状态转换到错误状态
　edd:从直行状态回复到错误状态
　ess:从转辙状态转换到错误状态
　eds:从转辙状态回复到错误状态

状态:
　s:转辙状态
　d:直行(回复)状态
　e:错误状态

图 11.6　可能的状态转换

　　中，并且对于在该时间点在内在的交通中的所有火车 tn，火车必定由光闸观测到，并且火车的实际位置和采样位置必须可通过某种途径检查它们彼此是相近的或同一的。

由于单元随着时间变化，铁路网 n:N 需要是任何交通模型的一部分。我们已经在例 11.8 中定义了铁路网（第 11.3.1 节）。

────── 形式表述：铁路网光闸技术需求 ──────

type
　T, TN
　P = U*
　NetTraffic == net:N trf:(TN $\overrightarrow{m}$ P)
　iTF = T → NetTraffic
　sTF = T $\overrightarrow{m}$ NetTraffic
　oG = iTF $\overset{\sim}{\to}$ sTF
value
　[相近的（close）] c: NetTraffic × TN × NetTraffic $\overset{\sim}{\to}$ **Bool**
axiom
　∀ itt:iTF, og:OG • **let** stt = og(itt) **in**
　　∀ t:T • t ∈ **dom** stt •
　　　t ∈ $\mathcal{D}$ itt ∧ ∀ Tn:TN • tn ∈ **dom** trf(itt(t))
　　　　⇒ tn ∈ **dom** trf(stt(t)) ∧ c(itt(t),tn,stt(t)) **end**

$\mathcal{D}$ 不是一个 RSL 操作符。它是表达一个一般函数定义集的数学方式。由此它不是一个可计算的函数。

可检查性是测试光闸交付时与 close 谓词（即公理）相一致的问题。　　■

下文的示例展示了技术支持刻面的另一个方面。例 11.15 把任意支持技术与内在关联起来，且支持技术应当监测后者的实体值。下一示例，即例 11.16，同样也展示了支持技术的相关性，正如例 11.13。

例 11.16　空中交通控制　首先请参考例 11.4。然后给出如下评述：特定地把空中交通控制分解为所描述的领域、地面、终点、区域和大陆（监测和）控制中心仅代表了一种技术复合。语用（即潜在于组合起来的地面、终点、区域和大陆控制中心支持技术下面的假设）是所有的监测和控制都将从地面发生。今日可容易实现的未来技术促进了如下可供选择的"全部"技术：即使不是全部，在这些控制中心发生的绝大多数的人工指导都能被自动化或在物理上移到固定的空间定位的卫星或者每一飞机本身之上。中间支持技术的特点是位于目前和将来的支持技术中间的解决方案。　∎

11.4.2 方法论上的结果

技术：　领域的支持技术模型是一个部分规约，由此所有通常的抽象和建模原则、技术和工具都适用。更确切地来说，支持技术（st:ST）使用"实际的"上下文和状态 $\theta_a : \Theta_a$ "实现"了内在的上下文和状态 $\theta_i : \Theta_i$。

type
$$\Theta_i, \Theta_a$$
$$ST = \Theta_i \rightarrow \Theta_a$$
axiom
$$\forall\ sts:\text{ST-set},\ st:\text{ST} \bullet st \in sts \Rightarrow \forall\ \theta_i:\Theta_i, \exists\ \theta_a:\Theta_a \bullet st(\theta_i) = \theta_a$$

可把形式需求做如下叙述：令 Θ_i 和 Θ_a 指代内在和实际世界格局（上下文和状态）的空间[11]。对于每一内在的格局模型——我们知道支持技术在支持它——存在有一个支持技术解决方案，也即，从所有的内在格局到相应的实际格局的完全函数。如果我们不能确信有这样一个函数，则几乎没有希望我们能够信任这一技术。　∎

支持技术不是精化，而是扩展。典型地，支持技术引入对如下的考虑：技术精度、可靠性、容错性、可用性、可访问性、安全性等等。公理刻画了支持技术集合的成员（**sts**）。在光闸示例（例 11.15）中给出了一个公理示例。我们还要谈到很多（（更多地）关于支持技术和上文的可靠性（等）问题，我们——在这几卷很靠后的地方——把它们移到了机器需求。

原则：　支持技术 原则与所有其他的领域刻面相关。它表达了人们必须首先描述本质上的内在。然后它表达了支持技术是实现一些内在、一些管理和组织和/或一些规则和规定等等的具体实例化的任何方式。　∎

---

[11] 使用上下文和状态实现的格局的概念在卷 2 第 4 章予以详细探讨。

一般来说，原则叙述了人们必须总是寻找以及创造新的支持技术。原则最抽象的形式是：今日的支持技术成为了明日领域内在的一部分。

11.4.3 讨论

Skakkebæk 等 [332] 举例说明了在描述有助于实现公路铁路平面交叉口的安全操作的支持技术中对时段演算的使用 [376, 377]。这在卷 2 第 15 章第 15.3.6 节（公路铁路平面交叉口例子）予以大量地举例说明。

卷 2 第 12~15 章涵盖了对支持技术进行形式建模的颇为大量的各种各样的原则、技术、工具。支持技术描述在需求描述中重新出现：被投影、实例化、扩展以及初始化（见第 19章）。在领域描述中，我们仅记录我们对支持技术失败方面的理解。在需求定义中，我们进一步深入并决定计算系统、机器将处理哪些种类的故障以及通过这样的处理实现什么。

11.4.4 提醒

我们提醒读者在本节开始之处所陈述的关于领域支持技术的原则：

原则：　描述领域支持技术刻面　当描述一个领域时，就其支持技术的现象和概念对其分析，关注于可能的分别描述，以及确保其他领域刻面的描述与领域支持技术的可能多个、可选择的描述相一致。∎

11.5 领域管理和组织

人工系统的基本特点是它们由人来管理，并且它们的管理和被管理者都是使用组织结构来结构化的。本节是关于我们如何来对这一刻面建模。

原则：　描述领域管理和组织刻面　当描述领域时，就其管理和组织的现象和概念对其分析。关注于可能的分别描述，并确保对其他领域刻面的描述与领域管理和组织的可能多个的、可选择的描述相一致。∎

11.5.1 整体原则

一些（应用）领域的活动是由许多人的动作构成。由此把它们组织成为管理的层次和"车间"（即非管理）工作人员的许多分组是很普遍的。

通常铁路系统的特点是高度组织化的管理组织以及由高层的管理人员制定、由低层和地面工作人员和用户所遵守的规则和规定。

例 11.17　火车监测，I 作为一个示例，在中国，火车的重新调度在车站发生并涉及与（"沿线路双向的"）邻接车站进行电话协商。这样的通过电话的重新调度协商暗示了相当严格的管理和组织（management and organisation, M&O）。这种 M&O 反映了铁路网的地理布局。∎

特性描述：通过领域管理，我们理解这样的人（这样的决策），(i) 他们（它们）确定、系统阐述并由此设定关于战略、战术和经营决策的标准（比较规则和规定，第 11.6 节）；(ii) 他们确保这些策略传递给（低）层管理人员以及运营人员；(iii) 他们确保像这样的指令实际上得以执行；(iv) 他们处理在执行这些指令和策略中所不期望的偏差；(v) 他们"挡住"源自于低层管理人员和运营人员的抱怨。   ∎

在例 9.2（第 9 章第 9.3.1 节）我们举例说明了在上文管理的特性描述（条目 (i)）中所示及的战略、战术、运营之间的区别。

特性描述：通过领域组织，我们理解管理和非管理人员层次的组织；把战略、战术和运营相关事物分配给管理和非管理层人员；以及由此的"命令"：在管理上和功能上，谁做什么，谁向谁汇报。   ∎

例 11.18   铁路管理和组织：火车监测，II 我们挑出铁路管理和组织的一个非常特殊的例子。特定的（低层运营和位于车站的）监督人员负责车站内和沿进出线路上依据给定时刻表的日常实时的火车进展情况。这些监督人员和他们的直接（中层）经理（见下文的地区经理）为（本地车站和进出线路的）火车交通的监测和提前或晚点的火车控制设定指导原则。通过进出线路，我们指两个车站间的线路的一部分，其余的部分由邻接车站的管理人员处理。一旦管理人员根据由非管理人员所监测的信息确定火车没有遵从其调度，则管理人员命令该人员：(i) 为所讨论的火车及可能影响到的其他火车建议新的时刻表，(ii) 与适当的邻接车站协商新的时刻表，直到各个车站的管理人员能够确定适当的重新调度，(iii) 通过这一最新的调度。[12] 地区交通（即涉及若干车站和线路的交通）的（中层运营）管理人员解决可能的争论和冲突。   ∎

上文尽管是粗略的描述，但举例说明了如下管理和组织问题：有一组最底层（这里是：火车交通调度和重新调度）监督人员及其工作人员。他们被组织成为这样一个分组（这里是：每一车站）。有中层（这里是：地区火车交通调度和重新调度）管理人员（可能有少量的一些工作人员），在每一适当的（这里是：铁路）地区中组织起来。由本地和地区（......）监督人员和管理人员联合发出的指导原则暗示了信息提供和命令的组织结构化。

11.5.2 概念分析，I

人作为（我们所关心的，也即我们要为其开发软件的基础架构构件）企业的员工。这些企业越大—— 这些基础架构构件—— 越需要管理和组织。对于我们的目的来说，管理的作用粗略地来讲有两个方面：首先，执行战略、战术和运营工作，制定战略、战术和运营政策（比较，例 9.2)—— 并查看它们得以遵循。其次，管理的作用是对不利情况（即未预见情况）作出反应，并确定如何处理它们，也即冲突消解。

政策设定有助于非管理人员处理一般情况—— 对于其不需要管理干预。管理人员"挡住"问题：管理人员移除了非管理人员肩上的这些问题。

为了有助于管理人员和工作人员知晓关于政策设置和问题处理谁会负责，需要完整组织的清晰概念。组织定义了在管理人员和工作人员中及其之间的通信。每当管理人员和工作人员要

---

[12] 该调度制定可能暗示着若干火车进入若干车站：在管理人员位于的地方，以及可能在邻接的车站。

寻求其他帮助时，在相当良好运作的企业中他们通常遵循命令：组织结构图路径—— 通常分层的框和箭头/线段图。

11.5.3 方法论上的结果，I+II

技术： 领域的管理和组织是部分规约；由此所有的通常的抽象和建模原则、技术和工具都适用。更确切地来说，管理是一组谓词、观测器和生成器函数，它们参数化其他的操作函数，也即确定它们的行为，或者产生变成这些其他函数的参数的结果。 ■

由此组织是一组在通信行为上的约束。分层而非线性的、矩阵结构的组织能够同样被建模为等式的（递归调用集合的）集合。这在例 9.2 中予以举例说明。

11.5.4 概念分析，II

为了把经典的组织结构图和形式描述关联起来，我们首先给出一个组织结构图（图 11.7），然后我们——为一个非常简单的场景—— 给出对管理者和被管理者建模的模式化进程!

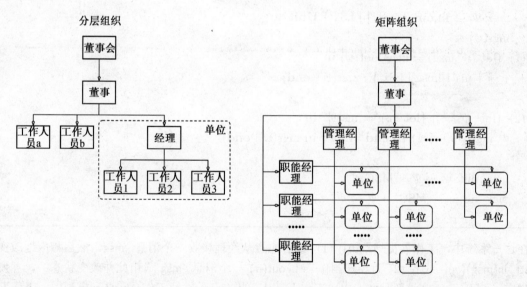

图 11.7 组织结构

基于这样的一张图，并仅对有一个经理和为其工作的工作人员的一个邻接分组建模，我们得到一个系统 system，其中一个经理 mgr 和许多工作人员 stf 共同存在或并发（即并行地）工作。mgr 在由 ψ 建模的上下文和状态中工作。每一工作人员 stf(i) 在由 $s\sigma(i)$ 建模的上下文和状态中工作。

────── 形式表述：经理-工作人员关系概念模型，I ──────

type

Msg, Ψ, Σ, Sx

$\quad$ SΣ = Sx $\xrightarrow{m}$ Σ

channel

$\quad$ { ms[i]:Msg | i:Sx }

value

$\quad$ sσ:SΣ, ψ:Ψ

$\quad$ **sys: Unit $\to$ Unit**

$\quad$ sys() $\equiv$ ‖ { stf(i)(sσ(i)) | i:Sx } ‖ mgr(ψ)

在这一系统中，经理 mgr (1) 或者通过消息通道 ms[i] 给全部工作人员广播消息 msg。经理对消息 msg 的制作 mgr_out(ψ) 改变了经理状态。或者 (2) 愿意从该经理发送过消息的工作人员 i 接收消息 msg。消息接收改变 mgr_in(i,msg)(ψ) 经理状态。在这两种情况中，经理从新的状态开始继续工作。在这一模型中，经理通过所谓的非确定性内部选择（⊓）来选择两者（1 或 2）之一。

———— 形式表述：经理-工作人员关系概念模型，II ————

$\quad$ mgr: Ψ $\to$ **in,out** { ms[i] | i:Sx } **Unit**

$\quad$ mgr(ψ) $\equiv$

(1) $\quad$ (**let** (ψ',msg) = mgr_out(ψ) **in**

$\qquad$ ‖ { ms[i]!msg | i:Sx } ; mgr(ψ') **end**)

$\qquad$ ⊓

(2) $\quad$ (**let** ψ' = ⊓ {**let** msg = ms[i]? **in**

$\qquad$ mgr_in(i,msg)(ψ) **end** | i:Sx } **in** mgr(ψ') **end**)

$\quad$ mgr_out: Ψ $\to$ Ψ $\times$ MSG,

$\quad$ mgr_in: Sx $\times$ MSG $\to$ Ψ $\to$ Ψ

在这一系统中，工作人员 i, stf(i) (1) 或者愿意从经理接收一个消息 msg，然后相应地改变 stf_in(msg)(σ)，或者 (2) 为经理制作 stf_out(σ) 一个消息 msg （由此并改变状态），并发送它 ms[i]!msg。在这两种情况中，工作人员从新状态开始继续工作。在这一模型中，工作人员通过非确定性内部选择（⊓）来选择这两者（1 或 2）。

———— 形式表述：经理-工作人员关系，III ————

$\quad$ stf: i:Sx $\to$ Σ $\to$ **in,out** ms[i] **Unit**

$\quad$ stf(i)(σ) $\equiv$

(1) $\quad$ (**let** msg = ms[i]? **in** stf(i)(stf_in(msg)(σ)) **end**)

$\qquad$ ⊓

(2) $\quad$ (**let** (σ',msg) = stf_out(σ) **in** ms[i]!msg; stf(i)(σ') **end**)

stf_in: MSG $\rightarrow \Sigma \rightarrow \Sigma$,
stf_out: $\Sigma \rightarrow \Sigma \times$ MSG

经理和工作人员进程在可能变化的状态上递归（即迭代）。管理人员进程在"广播"发布命令给工作人员和从工作人员接收个人消息之间非确定性地外部选择式地"交替"。类似地工作人员进程在从管理人员接收指令和分发个人消息给管理人员之间非确定性地外部选择式地交替。。

这一概念示例也举例说明了把参与者行为建模为交互（这里类似于 CSP [164,165,296, 307]）的进程。[13]

11.5.5 方法论上的结果，III

例 9.2（第 9.3.1 节）的战略、战术和运营资源管理示例举例说明了另一管理和组织描述模式。在这一情况中，它是基于一个等式集合。对这些等式求解，找到适当的不动点或者近似的任何方式，包括选择和强加一个任意"解"，都反映了某管理交流。等式的句法序——在这里是企业结果从上面的等式到下面的等式的线性传递——反映了某组织。

原则：管理和组织 原则表达了资源之间的关系、获取和处理资源的决策、解除调度、重新调度和调度资源的决策、解除分配、重新分配和分配资源的决策、解除激活、重新激活和激活资源的决策是良好运作的管理的特性，反应了运作的组织，并暗示了被建模为"建立"和"拆分"上下文并改变状态的动作的过程调用。由是，这些原则告诉我们要解决哪些开发子问题。 ∎

技术：管理和组织 我们已在对参与者和参与者观点建模技术中提及了一些技术（比较第 9.3.1 节）。展示了两个极端的示例：早先我们通过独立管理分组的各自的函数（strm, trm, orm）来对分组建模，通过一组递归等式的解来对它们的交互（即组织）建模！现在我们通过通信顺序行为对管理和组织，特别是后者来建模。 ∎

11.5.6 讨论

管理和组织的领域模型最终会出现在需求和由此的软件设计中——对于那些情况，需求是关于管理及其组织的计算支持。前面参与者示例（例 9.2 资源管理）的递归等式求解的支持可以以约束满足解算器 [14] 来给出。这可以部分地解决战略和战术管理函数的逻辑刻画。接着它们可以以（如参与者示例的）不同管理分组间消息的传递和本部分的一般性示例的计算机化支持的形式来这样做。

11.5.7 提醒

我们提醒读者在关于领域管理和组织的本节的开始之处陈述的原则：

---

[13] 我们在卷 1 第 21 章讨论了 CSP 的使用。

原则： 描述领域管理和组织刻面 当描述领域时，就其管理和组织的现象和概念对其分析。关注于可能的分别描述，并确保对其他领域刻面的描述与领域管理和组织的可能多个的、可选择的描述相一致。∎

11.6 领域规则和规定

比如，铁路系统由火车、列车调度、监测和控制、支持技术的适当行为以及各个层次的人的适当行为的大量的各种各样的规则来刻画。对于其他的我们可能想要考虑的系统来说这也成立。

当破坏规则时，规定就发挥作用：可以惩罚人员，可以调整领域的活动。

原则： 描述领域规则和规定刻面 当描述领域时，就其规则和规定现象和概念对其分析。关注于对它们可能的分别描述，并确保其他刻面的描述与领域规则和规定可能多个的、可选择的描述一致。∎

11.6.1 整体原则

前面当我们探讨管理和组织时，我们示及了管理可以发出特定的指导原则。现在我们来看一下这些的一个特殊类别。

特性描述： 通过领域规则 我们理解（领域中的）某文本，它规定了在分派职责和执行它们的职能时期望人们或设备如何表现。∎

特性描述： 通过领域规定，我们理解（领域中的）某文本，它规定了当确定规则没有根据其意图而被遵守时应当采取什么补救措施。∎

规则就像法律的一部分：你应该如何! 规定就像法律的另一部分：如果你违反了这一法律，你可以预期到如下的惩罚!

规则和规定是由企业、设备生产商、企业协会、[政府]管理机构、社会（后者的形式为法律）所制定的。这些或类似的机构监测着对规则的遵守。规定的执行（即规定所规范内容的强制性要求）也类似地由这些或类似的机构来保证。

例 11.19　车站的火车

- 规则：　在中国，火车抵达车站和从车站出发遵循如下的规则：

    在任何三分钟的时间间隔之内，最多有一辆火车可以抵达或离开一个铁路车站。

- 规定：　如果发现没有服从上述规则，则有一条规定，它规定了行政或法律管理人员和/或工作人员的动作，以及一些对铁路交通的某一纠正。

∎

例 11.20 沿线的火车

- 规则： 在许多国家，（车站间的）铁路线路被分段成为块或段。目的是规定如果有两个或两个以上的火车在沿线路移动，则：

  在一条线路上的任意两列火车之间必定至少有一个自由的段（即无火车）。[14]
- 规定： 如果发现没有遵守上述规则，则有一条规定，它规定了行政或法律管理人员和/或工作人员的动作，以及对铁路交通的某一纠正。

就像其他的领域刻面一样，捕捉和精确地描述规则和规定是至关重要的—— 正如我们经常发现的那样，软件的需求或者假定这些规则成立，或者期望实施这样的规则。[15]

11.6.2 方法论上的结果

技术： 规则和规定 在元层次上，即对用于表达规则和规定的面向人类的领域语言的语法和语义进行描述的一般框架来给予解释，我们可以做如下表述：抽象地来说，就规则和规定而言（即当表达其时以及实行服从规则和规定的动作时）通常涉及有三种语言。存在有描述规则和规定的两个语言 Rules 和 Reg；以及存在有描述 [总是当前的] 领域动作刺激形式的一个 Stimulus。

句法刺激 sy_sti 表示一个从任意格局到下一格局的函数 se_sti:STI: $\Theta \to \Theta$，其中格局是受到刺激的系统的格局。句法规则 sy_rul:Rule 代表，即令在当前和下一格局上的谓词 $(\Theta \times \Theta) \to$ **Bool** 作为其语义、意义 rul:RUL，其中这些下一格局由刺激引出。这些刺激表达：如果谓词成立，则刺激将产生一个有效的下一格局。

──────── 形式表述：规则的概念模型，1 ────────

type
  Stimulus, Rule, Θ
  STI $= \Theta \to \Theta$
  RUL $= (\Theta \times \Theta) \to$ **Bool**
value
  meaning: Stimulus $\to$ STI
  meaning: Rule $\to$ RUL

  valid: Stimulus $\times$ Rule $\to \Theta \to$ **Bool**
  valid(sy_sti,sy_rul)$(\theta) \equiv$ meaning(sy_rul)$(\theta,($meaning(sy_sti)$)(\theta))$

  valid: Stimulus $\times$ RUL $\to \Theta \to$ **Bool**
  valid(sy_sti,se_rul)$(\theta) \equiv$ se_rul$(\theta,($meaning(sy_sti)$)(\theta))$

──────────────────────────────

[14] 在卷 2 第 14 章第 14.4.1 节的自动线路闭塞示例距离说明了人们如何实现这一规则。
[15] 如卷 2 第 14 章第 14.4.1 节所示。

（与特定的规则相关的）句法规定 sy_reg:Reg 代表，也即令语义规定 se_reg:REG 为其语义、意义，后者是一个对。该对由一个谓词 pre_reg:Pre_REG

和一个领域格局变化函数 act_reg:Act_REG 构成，其中 Pre_REG $= (\Theta \times \Theta) \rightarrow$ **Bool**, Act_REG $= \Theta \rightarrow \Theta$，也即，这两者都涉及当前和下一领域格局。这两种函数表达：如果谓词成立，则能够应用动作。

谓词几乎是规则函数的逆。动作函数用于取消刺激函数。

─────────── 形式表述：规定的概念模型，2 ───────────

type

   Reg

   Rul_and_Reg = Rule × Reg

   REG = Pre_REG × Act_REG

   Pre_REG $= \Theta \times \Theta \rightarrow$ **Bool**

   Act_REG $= \Theta \rightarrow \Theta$

value

   interpret: Reg $\rightarrow$ REG

现在想法如下：系统的任何动作，即任何刺激的应用，可以是与规则相符的动作，或者不是。因此规则表达了在当前的格局中刺激是否是有效的。因此规定表达了是否应当应用它们，并且如果这样，做什么。

更确切地说，在任何当前的系统格局中，通常有给定一个规则和规定的对的集合。令 (sy_rul,sy_reg) 为任意这样的对。令 sy_sti 为任意可能的刺激。令 θ 为当前的格局。令应用在该格局的刺激 sy_sti 产生下一格局 θ'，其中 $\theta' = (\text{meaning(sy\_sti)})(\theta)$。令 θ' 违反规则 ～valid(sy_sti,sy_rul)(θ)，则如果规定 sy_reg 意义的谓词部分 pre_reg 在该违反规则的下一格局中成立 pre_reg$(\theta,(\text{meaning(sy\_sti)})(\theta))$，则规定 sy_reg 意义的动作部分 act_reg 必须得以应用 act_reg(θ) 以修正这一情况。

─────────── 形式表述：规则和规定的概念模型，3 ───────────

axiom

  $\forall$ (sy_rul,sy_reg):Rul_and_Regs •

    let se_rul = meaning(sy_rul),

        (pre_reg,act_reg) = meaning(sy_reg) **in**

    $\forall$ sy_sti:Stimulus, $\theta{:}\Theta$ •

      ～valid(sy_sti,se_rul)(θ)

         $\Rightarrow$ pre_reg$(\theta,(\text{meaning(sy\_sti)})(\theta))$

            $\Rightarrow \exists$ n$\theta{:}\Theta$ • act_reg(θ)=n$\theta \wedge$ se_rul$(\theta,$n$\theta)$

    end

可能规定谓词没能察觉规定动作的可应用性。也就是说，该规则的解释在该方面来说不同于规定的解释。这就是领域中（即实际现实中）的生活。   ■

我们给出了一组规则和规定必须被设计的基本情况概述。在实际生活中，它们是否像这里所描述的那样由人们来设计、解释、遵循不是由我们来确定的。这些考虑是企业过程再工程和领域需求的特性（第 19.3 和 19.4 节）。

11.6.3 规则和规定语言

我们已经勾勒了在适当运作的组织中规则和规定的任意集合所必需蕴含的性质。上文所规定的公理是抽象的。除了其他事物以外，它们也同样应用于规则和规定的自然语言表达上。

如果规则和规定能够被形式化就非常好了。接着，给定领域的适当模型，人们能够就这一领域模型分析规则和规定的一致性和完备性。

给出——从 2006 年起——关于这一主题的材料是在这一领域之内，但在本书探讨的范围之外。换句话说：期盼着它在某一天出现，可能使用一些知识和信仰、诺言和承诺等等的模态逻辑来表达。请参考 Fagin、Halpern、Moses 和 Vardi 的一本好书：《关于知识的推理（Reasoning About Knowledge）》[94]。

本质上，问题是：首先，设计和使用带有适当的可能是模态的结构的语言（一个或者多个，Rul, Reg）来表达规则和规定。其次，我们需要编译这样的规则和规定表达式。最终，我们需要令计算机"始终"来检查（无论是人或其他生成的）刺激是否引起了会产生违反规则的变迁。

11.6.4 原则和技术

原则： **规则和规定** 领域由规则和规定来支配 ：由自然定律和人类的法令来支配。自然定律可以是内在的一部分，或者能够被建模为约束内在的规则和规定。人类的法令通常是变化的，但通常看作不规则变化的上下文的一部分，而非反复变化的状态的一部分。建模技术遵循这些原则。∎

技术： 领域中的规则和规定是通过句法规则的抽象或具体句法、指称的抽象类型以及语义定义来进行领域建模，通常的形式为公理或指称归属函数。这样的规则和规定建模必须考虑到规则和规定解释之间的冲突：对规则的解释说明了下一格局不是有效的，与此同时规定（可应用性）谓词不成立。这里无需深入细节，可以通过非确定性外部事件（即类 CSP 输入）来对刺激建模。∎

11.6.5 提示

我们提醒读者在关于领域规则和规定的本节开始之处陈述的原则：

原则： **描述领域规则和规定刻面** 当描述领域时，就其规则和规定现象和概念对其分析。关注于对它们可能的分别描述，并确保其他刻面的描述与领域规则和规定可能多个的、可选的描述一致。∎

11.7 领域脚本

通常规则和规定构成了企业中工作人员不同层次间的契约。我们可以把这些称为机构内规则和规定。与如私人企业及其客户或政府及其公民之间的契约相关的规则通常需要比机构内规则和规定更加严格的措辞。我们可以把这些规则称为法律规则和规定。法律规则和规定通常需要被脚本化。

原则： 描述领域脚本刻面 当分析领域时，就其脚本现象和概念对其分析。关注于对它们可能的分别描述，并确保所描述的其他领域刻面的描述与领域脚本的可能多个的、可选择的描述相一致。 ∎

11.7.1 脚本描述

特性描述： 通过领域脚本，我们理解结构化的、（即使不是彻底的，也是）几乎形式表达的具有法律约束效力（即可以用于法庭辩驳）的规则或规定的措辞。 ∎

脚本就像程序。期望它们规定逐步应用的动作以确定是否应当应用一条规则，并且如果这样，确切地讲如何来应用它。

例 11.21 浅显描述的银行脚本，I 我们暂时离开我们的铁路示例，用一个来自于银行业的例子来举例说明。我们的形式化仅相当于一个（浅显的）粗略描述。有四个大的示例紧接着它。每一示例都详述了（银行）脚本的主题。

问题领域是如何计算抵押贷款的偿还。任何一次的抵押贷款都有余额、最近偿还的日期、利率、手续费。当偿还发生时，如下的计算将发生：(i) 自最近的偿还开始贷款余额的利息，(ii) 通常认为固定的手续费，(iii) 有效偿还—— 是偿还减去利息和手续费之和的差—— 以及新的余额，它是旧的余额和有效偿还之间的差。

我们假定偿还发生自指定的账户，如活期存款账户。我们假定该银行有指定的费用和利息收益账户。

(i) 从抵押持有人的活期存款账户减去利息，并将其添加到银行的利息（收益）账户。(ii) 从抵押持有人的活期存款账户减去手续费，并将其添加到银行的费用（收益）账户。(iii) 从抵押持有人的活期存款账户以及抵押余额减去有效偿还。最后，必须也要描述不正常行为，如过期未付的偿还、太多或太少的偿还，以此类推。 ∎

关于脚本的想法是能够通过某种方式将其客观地实行：通过所有的参与者，能够精确地理解并一致地将其执行，最终产生对其的计算化。但它们总是领域的一部分。

在下一示例中，我们非形式地和形式地系统描述一个银行。形式描述采用了经典的语义风格。每一形式描述之后都跟有一个非形式地几乎粗略的描述。你可以把后者看作使用了某浅显的脚本语言。例 11.23 则试图将粗略描述脚本形式化为"面向银行友好的"脚本。

例 11.22 银行脚本，II 没有很多的非形式解释（即叙述），我们定义一个小银行。说它小，是在它仅提供很少服务的意义上。人们可以开/销活期存款账户。人们可以获取和结清抵

押贷款，即贷款。人们可以向活期存款账户存款和从其取款。并且人们可以支付贷款。在这一示例中，我们举例说明非形式的粗略描述脚本，同时也要形式化这些脚本。

在下文中，我们首先给出形式规约，然后是粗略描述的脚本。你可能愿意以相反的顺序成对地阅读形式规约和粗略描述的脚本。

─────────── 银行状态 ───────────

─────── 形式表述：银行状态 ───────

type
  C, A, M
  $AY' =$ **Real**, $AY = \{| \ ay:AY' \bullet 0 < ay \leq 10 \ |\}$
  $MI' =$ **Real**, $MI = \{| \ mi:MI' \bullet 0 < mi \leq 10 \ |\}$
  $Bank' = $ A_Register $\times$ Accounts $\times$ M_Register $\times$ Loans
  $Bank = \{| \ \beta:Bank' \bullet$ wf_Bank$(\beta)|\}$
  A_Register $=$ C $\underset{m}{\rightarrow}$ A-set
  Accounts $=$ A $\underset{m}{\rightarrow}$ Balance
  M_Register $=$ C $\underset{m}{\rightarrow}$ M-set
  Loans $=$ M $\underset{m}{\rightarrow}$ (Loan $\times$ Date)
  Loan,Balance $=$ P
  P $=$ **Nat**

有客户（c:C）、账号（a:A）、抵押号（m:M）、账户收益（ay:AY）和抵押利率（mi:MI）。银行通过客户登记了全部账户（ρ:A_Register）和全部抵押（μ:M_Register）。对于每一账号，有一个余额（α:Accounts）。对于每一抵押号，有一个贷款（ℓ:Loans）。对于每一贷款，附有最后一次为贷款支付利息的日期。

─────────── 状态良构性 ───────────

─────── 形式表述：状态良构性 ───────

value
  ay:AY, mi:MI

  wf_Bank: Bank $\rightarrow$ **Bool**
  wf_Bank$(\rho,\alpha,\mu,\ell) \equiv \cup$ **rng** $\rho = $ **dom** $\alpha \wedge \cup$ **rng** $\mu = $ **dom** ℓ
axiom
  ai<mi

我们假定在活期存款账户上的固定收益 ai，以及贷款的固定利息 mi。如果在账户登记中提及的所有的账户实际上都是账户，且在抵押登记中提及的贷款实际上都是抵押，则银行是良构的。只存在有登记了的账户和贷款。

────────── 客户业务 ──────────

────── 形式表述：客户业务句法 ──────

type
　　Cmd = OpA | CloA | Dep | Wdr | OpM | CloM | Pay
　　OpA == mkOA(c:C)
　　CloA == mkCA(c:C,a:A)
　　Dep == mkD(c:C,a:A,p:P)
　　Wdr == mkW(c:C,a:A,p:P)
　　OpM == mkOM(c:C,p:P)
　　Pay == mkPM(c:C,a:A,m:M,p:P)
　　CloM == mkCM(c:C,m:M,p:P)
　　Reply = A | M | P | OkNok
　　OkNok == ok | notok

客户能够发出如下命令：开户（Open Account）、销户（Close Account）、存（Deposit）款（p:P）、取（Withdraw）款（p:P）、获取（Obtain）贷款（数量为 p:P）、（通过从另外一个账户转账）来支付（Pay）分期付款。当贷款付清时可以结算。

────────── 开户业务 ──────────

────── 形式表述：开户业务语义 ──────

value
　　int_Cmd: Cmd → Bank → Bank × Reply

　　int_Cmd(mkOA(c))(ρ,α,μ,ℓ) ≡
　　　let a:A • a $\notin$ **dom** α **in**
　　　let as = **if** c $\in$ **dom** ρ **then** ρ(c) **else** {} **end** $\cup$ {a} **in**
　　　let ρ' = ρ † [c$\mapsto$as],
　　　　　α' = α $\cup$ [a$\mapsto$0] **in**
　　　((ρ',α',μ,ℓ),a) **end end end**

当开户时，新的账号得到登记且新的账户被设置为 0。客户获得账号。

────────── 销户业务 ──────────

────── 形式表述：销户业务语义 ──────

　　int_Cmd(mkCA(c,a))(ρ,α,μ,ℓ) ≡
　　　let ρ' = ρ † [c$\mapsto\rho$(c)\{a}],

$$\alpha' = \alpha \setminus \{a\} \text{ in}$$
$$((\rho',\alpha',\mu,\ell),\alpha(a)) \text{ end}$$
$$\mathbf{pre} \ c \in \mathbf{dom} \ \rho \wedge a \in \rho(c)$$

当销户时，账号解除登记，删除账户，支付其余额给客户。检查客户是真实客户且呈交了真实账号。银行的良构性条件确保如果账号被登记，则同样有一个该号码的账户。

─────── 存款业务 ───────

─────── 形式表述：存款业务语义 ───────

$$\text{int\_Cmd}(mkD(c,a,p))(\rho,\alpha,\mu,\ell) \equiv$$
$$\mathbf{let} \ \alpha' = \alpha \dagger [a \mapsto \alpha(a)+p] \text{ in}$$
$$((\rho,\alpha',\mu,\ell),ok) \text{ end}$$
$$\mathbf{pre} \ c \in \mathbf{dom} \ \rho \wedge a \in \rho(c)$$

当存款到账户时，该账户增加所存款的数量。检查客户是真实客户并呈交真实的账号。

─────── 取款业务 ───────

取款只有在取款量不大于指明账户中所存储的量时才能发生。若不大于，则从指明的账户中减去数量 p:P。检查客户是真实的客户并呈交了真实的账号。

─────── 形式表述：取款业务语义 ───────

$$\text{int\_Cmd}(mkW(c,a,p))(\rho,\alpha,\mu,\ell) \equiv$$
$$\mathbf{if} \ \alpha(a) \geq p$$
$$\quad \mathbf{then}$$
$$\quad\quad \mathbf{let} \ \alpha' = \alpha \dagger [a \mapsto \alpha(a)-p] \text{ in}$$
$$\quad\quad ((\rho,\alpha',\mu,\ell),p) \text{ end}$$
$$\quad \mathbf{else}$$
$$\quad\quad ((\rho,\alpha,\mu,\ell),nok)$$
$$\mathbf{end}$$
$$\mathbf{pre} \ c \in \mathbf{dom} \ \rho \wedge a \in \mathbf{dom} \ \alpha$$

─────── 开立抵押账户业务 ───────

─────── 形式表述：开立抵押账户业务语义 ───────

$$\text{int\_Cmd}(mkOM(c,p))(\rho,\alpha,\mu,\ell) \equiv$$
$$\mathbf{let} \ m:M \bullet m \notin \mathbf{dom} \ \ell \text{in}$$
$$\mathbf{let} \ ms = \mathbf{if} \ c \in \mathbf{dom} \ \mu \ \mathbf{then} \ \mu(c) \ \mathbf{else} \ \{\} \ \mathbf{end} \cup \{m\} \text{ in}$$

$$\text{let } mu' = \mu \dagger [c \mapsto ms],$$
$$\alpha' = \alpha \dagger [a_\ell \mapsto \alpha(a_\ell) - p],$$
$$\ell' = \ell \cup [m \mapsto p] \text{ in}$$
$$((\rho, \alpha', \mu', \ell'), m) \text{ end end end}$$

获取贷款 p:P 就是以贷款（p:P）为账户的初始余额而开立该新抵押账户。抵押号被登记且交给客户。从特别指定的银行资本账户 a_ℓ 取得贷款额 p。应当使得银行的良构性条件反映这一账户的存在。

───── 撤销抵押账户业务 ─────

───── 形式表述：撤销抵押账户业务语义 ─────

$$\text{int\_Cmd}(mkCM(c,m))(\rho, \alpha, \mu, \ell) \equiv$$
$$\quad \text{if } \ell(m) = 0$$
$$\quad\quad \text{then}$$
$$\quad\quad\quad \text{let } \mu' = \rho \dagger [c \mapsto \mu(c) \setminus \{m\}],$$
$$\quad\quad\quad\quad \ell' = \ell \setminus \{m\} \text{ in}$$
$$\quad\quad\quad\quad ((\rho, \alpha, \mu', \ell'), ok) \text{ end}$$
$$\quad\quad \text{else}$$
$$\quad\quad\quad ((\rho, \alpha, \mu, \ell), nok)$$
$$\quad \text{end}$$
$$\text{pre } c \in \text{dom } \mu \wedge m \in \mu(c)$$

人们只有在已支付（到余额为 0）时才能撤销抵押账户（close a mortgage account）。如果这样，取消登记贷款，移除账户，并批准用户这样（OK）。如果没有支付，则银行状态不变，但不批准用户这样（NOT OK）。检查用户是真实的贷款客户并呈交真实的抵押账号。

───── 贷款支付业务 ─────

───── 形式表述：贷款支付业务语义 ─────

支付贷款是要支付自上次支付利息之后对贷款利息的支付。也即，在贷款的余额 b 上以利率 mi 计算期间 $d' - d$ 的利息 i。（我们略去对利息计算的定义。）支付 p 从客户的活期存款账户 a 取得；i 被支付到银行（利息收益账户）a_i，且贷款减小了 $p - i$ 的差。检查客户是真实的贷款客户且呈交了真实的抵押账户号。应当使得银行良构性条件反映账户 a_i 的存在。

$$\text{int\_Cmd}(mkPM(c,a,m,p,d'))(\rho, \alpha, \mu, \ell) \equiv$$
$$\quad \text{let } (b,d) = \ell(m) \text{ in}$$
$$\quad \text{if } \alpha(a) \geqslant p$$
$$\quad\quad \text{then}$$

$$\textbf{let } i = interest(mi,b,d'-d),$$
$$\ell' = \ell \dagger [m\mapsto\ell(m)-(p-i)]$$
$$\alpha' = \alpha \dagger [a\mapsto\alpha(a)-p,a_i\mapsto\alpha(a_i)+i] \textbf{ in}$$
$$((\rho,\alpha',\mu,\ell'),ok) \textbf{ end}$$
$$\textbf{else}$$
$$((\rho,\alpha',\mu,\ell),nok)$$
$$\textbf{end end}$$
$$\textbf{pre } c \in \textbf{dom } \mu \wedge m \in \mu(c)$$

这结束了一个脚本语言的第一阶段开发。 ∎

例 11.22 给出了银行业务的形式描述及其非形式的、粗略描述的对应脚本。无需其他周折，现在我们"推导"伪形式的"面向银行友好的"脚本。

例 11.23 银行脚本，III 从每一非形式/形式的银行脚本描述，我们使用可能的银行脚本语言系统地"推导"一个脚本。推导过程，比如我们如何从每一业务的形式描述得到使用"形式的"银行脚本语言的脚本，并没有被形式化。在这一示例中，我们仅给出使用形式银行脚本语言的可能脚本。

─── 开户业务 ───

─── 形式表述：开户业务 ───

value
　　int_Cmd(mkOA(c))(ρ,α,μ,ℓ) ≡
　　　　let a:A · a $\notin$ **dom** α **in**
　　　　let as = **if** c $\in$ **dom** ρ **then** ρ(c) **else** {} **end** $\cup$ {a} **in**
　　　　let ρ' = ρ $\dagger$ [c$\mapsto$as],
　　　　　　α' = α $\cup$ [a$\mapsto$0] **in**
　　　　$((\rho',\alpha',\mu,\ell),a)$ **end end end**

推导出的银行脚本：开户业务

routine open_account(c **in** ″client″,a **out** ″account″) ≡
　　do
　　　　register c　**with new account** a ;
　　　　return account number a　**to client** c
　　end

─────────────── 销户业务 ───────────────

─────────────── 形式表述：销户业务 ───────────────

$\text{int\_Cmd}(\text{mkCA}(c,a))(\rho,\alpha,\mu,\ell) \equiv$
  $\textbf{let}\ \rho' = \rho \dagger [\,c \mapsto \rho(c) \setminus \{a\}\,],$
    $\alpha' = \alpha \setminus \{a\}\ \textbf{in}$
  $((\rho',\alpha',\mu,\ell),\alpha(a))\ \textbf{end}$
  $\textbf{pre}\ c \in \textbf{dom}\ \rho \wedge a \in \rho(c)$

推导出的银行脚本：销户业务

routine close_account(c **in** "client",a **in** "account" **out** "monies") $\equiv$
  do
    check that account client c **is registered** ;
    check that account a **is registered with client** c ;
    if
      checks fail
        then
          return NOT OK to client c
        else
          do
            return account balance a **to client** c ;
            delete account a
          end
    fi
  end

─────────────── 存款业务 ───────────────

─────────────── 形式表述：存款业务 ───────────────

$\text{int\_Cmd}(\text{mkD}(c,a,p))(\rho,\alpha,\mu,\ell) \equiv$
  $\textbf{let}\ \alpha' = \alpha \dagger [\,a \mapsto \alpha(a)+p\,]\ \textbf{in}$
  $((\rho,\alpha',\mu,\ell),\text{ok})\ \textbf{end}$
  $\textbf{pre}\ c \in \textbf{dom}\ \rho \wedge a \in \rho(c)$

推导出的银行脚本：存款业务

routine deposit(c **in** "client",a **in** "account",ma **in** "monies") $\equiv$

```
do
    check that account client c  is registered ;
    check that account a  is registered with client c ;
    if
        checks fail
            then
                return NOT OK  to client c
            else
                do
                    add ma  to account a ;
                    return OK  to client c
                end
    fi
end
```

──────────── 取款业务 ────────────

──────────── 形式表述：取款业务 ────────────

$\text{int\_Cmd}(\text{mkW}(c,a,p))(\rho,\alpha,\mu,\ell) \equiv$
    if $\alpha(a) \geqslant p$
        then
            let $\alpha' = \alpha \dagger [a \mapsto \alpha(a) - p]$ **in**
            $((\rho,\alpha',\mu,\ell),p)$ **end**
        else
            $((\rho,\alpha,\mu,\ell),\text{nok})$
    end
    pre $c \in \text{dom } \rho \wedge a \in \text{dom } \alpha$

推导出的银行脚本： 取款业务

```
routine withdraw(c in "client",a in "account",
                        ma in "amount" out "monies") ≡
    do
        check that account client c  is registered ;
        check that account a  is registered with client c ;
        check that account a  has ma  or more balance;
        if
            checks fail
                then
```

```
                        return NOT OK  to client c
                else
                    do
                        subtract ma  from account a ;
                        return ma  to client c
                    end
            fi
        end
```

─────────────── 获取贷款业务 ───────────────

─────── 形式表述：获取贷款业务 ───────

int_Cmd(mkOM(c,p))(ρ,α,μ,ℓ) $\equiv$
　　let m:M • m $\notin$ dom ℓ in
　　let ms = if c $\in$ dom μ then μ(c) else {} end $\cup$ {m} in
　　let mu' = μ † [c$\mapsto$ms],
　　　　α' = α † [a$_\ell$$\mapsto$$\alpha$(a$_\ell$)$-$p],
　　　　ℓ' = ℓ $\cup$ [m$\mapsto$p] in
　　((ρ,α',μ',ℓ'),m) end end end

推导出的银行脚本： 获取贷款业务

routine get_loan(c in "client",p in "amount",m out "loan number") $\equiv$
　　do
　　　　register c with loan m amount p;
　　　　subtract p from account bank's loan capital
　　　　return loan number m to client c
　　end

─────────────── 结算贷款业务 ───────────────

─────── 形式表述：结算贷款业务 ───────

int_Cmd(mkCM(c,m))(ρ,α,μ,ℓ) $\equiv$
　　if ℓ(m) = 0
　　　　then
　　　　　　let μ' = ρ † [c$\mapsto$$\mu$(c)\{m}],
　　　　　　　ℓ' = ℓ \ {m} in
　　　　　　((ρ,α,μ',ℓ'),ok) end

```
        else
            ((ρ,α,μ,ℓ),nok)
    end
    pre c ∈ dom μ ∧ m ∈ μ(c)
```

推导出的银行脚本： 结算贷款业务

```
routine close_loan(c in "client",m in "loan number") ≡
    do
        check that loan client c  is registered ;
        check that loan m  is registered with client c ;
        check that loan m  has 0  balance;
        if
            checks fail
                then
                    return NOT OK  to client c
                else
                    do
                        close loan m
                        return OK  to client c
                    end
        fi
    end
```

───────── 贷款支付业务 ─────────

───────── 形式表述：贷款支付业务 ─────────

```
int_Cmd(mkPM(c,a,m,p,d'))(ρ,α,μ,ℓ) ≡
    let (b,d) = ℓ(m) in
    if α(a)≥p
        then
            let i = interest(mi,b,d'−d),
                ℓ' = ℓ † [ m↦ℓ(m)−(p−i) ]
                α' = α † [ a↦α(a)−p,aᵢ↦α(aᵢ)+i ] in
            ((ρ,α',μ,ℓ'),ok) end
        else
            ((ρ,α',μ,ℓ),nok)
    end end
    pre c ∈ dom μ ∧ m ∈ μ(c)
```

推导出的银行脚本: 贷款支付业务

```
routine pay_loan(c in "client",m in "loan number",p in "amount") ≡
    do
        check that loan client c is registered ;
        check that loan m is registered with client c ;
        check that account a is registered with client c ;
        check that account a has p or more balance ;
        if
            checks fail
            then
                return NOT OK to client c
            else
                do
                    compute interest i for loan m on date d ;
                    subtract p−i from loan m ;
                    subtract p from account a ;
                    add i to account bank's interest
                    return OK to client c ;
                end
        fi
    end
```

这结束了脚本语言的第二阶段开发。   ■

根据对面向银行友好的脚本描述,我们在下一示例中建立面向银行友好的脚本语言句法。

例 11.24 **银行脚本, IV** 现在我们来审查所建议的脚本。我们的目标是为银行脚本语言设计一个句法。首先,我们列出在例 11.23 中所出现的语句,除了前两个语句以外。

例程头部

  我们首先列出所有的例程 "头部":

```
open_account(c in "client",a out "account")
close_account(c in "client",a in "account" out "monies")
deposit(c in "client",a in "account",ma in "monies")
withdraw(c in "client",a in "account",ma in "amount" out "monies")
get_loan(c in "client",p in "amount",m out "loan number")
close_loan(c in "client",m in "loan number")
```

> pay_loan(c **in** "client",m **in** "loan number",p **in** "amount")

接着我们模式化例程"头部":

> **routine** name(v1 io "t",v2 io "t2",...,vn io "tn") ≡

其中:

> io = **in** | **out**

以及:

> ti 是任意文本

示例语句

> **do** stmt_list **end**
> **if** test_expr **then** stmt **else** stmt **fi**
>
> **register** c **with new account** a
> **register** c **with loan** m **amount** p
>
> **add** p **to account** a
> **subtract** p **from account** a
> **subtract** p–i **from loan** m
> **add** i **to account bank's interest**
> **subtract** p **from account bank's loan capital**
> **add** p **to account bank's loan capital**
> **compute interest** i **for loan** m **on date** d
>
> **delete account** a
> **close loan** m
>
> **return** ret_expr **to client** c
> **check that** check_expr

利息变量 i 是 *局部* 变量。日期变量 d 是"谕示"(见下文),但将看作 *局部* 变量。

示例表达式

test_expr:

    checks fail

ret_expr:

    account number a
    account balance a
    NOT OK
    OK
    p
    loan number m

check_expr:

    account client c **is registered**
    account a **is registered with client** c
    account a **has** p **or more balance**
    loan client c **is registered**
    loan m **is registered with client** c
    loan m **has** 0 **balance**

句法类型的抽象句法

    我们分析上文的具体模式（即示例）。我们的目标是发现适度简单的、允许例 11.23 的脚本生成的句法。在一些实验之后，我们决定了下文给出的句法。

────────────── 形式表述：银行脚本语言句法 ──────────────

type
    RN, V, C, A, M, P, I, D

    Routine = Header × Clause

        Header == mkH(rn:RN,vdm:(V $\overrightarrow{m}$ (IOL × **Text**)))
        IOL == **in** | **out** | **local**

    Clause = DoEnd | IfThEl | Return | RegA | RegL | Check
           | Add | Sub | 2Sub | DelA | DelM | ComI | RetE |

        DoEnd == mkDE(cl:Clause*)
        IfThEl == mkITE(tex:Test_Expr,cl:Clause,cl:Clause)

Return == mkR(rex:Ret_Expr,c:V)

RegA == mkRA(c:V,a:V)

RegL == mkRL(c:V,m:V,p:V)

Chk = mkC(cex:Chk_Expr)

Add == mkA(p:V,t:(V|BA))

Sub == mkS(p:V,t:(V|BA))

2Sub == mk2S(p:V,i:V,t:(AN|MN|BA))

  AN == mkAN(a:V)

  MN == mkMN(m:V)

  BA == bank_i | bank_c

DelA == mkDA(c:V,a:V)

DelM == mkDM(c:V,m:V)

Comp == mkCP(m:V,fn:Fn,argl:(V|D)*)

  Fn == interest | ...

Test_Expr = mkTE()

Chk_Expr == CisAReg(c:V) | AisReg(a:V,c:V) | AhasP(a:V,p:V)
        | CisMReg(c:V) | MisReg(m:V,c:V) | Mhas0(m:V)

RetE == mkAN(a:V)|mkAB(a:V)|ok|nok|mkP(p:V)|mkMN(m:V)

最后，在下一示例中，我们建立面向银行友好的脚本语言的形式语义。请读者比较例 11.22 的语义类型和例 11.25 的面向银行友好的脚本语言的语义类型。

例 11.25　银行脚本，V

———————————— 形式表述：银行脚本语言的语义 ————————————

现在我们为例 11.24 的银行脚本语言给出语义。

语义类型抽象句法

type

  V, C, A, M, P, I

type

  AY′ = **Real**, AY = {| ay:AY′ • 0<ay⩽10 |}

  MI′ = **Real**, MI = {| mi:MI′ • 0<mi⩽10 |}

$$Bank' = A\_Register \times Accounts \times M\_Register \times Loans$$

$$Bank = \{|\ \beta{:}Bank' \bullet wf\_Bank(\beta)|\}$$

$$A\_Register = C \underset{m}{\rightarrow} \textbf{A-set}$$

$$Accounts = A \underset{m}{\rightarrow} Balance$$

$$M\_Register = C \underset{m}{\rightarrow} \textbf{M-set}$$

$$Loans = M \underset{m}{\rightarrow} (Loan \times Date)$$

$$Loan, Balance = P$$

$$P = \textbf{Nat}$$

$$\Sigma = (V \underset{m}{\rightarrow} (C|A|M|P|I)) \bigcup (Fn \underset{m}{\rightarrow} FCT)$$

$$FCT = (...|Date)^* \to Bank \to (P|...)$$

value

  $a_\ell, a_i{:}A$

axiom

  $\forall\ (\rho,\alpha,\mu,\ell){:}B\ \{a_\ell, a_i\} \subseteq \textbf{dom}\ \alpha$

上文的语义类型和例 11.23 的语义类型的唯一区别是 Σ 状态。这一辅助的银行状态分量的目的是提供 (i) 当调用任一例程时在脚本例程（始终固定的）形参和由银行客户或职员给定的实参之间的绑定，以及 (ii) 各种各样"原语的"、固定的银行函数 FCT，命名为 Fn 的绑定，如计算贷款上的利息函数，等等。

语义函数

channel

  k:(C|A|M|P|**Text**), d:Date

在这一简化示例中，有一个在银行和客户之间的通道 k。它从银行向客户传递文本消息，从客户向银行传递客户名（c:C）、客户账号（a:A）、客户抵押号（m:M）、数量请求和货币（p:P）。同样也有一个"魔幻"通道 d，它把银行连接到日期"谕示"。

value

  date: Date $\to$ **out** d **Unit**

  date(da) $\equiv$ (d!da ; date(da+Δ))

每一例程都有一个头部和子句。头部的目的是初始化辅助语句分量 σ 为从形式例程参数到客户提供的实参的适当绑定。一旦被初始化，对例程子句的解释就能够开始了。

  int_Routine: Routine $\to$ Bank $\to$ **out** k Bank$\times\Sigma$

  int_Routine(hdr,cla)(β) $\equiv$

    let σ = initialise(hdr)([ ]) **in**

    Int_Clause(cla)(σ)(**true**)(β) **end**

对于在例程的体中（即子句中）所使用的每个形参，例程头部都一个形参定义，且就是为了这样。我们尚未表达句法良构性条件——而是将其留给读者作为练习。对于头部的每一这样的形参，现在必须在初始时建立一个绑定。一些定义输入参数，一些定义局部变量，其他的定义（即命名）输出结果。对于每一输入参数，头部的意义规约了为了获取该参数的实际值将要与环境发生的交互，这里由通道 k 来指代环境。

> initialise: Header $\rightarrow \Sigma \rightarrow$ **out,in** k Σ
> initialise(hdr)(σ) $\equiv$
>   **if** hdr = [ ]
>   **then** σ
>   **else**
>   **let** v:V $\cdot$ v $\in$ **dom** hdr **in**
>   **let** (iol,txt) = hdr(v) **in**
>   **let** σ' =
>   **case** iol **of**
>   in $\rightarrow$ k!txt ; $\sigma \cup [\,v \mapsto k?\,]$,
>   _ $\rightarrow \sigma \cup [\,v \mapsto$ undefined $]$
>   **end in**
>   initialise(hdr\\{v})(σ')
>   **end end end end**

一般来说，子句在由三个部分构成的格局中解释：(i) 局部辅助状态 $\sigma : \Sigma$，它把例程形参绑定到它们的值；(ii) 目前的检查（'check'）状态 tf:Check，它记录了目前所解释的检查命令的"总和"（即合取）状态，也即初始时 **tf = true**；(iii) 适当的银行状态 β:Bank，与同样在例 11.23 中定义和使用的相同。对子句（clause）的解释（interpret）是一个格局：($\Sigma \times$Check$\times$Bank)。

type
    Check = **Bool**
value
    Int_Clause: Clause$\rightarrow\Sigma\rightarrow$Check$\rightarrow$Bank$\rightarrow$**out** k,**in** d ($\Sigma \times$Check$\times$Bank)

对 **do ... end** 的解释是通过对 **do ... end** 子句列表中的每一子句按照其出现顺序的解释。检查子句的解释结果和当前的 tf:Check 状态做"与"（联合）。

> Int_Clause(mkDE(cll))(σ)(tf)(β) $\equiv$
>   **if** cll = $\langle\rangle$
>   **then** (σ,tf,β)
>   **else**
>   **let** (σ',tf',β') = Int_Clause(**hd** cl)(σ)(tf)(β) **in**
>   Int_Clause(mkDE(**tl** cll))(σ')(tf$\wedge$tf')(β')
>   **end end**

if ... then ... else fi 子句仅是测试当前的检查状态（并传播这一状态）。

Int_Clause(mkITE(tex,ccl,acl))(σ)(tf)(β) $\equiv$

  if tf

    then

      Int_Clause(ccl)(σ)(**true**)(β)

    else

      Int_Clause(acl)(σ)(**false**)(β)

  end

对 **return** 子句的解释不改变格局"状态"。它只是借助于通道 k 产生一个返回值的输出给环境，其他方面就像六个返回表达式（rex）中的任一个所执行的那样。

Int_Clause(mkRet(rex))(σ)(tf)(ρ,α,μ,ℓ) $\equiv$

  k!(**case** rex **of**

    mkAN(a)

      $\to$ ″您的新账号：″ σ(a),

    mkAB(a)

      $\to$ ″支付账户余额：″ α(a),

    mkP(p)

      $\to$ ″取款额：″ σ(p),

    mkMN(m)

      $\to$ ″您的贷款号：″ σ(m),

    OK

      $\to$ ″交易成功″,

    NOK

      $\to$ ″交易不成功″

  end);

  (σ,**true**,(ρ,α,μ,ℓ))

对登记账户（**register account**）子句的解释正如你自例 11.23 中所期望的那样——其他的任何事物将会"损毁"具有一个银行脚本的全部意图。当然，该意图就是基本上要产生与例 11.23 的未"脚本化的"语义相同的事物。

Int_Clause(mkRA(c,a))(σ)(tf)(ρ,α,μ,ℓ) $\equiv$

  let av:A • av $\notin$ **dom** α **in**

  let $\sigma' = \sigma \dagger [\,a \mapsto av\,]$,

    as = **if** c $\in$ **dom** ρ **then** ρ(c) **else** {} **end**,

    $\rho' = \rho \dagger [\,c \mapsto as \cup \{av\}\,]$,

    $\alpha' = \alpha \cup [\,av \mapsto 0\,]$ **in**

  (σ',tf,(ρ',α',μ,ℓ))

  end end

同样的，对于登记贷款（**register loan**）子句也是如此（就像 **register account** 子句）。

Int_Clause(mkRL(c,m,p))(σ)(tf)(ρ,α,μ,ℓ) $\equiv$
    let mv:M • mv $\notin$ **dom** ℓ **in**
    let σ' = σ † [m $\mapsto$ mv],
        ms = **if** c $\in$ **dom** μ **then** μ(c) **else** {} **end**,
        μ' = μ † [c $\mapsto$ ms $\cup$ {mv}],
        ℓ' = ℓ $\cup$ [mv $\mapsto$ p] **in**
    (σ',tf,(ρ,α,μ',ℓ'))
    end end

记住这些记法的"意义"可能有一些困难，所以我们这里用另外一种形式来重复它们：

- CisAReg: c 所指定的客户被登记：
        σ(c) $\in$ **dom** ρ
- AisReg: c 所指定的客户具有 a 所指定的账户：
        σ(c) $\in$ **dom**ρ $\wedge$ σ(σ(a)) $\in$ ρ(σ(c))
- AhasP: a 所指定的账户具有至少在 p 中所给出的余额：
        α(σ(a)) $\geqslant$ σ(p)
- CisMReg: c 所指定的客户具有一个抵押：
        σ(c) $\in$ **dom** μ.
- MisReg: c 所指定的客户具有 m 所指定的抵押：
        σ(c) $\in$ **dom**μ $\wedge$ σ(m) $\in$ μ(σ(c)).
- Mhas0: m 所指定的抵押被完全付清：
        ℓ(σ(m))=0.

这样对下文推理的"解读"应当容易一些：

Int_Clause(mkChk(cex))(σ)(tf)(ρ,α,μ,ℓ) $\equiv$
    (σ,**case** cex **of**
        CisAReg(c) $\rightarrow$ σ(c) $\in$ **dom** ρ,
        AisReg(a,c) $\rightarrow$ σ(c) $\in$ **dom**ρ $\wedge$ σ(σ(a)) $\in$ ρ(σ(c)),
        AhasP(a,p) $\rightarrow$ α(σ(a)) $\geqslant$ σ(p),
        CisMReg(c) $\rightarrow$ σ(c) $\in$ **dom** μ,
        MisReg(m,c) $\rightarrow$ σ(c) $\in$ **dom**μ $\wedge$ σ(m) $\in$ μ(σ(c)),
        Mhas0(m) $\rightarrow$ ℓ(σ(m))=0
    end,(ρ,α,μ,ℓ))

有许多种把 p 所指定的数额添加到账户和抵押的办法：

- mkAN(a): 给 a 所指定的账户。
- mkMN(m): 给 m 所指定的抵押。
- bank_i: 给 银行自己的利息账户。

- bank_c: 给银行自己的资本账户。

  Int_Clause(mkA(p,t))(σ)(tf)$(\rho,\alpha,\mu,\ell) \equiv$
  　　case t **of**
  　　　　mkAN(a) $\rightarrow (\sigma,$**true**$,(\rho,\alpha\dagger[\,a\mapsto\alpha(\sigma(a))+\sigma(p)\,],\mu,\ell))$
  　　　　mkMN(m) $\rightarrow (\sigma,$**true**$,(\rho,\alpha,\mu,\ell\dagger[\,\sigma(m)\mapsto\ell(\sigma(m))+\sigma(p)\,]))$
  　　　　bank_i $\rightarrow (\sigma,$**true**$,(\rho,\alpha\dagger[\,a_i\mapsto\alpha(a_i)+\sigma(p)\,],\mu,\ell))$
  　　　　bank_c $\rightarrow (\sigma,$**true**$,(\rho,\alpha\dagger[\,a_\ell\mapsto\alpha(a_\ell)+\sigma(p)\,],\mu,\ell))$
  　　end

上文对于添加的情况对于减少也同样适用。

  Int_Clause(mkS(p,t))(σ)(tf)$(\rho,\alpha,\mu,\ell) \equiv$
  　　case t **of**
  　　　　mkAN(a) $\rightarrow (\sigma,$**true**$,(\rho,\alpha\dagger[\,\sigma(a)\mapsto\alpha(\sigma(a))-\sigma(p)\,],\mu,\ell))$
  　　　　mkMN(m) $\rightarrow (\sigma,$**true**$,(\rho,\alpha,\mu,\ell\dagger[\,\sigma(m)\mapsto\ell(\sigma(m))-\sigma(p)\,]))$
  　　　　bank_i $\rightarrow (\sigma,$**true**$,(\rho,\alpha\dagger[\,a_i\mapsto\alpha(a_i)-\sigma(p)\,],\mu,\ell))$
  　　　　bank_c $\rightarrow (\sigma,$**true**$,(\rho,\alpha\dagger[\,a_\ell\mapsto\alpha(a_\ell)-\sigma(p)\,],\mu,\ell))$
  　　end

类似于减少所适用的情况，减少 p 和 i 所指定的两个数额也同样适用。

  Int_Clause(mk2S(p,i,t))(σ)(tf)$(\rho,\alpha,\mu,\ell) \equiv$
  　　let pi $= \sigma(p)-\sigma(i)$ **in**
  　　case t **of**
  　　　　mkAN(a) $\rightarrow (\sigma,$**true**$,(\rho,\alpha\dagger[\,\sigma(a)\mapsto\alpha(\sigma(a))-\text{pi}\,],\mu,\ell))$
  　　　　mkMN(m) $\rightarrow (\sigma,$**true**$,(\rho,\alpha,\mu,\ell\dagger[\,\sigma(m)\mapsto\ell(\sigma(m))-\text{pi}\,]))$
  　　　　bank_i $\rightarrow (\sigma,$**true**$,(\rho,\alpha\dagger[\,a_i\mapsto\alpha(a_i)-\text{pi}\,],\mu,\ell))$
  　　　　bank_c $\rightarrow (\sigma,$**true**$,(\rho,\alpha\dagger[\,a_\ell\mapsto\alpha(a_\ell)-\text{pi}\,],\mu,\ell))$
  　　end end

删除账户就是从账户登记和账户中将其移除。

  Int_Clause(mkDA(c,a))(σ)(tf)$(\rho,\alpha,\mu,\ell) \equiv$
  　　$(\sigma\backslash\{a\},$**true**$,(\rho\dagger[\,\sigma(c)\mapsto\alpha(\sigma(c))\backslash\{\sigma(a)\}\,],\alpha\backslash\{\sigma(a)\},\mu,))$

类似地，删除抵押就是从抵押登记和抵押中将其移除。

  Int_Clause(mkDM(c,m))(σ)(tf)$(\rho,\alpha,\mu,\ell) \equiv$
  　　$(\sigma\backslash\{m\},$**true**$,(\rho,\alpha,\mu\dagger\sigma(c)[\,\mapsto\mu(\sigma(c))\backslash\{\sigma(m)\}\,],\ell\backslash\{\beta(m)\}))$

要计算一个特殊函数需要一个地方 i 来放置（即存储）结果、生成值。它同样需要函数名 fn，以及实际参数列表 aal，即将被应用到指定函数 fct 的值的列表。作为一个例子，我们举例说明计算贷款抵押利息（interest）的"内建"函数。

$$\text{Int\_Clause(mkCP(i,fn,aal))}(\sigma)(\text{tf})(\rho,\alpha,\mu,\ell) \equiv$$

> **let** fct $= \sigma(\text{fn})$ **in**
> **let** val $=$ **case** fn **of**
>> $"\text{interest}" \to$
>>> **let** $\langle m,d \rangle = $ aal **in** fct$(\langle \mu(\sigma(m)),d?\rangle)$ **end**
>>
>> $... \to ...$
>> **end in**
> $(\sigma\dagger[\sigma(i)\mapsto\text{val}],\textbf{true},(\rho,\alpha,\mu,\ell))$ **end end**

这结束了脚本语言开发的最后一个阶段。 ∎

11.7.2 方法论上的结果

我们已经探讨了对规则和规定描述（即建模）的技术和原则（第 11.6.2 和 11.6.4 节）。这些延伸到了脚本描述（包括建模），但是采用更严格的形式。设计脚本语言基本上就像设计小的程序设计语言。卷 2 第 3 章的 6~9 和 16~19 章为设计这样的语言，包括规约其句法、语义和语用，勾勒了很长的一个系列的原则、技术和工具。

11.7.3 提醒 ＋ 更多

我们提醒读者在关于领域脚本的本节开始之处所陈述的原则。

原则： 描述领域脚本刻面 当分析领域时，就其脚本现象和概念对其分析。关注于对它们可能的分别描述，并确保所描述的其他领域刻面的描述与领域脚本的可能多个的、可选择的描述相一致。 ∎

技术： 领域脚本 为了适当地开发脚本，在卷 2 中大量探讨的语用、语义和句法的符号概念以及语言定义技术的全部能力都适用。 ∎

工具： 领域脚本 存在有许多语言设计和编译器实现的工具。一些处理句法和语义描述分析。其他的处理句法扫描器、错误纠正语法解析器生成器的自动生成，还有一些其他的处理解释器和编译器生成。请参考标准的编译器实现教材 [6,13,367]。搜索互联网，你将发现许多可下载编译器构造工具的参考。 ∎

11.8 领域的人类行为

让我们考虑一下任意企业、任意地点工作的人员，无论是私有的还是公有的。一些人尽责地做着他们的工作：正如所期望的那样，勤勉地执行任务。其他的人员有时不尽其责，会忘记：对指派的任务有些马虎。另有一些其他的人员对从事其任务为其自身设定了更低的标准。

最后，可能有一些人员完成其工作就完全是犯罪：他们从仓库挪用、盗用资金等等。由此所有不同的品质刻画了人类工作。

原则： 描述领域的人类行为刻面 当描述领域时，就其人类行为现象和概念对其分析。关注于对它们可能的分别描述。确保所描述的其他领域刻面的描述与领域的人类行为的可能多个的、可选择的描述相一致。 ∎

11.8.1 整体原则

特性描述： 通过领域的人类行为，我们理解完成所分配的工作的质量范围当中的任一种：从仔细认真、勤勉、精确的，到马虎的指派、失职的工作，再到彻底的犯罪。 ∎

在描述领域中，试图捕捉对于作为一个工作人员所指内容来说其显而易见的特点：是仔细认真的、勤勉的、精确的，是无意地马虎的，是有意地失职的，是彻底犯罪的，以及如果可描述的话，还有在它们之间的那些。

人们如何对其描述，人们，也即软件开发人员，如何利用这样的描述，这些在下文都予以详细地探讨。

例 11.26 银行业——或者程序设计——人员行为 让我们假定早期时代的银行职员，在计算抵押偿还，如例 11.21 所示：如果该人员仔细地遵循抵押计算规则，并检查和复查计算是"相符的"，或令其他人来这样做，则我们把这样的职员刻画为勤勉的等等。如果该人员偶尔忘记上文示及的检查，则我们把该职员刻画为马虎的。如果该人员系统地忘记这些检查，则我们把该职员刻画为失职的。如果该人员蓄意地错误计算，使得银行（和/或抵押客户）被欺骗了资金且该资金可能转移到欺骗人那里，则我们把这样的人称之为犯罪的。

让我们假定一个软件程序设计人员而非银行职员，他负责为例 11.21 中所举例说明的抵押偿还执行实现一个自动例程：如果该人员仔细地遵循抵押计算规则，且在整个开发过程中验证和测试就规则而言计算是正确的，则我们把该程序设计人员刻画为勤勉的。如果该人员在开发中就其他方面纠正计算程序而忘记某些检查和测试，则我们把该程序设计人员刻画为马虎的。如果该人员系统地忘记这些检查和测试，则我们把该程序设计人员刻画为失职的。如果该人员蓄意地提供错误计算抵押利息等等的程序，使得银行（和/或抵押客户）被欺骗了资金，则我们把该程序设计人员刻画为犯罪的。 ∎

例 11.27 购物——整体消费者行为 消费者商品市场由消费者、零售商、批发商、生产者和交付服务构成。我们仅关注于可能的消费者行为：(i) 消费者向零售商查询某商品的可用性、价格、交付协议。(ii) 零售商回应以零个、一个或多个提议。(iii) 消费者可以决定忽略这些提议，或者消费者可以选择提议之一，或者消费者可以订购不在提议之内的某事物。(iv) 零售商可以确认该订购，据此交付得以发生且发送发票。(v) 消费者可以决定返还未支付或甚至已支付的商品！(vi) 或者消费者可以保留商品，且可以忽略发票，或者可以对其支付，或者支付某张"虚构的"（即不存在的）发票。(vii) 接着消费者可以决定返还商品以修理或索赔。

形式表述：购物—— 整体消费者行为

我们对上文进行形式化。.. 部分是规约的"开放"部分，也即，我们认为那些部分可以被模式化，而无需失去读者对该部分的基本理解。

type
    Σ
    Choice == inq | ord | acc | ret | pay | cla | ign
    CR == Inq(..)|Ord(..)|Acc(..)|Pay(..)|Cla(..)|Ign(..)
    RC == Ofr(..)|Del(..)|Inv(..)|..

channel
    cr:CR, rc:RC

value
    consumer: $\Sigma \to$ **out** cr **in** rc **Unit**
    consumer$(\sigma) \equiv$

```
c0   (let cho == inq⌷ord⌷acc⌷ret⌷pay⌷cla⌷ign in
c1     let σ′ =
c2       case cho of
c3         inq → let (σ″,i) = .. in cr!i ; σ″ end
c4         ord → let order = .. in cr!order end
c5         acc → if .. then let (σ″,a) .. in cr!a ; σ″ end else σ end
c6         ret → if .. then let (σ″,r) = .. in cr!r ; σ″ end else σ end
c7         pay → if .. then let (σ″,p) = .. in cr!c ; σ″ end else σ end
c8         cla → if .. then let (σ″,c) = .. in cr!c ; σ″ end else σ end
c9         ign → σ
c10      end
c11    consumer(σ′) end end)
       ⌷
s1   (let res = rc ? in
s2     let σ′ =
s3       case res of
s4         Ofr(..) → handle_ofr(res)(σ),
s5         Del(..) → handle_del(res)(σ),
s6         Inv(..) → handle_inv(inv)(σ),
s7         .. → ..
s8       end in
s9   consumer(σ′) end end)
```

我们对上文的形式化进行解释，或者，换句话说，我们更加详细地叙述上文的非形式的 (i~vii)。

消费者函数有两个内部非确定性选择的可选项。或者主动权在消费者一方（即"消费者"模式，用前缀有"c"行标号来表示）；或者消费者"被动地"等待自零售商的响应（即"服务者"模式，使用前缀有"s"的行标号来表示）。

(c) 作为客户，消费者非确定性地内部（即出于其自由意志）[16] 选择 (c0) 去做任意动作，(c3) 查询商品 (..)，(c4) 订购商品 (..)，(c5) 对确信已交付了的商品的交付接受 (..)（由此的 if .. then .. else .. end），(c6) 对确信已交付了的商品的返还(..)（由此的 if .. then .. else .. end），(c7) 对确信已交付了的商品的支付 (..)（由此的 if .. then .. else .. end），(c8) 对确信已交付了的、认为有问题的商品要求退款（..)（由此的 if, then, else），或者(c9) 忽略当前的所有事情！任一这些动作（最后一个实际上是没有动作）实际上都在消费者意识中留有副作用、记忆，由此有从 state 到 state′ ((c1)) 的改变。

(s) 作为服务者，消费者等待子零售商的响应。如果没有事物来到，则消费者"死锁"！这建模了消费者"阻塞"，并固执地拒绝采取主动，只是等待再等待。如果响应到来，它或者是 (s4) 一个提议，可能是对早先的消费者查询的响应—— 但不必一定这样。它可以是由零售商采取主动，(s5) 一个交付（等等），(s6) 一张发票（等等），(s7) 或其他！在任何情况下，都产生了新的状态 (s2)。消费者在由其主动地或者外部所刺激的动作（分别是（c11）和（s9））引出的新状态中继续成为一个消费者。　■

在上文的示例中，我们特意留下了许多事物未规约 (..)。要点是我们—— 在本节中—— 对那些 (..) 事物不是特别感兴趣。我们感兴趣的是对各种各样的消费者的建模、描述。这些不确定性，这些不可预测的徘徊，通过如下完全得以描述：非确定选择（c0）以及在输出后（!）消费者又"递归"回来成为一个消费者而无需等待自零售商的响应。这在尚未定义的 handle_xyz(..) 子句中也同样得以展示。

例 11.28   购物—— 详细的消费者行为 我们接着例子 11.27。我们在前面的例子中有一些未处理的问题。我们将使用这些来举例说明人类行为、其非形式和形式描述的其他方面。

我们首先挑出对消费者主动的探讨，就像发起查询（c3）。

—————————— 形式表述：购物—— 详细的消费者行为 ——————————

c3 $inq \rightarrow let\ (\sigma'',i) = ..\ in\ cr!i\ ;\ \sigma''\ end$

我们给（c3）添加上"丢失的"信息，关于我们如何形成（即"计算"）成为查询一部分的信息（即数据）：'..'：

—————————— 形式表述：购物—— 详细的消费者行为 ——————————

c3 $inq \rightarrow let\ (\sigma'',i) = mki(\sigma)\ in\ cr!i\ ;\ \sigma''\ end$

and

value

  $mki: \Sigma \rightarrow Inq\ \Sigma$

---

[16] 我们默认地假定了像"自由意志"这样的概念是与消费者行为关联而存在的！

在上文的公式中，我们通过神秘的函数名 mki 涉及了人类对成为查询一部分的信息的"收集"动作。为了生成查询（make an inquiry），我们假定消费者涉及该人员所具有的任何感观印象，并且我们把它（"该人员所具有的任何感观印象"）建模为该人员状态的一部分。由此收集动作在状态上操作，并以该人员（这是他的状态）已经思考并形成查询这一事实来更新它。我们不对 mki 描述。不描述它同样也就没有描述对其的解释。任何形成查询并可能改变状态的事物都是允许的。这一"开放性"对各种各样的人类行为建模。对于消费者向零售商主动发起的所有其他动作的情况类似于不考虑对信息的依据和对信息的交流的查询动作。现在我们探讨零售商发起的交互。让我们考虑消费者对零售商提议响应的反应。

──────── 形式表述：购物── 详细的消费者行为 ────────

$$s4 \qquad Ofr(..) \rightarrow handle\_ofr(res)(\sigma)$$

我们用 handle_ofr 来指这一反应。对于生成查询（等等），除了如下以外，没有再进一步对这一动作描述：它是在消费者状态（即思维或比如在贴于厨房告示牌上的一小片纸上记下）中通过某种方式记录下来的事实：大概是收到了"这样这样的"一个提议。

──────── 形式表述：购物── 详细的消费者行为 ────────

value
 handle_ofr: Ofr $\rightarrow \Sigma \rightarrow \Sigma$

没有描述其他的动作。特别地，没有描述可能所期盼的消费者的反应，如"立即发出"订购或者拒绝提议。通过消费者的客户动作的内部非确定性选择来对任何这样可能的反应来建模：消费者迟早或甚至永远不会选择订购的回复。该订购回复可以"通过" mko 动作（c4，未给出）来关联到提议响应（Offe r response（s4））。 ■

11.8.2 方法论上的结果

技术：人类行为 (I) 我们通常通过内部非确定性来对人类行为的"任意性"来建模。有两个概念彼此区别：用户在一个可选择动作的集合 Act 中选择执行任一动作 act_i，以及通过用户或系统对该动作 b_x 的解释，也即引发的行为（behaviour）。

──────── 形式表述：人类行为的概念模型，I ────────

type
 Act == act_1 | act_2 | ... | act_n | ...
value
 f(...) ≡ ... b_p ⊓ b_s ⊓ b_d ⊓ b_c ...

Act 表示动作类型。f 定义了一个函数，它不受环境的影响（即任意地）非确定性地选择一个行为（behaviour）：b_p, b_s, b_d 或 b_c。每一选项的可能确定性的意义则能够被分别描述。适当的动作act_i：一些实际上可察觉的产生结果的动作，正如上文示例中通过对只有基调的函数（mk_x 和 $handle_y$）的使用所举例说明的那样；以及动作的性质：(i) b_p：专业的，(ii) b_s：马虎的，(iii) b_d：失职的，或 (iv) b_c：犯罪的。我们更喜欢把后者合并到前者中，也即，假定动作（mk_x 和 $handle_y$）的定义即包含所想要的动作也包括它们的性质。   ∎

技术： 人类行为 (II) 我们能够选择性地通过从集合和集合的子集中任意选取元素来对人类行为建模：

—————————— 人类行为的概念模型，II ——————————

type
   X
value
   hb_i: X-**set** ...→... , hb_i(xs,...) ≡ **let** x:X • x ∈ xs **in** ... **end**
   hb_j: X-**set** ...→... , hb_j(xs,...) ≡ **let** xs′:X-**set** • xs′ ⊆ xs **in** ... **end**

上文仅展示了反应人类行为的那些部分的形式描述片段。类似地，当描述错误支持技术或者内在世界的"不确定性"时，则使用宽松描述。   ∎

技术： 人类行为（III） 与上文相称，人类对规则和规定的解释不尽相同，并且不是总是"一致的"—— 在反复应用相同解释的意义上。

   因此我们最终的规约模式就是：

—————————— 形式表述：人类行为的概念模型，III ——————————

type
   Action = $\Theta \xrightarrow{\sim} \Theta$-**infset**
value
   hum_int: Rule → Θ → RUL-**infset**
   action: Stimulus → Θ → Θ
   hum_beha: Stimulus × Rules → Action → $\Theta \xrightarrow{\sim} \Theta$-**infset**
   hum_beha(sy_sti,sy_rul)(α)(θ) **as** θset
     post
       θset = $\alpha(\theta) \wedge$ action(sy_sti)(θ) ∈ θset
       $\wedge \ \forall \ \theta′:\Theta•\theta′ \in \theta$set $\Rightarrow$
          $\exists$ se_rul:RUL•se_rul ∈ hum_int(sy_rul)(θ)$\Rightarrow$se_rul($\theta,\theta′$)

上文必然是粗略的：存在有可能无限的各种各样解释一些规则的方式。人们在执行动作之中，解释可应用的规则并选择该人员认为适合某（专业的、马虎的、失职的或犯罪的）意图的那个。"适合"是指它满足意图，也即，动作被执行时在前/后格局对上产生 **true** —— 是否像发布规则和规定的人员所意图的那样。我们不讨论是否应用适当的规定的情况。   ∎

上文陈述的公理表达了它在领域中如何，而非我们想令其如何。对此，我们必须建立需求。这是第 V 部分的主题。

11.8.3 人类行为和知识工程

请参考第 4.1.1 节关于知识工程概念的首次但非常简短的探讨。

领域工程的目标是使得我们对领域的可观测现象和思维概念的实体、函数、事件、行为的理解精确。通过知识，我们在知识工程的狭窄上下文中理解就另外一个主体（的知识、信仰、诺言或承诺）而言，一个人（或机器，即一个主体）知晓的，或信仰的，或假设的，或承诺的。通过知识工程，我们理解这样的知识的（无论是非形式或是形式的）系统阐述。由此知识工程是就如下问题而言理解两个或多个实体关于其他实体的知识（等等）之间的关系对于另外一个实体所知晓的或信任的，这一实体知晓什么；一实体向另一实体承诺了什么（事物），后者则又可以向其他实体承诺其他或类似的事物；等等。当我们对人类行为建模时，知识工程的主题是非常重要的，但是在本书中我们不冒险进入计算机和计算科学的这一非常重要的领域。请参考关于这一主题的原创性的专题论文 [94]。

11.8.4 讨论

请注意第 11.6.2 节中规则和规定刻面的意义版本与目前这一版本的区别。前者反映了发布规则和规定的参与者所想要的语义。后者反映了那些执行遵循规则或违反规则的动作的类似"合格的"人员所想要的专业的，或马虎的，或失职的，或犯罪的语义。请同样注意这里我们没有举例说明任何规定。

11.8.5 提醒

我们提醒读者在关于领域的人类行为的本节开始之处所陈述的原则：

原则： 描述领域的人类行为刻面 当描述领域时，就其人类行为现象和概念对其分析。关注于对它们可能的分别描述。确保所描述的其他领域刻面的描述与领域的人类行为的可能多个的、可选择的描述相一致。

11.9 其他的领域刻面

我们已经举例说明和形式化了领域中人类行为的一些方面。我们已经非形式和形式地描述了我们如何对一些刻面（规则和规定以及人类行为）的一些方面进行建模。后者对我们通过领域刻面所指内容的一个更加适当的理论具有一些初步的帮助。我们已经探讨的领域刻面有：内在、支持技术、管理和组织、规则和规定、领域脚本和人类行为。现在问题就明显了：还有其他的刻面吗？我们避免现在给出答案。但是如果没有的话我们将会非常惊讶！换句话说，我们期望其他的实践和进一步地探索和实验研究以产生其他的刻面。由此读者应当注意这里所探讨的刻面是否足够了。更一般地讲，我们必须接受下面的原则：

原则： **领域刻面** 当非形式地或形式地对领域建模时，就以下内容对领域现象进行分析：一个或另一个当前标识的领域刻面，或其组合，是否足够对领域建模，或者你，开发者，是否必须发现（即标识、定义并找到）由一个或者多个用于对领域建模的原则、技术和工具构成的一个适当集合。   ▪

11.10 领域模型复合

从不同的刻面描述，领域工程师现在必须编织成物，第 11.10.1 节与其相关。领域工程师同样可能也必须形式化全部描述，第 11.10.2 节与其相关。

11.10.1 核对领域刻面描述

概述

可以在一定程度上独立地描述不同的领域刻面。试图标识并独立地分别描述这些刻面是个好办法—— 换句话说应用分离关注的原则。但这样做，描述者可能不必要地重复一些描述材料。这样的重复材料可能在细节上相异，由此可能制造不一致且引发读者脑海中的疑虑。但是在每一刻面的基础上分析领域并描述它可以有深刻的了解，并引出那些通过其他方式不可得的对领域的发现。

全面叙述

在每一刻面的基础上描述领域可以产生片段的、不连贯的（断断续续的、分离的）描述。为了避免它，把不同刻面描述的片段放在一起并把它们写成一个整个的全面叙述。在合并不同的刻面成为一个结构化的叙述中，领域工程师可以发现可能的不一致—— 由此就能及早去纠正它们。可能重新修订的（比如纠正的）"片段"不应被丢弃。它们能够作为可能能够澄清问题的学习材料。

从大的假象到小的假象，再到真实

────── 理解的黄金规则 ──────

> 通过对领域刻面逐个的分析和描述（包括形式化），开发你的领域理解—— 以及由此的第一轮领域描述，然后合并成为一个适于教学和教育（pedagogical 和 didactical）[17]的叙述（以及编辑过的形式化）。

构造全面叙述及其随附的形式化的一种经典方式就是把全部叙述阐述为叙述序列。开始时，叙述似乎涵盖了整个领域，很显然还有一些内在。但是后续的叙述阶段按照教育的方式选择其他的领域方面而详述了这一范围—— 无论它们是内在、支持技术、管理和经营的刻面，或者具有一些其他领域刻面性质的刻面。选择的顺序由书写者判断什么是好的教育教学来确定。有许多可能的顺序。我们可以把叙述的展开表达如下：

---

[17] Pedagogical： 教学的艺术和科学的。Didactic： 想要传授指导和信息以及快乐和娱乐的 [340]。

原则：从大的假象到小的假象，再到真实的原则。为了实现对某一论域流畅地、在教育教学上可靠地表达，通过叙述一个适当的假象来开始，将其称为一个大的假象，一个粗略的简化。接着继续用小的假象，也即更少的粗略的简化，来润色（"假的"）陈述。在这样做的时候，你应当令其合适，使得小的假象完美地适合大的假象，也即使得你在你的表达中不需改变任何事物，或者说仅是"完善"它。接着细述这些不那么粗略的简化，也即在讲述小假象的同时仍然遵循"适应原则"。最后，你已经添加许多细节，使得你已经讲述了"真实"，也即我们对论域的抽象作为该论域的真实抽象。由此"全部假象的极限就是真实"。 ∎

11.10.2 技术问题

在第 11.3.1 节，我们了解了从内在描述部分来复合内在描述的需要。在这一章，通过对许多刻面的探讨，我们现在已经了解从领域分离刻面的描述来复合全面、一致描述的需要。就像在第 11.3.1 节中，请参考如 RSL 模式工具的使用。请参考卷 2 第 10 章（模块化），其中我们探讨了 RSL 的模式概念（该卷的第 10.2 节（RSL 类、对象和模式））。非内在刻面的模式可以通过扩展基本（如内在的）模式以其他的类型、值、公理来表达。可以类似地使用模式的隐藏工具来表达不同但相符的模型。

11.11 练习

11.11.1 序言

请参考第 1.7.1 节，关于列出的贯穿全文的 15 个领域（需求和软件设计）示例；并请参考第 1.7.2 节的介绍性评述，关于"选定主题"这一术语的使用。

11.11.2 练习

练习 11.1 内在。 对于由你选定的固定主题。 标识并描述

1. 一些内在实体，
2. 一些内在函数，
3. 一些内在事件，
4. 一些内在行为。

练习 11.2 企业过程。 对于由你选定的固定主题。 标识并确认两个（"适度不同的"）企业过程。

练习 11.3 支持技术。 对于由你选定的固定主题。 标识并描述两个（"适度不同的"）支持技术。

练习 11.4 管理和组织。

1. 对于由你选定的固定主题。 标识并描述管理实体、函数、事件、行为。
2. 标识并描述你选定领域的可能的组织结构。

练习 11.5   规则和规定。 对于由你选定的固定主题。 标识并描述三到四个规则和相应的规定。

练习 11.6   脚本。 对于由你选定的固定主题。 标识并描述一个可能的脚本语言（示及语法，并粗略描述或叙述一个语义）。

练习 11.7   人类行为。 对于由你选定的固定主题。 标识并描述：

1. 特别期望的人类行为，以及
2. 特别不期望的人类行为。

练习 11.8   全面的领域描述。 对于由你选定的固定主题。 把你在练习 11.1~11.7 的解答中所给出的描述合并成为一个全面的领域描述。

领域获取

- **学习本章的前提**：现在你了解了什么构成了领域模型：其内在、企业过程、支持技术、管理和组织、规则和规定、脚本、各种各样的人类行为的描述，可能还有更多的刻面的描述。
- **目标**：你将了解如何收集关于领域的事实以及你将接着了解如何组织那些事实以进行以后的分析。
- **效果**：你将能够胜任领导和进行来自领域参与者的彻底的领域事实获取。
- **讨论方式**：语用的和系统的。

12.1 前言

特性描述：领域获取　通过领域获取，我们理解获取领域事实的过程，也即，从领域参与者引出（即捕捉）的过程，写下关于它们的描述的过程，以及对这些描述粗略地结构化（即粗略地组织，粗略地分类）的过程。　■

由此引出这一术语与获取不是同义的。引出代表获取过程的一部分。结构化（组织或分类）所指的不是基于任何严肃的、复杂的分析—— 后面才是它！它仅是一个索引，为了使得对这些规约了性质的领域描述单元所进行的某搜索过程变得便利。

获取涉及到参与者，且通常是许多的参与者。并且获取涉及把某事物写下来，即：领域描述单元。

引出是困难的。所以我们将进一步探究这一概念。但首先，让我们来审视一下我们必须引出、抽取、捕捉的是什么，即领域事实。

12.1.1 领域事实

特性描述：通过领域事实，我们理解被看作领域的（显然的）现象或（思维化的）概念的事物，作为实体，或者函数，或者行为（带有事件的进程）的性质。　■

12.1.2 领域事实引出

特性描述：通过领域事实引出，我们指如下的过程：学习领域，也即对领域的读取，与领域参与者谈话、面谈。你或参与者记录（可能借助于问卷）你的或他们的领域观念—— 即观点或视角, 也即领域的实体、函数、行为, 包括其事件的性质。这些实体、函数、事件、行为在领域中是现象上的, 即实际上显然的, 或者是概念上的, 即"思维化的"。   ▪

12.1.3 记录领域事实

特性描述: 通过记录领域事实, 我们理解不必是系统地、也不必是一致或完全地写下一个或另一个领域片段的零碎的粗略描述, 使得零零碎碎的这些中的每一个都构成一个领域描述单元, 然后它被适当地索引 (即分类、归类、命名)。   ▪

特性描述: 粗略地来讲, 描述单元的索引是一个标记, 关于所记录现象或概念的名字的一个或多个分类, 和/或参与者的名字, 和/或参与者群体的类别名, 和/或单元描述的是现象还是概念, 和/或现象或概念 (实体、函数、行为) 的类型, 和/或属性的类型, 和/或领域刻面的类型。   ▪

特性描述: 通过领域描述单元, 我们理解一些非形式或形式的, 通常粗略描述的文本。它开始描述某事物, 或添加对某物的描述, 且描述单元注释有某初始分类, 使得单元描述形成一个整体 (比如, 一个完整的句子)。   ▪

描述单元特意地是一个粗的概念。它反映了引出过程的性质。这一过程是探索性的, 甚至是实验性的: 参与引出进程的人们通常在引出的开始并不知道引出过程将把他们带到哪里, 也即什么将逐渐形成! 最终, 大量的领域描述 (也即领域事实记录) 单元将会形成。

例 12.1 **领域描述单元** 我们给出三个单元示例:

(i) 铁路网由线路和车站构成。初始 (粗略) 分类: 参与者: AA 小姐, 乘客; 现象/概念类型: 现象: 实体; 属性: 静态; 刻面: 内在; 现象名: 铁路网, 线路, 车站。

(ii) 人们可能执行如下的涉及简单活期银行账户的操作: 开户、存储、取款、转账、获取 (过去操作的) 账单、销户。初始 (粗略) 分类: 参与者: BB 先生, 银行出纳员; 主要现象/概念类型: 现象: 实体; 次要现象/概念类型: 现象: 函数; 属性: 惰性 (对于主要和次要现象); 刻面: 内在 (对于主要和次要现象); 主要现象名: 活期银行账户; 次要现象名: 活期存款、开户、存储、取款、转账、账单、销户。

(iii) 一个飞机旅程由一序列的两个或者多个航空港访问构成。初始 (粗略) 分类: 参与者: CC 先生, 飞行员 (机长); 现象/概念类型: 概念: 行为; 属性: 动态的; 刻面: 内在; 现象名: 飞机旅程, 航空港访问, ...   ▪

从上文的示例中, 我们注意到通常单元文本要 (远远) 少于分类。并且分类需要被精化为主要和次要现象和概念的类型、属性和刻面。

我们避免细述单元及其分类的可能形式。这样的细述对于获取过程的具体实例化才是适当的, 典型地会为其提供特定的工具。这里示及以上所涉及的问题就足够了。

12.1.4 索引领域描述的略述

特性描述： 通过索引，我们理解如下的"命名"：现象和/或概念名；参与者群体和该群体的一个或多个人；主要的（即定义的）和次要的（即使用的）思想是否是现象或概念；主要和次要现象或概念的种类；是否是实体、函数、事件或行为；相关的领域属性；相关的领域刻面：内在、支持技术等等。∎

基本上索引是一个非形式工作。进行索引是为了使得对一些性质的搜索变得便利：关于实体、函数、事件或行为名；或关于参与者群体或个人；或关于是否是现象或概念；或关于实体、函数、时间或行为；或关于属性种类；或关于刻面类别。也即，我们设想领域工程师在分析过程中可能希望就一些涉及上文所列出的一个或者多个分类类别的（逻辑）条件来回顾若干领域描述单元。

特性描述： 通过索引领域略述，我们理解以一个或多个分类索引来配备（即注释）领域描述单元的过程，其中这些相异的索引涵盖现象或概念名，参与者种类和人名，现象或概念种类和类型，领域属性和领域刻面。∎

12.2 获取过程

典型地，获取过程现在接着进行下面所列出的每一步骤的一个或（通常）多个回合（循环）：

(i) 参与者索引等的回顾：(i.1) 建立起来了"所有相关的"参与者的这样的一个列表吗？(i.2) 如果建立了，它是否足够呢？(i.3) 如果不是，则建立它，且回顾它。(i.4) 与标识的参与者群组和人们建立合同，即联络。

(ii) 领域文档的研究：(ii.1) 从不同的源头收集这样的文档：参与者、图书馆（书籍、期刊）、研究中心、因特网等等；(ii.2) 这些文档的相关性评价；(ii.3) 阅读相关文档；且(ii.4) 准备对领域描述单元（见下文的条目 (v)）记录。

(iii) 与参与者的随便谈话：(iii.1) 初始时，"放松"地与参与者亲自谈话，即聊天，(iii.2) 其目的是建立"融洽和谐的关系"，即信心、信任，(iii.3) 包括准备好对领域描述单元（见下文的条目 (v)）的记录。

(iv) 与参与者的系统的、基于调查问卷的会谈：(iv.1) 系统陈述和"打印"问卷（见下文）；(iv.2) 与随便谈话相关，分发或个人交付问卷；(iv.3) 收集适度完成的问卷；(iv.4) 并准备好对领域描述单元的记录（见下文的条目 (v)）。

(v) 领域描述单元的记录：(v.1) 存在有由被会谈和询问的参与者或（领域工程师）会谈者所进行的在纸上或电子式的记录；(v.2) 存在有这一记录在纸上或某存储媒体上的结果：由一个或者多个领域描述单元所构成的文档。

(vi) 领域描述单元分类：(vi.1) 然后对每一领域描述单元进行简要地独立审查，(vi.2) 即与其他领域描述单元的审查分离开来，(vi.3) 对于每一单元，附着有所有相关的以及所有能够确定的领域描述单元属性。

(vii) 领域获取过程回顾: 一旦在某一时间点上, 确信 "全部" 的领域描述单元—— 一旦所有这些都已收到且被索引, (vii.1) 对它们就如下进行审查: 这些已经引出了的是否构成了必要和充分的集合, (vii.2) 它们是否真正地表示了已经谈到的, 即 "审查" 精确性, (vii.3) 或者是否需要排除一些, 以及/或者需要更多的一些。

这一回顾过程考虑到这样的问题, 如: 所收集的描述单元集合是有代表性的吗 (所有被选择的参与者团体以类似或不同的考虑来回应)? 领域描述单元文本是可理解的吗? 回顾不是在分析集合的一致性、冲突或完备性。它紧接着领域获取过程。现在我们将适度详细地讨论上文中若干 "步骤"。

12.2.1 参与者联络

我们提醒读者第 9 章: "领域参与者"。

由此我们能够假定已经建立起来所有可能的相关的领域参与者的列表并已由领域描述开发的合同各方复查过。接下来就是实现, 以及与那些适当的、标识出的领域参与者群体成员进行联络和交互, 对于成功完成这一开发来说他们被认定为相关的。合同必须保证领域开发工程师和标识确认的领域参与者的及时可用。让我们把后者称作领域参与者代表。分别来自领域开发工程师和参与者的一对管理者必须确保对领域开发工程师和标识确认的领域参与者的时间资源即时、自由、及时地使用。我们可以把这一确保行为称作领域参与者联络。

12.2.2 引出研究

几乎每一应用领域都有其自身的文献, 它采用一种或另一种的形式, 或多或少地暗示了领域的一个或另一个片断。请注意最后一句中所包含的不明确表述。通过它, 我们指找到每一领域的好的书面描述不是总是那样的明显。

为了给读者了解一下可能的领域描述的原始资料, 除了一般的科技/科学期刊和出版书籍, 我们列出一些组织上的原始资料示例:

- **空中交通:** 国际民航组织[1] 出版期刊和报告, 组织关于航空、空中交通控制、空中导航等为主题的民航和其他会议、手册等等。
- **铁路系统:** 类似地, 国际铁路联盟[2] 出版期刊、报告、主题期刊、主题书目, 遵循欧洲的铁路系统法律, 等等。
- **港口:** 国际港口协会的主页[3]列出了港口会议的期刊和会议集的出版物等等。国际港务长协会主页[4]提供了一些关于港口研究的信息。类似地, 国际港口技术的主页[5]有望成为一个好的信息来源, 其 "合作者页" 列出了对于港口良好质量有兴趣的合作者。香港海事处[6]和新加坡海事和港务管理局[7] 提供了关于港口领域的其他非常好的信息。

---

[1] www.icao.int/。

[2] www.uic.asso.fr/home/home_en.html。

[3] www.iaphworldports.org/top.htm。

[4] www.harbourmaster.org。

[5] www.porttechnology.org。

[6] www.mardep.gov.hk/。

[7] www.mpa.gov.sg。

- **物流**：澳大利亚政府的交通和地区服务部主页[8] 为开始对物流领域的研究提供了有趣的参考。物流管理学院的主页。[9] 私人的单人公司物流世界主页[10] 似乎也同样是个好的参考源。脚注中的主页参考[11] 列出了物流所涉及到的采用一种或另一种形式的大量的运输组织（等等）。这些列出的成员不仅可以作为物流事务的参考，也可以作为比如空中交通、铁路、海运等等的参考。

- **医院**：国际医院联盟主页[12] 对于研究医院领域来说是一个非常好的起点。虚拟医院的主页[13] 也是一个相关的资料来源。欧洲标准化组织 CENELEC 的主页[14] 为健康信息学的欧洲标准化提供参考。最后，在葡萄牙阿维罗大学的健康信息系统专门兴趣小组的主页[15] 值得参考。

换句话说：基于因特网的搜索引擎是信息获取的主要工具。不过，在搜索适当信息的过程中，要耗费你的忍耐力了。

12.2.3 引出会谈

引出谈话的目的是建立和谐关系，构建每一领域参与者群体和分派来从各自领域参与者群体成员处捕捉领域事实的领域工程师之间的信任。在本节，我们将更近地考察会谈的过程及其后续过程。

重复一遍，领域工程师通过首先准备一个"适合"于手头的特定领域的定制的问卷调查来开始会谈。领域工程师同一个或者多个制定的参与者群体代表会面以便向他们介绍问卷调查。通过与这些代表一起浏览问卷调查，向其解释术语，以及回答会谈中可能产生的问题来进行这一介绍（"熟悉"）。然后，这些代表们个人或作为一个群体来填写他们自己相同的问卷调查拷贝。在填写问卷调查前，鼓励群体成员就任何"元问题"（即关于如何解释问卷调查中的问题的问题）的解决与领域工程师联系。最后，认为调查问卷已完成并返回给群体的领域工程师。

12.2.4 引出问卷

但是如何系统阐述这样的一张调查问卷？而且，只有一个回合的调查问卷会谈吗？我们可以立刻建议，只要领域工程师认为它是必要的，以在必要和充分的深度上涵盖不同领域参与者群体的观点，就应当有这么多的回合。也即，通常我们不能计划需要多少回合。对于不熟悉的、以前从未被描述过的领域，领域获取是一个研究过程——对于这样的研究，我们不能预先确定所需要的"回合"数量。但是我们能够给出一些一般的指导原则，关于如何系统阐述一张调查问卷，并且在这之后，我们给出这样的一张调查问卷的示例。

---

[8] www.dotars.gov.au。

[9] www.lmi.org。

[10] www.freightworld.com。

[11] www.transettlements.com/current resource pages/organizations.htm。

[12] www.hospitalmanagement.net。

[13] www.vh.org — partially outphased。

[14] www.centc251.org。

[15] www.ieeta.pt/sias。

一般的指导原则：调查问卷的结构和内容

现在我们知道一个领域描述应当像什么样子，它应当包含什么。也即，至少它应当包含领域参与者的枚举：他们的名字和类别。它应当包含就如下方面而言所选定的领域区间和范围的描述：一组描述单元，它涵盖每一可应用的刻面（内在、支持技术、管理和组织、规则和规定、人类行为、脚本），即强调不同的领域属性（时间和空间属性、连续属性、离散和混沌、静态和动态属性、可触知属性、维数属性等等）一组描述单元。最后，它应当包含一组描述单元，它们为每一刻面、属性、"事物"提供了类型和细节：该"事物"是否是一个现象或者概念，且现象或概念在空间上是哪一种：实体、函数、事件或行为。因此我们的问题应当使得参与者传达出这些刻面、属性和现象或概念种类给领域工程师。

特别的指导原则：调查问卷的结构和内容

当勾勒有关刻面、属性、现象或概念种类的问题时，必须使用与领域相关的示例来对领域调查问卷进行裁剪——"调整"。在下面的示例中，我们将用楷体字来示及这一"调整"。

例 12.2　调查问卷示例　在接下来的几页中我们展示面向医院中（护士、勤杂工、医师及类似的）健康护理工作者的一个很长的调查问卷示例。(0) 尊敬的参与者，请你"稳住心神"，即关注于——彻底地、在概念上——对你工作的思考。(0.1) 不是你期望你的工作是什么样子或成为什么样子，(0.2) 而是你的确认为它就是这样。

请不要把它理想化，或者带上你悲观或乐观的色彩，或者通过任何其他方式表达对其的意见。只是请你就其本身客观和忠实地讨论。

(1) 首先我们请你（参见下文的问题（1.1 和 1.2））告诉我们你工作中我们所称之为实体的事物，你所能够指向或你所能够构想的事物。

你工作的典型实体如下（现在我们枚举出一列的这样的事物）人：病人、护士、医师、技师、（病人的）亲属等等；物体：药、绷带、蒸馏水等等；工具：注射器、血压计、温度计等等；文档：病人医疗记录等等；其他工具：（有床等的）病房、（有设备的）操作间，等等，以此类推。

(1.1) 请通过命名它们，列出在你的日常工作中遇到的实体，无论是经常、有时还是很少。(1.2) 对于列出的每一实体，请描述其特点、性质及其使用——而不是它是一个好的实体或者不好的实体。

(2) 接着我们请你（参见下文的问题（2.1 和 2.2））告诉我们你工作中我们所称之为函数的事物，你处理实体的事物。

你工作的典型函数如下（现在我们枚举出一长列这样的事物）：以注射器把青霉素注射给病人；创建、编辑或拷贝病人医疗记录；把病人从病房的床转移到可移动的床，等等。

(2.1) 通过命名它们，请列出在你的日常工作中所执行的函数，无论是经常、有时或是很少。(2.2) 对于每一列出的函数，请描述其特点：什么事物加入执行这一函数，什么事物产生于已执行的函数。

(3) 最后，我们请你（参见下文的问题（3.1 和 3.2））告诉我们你工作中我们所称之行为的事物，涉及实体和激发你在不同方向工作的事件的过程函数序列，等等。

> 比如，你工作的典型行为是：会面、分析、诊断、治疗等等的过程，就像病人在住院时所经历的那样。 更详细些：病人住院的行为起始于接收入院—— 其间发生了会面、分析等等。然后接着的是转诊到病房，病房中的设备安装等等。典型地，经过一晚，等待手术治疗的病人准备手术，被送到手术室，准备好，执行手术，接着病人在特殊的"唤醒"（即重病特护）病房。 以此类推。

(3.1) 通过命名它们，请列出在你的日常工作中你观测到的或者参与的行为，无论是经常的、有时或很少。(3.2) 对于列出的每一行为，请描述其特点。

(4) 现在我们回到条目 (1) 并请你提供其他细节。 我们希望你做的是告诉我们更多有关你所列出的实体，以及你所描述的刻面。 在这样做的期间，如果你想起在你日常工作中遇到的事物，但你忘记首先列出它们，则请你把它们添加到原来的列表中。 现在对于每一实体，请考虑如下我们称之为 刻面的事物：内在、企业过程、支持技术、管理和组织、规则和规定、人类行为等等。

这里领域工程师通过理解自领域的各自示例来解释这些刻面的概念。

(4.1) 对于你列出的每一实体，请深入细节来描述你是否将其看作内在刻面、企业过程刻面、支持技术刻面、管理和组织刻面、规则和规定刻面、脚本刻面、人类行为刻面。

(5) 现在我们回到条目 (4) 并请你提供其他细节。我们希望你做的是告诉我们更多的关于你所列出的实体及你所描述的它们的刻面。在这样做的期间，如果你能想起在你日常工作中遇到的实体，但你忘记首先列出它们，则请你把它们添加到原来的列表中。现在对于每一实体，请考虑如下我们称之为属性的事物：时间和空间属性、连续及离散和混沌的属性、静态和动态的属性、可触知属性、维数属性等等。

这里领域工程师通过理解自领域的各自示例来解释这些属性的概念。

(5.1) 对于你列出的每一实体，请深入细节来描述你所认为的它具有的属性：时间和空间，连续、离散和混沌，它是静态或是动态的，接着的是它具有哪种动态，其可触知性，其维数。

(6) 现在我们回到条目 (3) 行为，并请你提供其他的细节。这些细节与如下事物相关联：能否改变所执行的一些函数的顺序，哪些事件会发生及所预期的反应，这样的事件可能指定什么样的人、物、信息和控制流。

(6.1) 对于你所描述的每一行为，请复查行为的动作是否可以以任意顺序发生还是以特定顺序发生；并请命名和描述你认为重要的事件：参与事件的人、物、信息和控制（刺激）。 ■

从领域到领域，从案例到案例（即合同到合同），领域工程师可以扩展或缩小上文所举例说明的调查问卷。

12.2.5 引出报告

现在领域工程师组合一份引出报告。粗略地来说，它由从被请求的参与者处得到的所有报告以及领域工程师对这些报告的如下的"快速"评价构成：它们的可信赖性及其索引。我们期望引出报告既是电子可得的，也是书面可得的。

12.3 讨论

12.3.1 概念和过程回顾

我们勾勒了领域获取过程中重要的概念和步骤：领域描述单元的概念及其索引；领域参与者群体和代表的标识和联络；领域获取调查问卷的概念和阐述—— 基于我们所知道的如何结构化领域模型且它必须包含什么。在这一列出中，我们同样包括了领域工程师对领域的研究过程；领域参与者面谈和领域参与者对调查问卷的完成过程—— 以及写出领域描述单元；索引的过程；领域获取应当结束还是继续的评价过程。

12.3.2 过程迭代

领域获取，特别是对于未接触过的领域（即全新的、不熟悉的领域）来说，是门艺术。它的关键在于它是面向研究的。就像已经暗示的那样，它当然在迭代中发展，并且很有希望快速确定它们是否足够快速地收敛，或者不是—— 甚至是发散。

12.3.3 描绘：获取和分析

这里我们已决定把领域获取过程与领域分析过程分离开来。作为两个过程，它们互相交互；后者可能产生令前者恢复的调用。就像术语"恢复"所暗示的那样，由此人们可以把它们看作协同例程。

对我们来说，本质上的区别是：获取过程是参与者密集的，并以粗略地描绘描述单元为核心。另一方面，分析过程不是参与者密集的，并以分析描述文档为核心且在形成概念。

12.3.4 原则、技术和工具

我们总结一下：

原则： 领域获取的原则是提供有助于人们揭露在人类的领域理解中存在的不一致和冲突以及发现那些认为潜在于领域中的概念的材料。◾

这真的是一件艰难的任务。从其本质上来说，它是需要训练的任务，更多是在科学而非工程上。在探索自然时，所阐述的原则同样是自然科学研究者工作的基础。

与其相配，我们阐述下一点。

技术： 领域获取技术，除了所有在本章早前提及的那些外—— (i) 参与者的回顾和联络；(ii) 标识、收集、阅读领域文献；(iii) 随便、探索性地与参与者对话；(iv) 系统阐述调查问卷和基于调查问卷的与参与者的会谈；(v) 记录这些会谈的结构；(vi) 收集和索引领域描述单元—— 也同样是 (vii) 回顾这些索引了的领域描述单元，也可以说就是它们的内容的核查。也即，确保 (vii.1) 索引的领域描述单元集合是必要和充分的，(vii.2) 该集合是精确的，并真正反映了真实的参与者观点。◾

工具： 领域获取 由于领域获取过程必然是非形式地，工具是：(a) 人的阅读和会谈，(b) 领域描述单元记录的处理，(c) 其处理方式便利了存储和检索 (d) 并允许专门化的程序（查询）（在以后）以便利领域分析为目的而得以表达和执行。 ∎

12.4 练习

12.4.1 序言

请参考第 1.7.1 节，关于列出的贯穿全文的 15 个领域（需求和软件设计）示例；并请参考第 1.7.2 节的介绍性评述，关于"选定主题"这一术语的使用。

12.4.2 练习

练习 12.1 领域描述单元。 对于由你选定的固定主题。 建议约 12 个领域描述单元—— 就好像引出自 4 个不同的参与者群体。

练习 12.2 领域描述单元索引。 基于你对练习 12.1 的解答，建议一些索引模式（的可能性）。

练习 12.3 领域调查问卷。 对于由你选定的固定主题。

1. 建议一个简短的精确陈述，它能够为领域调查问卷构成基础。
2. 然后系统阐述这样一个领域调查问卷。

13

领域分析和概念形成

- **学习本章的前提：** 你已经学习了关于参与者、领域属性、领域刻面和领域获取的章节。
- **目标：** 介绍概念形成的思想，介绍领域一致性、完备性和冲突的概念。
- **效果：** 引领你在成为专业的软件工程师，在领域工程中多才多艺的道路上走的更远。
- **讨论方式：** 非形式的，但系统的。

13.1 前言

特性描述： 通过领域分析，我们指对粗略的领域获取描述单元的阅读，目的是从它们形成概念，以及发现在这些领域描述单元中的不一致性、冲突和不完备性。

本章的题目是领域分析和概念形成。上文领域分析的特性描述既提及了概念形成，也提及了不一致性、冲突和不完备性。但是后面这些概念在本章的题目中没有提到。我们是指什么呢？我们是指我们必须去除负面：不一致、冲突和不完备性，同时获得正面：概念形成。由此我们在题目强调正面。但是对两者都会讨论，按照先是概念形成，然后是不一致性、冲突和不完备性的顺序。

13.2 概念形成

我们将了解有各种各样的概念在适当的概念形成中出现。我们从下文的第一节中所探讨的简单抽象概念到接着提到的巧妙抽象的"发现"或突破性概念来了解它。

13.2.1 简单抽象概念

我们基于给定的描述单元来举例说明一些概念的形成。所以首先我们给出一些描述单元。基于此，我们在接着的例子中才能够举例说明概念形成。

例 13.1 一些物流系统领域描述单元　我们给出在考察一个货物物流领域时所收集的一些（未索引的）领域描述单元：

- 可以把货物交付给卡车运输仓库、铁路货物站点、港口和空运货物中心。
- 可以通过卡车、货运列车、轮船来运输货物且卡车沿高速公路，火车沿铁路线路，轮船沿海洋线路，飞机沿空中走廊。
- 货物可以在卡车运输仓库、铁路货物站点、港口和空运货物中心处的卡车、火车、轮船和飞机之间交付，以及在这些卡车运输仓库与铁路货物车站、港口和空运货物中心重合等等的地点，在它们之间交付。
- 货物可以在卡车运输仓库、铁路货物站点、港口和空运货物中心提取。

上文的描述单元特意构造的，即定制的。

特性描述：领域概念形成 通过领域概念形成，我们理解从领域现象到概念的抽象。

尽管领域描述单元可能引用可立即实例化的（即可指定的）（现象的）实体，概念通常指这些类别的类。

例 13.2 物流系统分析和概念生成 我们首先给出一些分析，然后我们从（上文举例说明的领域单元）形成概念。

- 卡车运输仓库、铁路货物站点、港口和空运货物中心具有同样的种类：它们（暂时）存储（交付或传递的）货物以进一步传输或交付。由此我们把它们抽象为一类：中心。
- 卡车、火车、轮船、飞机都具有同样的种类：它们运输货物。由此我们把它们抽象为一类：运输设备。
- 高速公路、铁路线路、海洋线路、空中走廊都具有同样的种类：它们"通路"，沿着它能够运输货物。由此我们把它们抽象为一类：路线。

现在你了解到例 13.1 的"定制"示例是如何在这一示例中处理的。

概念形成通常引致更简单的描述。

例 13.3 部分的物流系统叙述

- 货物能够被交付给中心。
- 货物能够通过运输设备来运输。
- 卡车沿路线行进。
- 货物可以在中心从一个运输设备转交给另一个运输设备。
- 可以在中心提取货物。

我们特意构造的三组示例的简单序列，例 13.1～13.3，就结束了。

概念形成是就有经验的工程师而言的，它是门艺术——但是可以教授和学习一些原则和技术。抽象的原则和技术在这里适用——在最完全的程度上——并构成概念形成中所使用的主要的原则和技术。由于我们已经在别处讨论了这些抽象原则和技术[1]，这里我们将不再过多地讨论

---

[1] 我们在这一系列的关于软件工程的教材的卷 1 和卷 2 讨论了抽象原则、技术和工具。

抽象。但我们提醒读者，在阅读领域描述中我们应当找出所有那些一个现象 [或一个概念] 能够被抽象（为一个 [进一步抽象的] 概念）或者两个或多个现象或概念能够被"合并"（即抽象）为一个概念的文本。

每一被抽象的概念都需要仔细地定义。概念形成（即标识）要求重写领域描述文本，其中概念替换它所抽象的部分，以及把被定义的概念加到术语中。

13.2.2 突破性被抽象概念

在某种意义上，"简单抽象"概念的问题是它们实际上并没有引入新的事物！那么，为什么一定是新事物呢？有时"突破性"概念可以令我们的世界颠倒过来并极大地简化事务。

很明显这里我们需要一些非形式示例。

例 13.4   突破性概念

考虑一下大约 1925 年。飞机在地磁北极上空或靠近（当前 2006 年，在北纬 82.7° 西经 114.4°）是不可能的。如果人们请科学家设计一个工具来就此得到帮助，可以想到他们很可能发明了一个非常复杂的六分仪来让天体指引飞机。然而基于陀螺仪的惯性制导概念解决了这一问题。也即，从传统的天文物理工具的抽象在某种意义上用通常无法和天文学取得关联的其他物理工具取代了它们。

考虑一下 1880 年。对大脑进行外科手术—— 来了解是什么问题，且如果必要，移除癌症病灶—— 是不可能的。但前景已隐然出现。情况改善的很快，为这样的外科手术设计适当的工具的要求本来会引致非常精细的机械和手工操作的锯、剪刀、手术刀微机器人。然后一段时间过后，X 射线技术取代了"所有这些"。也即，X 射线现象取代了锯、剪刀、手术刀的机械微机器人现象。对必须开颅和隐形穿透的抽象已经发生。

从我们自己的论域：计算以及特别是软件，让我们考虑函数抽象：把一从 A 到 B 的函数提升为从时间（Time）到（从 A 到 B 的）函数的时态函数。或者，使得 Y 元素的数据类型 X 成为抽象的、参数化的可实例化 E 的数据类型 X(E)，比如一个实例就是 Y，另一个就是 Z。这一想法在关于脚本的节 11.7 中展示过，其中我们能够分解现成的、"烧进银行业务软件系统的"银行业务为可独立程序设计的银行脚本语言的程序，这可能够得上一个发现。∎

但实际上当我们提及可能是革新性的发现（即突破）时，我们还想着更加"革命性"事情。在软件工程师的日常生活中实际上从事这些类型的事情。我们不能为其做计划。不过，我们能够为简单抽象概念的"交付"做计划并给予期望。人们可以寄望于突破。它们成为团体财富，可能不能被交易，但在竞争态势中具有优势。

13.3 一致性、冲突和完备性

冲突是不一致的一种形式。"剩余的"不一致可以在领域参与者之间解决—— 在领域工程师的帮助之下。完备性是一个相对的问题。我们现在探讨这三个概念。

13.3.1 不一致性

特性描述：通过领域描述的不一致性，我们理解一些文本的对（或更多），其中一个文本描述一个性质（的集合），而另一个（文本对或更多文本中的）文本描述一个"相反"的性质（的集合），也即，性质 P 和性质 非 P。

例 13.5 **领域描述不一致性** 如下的两个未索引的描述单元表达了一个不一致：在 5 am 和 2 pm 之间火车以 12 分钟间隔运行；在 11 am 和 7 pm 之间火车以 15 分钟间隔运行。

上文示例中的 P 是在 11 am 和 2 pm 之间火车以 12 分钟间隔运行；上文示例中的非 P 是在 11 am 和 2 pm 之间火车不以 12 分钟间隔运行。

在需求工程中具有其基础的当前研究探讨了适度自动化地探测领域描述（或需求规定）单元集合的不一致性问题（同样的研究人员也提出了这些问题的工程解决方案）。这样的提议暗示了形式地表示描述/规定单元逻辑，接着提议关注于这些形式的特殊情况以及能够机械化什么样的工具支持。由此我们提醒读者注意切实可行的此类工具，若（当）它们在商业上可以得到并得到支持（时）。

13.3.2 冲突

特性描述：通过领域描述的冲突，我们理解领域描述不一致性，其中一些领域参与者严格地遵循一组领域描述，而它们与其他参与者严格遵循地另一组领域描述不一致——使得这一冲突只能通过在多达若干个的管理层之间的协商来得以解决，包括可能的企业过程再工程。

能够通过领域参与者之间的讨论得以解决（即消除）的不一致不是冲突。冲突通常根深蒂固，且不在领域工程师能够解决的权力之内。

13.3.3 不完备性

特性描述：通过领域描述的不完备性，我们理解一个描述，它令一些实体的一些值、一些函数参数/结果值关系或一些进程行为是开放的；或者它暗示了实体属性、函数参数/结果对或行为选择的一些可选的可能性，而没有示及（即描述）所有（显然的）这样的可能性。

例 13.6 **领域描述的不完备性** 我们给出一些示例：

成年乘客付全款，孩童半价。 一个不完备可以是对于乘客以及由此的成年和孩童乘客指什么没有领域描述，或者说没有涵盖士兵、学生、受补助人员的运输费用。

自由钢轨单元是可用于调度的单元。**锁定的火车单元**是已经被调度但尚未被火车占用的单元。**被占用的火车单元**有火车经过它。 一个不完备性可以是对于已经有火车经过的钢轨单元可能还不能用于调度而没有描述。

可以使得不完备的领域描述变得完备，或者就这样。最终不完备的领域描述可以是表达对任何认定的不完备性进行"修复"的领域需求的源头。

13.3.4 宽松和非确定性

特性描述： 通过宽松的领域描述，我们将其等同于不完备的领域描述，但是其中宽松是特意留出的。 ∎

特性描述： 通过非确定的领域描述，我们理解特意留出如下的描述：函数参数/结果值、多项行为中的选择、事件的排序等等。 ∎

例 13.7　**非确定的领域描述**　我们给出一些示例：

人没有被进一步定义。

函数 f 被应用到任意整数值时产生值 3 或以上。

用户使用任意顺序发出一系列的**查询**和**订购**命令。 ∎

13.4 从分析到合成

一旦完成了适度彻底地分析和概念合成，领域工程师就能够根据前面的章节所勾勒的原则和技术创建领域描述（即领域模型）了。在本章探讨分析之前，在由若干关于领域工程的章构成的本书的这一部分，我们已经探讨了领域描述（即合成）主要问题的原则和技术。重复一下，按照它们在领域工程中实际序列的相反顺序来讨论一些开发阶段的原则和技术的原因是在我们讨论领域获取原则之前我们必须首先了解什么构成了一个领域描述。分析接着获取。

13.5 讨论

13.5.1 概述

这一章与第 21 章密切相关：需求分析和概念形成。建议读者阅读第 21 章之前仔细阅读这一材料。在学习完第 21 章后，鼓励读者比较这两章：第 13 和 21 章。

有哪些工具支持是可用的以发现不一致性和不完备性？为了正面回答这一问题，我们需要思考一下我们的描述单元的形式：如果使用非形式语言，即没有任何形式语义或证明系统的记法，来阐述它们，则只能求助于人类思维和非形式但精确的推理。如果使用形式语言，即具有形式语义或证明系统的记法，来阐述他们，则可以尝试模型检查和定理证明。在这几卷的这一版本中，我们将不试图进入到这一重要领域，除了说明的确存在有工具和技术来帮助发现领域不一致性和不完备性。

13.5.2 原则、技术和工具

我们总结一下：

原则： 领域分析原则应用于领域描述，将确保描述是一致的、适度完备的，且基于指代和被定义概念构成的相对较小集合的令人满意的集合的"狭窄之桥"的原则。 ∎

原则： 概念形成原则应用到领域描述，将确保描述是基于"有效的"（即令人满意）的概念。

技术： 当应用到非形式领域描述时，包括非形式的描述单元，领域分析技术也类似地是非形式的。当应用到形式化的领域描述时，包括非形式描述单元，所倾向的技术关注于"抽象解释"：从静态数据和控制流分析，到形式描述文本的符号"执行"，接着是对结果的人工解释。

技术： 发现概念的技术自然是那些探索和实验、怀疑、推测和驳斥的技术。这一探索技术又需要其他的技术，通常是那些好奇心、科学态度的技术。

读者在概念形成的特性描述中已经了解到需要（人的）才智。就是如此。

工具： 当领域分析被应用到非形式领域描述时，包括非形式的描述单元，工具也类似地是非形式的：人的智力，以及好的文本处理工具。当领域分析被应用到形式化的领域描述时，包括非形式的描述单元，工具包括那些能够对形式文本执行抽象解释，也即流分析的工具。

工具："目前可用"的唯一的概念形成工具就是人的智力。

13.6 文献评注

在本章提及如下的研究人员—— 为需求工程领域作出巨大的贡献—— 由于他们的工作面向工具的性质及其同领域工程的相关性：John Mylopoulos、A. Borgida、L. Chung、S.J. Greenspan 和 E. Yu：[122, 123, 248–250, 375]；Joseph A. Goguen、M. Girotka 和 C. Linde：[119, 120]；Axel van Lamsweerde、A. Dardenne、R. Darimont、M. Feather、S. Fikas、R. De Landtsheer E. Letier、C. Ponsard 和 L. Willemet: [74–76, 98, 207, 210, 211, 356–362]。

13.7 练习

13.7.1 序言

请参考第 1.7.1 节，关于列出的贯穿全文的 15 个领域（需求和软件设计）示例；并请参考第 1.7.2 节的介绍性评述，关于"选定主题"这一术语的使用。

13.7.2 练习

练习 13.1 领域的不一致性。 对于由你选定的固定主题。尝试创建 3 或 4 个不一致的领域描述单元示例。

练习 13.2　　领域冲突。 对于由你选定的固定主题。 尝试创建冲突的领域描述单元的两个示例。

练习 13.3　　领域概念。 对于由你选定的固定主题。 尝试创建许多，如四个或更多的领域描述单元，并通过简单的分析从其提出至少两个概念。

领域验证和确认

- 学习本章的**前提**：你已经适度掌握了前面的领域工程阶段：从领域获取，到分析和概念形成，再到领域描述（即领域建模）。
- **目标**：简要介绍领域验证（包括模型检查和测试）和确认的概念，以及探讨随之而来的一些原则和技术。
- **效果**：完成你的教育和训练，使得你成为专业的领域工程师。
- **讨论方式**：非形式的。

—— 正确的领域—— 领域正确 [40] ——

- 领域确认：确认以得到正确的领域。
- 领域验证：验证（模型检查，测试）以令领域正确。

14.1 前言

让我们首先回顾一下我们在描述领域开发过程中的位置及其方法原则和技术：

(i) 首先我们关注于领域建模的核心方面：领域模型"是什么"和"怎么做"。我们可以把这称之为"生产技术"。(i.1) 我们在第 5 章探讨了现象和概念抽象的概念，(i.2) 在第 10~11 章中探讨了所描述的在领域模型中的事物的属性和刻面。(i.3) 期间，在第 9 章我们探讨了参与者及其观点的问题。这一探讨解释了领域模型应当包含"什么"，可能的抽象，"反映的"刻面—— 特别地—— 就所要面对的参与者和所要处理的观点而言。

(ii) 接着我们更多地关注于"怎么做"。较"生产技术"而言，我们可以把这一"怎么做"称作"过程技术"。(ii.1) 首先，我们关注于第 12 章的领域获取的过程、原则和技术，这"开始"了领域开发的工作。(ii.2) 接着我们在第 13 章探讨了领域分析和概念形成的过程、原则和技术。在领域获取、领域分析和概念形成之后，随之而来的是真正的领域建模。最后，我们关注于领域确认和验证—— 本章的主题。

就领域开发过程的顺序而言，上文回顾的目的是整理一下章节的某种"相反"的顺序。现在我们能够总结一下领域开发过程（甚至在我们探讨了验证和确认的概念之前）。在产生适当的信息文档之后：需求和想法、概念、范围和区间、纲要、合同，人们接着标识确认领域参与者并建立与领域参与者群体的成员的联络。接着我们来到领域获取：面谈、研究、调查问卷表述和领域参与者对其的应答，以领域描述单元索引和一份引出报告结束。这一获取过程之后紧接着的是领域分析和概念形成。然后我们进行实际的领域建模。最后，我们执行领域验证和确认。

14.2 领域验证

在这一章，我们同样使用验证这一术语来涵盖模型检查和测试概念（在关于需求确认和验证的第 22 章我们也这样做）。

特性描述：通过领域验证，我们理解一个过程及产生的（分析）文档，其中分析了一些领域描述以确定所描述的事物是否满足特定的（所生成的或所期望的）性质。   ∎

所以—— 实际来讲—— 领域确认和领域验证之间的区别是什么呢？

- 在确认中，我们考察领域模型以确保我们正在对领域参与者所认为的领域进行建模：确认得到正确的领域模型。
- 在验证中，我们考察我们的领域模型是否一致，就像领域工程师所期望的那样：验证使得领域模型正确。

(上文常被引用的区别似乎首次是由 Barry Boehm 在 [40] 中陈述的。)

验证伴随着确认：既需要确认也需要验证。通常验证先于确认。典型地，验证工作进展如下：非形式或形式地表述所期望的领域模型性质—— 不能从领域描述立即知晓的性质。接着执行"文字"论证的"证明"，或某种形式的符号测试，或形式证明，或模型检查以检查所期望的性质对于领域模型成立。

所以，重新整理一下术语，对于我们来说验证包括：(i) 非形式推理：(i.1) "文字"论证的"证明"；(i.2) 测试；(ii) 形式推理：(ii.1) 形式证明和 (ii.2) 模型检查。不过，通过非形式推理，我们指通过"文字"论证的"证明"。

14.2.1 非形式推理

特性描述：通过非形式推理，我们理解仔细措辞的一系列论证，它作为一个整体使得听众对所做结论的有效性确信不疑。   ∎

人类经常推理，但是在这样做时并不总是仔细认真的。非形式推理需要极大的小心。

14.2.2 测试

特性描述：通过测试，我们理解为领域描述提供有所有相关参数的设定值（测试数据），接着为这些参数而对描述求值（"执行"）。测试则为这些参数产生一个描述的"最终值"。   ∎

这样的一个"最终值"可能是一个复杂量。典型地，最终值可以是一个执行序列或者描述点的迹，对于序列（即迹）的每一步骤都有一个变量值的集合。

　　换一种表述的方式：测试是为正确性声明（或证明）寻找反例的系统性查找。直到最近测试基本上都是基于试探的科学。测试很重要的一部分是文本分析。如果领域描述部分已经被形式化了，则基于理论的测试技术（能够）被开发且能够用于测试。第 29 章第 29.5.3 节更详细地探讨了测试。

14.2.3 形式证明

特性描述：通过形式证明，我们理解一个给定的领域描述，要证明的语句（定理）及领域描述满足这一语句的证明：这一证明引用了表达领域描述的语言的证明系统（公理和推理规则），且是由步骤复合而成的序列，其中序列中的每一步骤都类似于一个定理（引理）、一个语句，其中证明序列中的步骤对是通过公理和推理规则关联起来（即论证的）。　■

14.2.4 模型检查

特性描述：通过模型检查，我们理解 [55]　形式验证通常是并发的系统的方法。系统通常极大的、实际上是无限的状态系统被约简到可处理的有限状态系统。
　　我们为这一特性描述添加如下内容：在模型检查中，程序设计了要被检查事物的某种可执行的抽象。然后该模型要进行特定形式的执行，其中检查了所规约的性质。比如，这些执行检查模型是否能够进入特定的状态。

典型地，把有关这样的有限状态系统的领域描述表达为时态逻辑公式。使用有效的符号算法来遍历系统所定义的（状态机）模型，来检查领域描述是否成立，即模型执行是否"进入"了适当的状态，尽管是对系统可能状态的"约简"了的集合。通常极大的状态空间能够在几分钟内遍历。关于模型检查的原创性的著作是 [25,56,167]。

14.3 领域确认

特性描述：通过领域确认，我们理解一个过程及其产生的（分析）文档，其中领域参与者和领域工程师共同检查了一些领域描述文档，通过参考引出报告和参与者对其领域可能现在所理解到的，正面和/或负面地回顾所描述的任何事物。如果必要的话，这包括指出可以改变引出报告的描述不一致性、不完备性、冲突和错误。　■

领域确认可能是与领域验证工作交织在一起的，见第 14.2 节。

14.3.1 领域确认文档

　　为了执行领域确认，确认者需要如下的（输入）文档：(i) 领域参与者列表；(ii) 领域获取文档：调查问卷，索引了的描述单元集合；(iii) 粗略描述、术语表、叙述，以及可能的——若产生了—— 形式化文档，它们构成了真正的领域描述；(iv) 领域分析和概念形成文档。也即，确认者需要访问（目前）在领域建模中所产生的基本上所有的文档。

为了完成领域确认，确认者产生如下的（输出）文档：(i) 可能更新了的领域参与者文档；(ii) 可能更新了的领域获取文档；(iii) 可能更新了的粗略描述、术语、叙述，以及——若相关的话—— 形式化文档；(iv) 可能更新了的领域分析和概念形成文档；(v) 领域确认报告。现在我们探讨必要的非形式验证过程的一些方面。

14.3.2 领域确认过程

领域确认依如下进行：领域工程师和参与者"坐在一起"，逐行地回顾领域模型，就以前引出的领域描述单元对其进行探讨，同时记下任何不一致。

在进行领域确认时，领域参与者通常阅读非形式的但精确且详细的叙述描述。没有假设他们具有阅读形式化的能力。相反：假设他们不能阅读形式规约。

对于适度大型的项目，消费者可以雇佣专业的咨询人员，他们同样也能研习形式化。这就像未来的轮船所有者雇佣劳埃德船级社（Lloyd's Register of Shipping） [220][1] 来检查船的设计以为保险公司承担保险风险做准备。[2]

领域确认（和验证）以签字的领域确认（和验证）报告而结束。这一报告或者肯定领域模型，或者指出在引出报告、领域分析和概念形成报告、领域模型中所需的纠正。

14.3.3 领域开发迭代

由此领域验证（和确认）可以是迭代的过程，可能与其他的领域验证、其他的引出报告工作、其他的领域分析和概念形成工作以及其他的领域建模工作交替进行。领域确认过程可能以其他的领域确认（和验证）工作结束。

14.4 讨论

14.4.1 概述

本章与第 22 章密切关联：需求确认和验证。在读者阅读第 22 章之前建议读者仔细地回顾这些材料。在学习完第 22 章，鼓励读者比较这两章：第 14 和 22 章。

我们已经探讨了领域确认和验证的一些方面—— 在同一章之中，因为它们在许多方面互相关联。并且我们使用了术语验证，主要是代表形式证明，但其次同样也代表模型检查和测试。

14.4.2 原则、技术和工具

我们总结一下：

原则： 领域确认 确保所描述的领域是正确的领域。 ∎

---

[1] 或者类似这样的公司，如挪威船级社（Norwegian Veritas） [256]、法国国际检验局（Bureau Veritas） [48]或 TÜV [352]。

[2] 这些以及类似的设计质量保证公司的职员，经常是非常有经验的软件工程师，他们熟练地使用形式软件开发和验证方法。

原则： 领域验证 揭开领域理论，即令领域描述正确。 ∎

技术： 领域确认 总之，人的合作性文档审查（第 14.3.2 节）。 ∎

技术： 基于形式描述的领域验证技术包括那些使得（所提出的引理和定理的）形式验证、模型检查和测试成为可能的技术，而基于非形式描述的领域验证技术基本上等同于非形式的精确推理。 ∎

工具： 由于领域确认基本上是非形式过程，工具就是那些支持在领域描述单元、领域叙述性描述、领域术语之间文档的交叉引用以及基于这些文档的数据挖掘的工具。 ∎

工具： 基于形式描述的领域验证要求这样的工具，比如，证明辅助和定理证明器、模型检查器、测试生成器和测试监测器；而基于非形式描述的领域验证则基本上要求人工推理。 ∎

14.5 练习

14.5.1 序言

请参考第 1.7.1 节，关于列出的贯穿全文的 15 个领域（需求和软件设计）示例；并请参考第 1.7.2 节的介绍性评述，关于"选定主题"这一术语的使用。

14.5.2 练习

本章的前 4 个练习（14.1~14.4）是闭卷练习。这表明你在适当的章节查找我们对问题的解答之前，你尝试着写下若干行，如 3-4-5 行的解答。

练习 14.6 和 14.5 测试了问题解决者领导由两个或者多个的领域确认者和领域验证者构成的小组的能力。

练习 14.1 领域确认文档。 为了开始适当的领域确认，哪些是需要的领域开发文档？哪些是产生的文档？

练习 14.2 领域确认过程。 简要地，即用若干条，概述领域确认过程。

练习 14.3 领域验证，模型检查和测试。 简要地，用若干条，解释形式验证、模型检查和测试的概念。

练习 14.4 领域确认和领域验证。 使用两条来解释领域确认和领域验证的目标之间的区别。

练习 14.5 特定领域的验证。 对于由你选定的固定主题。 基于你对练习 10.1~10.7 和/或练习 11.1~11.7 中的一些问题的解答，建议最好是三个或更多的问题，在领域验证中它们可能需要特别的关注。

练习 14.6 特定领域的确认。 对于由你选定的固定主题。 基于你对练习 10.1~10.7 和/或练习 11.1~11.7 中一些问题的解答，建议最好是三个或者更多的问题，在领域确认中它们可能需要特别的关注。

15

领域理论

- **学习本章的前提：** 你已经学习了关于领域工程的章节。
- **目标：** 非常简要地示及领域理论是什么，给出如何建立领域理论，概述可以把领域应用到什么地方。
- **效果：** 有助于确保许多领域理论实际上被建立起来。
- **讨论方式：** 论证的。

15.1 前言

在我们适度掌握对软件的需求之前，我们不能设计软件。在我们适度掌握软件所服务的领域之前，我们不能表达需求：

- 一位机车工程师在设计机车传动系统时，大量地使用了力学理论的基本定律，而且如果他没有经过认证的深厚的力学定律知识，则不会雇佣他。
- 一位无线电通信工程师在设计无线电天线时，大量地使用了与麦克斯韦公式相关的理论，如果他没有经过认证的深厚的电磁波传导定律知识，则不会雇佣他。
- 一位土木工程师在设计桥梁时，大量的使用了结构静力学理论，如果他没有经过认证的深厚的结构静力学知识，则不会雇佣他。
- 一位航空航天工程师在设计如超音速飞机时，大量地使用了空气动力学理论，如果他没有认证的深厚的空气动力学、热力学、水动力学知识，则不会雇佣他。
- 今天，在没有任何关于交通、保健、金融服务、生产、销售、市场和物流理论来参考的情况下，经常要求软件工程师为各种各样的领域开发软件，如交通（包括铁路）、保健、金融服务、生产（制造）、电子商场（消费者、零售商、批发商、生产者和分销商）等等。另外，没有期望软件工程师相当了解任一这样的领域。

很明确，这样的情况是不可接受的。在本章，我们将非常简要地概述"领域理论"的思想。

15.2 什么是领域理论

对我们来说，理论是由许多公理、推理规则和从这些证明得到的定理构成的数理逻辑结构。领域理论就是一个理论，其模型之一是一个特别标识出来、被抽象的或被实例化的领域。

典型地，领域理论是基于领域模型的——使用一个或者多个形式规约语言来表达——公理和推理规则属于这些语言，（零个、一个或多个）定理是关于领域模型性质的（进一步）陈述。

特性描述： 通过领域理论，我们理解应用领域的理论。

也即：一个公理集合，一些归纳规则，以及证明自公理和归纳规则的一个引理和定理集合。

因此领域理论应用于一个非常特定实例化的领域：就在那里的那家医院。或者领域理论应用于一个普遍的，即一大类：所有的医院系统。或者领域理论应用到某一小类：丹麦的医院系统。

15.3 领域理论的陈述示例

我们陈述一些定理示例，可以证明它们对于下文所示及的领域示例的适当的领域模型来说成立。

例 15.1　铁路

1. **上帝不玩骰子：** 沿一条铁路线路从一个车站到另一个车站的两辆火车不会瞬时改变位置。
2. **基尔霍夫定律：** 在火车时刻表以 24 小时为模规定火车交通的假设下，在火车是准时的且火车不会突然消失的假设下，我们得到在 24 小时的期间内，进入一个车站的火车数量减去在该站不再服务的抵达（即结束旅程的）火车，加上在该站开始它们的服务的火车数量，等于离开该站火车的数量——对于所有的车站。
3. **没有幽灵火车：** 如果在任意两个时刻，任一特定的火车在那两个时刻是交通的一部分，则任一这样的火车在那两个时间之间的所有时刻都是交通的一部分。

请参考练习 15.12。

例 15.2　物流系统 物流是通过零个、一个或者多个的有限数量的中心，经过中心之间的连接，货物从一个中心被运送到另一个中心。

4. **生活就像一条排水渠，你所放入的就是你从其得到的 (I)：** 假设交付到物流系统中的所有货物都始终能够被解释清楚，[1] 我们得到在物流系统中在途中的货物数量就是进入到物流系统中的货物数量减去交付自物流系统的货物数量的差。
5. **单调进展：** 假设严格遵循货单，假设这样的运货单实际上规约了某种形式的"最直接的"（经济上最便宜的，或时间上的（即时间最短的），或距离最短的）路线，并假设货物不会在某中心无限期的延误下去，我们得到：货物向最终目的渐进地运输下去。

请参考练习 15.7。

---

[1] 遗失的货物当从轮船、卡车或货运列车减少且注意到其遗失时，实际上就得到"解释了"。

例 15.3   保健

6. 没有克隆: 医院中的病人、保健工人,或者探访者在任意时刻在医院中最多只能出现在一个位置。

请参考练习 15.8。   ■

例 15.4   金融服务

7. 无货币印刷: 在金融机构之间的金融交易(银行之间的货币转移,或从/到保险公司、证券经纪商、证券管理者等等)本身并没有"生成货币":在这些系统之中的货币总额没有改变——货币只是被"移动了"。

8. 生活就像一条排水渠,你所放入的就是你从其得到的 (II):(银行、保险公司、证券经纪商、基金管理者等等的)金融系统中总额的唯一变化就是驻留在这一系统中的客户存款或取款。

请参考练习 15.6。   ■

15.4 可能的领域理论

我们已经示及了许多可能的领域理论。比如,参见 11.2.3。按照字母序[2]列出,它们中的一些是:

- 空中交通(air traffic): 空中的"系统"(包括到机场跑道、停机坪的着陆和从其的起飞——后者包括登机门的某一部分),(起飞进入时的,或者着陆时离开的,或者事故性地坠落到地面的)空中的飞机,地面、终点、区域和大陆控制中心的布局,再加上在这些"系统"构件之中及之间所有它们可外部观测到的事件,可以构成一个领域。这些事件中的一些触发动作,比如:处理起飞请求(事件)、起飞、改变航程、着陆(准备着地事件以及在该事件之后的立即动作)等等。

- 机场(airport): 登记柜台、(到/从机场,以及行李交付的)行李处理、安检、可能的护照(或类似)检查、登机门、配餐、飞机清扫服务、飞机加油等等的"系统",再加上在这些"系统"构件之中或之间所有它们可外部观测到的事件,可以构成一个领域。这些事件中的一些触发动作,比如:登记、进入(或离开)登机门、订餐、卸载行李等等。

- 金融服务(financial services): (包括国家银行或联邦银行等等的)银行、保险公司、证券代理商和交易商、证券交易所、证券管理者,以及这些"构件"的外部客户(银行账户持有人、保险持有人、证券的买方和卖方等等)所构成的系统,再加上在这些"系统"构件之中和之间、在它们和它们的客户之间所有可外部观测到的事件,可以构成一个领域。这些事件中的一些触发动作,比如:开户、存款、取款、转账、买或卖股票等等。

- 物流(freight logistics): 货物的发送方和接收方、运输公司(卡车公司、货运铁路、轮船公司、空运货物公司)、路线(道路网、铁路网、航运线路、空中线路)、中心(卡车

---
[2] 译者注:按英文字母序。下文中给出原文的英文以使读者明了。

仓库、铁路车站、海港、机场）的系统，以及在这些"系统"构件之中及在它们和它们的客户之间的所有可外部观测的事件，可以构成一个领域。这些事件中的一些触发动作，比如：查询、预订货物运输、（发送方和接收方）交付或接收货物、在中心从运输器卸载到中心，以及类似的装载等等。

- 铁路（railways）：铁路网（线路和车站）、全部机车、时刻表、火车交通、乘客、货物的系统，以及在这些"系统"构件之中和之间、在它们和它们的客户之间所有可外部观测的事件，可以构成一个领域。这些事件中的一些触发动作，比如：计划对铁路网的改变、计划新的时刻表、调度和分配全部机车、维护、职工职务和值班时间登记、信号和转辙、购买乘客车票、进入列车等等。

15.5 我们如何建立一个理论

在上面的节标题中所提出问题的解答有若干部分。

- 领域工程：一方面，如本书这一部分所规定的这样做。但是要比我们所展示的更多一些：建立"有趣的"定理并证明它们；与领域的参与者交互。
- 合作的科学：另一方面，聚起一个实际上对同一领域感兴趣的研究和领域工程师同事的团队，让他们一起工作。为合作和文档交换建立起一些公共化和接口的基础。不要忘记和领域的参与者交互。
- 社会科学：安排工作专题讨论会，发表论文，等等。展示你的工作。令其被相关团体（计算机科学家、可能的领域科学家/研究者、参与者）接受，或者也可能被拒绝。

关于建立一个领域理论的当前尝试的例子，到如下的网上站点"冲浪"一下：

- `http://www.railwaydomain.org`。

从上文以及所引用的 URL 可以了解到，一般来说，从事对领域理论的建立、研究和开发是一个"巨大的挑战"。请参考第 32.4.2 节。

15.6 领域理论的目的

我们重复一下建立领域模型以及由此的领域理论的目的。它们在第 4.3 节中首次给出。

- 获得理解，
- 获得灵感并产生激励，
- 展示、教育和训练，
- 断言和预测以及
- 实现 —— 后者也作为企业过程再工程和软件需求的基础。

能够给出另外一个也许利他主义的原因：

- 促进科学 —— 在发现新的建模方法原则和技术的意义上，包括使得一个模型成为使用其他不同的形式语言来表达的若干模型的复合的那些原则和技术，由此需要它们的形式基础的整合。

15.7 总结性原则、技术和工具

我们在下文进行总结。

原则： 领域理论的原则是获取理解，获取灵感，并产生激励，展示、教育和训练，断言和预测，以及实现。

技术： 建立领域理论的技术是创建任何领域模型的技术。它们包括领域获取技术、领域分析和概念形成技术、领域建模技术、领域确认技术、领域验证技术。

工具： 建立领域理论的工具是创建任何领域模型时所需要的那些工具，包括在关于软件工程的这三卷中所建议的所有其他工具。

15.8 文献评注

请参考 [32, 118, 231, 259, 267, 287, 302, 308] 关于铁路理论开始时早期论文的示例。请同样参考 www.railwaydomain.org。期望这一国际性研究的努力在 2006 年开始"增强"，以开发铁路系统的理论。

15.9 练习

15.9.1 序言

请参考第 1.7.1 节，关于列出的贯穿全文的 15 个领域（需求和软件设计）示例；并请参考第 1.7.2 节的介绍性评述，关于"选定主题"这一术语的使用。

15.9.2 练习

为了给本章的练习设定场景，我们首先引用一下第 1.7.1 节所列举的练习：

1. 什么是管理表格处理？
2. 什么是机场？
3. 什么是空中交通？
4. 什么是集装箱港口？
5. 什么是文档系统？
6. 什么是金融服务系统？
7. 什么是物流？
8. 什么是医院？
9. 什么是制造公司？
10. 什么是市场？

11. 什么是都市圈[3] 旅游业?

12. 什么是铁路系统?

13. 什么是大学?

14. 什么是公共管理?

15. 什么是财政部?

练习 15.1 "管理表格处理"领域理论。请参考第 1.7.1 节项 1，关于我们的简要描述。为管理表格处理领域理论建议定理（就像在例 15.1~15.3 中所陈述的那些）。

练习 15.2 "机场"领域理论。请参考第 1.7.1 节项 2，关于我们的简要描述。为"机场"领域理论建议定理（就像在例 15.1~15.3 中所陈述的那些）。

练习 15.3 "空中交通"领域理论。请参考第 1.7.1 节项 3，关于我们的简要描述。为"空中交通"领域理论建议定理（就像在例 15.1~15.3 中所陈述的那些）。

练习 15.4 "集装箱"领域理论。请参考第 1.7.1 节项 4，关于我们的简要描述。为"集装箱港口"领域理论建议定理（就像在例 15.1~15.3 中所陈述的那些）。

练习 15.5 "文档系统"领域理论。请参考第 1.7.1 节项 5，关于我们的简要描述。为"文档系统"领域理论建议定理（就像在例 15.1~15.3 中所陈述的那些）。

练习 15.6 "金融服务系统"领域理论。请参考第 1.7.1 节项 6，关于我们的简要描述。为"金融服务系统"领域理论建议定理（就像在例 15.1~15.3 中所陈述的那些）。

练习 15.7 "物流"领域理论。请参考第 1.7.1 节项 7，关于我们的简要描述。为"物流"领域理论建议更多定理（就像在例 15.1~15.3 中所陈述的那些）。

练习 15.8 "医院"领域理论。请参考第 1.7.1 节项 8，关于我们的简要描述。为"医院"领域理论建议更多的定理（就像在例 15.1~15.3 中所陈述的那些）。

练习 15.9 "制造公司"领域理论。请参考第 1.7.1 节项 9，关于我们的简要描述。为"制造公司"领域理论建议更多的定理（就像在例 15.1~15.3 中所陈述的那些）。

练习 15.10 "市场"领域理论。请参考第 1.7.1 节项 10，关于我们的简要描述。为"市场"领域理论建议定理（就像例 15.1~15.3 中所陈述的那些）。

练习 15.11 "都市圈旅游业"领域理论。请参考第 1.7.1 节项 11，关于我们的简要描述。为"都市圈旅游业"领域理论建议定理（就像在例 15.1~15.3 中所陈述的那些）。

练习 15.12 "铁路系统"领域理论。请参考第 1.7.1 节项 12，关于我们的简要描述。为"铁路系统"领域理论建议更多的定理（就像在例 15.1~15.3 中所陈述的那些）。

---

[3] 这样的城市，如新加坡、中国澳门、中国香港、伦敦、纽约、东京、巴黎等等，可以被称之为都市圈。

练习 15.13　　"大学"领域理论。请参考第 1.7.1 节项 13，关于我们的简要描述。为"大学"领域理论建议定理（就像在例 15.1~15.3 中所陈述的那些）。

练习 15.14　　"公共管理"领域理论。请参考第 1.7.1 节项 14，关于我们的简要介绍。为"公共管理"领域理论建议定理（就像在例 15.1~15.3 中所陈述的那些）。

练习 15.15　　"财政部"领域理论。请参考第 1.7.1 节项 15，关于我们的简要描述。为"财政部"领域理论建议定理（就像在例 15.1~15.3 所陈述的那些）。

领域工程过程模型

- **学习本章的前提：** 你至少已经学习了这一部分（IV）的第 8 和 11 章。
- **目标：** 回顾不同的领域开发阶段如何适应在一起，总结一下哪些文档将从适当的领域建模中产生。
- **效果：** 结束你的领域工程教育和培训。
- **讨论方式：** 非形式的和系统的。

16.1 前言

这一部分（第 8~15 章）介绍和讨论的领域开发基本上在软件工程中是一个全新的元素。以前出版的软件工程教材没有提及到它，对于我们来说，这是软件开发的重要和必不可少的软件工程时期。就像需求工程和软件设计一样，领域工程具有一个过程模型，即时期活动的阶段和步骤如何彼此相继、迭代，且如何能够或者必须串行或并行的实现。在这一章我们回顾这一过程模型。每一阶段和步骤都需要开始所需的文档，或一旦完成时也要产生文档。我们在本章中同样也回顾这些文档或文档部分。

16.2 领域开发回顾

领域描述和创建过程只是整个领域开发过程的一部分。图 16.1 总结了在第 8~15 章所探讨的过程。

依如下解释图 16.1：左边的虚线框涵盖了所有领域开发的阶段。它有一个未展示的时间轴，但—— 大体上—— 它起始于顶部，向底部延展。右侧的虚线框仅涵盖了左边框的一个元素—— 且细化了其子阶段或步骤。沿向下方向的实线单箭头线段指代活动的一般的进展性流动，即它们指代框活动之间的优先关系。把"后面的"框连接到"前面的"框的虚线双箭头线段指代阶段之间的迭代。非常期望这样的迭代。迭代是由于"以后"发现"前面"的"错误、差错或遗漏"的需要。

早一些—— 而非晚一些—— 迭代会停止。

每一个框都既表示了领域活动也表示了一些产生的文档（或文档部分）。

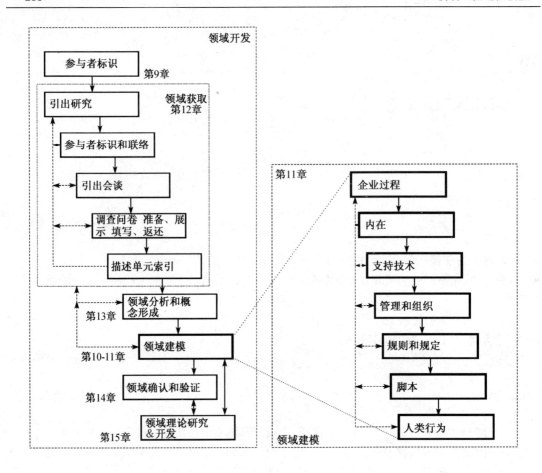

图 16.1   领域开发过程

16.3 领域文档回顾

我们首先列出适度完整的适当的领域开发所应当产生的文档列表。

1. 信息
   (a) 姓名，地址和日期
   (b) 合作者
   (c) 目前情况
   (d) 需求和想法
   (e) 概念和工具
   (f) 范围和区间
   (g) 假设和依赖
   (h) 隐含/派生目标
   (i) 纲要
   (j) 标准一致性
   (k) 合同
   (l) 团队
      i. 管理人员

      ii. 开发人员
      iii. 客户人员
      iv. 咨询人员
2. 描述
   (a) 参与者
   (b) 获取过程
      i. 研究
      ii. 会谈
      iii. 调查表
      iv. 索引的描述单元
   (c) 术语
   (d) 企业过程
   (e) 刻面
      i. 内在

ii. 支持技术
iii. 管理和组织
iv. 规则和规定
v. 脚本
vi. 人类行为
(f) 合并的描述
3. 分析
(a) 领域分析和概念形成
i. 不一致性
ii. 冲突

iii. 不完备性
iv. 决定
(b) 领域确认
i. 参与者遍历
ii. 决定
(c) 领域验证
i. 模型检查
ii. 定理和证明
iii. 测试用例和测试
(d) （面向）领域理论

然后我们简要讨论这一列表。

第 2 章详细地探讨了"信息文档"是指什么（条目 1.a～1.h）且给出了必要和充分建议，关于文档所应记录的信息内容和如何记录。第 2 章同样详细地探讨了"描述文档"是指什么（条目 2.a～2.d）。在第 8～15 章给出了关于在描述中对什么进行文档编制以及如何这样做的必要建议。在关于软件工程的这一系列教材的卷 1 和 2 给出了关于描述形式化的充分的建议。

你是否把上述文档结构化为一个（非常大的）文档，或者分别装订的文档，比如一个是"信息"，一个是"描述"，一个是"分析"，在我们看来，这完全决定于手头的特定的开发。不过我们所建议的是为你的文档或文档部分提供大量的交叉索引，比如采用链接或超链接。应当去做所有有助于浏览和同样是非形式地把这些许多文档部分关联起来的事情。

16.4 讨论

我们到达了领域开发不同阶段的似乎很长的一个列表的最后。每一阶段都予以考虑以包含在我们期望产生领域模型的开发动作之中。后面的章节将更加详细地探讨由软件和领域工程师所考虑的原则、技术和工具。

现在足够做如下结论了：如果软件和领域工程师没有意识到标识和分类参与者和许多不同的领域刻面的需要，则领域工程师在专业地分派任何领域建模任务时会有一些困难。我们能够做的更好：领域建模不仅仅在一定程度上是我们稍后将细化的原则、技术和工具；它同样也是一门艺术。

V

需求工程

在接下来介绍的 8 章中，即第 17~24 章，我们将适度详细地探讨需求工程时期的开发阶段和步骤的原则和技术：

- 第 17 章，需求工程综述
- 第 18 章，需求参与者
- 第 19 章，需求刻面
- 第 20 章，需求获取
- 第 21 章，需求的分析和概念形成
- 第 22 章，需求验证和确认
- 第 23 章，需求的可满足性和可行性
- 第 24 章，需求工程过程模型

请参考第 1 章，关于软件开发的三个主要时期的综合介绍：

- 领域工程
- 需求工程
- 软件设计

需求工程综述

- **学习本章的前提：** 你马上就要开始继续深入学习软件开发三个核心时期的第二个。你应该已经理解了上一章的内容，其中包括领域工程及其（形式）抽象和建模原则，以及本系列丛书的第一、第二卷中包含的一些技术。
- **目标：** 简要概括需求工程中的不同阶段和步骤，以及简要概括需求工程中所产生的文档。
- **效果：** 令你熟悉需求开发过程中的众多阶段以及需求开发的一系列阶段和步骤，同时了解需求开发过程中所产生的文档的许多部分。
- **讨论方式：** 非形式的，系统的。

IEEE 对"需求"的定义

通过需求我们理解：（比较 IEEE 标准 610.12 [172]）：

"用户为了解决某个问题或者达到某种目的所需要的条件或者能力"。

上面的定义[1]足够满足我们的需要。

它强调了需求是什么。它不是操作式的，这很好。它没有从需求看上去如何或者你如何构建需求的来定义事物，即需求。本章和接下来的七章的目的就是这里的"如何"。

例 17.1　第一批"需求"示例　我们将给出一些需求的例子。这些例子都很简单，和详实的需求规定相去甚远。下面给出的例子目的是让读者对需求规定有一个非常初步的直观印象。读者可以把它们当作粗略描述。

1. **管理表格处理：**　办公室经理应该可以设计表格、表格组合以及从这些表格或者表格组合中提取信息的例程。
2. **机场：**　登机卡是电子卡，它可以自动注册其所在位置，是在机场内或者机场附近或者飞机上。
3. **空中交通：**　飞机跟踪系统应该在飞机严重偏离预定航线的时候向负责该飞机的终端控制中心操作员发出警告。
4. **集装箱码头：**　条形码系统记录每个装载或者卸载的集装箱，记录的失败率不得超过 200,000 分之一。

---

[1] 我们通常使用术语"需求（requirements）"的复数形式，但却把它当作一个整体！（译者注：中文中没有单复数形式）。

5. **文档系统：** 系统中的每个（电子）文档应该：包括原始文档，中间阶段的编辑和/或拷贝等，以及创建、拷贝、编辑的地点、时间和人员。

6. **物流：** 物流系统通过每件货物上安装的 GPS 系统应答器跟踪货物，跟踪失败率不得超过 300,000 分之一。

7. **金融服务系统：** 股票交易系统应该能够通过买卖双方的身份识别代码跟踪所有的买单、卖单和撤单和其他所有的实际交易。

8. **医院：** 医务系统面向就诊以及预约患者提供流程图式的医疗计划。该系统应该可以在任何时刻估计当前、短期以及长期的医疗资源需求，并做出相应计划（分配和统筹）。这些医疗资源包括床位、各个科室医疗人员、药品、食物、饮品以及手术室。

9. **制造公司：** 每个产品单元的当前、短期以及长期的使用情况，产品部件的供应，预防性维护安排，以及人员配备在任何时候都应该是可计算的（因此也是可显示的）。

10. **市场：** 当某些商品显示为"低库存"时，系统应该可以按照准确声明的书面约束自动下单订货。其中包括自动零售商向批发商订货，批发商向制造商（比如分销商）订货。

11. **都市圈旅游：** 导游系统应该可以让携带适当设备（家用个人电脑和特殊的 GPS、显示器、软件控制的移动电话）的人能够对旅游中所要参观的地方（酒店、餐馆、商店、博物馆等）以及这些之间的交通换乘做出计划并执行。

12. **铁路：** 所需的列车监控系统 RaCoSy，应该能够监测列车的运行。并且如果需要还可以重新调度列车交通，并持续地这样做，并由此相应地设定信号、转辙器和列车速度，且把这些改变通知给相关参与者（乘客、列车司机、车站以及沿线其他工作人员）。

在这一开始阶段，上文的例子仅仅是为了让读者对需求工程有个初步的理解。∎

——————— 需求工程的"黄金规则" ———————

原则： **需求工程** 只规定能够被客观地展示对于所设计的软件成立的那些需求。∎

"客观展示"是指设计出来的软件可以被证明（验证）的，或者利用模型检查，或者能够被测试的，以满足需求。

——————— 需求工程的"理想规则" ———————

原则： **需求工程** 当规定（包括形式化）需求时，也要系统阐述测试（定理、模型检查的性质），其实现应当展示与需求的一致性。∎

这一规则被标记为"理想的"，这是由于本卷中将不会展示这样的警示规则。本应当展示，但是或者我们要展示一个或者少量的实例，而且它们将"淹没"在另外给出的大量的其他材料之中，或者我们断言它们将占用大量的篇幅。这一规则很明确。它就是让适当的管理人员了解到它得以遵守的问题。

示例 17.1 给出了 12 个需求的例子。所有这些都说明了准确描述底层领域的需要。

例 17.2　第一批需求示例的分析 我们来分析示例 17.1 中的例子。我们的分析仅仅包括列出在早先的领域描述中本需要精确描述的那些特定领域的术语：

1. **管理表格处理：** (i) 办公室经理、(ii) 设计、(iii) 表格、(iv) 表格组合、(v) 从这些表格或者表格组合中提取信息的过程（脚本）。

2. **机场：** (i) 登机卡、(ii) 地点（比如机场和飞机的所在位置）。

3. **空中交通：** (i) 终端控制中心操作员、(ii) 负责特定的飞机、(iii) 飞机、(iv) 严重偏离、(v) 预定航线。

4. **集装箱码头：** (i) 条形码系统、(ii) 注册、(iii) 集装箱、(iv) 卸载、(v) 装载、(vi) 注册项。

5. **文档系统：** (i) 文档 (ii) [文档] 历史、(iii) 原本的、(iv) 创建、(v) 编辑、(vi) 拷贝、(vii) 位置、(viii) 时间、(ix) 人员、(x) 负责。

6. **物流：** (i) 物流系统、(ii) 货物、(iii) GPS 系统应答器、(iv) 跟踪。

7. **金融服务系统：** (i) 股票交易、(ii) 跟踪、(iii) 买单、(iv) 卖单、(v) 撤销、(vi) 实际交易、(vii) 买家和卖家的身份证明。

8. **医院：** (i) 医务系统、(ii) 实际的患者、(iii) 预约的患者、(iv) 医务计划、(v) 分配和安排资源、(vi) 当前的、短期以及长期的资源、(vii) 床位、(viii) 员工、(ix) 药品、(x) 食物和饮品、(xi) 手术室。

9. **制造公司：** (i) 产品单元、(ii) 当前的、短期和长期的使用、(iii) 使用、(iv) 提供、(v) 产品部件、(vi) 预防性维护安排、(vii) 人员配备.

10. **市场：** (i) 零售商、(ii) 订购单、(iii) 批发商、(iv) 制造商、(v) 分销商、(vi) 订购("下单")、(vii) 订购约束、(viii) "低库存"、(ix) 商品组合。

11. **都市圈旅游：** (i) 人(比如潜在的或者真实的游客)、(ii) 计划、(iii) 执行、(iv) 参观、(v) 地方、(vi) 酒店、(vii) 饭馆、(viii) 商店、(ix) 博物馆等等。(...)，(x) 交通。

12. **铁路：** (i) 监测列车、(ii) 重新调度、(iii) 列车交通、(iv) 设定、(v) 信号、(vi) 转辙、(vii) 列车速度、(viii) 通知、(ix) 相关的参与者、(x) 乘客、(xi) 列车司机、(xii) 沿线工作人员、(xiii) 车站工作人员、(xiv) 改变。

在这一开始阶段，上面的例子是为了让你了解我们为什么需要一个精确的领域描述。∎

17.1 前言

表达需求是整个软件开发中一个至关重要的方面。如果我们需求中有"轻微的错误"，那照此开发的软件可能会是"致命的错误"。"缺陷"将会是无数的（ legion[2]）。

原则： 需求适当 确保需求涵盖用户所期望的事物。

也就是说，不要表达一个无用户的需求，但是要确保所有用户的需求都应该被表示或通过某种方式满足。或者说，需求收集过程需要像一个极端的"细孔密网"：必须确保所有可能的参与者要参与需求的获取过程，并且要排除可能的冲突和其他不一致。

原则： 需求的可实现性 确保需求是可实现的。∎

---

[2] 即许多，大量，基本上相当于"不计其数的"。

也就是说，不要表达那些你不能确保其能够实现的需求。或者说，虽然需求时期不是设计时期，你必须默认，可能甚至是通过某种方式指出实现是可能的。不过需求本身却很少表达这样的设计。

原则： 需求的可验证性和可确认性　确保需求是可验证的，并且是能够被确认的。

也就是说，不要表达那种你不能保证其是可验证、可确认的需求。或者说，一旦最初级别的软件设计被提出来，你必须展示这个设计满足了需求。因此甚至抽象的软件设计的特定部分通常都会引用声明它们所要实现的需求的特定部分。

17.1.1 "需求"的进一步刻画

重复第 1.2.3 节的内容——略有改动：

特性描述： 通过需求，我们理解规定对机器所期望的性质的文档：(i) 机器"维护"什么实体，并且机器（必须；而不是应该）提供什么(ii) 功能和 (iii) 行为(iv) 同时表达机器"处理"什么事件。

17.1.2 "机器"

通过"维护"实体的机器，我们指：在用户对该机器的使用"之间"，它"保留"表示这些实体的数据。依然重复第 1.2.3 节的内容：

特性描述： 通过机器，我们理解作为所需的计算系统开发的目标或结果的硬件和软件的结合。

因此，需求开发的一个主要目标是：以计算系统的硬件 + 软件的设计为目标而开始。

原则： 需求　规约机器。

当我们表达需求并希望把这些需求"转化"成现实（即实现），我们就会发现一些需求（部分）蕴含了对于硬件所成立的特定性质，被开发的软件将要运行在该硬件之上，并且显然地，其余的需求——可能是需求更大的那些部分——蕴含了该软件的一些性质。因此我们发现虽然我们可以认为我们的工作是软件工程，可是我们工作的重要部分依然是"设计机器"！

我们应该记住这一点，并且在后面的第 VI 部分再探讨上文所蕴含的内容："计算系统设计"。

17.2 为什么需要需求，为了什么

现在会想到一些问题：

我们为什么希望去表达需求？我们基于什么来表达需求？需求如何被表达？我们如何收集需求？我们从谁那里收集需求？我们如何才能知道我们是否掌握了正确的需求？我们如何才能确信被我们表达为需求的事物是可行的（即可实现的）需要物？

本章将会回答这些以及其他问题。

17.2.1 为什么需要需求

在我们可以为硬件—— 我们也不得不去"设计"（即配置）——设计软件之前，我们必须知道软件+硬件，比如机器，将做什么。对该"什么"的表达正式我们所谓的需求。在开始软件设计之前，我们必须设法理解这些需求到一个相当的程度。我们应该把这个当作一个信条，即当作一个初始需求，或者软件开发本身的需求。

17.2.2 需求是为了什么

因此，总结一下，需求表达了性质。一些性质将用硬件来实现，另一些用软件来实现，使得"整体"实现了所有的需求。也就是说，需求表达了实体、函数性质，以及希望机器所呈现的行为的性质—— 以及机器需要处理的事件的性质。

17.2.3 "实现"是指什么

当我们说计算系统设计 $\mathcal{S}$ 实现了需求 $\mathcal{R}$，这是指什么呢？这句话的意思是人们可以论证—— 可以推理、可以证明、可以检查并且可以测试—— 在对论域 $\mathcal{D}$ 的假设下，设计 $\mathcal{S}$ 具有需求 $\mathcal{R}$ 所表达的功能、实体和行为。

我们可以用数学的形式表达：

$$\mathcal{D}, \mathcal{S} \models \mathcal{R}$$

其中 $\models$ 读作"是 ... 的模型"。

17.3 开始需求开发

让我们"复位"我们对需求的思考。我们必须以某种方式开始。例 17.1 仅仅给出了一个不完整的示例。那么我们应该做什么？我们该如何开始呢？

17.3.1 最初的信息文档

首先让我们参看第 2 章关于信息文档的讨论。请参考"当前情况"、"需要和想法"、"概念和设备"、"范围和区间"以及"设计概要"的信息文档部分。根据我们的（关于文档编制，特别是信息文档编制）"信条"（对于文档，尤其是信息文档），作为需求开发可能的合作者和参与者，我们必须通过某种方式收集我们关于这些议题的想法。

我们必须发现在当前的状况下什么会以某种方式在一些参与者的头脑生成一些关于计算的需要和想法。我们也必须找到它们会产生哪些计算概念和设施，以及这些需求、想法、概念和设施会设定什么样的范围和区间。最后，我们需要决定从所有这些中会产生什么样的设计概要。

例 17.3 信息需求文档: 文档系统领域 我们来继续我们以前讨论过的例子: 示例 17.1 和 17.2, 现在主要集中讨论文档系统领域。

- **当前情况:** 现在的上下文是公共管理。所感到的当前情况 是对于如下事物几乎没有管理: (i) 显然的事物, 即论文、文档之类的资料在哪里, 也就是说, 它们当前的位置; (ii) 哪些是原本, 哪些是拷贝, 哪些是在原本或者拷贝的基础上编辑过的版本; (iii) 谁创建、编辑并且/或者拷贝了文档即对这些文档以及它们的传播(机密性、行踪)负责。
- **需要和想法:** 我们发现存在有让这个领域有序起来的需要。这个想法 是通过逐渐地转化到无纸、完全电子化的文档管理来实现。
- **概念和设施:** 更确切地讲, 每个被创建、拷贝并且/或者编辑的文档都被认为是电子文档, 并且都会包含（电子）文档的创建、编辑、拷贝以及可能的"销毁"（粉碎或者删除）所涉及的地点、时间和人员。
- **范围和区间:** 因此范围 就是公共管理中的整个文档处理, 而区间关注在文档创建、传播（包括拷贝）、编辑、销毁和跟踪的计算机化支持。
- **设计概要:** 基于一个已有的对于文档系统领域的领域描述, 可以开发一个需求规定来信息化这个领域的各个部分, 如下:
  - ★ 所期望的（即所需的）机器将支持文件纸张（即旧的文件）和电子化文档（即新文档）这二者之间的共存。
  - ★ 电子文档不应该被以纸张的形式复制。
  - ★ 旧的纸张文件可以被扫描成电子形式, 并且只要是基于相同的原始文件的拷贝和编辑过的版本都应该被扫描并加入电子文档系统。
  - ★ 另外电子文档系统应该支持原始文档创建, 以及文档的编辑和拷贝—— 产生文档（编辑的版本以及"先前"的文档的拷贝）。
  - ★ 全体文档的总和令每个文档应该可以通过其中间文档（编辑版本和/或其拷贝）追溯"回到"各自的原始文档。
  - ★ 每个文档以及追溯过程中的每个阶段都应该记录相关的文档创建、编辑或者是拷贝的地点、时间和人。

  基于详尽的领域描述和相关参与者的配合下, 你获取需求, 并分析它们, 进而开发出需求规定, 并在需要的时候进行验证, 检验其有效性并且评价这个需求规定的可满足性和可行性。

在"零星的信息"确定之后, 开始阶段就算完成了。开发者就应当集中思维了。可能在收集需求之前, 开发者就应该试着去起草需求规定的初稿了。

17.3.2 需求发现

但是这些在文档开发中的信息文档记录的想法、概念、设施如何形成一个初始的但是很基本的需求集呢？这些想法第一次是如何产生的呢？我们应该把这些"产生"称作发现, 或者说, 哦, 我已经看见它了！我们现在来讨论这些发现的产生。

需求的初始发现

这些信息文档的想法、概念和设施部分是在需求阶段的文档中首次出现特定需求的地方。它们是怎么到那的呢？让我们来假设现在什么都没有！（甚至连领域描述都没有！）

现在出现了下面的另外一些场景。一个客户，或者说，一个潜在的计算用户，遇到一个问题（"当前情况"）并且从一些"需要"中推论，因此得到了一个"想法"，或许还有一些"概念和设施"—— 所有这些都旨在解决遇到的那个问题. 客户决定去联系一家软件公司，这个决定或许已经体现在想法、概念和设施中。或者开发人员，一个软件公司，在主动联系一个潜在客户之前，察觉到了一些这样的客户，他们所处的状态中包含了一些需要、想法、概念和设施，所有这些都引出并组成了软件的需求。软件公司联系这个或者一些客户。我们可以把那些场景叫做发现的初始起源。

继续需求发现

客户和软件开发方忙于旨在"提出"需求的对话。如何管理和组织这个对话呢，或者说，如何监测和控制呢？或者有个计划或许没有—— 我们假设双方都希望有个好的计划。或者一个计划符合逻辑或者不符合—— 我们假设双方都希望有一个客观的计划。本卷这部分的目标是为需求工程提供一个符合逻辑的、客观的计划。

需求发现的系统性来源

需求工程的符合逻辑、客观的计划发展的关键中心是领域描述。如果没有一个适当的领域描述，那么我们假设有足够的领域描述部分在和需求描述同时被开发。因此领域描述是需求"发现"的"标准"源！严格来说，客户和开发者，也就是需求工程师，要一起通读领域描述。对于每一个被描述的现象或者概念，无论是实体、函数、事件或是行为，都要问很多问题。这个领域现象或者概念也是需求的一部分吗？（如果是，它会被投影到需求上。）如果这样，被选择的领域现象或者概念是不是太不确定呢？机器必须要更确定地反映这个被投影的现象或者概念吗？对于任何一个被投影的现象或者概念，它是不是被描述的太笼统？是不是必须要更确定，或者说更实例化？等等。因此上面的提问和回答的过程获得了领域描述并且逐渐扩大成一个（领域）需求规定。

最初的需求发现的位置

因此开发需求的过程开始于一些最初的发现。最初的一些需求会作为部分想法、概念和设施记录在信息文档中。这些或者更多需求的首次更详尽的表示记录在信息文档的纲要部分。最后大量的需求，包括重复最初的需求发现，通常是以更清晰、精确的形式记录在需求开发阶段所产生文档的第二部分—— 需求规定部分—— 这通常也是第一个可以作为适当全面的粗略概要，其后面会有一个更加系统的表述。这部分的其余部分，这一章和第 18~25 章，会讨论这个"系统"。

17.3.3 实际的规定性文档编制

现在请参考第 2 章的描述（这里是规定）文档的内容。特别要参考粗略描述的概念。需求规定开发的很好的第一步是写一个适当详尽的粗略描述的需求说明。这一步是基于设计概要，也可能基于对需求获取的开始的一些尝试。我们应该把这样一个文档称作需求语用。

例 **17.4**   需求实际: 管理表格处理领域 我们这次选择另一个案例: 管理文档处理。一个粗略描述—— 它假定有一些管理表格处理的领域描述—— 可能如下: 我们的管理表格处理系统的文档有三种: 表格和表格集的模板(**Template**),表格(**Form**),即填满的或者填了一半的模板表格,表格集(**Aggregation**),即填好的或者填了一半的表格集模板。我们称它们为**TFA**。

TFA 应该支持下面的功能: 唯一标识的表格模板的设计以及在通常或者可选择使用的表格的一个模板库中对其的处理; 唯一标识的集合模板的设计, 以及在通常有效或者可选择使用的一个集合模板库中对其的处理; 表格文档的填写(创建唯一标识的表格); 根据一些集合模板, 表格和集合的聚集(创建唯一标识的模板集); 模板、表格和集合的分发。表格的填写通常是人的行为。聚合通常是计算机化的功能。

表格模板有一个唯一的表格标识, 并且通常会规定具有名称和类型的模板字段。一些模板字段是原子性的, 即没有模板子字段的存在, 其他模板字段像表格模板一样, 即是复合的。

集合模板有唯一的集合标识符, 并且通常会规定从第几个表格、从第几个集合来计算该聚集。其中表格依靠表格模板标识符来标识, 集合通过集合模板标识符来标识。集合模板接下来规定在集合中使用哪些更具体的(类似"电子数据表")计算规则。

其他等等。   ■

有了能够演化成为合理适当的需求描述的语用(即粗略描述), 这就已经开始了。开发者的思维也就集中了。能够开始计划了。

17.3.4 计划需求开发

一旦你知道了是什么组成了一个完整的需求文档, 也就是说, 一旦你经历了所有的阶段和步骤, 你就也可以为未来的项目计划需求开发了。这一节(即例 17.1~17.4) 中的例子的目的是做大量的可信声明(即许多"信条")。下一节会对需求开发的各个阶段作一个概述。

17.4 关于领域、需求和机器

图 17.1 非形式化地举例说明了如何观察从基于领域模型的需求来开发软件的流程。一个给定的领域, 在图中表示为圆角矩形, 这是为了表明领域是不能被精确描述的, 也不能被完全形式化的。领域工程师(DE, domain engineer)基于对这个领域的理解创建一个领域模型(DM, domain model)。在领域模型的基础上, 需求工程师(RE, requirements engineer)把这个领域模型转化从而创建需求模型(RM, requirements model)。基于需求模型软件设计者 (SD, software designer) 把需求模型转化到软件中从而创建软件(S, software)。

图 17.2 给出了另外一种方式来观察从基于领域模型的需求出发开发软件的过程。假设我们有一个领域(D)和一个领域模型(DM)。那么我们可以说(或者声称)这个领域模型(在许多可能的模型之中)是这个领域的一个模型。同样的, 假设我们有软件(S)和一个需求模型(RM)。那么我们就可以说(或者声称)这个需求模型是软件的一个模型(很多可能中的一个)。位于图 17.2 所在位置的领域模型(DM)来观察领域(D)可以形象地描述第一种情况(D,DM)。

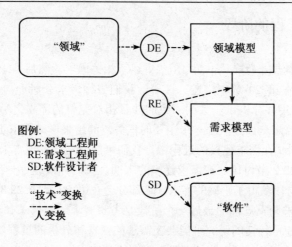

图 17.1 开发过程图

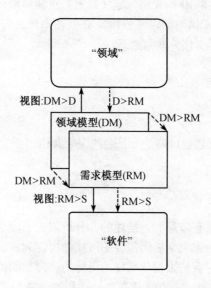

图 17.2 开发过程的另一张图

位于图 17.2 所在位置的需求模型（RM）来观察软件（S）可以形象得描述第二种情况（RM，S）。

现在来看，需求模型，正如我们在本书的这一部分将要看到的，或多或少地来自于领域模型。换句话说，领域模型和需求模型有很多共同之处，但一个是现实世界的模型，而另一个是软件引出的虚拟世界的模型。

现在该给上面所做的思维试验做个总结。领域描述模型化了领域。需求规定模型化了软件。从领域描述到需求规定的转化确实是一个180°的转弯：从考虑领域的特性转移到考虑所需的软件的特性，即使这两个模型非常相似。请记住：虽然我们"整理"领域描述从而转化成需求，但我们关注的不是软件本身如何执行，而是软件执行中所应该具有的特性。

17.5 概述: 需求工程的阶段

　　需求工程开始于参与者的确认，第 18 章讲述了相关内容。然后需求工程继续进行到需求获取阶段，该内容将在第 20 章中讲述。接着，我们进行需求分析和概念形成，该内容将在第 21 章讨论。一旦收集并分析了一系列一致的并且相对完整的需求之后，应该做的是进行适当地需求刻面建模。需求刻面建模是一个主要的任务，其结果形成需求工程的一个主要结果。这会在第 19 章中讲到。在需求建模的过程中，我们可能通常会发现需求检验是需要的，该内容会在第 22 章的第 22.2 节讨论。在需求建模的末期，我们应该进行一次需求确认，这个过程是为了保证需求开发阶段获得了正确的需求，这部分会在第 22 章第 22.3 节中讨论。完成一个完整的并且正确的需求开发过程的最后一个阶段是考察需求的可满足性和可行性，参考第 23 章。一些对可满足性和可行性的研究可能会在需求的获得和分析的过程中同时进行（第 20 章或者第 21 章），或者同需求的建模一起进行（第 19 章）。

　　请注意我们在介绍（“前面的”）领域获取（第 20 章）和领域分析与概念形成技术（第 21 章）之前，会首先在第 19 章介绍领域（刻面）建模规则、技术和工具。理由很简单：我们，也就是你，一个正在工作的需求工程师，必须在询问参与者之前要对“什么样的‘东西’才能归到需求模型中”（文档）非常熟悉。

17.6 需求文档

　　当我们说需求文档时，意思也可能是一系列的需求文档。

17.6.1 将来事情的预览

　　需求工程的目标是创建富有信息的、描述的、分析的关于需求的文档并组成需求。因此时刻不忘什么才是一整套完整的需求文档所需要的可能的内容列表就变得很重要。所以我们应该以简明扼要的形式列出那些对我们来说什么样的可能的、理想的结构可以构成一系列的需求文档。第 V 部分的目标是介绍创建，也就是开发，这样的一系列需求文档所需要的原则、技术和工具。

17.6.2 需求文档的内容

　　我们引进一个可能的、完整的需求文档编制的模式化的“范例”内容列表。

1. 信息
   - (a) 姓名、地址和日期
   - (b) 合作者
   - (c) 目前情况
   - (d) 需求和想法（发现，I）
   - (e) 概念和工具（发现，II）
   - (f) 范围和区间
   - (g) 假设和依赖
   - (h) 隐含/派生目标
   - (i) 纲要（发现，III）
   - (j) 标准顺从性
   - (k) 带有设计任务书的合同
   - (l) 团队
     - i. 管理人员

      ii. 开发人员

      iii. 客户工作人员

      iv. 咨询人员

2. 规定

  (a) 参与者

  (b) 获取过程

      i. 研究

      ii. 会谈

      iii. 问卷调查

      iv. 索引的描述单元

  (c) 粗略描述（发现，IV）

  (d) 术语表

  (e) 刻面

      i. BPR

- 内在的神圣性
- 支持技术
- 管理和组织
- 规则和规定
- 人类行为
- 脚本

      ii. 领域需求

- 投影
- 确定
- 实例化
- 扩展
- 拟合

      iii. 接口需求

- 共享现象和概念标识
- 共享数据初始化
- 共享数据刷新
- 人机对话
- 生理接口
- 机机对话

      iv. 机器需求

- 性能
  - ★ 存储
  - ★ 时间
  - ★ 软件大小
- 可信性
  - ★ 可存取性
  - ★ 可用性
  - ★ 可靠性
  - ★ 鲁棒性
  - ★ 服务安全性
  - ★ 安全性
- 维护
  - ★ 适应性
  - ★ 纠错性
  - ★ 改善性
  - ★ 预防性
- 平台（P）
  - ★ 开发 P
  - ★ 演示 P
  - ★ 执行 P
  - ★ 维护 P
- 文档编制需求
- 其他需求

      v. 完全需求刻面文档编制

3. 分析

  (a) 需求分析和概念形成

      i. 不一致性

      ii. 冲突

      iii. 不完备性

      iv. 决定

  (b) 需求确认

      i. 参与者遍历

      ii. 决定

  (c) 需求验证

      i. 定理证明

      ii. 模型检查

      iii. 测试用例和测试

  (d) 需求理论

  (e) 可满足性和可行性

      i. 满足性：正确性、无二义性、完备性、一致性、稳定性、可验证性、可更改性、可追溯性

      ii. 可行性：技术的、经济的、BPR

17.6.3 需求文档的注释

    上面的需求文档内容列表仅仅是一个例子。其他形式也可以考虑。我们会在稍后第 24.5 节给这些做注释。

17.7 本部分剩下内容的结构

在下一章中，我们不会按照执行需求工程阶段和步骤所偏好的顺序来介绍其所需的规则和技术。为了进行需求获取，我们必须首先弄清楚，什么组成了一个合理组织的并且有内容的需求描述。

我们首先介绍需求模型的四个"基石"（第 19 章）。然后我们介绍需求获取（第 20 章），然后是需求分析和概念形成（第 21 章）。最后，我们介绍需求验证（第 22 章），和研究需求的可满足性以及可行性的一些想法（第 23 章）。我们以讨论需求参与者的概念作为开始（第 18 章）。

17.8 文献评注

针对领域工程的整个过程，我们的需求工程的方式具有一些新颖的特点。也就是说，我们把一些新的规则和技术引入到需求工程：这些方法学的概念在今天可以找到的关于需求工程的其他文献是没有提及的 [117, 270, 279, 333, 365]。

17.9 练习

17.9.1 序言

本章的练习显得有点"松散"，因为到目前为止还没有讲到很多具体的关于需求工程的内容。因此我们确实不能要求细节的、客观的答案。下面的大部分练习其实是在第 8.12 节中练习的基础上稍微更改而来的。基本上只是把领域改成了需求而已。既然本章的很多基本问题，也就是下面的练习，跟领域工程中的非常类似，你因此可以试着来猜猜答案了。

17.9.2 练习

本章的所有练习都是闭卷练习。

练习 17.1   为什么需要需求工程？不要参看本章内容，试着用一段非形式的文字概括本章是如何阐述"为什么需要需求工程？"的。

练习 17.2   机器。不用参考本章内容，刻画"机器"所指的内容。

练习 17.3   需求开发的主要目标。不用参考本章内容，简要表述需求开发的主要目标可能是什么。

练习 17.4   需求工程的阶段。不用参考本章内容，试着用 6 行左右的非形式文字概括需求工程的顺序阶段。

练习 17.5   需求获取。不用参考本章内容，试着用几行文字描述本章是如何定义需求获取的。

练习 17.6 需求验证。 不用参考本章内容，试着用几行文字刻画本章是如何定义需求验证的。

练习 17.7 需求分析。 不用参考本章内容，试着用几行文字刻画本章是如何定义需求分析的。

练习 17.8 需求文档编制。 不用参看本章内容，试着尽可能详尽地、有组织地列出一个可能的、一般的领域需求目录列表。

需求参与者

- 学习本章的前提：你已经学习了本卷的第 1~17 章。
- **目标：** 介绍（需求）参与者的概念，区分不同类型的参与者。
- **效果：** 确保你在需求开发过程中仔细地考虑了所有相关参与者所关注的问题。
- **讨论方式：** 非形式化的，系统的。

关于领域参与者的探讨请参考第 9 章。

18.1 前言

在探讨领域工程的时候，我们首先定义、分析并使用了参与者的概念（比较第 9 章）。我们现在重新回顾参与者的概念，并像以前一样修改它，使之适应需求工程时期。

本章的重点是参与者可能变化了的角色，以及随之而改变的观点。我们将关注，也就是分析，仅仅两组（"极端的"）参与者群体：一方面，有这样一类参与者，他们代表"现实生活"的、非信息学的、非 IT 的[1]应用领域。我们说这样的需求是*客户驱动的*。另一端是这样一些参与者，他们代表了那些旨在开发、推广、销售 COTS，也就是现货销售的软件。我们说这样的需求是*市场驱动的*。基于上面的分析，读者应该可以进行关于其他不同类的参与者的观点的类似分析了。也就是：被分析的对象一定在上面所说的两极端之间的某个点上。

18.2 常规应用的参与者

常规应用的参与者在面对表达需求的任务的时候，他们的传统的观点是：他们主要是对领域的实例化感兴趣，也仅仅是对此感兴趣。软件开发人员以及供应商可能会极力劝说他们以使得一些（也就是，不少数量的）需求可以对应到该供应商（开发人员）已有的或者有相关经验的一些软件包（子系统、系统）。也许这样也可以工作，但是常规应用的参与者，也就是，客户——消费者——必须仔细地分析这样可能带来的风险：客户真的得到了他们想要的吗？

---

[1] "非信息学的、非 IT" 的应用程序，我们是指那些本身并不是针对 IT，而是针对诸如管理（政府和私人机构）、机场、空中交通、金融服务、物流、港口、保健、酒店、制造、市场（零售和批发）、餐馆、旅游、运输等的计算系统的应用。

影响参与者观点的其他因素还有："我"，作为一个常规应用（需求）的参与者，所表达的需求是否会导致过于昂贵的软件，软件部署后是不是会达到预期的战略效果（更经济，提高了竞争力，改善了工作条件，等等），或者软件的部署会不会很大地改变现有的商业流程，而这个改变会严重地以这样或者那样的方式"搅乱"公司？在后面的关于可行性的章节中，我们会有机会重新讨论这些问题。

第 V 部分的其余部分会主要集中在与此类客户相关的需求开发的原则、技术和工具。也就是那些需要他们"自己的"、特殊的、客户自制软件的"交钥匙"需求开发的一些客户。

18.3 COTS 软件开发商的参与者

在我们深入讨论常规应用软件的需求开发原则、技术和工具的细节之前，让我们来考察一下另外一个"极端"的软件开发：软件开发商开发的那些"打包好的"，商业性的现货销售（COTS）软件。那他们是向哪些参与者来获取需求呢？

18.3.1 概述

来自任何一个特定的软件开发商的 COTS 软件通常会有一系列的相关产品。产品的关系代表了该软件所在的领域中一组相关的片段的集合。COTS 软件开发商的需求参与者包括从所有者，到执行、战略、战术以及运营管理者，再到软件工程师和它们的技术支持人员。我们可以参考 9.2.2 节中关于软件开发领域参与者的讨论。

18.3.2 "公司知识"

COTS 软件开发商的需求参与者的主要观点建立在他们在应用领域的非常强的内部知识。这通常体现在曾经开发并研究过涉及相当广泛的并且详尽的也即深入的领域模型。

18.3.3 领域特定的需求分类

COTS 软件制造商的参与者们自己便是 COTS 软件需求的开发者，他们的主要观点是确保互补的（即"邻接的"）需求集合。每组覆盖了一个明确定义的、面向客户和用户的应用领域的一个部分。组成员是任何给定的一组需求，并以某树形结构的方式和其他组成员关联。不同组的成员覆盖了领域的相关部分。

18.3.4 通常的 COTS 软件相关者的观点

我们假设一个软件制造商在一个特定的领域从事相当数量的软件产品的市场推广、开发、销售、初始化和售后服务。软件制造商的市场参与者可能持有的观点是保证有一个合乎逻辑的、连贯的一组产品，从而他们的消费者、客户就可以通过用一些产品开始，"增长"到其他相关的、"有附加功能的"软件产品，甚至到相关的、"垂直相关或者完全不同的功能"的软件产品。软件制造商的软件开发参与者可能持有的观点是保证"有附加功能的"软件产品能表现出广泛的可重用性，保证"垂直相关或者完全不同的功能"的软件产品具有面向其他软件的良好接口。除此之外，市场、开发等等参与者的观点还包括了应用领域拥有者的观点、客户和用户参与者的观点；COTS 软件的初始化可以通过下面的任意一种途径：或者通过消费者，或者通过其他的软件制造商、咨询公司，或者最初的 COTS 软件制造商。

18.4 讨论

18.4.1 概述

在本部分的剩余部分，我们将大多数时候假定消费者驱动的 需求获取。市场驱动的 需求获取还不被广泛认知。

18.4.2 原则、技术和工具

我们来总结一下在领域参与者开发中共享的原则、技术和工具（第 9.4.2 节）：

原则： 需求参与者　在一个开发项目的最开始确定所有可能的和潜在的需求参与者。包括了过多的参与者总比忘记某个可以后来可能制造麻烦，甚至可以正当的干预项目的参与者要更好一些。在整个项目过程中，要随时准备好修改需求参与者的列表。　　　　　　　　　　　　　　　■

原则： 需求参与者观点　在一个开发项目的最开始，和分派的需求参与者一起，定义他们的角色，他们的"权限"，他们的"权力和义务"。在整个项目过程中，要随时准备好修改需求参与者的列表。　　　　　　　　　　　　　　　　　　　　　　　　　■

技术： 需求参与者联系　(i) 维护一个公开的、可审查的所有预期的实际需求参与者的列表。(ii) 定期联系所有实际的需求参与者。(iii) 通知所有的其他（预期的）需求参与者"发生了什么"。(iv) 用清晰（自然，但合理的结合）的语言写下每个实际参与者的角色。(v) 为所有需求参与者之间的沟通维护一个档案。正如我们后面要看到的一样，这类沟通典型地涉及：角色分配、获取、验证。　　　　　　　　　　　　　　　　　　　　　　　　　　　■

工具： 需求参与者联系　在信息文档（参考第 2.4.10 节）中提到的工具也同样适合这里。　　　　　　　　　　　　　　　　　　　　　　　　　　　　　　　　　　■

18.5 练习

18.5.1 序言

本章的前 4 个练习（18.1～18.4）是闭卷练习。这表明你在适当的章节查找我们对问题的解答之前，你尝试着写下若干行，如 3-4-5 行的解答。第 9.5.2 节中有与下面类似的练习。

18.5.2 练习

练习 18.1　　需求参与者。这是一个重复的问题（参考练习 8.8）：不参考教材，尽力用几行文字描述本章是如何定义需求参与者的概念的。

练习 18.2　　需求参与者的观点。这是一个重复的问题（参考练习 8.9）：不参考教材，尽力用几行文字描述本章是如何定义需求参与者观点这个概念的。（文中定义了吗？）

练习 18.3　　通用应用和软件开发需求参与者。不参考教材，尽力用三行左右的文字列举本章是如何认识到从通用应用程序参与者到软件开发参与者这一范围的。有没有看到关于此的和第 9 章的相对观点？

练习 18.4　　通用应用和软件开发需求参与者的观点。如果你已经有了上一个练习（上面的练习 18.3）的回答，试着扩展你的答案，可以通过对你列举的列表中的每一项提供 3 到 5 行的相关观点的描述。

练习 18.5　　领域特定的需求参与者。对于由你选定的固定主题。尽力穷举你能想到的与你的需求相关的参与者。

练习 18.6　　领域特定的需求参与者观点。如果你已经有了前一个练习（上文的练习 18.5）的答案，针对你的列表中的每一项提供一段简洁的 3 到 5 行的需求特定观点的描述来扩展解答。

需求刻面

- 学习本章的前提：作为一名需求工程师，你需要了解：什么构成了适当的需求模型？
- **目标：** 介绍概念，即适当的需求规定是由绝大多数如下组成规定所（即刻面）构成的：(i) 领域 (ii) 接口 (iii) 机器需求，且在如下这三组刻面中的每一个之中，(i) 投影、确定、实例化、扩展和拟合，(ii) 共享数据初始化和刷新、计算数据和控制、人机对话、人机生理学、机机对话，(iii) 性能、可信性、维护、平台、文档需求；并展示对这些刻面进行规定的原则、技术和工具。
- **效果：** 确保你成为专业十足的需求工程。
- **讨论方式：** 从系统的到形式的。

贯穿于需求工程之中，记住要遵循：

———————————————— 需求工程的"黄金规则" ————————————————

仅规定可以客观证明为对所设计软件成立的那些需求。

"客观证明"是指所设计的软件为了满足需求能够得到证明（验证），或模型检查，或测试。同样回忆一下：

———————————————— 需求工程的"理想规则" ————————————————

在规定（包括形式化）需求时，同样阐述测试（定理、模型检查的性质），其实例化能够展示对需求的遵循。

这一规则被标记为理想的，这是因为本卷将不会展示这样的预警提示。本应该展示它们，但是或者我们展示了一个或一些实例，而它们"淹没"在另外展示的其他材料之中，或者我们就说它们会占用大量的笔墨。这一规则非常清楚。它就是关于适当的管理以查看其是否得到遵守的问题。

19.1 前言

同第 11 章"领域刻面"的情况相同，这一章构成了本卷的第二个"高潮"。在这一章，我们展示了需求工程的原则和技术，而这些在今日其他的关于软件工程的教材中是不能得到的。所以花费点时间以彻底熟悉本章的内容。

本章结构如下：首先我们粗略描述（所发现的）需求的初始集合，而几乎没有考虑认真发现的领域描述—— 比如它们可能源自于或多或少未充分理解的需求获取过程（第 19.2 节）。基于（所发现的需求的）粗略描述，我们创建需求术语表并把初始的术语放入该术语表。然后我们把更深入的需求开发分解为四个主要刻面，在接下来章节中对其进行探讨："企业过程再工程"（第 19.3 节），"领域需求"（第 19.4 节），"接口需求"（第 19.5 节），"机器需求"（第 19.6 节）。作为持续进行的工作，在需求刻面开发阶段中，我们使用和维护（即修改和建立）另外的术语到术语表中。

19.2 粗略描述和术语表

本节的目的是提醒读者为了提出需求的适当模型，我们必须首先对参与者进行适当的标识且从其获取需求。在这样的需求获取阶段之后，我们能够分析所获取的需求规定单元。在这样的分析之后，我们就准备好进行粗略描述（即首次尝试构造）某领域文档，同时建立术语表文档。在这一节，我们将概述"需求工程"的这两个方面。

19.2.1 初始需求建模

在例 17.1 中，我们举出了"一行"，或"两行"，或"三行"的需求描述单元。作为需求获取的结果（第 20 章），一旦你已经收集了你认为足够数量的这样的分析需求描述单元，你就准备好粗略描述一个需求规定了。

19.2.2 粗略描述的需求

粗略描述的需求规定（由此）是基于许多部分"消化理解的"（即部分分析和概念化的）需求描述单元。鼓励需求工程师尝试阐述适度完整和一致的粗略描述的需求规定，以便进行更加彻底的需求分析和概念形成。

某种意义上来说，需求描述单元仅表达了参与者对需求的观点。这些单元可以反映某种不一致的"完全观点"。在适当正确的需求分析和概念阶段之后，需求工程师（即分析员）能够阐述更加一致的完全观点。由此粗略描述这些需求为需求工程师表达需求提供了第一次机会。

例 19.1 **粗略描述的集装箱码头领域** 为了举例说明粗略描述的需求，我们首先需要能够引用一个领域描述。在这一情况中，我们给出粗略描述的领域描述。

实体

我们列出集装箱港口的实体，没有使用特别的顺序，只是按照想到的顺序：

- **集装箱码头：** 集装箱码头是复合实体。它由港池、一个或多个的码头、一个或多个集装箱池、零个或一个或多个的集装箱运输站构成。港池一面连接着外海，另一面连接着一个或者多个码头。集装箱码头的属性是：其名字、海上位置（经纬度）、码头数量、集装箱池的数量等等。

- **码头：** 码头是一个复合实体。码头就像一条笔直的公路：码头一端连接港池，另一端可能通过集装箱码头内部公路网连接一个或多个集装箱池，并可能通过这些连接到可能的集装箱运输站。码头也由一个或者多个起重机构成。码头具有属性：长度，宽度，起重机数量，在集装箱码头中的位置，可能还有名字等等。

- **集装箱：** 集装箱是一个复合实体。它由 (i) 集装箱盒（它具有长度[如 20 或 40 英尺]、高度、宽度、所有者等等的属性），(ii) 其容纳物（可能是空的，我们决定从其抽象出来，即不考虑（换句话说：忽视）），(iii) 其提单。后者具有如下的属性：内容列表，哪一个代理商（即贸易商）在发送这一集装箱，哪一代理商（贸易商）要接受这一集装箱，从哪里到哪里再到哪里等等。

- **提单（Bill of Lading，BoL）：** 证明海运合同的文件。该文档具有如下功能：

  1. 货物收据，由适度授权的人员代表运输者签名。
  2. 这里所描述货物的所有权的文档。
  3. 两方一致同意的运输合同条款证明。

  目前使用了三个不同的模型：

  1. 组合运输或港口到港口的船运的文档，依赖于文档在字面上的相关地方是否示及了接收地和/或交付地。
  2. 经典的海上 BoL，其中运输商同样对实际上由其本身执行的运输一部分负责。
  3. 海运货单：不可转让文档，对其的填写只能是给指名的收货人。不需收货人返回文档。

- **集装箱船：** 集装箱船是一个复合实体。它由一个或者多个位置构成，每一位置都能容纳或实际上容纳一个集装箱。因此集装箱船同样由这些集装箱构成。集装箱位置被称作单元，并且单元被安置在排位、行位和层位（就像 x, y, z 坐标系统）。由此集装箱是堆起来的。对集装箱船进一步的如此安排是为了能够让这些集装箱列（即堆）能够通过可由所谓的舱口盖覆盖的舱口、开口来从顶部取得。当卸载和装载集装箱到适当的堆上时，除去舱口盖。船只的属性与排位、行位、层位的确切安排相关，与船只在任何时候实际上能够运载的集装箱数量相关。船只能够停泊在码头。由此它们占用该码头一定的长度。

- **船只/码头起重机：** 无论是船上还是码头边上的起重机能够从舱口升起（卸载）集装箱到码头（上的卡车），或者另一方向（装载集装箱）。起重机具有属性：（沿码头的）操作区域，可能唯一的名字（标识符），运载（起降）重量，处理速度（能力）等等。对于任何船只，在任何一个时刻都有能够为该船只服务的起重机的最大数量。

- **集装箱卡车：** 卡车是复合实体。它由底盘和通常是零个或一个集装箱构成。底盘可以看作复合的或原子的。无论选定哪种，底盘使得集装箱卡车移动。集装箱卡车具有属性：运载（装载）能力，服务速度等等。

- **（卸）装载计划：** 集装箱船只的装载计划是规约了集装箱入堆和出堆序列的文档，根据其该集装箱船只停留在一系列的集装箱港口。由于集装箱只能从集装箱船只上的单元位置堆顶移除或添加，确定这些堆装载和卸载的顺序是非常关键的。没有集装箱曾暂时卸载出来以便得到"低于"其的集装箱—— 于是一旦这些集装箱被卸载了，暂时卸载的集装箱又被重新装载上来。这里没有汉诺塔谜题！

- **池：** 池是复合实体。它由集装箱堆可能所在的一个或多个区域，以及实际上位于那里的集装箱构成。一些池能够接收并（由此能够）处理冷藏集装箱。池内的堆通常按照行和列来排序。池具有属性：集装箱码头内的位置（名字和位置），容量（堆号和高度），是冷藏或普通集装箱等等。

- **池起重机：** 池起重机就像码头/船只起重机，能够在卡车/底盘和池堆之间移动集装箱，每次一个。

函数

- **呼叫联络：** 集装箱船只联系（即呼叫联络）集装箱码头来向其建议计划抵达，给出它的信号。该联络可以或不蕴含到以前曾调度的码头位置的许可。
- **卸载移动：** 这是一个简单函数并可以看作一个原子函数。通常它被称作移动。函数涉及通过指定的起重机把单个集装箱从集装箱船上的单元位置卸载到一辆集装箱卡车或集装箱底盘上。
- **卸载移动：** 参见上文，因为它基本上是其反向移动。

这两个移动反应了如下事实：集装箱卡车和集装箱底盘每次仅能移动一个集装箱。

- **底盘/卡车移动：** 我们同样将其看作一个简单的原子函数：通过马达驱动的运载工具，把一个集装箱从码头的一个起重机移动到池中的起重机，亦或反之。
- **舱口盖移除（打开）：** 打开舱口的原子函数，以便集装箱能够得以装载或卸载。
- **舱口盖复位（闭合）：** 关闭舱口的原子函数。

事件

我们粗略描述一些可能的事件：

- 集装箱船只抵达码头位置
- 集装箱船只离开码头位置
- 移除（打开）舱口失败
- 复位（关闭）舱口盖失败
- 起重机抓起集装箱失败
- 起重机释放集装箱失败
- 集装箱卡车/底盘移动失败
- 集装箱船只移动失败
- 传染病爆发

行为

- **船只停留：** 一般的，"非事件性的"船只停留行为开始于船只的联络（动作），接着是集装箱船只到达码头位置（的事件）。一些舱口盖会被打开。接着是一个或者多个并发的集装箱卸载和装载（动作）序列。它（可能）结束于舱口关闭（动作）和集装箱船只从码头位置离开。

- **商业运输卡车停留：** 运输卡车通常仅运载一个（如 40 英尺的）集装箱，或者有时候两个（20 英尺的）集装箱。商业运输卡车是陆上运载一个商业集装箱、往复于集装箱码头的运输卡车。它的停留有三个目的：交付一个或者两个集装箱，取回一个或两个集装箱，或两者。其就集装箱码头而言的行为是：抵达（事件）集装箱码头，集装箱码头口注册（函数）（目的陈述，展示文件（运货单，提单）等等），卸载和/或装载集装箱（或者是在特别的区域，被称作集装箱堆场（或在某些情况中在集装箱运输站），或者是池区域，或者甚至就是码头上，以进行立即船只装载或卸载）。
- **24 小时起重机行为：** 我们鼓励读者尝试把这一项当作练习来完成（练习 19.15）。
- **24 小时集装箱卡车/底盘行为：** 我们鼓励读者尝试把这一项当作练习来完成（练习 19.16）。

请注意练习 19.15~19.16 请你既考虑描述实际的领域行为，也规定期望的需求。　■

现在基于上文粗略的领域描述的背景，我们准备好表达粗略的需求描述。

例 19.2　粗略描述的集装箱堆码需求　在一些与参与者的探讨之后，我们达成如下对船只和池区域集装箱装载计划计算系统的基本需求。（我们在这里称之为船只和池区域集装箱装载计划更通俗地被称之为堆码计划。）

1. **集装箱：**　每一集装箱 c（将在对装载计划的规划中有所涉及，由此要被实际装载和卸载）应具有如下属性：(i) 长度和 (ii) 提单 b。
2. **提单：**　提单陈述了集装箱 c 将要或正在或已经采取的路线。系统为所有相关的集装箱应建立和维护的提单是一个需求。
3. **[船只航行]路线：**　这里路线被看作两个或多个集装箱码头停留序列。集装箱码头停留是一个对：集装箱码头的名字（T）以及集装箱船的名字（s），或对于序列中的最后一个来说是 **nil**。船只 S 从集装箱码头 t 取走集装箱 C。令 r: $< (t_1,s_1), \dots, (t_i,s_i), (t_{i+1},s_{i+1}), \dots, (t_n, \textbf{nil}) >$ 指代某集装箱的路线。它表达了该集装箱通过集装箱船 s_i 从集装箱码头 t_i 运输到集装箱码头 t_{i+1}。系统应为船只所有者相关的全部集装箱船只建立和维护船只航行路线是一个需求。
4. **船只集装箱堆布局（"上下文"）：**　对于每一相关的集装箱船只（比如船只所有者船队中），关于每一船只就集装箱堆而言（这被称作上下文信息）是如何布局的完全信息应当得到维护。
5. **船只集装箱堆"状态"：**　对于所考虑的每一集装箱船，我们进一步要求应当维护状态。状态是关于所有当前集装箱位置的信息：它们存储在船上的哪里，即在什么堆和单元位置。关于这一状态的良构性表达了每一集装箱都具有一个 BoL。该 BoL 陈述了在状态被记录的时刻该集装箱实际就在船上。
6. **池区域集装箱堆布局（"上下文"）：**　对于每一相关的集装箱码头，对于每一集装箱池区域（它与船只所有者相关并在这些集装箱码头之内，这些需求将要为船只所有者开发），无论是普通集装箱还是冷藏箱，无论是 20 英尺还是 40 英尺（等等）的集装箱，关于拓扑布局和池区域堆的信息都应得到保存并定期更新以反映池区域布局的任何变化等等。

7. **池区域集装箱堆"状态"：** 对于所考虑的每一池区域集装箱堆，我们进一步要求应当维护一个状态。 状态是关于所有当前存储在该池区域堆的集装箱及其位置的信息，也即 BoL 和何处（即排位、行位、单元位置）等等。

8. **海运订单：** 在任何时候应当有最近的海运订单集合。 通过海运订单，我们理解目前存在的尚未处理的集装箱海运订单。

   (a) **语用：未完成（集装箱海运）订单。** 通过未完成（集装箱海运）订单，我们指一个集装箱运输的订单，即请求运输的订单，但是对于其还没有给出精确的运输确认。

   (b) **句法：未完成（集装箱海运）订单。** 订单文件规定（即重申）了集装箱的 BoL 以及一个或者多个集装箱码头的序列。

   (c) **语义：未完成（集装箱海运）订单。** 如果未完成（集装箱海运）订单得以接受，则其意义是它进入了相关船只所有者的分配和调度过程并由此得到最终的确认。

9. **确认的（集装箱）海运订单：** 通过确认的（集装箱）海运订单，我们指不再是未完成的海运订单：已经理解其句法，已经实现其语义。也即，已经将其用在一个或者多个船只集装箱装载计划的构造中（并且可能同样也在一个或者多个集装箱池区域装载计划中）。所讨论的集装箱实际上是否在航途中在这里未予确定。

10. **船只集装箱装载计划：** 基于上述形式的信息，即项 1~9，所需的计算系统应当生成两种适度优化的船只集装箱装载计划（即文档）：静态的和动态的。

11. **静态船只集装箱装载计划：** 静态船只集装箱装载计划规定如下内容的计划：对于给定船只，也即对于该船将要遵循的给定路线，以及对于给定的未完成的海运订单集合，在哪个集装箱码头装载和卸载哪些集装箱。这一计划同样陈述了每一集装箱在船上所位于的位置。

12. **动态船只集装箱装载计划：** 给定静态集装箱装载计划，给定集装箱码头（即就该装载计划而言该船所停泊的码头名字），动态船只集装箱装载计划规定了集装箱将要被卸载和装载的序列。

   - 作为涉及装载和卸载问题的一个示例，让我们考虑如下：
     ★ 令集装箱 c_i 在码头 t_i 装载到堆 s。
     ★ 令集装箱 c_{i+1} 在码头 t_i 或 t_{i+1} 装载到堆 s（即在 c_i 的直接"堆顶"）。
     ★ 现在可以在码头 t_{i+2} 把集装箱 c_{i+1} 从堆 s 卸载下来。
     ★ 可以在码头 t_{i+2} 或某适当的后面的码头把集装箱 c_i 从堆 s 卸载下来。
   - 也即，必须遵守堆的压入和弹出原则。

13. **[适度] 优化的静态船只集装箱装载计划：** 静态装载计划被称作[适度] 优化的，如果在遵守堆原则时不能找到其他这样的计划，它"填充"船只所有的堆到（几乎）最大容量。

14. **[适度] 优化的动态船只集装箱装载计划：** 动态装载计划被称作[适度] 优化的，如果就相同的船只堆而言不能找到其他这样的计划，它产生船只起重机集装箱移动的最短序列。

15. **计划生成：** 任何动态船只集装箱装载计划的目的是实际的卸载和装载应当与该计划相称，即"遵循"它。

16. **集装箱池区域装载计划：** 以此类推；将不对此计划进行规定。

17. **集装箱船只装载和卸载：** 通过集装箱装载和卸载，我们理解沿码头邻接（即服务）给定船只的船只起重机位置序列，以及对于每一船只起重机位置集装箱自船只的往复（也即自

码头的往复）移动。 由于（从一个码头/船只位置）移动船只起重机（到另一个位置）耗
费时间，我们希望最小化船只起重机移动次数。

以免你没有理解粗略描述的需求到底是什么，我们这里对这些总结：

2. 集装箱 BoL 的初始化和刷新
3. 船只航行路线的初始化和刷新
4. 船只集装箱堆布局的初始化和刷新
5. 船只集装箱堆状态的初始化和更新
6. 池区域集装箱堆布局的初始化和刷新
7. 池区域集装箱堆状态的初始化和刷新
8. 海运订单的存储的引用，包括确保项 9
11. 静态船只集装箱装载计划生成，确保项 13
12. 动态船只集装箱装载计划生成，确保项 14
16. 集装箱池区域生成装载计划（规定省略）
17. 最小化船只起重机移动，确保项 15

我们提醒读者上文构成了粗略描述的需求且在例 19.1 中我们类似地仅展示了集装箱码头领域
一些方面的粗略描述。　　　　　　　　　　　　　　　　　　　　　　　　　　　■

因此上文为你给出了需求所限定内容的某种粗略描述示例。这一示例不是很小。它一定是
"半巨型的"。你一定要以你"自己的眼光"来了解粗略描述不是小型的。实际上，它们要远
大于上述示例。

在我们接着本章关于需求刻面的主要材料之前，让我们简要看一下粗略描述和术语化之间
的相互影响。

19.2.3 需求术语

在第 2 章探讨了术语的主题。我们这样做是为了把该主题放在更加适当的上下文中，也
即，示及现实术语的规模和复杂性。

例 19.3　不完全的集装箱码头术语

术语这一节 (i) 远不是完全的，(ii) 且非常长。而且它仅涵盖了领域，而非需求。我们给
出一个广泛的选取，使得读者能够了解使用什么来构成术语。也就是说要使用很多内容。尽管
仅是真正列表的一小部分，本例的大小应向读者示及了严肃性，我们用其强调构造现实术语的
问题。这些术语从因特网精选而来 [271]（P&O Nedlloyd 海运公司的术语表）。我们强调我们
自由拷贝自 [271]，且作为练习 19.1，我们鼓励读者重述和形式化这一术语部分。

1. 实际船次：　为标识实际运输集装箱和货物的航行和船只的代码。
2. 代理费：　船只所有者或船只运营者向港口代理人应支付的费用。
3. 代理：
　(a) 得到授权代表另一个人或组织的个人或组织。

(b) 在 P&O Nedlloyd，代理是一个法人团体，与其有一个协议以代表他们对约定的支付执行特定的职能。代理或者是 P&O Nedlloyd 组织的一部分或者是独立团体。如下的职能和职责可以适用于代理的行为。

    i. **销售**：营销、货物获取、报价、协同 P&O Nedlloyd 完成合同。基本上来说代理是运货人进入 P&O Nedlloyd 组织的第一个入口。

    ii. **预订**：根据 P&O Nedlloyd 为特定的航行分配给代理的调拨来预订货物。

    iii. **海关**：代表 P&O Nedlloyd 就货物申报、货单变更和货物清空处理国家海关管理。

    iv. **文档编制**：就货物运输而言，负责所有所需文档编制的及时性和正确性。

    v. **处理**：负责与货物物品处理相关的所有过程。

    vi. **设备控制**：管理特定区域的所有存储设备。

    vii. **发行**：授权签发提单和其他运输文件。

    viii. **收集**：授权代表 P&O Nedlloyd 收集货物和费用。

    ix. **交付**：卸载货物并对交付给收货人负责的代理。

    x. **货物理赔**：根据代理合同进行货物理赔。

    xi. **管理**：在船长、船主、承租人的指示下处理非货物相关的船只运营。

4. **区号**：集装箱所位于区域的号码。

5. **租赁停租区域**：租借的集装箱停租时的地理区域。

6. **转租停租区域**：转租集装箱停租的地理区域。

7. **出租租赁区域**：租赁的集装箱出租时的地理区域。

8. **转租租赁区域**：转租的集装箱出租时的地理区域。

9. **到达日期**：在运输交付地货物或运输工具将要到达的日期。

10. **到达通知**：运输者发送给指定的通知方，告知特定运输或托运的到达。

11. **汽车集装箱**：为机车运输而装备的集装箱。

12. **自动引导机车系统**：配备有自动引导设备的无人操控机车，它遵循规定路径，停留在每一必要的站点以自动或人工装载或卸载。

13. **自动识别**：通过把数据自动输入计算机的机器（设备）来识别物体（如产品、包裹、运输单元）的方式。目前最广泛应用的技术是条形码；其他的包括射频、磁条和光学字符识别。

14. **BoL**：参见提货单（Bill of Lading）。

15. **条形编码**：为了可快速和精确地电子阅读，一种数据编码的方法。条形码是印在产品、标签或其他媒介上的一系列交错的条形和空格，代表可由电子读取器读取的编码信息，用来简化计算机系统及时和精确的数据输入。条形码代表字母和/或数字和像 +、/、- 等等的特殊字符。

16. **驳船**：用于运输货物的有或无自身推动力的运河和河流的平底内陆货物船只。

17. **排位**：从船首到船尾对船只的垂直分割，作为集装箱装载位置指示的一部分。数字是从船头到船尾；奇数指示 20 英尺的位置，偶数指示 40 英尺的位置。

18. **排位计划**：展示船只上所有集装箱的位置的装载计划。

19. **停泊处**：船只在港口能够停泊的位置，通常由编码和名字来指示。

20. 提货单： 简写为：BoL。证明海运合同的文件。该文件具有如下功能：

    (a) 货物收据，由适度授权的人员代表运输者签名。

    (b) 这里所描述货物的所有权的文件。

    (c) 两方一致同意的运输合同条款证明。

    目前使用了三种不同的模型：

    (d) 组合运输或港口到港口的船运的文档，依赖于文档在字面上的相关地方是否示及了接收地和/或交付地。

    (e) 经典的海上 BoL，其中运输商同样对实际上由其本身执行的运输一部分负责。

    (f) 海运货单：不可转让文档，对其的填写只能是给指名的收货人。不需收货人返回文档。

21. 提货单条款： 在提货单中特别的条款、规定或单一限制性条文。条款可以是标准的且能够预先印在 BoL 上。

22. 材料明细： 构成特定组件的所有部分、装配件和原材料的列表，展示每一要求项的量。

23. 小船： 用于特定目的的运载在船上的小的开口船，比如救生船、作业船。

24. 存关的： 海关负责（即关封）的某些货物存储，直到支付进口税或货物被带出该国。

    (a) 关栈（货物的存放地点）

    (b) 保税库（船只上关封后货物在船只上放置的位置，直到该船只再次离开港口和国家）

    (c) 保税货物（应征税但尚未征税的货物，即在运输或入库延期结关中的货物）

25. Box： 集装箱通俗的名字（如 Box-club（国际集装箱船经营人协会））。

26. 散装集装箱： 设计用来运输自由流动的干燥货物的集装箱，在集装箱的顶部通过舱口装载并通过在集装箱的末端的舱口卸出。

27. 企业过程： 企业过程是所采取的动作，以响应特定的事件、把输入转化为输出并产生特定的结果。企业过程是企业成功运营其企业所必须要做的。

28. 企业过程模型： 企业过程模型提供了在企业领域范围之内的企业过程各个层次的分解（过程分解）。它同样展示了过程动态、低层进程间的相互关系。总之，它包括所有和进程定义相关的图，使得能够理解企业过程在做什么（而非如何做）。

29. 企业过程再设计（Business Process Redesign，BPR）： 再设计企业实践的过程模型，包括在客户产品的生命周期内所涉及的在参与者之间的数据和服务的交换（即金融、商品销售、生产、分销）。

30. 访问： 船只对港口的访问。

31. 呼叫信号： 由国际电信联盟（International Telecommunication Union，ITU）在其每年的船舶电台列表中发布的代码，用于船只、港口管理局和其他国际贸易中的相关参与者之间的信息交换。注意： 代码结构是基于 ITU 分配的三位表示的序列和注册国分配的一位。（PDHP = P&O Nedlloyd Rotterdam）

32. 货物（Cargo）：

    (a) 传输的或将要传输的货物，BoL 所涵盖的船只上运输的所有货物。

    (b) 除了邮件、船只存储、船只备件、船只设备、船只装载物、船员财务和乘客行李之外，船上所运输的任何一种货物、商品、物品。

(c) 除了邮件、存储品以及行李或误运行李以外，飞机上运输的任何物品。也可以称为"goods（货物）"。

33. 运输者： 从事从一点到另一点的货物运输的一方。

34. 单元： 集装箱船只上的位置，其中可以装载一个集装箱。

35. 单元位置： 集装箱船只上单元的位置，通过连续的排位、行位和层位代码来标识，表示集装箱在该船上的位置。

36. 组阁式集装箱船： 为集装箱运输所专门设计和配备的船。

37. 收货者： 比如在运输文件中提及收到货物或集装箱的一方。

38. 托运物： 通过一种或多种运输方式，从一个发货者到收货者（要被）运输的并在一份运输文件中予以规定的可分别确认数量的货物。

39. 托运说明： 自出售者/发货者或购买者/收货者向货物运输者的说明，使得货物的运输和相关活动成为可能。可以包含如下的功能：

- 货物的传输和处理（海运、转运和装载）。
- 海关手续。
- 文件分发。
- 文件分配（运费以及相关操作的费用）。
- 专门说明（保险、危险物品、物品卸载、其他需要的文件）。

40. 集装箱： 由国际标准化组织为运输而定义的一项设备。它必须：

(a) 具有耐久的特性并相应地足够结实以适于重复使用；

(b) 是专门设计的以便于一种或多种模式的货物运输，而无需中间重新装载；

(c) 适于设备已有处理功能，特别是从一种模式到另一种模式；

(d) 其设计易于填充和清空；

(e) 内部体积为一立方米或更多。

41. 集装箱底盘： 为集装箱运输所专门设计的交通工具，使得当集装箱和底盘组装起来之时，所产生的单元可以作为道路拖车。

42. CFS： 集装箱运输站（Container Freight Station）： 一处设施，在这里接收来自贸易商（出口）LCL（小于集装箱荷载的，less than container load）货物以装载（填充）集装箱，或者在这里从集装箱卸载（去除）（进口）LCL 货物并交付给贸易商。

43. CLP： 集装箱装载计划（Container Load Plan）： 装载到特定集装箱的项目列表，以及适当的时候它们的装载顺序。

44. 集装箱物流： 集装箱及其他设备的控制和位置控制。

45. 集装箱明细： 规定特定的运输集装箱或其他运输单元内容的文件，由对装载入集装箱或单元的一方来准备。

46. 集装箱移动： 在特定的期间由集装箱起重机所执行的动作数量。

47. 集装箱池： 某集装箱存储，由若干集装箱运输者和/或租赁公司联合使用。

48. 集装箱船： 设计来进行集装箱运输的船只，即一个浮动结构。

49. 集装箱堆： 两个或更多集装箱，一个放置在另一个上面，构成竖直列。

50. 集装箱码头： 装载的和/或空集装箱被装载到运输工具或从其卸载的地方。

51. 集装箱场（Container yard）： 简写：CY。一处设施，在这里由运输者或代表其从贸易商收到 FCL 运输和空集装箱或把它们交付给贸易商。

52. 完全组阁式集装箱船（Fully Cellular Container Ship） 简写：FCC。专门设计运输集装箱的船只，格导在甲板下面，必要的设施和设备在甲板上面。

53. 整箱货（Full Container Load）： 简写：FCL。
    (a) 有风险的并作为发货人和/或收货人代理而填充或去除的集装箱。
    (b) 为了确认在贸易商的场地装载和/或卸载的集装箱货物的一般性参考。

54. 网格号： 由页号、列和行组合而成的对在排位设计中集装箱位置的表示。页号通常代表行号。

55. 舱盖： 关闭船只舱口的水密性方式。

56. 舱口： 船只甲板上的开口，通过其装载货物到船舱或从船舱卸载货物，通过舱盖来把它关闭。

57. LCL（Less than container load）： 小于集装箱荷载的。

58. 贸易商： 对于依据运输商的提单条款而运输的货物而言，它是指任何贸易人或人员（比如发货人、收货人）并包括任何代表其自身且拥有或有权拥有货物的人。

59. 冷藏集装箱： 带有冷藏设备（机械压缩机、吸收装置等等）的保温集装箱以控制货物的温度。

60. 还有许多！

关于全部细节，我们再一次引用 [271]。   ■

上述三个示例的"寓意"是如下的复合：现实的领域描述是很长的；现实的需求规定是很长的；现实的术语表是很长的。在教材中，我们仅能示及而不能举例说明真正大小的我们的描述、规定和规约。

19.2.4 系统叙述

从需求的粗略描述到适当表达的、一致的、相对完全和结构良好的需求文档，还有很长的一段路要走，以涵盖需求的所有相关方面，这里称作刻面。下一节的目的是为获得这样设计良好的需求文档来概述适当的结构、适当的原则和适当的规定技术。

19.3 企业过程再工程需求

我们提醒读者第 11.2.1 节的内容。

特性描述： 通过企业过程再工程，我们理解以前所采用的企业过程的描述的再述，以及其他的企业过程再工程工作。   ■

企业过程再工程（Business Process Reengineering，BPR）与变化有关，由此 BPR 也同样与变化管理有关。工作流的概念就是这样一个"夸张的"并"劫持"了的术语：它们听起来很好，并使你"感觉"非常好。但是它们经常被用到广泛不同的对象，尽管具有一些共同的现象。通过工作流，我们非常粗略地理解某组织（无论是工厂、医院或其他）中人、材料、信息和"控制中心"的物理移动。我们已经在第 1 卷第 12 章（佩特里网）的第 12.5.1 节中探讨了工作流系统的概念。

19.3.1 Michael Hammer 关于 BPR 的概念

Michael Hammer 是一位企业过程再工程"运动"的权威，他说 [136]：

1. 在你认真地进行再工程之前，理解再工程的方法。

因此这就是本章所全部有关的内容！

2. 人们仅能再工程过程。
3. 再工程中理解过程是必须的第一步。

然后他接着说："但是对那些过程的分析则只是浪费时间。你必须为你开发这一理解所要耗费的时间和你所产生的描述的长度设定严格的界限。" 不用说，我们质疑第三项的后面的这一部分。

4. 如果你接着进行再工程而不具备适当的领导地位，则你在造成一个致命的错误。如果你的领导地位是名义上的而非真正的，并且没有准备好付出所需的努力，则你的努力是注定要失败的。

通过领导地位，我们基本上指："上层的行政管理"。

5. 再工程需要关于过程设计的根本性和突破性想法。再工程的领导者必须鼓励人们追求拓展目标[1] 并在之外来思考；为了这一目标，领导者必须嘉奖创造性思维并愿意考虑任何新的想法。

无疑这是一位 US 的权威，"新管理人员"类型"所说的"！

6. 在实现现实世界的过程之前，创建一个实验室版本，以测试你的想法是否有效。... 从想法直接到现实世界的实现（通常）是灾难之路。

我们对现存领域过程进行的仔细的非形式和形式描述，就如第 11 章所探讨的那样，以及对再工程企业过程类似地仔细规定，在某种意义上来说，构成这一在其他方面有些模糊的术语"实验室版本"。

7. 你必须快速再工程。如果你不能在一年之内给出一些有形结果，你将失去的是努力成功的必要支持和动力。为此，无论如何必须要避免"范围延展"。如果必要的话，保持关注并缩小范围以快速得到结果。

基本来讲显然我们并不同意这一陈述。

8. 你不能独立地再工程工程。所有的事情必须都放在桌面上来讨论。设定限制和保存旧系统部分的任何尝试都必将使得你的努力失败。

---

[1] "拓展目标"是一个目标，对于其如果人们想要实现它，则人们必须拓展自己的能力。

我们只能同意。但是措辞就像曼陀罗咒语。作为软件工程师，基础是科学，上文这样的陈述不是技术性的，不是科学的。它们是"管理语言"。

9. 再工程需要其自身风格的实现：快速、即兴的、迭代的。

对这一陈述我们也不确定！专业的工程工作既不是快速的也不是即兴的。

10. 任何成功的再工程努力都必须考虑到它将影响的个体的个人需要。新的过程必须为那些最终被请求迎接巨大改变的那些人带来益处，并且从旧过程到新过程的变迁必须要仔细感受他们的感觉。

这只是政治上正确、适当的陈述！它不会通过否定测试：没人会说其相反的内容。再工程真正的益处通常来自于不需要再工程之前公司中所需要的那么多人，即工人和管理人员。所以：那些下岗人员的"感觉"怎么样呢？

19.3.2 什么是 BPR 需求

两条"道路"产生企业过程再工程：

- 客户希望通过部署新的计算系统（即新软件）来改善企业运营。在对这一新的计算系统阐述需求的过程中，新需求产生以同样再工程企业内外的人类操作。
- 企业希望通过重新设计员工在企业中运营的方式以及客户和员工在企业到环境的接口上运营的方式来改善运营。在阐述再工程指示的过程中，新需求产生以同样部署新的软件，对于其由此必须阐释需求。

一种方式还是另一种方式，企业过程再工程总是在部署新的计算系统之中的必要构件。

19.3.3 BPR 操作概述

我们建议六个领域到企业过程的再工程操作：

1. 引入一些新内在和对一些旧内在的移除；
2. 引入一些新支持技术和对一些旧支持技术的移除；
3. 引入一些新管理和组织子结构和一些旧管理和组织子结构的移除；
4. 引入一些新规则和规定和一些旧规则和规定的移除；
5. 引入一些（就人类行为而言的）新工作实践和旧工作实践的移除；
6. 相关脚本。

19.3.4 BPR 和需求文档

新企业过程的需求

必须适度提醒读者：BPR 需求不是针对计算系统的，而是为"围绕"该（未来）系统的人。BPR 需求明确陈述了那些人的行为将是什么，即如何正确使用该系统。BPR 需求关于新计算系统的概念和工具的任何暗示都必须（同样）在领域和接口需求中得到规定。

叙述文档中的位置

在第 19.3.5~19.3.10 节中，我们由此将探讨许多 BPR 刻面。在任何一个需求开发中，任何你决定要关注的内容必须得到规定。并且必须把规定放到整体需求规定文档中。

由于 BPR 需求"重建"了领域描述的企业过程描述部分[2]，且由于 BPR 需求不直接是机器的需求，我们发现能够把它们（BPR 需求文本）独立放在一节。

基本上有两种"重建"领域描述企业过程描述部分（D_{BP}）为需求规定部分的 BPR 需求（R_{BPR}）的方式。或者你保留全部 D 来作为 R_{BPR} 中的基本部分，然后你令该部分（即 R_{BPR}）之后紧跟着的是陈述 R'_{BPR}，它表达了就"旧的"（D_{BP}）而言新企业过程的"不同点"。把结果称作 R_{BPR}。或者你就是把（某种意义上全部）D_{BP} 直接重写为 R_{BPR}，复制全部 D_{BP}，并在必要时进行编辑。

形式化文档中的位置

上文关于如何表达把 BPR 需求"合并"到整体需求文档的陈述适用于叙述和形式化的规定。

──── 形式表述：文档编制 ────

我们可以假设有一个（企业过程的）形式领域描述 $\mathcal{D}_{BP}$，由其我们开发 BPR 需求的形式规定。然后我们可以决定开发新企业过程的全新描述，即企业再工程过程的实际规定 $\mathcal{R}_{BPR}$；或者使用如 RSL 中的适当的模式演算，通过对领域描述 $\mathcal{D}_{BP}$ 的参数化、扩展、隐藏等等从 $\mathcal{D}_{BP}$ 开发需求规定 $\mathcal{R}_{BPR}$。

19.3.5 内在回顾和替换

特性描述：通过内在回顾和替换，我们理解对当前内在保持还是消失以及是否需要引入更新的内在的评价。 ∎

例 19.4　内在替换　铁路网所有人将其企业从拥有、运营和维护铁路网（线路、车站和信号）改变为运营火车。由此改变铁轨单元概念的更详细的状态不再需要是新公司内在的一部分，而火车和乘客的概念需要作为相关的内在引入。

内在替换通常指向企业的巨大变化且其实现通常不与随后相关的软件需求开发关联。

19.3.6 支持技术回顾和替换

特性描述：通过支持技术回顾和替换，我们理解对关于企业所用的当前的支持技术是否足够以及其他（更新的）支持技术是否能够更好地执行所需的服务所进行的评价。 ∎

例 19.5　支持技术回顾和替换　目前企业的主要信息流是由打印纸、复印机和物理分发来处理。所有这样的文档，无论是原件（母本）、复本，或者原本或副本的注释版本，都是秘密的。作为处理未来信息流的计算机系统的一部分，通过一些领域需求来规约文本的秘密性将通

---

[2] ── 即使领域描述的该企业过程描述部分是"空"或几乎如此！

过加密、公钥和私钥以及数字签名来处理。不过，意识到还有使用物理而不只是电子文件副本的需要，因此可以考虑如下的企业过程再工程建议：

获取专门制作的打印纸以及打印和复制机器，打印机和复印机也是如此，其使用要求插入专门的签名卡，当卡被使用时，能够检查打印或复制的人员就是卡片所标识的人且该人员可以打印所需的文档。所有的复印机将拒绝复制这样复制的文档——因此是专门的纸张。由此这样的纸张复制能够在（打印机和复印机）的场所读取而不能带出这些场所。并且这样的打印机和复印机能够注册谁打印了哪些文档以及谁尝试打印哪些文档。由此人们（而非所需的计算系统）现在要对可能的纸张复制的安全（下落）负责。上文特意构造的示例展示了所计划的（所需的）计算系统（"机器"）和授权打印并享有秘密文档的"被企业再工程的"人员之间的"工作分离"。

在上文中蕴含了如果没有适当的计算支持则对文档的再工程处理是不可行的。由此从企业再工程世界到计算系统需求的世界是有"泄漏"的。

19.3.7 管理和组织再工程

特性描述：通过管理和组织再工程，我们理解对关于企业中所用的当前的管理原则和组织结构是否足够以及关于其他管理原则和组织结构能否更好地监测和控制企业进行评价。

例 19.6　管理和组织再工程　正在计划公司采购运作的非常完全的计算机化。以前的采购在如下的物理上分离的以及设计格式方面不同的纸质文档得以体现：请购单、订货单、订购单、交货检查单、否决和返还单以及支付单 。供应商具有相应的表格：订货接受和报价单、交货单、返回接受单、支票单、返回验证单和支付接受单。目前仅考虑采购单而非供应商单。所建议的领域需求是强制性要求所有的采购单的纸质版本都消失，基本上仅有一个采购文档代表采购的全部阶段，并且订货、否决和返回通知单和支付授权单是通过代表电子采购文档中适当子部分的使用电子交换和适度数字签名的消息来实现。企业过程再工程的部分现在可以简化以前员工的查阅，缩短以前表格的接受/拒绝时间，偏向于更少员工的介入。

在这一情况中的新的企业过程随后成为适当领域需求的一部分：那些支持（即监测和控制）再工程采购过程的所有阶段的需求。

19.3.8 规则和规定再工程

特性描述：通过规则和规定再工程，我们理解对关于企业使用的当前的规则和规定是否足够，其他的规则和规定是否能够更好地指导和规定企业的评价。

这里应当记住规则和规定主要规定了企业再工程过程。也即，它们通常不是计算机化的。

例 19.7　规则和规定再工程　我们的例子接着例 11.19。我们提醒读者再次研习该实例。由于再工程的支持技术，现在假设使得联锁信号发射能够较以前而言安全系数大大增加，而不会有联锁。由此再工程例 11.19 的规则是合理的：从：在任意三分钟间隔之中，最多有一辆火车可以到达或离开火车站 到：在任意 20 秒间隔之中，最多有两辆火车可以到达或离开火车站。

这一再工程规则随后成为领域需求的一部分，即联锁软件系统受到该规则的约束。

19.3.9 人类行为再工程

特性描述：通过人类行为再工程，我们理解对关于企业中当前实践的人类行为是否是可接受的，以及部分改变的人类行为对于企业是否更加合适进行评价。

例 19.8 **人类行为再工程** 一个公司在一个特定类别的员工之中体验到了懒散地态度。所以对特定的工作程序进程进行再工程，这暗示了自此其他类别员工的成员要继续执行"该"工作。

在随后的领域需求阶段，上文的再工程会产生许多计算机化监测两组员工的需求。

19.3.10 脚本再工程

一方面，存在有对规则和规定内容的工程，另一方面，存在有脚本化这些规则和规定的人（管理人员、员工），以及与相关的管理人员和员工对这些规则和规定进行交流的方式。

特性描述：通过脚本再工程，我们理解对规则和规定的脚本化和令企业中和企业的参与者知晓（即向参与者公布）其的方式是否足够，以及脚本化和公布的其他方式是否更适合企业进行评价。

例 19.9 **脚本再工程** 请参考例 11.22~11.25。它们举例说明了对假想的银行脚本语言的描述。比如，它被用来对银行客户解释活期存款和抵押账户以及由此的贷款是如何"运作"的。

给定了"模式化"和"用户友好的"脚本命令集合，比如在引用示例中对它们进行了确认，只有一些银行业务能够得以描述。一些显然的业务是不行的，比如合并两个贷款账户，在两个不同银行的账户之间转移货币，每月和每季度支付信用卡账单，向股票经纪人发送资金和从其接收资金等等。

因此需要再工程，在一个提供这些服务给其客户的银行的基本企业过程中这真正是首先要实现的。我们把余下的作为练习，参考 19.13。

19.3.11 讨论：企业过程再工程

谁应该来做企业过程再工程

作为软件工程师，我们没有能力作出上文所示的此种企业过程再工程的决策。可能它更应是受到适当教育、培训和熟练的（即有才华的）其他种类的工程师或企业人员的权力以作出上文所示种类的决策。一旦实现了 BP 再工程，客户参与者就有必要进一步确定 BP 再工程是否示及一些需求。

一旦做出最终的肯定性决策，作为软件工程师，我们就能够应用我们的抽象和建模技术了，同时与其他类别的专家合作，为 BPR 需求制定适当的规定。典型情况下，这些的主要形式是领域需求，这在第 19.4 节中予以大量的探讨。

概述

　　企业过程再工程基于如下前提：必须改变其运营的方式，由此必须"彻底改造"自身。一些公司（企业等等）是按照职能、产品或地理区域"垂直"组织的。这通常意味着企业过程"穿越"了垂直单元。其他则是按照一致的企业过程"水平"组织的。这通常意味着企业过程"穿越"了功能、产品或地理区域。在任一情况中，当企业（即产品、销售、市场等等）变化时需要作出相应的调整。另外我们引用一些关于企业过程再工程的当前主要的著作：[135, 136, 170, 182]。

19.4 领域需求

特性描述：通过领域需求，我们理解仅使用现象和概念来表达的需求。 ∎

在初始开始获取（即引出或"抽取"）需求时，需求工程师 自然是起始于领域"之中"或"从其"开始。也即，需求工程师询问参与者，最终这样产生领域需求的阐述。对这些问题的组织—— 强烈建议—— 应当遵循第 11.3~11.8 节的领域模型的领域刻面描述的组织和内容，以及接下来勾勒和在下文中适度深入探讨的五种领域到需求的操作。

19.4.1 领域到需求的操作

特性描述： 通过领域到需求的操作，我们理解从领域描述文档到需求描述文档的变换。 ∎

这些文档变换操作是通过需求工程师来执行。他们是需求工程师同可能交替的参与者分组密切工作的结果。

　　我们建议如下在下文五个小节（第 19.4.4~19.4.8 节）中深入探讨的五个领域到需求的操作：

1. 领域投影
2. 领域确定
3. 领域实例化
4. 领域扩展
5. 领域拟合

19.4.2 领域需求和需求文档

　　在我们深入到领域需求建模技术的细节时，需要给出一些评述。

功能需求

　　领域需求是关于在机器"内部"的领域"运行"部分。领域需求工程与略去哪些部分，即"模拟"哪些部分以及用什么"形状、形式、内容"相关。

叙述文档中的位置

　　在第 19.4.4~19.4.8 节中，我们将讨论许多领域需求刻面。在任一需求开发中，你决定要关注的每一个都必须予以规定。

领域需求都采用它们的"出发点",也即基于,完整的领域描述。也即,领域需求表示领域描述的一种"重写"。这一"重写"是用这一方式来做还是另一方式来做,对此我们不能真正地陈述任何硬性原则。它全部依赖于对象领域和对象需求。基本上,有两种方式来实现把领域描述非企业过程描述部分(D^3)"重建"为需求规定部分的领域需求(R_{DR}),如下:

或者你保留全部 D 作为 R_{DR} 的基础部分(R'_{DR}),接着你令该部分(即 R'_{DR})之后是陈述 R''_{DR},它表达了就"旧的"(D)而言新企业过程的"不同点"。将结果称作 R_{DR}。或者你就是直接重写(在某种意义上全部的)D 为 R_{DR},复制所有的 D,在必要的时候予以编辑。

形式化文档的位置

上文关于表达如何"重写"需求为整体需求文档的陈述特别适用于叙述规定。但是我们也将了解到,它同样适用于形式规定。

───────── 形式表述:文档编制 ─────────

我们可以假设有一个形式领域描述 $\mathcal{D}$,从其我们开发领域需求的形式规定。接着我们可以决定开发新"领域"的全新描述,即实际上的领域需求规定 $\mathcal{R}_{DR}$;或者使用如 RSL 中的适当的模式演算通过领域描述 $\mathcal{D}$ 适当的参数化、扩展、隐藏等等从 $\mathcal{D}$ 开发需求规定 $\mathcal{R}_{DR}$。

19.4.3 领域示例

领域需求这一节的大量内容是通过许多示例来"承载的",基本上是每一领域到需求变换模式就有一个。为了把这些变换放在适当的上下文中,我们首先展示一个非常简单的领域描述。

例 19.10 简单领域示例: 时刻表系统 我们选择一个非常简单的领域:交通时刻表领域,比如航班时刻表领域。昔日,在领域中你可以手中握着这样的时刻表,能够浏览它,查询专门的航班,把某些页撕下来,等等。对于你能够对这样一张时刻表能够做什么来说是没有尽头的。所以我们仅是假定一个时刻表分类 TT。

一般来讲,航班客户 client 仅希望查询一个时刻表(所以我们这里略去对或多或少"恶意"或损坏性行为的讨论)。但是仍然可以数数时刻表中数字"7"的数量,以及其他这样可笑的事情。所以我们假设一个非常宽泛的查询函数 qu:QU,它应用到时刻表 tt:TT,并产生值 val:VAL。

不过除了客户 client 所能做的以外,专门指定的航班工作人员 staff 还可以更新时刻表。但是,回忆一下人类行为,我们所能确定的就是更新函数 up:UP 应用到时刻表,并产生两个事物:另一个替换时刻表 tt:TT 和一个结果 res:RES,比如:"你的更新成功",或"你的更新失败"等等。本质上来说对于时刻表创建和使用领域这就是我们所能说的全部内容。

我们可以把时刻表、客户和工作人员的领域看作行为,它在客户查询时刻表 client_0(tt) 和工作人员 更新同样时刻表 staff_0(tt) 之间非确定性地交替变换。

───────────────

[3] 这里 D 代表 (i) 内在,(ii) 支持技术,(iii) 管理,(iv) 规则和规定,(v) 脚本,(vi) 人类行为等部分。

─────── 形式表述：时刻表领域 ───────

```
scheme TI_TBL_0 =
  class
    type
      TT, VAL, RES
      QU = TT → VAL
      UP = TT → TT × RES
    value
      client_0: TT → VAL, client_0(tt) ≡ let q:QU in q(tt) end
      staff_0: TT → TT × RES, staff_0(tt) ≡ let u:UP in u(tt) end


      tim_tbl_0: TT → Unit
      tim_tbl_0(tt) ≡
              (let v = client_0(tt) in tim_tbl_0(tt) end)
           ⌈⌉ (let (tt′,r) = staff_0(tt) in tim_tbl_0(tt′) end)
  end
```

这里把**时刻表**函数 tim_tbl 看作永不结束的进程，由此是类型 **Unit**。它非确定性地[4] 在"服务"客户和工作人员之间交替变换。两者之中的任一个都非确定性地[4] 分别从可能非常大的查询和更新集合之间选择。 ∎

19.4.4 领域投影

通常需求区间 较领域范围而言更加"狭窄"。也即，所构想的或实际上描述的领域涵盖了那些在为某特定应用构造需求之时所不予考虑的现象和概念。由此我们将不得不显式表达一个"投影"。

特性描述：通过领域投影，我们理解应用到领域描述的操作，并产生领域需求规定。后者代表了前者的投影，其中只有那些在所进行的需求开发之中感兴趣的部分。 ∎

当然，某种意义上，源自领域投影的文档仍然是领域描述，但—— 出于语用上的原因—— 我们称之为领域需求规定。

特定的示例

例 19.11 *航空公司时刻表和空间的投影*
我们从为航空时刻表的子领域阐述粗略领域描述来开始：有机场（airport），并且人们能够在特定的机场之间乘机。有航空公司，并且航空公司在这些机场之间在特定的时刻提供航班

─────────────

[4] 在没有外部行为影响行为的意义上，所指的非确定性是内部的。

服务。这些服务记录在航空公司时刻表中。它为每一提供的航班列出其航班号和航班日期，以及两个或多个机场停留点的列表：机场名，到达和离开时间。

存在有空间（air space）。它由机场、（机场对之间的零个、一个或者多个）空中走廊（air corridor），以及机场周围的控制区域（controlled area），其中通过空中交通控制（air traffic control）中心对飞行器的航班于予以专门的监测（和部分控制）。

—— 形式表述：航空公司时刻表和空间投影，I ——

```
scheme AIR_TT_SPACE =
    extend TI_TBL_0 with
    class
        type
            AS, Airport, Air_Corridor, Controlled_Area, ATC
        ...
    end
```

现在转到粗略描述的领域投影规定： 从上文，我们略去空间的任何描述：也即，我们投影"掉"空中走廊、控制区域、空间交通控制中心。我们把细节留给读者。

—— 形式表述：航空公司时刻表和空间投影，II ——

```
scheme TI_TBL_1 = TI_TBL_0
```

在上文的 AIR_TT_SPACE 中，我们决定不去对时刻表和空间的细节建模。　　　　■

你有理由说上文的例子是特意构造的以适合投影的概念。可能是这样的。但是举例说明了这一概念，对吗？

一般性示例

在领域描述中具有分类是很典型的。一旦它们被投影到需求，它们就从现象的抽象变化为这些的概念。前者是领域中"就在那里的事物的"非形式或形式描述。后者是所要构建的"在那里的事物的"非形式或形式规定。尽管观测器（和基于观测器所定义的函数）等函数是假设的，被投影的观测器（等等）必须得到实现。为了使得这一区别清晰，我们可以选择重命名这些函数。

例 19.12 从领域分类到需求分类，I 运输网由段和交叉口构成，使得每一段仅连接到两个相异的交叉口，并使得每一交叉口连接一个或者多个段。由此，人们从运输网可以观测到其段（如街道段）和交叉口（比如街道十字路口）。为了得到适当、一致且完备的网络描述，我们大概介绍了段和交叉口标识的概念—— 以及通过公理关联起来的段、交叉口和它们的标识符。

─────────── 形式表述：运输网领域描述 ───────────

type
  N, S, J, Si, Ji
value
  obs_Ss: N → S-set
  obs_Js: N → J-set
  obs_Si: S → Si
  obs_Ji: J → Ji
  obs_Jis: S → Ji-set
  obs_Sis: J → Si-set

axiom
  ∀ s:S • **card** obs_Jis(s)=2 ∧
  ∀ n:N, s,s':S •
    {s,s'} ⊆ obs_Ss(n) ∧ s≠s' ⇒ obs_Si(s)≠obs_Si(s') ∧
    s ∈ obs_Ss(n) ⇒
      let {ji,ji'} = obs_Jis(s) **in**
      ∃ j,j':J • {j,j'} ⊆ obs_Js(n) ∧ ji=obs_Ji(j) ∧ ji'=obs_Ji(j') **end** ∧
  ∀ j:J • **card** obs_Sis(j)⩾1 ∧
  ∀ n:N, j,j':J •
    {j,j'} ⊆ obs_Js(n) ∧ j≠j' ⇒ obs_Ji(j)≠obs_Ji(j') ∧
    j ∈ obs_Js(n) ⇒
      let sis = obs_Sis(j) **in**
      ∀ si:Si • si ∈ sis ⇒ ∃ s:S • s ∈ obs_Ss(n) ∧ si=obs_Si(s) **end**

我们可以逐行注释上述公理：(1) 每一个段仅连接到两个相异的交叉口。(3) 网的两个段，如果是相异的，则具有相异的段标识。(4–6) 对于网的每一个段，人们能够观测到两个交叉口的标识—— 并且这些标识必须是该网的交叉口的标识。(7) 每一交叉口仅连接一个或多个相异的段。(9) 网的两个交叉口，如果相异，则具有相异的交叉口标识。(10–12) 对于网的每一交叉口，人们能够观测到一个或者多个段的标识—— 这些标识必须是该网的段的标识。

形式化的注释实际上也是非形式叙述性描述的一部分。   ■

领域投影现在考虑哪些实体：分类和值、与这些相关的公理、函数、观测器函数等等。事件、行为要在所需软件中通过某种方式来表示。

例 19.13 从领域分类到需求分类，II 我们接着示例 19.12。在这一示例中，我们可以决定投影例 19.12 中所描述的全部内容。这意味着网及其段和交叉口应当在所需软件中得到表示。这同样意味着段和交叉口标识符应当在所需软件中得到表示。网、段和交叉口（即它们的描述）

是领域中的现实现象（的模型），同时网、段和交叉口规定是所需软件的模型。观测器函数成为必须实现的函数。由此我们可以决定对它们进行重新命名。公理不再是公理。它们成为对于网、段、交叉口的任何数据结构表示都成立的不变式。

──── 形式表述：运输网领域需求规定 ────

type
    N, S, J, Si, Ji
value
    xtr_Ss: N → S-**set**
    xtr_Js: N → J-**set**
    xtr_Si: S → Si
    xtr_Ji: J → Ji
    xtr_Jis: S → Ji-**set**
    xtr_Sis: J → Si-**set**

    wf_N: N → **Bool**
    wf_N(n) ≡
      $\forall$ s:S•s $\in$ xtr_Ss(n)⇒**card** xtr_Jis(s)=2 $\wedge$
      $\forall$ s,s′:S •
        {s,s′}⊆xtr_Ss(n)∧s≠s′ ⇒ xtr_Si(s)≠xtr_Si(s′) $\wedge$
        s $\in$ xtr_Ss(n) ⇒
          let {ji,ji′}=xtr_Jis(s) **in**
          $\exists$ j,j′:J•{j,j′}⊆xtr_Js(n)∧ji=xtr_Ji(j)∧ji′=xtr_Ji(j′) **end** $\wedge$
      $\forall$ j:J•j $\in$ xtr_Js(n)⇒**card** xtr_Sis(j)≥1 $\wedge$
      $\forall$ j,j′:J •
        {j,j′}⊆xtr_Js(n)∧j≠j′ ⇒ xtr_Ji(j)≠xtr_Ji(j′) $\wedge$
        j $\in$ xtr_Js(n) ⇒
        let sis=xtr_Sis(j) **in**
        $\forall$ si:Si•si $\in$ sis⇒$\exists$ s:S•s $\in$ xtr_Ss(n)∧si=xtr_Si(s) **end**

你可以说，最多是一个重命名。是的，但是把投影的领域重新陈述为领域需求意味着从领域是"这样和那样的"，我们现在要求软件应实现"这样和那样"。∎

通常使用对关系数据库的查询来实现领域观测器函数投影到需求抽取函数。分类的各种各样的属性（如上：段和交叉口标识符（以及人们可能关联到段和交叉口的任何其他属性（长度、遍历的平均成本、维修状态等等）））就成为关系元组的属性。关于关系数据库的内容，请参考第 28.3.3 节。

从概念到现象

    例 19.12 的领域描述投影到例 19.13 的领域需求规定反映了一个细微之处：我们可以说例

19.12 的段和交叉口标识仅是概念。除了如下—— 几乎是"自然定律"—— 事实：两个相异的段和两个相异的交叉口的纯粹表现相应于所有这样的段和交叉口的唯一标识， 可能没有相应于这些标识的任何物理上可识别的现象。由此可能没有任何与段（和与交叉口关联的段标识符）关联的物理上可发现的交叉口标识符。但是从交叉口人们能够标识连接的段，且从段人们能够标识"端"交叉口，这是很明确的。

  例 19.13 的概念段和交叉口标识符现在最终成为了所需软件的物理上可发现的现象。由此，例 19.13 的段和交叉口标识是现象的模型。

19.4.5 领域确定

  通常领域呈现非确定性，也即：函数结果或行为可以是这样和那样，或者它可以是这样和那样（不同于第一个这样和那样），或者它可以是这样和那样（不同于前两个这样和那样！）。或者函数结果或行为可以是粗略的 （即粗略描述的）：不是函数应用所有可能的结果，或者不是现象所有可能的行为都可能已经得到了描述或乃至可知的。有时候，对于需求，参与者会希望移除关于一些函数结果或一些行为的这些看上去的不定性—— 非确定性或粗略。

特性描述：通过领域确定，我们理解应用到（投影得到的）领域描述（即需求规定）并产生领域需求规定的操作，其中后者使得前者的一些函数结果或一些行为成为确定的或特定的。   ■

当然领域确定的结果表示的不（再）是领域描述，而是需求规定。要求某软件的意义是令特定的行为、特定的函数结果是确定的—— 可预测的。

例 19.14 *航空公司时刻表查询的确定* 为了举例说明这一粗略描述的领域（到）需求的操作，我们首先展示一个粗略描述的领域描述，然后是"更加确定的"领域需求规定。(i) 粗略描述的时刻表查询领域描述是：存在有给定的未进一步定义的时刻表概念。同样存在有给定的查询一个时刻表的概念。抽象地来讲，时刻表查询表示（即代表）从时刻表到结果的函数。未进一步定义结果。(i) 粗略描述的时刻表查询领域需求描述是：存在有给定的离开和抵达时间、机场、航空公司航班号的概念。

———————— 形式表述：航空公司时刻表查询的确定，I ————————

```
scheme TI_TBL_2 =
    extend TI_TBL_1 with
        class
            type
                T, An, Fn
        end
```

时刻表由许多航班旅行条目构成。每一条目有一个航班号，以及两个或多个停留机场的列表。停留机场包括三个部分：机场名、一对（登机口）抵达和离开时间。

形式表述：航空公司时刻表查询的确定，II
---

scheme TI_TBL_3 =
  extend TI_TBL_2 **with**
    class
      type
        $JR' = (T \times An \times T)^*$
        $JR = \{|\ jr{:}JR' \bullet len\ jr \geqslant 2 \wedge ...\ |\}$
        $TT = Fn \overrightarrow{m} JR$
    end

我们仅举例说明了航空公司时刻表查询的一种简单形式。一个简单航空公司时刻表查询（query）或者仅是浏览（browse）全部航空公司时刻表，或者查询特定航班的旅程。由此简单浏览查询不需要提供特定的参数数据，而航班旅程（journey）查询需要提供航班号。简单的更新（update）查询插入（insert）航班号和旅程时刻表中，而删除（delete）查询仅需要提供要被删除的航班号。

查询的结果是一个值：查询的特定旅程，或者浏览的完整时刻表。更新的结果是一个可能的时刻表变化，并且若更新成功，则是"OK"的响应，否则若更新不成功，是"not_ok"的响应：或者是要插入的旅程航班号已经在时刻表中了，或者是要被删除的航班号已经不在时刻表中了。

也即，上文中我们假定简单航班时刻表查询仅指代有一个飞机的简单航班。对于有航班中途停留和变化的更复杂的航班，参见例 19.16。

如果你对这几卷的阅读不包括各种形式化的话，你可以跳过本例其余的部分，其形式化。

首先，我们形式化句法和语义类型：

形式表述：航空公司时刻表查询的确定，III
---

scheme TI_TBL_3Q =
  extend TI_TBL_3 **with**
    class
      type
        Query == mk_brow() | mk_jour(fn:Fn)
        Update == mk_inst(fn:Fn,jr:JR) | mk_delt(fn:Fn)
        VAL = TT
        RES == ok | not_ok
    end

然后我们定义查询命令的语义：

---------------- 形式表述：航空公司时刻表查询的确定，IV ----------------

scheme TI_TBL_3U =
  extend TI_TBL_3 **with**
    class
      value
        $\mathcal{M}_q$: Query $\rightarrow$ QU
        $\mathcal{M}_q$(qu) $\equiv$
          case qu **of**
            mk_brow() $\rightarrow$ λtt:TT$\bullet$tt,
            mk_jour(fn)
              $\rightarrow$ λtt:TT $\bullet$ **if** fn $\in$ **dom** tt
                      then [fn$\mapsto$tt(fn)] **else** [ ] **end**
      end **end**

最后，我们定义更新命令的语义：

---------------- 形式表述：航空公司时刻表查询的确定，V ----------------

scheme TI_TBL_3U =
  extend TI_TBL_3 **with**
    class
        $\mathcal{M}_u$: Update $\rightarrow$ UP
        $\mathcal{M}_u$(up) $\equiv$
          case qu **of**
            mk_inst(fn,jr) $\rightarrow$ λtt:TT $\bullet$
              if fn $\in$ **dom** tt
                then (tt,not_ok) **else** (tt $\cup$ [fn$\mapsto$jr],ok) **end**,
            mk_delt(fn) $\rightarrow$ λtt:TT $\bullet$
              if fn $\in$ **dom** tt
              then (tt $\setminus$ {fn},ok) **else** (tt,not_ok) **end**
      end **end**

我们可以把上文"组装"成 **时刻表（timetable）** 函数—— 把新函数称作 **时刻表系统**（timetable system）或就是**系统**（system） 函数。

    以前我们有：

---------------- 形式表述：航空公司时刻表查询的确定，VI ----------------

value

tim_tbl_0: TT → **Unit**
tim_tbl_0(tt) ≡
    (**let** v = client_0(tt) **in** tim_tbl_0(tt) **end**)
  ∏ (**let** (tt′,r) = staff_0(tt) **in** tim_tbl_0(tt′) **end**)

现在我们得到：

value
  system: TT → **Unit**
  system() ≡
      (**let** q:Query **in let** v = $\mathcal{M}_q$(q)(tt) **in** system(tt) **end end**)
    ∏ (**let** u:Update **in let** (r,tt′) = $\mathcal{M}_u$(q)(tt) **in** system(tt′) **end end**)

或者，对于例 19.32 中的使用：

  system(tt) ≡ client(tt) ∏ staff(tt)

  client: TT → **Unit**
  client(tt) ≡
    let q:Query **in let** v = $\mathcal{M}_q$(q)(tt) **in** system(tt) **end end**

  staff: TT → **Unit**
  staff(tt) ≡
    let u:Update **in let** (r,tt′) = $\mathcal{M}_u$(q)(tt) **in** system(tt′) **end end**

∎

我们提醒读者仅通过阅读粗略描述文本就可以完全理解上文的示例，也即不用阅读它们的形式化。

19.4.6 领域实例化

通常"提升"领域描述以涵盖若干领域的实例：铁路系统的领域描述可以涵盖若干国家的铁路，或者说涵盖"所有"国家的铁路！金融服务行业、医疗部门等等的领域描述也是同样的情况。通常这样的应用领域的特定实例需要软件：特定地区的铁路软件、特定银行的银行业软件、特定地区的医疗部门系统的医院的软件等等。

特性描述： 通过领域实例化，我们理解应用到（被投影且可能确定的）领域描述（即需求规定）并产生领域需求规定的操作，其中通常通过约束领域描述使得后者更加确定。 ∎

例 19.15 **实例化：局部地区铁路网** 将被（粗略描述）需求实例化的领域描述由例 11.8 的粗略描述提供。请同样参考图 19.1。约束是：仅有 n 个车站（其中 n 是给定的）。n 个车站具有如下的名字：$s_1, s_2, \ldots, s_n$。这些车站可以被线性排序（$< s_1, s_2, \ldots, s_n >$），使得若两个车

站由如 s_i, s_{i+1} 的一条线路连接，其中 $i \in \{1..n-1\}$，则它们仅由两条线路连接 $l_{f_{i,i+1}}, l_{f_{i+1,i}}$，一条允许一个方向的交通（$l_{f_{i,i+1}}$ 是从 s_i 到 s_{i+1}），另一条允许另一个方向（$l_{f_{i+1,i}}$ 是从 s_{i+1} 到 s_i）。每一车站都仅有一个月台，每边都有轨道。可以从任何入射到车站的线路来到达两条轨道。从两条车站轨道可以到达任何出射于车站的线路。请参考要求对上文形式化的练习 19.2。   ■

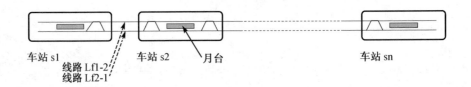

图 19.1   示意性局部地区铁路网

我们把形式化例 19.15 留作练习 19.2。

19.4.7 领域扩展

我们区别真正的领域扩展和由于"忘记了"领域刻面的"领域扩展"。作为两种扩展的区别，它是语用上的概念。

真正的扩展

领域中特定的现象在"理论上"是可以想象到的，但在现实中很少发生—— 就像数到万亿的某人！但是有了计算，计算机能够来计数！所以，尽管这些现象在某种意义上"属于"领域，实际上在与计算以及由此的需求有关联时才可以认为它们是可行的。

特性描述：通过领域扩展，我们理解应用到（被投影的且可能确定和实例化的）领域描述（即（领域）需求规定）并产生（领域）需求规定的操作。后者规定了软件系统要部分或完全支持在适度时间内不仅可行而且可计算的操作。   ■

例 19.16   扩展: n 次转乘旅行查询 我们假设一个投影和实例化了的时刻表（参见 19.14）。

时刻表查询可以在句法上规约机场起点 a_o，机场终点 a_d，以及中间停留的最大数量的 n。语义上查询表示了在 a_o 和 a_d 之间从一到 n 的直接旅程，即旅客可以在中间的机场换乘（最多 $n-1$ 次）的旅程。

———— 形式表述: 扩展: n 次转乘旅行查询 ————

```
scheme TI_TBL_3C =
    extend TI_TBL_3 with
        class
```

```
    type
        Query' == Query | mk_conn(fa:An,ta:An,n:Nat)
        VAL' = VAL | CNS
        CNS = (JR*)-set
    value
        𝓜_q(mk_conn(fa,ta,n)) ≡ ...
    end
```

这里我们把定义"**连接（connection）**"函数留给读者！目前不需要关心 **TI_TBL_3C** 没有包括时刻表初始化命令这一情况。为了确保这一点，我们需要"篡改"一些前面定义了的 **TI_TBL_x** 模式。我们将其略去。∎

关于这一示例的要点是对于 n 只是 4 或以上来说，手算是不可行的。但是不到十二行的 **Prolog** 程序作为计算的基础之时，在绝大多数 PC 上很少的几秒内就产生结果，比如 n=5。

"忘记的"领域描述

有时人们忘记描述一些领域刻面。通常在领域需求规定中发现人们（可能）已经忘记了这样一个刻面。参与者需求使得领域需求工程师需要一个"插口"，在可以用作投影、实例化、确定和扩展基础的领域描述中的一些文本及可能的公式。可以用一个示例来关注这一概念。

例 19.17 **"忘记的"运输网络领域描述** 我们继续例 19.12～19.13。

我们没有给段配上属性（如长度、大地（地籍）坐标、段健康状态（即"维护的需要"）或其他）。因此我们没有描述任何观测属性、给定属性的属性值以及如具有指定值（VAL）的属性（A）的那些网段的函数。

我们在需求收集阶段"发现"大体上这一省略，此时参与者为一组需求表达了给旅行者提供网内最短路径的需求，或者为另一组需求表达了维护段的高水平健康度的需求。

因此我们扩展例 19.12 的领域需求。对于每一个段，我们关联一个有限的通常小数量的属性（即属性名 $a:A$）。对于每一属性，我们关联一个属性值集合（$v_1, v_2, \ldots : V$）。由此对于给定段我们能够观测所关联的属性，并且对于该段和该段的属性，我们能够观测相关的属性值。

现在我们能够表达其他扩展：假设属性值上的序关系 $\preceq_{a_i}$，每一属性 $a_i : A$ 有一个。现在我们要求一个函数，它从网抽取（extract）所有那些对于给定属性具有给定区间（range）属性值的段。

———————— 形式表述："扩展的"领域描述 ————————

```
type
    /* N, S, J, Si, Ji 与例 19.12 相同*/
    A, VAL
value
```

obs_As: S → A-set
obs_A_VAL: S × A $\xrightarrow{\sim}$ VAL
  pre obs_A_VAL(s,a): a ∈ obs_As(s)

$\preceq_a$: VAL × VAL → **Bool**

is_in_range: S × (A × (VAL × VAL)) → **Bool**
is_in_range(s,(a,(v,v′))) ≡
  v$\preceq_a$obs_A_VAL(s,a)$\preceq_a$v′

extract_Ss: N × (A × (VAL × VAL)) → S-set
extract_Ss(n,(a,(v,v′))) ≡
  {s|s:S•s ∈ obs_Ss(n)∧a ∈ obs_As(s)∧v$\preceq_a$obs_A_VAL(s,a)$\preceq_a$ v′}

读者可以扩展上文以同样涵盖交叉口。   ∎

一旦予以确认，可以把对"忘记的"领域刻面描述进行的"修复"看作领域扩展—— 而且这也是为什么我们把"忘记"这一问题放在领域扩展这一节—— 或者它可以提示领域工程师更新"原来的"领域描述。

为了令我们对省略的探讨保持一致，我们决定在我们的领域需求工程的扩展部分中处理这一"修复"。

由此显然我们决定把修复的领域刻面投影到领域需求规定。这一领域扩展的第一部分后面接着的可能是其他领域到需求的操作。

19.4.8 领域需求拟合

通常所描述的领域"拟合"、"邻接"、在一些方面"交互"于另一个领域：运输与物流，医疗与保险，银行业与证券交易和/或保险，以此类推。

特性描述： 通过领域需求拟合，我们理解一个操作，它应用到如 m 的两个或者多个投影和可能确定的、实例化的和扩展的领域描述，即应用到如 m 的两个或者多个原始的领域需求规定，并产生 $m+n$ 个（作为结果的、原本修订并加上新的、共享的）领域需求规定。源自于拟合的 m 个修订的原始领域需求规定规定了绝大多数的原始（m）领域需求。源自于拟合的 n 个（新的、共享的）领域需求规定规定了在如 m 的两个或者多个修订的原始领域需求之间共享的需求。   ∎

例 19.18 共享的领域需求 设领域为该多模运输网络：多模运输网络有段（道路、铁路、飞行航线和船运航线）和交叉口（街道十字路口、火车站、机场和港口）。段和交叉口是唯一标识的。段具有属性：它们连接到哪两个交叉口，长度，标准经过时间，标准经过成本，磨损损耗（与铁路和道路相关），模式（道路、铁路、飞行航线或是航运航线），以及可能的其他属性。交叉口同样具有属性：它们连接到一个或多个哪些段，标准的经过时间，标准的经过成本（它是入口段和出口段的函数：如果是同一段模式，则成本可能是零，但如果是不同的段模式，则它反映了转乘（下和上）的成本以及连接段的一个或多个模式的集合。人们可以提及从一个交叉口经由一个段到达另一个连接的交叉口通路，以及路线—— 连接起来的通路序列。由此人们可以提及最长路线和两交叉口间最短标准经过时间。人们也可以提及同样在两个交叉口之间的磨损损耗质量最好的路线。

我们勾勒了两个粗略描述的原始领域需求。

运输网维护支持系统： 这一支持系统的软件包应当能够帮助铁路线路维护规划人来确认需要立即维修（即修复性维护）和定期的预防性维护（也即检查）的段（即线路），并且在完成后记录维护后的段的（新的）磨损损耗状态。这些需求蕴含了对段属性的进一步确定。等等。

运输网物流支持系统： 这一支持系统的软件包应当帮助组合的道路-铁路旅行规划人来确认一个或者多个如下内容的组合：最短长度路线、最短经过时间路线、最低成本的路线经过和/或在运输模式之间具有最少转乘的路线。等等。

共享的领域需求如下：由段和交叉口构成的网，以及段和交叉口的标识；段属性的规定；对于规定模式选择段的能力。

我们留给读者来阐述特定于这两个修订的原始领域需求的是什么。

练习 19.3 请你提供上文勾勒的领域、两个原始需求、2+1 修订的原始+ 共享领域需求的形式模型。◼

另一个示例：

例 19.19 **在公共汽车和火车之间乘客转乘的拟合** 我们假设有两个领域需求规定，一个是给公共汽车线路、公共汽车站等等的城市公车系统，一个是给铁路线路和车站的铁路系统。我们进一步假设一个规定已经存在了一段时间了—— 甚至可能有一个现存的产品是基于那些需求—— 现在正在开发另一个规定。

粗略描述如下：

公共汽车（bus）系统由如下构成：一个公共汽车线路（line）集合，每一条都进行编号（number）并另外在公共汽车时刻表（bus timetable）中指明，其中这一公共汽车时刻表以"每一"小时为模，为每一公共汽车线路规约了（"该小时之后的"）哪一分钟（minute）公共汽车停留在每一站点。在这之后是许多其他实体、函数，可能还有行为描述。

───── 形式表述：乘客转乘拟合，I ─────

```
scheme BUS =
  class
    type
      BSn, BLn, Min
      BTT′ = BLn ⇝ (BSn × Min)*
      BTT = {| btt:BTT′ • wf_BTT(btt) |}
```

```
      value
          wf_BTT: BTT′ → Bool
          ...
  end
```

铁路（railway）系统由如下构成：一个铁路线路（line）集合，每一条都进行编号（number）并另外在铁路时刻表（timetable）中指明，其中这一时刻表以"每一"小时为模，为每一铁路线路规约了（"该小时之后的"）哪一分钟（minute）铁路停留在线路火车站。在这之后是许多其他实体、函数，可能还有行为描述。

─────────── 形式表述：乘客换乘拟合，II ───────────

```
scheme RAIL =
    class
        type
            Sn, RLn, Min
            RTT′ = RLn ⇸ (Sn × Min)*
            RTT = {| rtt:RTT′ • wf_RTT(rtt) |}
        value
            wf_RTT: RTT′ → Bool
            ...
    end
```

现在是"拟合"：特定的火车站（公共汽车站）要被指定为公共汽车（火车）转乘（transfer）火车站（公共汽车站）。乘客旅行路线可以包括在这些火车站（公共汽车站）的公共汽车和火车之间的转乘。在这之后是许多其他实体、函数，以及可能还有行为规定。

─────────── 形式表述：乘客转乘拟合，III ───────────

```
scheme BUS_RAIL =
    extend BUS with extend RAIL with
    class
        type
            Transfer′ = Bsn ⇸ Sn
            Transfer = {| tr:Transfer′ • card dom tr = card rng tr |}
        value
            ...
    end
```

例 19.19 结束。

19.4.9 讨论：领域需求

我们已经勾勒了五个可适度区分的操作，需求工程师可能需要执行它们以构造领域需求规定。可能有其他这样的操作。在若干开发项目中发现上文的五个很有用处。了解它们，它们潜在的原则及其技术和工具应当有助于需求工程师更加有效地获取领域需求规定，对它们编制文档，即有逻辑地组织他们的文档编制！

19.5 接口需求

特性描述： 通过接口需求，我们理解仅使用在领域和机器间共享的现象和概念来表达的那些需求。机器是要被规定的硬件和要被开发的软件。∎

术语"共享"非常关键。"某事物"要在领域和机器间共享，该"事物"必须在领域中存在。它必须是一个实体、函数、事件、行为，已经被投影、实例化，可能使其更加确定，可能得到扩展，可能被拟合。并且该"事物"必须在机器中存在：若是实体，其属性包括值，必须通过"某种方式"或多或少规则地由机器监测（机器从领域读取，或机器对其设定，机器输出）；若是函数，其功能必须通过某种方式替换在领域中或取自领域的这一"存在"；若是行为，其行为必须通过某种方式"模拟"领域的行为；若是事件，其出现必须通过某种方式得以复制：如果在领域中，则由机器记录；如果在机器中，则通过信号传递给领域。

该"某事物"被称作共享的现象和概念。我们使用含糊的"某种方式"来向读者暗示接口需求应规定该"某种方式"！共享的现象和概念就是本节（第 19.5 节）相关的全部内容！共享的"事物"通常是领域中的现象，但总是机器中的概念。领域概念也同样能够是共享的。

例 19.20 **共享的现象** 我们可以把火车交通监测和控制系统看作是接口需求开发的。如下现象被标识为那些共享现象之中的一些：钢轨单元、信号、道路平交道口门、火车敏感器（探测路过的火车的光学敏感器）以及火车。∎

例 19.21 **共享概念** 我们继续例 19.20。下列火车交通概念是那些标识为共享的概念中的一些：单元状态，包括单元是否是开、闭、预订、占用的等等，进路（一般来说进路不是人类可见的（通常在地理上广泛分布））和由此的开通路。∎

19.5.1 共享现象和概念标识

因此需求开发的关键一步就是从被投影（等等）的领域的许多现象和概念中标识出来哪些是共享的。例 19.20 和 19.21 给出了非形式的粗略描述的示例。是否和如何对这些共享的现象和概念分类是本节关于接口需求的其余部分所相关的内容。

这样说就足够了，即这里我们期望需求工程师——与需求参与者密切合作——列出这些共享的"事物"，并且沿着这一路线，在逐个探求任一接口需求刻面之时，用分类器（属于下文探讨的六个接口需求刻面之一，"哪里使用的"，等等）来注释这一列表。

19.5.2 接口需求刻面

我们将考虑六种接口需求：

- 共享数据初始化需求，
- 共享数据刷新需求，
- 计算数据和控制需求，
- 人机对话需求，
- 人机生理接口需求，
- 机机对话需求。

除了上文目前列出的六个以外，我们预见到还有（即其他的）接口需求刻面的标识。并且我们预见到在将来要把所列出的六个刻面分析为（或多或少）正交的更加细粒度的接口需求刻面集合。现在对于本卷的目的来说，即展示需求工程的基本原则和技术来说，只给出这六个刻面就足够了。

前三个接口需求刻面给出了需要后面三个接口需求刻面的动机。共享数据通常驻留在领域和机器中。典型情况下（但不是排他性地），计算数据和控制驻留在会与计算中的机器有接口（即会与机器交互）的人类用户中。前面三个接口需求刻面规定了应当（需要）共享什么样的信息，以及一些抽象原则，根据这些原则外部领域信息应当传递给内部机器数据，反之亦然。对话需求刻面规定了该信息如何具体地在人和/或其他机器（和通常的设备），以及需求所规定的设备之间传递。现在我们解释这六个接口需求刻面。但首先我们先谈一些题外话。

19.5.3 接口需求和需求文档

在我们深入到领域需求建模技术的细节之前，我们需要给出一些评述。

"输入/输出"的需求

接口需求是关于：把领域的一部分"放在"机器"内"。接口需求工程是关于如何令自领域或其他机器的领域的一部分进入机器（即成为其状态的一部分）；如何把[新的、计算出的]状态反映回领域或其他机器。由此接口需求是关于共享的（通常是实体）现象和概念。

叙述文档中的位置

在第 19.5.4~19.5.9 节，我们将探讨许多接口需求刻面。在任一需求开发中你所要关注的每一内容都必须得到规定。接口需求全部以以下内容为"出发点"，也即基于：全部领域描述，以及可能可使用的机器输入/输出技术。

也即，接口需求代表一种将某种形式的领域描述和相关的（即选定的）输入/输出技术的描述的"合并"。两个"合并的"描述成为一个规定，接口需求规定。由于这一"合并"在领域中没有出现，接口需求规定成为全新的领域部分。

形式化文档中的位置

上述关于如何表达接口需求的陈述也同样适用于形式的接口需求规定。

形式表述：文档编制

我们可以假设有一个形式领域描述 $\mathcal{D}$（尤其我们开发接口需求的形式规定部分），以及输入/输出技术的叙述性描述。我们另外假设有这些输入/输出技术的形式描述 $\mathcal{D}_{IO}$。然后我们开发全新的文档，接口需求 $\mathcal{R}_{I/F}$。它通过某种方式"合并" $\mathcal{D}$ 的部分和 $\mathcal{D}_{IO}$ 的部分为所产生的 $\mathcal{R}_{I/F}$。

关于接口需求的本节是关于"合并"原则和技术。

19.5.4 共享数据初始化

在领域和机器间共享的信息就其结构和范围来说通常是很复杂的。引入这些信息到机器必须要特别小心。

特性描述： 通过共享的数据初始化，我们理解创建机器中共享数据结构的操作。 ■

由此共享数据初始化需求是需求文档上的操作。它应用到（投影了的和可能确定的、实例化的、扩展的、拟合的）领域描述，即领域需求规定，并产生接口需求规定，其中后者规定了领域的特定信息将被表示为机器中的共享数据结构，以及通常这样的数据初始时如何由机器建立。

例 19.22 铁路网的共享数据初始化 基于例 11.8（页 219）的粗略描述我们粗略地举例说明共享数据初始化的实例。软件系统应当起始于初始状态，它—— 粗略地—— 代表空的铁路网，并"结束"于包括了"整个"铁路网表示（即每一钢轨单元的全部静态和动态属性的表示）的一个状态。另外—— 将从这些领域需求的其他部分了解到[5] —— 把钢轨单元简单地关联到这些物理环境是可能的：钢轨是沿着月台，或是在隧道中，或是沿山，或是弯曲的等等；相关的电子火车动力线路段；等等。专门的软件子系统应当处理这一起始状态的初始建立如下：…，等等。

请参考练习 19.11，它请你完成"…，等等"的部分，并提供上述的形式化。 ■

省略号 … 表明了接有一个更长的叙述。能够在基于投影的、确定的、实例化的和可能扩展的和拟合的领域需求的形式化之上进一步对全体进行形式化。我们将其留作练习（比较练习 19.2）。

19.5.5 共享数据刷新

共享数据一旦被初始化，通常需要保持其更新。领域—— 通常是—— 变化的，无论任何插入其中的计算系统。

特性描述： 通过共享数据刷新，我们理解一个机器操作，它以规定的时间间隔或作为对规定事件的响应来更新（原本初始化的）共享数据结构。 ■

由此共享数据刷新需求是在需求文档上的操作。它应用到接口需求规定，而后者规定了领域的特定信息将表示为机器中的共享数据结构。接着共享数据刷新需求规定了共享数据结构将被刷新（即更新）的频度和方式。

---

[5] 在这些示例中没有对其举例说明。

例 19.23   铁路网的共享数据刷新   通过给出共享数据刷新需求的粗略描述，我们继续例 19.22。常规性检查铁路网单元、信号、光闸（和其他敏感器）、道路平交道口等等的磨损和耗损应当导致对该设备的共享数据结构的类似更新，并且这样的常规性检查应当由机器来提示并由所需的软件来规定。检查及其所导致的更新可以在检查时间间隔通常到期之前发生。...，等等。

　　请参考练习 19.12，它请你完成"等等"的部分并给出上述的形式化。　　　　　　　■

省略号 ... 表明了接有一个更长的叙述。能够在由共享数据初始化所产生的接口需求形式化的基础之上进一步对全体进行形式化。我们将其留作练习（比较练习 19.11）。

19.5.6 计算数据和控制接口需求

　　对于许多应用来说，用户（即参与者）所期望的计算流应当受到机器和这些用户之间交互的影响。也即：经常要规定这样的交互如何发生，是由用户中断机器，或是机器轮询用户，以及它引起的内容，即用户干预应当具有什么计算结果。正是这一可能是"灰色地带"的刻面，我们将其称之为计算数据和控制接口。

特性描述：通过计算数据和控制接口需求，我们理解规定了如下内容的需求：输入的特定形式应当通过用户-机器接口来提供，以有助于控制计算流：什么时候开始或停止特定的子计算，和/或这样的子计算应当以什么样的参数数据来执行，等等。　　　　　　　　　　　　　　■

参数数据可以为这样的子计算刻画特定的"边界"条件，或者初始程序点，或其他。

例 19.24   计算数据和控制接口   我们继续例 19.22。在该示例中，引用（...）到了一个软件子系统。正如我们（现在）的需求对其进行的规约，这一软件子系统需要从监测海量数据输入的人员得到频繁的计算数据和控制指示。铁路网在机器（数据库）中通过地理区域（即逐区域）来表示。钢轨单元数据的输入是依这样的区域成批的。由此计算数据输入规约了"到进一步通知之前"接下来许多将来的单元输入都"属于"该区域。其他的计算数据输入（即"进一步通知"）规约了这样的一系列的特定区域的单元数据"末尾"。有时在单元数据输入中，需要对该输入和过去的输入进行检查。由此计算数据输入可以规约要进行这样的检查，[6] 并且就所需检查的特定性质来提示其他立即跟随的计算数据输入。最后，提示可以询问是否需要进一步的检查，或检查序列终止（这里我们并不规约检查过程）。　　　　　　　　　　　　■

典型情况下，通过消息或活序列图（MSC [176–178] 和 LSC [72,145,199]）半形式地规约或通过形式 RSL/CSP 来规约计算数据和控制接口。RSL/CSP 在卷 1 第 21 章中予以探讨。MSC 和 LSC 在卷 2 第 13 章中予以探讨。

19.5.7 人机对话

特性描述：通过人机对话需求，我们理解如下规定：人机之间的接口的任意方向传递的通信（即消息）的句法（包括顺序结构）和语义，无论是（藉由人的）通过键盘的通信或是（藉由

---

[6] 我们设想特定种类的检查是不能与单元输入并发进行的。

机器的）屏幕的文本式通信，还是（藉由人的）通过鼠标或其他触觉方式的通信，或是（藉由人的）嗓音或（藉由机器的）声音的通信。

必须强调上文提及的人机对话涵盖了下文提及的生理接口，但是它强调了可能交替的事件和消息的序列化。由此人机对话较个体人机生理事件和消息而言更加"全面"。

例 19.25 人机对话需求 我们继续例 19.23。

对于任一钢轨单元，当其磨损和损耗信息长于六个月时，在对钢轨单元负责的铁路网维护组的控制台（屏幕）上就展示一条消息（这是一个接口需求）。该组必须在 72 小时内用所请求的更新来响应（这是一个企业过程再工程需求）。

典型情况下，人机对话通过消息或活序列图来半形式地规约（MSC [176–178] 和 LSC [72, 145, 199]），或通过形式 RSL/CSP 规约来规约。

19.5.8 人机生理接口

"多亏了"各种各样的技术"小机件"，人类能够使用多种方式来与计算机通信。(i) 除了传统的键盘，他们也能够通过其他触觉方式来通信：(ii) "鼠标"；(iii) "触摸屏上以手指出"；"比如使用手指来按压"屏幕区域；等等；(v) 可能通过声音等等。这些技术"小机件"表明了人机生理接口。计算机能够类似地通过图形和声音来与人通信。

特性描述：通过人机生理接口，我们理解三种形式的人机接口的可能的组合使用：(A) 图形（视觉）用户接口，(B) 听觉（嗓音、声音）接口和 (C) 触觉（键盘、触摸、"点击"、按钮等）接口。

例 19.26 铁路网状态输入的人机生理接口需求 我们继续例 19.25。如果在钢轨单元磨损和损耗状态显示请求出现的 72 小时内没有得到更新，则在负责记录这一状态的铁路组的指定办公室内以一小时为间隔能够听到一系列的警铃声音（...），并且与此同步地红色警灯应当在线路和车站管理办公室中闪烁。

通过图形用户接口（Graphical User Interface，GUI）我们理解图形显示单元（Visual Display Unit，VDU，比如一个彩色屏幕）。典型情况下，可以对 VDU 显示屏进行程序设计以显示各种"窗口"、图标、下拉"框"等等，可能对这些进行标号，并且/或者提供文本（键盘）输入的字段。

例 19.27 GUI 和数据库的人机生理接口需求 假设数据库记录了反映某铁路网拓扑或记录了时刻表内容的数据。同样假设一些图形用户接口（GUI）窗表示人机之间的接口，使得 GUI 的项（字段）实际上是到底层的数据库的"窗"。我们将这样的 GUI 和数据库规定和建模为接口需求，使用如 **SQL** 的关系数据库对后者规定和建模：

———————— 形式表述：GUI 和数据库，I ————————

```
type
```

Nm, Pos, Rn, An, Txt

$GUI = Nm \xrightarrow{m} (Item \times Pos)$

$Item = Txt \times Imag$

$Imag = Icon \mid Curt \mid Tabl \mid Wind$

$Icon == mk\_Icon(val:Val)$

$Curt == mk\_Curt(vall:Val^*)$

$Tabl == mk\_Tabl(rn:Rn,tbl:TPL\text{-}set)$

$Wind == mk\_Wind(gui:GUI)$

注释：

- 无论该项在屏幕上的位置 pos:Pos，项 gui:GUI。
- 映射相异的项名 Nm 到项 item:Item。
- 项 item 具有某"标号"文本 txt:Txt 和 图 imag:Imag。
- 图 imag:Imag 是图标 icon:Icon，框 curt:Curt，表 tabl:Tabl，或窗 wind:Wind。
- icon 具有值 mk_Icon(val:Val)。
- 框 curt 具有一列值 mk_Curt(vall:Val*)。
- 表 mk_Tabl(rn:Rn,tbl:TPL-set) 命名关系 rn:Rn，从这里查询表的集合元组 tbl:TPL-set。
- 由此递归地，窗 mk_Wind(gui:GUI) 是一个图形用户接口。

——————— 形式表述：GUI 和数据库，II ———————

$Val = VAL \mid REF \mid GUI$

$VAL = mk\_Intg(i:Intg) \mid mk\_Bool(b:\mathbf{Bool})$

$\quad\quad \mid mk\_Text(txt:\mathbf{Text}) \mid mk\_Char(c:\mathbf{Char})$

注释：

- 值（val:Val）是
  - ★ （VAL 中的）适当值，
  - ★ 或（数据库条目的）引用，
  - ★ 或图形用户接口（gui:GUI）。
- 适当值（val:VAL）是
  - ★ 整数（mk_Intg(i:Intg)），
  - ★ 布尔真假（mk_Bool(b:**Bool**)）值，
  - ★ 文本串 mk_Text(txt:**Text**) 值，
  - ★ 或字符 mk_Char(c:**Char**) 值。

——————— 形式表述：GUI 和数据库，III ———————

$RDB = Rn \xrightarrow{m} TPL\text{-}set$

$$TPL = An \xrightarrow{m} VAL$$
$$REF == mk\_Ref(rn:Rn,an:An,sel:SEL)$$
$$SEL = An \xrightarrow{m} OptVal$$
$$OptVal == null \mid mk\_Val(val:VAL)$$

注释:

- 关系数据库 (rdb:RDB) 映射唯一关系名 (rn:Rn) 到关系, 并且这些是元组集合 (tpls:TPL-set)。
- 元组 (tpl:TPL) 映射唯一的属性名到适当的值 (val:VAL)。
- 引用 (是适当的值且) 由关系名 (rn:Rn)、属性名 (an:An) 和选择标准 (sel:SEL) 构成。
- 选择标准 (An $\xrightarrow{m}$ OptVal) 是从属性名到可能可选择的适当值的可能为空的映射。
- 可选值是 null 或是适当值 (mk_Val(val:VAL))。

关于数据库引用的其他: 在 GUI 中有引用的地方, 它是所显示的引用指代的值。 引用关系名指代数据库中的关系。引用属性名 an 指代所指代关系中的任意元组的属性。如果关系中有一个元组, 对于每一属性其值等于表达在选择器中的那些值, 则在 an 处的该元组值就是所展示的值; 否则显示可选 (即代替) 值 null。 也即, 引用是隐藏量。

———— 形式表述: GUI 和数据库, IV ————

value
   de_ref: REF × RDB → OptVAL
   de_ref(mk_Ref(rn,an,sel))(rdb) ≡
     if ∃ tpl:TPL • tpl ∈ rdb(rn)∧tpl/**dom** sel = sel
       then
         let tpl:TPL • tpl ∈ rdb(rn)∧tpl/**dom** sel = sel **in**
         tpl(an) **end**
       else null
     end
     pre rn ∈ **dom** rdb ∧
       ∃ tpl:TPL•tpl ∈ rdb(rn) ∧ **dom** sel ∪{an}⊆**dom** tpl

注释:
关于数据库引用的其他:

- 对由关系名 rn , 属性名 an 和选择标准 sel 构成的数据库引用进行解除引用就是
- 查询在命名关系 rdb(rn) 中是否存在一个元组 tpl,
- 对于其选择标准适用: tpl/**dom** sel = sel。
- 如果找到这样的元组, 则它就是解除引用的结果;
- 如果没有, 则产生 null 值。

图标有效指代了系统操作符或由用户定义的常量或变量值，或"镜像"在关系列中找到的事物的满足可选值（OptVal）的值，框和表也是类似。表更直接地反映了关系元组（TPL）。GUI（窗）是递归定义的。

比如，如果 Nm, Rn, 和 An 的名字空间值和选定的常量文本 Txt 对领域的名字和现象进行适当地镜像，则我们可能就开始满足"经典的"用户接口需求了，也即"系统应当是用户友好的"。

由此，非常类似于上文的 GUI，某种意义上定义是从"虚无"中抽取出来而又无需费事地作为接口需求的一部分呈现出来。其领域的"对应部分"是哪里？或者人们可能对再次使用上述定义就已感到满意。

对于特定的接口需求，现在还剩下通过 GUI 把所有共享现象和数据关联到彼此的任务。某种意义上，这就相当于把具体类型主要映射到关系上，这些（现象和数据）实体映射到图标、框和表上。　　　　　　　　　　　　　　　　　　　　　　　　　　　　　　　　■

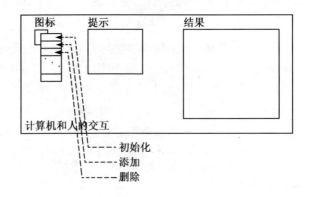

图 19.2　　计算机和人的交互示例：工作人员单击图标

例 19.28　　人机生理接口需求：时刻表的特定 GUI　我们举例说明一个非常简单的 GUI。我们略去对仅仅三项的命名：(i) 显示（列出）客户和工作人员命令—— 以及无命令（**nil**）——的下拉框；(ii) 初始为空 **nil** 的提示区，但是其—— 依赖于所单击的下拉框的命令名——为所期望的值列出命令区名，用户（客户或工作人员）为其提供适当的文本值；(iii) 最后，是结果区。

──────── 形式表述：时刻表的特定 GUI, I ────────

type

　　GUI = Curt × Prompt × Result

　　Curt == browse | display | connection | init | add | delete | nil

　　Prompt = Query | Update | Conn | nil

　　Result = RES

注释：

● 图形用户接口　gui:GUI 由三项构成：

★ 下拉框 curt:Curt,

★ 提示区 prompt:Prompt,

★ 结果区 result:Result。

- 下拉框具体列出在时刻表上可能使用的查询和更新命令。

- 这些由关键字指代：浏览（browse）、**显示**（display）、**连接**（connection）、**初始化**（init）、**添加**（add） 和删除（delete）。

- 最多只能选择一个关键字，也即由此被加亮。由此上文的模型定义框仅能是这些之一，或者当没有选择时，就是 nil 选项。

- 提示区 prompt:Prompt 将包含适当的查询/更新（query/update）命令，通过框加亮来"选择"它，或者是 nil。

- 结果区 res:Result 将包括结果值。

在例 19.14 中，我们定义了查询和更新命令的语义。我们现在使用这些定义来定义需求，即这些命令获取它们的参数，并且在执行时，递交它们的结果到用户接口，也即，作为 GUI 的一部分。我们可能非常详尽地举例说明了结果查询和更新函数语义。首先是查询命令：

────────── 形式表述：时刻表的特定 GUI，II ──────────

value

    client: GUI $\rightarrow$ TT $\rightarrow$ GUI

    client(,,)(tt) $\equiv$

        let icon = browse $\sqcap$ display $\sqcap$ connection **in**

        case icon **of**:

            browse $\rightarrow$ (browse,mk_Brws(),$\mathcal{M}_q$(mk_Brws())(tt)),

            display

                $\rightarrow$ **let** fn:Fn • fn $\in$ **dom** tt $\vee$ ... **in**

                (display,mk_Disp(fn),$\mathcal{M}_q$(mk_Disp(fn))(tt)) **end**,

            connection

                $\rightarrow$ **let** ℓ:**Nat**,da,ta:An•{da,ta}$\subseteq$Ans(tt) $\wedge$ ... **in**

                (connection,

                        mk_Conn(ℓ,da,ta),

                                $\mathcal{M}_q$(mk_Conn(ℓ,da,ta))(tt)) **end**

        end end

注释：

  客户（client）自己决定发出浏览（browse）、**显示**（display）或连接（connection）查询。

- 如果是**浏览**，则

  ★ 这意味着框选项**浏览**被点击了，并由此被加亮，

  ★ 提示区展示明显的 mk_Brws() 命令，不需要参数，

  ★ 结果区展示在时刻表上解释该命令的结果 $\mathcal{M}_q$(mk_Brws())(tt)。

- 如果是**显示**，则
  - ★ 这意味着框选项**显示**被点击了，并由此被加亮，
  - ★ 客户提供了航班号，这里展示为非确定性选择，
  - ★ 提示区展示相应的显示命令 mk_disp(fn)，
  - ★ 结果区展示在时刻表上解释该命令的结果 $\mathcal{M}_q(\text{mk\_Disp(fn)})(\text{tt})$。
- 如果是**连接**，则
  - ★ 这意味着框选项**显示**被点击了，并由此被加亮，
  - ★ 用户提供了最大数量的航班改换 ℓ，离开 da 和目的 ta 机场，这里展示为非确定性选择，
  - ★ 提示区展示了相应的连接命令 mk_Conn(ℓ,da,ta)，
  - ★ 结果区展示在时刻表上解释该命令的结果 $\mathcal{M}_q(\text{mk\_Conn}(\ell,\text{da},\text{ta}))(\text{tt})$。

───────── 形式表述：时刻表的特定 GUI，III ─────────

然后是就图形用户接口而言更新命令的语义：

value

 staff: GUI $\to$ TT $\to$ GUI $\times$ TT

 staff(,,)(tt) $\equiv$

  let icon $=$ init $\sqcap$ add $\sqcap$ delete $\sqcap$ ... **in**

  case icon **of**:

   init $\to$ **let** $(r,tt') = \mathcal{M}_u(\text{mk\_init}())(\text{tt})$ **in** $((\text{init},tt',r),tt')$ **end**,

   add $\to$ **let** fn:Fn,j:Journey $\bullet$ fn $\notin$ **dom** tt $\vee$ ... **in**

    let $(r,tt') = \mathcal{M}_u(\text{mk\_add(fn,j)})(\text{tt})$ **in**

    $((\text{add},\text{mk\_add(fn,j)},r),tt')$ **end end**,

   delete $\to$ **let** fn:Fn $\bullet$ fn $\in$ **dom** tt $\vee$ ... **in**

    let $(r,tt') = \mathcal{M}_u(\text{mk\_del(fn)})(\text{tt})$ **in**

    $((\text{delete},\text{mk\_del(fn)},r),tt')$ **end end**

  end end

注释： 我们将注释留给读者作为练习。

语义函数举例说明了特定的查询和更新命令中客户和工作人员做出的参数的内部非确定性选择——从语义的角度来看。对于**显示**查询，它是航班号的选择。对于**连接**查询，它是最大航班改换数量的选择，以及从（离开、起点机场）和到（目的）机场的选择。对于**添加行程**更新，它是航班号和（该航班）行程的选择。对于**删除航班**更新，它是航班号选择。

我们"重组"上文的公式为以前所定义的**系统**（system）函数，比较例 19.14。以前我们有：

───────── 形式表述：时刻表的特定 GUI，IV ─────────

value

 system: TT $\to$ **Unit**

> (**let** q:Query **in let** v = $\mathcal{M}_q$(q)(tt) **in** system(tt) **end end**)
>
> $\sqcap$ (**let** u:Update **in let** (r,tt′) = $\mathcal{M}_u$(q)(tt) **in** system(tt′) **end end**)

注释：

- system 非确定性地（内部地，$\sqcap$）选择了
- 是否参与查询（q:Query）行为，或是
- 更新（u:Update）行为。
- 在任一情况中，任意选择一个命令并在全局时刻表 tt 上解释。
- 然后系统以可能更新的时刻表 tt′ 继续进行。

现在我们有：

───── 形式表述：时刻表的特定 GUI，V ─────

value

system: GUI → TT → **Unit**

> (**let** gui′ = client(gui)(tt) **in** system(gui′)(tt) **end**)
>
> $\sqcap$ (**let** (gui′,tt′) = staff(gui)(tt) **in** system(gui′)(tt′) **end**)

注释：

- system 仍旧非确定性地（内部 $\sqcap$）选择，但现在是在
- client 行为或
- staff 行为之间选择。
- 在两种情况中，system 都"暂时"传递给任一行为时刻表 tt。

■

19.5.9 机机对话

通常所需的机器服务在环境之中，在其中它同其他机器或支持技术相拟合。这些可以提供传感数据或接受驱动（即控制）数据。一些拟合的机器可以提供或接受海量数据交换。通常支持技术提供或接受更"小"即单个（简单的）数据交换。

特性描述： 通过机机对话需求，我们理解在机器（包括支持技术）之间的自动化接口之上的任意方向传递的通信（即消息）的句法（包括顺序结构）和语义（即意义）。

■

例 19.29　机机对话需求：简单舱塔钢轨转辙器监测和控制

本示例来自于非常老式的火车站。今日的火车站提供了所谓的联锁：若干转辙器和信号，即转辙器和信号组的同时设定和重设。

假设钢轨转辙器根据请求提供传感信号，它报告它们的状态："直行"或是"分岔"。并且这些钢轨转辙器响应控制信号，它们在假设的发出其的响应时间内设定转辙器为所需状态（"直行"或"分岔"）。舱塔维护一个展示其关联车站的所有转辙器的状态的显示器。与这

一舱塔显示相关的是两个按钮：按下任一个就相应于发出"直行"或"分岔"的控制信号。在任何一个一分钟间隔内只能按下一个按钮。每半分钟间隔转辙器报告其状态，并且该状态应当反映在舱塔显示器上。当"直行"或"分岔"控制按钮被按下时，信号就送给了指定的转辙器，而该转辙器在 15 秒时间内作出相应地反应。如果转辙器状态在半分钟之内不是所期望（控制信号通知）的，则舱塔转辙器显示器应当发出适当的声音和发光警报。∎

应当承认，上文的示例仅提供了一个非常粗略的描述。它同样"联系"着（即严重依赖于相关的）机器（包括支持技术）需求，如下文所述。

例 19.30　*机机对话需求：海量数据通信*　假设应用需要在有干扰的距离上进行海量数据传送。也即，所传送的数据可能是损坏的（即通信中改变值）这一可能性是很大的。因此必须规定所谓的适当的数据通信协议，它有助于确保探测损坏的数据，以便能够重发，直到能够确定已经完成了正确的（即未损坏的）传送。

这些数据通信协议的种类我们可以将其称之为机机对话。除了将其作为元示例外，我们在本书中将不再深入细节，而是引用如 [326] 的更权威的论述。∎

19.5.10　讨论：接口需求

对话规定技术和工具

在关于接口需求的本节中，我们没有展示接口需求对话方面的实例或对其的形式化。接口这一术语至少暗示了两个交互的行为。因此在这样的形式化中使用了进程建模的技术和工具（即记法）。请参考卷 1 第 21 章（并发规约程序设计）和卷 2 第 13 章（消息和活序列图），那里我们探讨了对这样的交互建模的形式工具和技术。

概述

我们勾勒了六个适度可区别的刻面，为了构造接口需求规定，需求工程可能需要实现它们。还可能有其他这样的刻面。在若干开发项目中发现上述六个很有用。了解它们及其潜在的原则、技术和工具应当有助于需求工程师更有效的获取接口需求规定，并对其进行文档编制，即逻辑性地结构化其文档编制。

特别原则和技术

在绝大多数人的思想和陈述中，接口需求与所谓的"用户友好"相关。也即，接口需求很大程度上关注于对话的形式和 GUI 的布局。对此还有很多可说。我们将尝试给出"用户友好"的定义。

特性描述：通过用户友好的人机界面，我们理解满足如下标准的事物：

- **忠实的**：接口仅反映了共享的现象和概念，"绝对"没有反映机器（即硬件+软件）概念（即术语）。也即，"跨越"接口所使用的术语是领域的术语。

- **教导的：** 共享现象和概念的展示序列反映了某种清晰的观点，关于这些现象和概念如何关联，哪些是更加重要的，哪些反映了当前或变化的企业过程、支持技术、管理和组织、规则和规定等等。

- **教育的：** 在交互的任何一个步骤中所展示的现象和概念的数量很少，比如从一到最多的五个。展示的顺序从初始时的核心现象和概念到逐渐派生的现象和概念。初始时的顺序可能是为了教育的，仅由新用户来接受。对于更加有经验的用户，应当有清晰、逻辑的"简便"方式可用。

- **生理的：** 需要来维持交互的目前和可选的生理"工具"[7] 应当是适度的并且在交互的简单性或复杂性之间是均衡的。

- **心理的：** 交互响应，包括提示次数和文本，不应激怒[8]或羞辱用户，或使得这些读者（比如，由于"不知道"而）感到不足或愧疚。

- **艺术的：** 作者认为，如果接口反映了一些艺术思想的话，当然它就是用户友好的了。

上文的特性描述仅是近似的。同样请参考第 6.2 节，关于"什么是艺术？"的论述。 ∎

如果引用到关于主题的专门教材 [229,328]，我们建议读者严格注意我们所提出的问题：当引用现象和概念时，确保接口需求"严格"引用那些已在领域中良好理解的现象和概念。

19.6 机器需求

特性描述： 通过机器需求，我们理解仅能使用（或主要引用）机器概念来表达的那些需求。 ∎

19.6.1 机器需求刻面

我们将特别考虑如下的五种机器需求：性能需求，可信性需求，维护性需求，平台需求和 文档编制需求。 可能有其他种类的机器需求，但是这些足够来细化我们对综合需求的需要了。可能有的机器需求"不是很"像上文所列的一个或另一个种类，或还包括（尽管少量的）领域术语的使用却不是"经典的"接口需求。[9] 现在我们探讨上文所确认的机器需求的每一主要种类。

19.6.2 机器需求和需求文档

在我们深入领域需求建模技术的细节之前需要给出一些评述。

"仅是对机器的"需求

机器需求仅是关于机器！"极端来讲"，机器需求不包含对任何特定的领域方面的引用。

---

[7] 屏幕、键盘、鼠标、其他触觉工具（"指向"和按压敏感的屏幕）、听觉（即扬声器）、话筒等等。

[8] 那些需要用户可能花费一分钟来准备的用户查询，对其的响应不应以微妙的级别紧跟在查询提交之后，在心理上 1.5~3 秒更加令人满意。对于简短的"点击"类型的"查询"，100 毫秒的响应时间似乎就不错。

[9] 我们仍旧说，需求是适当的机器需求，领域术语的使用必须具有一般性，也即，可以使用来自其他领域的术语对其替换而不会改变机器需求的本质。

但是可能会有一般性的引用，并且它们可能具有相同的性质，无论任何领域作为基础，比如，这样和那样的函数调用应当在少于 m 微秒内结束，而这样和那样的函数调用应当在少于 n 秒内结束。或者出于备份的考虑应当复制这样和那样的数据，或者用于执行这样和那样的函数的辅助存储应当小于 500 KB。

机器需求都以潜在可用的机器技术为"出发点"（也即是基于其），无论是中心式、分布式、输入/输出的或外围设备的。

叙述和形式化文档中的位置

在第 19.6.3~19.6.8 节，我们探讨了许多机器需求刻面。在任一需求开发中，你所决定要关注的任何事物都必须得到规定。

机器规约实际上没有任何对领域现象和概念的（实质性）应用。由此机器需求规定构成了一个分离的、"独立的"文档。该文档必须描述机器构件（即硬件和软件）、接口和函数（比如后者采用前置/后置条件的形式）。

19.6.3 性能需求

特性描述：通过性能需求，我们指规定如下内容的机器需求：存储消耗、（执行、访问等）时间消耗、任何其他机器资源的消耗：CPU 单元（包括它们的定量特性、比如成本等等）的数量，打印机、显示器等终端（包括它们的定量特性）的数量，"其他"辅助软件包（包括它们的定量特性）的数量，数据通信带宽的数量等等。   ∎

实际上来讲，性能需求转化为耗费或将要耗费的金融资源。

例 19.31 　　性能需求：时刻表系统用户和工作人员——叙述规定单元　我们继续例 19.16。机器将为 1000 个用户和 1 个工作人员服务。当完全利用系统时，平均响应时间最多是 1.5 秒。 ∎

到目前为止，我们可能已经把特定的（函数和）行为表达为一般的（函数和）行为。从现在开始，我们可能必须把特定的行为"劈分"为索引的行为族，除了唯一索引外，"几乎完全相同"。而且我们可能也必须分离出共享实体（的那些行为）作为专门的行为。

例 19.32 　　性能需求：时刻表系统用户和工作人员　我们继续例 19.14 和 例 19.31。在例 19.14 中，参数化表达了用户和工作人员之间的时刻表共享。

――――――― **形式表述**：时刻表系统用户和工作人员，I ―――――――

$system(tt) \equiv client(tt) \sqcap staff(tt)$

$client:\ TT \rightarrow \textbf{Unit}$

$client(tt) \equiv \textbf{let}\ q{:}Query\ \textbf{in}\ \textbf{let}\ v = \mathcal{M}_q(q)(tt)\ \textbf{in}\ system(tt)\ \textbf{end}\ \textbf{end}$

staff: TT → Unit
staff(tt) ≡
    let u:Update **in let** $(r,tt') = \mathcal{M}_u(u)(tt)$ **in** system(tt') **end end**

我们现在把时刻表（timetable）实体分离为分别的行为，可以通过索引的通信（即通道）由一族客户（client）行为和工作人员（staff）行为来访问。

————— 形式表述：时刻表系统用户和工作人员，II —————

type
    CIdx /* 比如 1000 个终端的索引集合 */
channel
    { ct[i]:QU,tc[i]:VAL | i:CIdx }
    st:UP,ts:RES
value
    system: TT → Unit
    system(tt) ≡ time_table(tt) ‖ (‖ {client(i)|i:CIdx}) ‖ staff()

    client: i:CIdx → **out** ct[i] **in** tc[i] Unit
    client(i) ≡ **let** qc:Query **in** ct[i]!$\mathcal{M}_q$(qc) **end** tc[i]?;client(i)

    staff: **Unit** → **out** st **in** ts Unit
    staff() ≡ **let** uc:Update **in** st!$\mathcal{M}_u$(uc) **end let** res = ts? **in** staff() **end**

    time_table: TT → **in** {ct[i]|i:CIdx},st **out** {tc[i]|i:CIdx},ts Unit
    time_table(tt) ≡
      ⎤ {**let** qf = ct[i]? **in** tc[i]!qf(tt) **end** | i:CIdx}
      ⎤ **let** uf = st? **in let** (tt',r)=uf(tt) **in** ts!r; time_table(tt') **end end**

请注意本示例前面在 **system** 中对 ‖ 的使用"变化"为上文的 ⎤。前者表达了非确定性内部选择。后者表达了非确定性外部选择。可以对这一变化解释如下：前者，非确定性内部选择，是在两个表达没有影响选择的外部可能性的表达式"之间"。后者，非确定性外部选择，是在两个表达外部输入可能性（即选择）的表达式之间。由此可以接受后者是前者的一个实现。 ∎

接下来的示例，例 19.33 继续了上文表达的性能需求。这两个需求可以放在一起，即作为一个规定单元。但是我们宁愿分开它们，因为它们与不同的资源种类（类型、类别）相关：终端 + 数据通信设备及相对的时间和空间。

例 19.33 n 次转乘旅行查询的存储和速度的性能需求 我们继续例 19.16。当执行上文所规定的 n 次转乘旅行查询（粗略描述）时，所期望的许多结果中的第一个结果应当在递交查询后不到 5 秒之内返回给查询者，并且在计算"接下来的"结果中对这些进行计算所需要的存储缓存决不能超过 100,000 字节。

19.6.4 可信性需求

为了适当定义可信性的概念，我们需要首先介绍和定义失效（失败）、错误和故障的概念。

特性描述：当所提供的服务背离于履行机器功能，而履行机器功能即为该机器的目标时，机器失效（失败）发生。 [282]

特性描述： 错误 是易于导致随后失效的那一部分机器状态。影响服务的错误是失效发生或已经发生的指示。 [282]

特性描述： 判定或假设的错误起因是故障。 [282]

这里令危险这一术语与故障这一术语所指相同。

人们应当仔细阅读"判定或假设的起因"：为了避免关于起因的无休止地回溯，[10] 我们在想要预防或容忍的起因处停止。

特性描述：机器提供的服务是由用户**所觉察到的**其行为，其中用户是与其交互的人、另一台机器或（另）一个系统。 [282]

特性描述： 可信性 被定义做机器的性质，使得**能够合理地信任**提供的这一服务。 [282]

我们通过不那么形式地刻画上述定义的概念来继续 [282]。"在如下意义上，运行在某特别环境（更宽泛的系统）中的给定机器可以失效：某其他机器（或系统）作出判断，或可能大体上已经做出判断，即给定机器的活动或不活动形成了失效"。

可信性的概念能够简单定义为"可信的性质或特性"，其中形容词"可信的"要归于那些失效被判定为是很罕见或足够微小的机器。

可信性损害是引起或源自于"不可信性"的必定可预料到的情况：故障、错误和失效。可信性方式是使得某事物能够提供能够信任的服务的能力以及实现对这一能力信赖的技术。可信性的属性使得对系统期望的性质得以表达，并使得源自于损害的机器性质和对其的对策能够得到评价。

已经讨论了"威胁"方面，因此我们将讨论可信树的"方式"的那一方面。

- 属性：
  - ★ 可访问性
  - ★ 可用性
  - ★ 完整性

---

[10] 比如："计算机崩溃的原因是供电电压不足，电压下降的原因是变电所过热，变热的原因是附近工厂的短路，而工厂中短路的原因是...，等等。"

- ★ 可靠性
- ★ 服务安全性（Safety）
- ★ 安全性（Security）
- 方式：
  - ★ 获得
    - · 故障预防
    - · 故障容错
  - ★ 验证
    - · 故障移除
    - · 故障预报
- 威胁：
  - ★ 故障
  - ★ 错误
  - ★ 失效

尽管有面向故障预防的全部原则、技术和工具，还是造成了故障。由此就需要故障移除。　故障移除本身就是不完美的。由此就需要故障预报。我们日益增长的对计算系统的依赖最终提出了对故障容错的需要。我们引用关于上述四个主题的专门的论述 [208, 222, 264]。

特性描述：通过可信性属性，我们指如下之一：可访问性、可用性、完整性、可靠性、鲁棒性、服务安全性和安全性。也即，如果机器满足某程度的可访问性、可用性、完整性以及可靠性、服务安全性和安全性的"混合"，则它是可信的。

上文的关键术语是"满足"。问题是：达到什么"程度"？在后面的章节中，我们将了解到，为了适当的处理可信性需求及其解决方案就需要我们运用来自统计学（随机论等等）的数学阐述技术，包括分析和模拟。

在接下来的七个小节中，我们将进一步刻画可信性的属性。在这样做的过程中，我们发现参考 [208] 会很有用。

可访问性

通常所期望的（即所需的）计算系统（即机器）将由许多用户来使用—— 在"几乎相同的"时间段上。通常在某抽象层次上规定了授权它们访问的计算时间，这由某种内部非确定性选择来确定，也即：本质上由"投硬币"来确定！如果把这样的内部非确定性转到实现，某个"硬币投掷者"可能从来没有访问过机器。

特性描述：在机器是可信的上下文中，可访问的系统 指在保证用户"平等"访问机器资源，特别是计算时间（以及其衍生物）方面实现了某种形式的"公平"。 ∎

例 19.34　**可访问性需求：时刻表访问**　基于例 19.14 和 19.16，我们能够表达：可由任何数量的用户来查询时刻表（系统），并且能够由少量授权的航空公司工作人员来更新。在任何时候，预计最多有一千个用户执行对时刻表（系统）的查询。在平时，比如周六和周日之间的午夜，航空公司的工作人员对时刻表（系统）进行更新。无论有多少用户对于时刻表（系统）"在线"，每一用户都应感到该用户对时刻表（系统）都有排他性访问。 ∎

可用性

通常所期望的（即所需的）计算系统（即机器）将由许多用户使用——在"几乎相同的"时间段上。一旦授权用户访问机器资源，通常是计算时间，该用户的计算可能会有效地使得对于其他用户来说该机器不可用——"一直持续下去"！

特性描述：在可信机器的上下文中，通过可用性，我们指它准备好使用。也即，实现了某种形式的在每一时间段（或者某种其他计算资源消费的比例）上"一定计算时间比例保证"——由此实现了某种形式的"时间分片"。   ∎

> **例 19.35**   可用性需求：时刻表可用性 我们继续例 19.14、19.16、19.34：不管多少（最多一千）用户在对时刻表系统进行组合查询，每一这样的用户在每一秒（最多三秒）的时间之内必须得到适量的计算时间，使得每一用户在心理上感到——大体上——"拥有"这一时刻表（系统）。如果时刻表系统能够预测这将是不可能的，则系统应当如此建议所有（相关）用户。   ∎

完整性

特性描述：在可信机器的上下文中，系统具有完整性，如果它是且保持无损害的，即没有故障、错误、失效，并且即使在机器的环境具有故障、错误、失效的情况下也依然如此没有这些问题。

完整性似乎是可信性的最高形式，即拥有完整性的机器是 100% 可信的！机器是可靠的且不会坏的。

可靠性

特性描述：在可信机器的上下文中，系统是可靠的指连续正确服务的某种度量，也即到失效时间的度量。   ∎

> **例 19.36**   时刻表可靠性 失效之间的平均时间至少应为 30 天，并且对于 90% 这样的情况，由于失效的停机时间（即一个可用性需求）应当小于 2 个小时。   ∎

服务安全性

特性描述：在可信机器的上下文中，通过服务安全性，我们指连续提供正确服务或在良性失效后的不正确服务的某种度量，也即：到灾难性失效的时间的度量。   ∎

> **例 19.37**   时刻表服务安全性 引起停机时间超过 4 个小时的失效之间的平均时间应当少于 120 天。   ∎

安全性

我们将采取非常有限的安全观点。我们没有包括对野蛮的恐怖袭击进行安全上的任何考虑。我们认为这样的问题完全在软件工程领域之外。

这样在我们有限的观点之中，安全需要授权用户的概念，细粒度授权的授权用户只可访问系统资源（数据、功能等等）定义良好的子集。（某资源的）非授权用户 是对访问该资源没有得到授权的任何人。

表现为用户的恐怖主义者通常会达不到授权标准。这里假设表现为野蛮用户的恐怖主义者能够通过某种方式获取某授权状态。我们避免详述恐怖主义者可能如何获去这样的状态（钥匙、密码等等）！

特性描述： 在可信机器的上下文中，安全系统指未授权用户在其确信他或她已经能够访问所请求的系统资源之后，其：(i) 不能发现系统资源在做什么，(ii) 不能发现系统资源是如何运行的，并且 (iii) 不知道他/她自己并不知道这一点！也即，对计算和/或信息（即数据）处理未授权访问的预防。

安全性的特性描述非常的抽象。由此，作为预先的设计指导实际上是没有意义的。也即，这一特性描述没有暗示如何实现一个安全系统。但是，一旦系统实现出来，并声称是安全的，则该特性描述作为如何检测安全性的指导是管用的！

例 19.38 安全需求：时刻表安全 我们继续例 19.14、19.16、19.34、19.35。时刻表用户可以是以用户登录进来的任何航空公司的客户，并且这样（登录进来）的用户可以查询时刻表。时刻表机器对于防范从用户而来的时刻表更新来说应当确保安全。航空工作人员应当得到授权以在同一会话中既能更新也能查询。 ∎

例 19.39 安全需求：医院信息系统 原则上来讲，一般性查阅（包括拷贝）专门指定的（任何）医院病人医疗记录是要得到授权的，且仅给相应地专门指定的医院工作人员。在某些形式的（在其他方面定义良好的）紧急情况，任何医院的急救医士、护士和医生可以"按下应急按钮"，查阅医院病人的医疗记录，但仅是查看，没有拷贝的权利。应当适当地记录并报告这样的事件，使得能够对使用"应急按钮"进行适当的后续处理（即评估）。 ∎

鲁棒性

特性描述： 在可信性的上下文中，系统是鲁棒的，如果它在故障之后、维护之后，仍然保持其属性。 ∎

由此鲁棒系统在故障中，可能介入的"维修中"，以及其他形式的维护"之中"是"稳定的"。

• • •

故障分析： 在从事可信系统的需求阐述中，通常要求需求工程师进行所谓的故障分析。一种特别的方法被称作故障树分析。可信系统开发本身就值得进行完全的研究。因此，我们缩短我们对这一非常重要的主题的提及，仅是强调其重要性并另外让读者参考相关的文献。在形式技术的上下文中，对安全性分析问题的较好介绍是 [287]。我们强烈推荐这一原始文献—— 同样也是为"相关文献"的引用。

19.6.5 故障树分析

来源：Kirsten Mark Hansen

这一示例由 Kirsten Mark Hansen 提供。编辑自她非常棒的博士论文的第 4 章 [137]。

故障树分析是最广泛使用的安全分析技术之一。它假定了一个危险分析，这反映了灾难性系统故障 [91]。对于每一系统故障，它推断出会引起这一故障的构件故障的可能组合。

故障树分析是一个图形技术，其中使用了预定义的符号集合来画出故障树。图形标识会很吸引人，但是它同样使得故障树很大且难于操纵。

故障树分析与系统模型密切相关，因为在树中反映了系统抽象的不同层次。根对应于系统故障，该故障的立即原因以系统构件故障的逻辑组合（合取和析取）的形式推断出来。

图 19.3 展示了一个报警钟。它由如下构件组成：显示器、一些按钮、脉冲生成器、一些电子设备、蜂鸣器。报警钟没能激活报警的故障的故障树分析在图 19.4 中予以展示。这一故障的原因可能是蜂鸣器失效；脉冲生成器没有生成正确的脉冲；电子设备失效，没有激活蜂鸣器或没有记录按下的按钮；或者按钮失效。我们假设显示器对这一失效没有影响。每一构件又可以看作一个由构件构成的系统。当认为构件是原子之时停止分析。

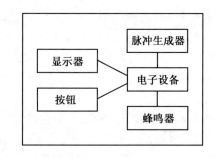

图 19.3   报警钟

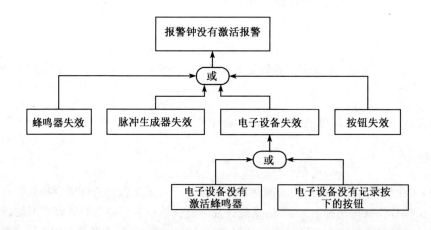

图 19.4   报警钟的故障树

故障树的最小割集是构件失效的最小组合。如果它们全部发生会引起顶部事件发生。最小是指如果有一个从割集中缺失，则顶部事件不会发生。图 19.4 中的故障树有五个最小割集，每一个都包括一个叶作为其唯一元素。定义两个故障树是相等的，如果它们具有同样的最小割集。

与最小割集相关的概念是最小路径集。最小路径集是初始事件的最小组合。不发生这些主要事件就确保了不发生顶部事件。图 19.4 中的故障树有一个最小路径集，包括树的所有叶。

由于故障树被用于分析安全关键系统的安全，它们具有无二义性的语义就非常重要。我们在后面将举例说明通常并不是这样。由此本章的目的就是给故障树赋予一个形式语义，并举例说明这样的语义如何用在系统安全需求阐述之中。本章主要的参考是故障树手册 [61]。它被大量地用在了定义故障树的句法和语义。

故障树的一些节点被安全分析员称作事件。为了避免混淆，我们强调我们使用术语事件的安全分析意义，即系统状态的出现，而非事件的计算机意义，即两个状态之间的变迁。

故障树句法

故障树分析由使用有向边连接预定义节点符号集合中的节点来构建故障树构成。边在如下意义上是有向的：对于给定节点，子节点被称作输入节点，父节点被称作输出节点。节点符号分为三组：时间符号、门符号、转移符号。我们分别描述每一组。

事件符号

事件符号分为初始事件符号和中间事件符号，其中初始事件符号是树的叶。

初始事件： 初始事件符号在图 19.5 中给出。

基本事件　　　　条件事件　　　　未开发事件　　　　外部事件

图 19.5　初始事件符号

- **基本事件：** 基本事件包含原子构件失效。
- **条件事件：** 条件事件经常用作优先与和禁止门的输入。当用作优先与门的输入时，条件事件被用于规约输入事件必须发生的顺序。
- **未开发事件：** 未开发事件包括非原子构件失效。由于缺乏时间、资金、兴趣等等而没有就这一事件进一步开发故障树。构件不是原子的，所以稍后再进一步开发事件是可能的。
- **外部事件：** 外部事件的内容不是失效，而是期望在系统环境中发生的某事物。

中间事件： 中间事件仅由一个符号构成，即中间事件符号，一个矩形框。在故障树的叶中不能找到中间事件。

门符号

门符号指代布尔组合子。在图 19.6 展示了它们。

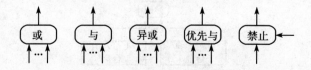

或　　　与　　　异或　　　优先与　　　禁止

图 19.6　门符号

或门： 或门的非形式描述是当至少一个输入事件发生时，输出事件发生。或门可以有任意数量的输入事件。图 19.4 有两个或门的故障树。

与门： 与门的非形式描述是只有全部输入事件发生时输出事件才发生。与门可以有任何数量的输入事件。图 19.7 是有一个与门的故障树示例。这一故障树陈述了，当脚刹"与"手刹失效时，自行车的所有刹车都失效了。

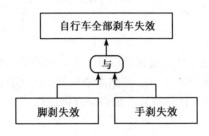

图 19.7   有与门的故障树

禁止门： 禁止门是与门的特殊情况。禁止门有一个输入事件和一个条件。当输入事件发生且满足条件时，输出事件发生。在图 19.8 的故障树中，当具有全部试剂和催化剂时，化学反应走向结束。

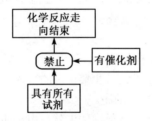

图 19.8   有禁止门的故障树

异或门： 仅有一个输入事件发生时，输出事件才发生。如果多于一个的输入事件发生，输出事件不发生。异或门可以有任意数量的输入事件。图 19.9 展示了有异或门的故障树。这一故障树陈述了如果火车在月台前或者在月台后，那么火车没有在月台。由于（特定的）火车不可能同时在两地，它就只能在一个或另一个地方。

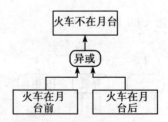

图 19.9   有异或门的故障树

优先与门： 只有全部的输入事件发生且它们按照自左向右的顺序发生，输出事件才发生。优先与门可以有任意数量的输入事件。图 19.10 中的故障树陈述如果（首先）关门，（然后）转钥匙，则门就锁了。

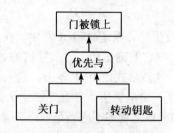

图 19.10 有优先与门的故障树

故障树语义

在我们尝试给故障树形式语义之中，我们发现业已接受了的故障树门的非形式描述是有二义性的，允许若干非常不同的解释。比如，与门的语义定义为 [61]："只有全部的输入故障发生，输出故障发生"；但是这意味着什么呢？它指全部输入故障必须同时发生，亦或它指全部输入故障必须发生，只是它们不必在时间上重合？当输入故障发生的时候输出故障也必然发生吗？很显然，在处理安全关键的系统之时，不期望有这样的不确定性。因此在本节，我们给出故障树的形式语义。

初期事件

为故障树赋予形式语义的第一步就是定义系统模型，在其之上进行故障树分析。假设我们已经定义了这样一个系统，并且其形式是随时间演变的系统状态。（这一"随时间演变的系统状态"模型是时段演算 [376, 377] 的基础。请参考第 2 卷 第 15 章，关于时段演算的介绍。）使用该模型，我们解释故障树的叶（即基本事件）、未开发事件、条件事件、外部事件为时段演算公式。比如这样的公式可以是：

- 常数 $true$、$false$
- P 的出现，即 $\lceil P \rceil$
- 到状态 P 的变迁的出现，即 $\lceil \neg P \rceil ; \lceil P \rceil$
- 某时间的流逝，即 $\ell \geqslant (30 + \epsilon)$，或
- 某时段的极限，即 $\int P \leqslant 4 \times \epsilon$。

我们把不同类型的叶之间的区别看作语用的，描述为什么没有从该叶进一步开发故障树，因而我们没有区分语义中叶类型的区别。

中间事件

中间事件的语义由中间事件为根的子树中的叶、边、门的语义构成。中间事件仅是相应子树的名字。

边

现在我们考虑通过边把中间事件 A 连接到事件 B 的意义，见图 19.11。
假设 B 的语义是 B。接着我们定义 A 的语义是

$$A = B,$$

即逻辑同一，意味着当故障 B 发生时，系统故障 A 发生。在如下意义上，该语义是悲观的：它假设如果某事物有可能出错，则它的确出错了。故障树的非形式表述通常陈述是当 B 成立时 A 成立不是强制的 [61,350]，这被形式化为 $A \Rightarrow B$。这一语义允许在如下意义上对故障树作出乐观的解释：如果运营者介入的足够快，并且足够幸运的话等等，系统故障是可以避免的。在我们看来，速度、幸运和类似之物都不应当是安全关键系统中的参数，由此我们拒绝这一语义。另一个问题是 A 和 B 是否同时发生，或者从 B 的发生到 A 的发生是否有某些延迟。通常会有这样的延迟，但是我们避免对其建模，因为这还是会给人有这样的印象，即一旦 B 发生了，还是有机会来预防 A 的。

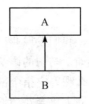

图 19.11   无门的故障树

门

现在我们考虑通过门与其他事件连接的中间事件的语义。

或：   对于图 19.12 中的故障树，假设 $B_1, \ldots, B_n$ 的语义是 $B_1, \ldots, B_n$。我们定义 A 的语义是

$$A = B_1 \vee \ldots \vee B_n,$$

即 A 成立当且仅当或者 B_1 或者… 或者 B_n 成立。这一解释展示了或门引入了单点故障。只要公式之一成立，故障就发生。

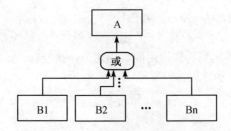

图 19.12   有或门的故障树

与： 在图 19.13 中的故障树中，假设 $B_1, \ldots, B_n$ 的语义是 $B_1, \ldots, B_n$。

则我们定义 A 的语义是

$$A = B_1 \wedge \ldots \wedge B_n,$$

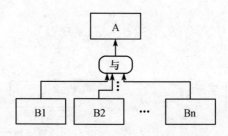

图 19.13　有与门的故障树

即，A 成立当且仅当 $B_1, \ldots, B_n$ 同时成立。我们考虑过一个对与门更加自由的解释，其中 B_1 到 B_n 无需同时成立，即 $A = \Diamond B_1 \wedge \ldots \wedge \Diamond B_n$。这被否决了，因为这一公式"记忆了 B_i 的出现"，使得若 B_2 在 B_1 的一年之后为真，B_3 在 B_2 之后的三年为真，$\ldots$，则 A 成立。显然这不是对与门所期望的意义。

禁止： 我们只考虑在其中条件不是概率表述的禁止门。根据故障树手册 [61]，图 19.14 中的故障树读作："如果输出 A 发生，则输入 B_1 已在条件 B_2 为真时发生"。我们将其解释作如果 A 成立，则 B_1 和 B_2 均成立，即作为以 B_1 和 B_2 为输入的与门。由此与门的意义是

$$A = B_1 \wedge B_2.$$

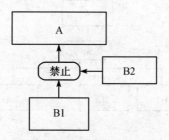

图 19.14　有禁止门的故障树

异或： 在图 19.15（左侧）给出了有异或门的故障树。根据故障树手册 [61]，该树可以画作右边同样的图形，其中"非 B_1 与 B_2"是根公式成立的必要条件。关于禁止门，我们把条件"非 B_1 与 B_2"解释为同样应当成立的叶。通过解释"非 B_1 与 B_2"为 $\neg(B_1 \wedge B_2)$，我们获得语义

$$A = (B_1 \vee B_2) \wedge \neg(B_1 \wedge B_2)$$

它可以重写为

$$A = (B_1 \wedge \neg B_2) \vee (\neg B_1 \wedge B_2).$$

这可以归纳为

$$A = (B_1 \land \neg(B_2 \lor \dots \lor B_n))$$
$$\lor$$
$$\vdots$$
$$\lor$$
$$(B_n \land \neg(B_1 \lor \dots \lor B_{n-1})).$$

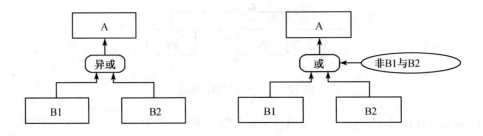

图 19.15   故障树。左边有异或门。右边有或门和条件

优先与：   图 19.16 给出了有优先与的故障树。这一非形式语义叙述了如果全部输入事件以自左向右的顺序发生，则输出事件发生。假设 $B_1, \dots, B_n$ 具有语义 $B_1, \dots, B_n$，我们定义 A 的语义为

$$A = B_1 \land \diamond(B_2 \land \diamond(B_3 \land \dots \land \diamond B_n)\dots).$$

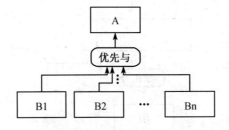

图 19.16   有优先与门的故障树

精化

正如我们在本节开始所了解到的，经常使用故障树来对不同抽象层次上的系统故障进行建模，图 19.3 和图 19.4。

如果故障树中的抽象层次之中有一个改变，我们要求通过连接一棵树（具体模型）的根到另一棵树（抽象模型）的叶的虚线来指示，如图 19.17。（在该图中，我们"抽象"了布尔组合子：BCx、BCy、BCz 是或、与、优先与、禁止、异或之一。）

我们考虑这样连接两个故障树的虚线，其中每一棵故障树都定义在一个系统模型中。对于每一棵故障树，树的语义都如前所描述的那样定义。虚线表示了为其进行了故障树分析的系统

之间的精化关系。考虑图 19.18 中的简单故障树，其中 A 具有语义 A，并由状态函数 Var_a 定义，B 有语义 B，并由状态函数 Var_b 定义。

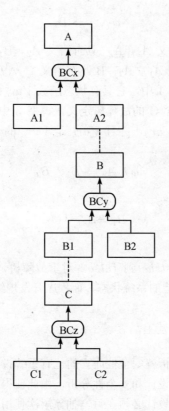

图 19.17 有三个抽象层次的故障树

图 19.18 有精化的简单故障树

假设 Var_a 是 Var_b 的子集。由于故障树描述了不期望的系统行为，即抽象系统的 $\neg A$，具体系统的 $\neg B$，两个系统之间的精化关系由如下给出

$$\neg B \Rightarrow \neg A$$

其中 $\neg A$ 在领域 Var_b 上解释。它等价于

$$A \Rightarrow B.$$

如果具体系统 B 的状态函数通过变换 ϕ 与抽象系统 A 的状态函数关联，则在变换下的精化关系在 $Var_a \cup Var_b$ 上解释，且由如下给出

$$\phi \wedge \neg B \Rightarrow \neg A$$

它等价于

$$\phi \wedge A \Rightarrow B.$$

在图 19.17 中，假设 A_1 具有语义 A_1，A_2 具有语义 A_2，B_1 具有语义 B_1 等等，则从故障树的语义可以推演出 A 具有语义 $A_1 \vee A_2$，B 具有语义 $B_1 \wedge B_2$，C 具有语义 $C_1 \vee C_2$。另外假设包含 A 的故障树定义在模型 1 中，它具有状态函数 Var_a；包含 B 的故障树定义在模型 2 中，它具有状态函数 Var_b；包含 C 的故障树定义在模型 3 中，它具有状态函数 Var_c。另外假设 Var_b 通过变换 ϕ 关联到 Var_a，并且 Var_b 是 Var_c 的子集。因此源自故障树的证明义务就是

$$\phi \wedge A_2 \Rightarrow B_1 \wedge B_2$$

在 $Var_a \cup Var_b$ 上对其解释

$$B_1 \Rightarrow C_1 \vee C_2$$

其中在 Var_c 上对 B_1 解释。

在程序开发中，精化链是从 *true* 到 *false*。对于故障树，自顶向下的精化是从 *false* 到 *true*。原因是故障树规约了不期望的系统状态，而程序开发规约了期望的系统状态。

推导安全性需求

传统来讲，故障树被用于分析就安全性而言的已有系统设计。不是首先开发设计然后执行安全性分析，我们建议同时开发设计和安全性分析，由此使得故障树分析影响设计成为可能。为了这样做，故障树分析和系统设计必须在每一抽象层次使用同样的系统模型。给定了共同模型，可以从故障树分析推导出系统安全性需求。这样推导出的安全性需求可以用在系统开发中以确认设计，但它们也同样能够通过影响设计来建设性地使用。我们在下文对此举例说明。

对于每一故障树，其中根解释为 S，对系统设计应当使得 S 永远不会发生，即系统应当实现的安全性约束是

$$\Box \neg S.$$

如果我们有 n 棵故障树，其中根解释为 $S_1, \ldots, S_n$，则可以从这些故障树推导出的安全性约束是

$$\Box \neg S_1 \wedge \ldots \wedge \Box \neg S_n,$$

即系统应当确保任何故障树中的顶部事件永远不会成立。这相应于用或门把树组合起来。

推导构件需求

假设我们有如图 19.11 中的故障树，且安全性约束是 $\Box \neg A$。由于故障树具有语义 $A = B$，对 $\Box \neg A$ 的实现必须通过实现 $\Box \neg B$ 来实现。如果故障树包含门，推导出的规约就依赖于门的类型。

或门： 图 19.12 中的故障树具有语义 $A = B_1 \lor \ldots \lor B_n$。为了令系统满足安全性约束 $\Box\neg A$，我们必须实现

$$\Box\neg(B_1 \lor \ldots \lor B_n)$$

或者等价地

$$\Box\neg B_1 \land \ldots \land \Box\neg B_n.$$

该公式表达了只有其全部构件满足其局部安全性约束，系统才满足其安全性约束。现在假设设计者不能控制第一个构件，即它在对该构件是否满足 B_1 的设计范围之外。令 B_1 的安全选择为 $true$，使得 $\Box\neg B_1$ 为 $false$，这意味着违反了安全性约束。默认假设 B_1 为 $false$ 是非常差的判断，本质上忽略了安全分析的结果。唯一合理的选择是弱化规约。我们假设第一个构件的行为永远不会满足 B_1，即 $\Box\neg B_1$ 为 $true$。为了令设计团队知晓这一假设，我们将其添加到环境假设中来。因此，如果设计涉及在这一设计步骤之前的假设 Asm，我们有假设随后的 $Asm \land \Box\neg B_1$。由此需求规约 $Asm \Rightarrow Com$ 就被弱化为 $Asm \land \Box\neg B_1 \Rightarrow Com$，设计者应当提醒适当人员关于假设中的这一变化。许多设计错误都位于接口上。如果人们有显式的假设列表且在系统开发进程中添加到该列表中，接口就更加清晰，错误的概率也就减小了。

与门： 记住图 19.13 中的故障树具有语义 $A = B_1 \land B_2 \land \ldots \land B_n$ 并假设安全性约束是 $\Box\neg A$。该安全性约束相应于规约构件永远不会同时满足时段公式，即

$$\Box\neg(B_1 \land B_2 \land \ldots \land B_n).$$

实现其的一个方式是实现更强的公式

$$\Box\neg B_1 \lor \Box\neg B_2 \lor \ldots \lor \Box\neg B_n,$$

即设计至少一个构件，使得其总是满足其局部安全性约束。通常设计者并不控制与门的全部输入构件。对于这样的构件，一个安全方法是假设最坏的情况，即构件处于关键状态且促成安全约束的违反。让我们举例假设图 19.13 中故障树的情况：第一个构件是不可控的。最坏情况是构件满足 B_1，即

$$\Box\neg(true \land B_2 \land \ldots \land B_n)$$

意味着设计者必须实现

$$\Box\neg(B_2 \land \ldots \land B_n).$$

如果这样实现不可能，最后的解决办法就是假设 B_1 总是假的，然后确保通过将其添加到假设列表的方式在另一个构件中将其实现，即如果我们在这一设计步骤前有假设 Asm，我们就有随后的假设 $Asm \land \Box\neg B_1$。在某一点，人们应当得到 B_i 的合取，这可以用在设计之中。否则我们必须做出结论该系统本质上是不安全的。如果设计依赖于仅一个 B_i 的缺乏，则它就是易遭受单点故障的设计。

禁止门： 由于禁止门的语义等同于与门，禁止门的安全需求推导等同于与门。

异或门：　以 $B_1, \ldots, B_n$ 为输入事件，自异或门输出的事件 A 具有语义

$$
\begin{aligned}
A = (B_1 \wedge \neg(B_2 \vee \ldots \vee B_n)) \\
\vee \\
\vdots \\
\vee \\
(B_n \wedge \neg(B_1 \vee \ldots \vee B_{n-1})).
\end{aligned}
$$

安全约束 $\square\neg A$　必须由如下来实现

$$
\begin{aligned}
\square\neg ((B_1 \wedge \neg(B_2 \vee \ldots \vee B_n)) \\
\vee \\
\vdots \\
\vee \\
(B_n \wedge \neg(B_1 \vee \ldots \vee B_{n-1})))
\end{aligned}
$$

其等同于

$$
\begin{aligned}
\square ((\neg B_1 \vee B_2 \vee \ldots \vee B_n) \\
\wedge \\
\vdots \\
\wedge \\
(\neg B_n \vee B_1 \vee \ldots \vee B_{n-1})).
\end{aligned}
$$

这意味着设计者必须使得设计对于每一观测时间段，或者全部输入事件是假（All-false），或者至少有两个输入事件同时是真（Two-true），即

$$
\square(\text{All-false} \vee \text{Two-true})
$$

其中

$$
\text{All-false} \equiv \neg(B_1 \vee \ldots \vee B_n),
$$

$$
\begin{aligned}
\text{Two-true} \equiv ((B_1 \wedge B_2) \vee \ldots \vee (B_1 \wedge B_n) \\
\vee \\
\vdots \\
\vee \\
(B_n \wedge B_1) \vee \ldots \vee (B_n \wedge B_{n-1})).
\end{aligned}
$$

现在假设构件之一是不可控制的，即设计者不能控制如 B_1 是否为真。如果异或门有多于两个的输入事件，则可能使得设计令其他两个输入事件总是真。如果这是不可能的（可能因为异或门仅有两个输入事件），设计者或者假设 B_1 是假的并使得设计令其余的 B 总是假的，或者假设 B_1 是真的并使得设计令其他输入事件之一总是真的。在任一情况中，他必须通过将其添

加到环境的假设列表使得设计团队其余的人了解假设。因此，如果在这一设计步骤之前，设计涉及假设 Asm，并且如果设计者假设 B_1 总是真的，则在这一设计之后假设是 $Asm \wedge \Box B_1$，并且如果他假设 B_1 总是假的，则假设是 $Asm \wedge \Box \neg B_1$。原则上，设计者也可以假设每当其能够控制的 B 之一为真时，则 B_1 也是真的，并且每当他能够控制的所有 B 是假时，则 B_1 也同样是假。当 B_1 实现在另一构件而非其余的 B 中时，并且如果构件失去同步一次则 A 就发生时，我们不推荐这一解决方案。

优先与门： 图 19.10 中的故障树具有语义 $A = B_1 \wedge \Diamond(B_2 \wedge \Diamond(B_3 \wedge \ldots \wedge \Diamond B_n) \ldots)$。如果安全约束是 $\Box \neg A$，设计者必须实现

$$\Box \neg (B_1 \wedge \Diamond(B_2 \wedge \Diamond(B_3 \wedge \ldots \wedge \Diamond B_n) \ldots)).$$

可以通过使得设计令 B_i 不按照规定的顺序发生或者令 B_i 之一根本就不发生来实现它，即

$$\Box \neg B_1 \vee \Box \neg B_2 \vee \ldots \vee \Box \neg B_n.$$

如果 B_i 之一，如 B_1 是不可控的，最坏情况是它不满足其局部安全约束，即 B_1 为真。因此设计者假设 B_1 为真，并试图使得设计令

$$\Box \neg (B_2 \wedge \Diamond(B_3 \wedge \ldots \wedge \Diamond B_n) \ldots)$$

成立。如果这样的设计是不可能的，最后的机会就是假设 B_1 总为假，并接着确保通过将其添加到关于环境的假设中去来将其实现在另一个构件中，即假设变为 $Asm \wedge \Box \neg B_1$。

精化

假设我们有一个故障树，其中语义为 A 的事件 A 由语义为 B 的事件 B 来精化，参见图 19.18。另外，假设已经验证了精化关系，并且安全性约束为 $\Box \neg A$。由于精化关系的一部分是 $A \Rightarrow B$，则对 $\Box \neg A$ 的实现必须通过实现 $\Box \neg B$。

结论

在本节，我们为故障树给出了一个时段演算语义，并且我们定义了如何使用故障树分析来为系统和系统构件推导安全性需求。语义是复合的，使得根的意义是使用叶来表达。安全性需求的推导遵循故障树的结构，并为系统构件产生了安全性需求。这一构件安全性需求的推导应当在所推导出的需求可以使用良好确立的方法（比如软件构件的形式程序开发技术）来实现时就停止。

对于所有其他的技术，推导安全性需求的这一技术和使用它的人们差不多。故障树分析中的错误在安全性需求中得到反映，没有执行系统分析的系统故障没有被抽取做需求。不过，如果我们把这一方法同已有的推导安全性需求的方法比较，即通过或多或少有组织的通力攻关，我们认为这一方法是一个改进。

就安全性需求而言，最小割集相应于如下的最小构件集：如果它们没有满足其安全性需求，则就使得系统没有满足其安全性需求。如果最小割集仅包含一个构件，则系统就容易遭受单点故障。

　　最小路径集相应于如下的最小构件集：它们必须满足其安全性需求，以使得系统完成其安全性需求。如果全部构件都必须完成它们的安全性需求，即最小路径集的势等于构件的数量，则系统是不安全的，因为如果只是构件之一出现故障，则它就可能出现故障。

　　我们已经使用时段演算定义了语义，但是其他的时态逻辑，比如 TLA$^+$ [205, 206, 233] 和线性时态逻辑 [224–226]，也是同样可以应用的。重要的事情是逻辑能够基于故障树结构表达中间事件语义，以及表达叶的语义。

　　有时候故障树用在概率安全分析中。我们没有为有概率数字的故障树给出语义，因为这需要比我们所具有的更深一些的随机过程的知识。为这样的树赋予形式语义的基础在 [219] 中建立起来，其中定义了基于离散的马尔可夫链的概率时段演算 [351]，在 [181] 中它定义了从故障树到马尔可夫链的转换算法。在概率时段演算中的想法是给定初始概率分布，即系统在初始时在状态 v 的概率，以及变迁概率矩阵，即系统进入状态 u 的概率，给定系统处于状态 v，则计算系统在离散时间 t 处于某状态的概率是可能的。

19.6.6 维护需求

特性描述：通过维护需求，我们理解就如下而言的需求组合：(i) 适应性维护、(ii) 修复性维护、(iii) 改善性维护、(iv) 预防性维护和 (v) 扩展性维护。　∎

建筑、机械、电气、电子人工制品——基于自然科学的人工制品——的维护是基于文档和物理人工制品的存在。软件维护仅基于软件，即软件所限定的全部文档（包括测试）。请参考第 1.2.4 节最开始处，关于我们用软件所指内容的适当定义。

适应性维护

特性描述：通过适应性维护，我们理解这样的维护，它改变了软件的一部分以同样或替代性地适合于某其他软件或某其他硬件设备（即分别提供新的或替换功能的其他软件或硬件）。　∎

例 19.40　适应性维护需求：时刻表系统　期望时刻表系统的实现使用许多构件，它们实现了各自的领域和接口需求以及一些（其他）机器需求。整体时刻表系统应令这些构件彼此连接，即彼此有接口——其中它们需要彼此具有接口—— 这样使得任何构件以后可以由其他表面上提供相同服务（即功能和行为）的另一构件来替换。　∎

修复性维护

特性描述：通过修复性维护，我们理解修复软件错误的维护。　∎

例 19.41　修复性维护需求：时刻表系统　应远程地实施修复性维护：从开发者站点，经由安全的因特网连接。　∎

改善性维护

特性描述：通过改善性维护，我们理解有助于改善（即降低）硬件（存储、时间、设备）和软件需要的维护。　∎

例 19.42 **改善性维护需求: 时刻表系统** 对系统的设计应当能够清晰地监测任何查询命令的任何实例的"暂时"(即缓冲)存储和计算时间。∎

预防性维护

特性描述: 通过预防性维护, 我们理解有助于探测(即预先防范)未来的软件或硬件错误的发生。

预防性维护——与软件相关——通常是在其他三种形式的(软件)维护完结时强制实施。

扩展性维护

特性描述: 通过扩展性维护, 我们理解为软件添加新的功能, 即实现另外的需求的维护。∎

例 19.43 **扩展性维护需求: 时刻表系统** 假设要实现表达了对旅行查询响应应找到最短路线而非最快路线需求的时刻表软件系统的发布。如果现在期望该软件的后续发布对旅行查询的响应也同样计算最快路线, 则我们说最后这些需求的实现构成了扩展维护。∎

• • •

每当维护工作已经结束之时, 软件系统就要广泛地接受测试: 必须成功执行预先确定的、大规模集合(典型情况下成千上万的)测试程序。

19.6.7 平台需求

特性描述: 通过 [计算] 平台, 这里理解硬件和系统软件的组合——如此配置以能够执行需求所规约的软件——以及"更多"。∎

"更多"是什么应当从下面的特性描述中得知。

特性描述: 通过平台需求, 我们指如下的组合: (i) 开发平台需求、(ii) 执行平台需求、(iii) 维护平台需求、(iv) 演示平台需求。∎

例 19.44 **平台需求: 空间卫星软件** 某处为某空间卫星功能规定的软件将满足如下平台需求: 应在 Sun 工作站上的 Sun UNIX 下开发, 应在运行 MI1750 的专有操作系统 的军事 MI1750 硬件计算机上运行, 应当在德克萨斯州休斯顿的 NASA 维护, 安装有仿真 Sun Sparc Stations 的 MI1750, 应在一般的 Sun 工作站上的 Sun UNIX 下进行演示。∎

开发平台

特性描述: **开发平台需求** 通过开发平台需求, 我们理解为所开发软件将要运行的平台细化特定的软件和硬件的机器需求。∎

执行平台

特性描述：执行平台需求 通过执行平台需求，我们理解为将要执行软件的平台细化特定的（其他）软件和硬件的机器需求。 ▪

维护平台

特性描述：维护平台需求 通过维护平台需求，我们理解为将要维护的软件的平台细化特定的（其他）软件和硬件的机器需求。 ▪

演示平台

特性描述：演示平台需求 通过演示平台需求，我们理解为将要给读者演示—— 比如为了接受测试，或管理演示，或用户培训——的软件的平台细化特定的（其他）软件和硬件的机器需求。 ▪

讨论

例 19.44 非常浅显。并且我们为这四个特定平台没有给出示例。更现实的示例将深入到非常详细的细节，列出硬件和软件产品名称、版本、发布等等。

19.6.8 文档编制需求

请参考第 2 章，关于通常源自于适当的软件开发项目的文档种类的彻底讨论。并请参考对这些文档的综述，它们与领域工程（第 8.9 和 16.3 节）、需求工程（第 17.6 和 24.3 节）、软件设计（第 30.3 节）。

特性描述：通过文档编制需求，我们指一起构成软件的任何软件文档的需求（比较第 1.2.4 节的第一部分）：(i) 不仅是计算机执行基础的代码，(ii) 同样有其全部开发文档编制：编码之前的 (ii.1) 应用领域描述的阶段和步骤，(ii.2) 需求规定的阶段和步骤 和 (ii.3) 软件设计的阶段和步骤，包括确认和验证（包括测试）文档的全部上述内容。另外，作为我们更加宽泛的软件概念的一部分，我们同样包括 (iii) 支持文档的全面集合：(iii.1) 培训手册，(iii.2) 安装手册，(iii.3) 用户手册，(iii.4) 维护手册，和 (iii.5~iii.6) 开发和维护日志。 ▪

在我们的特性描述中，我们没有试图细化这样的文档编制可能是什么样的。这样的需求可以涵盖以下范围：从作为交付物的特定事物的简单展示到关于其内容的详细指示，非形式的或形式的。

19.6.9 讨论：机器需求

我们好容易才结束了对机器需求大量的枚举、阐释以及使用许多但非全部情况的举例说明。当省略了示例时，这是因为读者现在应当能够很容易推测出这样的示例了。

没有说列举是详尽的。但是我们认为它很有代表性。对于专业的软件工程来说，作为基础已经足够好了。这远远好于我们在"标准的"软件工程教材中所看到的内容。

19.7 需求模型复合

19.7.1 概述

在第 19.3.4 （$\mathcal{X} = $ BPR），19.4.2 （$\mathcal{X} = $ 领域需求），19.5.3 （$\mathcal{X} = $ 接口需求)），19.6.2 （$\mathcal{X} = $ 机器需求）节，我们已经简要地提及了 "$\mathcal{X}$ 和需求文档" 的主题。

我们应提醒读者阅读这四个小节。它们告诉你关于如何编制需求文档—— 基本上是四个或多或少分离的子文档所构成集合，无论是非形式叙述的还是形式注释了的形式定义—— 的许多内容。

19.7.2 合并需求刻面规定

第 11.10 和 11.10.1 节的标题类似于整个这一节和本节的标题。我们这样做是为了提醒读者分析需求并对其规定同样也些许是门艺术。请你回顾第 11.10.1 节并把其信息带入需求建模。

19.8 讨论：需求刻面

19.8.1 概述

我们已经探讨了需求模型的三个主要刻面：领域需求、接口需求、机器需求。基于强调形式技术来学习本卷的读者可能已经注意到即使有也是很少的形式示例。对于机器需求更是如此。

这并不意味着人们不能提供这样的示例。出于三个原因，我们选择不去展示这样的示例：首先，示例会有点长。其次，这样的示例已经在如卷 2 第 15 章中展示过了。但是更重要的是，我们在 2006 年时仍旧缺乏适当的形式技术和工具。但是今日我们注意到在表达机器需求的形式技术和工具方面有了稳步和令人印象深刻的进步。

19.8.2 原则、技术和工具

原则： 需求刻面 "分而治之"：采用 "关注分离" 的原则；由此尽可能地分别来建模领域、接口和机器需求。

技术： 需求刻面 通常技术分为两类：非形式技术，它涵盖目前全部囊括的粗略描述、术语、叙述的非形式技术；形式技术，类似地它涵盖目前全部囊括的形式抽象和建模的形式技术。

工具： 需求刻面 就像技术，通常工具也分为两类：非形式工具，它包括带有交叉引用和数据库存储工具的一般的文本处理工具；形式工具，它包括一般与形式规约相关所使用的全部工具：句法编辑器、类型检查器、验证、模型检查和测试工具，等等。

19.9 文献评注

第 19.3.1 节几乎完全依赖于 [135, 136, 170, 182]。类似地，第 19.6.4 节几乎完全依赖于不错的 [282] 和 [208]。第 19.6.5 节仅是对非常棒的 [137] 的第 4 章的编辑。

19.10 练习

19.10.1 序言

请参考第 1.7.1 节关于 15 个贯穿全文的领域（需求和软件设计）示例的列表。请同样参考第 1.7.2 节的介绍，关于术语"选定主题"的使用。

19.10.2 练习

"描述"这一术语的使用指粗略描述和/或术语化，以及陈述。如果你在学习本卷的形式版本，则描述这一术语另外还指形式化。

练习 19.4~19.6 与期望你已选择的专门主题相关，能够非形式或形式地解决。期望形式地解答练习 19.12~19.13。

练习 19.1   不完全的集装箱码头术语。 请参考例 19.3。本练习有两个版本：非形式版本和形式版本。

- 非形式版本： 请定义全部分类，即抽象类型，请陈述例 19.3 中提及的所有函数的基调。然后重述挑选出来的约 10 个术语。
- 形式版本： 首先，解答上文的非形式版本练习。然后，形式化选定的术语选择。

练习 19.2   领域实例化：局部地区铁路网。 请参考例 19.15。请仔细阅读该示例。问题是形式化该示例的简单铁路网的描述。我们要求采用卷 2 第 2 和 10 章的铁路网形式化并进一步施加约束公理的解答。

练习 19.3   领域需求：拟合。 请参考例 19.18。请提供例 19.18 中勾勒的领域、两个原始需求、2+1 修订的原始 + 共享领域需求的形式模型。

练习 19.4   领域需求。 对于由你选定的固定主题。 你要建议约二到三个相异的领域需求。为每一相异需求（非形式地和/ 或形式地）勾勒如何就前文给出的你叙述的领域描述（作为练习 11.1~11.7 的解答）而言来对其投影，和/或令其更加确定，和/或实例化，和/或扩展，和/或拟合（后者有一些你必须假设的其他需求）。

练习 19.5   接口需求。 对于由你选定的固定主题。 以及你在练习 19.4 中所确立的领域需求，标识共享现象和共享概念，建议至少四个相异的接口需求，每一个都来自节 19.5.4~19.5.9 所涵盖的六种可能构成的可能集合。

练习 19.6   机器需求。 对于由你选定的固定主题。和你在练习 19.4 中确立的领域需求，建议至少一个机器需求。它来自于第 19.6.3~19.6.4 和 19.6.6~19.6.8 节（性能、可信性、维护、平台和文档编制）所勾勒的五种中的每一个。

练习 19.7   集装箱码头：初步的（扁平）形式领域模型。 请参考例 19.1。基于所引用示例描述的内容，请提出集装箱码头的形式模型。你可能希望使用扁平 RSL（即不使用 RSL 的 **scheme, class** 和 **object** 结构）来阐述解答。参见练习 19.9。

练习 19.8 集装箱码头：初步的（扁平）形式需求模型。 请参考例 19.2。基于所引用示例描述的内容，请提出用于轮船集装箱装载计划的软件的所示需求的形式模型。如果你选择使用扁平 RSL（即不使用 RSL 的 **scheme, class** 和 **object** 结构）来阐述练习 19.7 的解答，则你可以类似地为本练习这样做。（参见练习 19.10。）

练习 19.9 集装箱码头：模块化形式领域模型。 请参考练习 19.7。如果你已经使用 RSL 的 **scheme, class, object** 结构表达了该练习的解答，则它就可以是本练习的解答。否则，请使用这些 RSL 的模块结构来重述练习 19.7 的解答。

练习 19.10 集装箱码头：模块化形式需求模型。 请参考练习 19.8。如果你已经使用 RSL 的 **scheme, class, object** 结构表达了该练习的解答，则它就可以是本练习的解答。否则，请基于练习 19.9，最好使用 RSL 的扩展（**with**）、隐藏（**hide**）等模式演算结构来重述你对练习 19.8 的解答。

练习 19.11 铁路网和单元数据结构初始化。 请参考例 19.22。请仔细阅读该示例。建议初始化在其中发生的上下文：通过某地图和/或大地测量图表示的地理知晓。然后完成叙述并形式化例 19.22 中所示内容。

练习 19.12 铁路网和单元数据结构刷新。 请参考例 19.23。请仔细阅读该示例。建议一个上下文，在其中发生了刷新：通过某地图和/或大地测量图表示的地理知晓—— 以及一些已经存在的状态。然后完成叙述并形式化例 19.23 所示内容。

练习 19.13 银行业脚本语言。 请参考例 19.9 —— 以及在例 19.9 中初始时引用的全部示例。如这里建议所示，重新定义银行业脚本语言，以允许如下的交易：(i) 合并两个抵押账户，(ii) 在两个不同银行的账户之间转账，(iii) 月付和季付信用卡账单，(iv) 发送和接收自股票经纪人的资金，等等。

练习 19.14 计算数据和控制接口。 请参考例 19.24。你将使用 RSL/CSP 来粗略描述使用两个进程的该示例的形式化：用户和所引用的软件包。通过粗略描述，我们基本上指仅定义了 (i) 这些进程之间所发送的消息的类型，(ii) 以及勾勒交互的 RSL/CSP 输入/输出子句。将不规约什么导致（基于软件包的）计算决定何时和哪里与用户交互，而只是交互发生了。

练习 19.15 24 小时起重机行为。 请参考例 19.1。你要对你能够在逻辑上分别看作是实际的和所期望的轮船/岸（即码头）集装箱起重机的 24 小时行为提出一个粗略描述、描述和规定。

练习 19.16 24 小时集装箱卡车/底盘行为。 请参考例 19.1。你要对你能够在逻辑上分别看作是实际的和所期望的集装箱卡车/底盘的 24 小时行为提出一个粗略描述、描述和规定。

20

需求获取

- **学习本章的前提**：你现在知道需求模型将包括什么：(i) 领域， (ii) 接口和 (iii) 机器需求的规定，以及在 (i) 投影、确定、实例化、扩展和拟合，(ii) 共享数据初始化和刷新、计算数据和控制、人机对话、人机生理学、机机对话，(iii) 性能、可信性、维护、平台和文档编制之中的规定。
- **目标**： 你将了解如何收集、获取关于需求的事实，并为随后的分析组织这些事实。
- **效果**： 你将完全有能力领导和执行自需求参与者而来的彻底的需求事实获取。
- **讨论方式**： 语用的和系统的。

贯穿于获取过程，记住：

需求工程的"黄金规则"

仅规定那些能够客观证明对于所设计软件成立的需求。

参与者可能不知道他们所表达的需求是否是可以客观证明或实现的。在这些事务上，需求工程师要指导参与者。

20.1 需求获取和领域模型

过去软件开发仅基于需求。这样在软件工程的教材中就没有必要有关于领域需求刻面的前面一个章节。但是有需要关于需求获取的一章。关于需求获取的这样一章将非常类似于关于领域获取的一章，第 12 章。如果软件开发者没有领域需求做基础来构建，她需要基本上遵循第 12 章的原则和技术来进行需求获取。但是必须要重写该章：在第 12 章中出现领域（等）术语的地方都需要使用需求（等）术语来重述。并且这一重写在许多情况中都要诉诸于领域。但那些或多或少对领域的隐含引用将只是领域的一小部分，即仅是那些非常特定于正在要获取的需求的部分。

本章将开始一个旅程，大约在"旧式"需求获取章节（它假设没有领域知识）和"新式"需求获取章节（即它假设有完全的领域描述）之间的某处。由此对本章的阐述使得读者能够在没有阅读第 12 章时也能够阅读它（且由此跳过第 20.2 节）。具有前面领域工程预备知识的读者可以跳过一些示例的细微部分。

20.2 基于领域模型的需求获取

要阅读本节，我们假设你已经学习了第 IV 部分领域工程。

20.2.1 领域需求获取、预览

假设

需求获取的很大一部分是基于（即假设）客户参与者和需求工程师已经仔细地研究了所讨论的（应用）领域的描述。

领域需求获取，基本步骤

特性描述：通过领域需求获取，我们指一个过程，其中所有关于领域需求的决策都是基于客户参与者和需求工程师仔细和共同对领域描述的仔细审查。领域需求获取过程包括就每一被描述的领域实体、函数、事件、行为提出问题：这一现象和/或概念"以某种方式"成为需求的一部分吗？并且如果是，应当如何展示"以某种方式"？该过程另外还包括记录对这些问题的回答。由此领域需求获取是基于投影、确定、实例化、扩展、拟合的领域需求刻面。 ∎

20.2.2 其余的需求获取、概览

假设

需求获取的其余部分假设需求工程师和客户参与者"以某种方式"决定可能的平台，在其上实现机器。通过可能存在或潜在的客户平台，通过经济和人的因素的考量，通过平台之间可能的开发成本偏差等来以某种方式指导它。需求获取的其余部分基于（即假设）客户参与者和需求工程师粗略地决定可能的平台，在其上来实现机器，以及需求工程师告知客户参与者那些平台所提供的技术可能性。通过平台，我们指硬件及其系统和其他的软件包，通过其客户和软件开发者同意去实现所需软件。

机器需求获取，基本步骤

特性描述：通过机器需求获取，我们指一个过程，其中需求工程师与客户参与者一起工作并检查如下可能的问题：*性能、可信性、维护、平台和 文档编制* 。它们源自对领域需求的考虑，并提出如下问题：对所需软件期盼程度是多少的性能和可信性、哪类维护、哪类平台和哪类文档编制，并记录客户对这些的回答为机器需求规定单元。 ∎

接口需求获取，基本步骤

特性描述：通过接口需求获取，我们指一个过程，它基于领域需求获取标识出全部共享现象，并对于每一现象审查如下的基本概念：*共享数据初始化需求、共享数据刷新需求、计算数据和控制需求、人机对话需求、人机生理接口需求和机机对话需求*，并提出如下问题：哪些是共享数据初始化和刷新需求、哪些是计算数据和控制需求、哪些是人机和机机对话需求、哪些是人机生理接口需求，并记录客户对这些的解答为接口需求规定单元。 ∎

20.2.3 其他问题

一些需求获取的概念、原则和技术几乎与领域获取的完全一样。不过我们采用编辑形式"重复"关于领域获取的第 12 章的材料，不过需求术语替换了领域术语，许多需求获取的辅助术语替换了领域获取的那些。我们希望读者能够比较这两组术语和开发过程。

20.3 概念概述

特性描述：通过需求获取，我们理解如下的过程：获取需求规定，也即，从需求参与者引出（即捕捉）、写下它们，并粗略地结构化这些规定（即粗略地对其组织、分类）。

由此引出这一术语不是与获取同义的。但代表获取过程的一部分。结构化（组织或分类）没有打算要给予任何严肃的、复杂的分析—— 后面才是它们！它仅是一个索引，为了让搜索具有指定性质的需求规定单元这个过程更加容易。

获取涉及参与者，并且通常是许多参与者。并且获取涉及写下某些事物：粗略描述形式的需求规定单元。

引出是很困难的。所以我们将进一步探讨该概念。但首先让我们审视一下我们必须引出、抽取、捕捉的事物，即需求。

20.3.1 需求

特性描述：通过需求，我们理解"表达"对所需的计算系统，即机器，也即硬件和软件，期望什么的事物。

表达这一术语非常关键。如何阐述表达，是否存储为思维图像，或在参与者之间用话语表达，或用某种形式写下，是非常关键的。在本节和接下来的章节中，我们将考虑"书面表达的形式"。

20.3.2 需求的引出

特性描述：通过需求的引出，我们理解多刻面的过程：(i) 对同一领域以前的计算系统提出的需求的阅读；(ii) 与需求参与者会谈；(iii) 你自己或参与者记录 （可能借助于调查问卷）你/他们的需求概念，即观点。也即，我们记录将要设计的机器的实体、函数、行为，包括事件的性质—— 其中这些实体、函数、事件、行为现在都是概念化的，即理性化的。

20.3.3 记录需求

特性描述：通过记录需求，我们理解不必系统地、一致地、完全地写下一个或另一个需求的粗略描述片段，使得每一片段构成了一个需求规定单元，然后对其适当地索引（即分类、命名）。

需求索引

粗略地讲，规定单元索引是与如下相关的标记：所记录需求的名字的一个或者多个类别，和/或参与者的名字，和/或参与者群体的类别名，和/或概念（数据、函数、事件、进程）的类型，和/或需求刻面的类型。第 20.3.4 节将进一步详述需求索引。

需求类型

通过"需求刻面的类型"，我们指它是否是领域、接口或机器需求。

- 如果它是领域需求，则通过需求刻面的类型我们进一步指它是否是投影、确定、实例化、扩展或拟合需求。
- 如果它是接口需求，则通过需求刻面类型我们进一步指它是否是共享数据初始化、共享数据刷新、计算数据和控制、人机对话、人机生理或机机对话需求。
- 如果它是机器需求，则通过需求刻面类型我们进一步指它是否是性能、可信性、维护、平台或文档编制需求。

需求单元

特性描述：通过需求规定单元，我们理解一些非形式或形式的通常是粗略描述的文本，它开始规定某事物或增加某事物的规定，其中单元规定由某初始分类注释，使得单元规定形成一个整体（即完整的句子）。 ∎

规定单元本意上就是一个粗略概念。它反映了引出过程的性质。这一过程是解释性的，甚至是实验性的：在引出过程中涉及的人员通常在引出开始之时不知道引出过程将带给他们什么，也即将进展出什么！最终，将发展出来大量的需求规定单元。

例 20.1 需求规定单元 我们给出三个单元的示例：

(i) 全部铁路线路都应表示在机器内。*初始（粗略）分类：参与者：AA 先生，铁路信号员；概念类型：实体；刻面：投影；概念名：线路。*

(ii) 机器应当能够支持如下的涉及简单活期银行账户的操作：开户、存储、取款、转账、获取（过去操作的）明细、销户。*初始（粗略）分类：参与者：BB 女士，银行出纳员；主要概念类型：实体；次要概念类型：函数；刻面：确定（对于主要概念和次要概念）；主要概念名字：活期银行账户；次要概念名字：活期账户、开户、存款、取款、转账、明细、销户。*

(iii) 机器应支持航空公司时刻表。*初始（粗略）分类：参与者：CC 先生，飞行员（机长）；概念类型：实体；刻面：投影；概念名：航空公司时刻表。* ∎

从上述示例中，我们注意到通常单元文本要（远远）短于分类。并且分类需要精化为主要和次要概念类型，以及刻面。

我们避免细化单元及其分类的可能形式。这样的细化对于获取过程的特定实例化来说是合适的，典型情况下为其提供了特定的工具。这里示及所涉及的问题就足够了。

20.3.4 索引需求规定描述

特性描述：通过索引，我们理解概念名字的命名；一个参与者群体和该群体的一个或者多个人；主要和次要概念的种类：实体、函数、事件或行为；需求刻面的相关类型。   ∎

基本上索引是非形式工作，对其的执行是为了便利对如下一些性质的搜索：关于实体、函数或进程（包括事件）名；或关于参与者群体或个人；或关于实体、函数、实体或行为的属性；或关于刻面类型。也即，我们设想需求工程师在分析过程中可能希望就一些涉及上文列出的一条或多条分类类别的（逻辑）标准而言回顾若干需求规定单元。

特性描述：通过索引需求描述，我们理解为需求规定单元配备（即注释）以一个或多个分类索引的过程，其中这些相异的索引涵盖类型名、参与者种类和人名、属性实体（的值的范围和类型）、函数、进程（包括事件）种类和需求刻面类型。   ∎

20.4 获取过程

典型情况下，现在获取过程接着进行下列步骤构成的一个或者（通常的）多个回合：

(i) **参与者索引回顾，等等**：(i.1) 这是建立起来的所有相关参与者的列表吗？(i.2) 如果是的话，这足够了吗？(i.3) 如果不是，则建立它，并回顾。(i.4) 建立和标识出来的需求参与者群体和人员的联系（即联络）。

(ii) **领域文档研究**：(ii.1) 建立了这样的文档吗？(ii.2) 如果是这样，要问一下：它们足够了吗？(ii.3) 如果不是，则增加一些，使得其成为足够的。(ii.4) 确保你（和客户）足够理解领域描述文档，以作为需求调查问卷和领域需求开发的基础。

(iii) **需求文档研究**：(iii.1) 取得现存需求文档（关于相同的领域应用）；(iii.2) 评估这些文档的相关性；(iii.3) 读取相关的这些文档；(iii.4) 准备需求规定单元的记录（参见下文的项(vi)）。

(iv) **与参与者的非正式谈话**：(iv.1) 初始时与参与者亲自轻松谈话（即聊天），(iv.2) 目的是建立和睦的关系，即信心、信任，(iv.3) 包括准备好需求规定单元的记录（参见下文的项 (vi) ）。

(v) **系统的、基于调查问卷的参与者会谈**：(v.1) 阐述和打印调查问卷（见下文）；(v.2) 分发或个人递送与非正式会谈相关的调查问卷；(v.3) 收集适度完成了的调查问卷；(v.4) 准备需求规定单元的记录（参见下文的项(vi)）。

(vi) **需求规定单元的记录**：(vi.1) 存在有参与会谈和受到提问的参与者或（需求工程师）会谈者的纸张或电子记录；(vi.2) 并存在有这一纪录的在纸上或某存储媒体上的结果：由一个或多个需求规定单元构成的文档。

(vii) **需求规定单元分类**：(vii.1) 逐个简要检查每一需求规定单元，(vii.2) 即与其他需求规定单元的检查分离开来，(vii.3) 并为每一单元附上相关和能够确定的需求规定索引单元属性。

(viii) **需求获取过程回顾**：(viii.1) 一旦认为在某时间点上所有需求规定单元都已收到和得到索引，(viii.2) 并就以下内容对它们进行检查：已经引出的部分是否形成必要且充分的集合，(viii.3) 是否需要否决一些，(viii.4) 或是是否需要更多一些而对它们进行检查。这一回顾过程考虑到如下问题：收集到的需求规定单元是有代表性的吗（选择的全部参与者群体都以类似或不同的关注程度来回答的吗）？需求规定单元文本是可理解的吗？这一回顾不是就一致性、冲突或完备性对集合进行分析。这样的分析紧随着需求获取过程。

现在我们适度详细地探讨若干上述步骤。

20.4.1 参与者联络

我们提醒读者第 9.3 节：参与者观点和第 12.2.1 节：参与者联络。由此我们能够假设需求规定开发合同的各方建立和回顾了所有可能相关的参与者。如果预先的阶段涉及领域模型工程，则就已经建立了这样的列表了。这样的列表可以作为新列表的基础。通常我们期望需求参与者列表是领域参与者列表的子集，略去一些参与者—— 可能。

接着就是同认为是适当的、标识出来的那些需求参与者群体成员来实现、联络和交互，认为他们对于成功地完成该开发来说是相关的。合同必须确保需求开发工程师和标识出来的需求参与者两方的及时可用性。让我们将后者称作需求参与者代表。分别来自需求开发工程师和需求参与者的一对管理者必须确保持续、自由、及时地使用需求开发工程师和标识出来的需求参与者的时间资源。正是这一确保，我们可以将其称作需求参与者联络。

20.4.2 引出研究

几乎每一应用都有其现存的需求文献，它采用一种或另一种形式适度 *明显地涉及了应用领域一个或另一个部分的软件的需求规定*。请注意楷体部分的模糊用语。通过其，我们指对于每一应用的软件来说发现好的、撰写的现存需求规定不是总是那样明显—— 甚至在良好建立的（即适度成熟的）软件公司中。为了给读者可能的需求规定源的概念，除了机构内部的资源外，我们引用在第 12.2.2 节中给出的外部的组织源示例列表。

20.4.3 引出会谈

引出会谈的目的是在每一需求参与者群体和派来的从各自需求参与者群体成员捕捉需求知识的需求工程师之间建立和睦关系、构建信心。在本节，我们将更近一步地审视会谈的过程及其后续内容。

重复一下，需求工程师通过首先准备自定义的"适于"手头特定领域的调查问卷来开始会谈。需求工程师会见指定的需求参与者群体的一个或者多个代表，以向其介绍调查问卷。该介绍（"熟悉"）是通过与这些代表"遍历"调查问卷，向其解释术语以及回答会谈中可能出现的问题来实现。接着这些代表要填写他们自己完全相同的调查问卷拷贝，个人地或群体地。鼓励群体成员在填写调查问卷前，联络他们的需求工程师以寻求任何"元问题"—— 也即关于如何解释调查问卷中的问题——的解答。最终，确信完成了调查问卷并返还给群体的需求工程师。

20.4.4 引出调查问卷

但是如何制定这样的调查问卷呢？并且：调查问卷会谈仅有一个回合吗？我们能够立即回答，只要需求工程师认为必要，就要进行多少回合的调查问卷会谈，以在必要和充分的深度上涵盖不同的需求参与者群体的观点。也即：我们通常不能计划需要多少回合。对于不熟悉的应用目标且以前没有对其进行需求规定，需求获取就是一个研究过程—— 并且对于这样的研究，我们不能预先确定所需"回合"的数目。但是现在我们能够给出关于如何制定调查问卷的一般性方针，并且之后，我们将给出这样的调查问卷示例。

一般性方针：调查问卷结构和内容

现在我们了解了需求规定应当看起来什么样子，它应当包含什么内容。也即，至少包含需求参与者列表：他们的姓名和类别。它应当包含在如下在可应用刻面中的需求的在选定区间和范围内的规定：

1. 企业过程再工程：
    (a) 支持技术回顾和替换，
    (b) 管理和组织再工程，
    (c) 规则和规定再工程，
    (d) 人类行为再工程和
    (e) 脚本再工程；
2. 领域需求：
    (a) 投影，
    (b) 确定，
    (c) 实例化，
    (d) 扩展和
    (e) 拟合；
3. 接口需求：
    (a) 共享数据初始化，
    (b) 共享数据刷新，
    (c) 计算数据和控制提示和输入，
    (d) 人机对话，
    (e) 人机生理接口和
    (f) 机机对话；
4. 机器需求：
    (a) 性能期望（存储、时间和设备），
    (b) 可信性期望（可存取性、可用性、完整性、可靠性、服务安全性和安全性），
    (c) 维护（适应性、修复性、完善性、预防性和扩展性），
    (d) 平台（开发、执行、维护和演示），
    (e) 文档编制等等。

也即，一组需求规定单元，它们为每一刻面、属性和"事物"提供了概念的类型和一些细节，特别是概念的种类是什么：实体、函数、事件或行为。因此我们的问题应当是这样，以吸引参与者把这些刻面种类传递给需求工程师。

特殊的方针：调查问卷结构和内容

当勾勒关于需求刻面的问题时，必须要用与领域相关的示例来裁剪（"调整"）需求调查问卷。在我们的下一示例中，我们将用楷体来指明该调整。

例 20.2 **示例调查问卷** 在接下来的几页中我们展示面向医疗工作人员（护士、勤务工、医生和类似人员）的很长的调查问卷示例。

(0) 尊敬的参与者，请你彻底地、在概念上就你的工作"集中你的思想"。(0.1) 不是你的工作是什么样子的，(0.2) 而是你希望它应是什么样的，或者要变成什么样的。

(1) 首先我们请你（参见下文的问题）告诉我们我们称之为你工作的实体的事物，即你能够指向的事物或你能够以其他方式构想出来的事物。

你工作的典型实体诸如（现在我们列举这样事物的一个很长的列表）人：病人、护士、医生、技师、（病人的）近亲属等等；物品：药、绷带、蒸馏水等等；工具：注射器、血压计、温度计等等；文档：病人医疗记录等等；其他工具：（有床等等的）病房、（有设备的）手术室等等。以此类推。

(1.1) 请通过命名它们来列出你在日常工作中遇到的实体，无论是经常、有时或是很少。(1.2) 对于所列的每一实体，请描述其特性、性质和使用—— 不是它是否是一个好的实体或坏的实体。(1.3) 现在为你标识出来的每一实体确定你是否期望所需的计算系统来代表、反映（即维护和存储）该实体。

(2) 接着我们请你（参见下文的问题）告诉我们我们称之为你工作的函数的事物，即你施加在实体上的事物。

你工作的典型函数诸如（现在我们列举这样事物的一个很长的列表）用注射器给病人注射青霉素；创建、编辑或拷贝病人的医疗记录；把病人从病房的病床转移到移动病床上，等等。

(2.1) 通过命名它们，请列出在你日常工作中执行的函数，无论是经常、有时或很少。(2.2) 对于每一列出的函数，请描述其特性：哪些事物进入到执行函数，哪些事物作为已执行函数的结果。(2.3) 现在为你标识出来的每一函数确定你是否期望所需的计算机系统使用一种或另一种形式来支持该函数，并如何支持。

(3) 最后，我们请你（参见下文的问题）告诉我们我们称之为你工作的行为的事物，即涉及实体的函数所构成的过程序列以及触发你在不同方向上工作的事件等等。

你的工作的典型行为比如是 会诊的过程、分析、诊断、治疗（外科、药物治疗、康复等等），正如病人在入院期间所经历的那样。

(3.1) 通过命名它们，请列出在你日常工作中你观测或参与的行为，无论是经常、有时或很少。(3.2) 对于每一列出的行为，请描述其特性。(3.3) 现在为你标识出的每一行为确定你是否期望所需的计算系统使用一种或另一种形式支持行为，并且如何支持（这是投影的一个方面等等）。

(4) 现在我们给需求参与者展示参与者领域的一个或另一个模型。 可能每一需求参与者群体有一个展示。 然后我们提问：

(4.1) 你希望哪些实体由机器来"支持"（并且怎样支持）？ (4.2) 你希望哪些函数由机器来"支持"（并且怎样支持）？ (4.3) 你希望哪些事件由机器来"支持"（即观测或生成）（并且怎样支持）？ (4.4) 你希望哪些行为由机器来"支持"（并且怎样支持）？

显然，需求工程应解释"支持"的概念。

(5) 我们重复项 (4)，但是以更系统的方式，我们提问：

(5.1) 关于如下"调整的"企业过程再工程的问题：(5.1.1) 应当使用哪些新技术（并且如何使用），应当逐步淘汰哪些旧的？ (5.1.2) 应当使用哪些新的管理和组织结构（并且如何使用），应当逐步淘汰哪些旧的？ (5.1.3) 应当使用哪些新的规则和规定（并且如何使用），应当逐步淘汰哪些旧的？ (5.1.4) 我们鼓励应当使用哪些变化的人类行为，不鼓励哪些旧的？ (5.1.5) 需要实现什么脚本（并且如何实现）？

显然需求工程师应解释上述术语。

(5.2) 关于如下"调整的"领域需求问题：(5.2.1) 需求中应当包括领域模型的哪些部分，哪些应当略去？ (5.2.2) 在需求中应当保持什么样非确定性，什么样的确定性（并且如何保持）？ (5.2.3) 需求中应当保持哪些一般概念，实例化哪些概念（并且如何做）？ (5.2.4) 哪些新（领域）功能应当扩展需求（并且如何做）？ (5.2.5) 当前的这些应当与哪些其他现存的需求拟合（并且如何做）？

显然需求工程师应当解释上述术语。

(5.3) 关于如下"调整的"接口需求问题：(5.3.1) 应当进行多大数量的数据初始化和如何做？ (5.3.2) 应当进行哪些数据常规更新或刷新，多长时间的定期并且如何做？ (5.3.3) 应当提供哪些计算数据和控制输入并且如何做？ (5.3.4) 你希望人机对话如何进行？这里需求工程可能需要给出原型示例。 (5.3.5) 应当运用什么样的人机接口生理"设备"并且如何做？ (5.3.6) 哪些机机对话是必要的，并且它们应如何进行？

显然需求工程师应当解释上述术语。

(5.4) 关于如下"调整的"机器需求问题：(5.4.1) 必须实现什么性能指标：响应时间、存储消耗、设备工具？ (5.4.2) 必须保证什么样的可信性（可存取性、可用性、完整性层次、可靠性、服务安全性和安全性）（到什么程度）？ (5.4.3) 必须确保可维护性的哪些问题（适应性、修复性、完善性、预防性和扩展性）？ (5.4.4) 应当在哪些平台上开发软件，在哪些之上对其执行，在哪些之上对其维护，如果可应用的话，在哪些之上对其演示？ (5.4.5) 随同产品应编制什么文档？

显然需求工程师应当解释上述术语。∎

不同的应用，不同的情况（即合同），需求工程师可以扩展或缩短上述举例说明的调查问卷。

20.4.5 引出报告

需求工程师现在编纂引出报告。粗略地来讲，它由从被请求的参与者处收到的所有报告以及需求工程师对这些报告如下的"快速"评价构成：它们的可信赖性及其索引。我们期望引出报告既是电子可用的，也是纸质可用的。

20.5 讨论

20.5.1 概念和过程回顾

我们已经勾勒了需求获取过程中重要的概念和步骤：需求规定单元的概念及其索引；需求参与者群体和代表的标识和联络；需求获取调查问卷的概念和制定—— 基于我们了解的如何结构化需求模型及其必须包含的内容。我们同样在这一列表中包括了需求工程师学习领域的工程；需求参与者会谈和需求参与者完成调查问卷—— 和书写规定单元的过程；索引的过程；评价需求获取是否结束或继续的过程。

20.5.2 过程迭代

特别是对于"未踩踏过的"需求（即"新的"、不熟悉的计算应用），需求获取是门艺术。它依赖于其是面向研究的。如前所示，它当然会迭代地演变，并且有希望能够快速确定它们是否能够足够快速地汇聚起来—— 甚至可能会分散开来。

20.5.3 描述：获取和分析

这里我们已经决定同需求分析过程分开来展示需求获取过程。作为两个交互的过程：后者会产生令前者继续进行的要求。由此，正如"继续进行"这一术语所示，人们可能将它们作为协同例程。

对于我们来说，本质区别是：获取过程是参与者严重密集型的，并且以粗略描述单元为核心，而分析过程不是参与者密集型的，并以分析规定文档为核心，且在概念形成之中。

20.5.4 原则、技术和工具

我们总结如下：

原则： 需求获取的原则 是提供如下的材料：它有助于标识需求，并揭示在人的需求认知中的不一致性和冲突。 ∎

就像领域获取，这真是一项令人生畏的任务。就其本质来说，它是需要培训的任务，更多的是在科学上而非工程上。与其相衬，我们阐述下一点。

技术： 需求获取的技术除了本章早些提及的那些文书性的以外—— (i) 回顾和联络参与者；(ii) 阅读领域描述；(iii) 阅读（其他）需求规定；(iv) 与参与者的非正式、探索性的谈话；(v) 制定调查问卷，及基于调查问卷与参与者会谈；(vi) 记录这些会谈的结果；(vii) 收集和索引（即分类）需求描述单元—— 同样有(viii) 回顾这些索引的需求描述单元，即"检查"它们的内容。也即，(viii.1) 确保索引的需求描述单元集合是必要和充分的，(viii.2) 且该集合是精确的，并适当地反映了真实的参与者观点。 ∎

工具： 由于需求获取过程必然是非形式的，工具是：(a) 人的阅读和会谈，(b) 需求描述单元的文本处理和记录，(c) 其方式能够遍历存储和检索，(d) 并且它允许专门的程序（查询）（以后）得以表达和执行以便需求分析。 ∎

20.6 练习

20.6.1 序言

请参考第 1.7.1 节，关于列出的贯穿全文的 15 个领域（需求和软件设计）示例；并请参考第 1.7.2 节的介绍性评述，关于"选定主题"这一术语的使用。

20.6.2 练习

练习 20.1　　需求规定单元。对于由你选定的固定主题。建议约 12 个需求规定单元—— 就好像从 4 个不同的参与者群体中引出那样。

练习 20.2　　需求规定单元索引。基于你对练习 20.1 的回答，建议一些索引模式（的可能性）。

练习 20.3　　需求调查问卷。对于由你选定的固定主题。

1. 建议简短精确的叙述，它能够作为需求调查问卷的基础；
2. 然后制定这样的需求调查问卷。

需求分析和概念形成

- **学习本章的前提**：你已经学习了参与者、需求刻面和需求获取的章节。
- **目标**：介绍"概念形成"的概念，介绍"需求一致性"、"完备性"和"冲突"的概念。
- **效果**：进一步带你走上成为专业的软件工程师之路——在需求工程中多才多艺。
- **讨论方式**：非形式但系统的。

本章几乎逐行遵循了第 13 章："领域分析和概念形成"。

21.1 前言

特性描述：通过需求分析，我们理解需求获取（粗略）规定单元的阅读，(i) 其目的是从这些需求规定单元形成概念，(ii) 发现这些需求规定单元中的不一致性、冲突和不完备性，(iii) 以及评估能否客观地证明需求是成立的，并且如果成立，应当设计哪些种类的测试（等等）。 ∎

　　为提出一些概念形成示例做准备，我们首先展示一些需求规定单元：

例 21.1　一些物流系统需求规定单元　我们给出在确定货物物流应用的需求时收集到的一些（非索引的）需求规定单元：

　　"机器应记录交付给卡车车站、铁路货物站点、港口、空运货物中心的货物是如此交付的。"

　　"机器应记录通过卡车、货物列车、轮船、飞机运输的货物是可如此交付的、正在如此交付和随后的已如此交付。"

　　"沿高速公路移动的卡车，沿铁路线路的火车，沿航海线路的轮船，沿空中走廊的飞机应当记录做移动的等等。"

　　"在卡车车站、铁路货物站点、港口和空运货物中心处在卡车、火车、轮船和飞机之间以及在卡车车站与铁路货物站点、港口、空运货物中心重合处在卡车、火车、轮船和飞船之间转运的货物应当记录为将要如此转运，在如此转运的'过程之中'，以及随后的已转运完毕"。

　　并且："从卡车车站、铁路货物站点、港口和空运货物中心提取的货物应当记录为：可以提取，正在被提取，和已经被提取。" ∎

特性描述： 通过机器概念形成，我们理解把需求概念抽象——通过需求获取规定单元来示及——为机器概念。

尽管需求规定单元可以引用可立即实例化的（也即可指定的）值的类别，概念通常涉及这样的值的类型。

> **例 21.2**   物流系统分析和概念形成 我们分析和形成源自上述举例说明了的规定单元中的概念。
> 　　卡车车站、铁路货物站点、港口、空运货物中心应当表示为运输中心。
> 　　卡车、火车、轮船和飞机应当都表示为运输工具。
> 　　高速公路、铁路线路、海运航线、空中走廊应当表示为路线。

概念形成通常产生更简单的规定。

> **例 21.3**   部分物流系统叙述
> 　　交付给运输中心的货物应当由机器来如此登记。
> 　　运输工具运输的货物应当由机器来如此登记。
> 　　沿路线移动的卡车应当由机器来如此登记。
> 　　在运输中心从一个运输工具转移到另一个运输工具的货物应当由机器来如此登记。
> 　　并且：
> 　　在运输中心提取的货物应当由机器来如此登记。

现在我们更加细致地探讨需求分析的两个主要目标：概念形成以及一致性、冲突和完备性分析。

21.2 概念形成

请参考第 13.2 节。在该节我们探讨了领域概念形成的概念——比下文更加详细。

概念形成是针对有经验的人的，并且是门艺术——但是一些原则和技术是可以教授和习得的。抽象的原则和技术在这里——完全——适用，并构成了概念形成中所使用的主要原则和技术。由于我们在其他[1]地方已经探讨了抽象的原则和技术，在这里不再过多地探讨抽象，而只是说：在阅读需求规定中，我们应当挑出那些文本，其中概念能够被抽象（为[更抽象的]概念），或者两个或多个概念能够"合并"（即抽象）为一个概念。

需要仔细定义每一抽象的概念。概念形成（即标识）有必要重写需求规定文本单元为叙述，其中概念替换了其所抽象的内容，另外把定义了的概念插入到术语表中。

21.3 一致性、冲突和完备性

冲突是不一致的一种形式。"其余的"不一致可以在需求参与者之间予以解决——在需求工程师的帮助之下。完备性是一个相对问题。我们现在将讨论这三个概念。

---

[1] 我们在这一系列关于软件工程的教材的卷 1~2 中探讨了抽象原则、技术和工具，其中本卷是第 3 卷。

21.3.1 不一致性

特性描述：通过需求规定的不一致性，我们理解一些成对（或更多的）文本，其中一个文本规定一个性质（的集合），而（对的）另一文本（或更多的文本）规定相反的性质（集合）也即：性质 P 和性质 非 P。

例 21.4 需求规定不一致性 如下两个非索引的规定单元表达了一个不一致性：“在 5 am 和 2 pm 之间，机器将监测和控制每 12 分钟时间间隔的火车调度；” 和“在 11 am 和 7 pm 之间，机器将监测和控制每 15 分钟时间间隔的火车调度。”

上文示例中的 P 是：“在 11 am 和 2 pm 之间，机器将监测和控制每 12 分钟时间间隔的火车调度；” 上文示例中的 非 P 就是：“在 11 am 和 2 pm 之间，机器将监测和控制每 15 分钟时间间隔的火车调度。”

21.3.2 冲突

特性描述：通过需求规定的冲突，我们理解需求规定的不一致性，其中一些需求参与者强烈坚持与其他需求参与者所强烈坚持的另一组需求规定不一致的一组需求规定—— 使得这一冲突只能通过若干管理层之间的协商来解决，包括可能的企业过程再工程。

能够通过讨论来解决（即消除）需求参与者之间的不一致不是冲突。冲突通常是根深蒂固的—— 并且其解决是不在需求工程师权限之内的。

21.3.3 不完备性

特性描述：通过需求规定的不完备性，我们理解对如下内容完全未定的规定：实体的值、函数参数/结果值的关系或进程行为；或者它指示了如下的一些可选的可能性：实体属性、函数参数/结果对或行为选择却未指示（即描述）全部（明显的）这些内容。

例 21.5 需求规定不完备性 我们给出少量示例：

    “机器应当监测成人乘客付全额，儿童减半。当乘客没有相应的支付时机器应当发出警报”。不完备性可以是对于乘客和由此的成人和儿童乘客所指内容没有需求规定，或者—— 比如—— 没有涵盖军人、学生、退休人员的交通费。

    “自由钢轨单元应当可以用于调度。锁定的火车单元是已经调度但尚未被火车占用。占用的火车单元有一辆货车经过它。” 不完备性可以是对于—— 比如—— 火车刚刚经过但可能对于调度而言还不可用的钢轨单元没有规定。

可以完备不完备的需求规定，或者就是这样。最终的不完备需求规定可以是表达“修复”任何想象到的不完备性的领域需求的源泉。

21.3.4 宽松性和非确定性

特性描述：通过宽松需求规定，我们将其等同于不完备的需求规定。

特性描述：通过非确定性需求规定，我们理解特意未确定如下内容的需求规定：函数参数/结果值、可选行为中的选择、事件顺序等等。

例 21.6   非确定性需求规定   请参考例 13.7.   ■

21.4 从分析到合成

　　一旦完成了适度彻底的分析和概念形成，需求工程师就能够根据前面的章节所勾勒的原则和技术来创建需求规定（即需求模型）了。

21.5 讨论

21.5.1 概述

　　对于发现不一致性和不完备性有哪些工具支持呢？为了正面回答这一问题，我们需要思考一下我们的规定单元的形式：如果使用非形式语言，即无任何形式语义或证明系统的记法来阐述它们，则只能诉诸于人脑和非形式但精确的推理。如果使用形式语言，即有形式语义或证明系统的记法，则可以尝试模型检查和定理证明。在这几卷的当前版本中，我们将不再深入这一重要领域，而仅是说的确存在有工具和技术来协助发现需求不一致性和不完备性。

21.5.2 原则、技术和工具

　　我们总结如下：

原则：　**需求分析**　原则适用于需求描述，并确保规定是一致的，相对完备的，且基于相对小集合的指称和定义概念构成的令人满意的集合的"狭窄之桥"的原则。   ■

原则：　**概念形成**　这一原则同样适用于需求规定，且确保需求规定是基于有效的（即令人满意的）概念。   ■

技术：　*需求分析*　当应用到非形式需求规定时，包括非形式规定单元，分析技术也类似是非形式的。当应用到形式化的需求规定时，包括非形式规定单元，更可取的技术关注于"抽象解释"：从形式规定文本的静态数据和控制流分析到符号"执行"，之后是对结果的人工解释。   ■

技术：　*概念形成*　发现概念的技术自然是探索和实验、怀疑、推测和驳斥。这些探究性的技术同样需要其他的技术，通常是好奇心和科学思维。   ■

读者在"概念形成"的特性描述中了解到需要（人的）聪明才智。就是这样啊！

工具：　*需求分析*　当需求分析应用到包括非形式规定单元的非形式规定时，工具也类似地是非形式的：人的智力和好的文本处理工具。当领域分析应用到包括非形式的描述单元形式化的领域描述时，工具包括诸如能够执行文本上的抽象解释（即流分析）的工具。   ■

工具： 概念形成 人的智力。   ▪

21.6 文献评注

以下的研究人员为需求工程作出了巨大的贡献—— 出于他们的工作的面向工具的特性在本章提及他们：B. Nuseibeh, A. Finkelstein, A. Hunter, 和 J. Kramer：[171, 257]；John Mylopoulos, A. Borgida, L. Chung, S.J. Greenspan, 和 E. Yu：和 [122, 123, 248–250, 375]；Joseph A. Goguen, M. Girotka 和 C. Linde：[119, 120]；Axel van Lamsweerde, A. Dardenne, R. Darimont, M. Feather, S. Fikas, R. De Landtsheer, E. Letier, C. Ponsard,和 L. Willemet：[74–76, 98, 207, 210, 211, 356–362]。

21.7 练习

21.7.1 序言

请参考第 1.7.1 节，关于列出的贯穿全文的 15 个领域（需求和软件设计）示例；并请参考第 1.7.2 节的介绍性评述，关于"选定主题"这一术语的使用。

21.7.2 练习

练习 21.1　需求不一致性。 对于由你选定的固定主题。 阐述三到四个不一致的需求规定单元示例。

练习 21.2　需求冲突。 对于由你选定的固定主题。 阐述两个冲突需求规定单元的示例。

练习 21.3　需求概念。 对于由你选定的固定主题。 阐述四个或多个需求规定单元，通过简单的分析你能够从其提出至少两个概念。

需求的验证和确认

- **学习本章的前提**：你已经适度掌握了需求工程前面的阶段：从需求获取，通过分析和概念形成，到需求描述（也即需求建模）。
- **目标**：简单介绍需求验证（包括模型的检查和测试）和确认的概念，以及探讨一些连带的规定和技术。
- **效果**：完成你成为一个专业需求工程师的教育和培训。
- **讨论方式**：非形式化的。

本章会遵循第 14 章："领域验证和确认"，几乎是逐行遵循。

22.1 前言

在本章中，让我们先来看看在描述需求开发过程以及它的方法规定和技术的整个过程中我们所处的位置：

(i) 首先我们集中在需求建模的核心方面：需求模型的"什么"和"如何"，我们可以称之为"产品技术"：(i.1) 首先是一些预备步骤，第 17 章，(i.2) 包含了对需求开发过程的一个综述，第 17.5 节。(i.3) 然后我们重申了参与者的概念，第 18 章。(i.4) 接下来，第 19 章的主要部分讲述了构造需求规定的原则和技术。

这些篇幅解释了需求模型应该包含"什么"，"镜像"刻面——特别是——关于——所涉及参与者以及观点。

(ii) 然后我们更多的集中在"如何"上。相比"产品技术"，我们称此（"如何"）为"过程技术"。

(ii.1) 首先是需求获取的过程、原则和技术，第 20 章。该章"开始"了需求开发的工作。(ii.2) 然后是需求分析的过程、原则和技术以及概念形成，第 21 章。

然后是需求获取和需求分析以及概念形成跟在需求建模之后。我们在较早的章节讨论了需求建模。最后是领域验证和确认——正是本章的主题。

上面的章节内容回顾的目的是把"相反"顺序的章节理顺从而符合需求开发过程的真正顺序。

即使在我们给出验证和确认的概念之前，我们现在也可以总结的需求开发过程是：在完成适当的信息文档之后——需要和想法，概念，范围和区间，假设和依赖，隐含及派生目标，纲要，以及合同—— 人们接着标识需求参与者，并和需求参与者群体成员建立联络。然后是需求获取：会谈，研究，制作调查表，以及需求参与者对这些的回复，最后是需求规定单元编录和一个引出报告。在需求获取之后，紧接着是需求分析和概念形成。然后是真正的需求建模。最后是需求确认和验证。

22.2 需求验证

在本章中（像在第 14 章中一样），我们也使用术语"验证"来涵盖模型检查和测试的概念。

特性描述：通过需求验证，我们应该理解一个过程，以及产生的（分析）文档。一些需求规定会在这个文档中分析，从而确认所描述内容是否满足特定（声明的或者期望的）性质。 ■

那么什么是需求确认和需求验证的真正区别呢？

在需求验证时，我们检查需求模型来确保我们的建模是基于需求参与者对领域的理解："验证得到正确的需求模型"。 在验证中，我们检查我们的需求模型是否"一致"，比如需求工程师对其的期望："验证令需求模型正确"。

（上文经常引用到的区别似乎第一次由 Barry Boehm 在 [40] 中阐述。）

验证和确认是紧接着的：同时需要验证和确认。通常验证先与确认。

典型的验证工作是这样的：非形式或形式地阐述对需求模型期望的性质、并非从需求规定立即得到的性质，然后是通过"语言"论证的"证明"，或者一些形式的符号测试，或形式证明，或模型检验被执行，从而检查需求模型对于期望的性质是否成立。

对我们来说，验证包括（重新调整一下这些术语）：非形式推理，也即通过"语言"论证和测试的"证明"；以及形式推理，也即形式证明和模型检查。

通过非形式推理，我们指通过"语言"论证的"证明"。

22.2.1 非形式推理

特性描述：非形式推理 通过非形式推理，我们理解为 经过仔细推敲的一系列论证，它们总体上可以令听众相信对所得结论有效性的论证。 ■

人类经常推理，但是很少仔细地去做。非形式推理需要非常仔细。

22.2.2 测试

特性描述：测试 通过需求测试， 我们理解需求规定可以允许为所有的相关参数（测试数据）设定值，从而对该规定进行求值（"执行"）。该测试最后会根据那些参数，得到需求规定的一个最终值。 ■

这个最终值可以是一个复杂的量。典型的最终值可以是：一个执行序列或者一连串规定点，在序列的每一步有一组变量值对应。

另一种解释是：测试是对正确性的声明（证明）进行系统搜索反例的过程。

至今为止测试还基本上是基于启发式的科学。执行测试中，一个重要的部分是（形式）文本分析。如果需求规定部分已经被形式化了，那么基于理论的测试技术就可以被开发出来并应用于测试。第 29.5.3 节 (第 29 章) 更详细地探讨了测试。

22.2.3 形式证明

特性描述：通过形式证明，我们理解给定的需求规定、要证明的陈述（定理）、需要规定满足陈述的证明：这一证明引用了需求规定得以表达所使用语言的证明系统（公理和推理规则），并且是由步骤组成序列，其中序列中的每一步骤就像是一个定理（引理）、陈述，并且在其中证明序列中的步骤对通过公理、推理规则得以关联。

由于我们在这一阶段没有举例说明或严重依赖于形式规约语言，我们没有举例说明任何形式证明。在别处给出这样的形式证明示例。

22.2.4 模型检查

特性描述：模型检查　　通过模型检查，我们理解"形式验证通常是并发系统的一种方法。这些系统通常拥有极大的，从实践来讲无限的状态系统已经简化为可管理的有限的状态系统。"

（上面的引用部分来自卡耐基梅隆大学模型检查小组的首页。[1]）

关于这些有限状态系统的需求规定通常表达为时态逻辑公式。高效的符号算法被用来遍历该系统定义的模型并检查需求规定是否满足"减少了的"系统可能状态的集合。极大的状态空间通常在几分钟内可以得到遍历。

22.3 需求确认

特性描述：通过需求确认，我们理解一个过程及产生的（分析）文档。其中需求规定文档会得到需求参与者和需求工程师检查，并且要参考引出报告并考虑需求参与者对于其期望所可能意识到的内容对所规定的全部内容进行正面或者负面的回顾（也即正面或者负面评价），包括指出可能改变引出报告的规定的不一致性、不完备性、冲突以及错误。

需求确认可能和需求验证工作交织在一起。参考下文。

22.3.1 需求确认文档

为了进行需求确认，确认者需要下列（输入）文档：(i) 需求参与者列表；(ii) 需求获取文档：问卷调查，以及被索引的规定单元集合；(iii) 粗略描述，术语，叙述，以及可能的、构成需求规定的形式文档；以及(iv) 需求分析和概念形成文档。也即基本上（到目前为止）在需求建模过程中的所有文档。

---

[1] http://www-2.cs.cmu.edu/~modelcheck/。

为了完成需求确认，确认者产生下列（输出）文档：(i) 一个可能更新过的需求参与者文档；(ii) 可能更新过的需求获取文档；(iii) 可能更新过的粗略大纲，术语，叙述，以及–如果相关的–形式化文档；(iv) 可能更新过的需求分析和概念形成文档；以及 (v) 一个需求确认报告。

我们现在来讨论必须是非形式确认过程的一些方面。

22.3.2 需求确认过程

需求确认是这样进行的：需求工程师和需求参与者"坐在一起"，逐行审阅领域模型，并跟先前引用的需求规定单元做比较，然后记下之间的差异。

在进行需求确认过程中，需求参与者通常阅读非形式但依然是正确并详细的叙述性规定。没有假定他们有阅读形式化表示的能力。相反，要假定他们不能阅读形式规约。

对于一些相当大型的项目，客户可以雇佣专业咨询顾问来学习形式化表示—— 就像将来的船舶拥有者雇佣劳埃德船级社(www.lr.org/ [220])[2] 来检查船舶的设计，为保险公司承担保险风险做准备。[3]

需求确认（或者验证）以一个需求确认（或者验证）报告来结束，它或者接受需求模型，或者指出引出报告、需求分析和概念形成报告以及需求模型中需要改正的地方。

22.3.3 需求开发迭代

可以想象，需求确认（或者验证）是一个需要重复的过程，可能伴随进一步的需求验证，可能伴随进一步的需求启发报告工作，可能伴随进一步的需求分析和概念形成工作，也可能伴随进一步的需求建模工作，并以进一步的需求确认（或者验证）工作结束。

22.4 讨论

22.4.1 简介

本章是第 14 章："领域验证和确认"几乎逐行的复制。

我们已经在同一章处理了需求确认和验证的各个方面。之所以这样是因为两者在很多方面都是相关的。

我们使用术语"验证"主要用来代表形式证明，但是有时也表示"模型检查"和"测试"。

22.4.2 原则、技术和工具

我们总结一下：

原则： 需求确认　确保被规定的需求是正确的。　　　　　　　　　　　　　　　　　■

原则： 需求验证　揭示一个领域理论，即令需求规定正确。　　　　　　　　　　　■

---

[2] 或者类似的其他公司，比如法国船舶协会（www.bureauveritas.com/ [48]）、挪威船级社(DNV: Den Norske Veritas, www.dnv.no/ [256]）、德国 TÜV (www.tuev-sued.de/ [352])。

[3] 这些设计质量保证公司的员工通常是非常有经验的软件工程师，非常精通形式软件开发和验证方法。

技术： 需求确认 总之：人类合作的文档检查。参见第 14.3.2 节。 ∎

技术： 需求验证 基于形式描述的验证技术，包括支持（对提出的引理和定理的）形式验证、模型检查、测试的那些，而基于非形式描述的需要验证技术基本上相当于非形式的简明论证。 ∎

工具： 需求确认 因为需求确认基本上是一个非形式过程，所以工具都是支持（在需求描述单元、叙述性的需求描述和需求术语之间）文档相互引用，和基于这些文档的数据挖掘的工具。 ∎

工具： 需求验证 基于形式需求规定的需求验证需要的工具是那些诸如证明辅助工具和定理证明工具，模型检查器，和测试生成器以及测试者监控器；然而基于非形式化规定的需求验证基本上只要求人的推理。 ∎

22.5 文献评注

关于模型检查的原创性著作是 [56, 167]。

22.6 练习

22.6.1 序言

本章的前 4 个练习（22.1–22.4）是闭卷练习。这表明你在适当的章节查找我们对问题的解答之前，你尝试着写下若干行，如 3–4–5 行的解答。练习 22.5 和 22.6 测试问题解决者分别带领两个或者更多需求确认者或需求验证者构成的一个团队的能力。

22.6.2 练习

练习 22.1 需求确认文档。 为了开始适当的需求确认，所需的需求开发文档是什么？所需的结果文档是什么？

练习 22.2 需求确认过程。 用几行文字简要概括需求确认过程。

练习 22.3 需求验证、模型检查和测试。 用几行文字简要解释形式化验证、模型检查和测试的概念。

练习 22.4 需求确认和领域验证。 解释需求确认和需求验证之间的两点区别。

练习 22.5 特定领域-特定需求的确认。 对于由你选定的固定主题。 并根据你对练习 19.4 到 19.6 的解答，建议三个或者更多在需求确认中可能需要特别注意的问题。

练习 22.6 特定领域-特定需求的验证。 对于由你选定的固定主题。 并根据你对练习 19.4 到 19.6 的解答，建议三个或者更多的在需求验证中可能需要特别注意的问题。

需求的可满足性和可行性

- **学习本章的前提**：你已经学习了前面的三章。
- **目标**：介绍可满足性、可行性和顺从性的概念；关联可满足性与需求文档的性质，可行性与所需机器的可实现性，以及关联顺从性和隐含，也即元目标。
- **效果**：圆满结束你的专业需求工程师的教育。
- **讨论方式**：非形式化的和系统的。

23.1 前言

可能会问到关于需求文档的四类问题。

- 它是良构的吗？我们用其指：它是可以客观展示的吗？也即，能够设计适度复杂的测试，对于其能够客观地证明陈述的需求是成立的吗？
- 它是符合要求的吗？我们的意思是：它是正确的、无二义性的、完备的、一致的、稳定的、可验证的、可修改的、可追溯的 并且忠实的吗？我们会在第 23.2 节研究这些问题。
- 所规定的可行吗？我们用其指：从技术上它是可行的（可以被构建）吗？从经济角度，它是可行的（是否在合理的费用范围内）吗？我们将在第 23.3 和 23.4 节研究这些问题。
- 需求阐述了隐含/派生目标了吗？我们将在第 23.5 节来研究这最后一个问题。

请注意上面的四个问题是元问题。它们不是可以直接用于需求验证和确认，但是它们却暗示了——尽管隐含地——可以用来进行需求验证和确认的那些问题。

23.2 满足性研究

特性描述：需求的可满足性　可满足的需求文档必须符合下列标准：正确性(检验过的)、 无二义性、 完备性、 一致性、 稳定性、 可验证性、 可更改性、 可追溯性 和 忠实性 即满足假设和依赖。　　　　　　　　　　　　　　　　　　　　　　　　　　　　■

上面的列表中，除了"忠实性"，均出自 Hans van Vliet 的 新书 [365]（第 225~226 页）。下面我们来分别讨论每一个标准。

23.2.1 正确的(检验过的) 需求文档

我们说需求文档是正确的意思是，该文档被所有的需求参与者校验过，而且客户已经介绍了最终版本的文档。

23.2.2 无二义性的需求文档

我们说需求文档是无二义性的，意思是，在最终的需求文档中没有不一致、不清楚或者二义的地方。也就是说，需求文档是精确的。

23.2.3 完备的需求文档

我们说需求文档是完备的，意思是，没有任何遗漏，也就是说所有需要被规定的都有规定。完备是相对的。是什么需要被描述，而不是什么可以被描述。

23.2.4 一致的需求文档

我们所说的文档是一致的，意思等同于说无二义性的。

23.2.5 稳定的需求文档

"稳定性"的另外一个术语是"重要性"。个体（条目化的）需求可以简单的分级为：(i) 重要需求（必须实现），(ii) 值得做的需求（实现了会很好）和(iii) 可选需求（如果不是耗费太大可以实现）。在需求工程阶段，稳定的需求分级为我们描述了一个稳定的需求文档。

23.2.6 可验证的需求文档

这个标准跟实现有关。一个实现满足了一个需求的意思是，可以证明或者测试（也就是检查）给定需求已经被实现并且达到了期望。一些需求是不能被测试的，至少不能客观地测试。今天（指写此书时的 2005 年）还有很多机器需求和一些接口需求是很难量化的，更别说测试了。

23.2.7 可修改的需求文档

众所周知，需求总是在变化中。无论何时当变化真的发生时，当前的需求文档需要被修改。为了达到这点，需求规定文档应该遵循已经存在的领域描述文档，这是极其重要的。这使我们更容易找到需求规定文档中需要修改的位置，这样，也达到了最后一个标准（可追溯性，看下面），从而可以追溯修改的影响。

我们认为：如果领域描述可以仔细地制定，你会发现领域和接口需求并不是"随时都在变化"。领域一直是那样，本身很少变化。它的内在基本上是稳定的。只要领域和接口需求规定是"来自"领域规定，你会发现许多潜在的不清楚的情况—— 过去它们导致了"变化的需求"——不会发生。

23.2.8 可追溯的需求文档

我们说需求文档是可被追溯的，意思是每一个需求（陈述）r_s 都被标注上出处（出自谁、时间、地点），以及这个需求被写入文档的原因（根据）。更进一步说，可追溯性意味着你可以根据给定需求的含义找到所有其所关联的其他需求（陈述）$r_{s_1}, r_{s_2}, \ldots, r_{s_n}$，也即 r_s 依赖 $r_{s_1}, r_{s_2}, \ldots, r_{s_n}$。或者它们的含义取决于给定的需求，也即 $r_{s_1}, r_{s_2}, \ldots, r_{s_n}$ 依赖于 r_s。合适的记录方案必须有合适的需求文档编制工具来提供。

23.2.9 忠实的需求文档

在信息文档中阐述的假设和依赖（第 2.4.5 节）需要在需求中体现。换一种说法：如果需求开发从一开始就建立在一些关于领域的环境的假设上，该假设在领域范围外，因此在某种意义上也在需求之外，那么那些假设一定已经通过它们各自的方式在限制着功能、事件和行为的实体或者前提条件。依赖性也是一样。这些假设和依赖必须被仔细检查。

23.2.10 可满足性的讨论

因此可满足性并不仅仅是句法标准。回顾一下，可满足性与如下相关：正确的（确认过的）、无二义的、完备的、一致的、稳定的、可验证的、可更改的、可追溯的并且忠实的文档。很显然，可满足性是一个软件工程问题。需求开发的方法必须是先验地可以保证可满足性。但是一些"外部"的可满足性审计也一定要执行。这更多的是管理上的问题。

23.3 技术可行性研究

如果有了符合要求的需求文档，现在的问题是：在技术上是可行的吗？可以分成三个方面：企业过程再工程是可行的吗？硬件解决方案是可行的吗？以及：软件解决方案是可行的吗？

特性描述：需求可行性，技术的 如果实现企业过程再工程、实现硬件方案和软件方案都是可能的，则我们说这个需求是技术上可行的。

23.3.1 企业过程再工程的可行性

企业过程再工程在给定的（客户、用户）环境下可行吗？如果不可行，我们应该怎样修改需求呢？

要研究一个企业过程再工程需求是否可能，需求工程师和客户的需求参与者联络者需要和所有涉及员工讨论这个企业过程再工程需求，从而确保他们适应的意愿和能力。

23.3.2 硬件的可行性

（找到的，买来的，以及可操作的）硬件能够到达接口和机器需求的要求吗？如果不能，我们该如何修改需求？

23.3.3 软件的可行性

（找到的，买来的，以及可操作的）软件达到了领域、接口和机器需求吗？ 如果没有，我们应该怎样修改需求呢？

23.3.4 技术可行性讨论

要以令人信服的方式回答三类技术可行性问题就意味着对需求文档进行认真地软件工程和系统工程研究，对潜在的硬件和软件设计进行软件工程和系统工程研究并对潜在的企业过程再工程选项的研究。后者一般需要"管理工程"的能力。因此我们不应该为这三个领域提供任何指导原则。客观的技术可行性研究，虽然也是软件工程的一部分，但是现在依然在科学上是基本无人问津的。

23.4 经济可行性研究

如果有了一个具有满足性的需求文档，而且该文档又达到了技术可行性的标准，那么现在的问题是：这是经济上可行的吗？ 我们关注三个方面：开发费用可以被资助吗？ 开发费用能在一个合理的时期内分期付给吗？ 使用所需的计算系统的优势能不能抵过开发和运营费用？

特性描述：需求可行性，经济 一个需求在经济上是可行的，如果可以信任的开发费用预算是可以估计并且被资助的，如果这些费用能定期支付并且如果这些花费的代价小于没有所需软件带来的不便（也即，是值得的）。   ■

23.4.1 可行的开发费用

进一步的开发费用估计是可信的并且是可以被资助的吗？ 如果不是，我们该如何修改需求？

23.4.2 可行的折旧费用

分期付款的费用和该计算系统的可用期是不是相称的？ 如果不是，我们该如何修改需求？

23.4.3 收益大于投入？

我们的收获比不得不做出的付出多吗？这些收获值得吗？ 如果不是，那我们如何修改需求呢？

23.4.4 关于经济可行性的讨论

要以令人信服的方式回答三类经济可行性问题就意味着对需求文档进行认真地软件工程和经济性研究，对潜在的硬件和软件设计进行软件工程和系统工程研究并对潜在的企业过程再工程的研究。后者典型地需要"经济工程"能力。因此我们不应该为这三个领域提供任何知道原则。客观的经济可行性研究，虽然也是软件工程的一部分，但是现在依然在科学上是基本无人问津的。

23.5 顺从于隐含/派生目标

23.5.1 隐含/派生目标的审阅

我们参考第 2.4.6 节关于什么是隐含/派生目标的解释。简要地说,隐含/派生目标的意思是:一个没有在需求中明确表达的目标,但是却是根据需求开发出来的计算系统被期望达到的,比如:更大的公司利润、更大的市场份额、更少的工作事故以及改善的客户满意度。

23.5.2 隐含/派生目标的讨论

很显然,隐含/派生目标不能以计算系统应该提供什么这样的方式来量化。因此我们决定把这些目标的声明放在信息文档部分,但是应该提供一个从需求文档到信息文档的适当(隐含/派生目标所在)章节的"向后引用"。实际上被描述的需求和这些元目标没有直接的推理关系。因此一个需求是不是真的可以被认为是最可信任的方式来达到元目标,是由需求开发合同的各方所组成的审阅组来审阅和最后决定的。

23.6 讨论

23.6.1 概述

以一种可信的方式来回答三种经济可行性问题意味着严肃地进行软件设计费用评估,以及使用寿命和折中问题在经济和管理上的研究。我们避免提供软件开发费用评估的指导原则。

23.6.2 原则、技术和工具

我们总结一下:

原则: 需求可满足性的原则基本上是交付一个有序的,或者"整齐的"一组需求文档:正确的(检验过的),无二义的,完备的,一致的,稳定的,可验证的,可修改的,可追溯的并且忠实的文档。

原则: 需求的技术可行性的原则基本上是是检查需求能否被实现。同样地,这个原则也暗示着软件工程和企业过程再工程(BPR)的"最佳实践"应该得到应用。因此,除了("最佳的软件工程实践")合适的领域工程,合适的需求工程,以及有灵感而且创造性的软件设计,软件工程和企业过程再工程(BPR)也是相当重要的。一些 BPR 可以由软件工程师完成,"其余的"由管理工程来完成。

原则: 需求的经济可行性的原则是检查:一个按照需求实现的计算系统是不是满足经济性的期望?同样地,这个原则也暗示了"经济管理和工程"的最佳实践应该被应用。这基本上还是一个无人涉及的领域。它不是(至今还不是)软件工程的一部分。因此,我们没什么建议给出。

技术: 需求可满足性 可用于检查正确性(检验过的)、二义性、完备性、一致性、稳定性、可验证性、可修改性、可追溯性以及忠实性的任何技术。基本上,上面的一些是分别被不同的过程来处理：确认、验证、测试、模型检查等等。其他的可以在实际的工作中来"检查"——因此检查可满足性实际上是要靠经验。

技术： 需求的技术可行性 可以从关于需求的技术可满足性的论述中得出，所用的技术是那些为了回答下面两个问题所需要的技术：适当的领域和需求工程能否引出一个需求，它可以 (i) 通过计算系统（硬件和软件）来实现？ (ii) 如果需要，通过企业过程再工程来实现？ 第一个问题需要由软件工程师（SE）团队的主管来回答，这需要他们在软件设计方面的能力，以及主管对团队工作能力的信心。（SE）技术是元技术。第二个问题，BPR，必须由 BPR 工程师来回答。需要再次指出的是，BPR 技术也是元技术。

技术： 需求的经济可行性 可以从关于需求的经济可满足性的论述中得出，为了回答经济可行性的问题而用到的技术是我们所需要的。这些技术基本上在软件工程的体系之外，至少在本书的三卷所涵盖的范围之外。因此当这些内容存在或者出现在检查经济可行性的问题时，我们给出一些参考的技术文献。

23.7 练习

23.7.1 序言

请参考第 1.7.1 节，关于列出的贯穿全文的 15 个领域（需求和软件设计）示例；并请参考第 1.7.2 节的介绍性评述，关于"选定主题"这一术语的使用。

23.7.2 练习

练习 23.1～23.4 问题解决者领导两个或者多个需求可满足性、可行性以及间接目标顺从性检查者的一个小组的能力。这些练习之前，需要你已经对练习 19.4～19.6 给出了适当的解决方案。

练习 23.1 需求可满足性。 对于由你选定的固定主题。 在最多三分之一页纸上，列出特定的需要特别注意的需求可满足性问题。也就是说，有没有可能导致可满足性问题的关于正确性、二义性、完备性、一致性、稳定性、（尤其是可能的）可验证性、可更改性、可跟踪性、忠实性的问题？

练习 23.2 需求的技术可行性。 对于由你选定的固定主题。 在最多半页纸上列出你所表达的需求可能需要特别注意的、关于技术可行性的问题。也就是说，有没有需求（也许不是在你的解答中）是在技术上不可行的？试着列出两三个这样的例子（你可能不得不靠"想象"）。

练习 23.3 需求经济可行性。 对于由你选定的固定主题。 在最多半页纸上列出你所表达的需求可能需要特别注意的经济可行性问题。也就是说，有没有需求（可能没有包含在你的解答中）是在经济上不可行的？试着列出两三个这样的例子（你可能不得不靠"想象"）。

练习 23.4 隐含/派生的需求。 对于由你选定的固定主题。 在最多半页纸上列出表达隐含/派生问题时候你需要特别注意的问题。也就是说，有没有你的需求满足不了的隐含/派生目标？试着列出两三个这样的例子（你可能不得不靠"想象"）。

需求工程过程模型

- **学习本章的前提：** 你已经结束了前面章节关于需求工程部分的学习。
- **目标：** 总结前面七章的重点。
- **效果：** 确保你对需求工程阶段的不同时期和步骤有个很清晰的总体认识。
- **讨论方式：** 总结和系统的。

24.1 前言

我们几乎已经完成了一些非常重要的软件开发的原则和技术的、关键集合的探讨。需求开发在领域开发和软件设计之间，这三者一起构成了软件工程的三部分。

24.2 需求开发的回顾

下面列出了需求开发的主要阶段和步骤：

- 参与者联络 （第 18 章）
  必须标识所有的相关参与者，并建立正式联系，保持定期的联络。
- 需求获取 （第 20 章）
  研究类似应用程序的以前的需求实例、会见参与者、调查问卷的准备以及规定单元的索引。
- 需求分析和概念形成 （第 21 章）
- 需求建模 （第 19 章）
  - ★ 企业过程再工程：领域刻面回顾
  - ★ 领域需求：投影、实例化、确定、扩展、拟合
  - ★ 接口需求：共享现象的标识、共享数据的初始化、共享数据的刷新、人机对话、生理接口、机机对话
  - ★ 机器需求：性能、可信性、可维护性、可扩展性、文档编制
- 需求确认和验证 （第 22 章）
- 可满足性和可行性 （第 23 章）

24.3 回顾需求文档

在第 17.6 节中，我们提到一组完整的需求文档理论上包括哪些东西。需求工程的目的是创建关于和组成需求的信息、描述和分析性文档。所以，记住完整的需求文档可能的内容列表是很重要的。我们现在已经讨论了所有的规定、技术和需要的工具，但是还不足以实际上构造大型计算系统的需求文档。

24.4 重复的内容列表

我们在第 17.6.2 节重复这个需求文档列表。

1. 信息
   (a) 姓名、地址和日期
   (b) 合作者
   (c) 目前情况
   (d) 需求和想法（发现，I）
   (e) 概念和工具（发现，II）
   (f) 范围和区间
   (g) 假设和依赖
   (h) 隐含/派生目标
   (i) 纲要（发现，III）
   (j) 标准顺从性
   (k) 带有设计任务书的合同
   (l) 团队
      i. 管理人员
      ii. 开发人员
      iii. 客户工作人员
      iv. 咨询人员
2. 规定
   (a) 参与者
   (b) 获取过程
      i. 研究
      ii. 会谈
      iii. 问卷调查
      iv. 索引的描述单元
   (c) 粗略描述（发现，IV）
   (d) 术语表
   (e) 刻面
      i. BPR
         • 内在的神圣性
         • 支持技术
         • 管理和组织
         • 规则和规定

- • 人类行为
- • 脚本
  ii. 领域需求
- • 投影
- • 确定
- • 实例化
- • 扩展
- • 拟合
  iii. 接口需求
- • 共享现象和概念标识
- • 共享数据初始化
- • 共享数据刷新
- • 人机对话
- • 生理接口
- • 机机对话
  iv. 机器需求
- • 性能
  ★ 存储
  ★ 时间
  ★ 软件大小
- • 可信性
  ★ 可存取性
  ★ 可用性
  ★ 可靠性
  ★ 鲁棒性
  ★ 服务安全性
  ★ 安全性
- • 维护
  ★ 适应性
  ★ 纠错性
  ★ 改善性
  ★ 预防性

- 平台（P）
  - ★ 开发 P
  - ★ 演示 P
  - ★ 执行 P
  - ★ 维护 P
- 文档编制需求
- 其他需求
  - v. 完全需求刻面文档编制
3. 分析
  - (a) 需求分析和概念形成
    - i. 不一致性
    - ii. 冲突
    - iii. 不完备性
    - iv. 决定
  - (b) 需求确认
    - i. 参与者遍历
    - ii. 决定
  - (c) 需求验证
    - i. 定理证明
    - ii. 模型检查
    - iii. 测试用例和测试
  - (d) 需求理论
  - (e) 可满足性和可行性
    - i. 满足性：正确性、无二义性、完备性、一致性、稳定性、可验证性、可更改性、可追溯性
    - ii. 可行性：技术的、经济的、BPR

24.5 讨论

一些人喜欢面前有一个图，比如流程图，工作流模型。图 24.1 展示了需求开发过程的模型。图 24.2 详细地展示了图 24.1 中需求建模的每个模块。

图 24.1 的重要属性是强调为了有一个可接受的需求模型而通常需要的迭代。

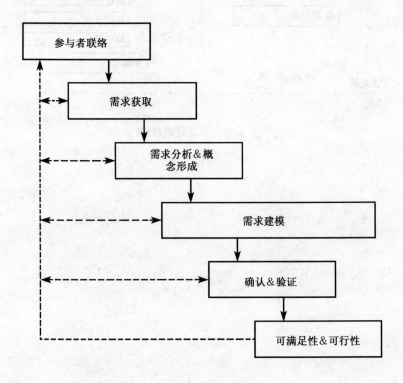

图 24.1　需求过程模型图

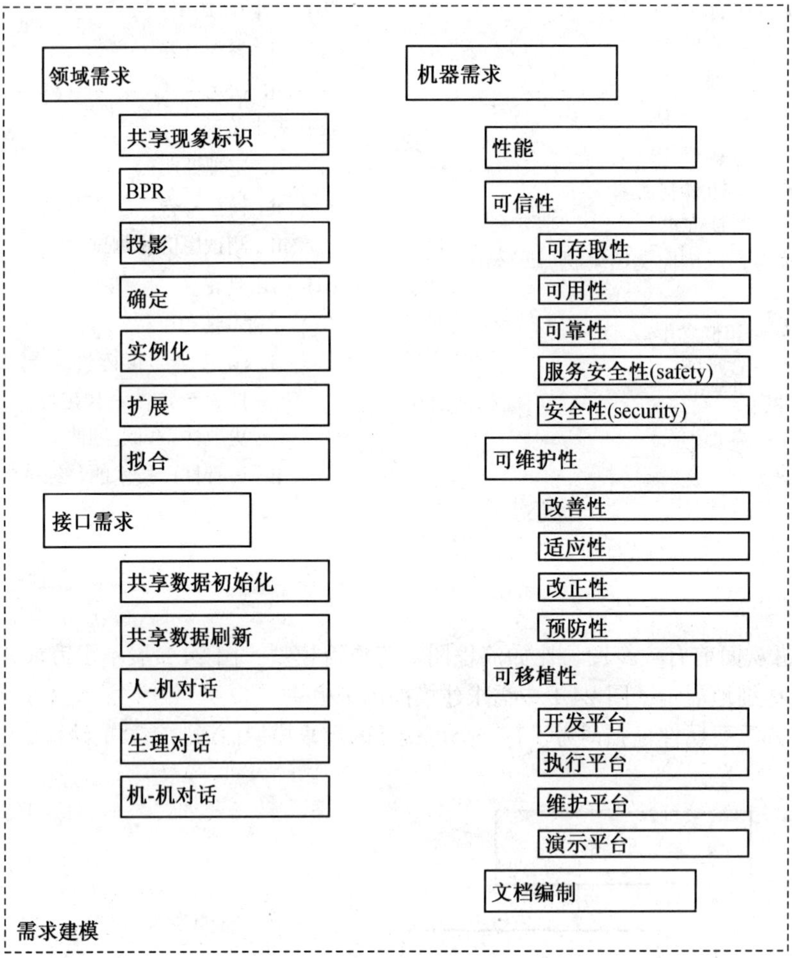
领域需求
共享现象标识
BPR
投影
确定
实例化
扩展
拟合
接口需求
共享数据初始化
共享数据刷新
人-机对话
生理对话
机-机对话
机器需求
性能
可信性
可存取性
可用性
可靠性
服务安全性(safety)
安全性(security)
可维护性
改善性
适应性
改正性
预防性
可移植性
开发平台
执行平台
维护平台
演示平台
文档编制
需求建模

图 24.2　需求建模阶段

VI

计算系统设计

在这一部分的第 25~30 章，至少对于本卷来说我们总算能够探讨软件设计了。我们通过在第 26 章中把软件设计"提升"到计算系统或者如我们对其所重述的硬件/软件协同设计来实现。对于第 VI 部分的其余内容来说，我们则更狭义地关注于软件设计。

在第 26 章，我们逐步展开时刻表示例系统的构件结构和构件接口——在前面关于领域和需求的章节中该示例已经以一种或其他形式出现了。

在第 27 章，我们逐步展开使用主后备存储器和磁盘存储器实现的"老式的"文件系统的构件结构和构件接口。这一很长但说明性的示例同样展示了在软件设计过程中人们能够扩展该软件所提供工具的方式。也即，在需求工程中，我们的确有"扩展"的概念：给领域需求添加功能。在第 27 章，我们给软件设计添加功能，也即，"发现"在需求开发中不是或可能不是那么显然的软件功能必要性或可能性。

第 28 章涵盖了（软件工程术语）"行业"中所谓的特定领域的体系结构。这一章很大程度上是受到了 Michael Jackson 的问题框架概念的 [185, 187] 启发。这一章概述这些问题。也即它没有深入到细节中——因为在这一系列丛书的前面几卷中已经大量地涵盖了许多内容。作为一个"开胃小吃"，这样说就足够了：第 28 章探讨了诸如翻译器（解释器和编译器）框架、储存库（即信息和数据库）系统框架、客户端/服务器（包括工作流系统）框架、工件框架、连接框架。对有一些进行了粗略描述，而有一些比粗略描述更细致一些。请读者参考关于各自领域的专家教材。

第 29 章探讨了经典的编码事务的选择：如何从 RSL 到使用如 SML、C++、Java 和 C# 程序设计语言的可执行代码，以及其它"普通"问题。

第 30 章最后探讨了计算系统设计的过程模型。也即，我们总结了这一部分。

硬件/软件协同设计

- **学习本章的前提：** 你已经基本掌握了第 IV 和 V 部分的关于领域和需求工程的内容，并且对这些内容的主要形式规范语言 RSL 掌握得很好。
- **目标：** 对计算系统设计的基本问题进行一个综述。
- **效果：** 为读者理解将在第 VI 部分讨论的软件设计问题做准备。
- **讨论方式：** 系统的。

25.1 前言—— 关于体系结构

我们从第 1 章中概括了几个重要的特性。

特性描述： 通过计算系统体系结构，我们指在需求之后的第一种硬件/软件的规约—— 它指示硬件/软件是**如何使用硬件设备和软件构件及其互联来处理给定的需求**，尽管此时没有细化（即设计）这一设备和这些构件。 ∎

特性描述： 通过硬件体系结构，我们指在需求之后的第一种硬件规约—— 它指示硬件如何自设备来配置，从而可以使用设备构件及其互联来处理给定需求，尽管此时没有细化（即设计）这些构件。 ∎

特性描述： 通过软件体系结构，我们指需求之后的第一种软件规约—— 它揭示了软件如何使用构件及其互联来处理给定需求，尽管此时没有细化（即设计）这些构件。 ∎

特性描述： 通过软件体系结构设计，我们指从已有需求和可能的构件设计到软件的体系结构的开发过程，—— 产生了所有适当的体系结构文档编制！ ∎

25.2 硬件构件和模块

在本书中，我们假定计算系统设计的硬件设计部分是仅仅通过对现有设备的选择：中央处理器，处理器的速度、存储大小；外围设备，显示器，终端，打印机等等；数据通信设备；等等。我们可以参考第 25.4 节中关于硬件/软件协同设计的更多方面的讨论。

25.3 软件构件和模块

我们参考第 1.2.4 节中关于什么是构件和模块的观点。

特性描述： 通过软件构件结构，我们指在确定了软件体系结构之后的第二种软件规范—— 它指示软件**如何**实现单独的构件和模块。
                                                                                                                              ∎

特性描述： 通过软件构件设计，我们指开发过程，它是从已有的需求以及设想中的软件体系结构设计到详细的构件模块化——生成所有的适当的构件和模块文档编制。
                                                                                                                              ∎

因此构件设计会在数据结构，特定算法和构件结构方面做出决定。并且可以从中体现出一个模块或者构件的过程是如何调用相同或者其他模块和构件的过程的。

25.4 硬件/软件协同设计

我们参考 [341]。该书囊括了本章前文非常简要地提及的硬件/软件协同设计的很多不同方面。

通常当我们提到硬件/软件协同设计这个话题的时候，（通常）并不是本章在前面表达的含义。前文通过硬件/软件协同设计我们指检查需求规定，然后主要根据计算机需求决定这些规定给了我们什么级别的自由和/或者限制。这些自由和/或者约束会按照我们选择的计算机的硬件部分的不同分别体现出来。我们通常要考虑：速度、存储能力、数据通信带宽等等。

特性描述： 在这一非常粗略的章节中，通过硬件/软件协同设计，我们几乎就是指具有与上文"相对物"形式的某事物：什么样的特定功能，或者数据截获，或者事件机制应该在硬件中实现，比如通过特定应用的集成电路（ASIC [168, 253]）、域可编程门阵列(FPGA [47, 234])。或者整个的应用都是做在硬件中—— 芯片上的系统（SoC [191, 298]）。
                                                                                                                              ∎

除了这一简短的提及之外，我们将不再进一步讨论这个话题，但是读者可以参考专门的课程、教材和手册 [47, 168, 191, 234, 253, 298]。

25.5 体系结构的逐步改进

上面提到的四个特性（体系结构、构件、体系结构设计和构件设计）体现了在处理领域需求、接口需求和计算机需求之间的相互影响。

这种相互影响不仅在这三个需求方面之间交替变化，而且也发生在构件结构（也即构件被看做"黑"盒，（通过接口）相互连接）和构件功能（也即构件被看做"白盒"，其操作的内容和模式通过某种模块符合及其接口体现出来）之间。

25.6 讨论

在本部分（即第 VI 部分）的后续章节，我们将触及本章提到的一些问题。

25.7 原则、技术和工具

原则： 硬件/软件协同设计概念背后的基本想法以及对其的可能需要是：在硬件解决方案所带来的更好的性能、可信性等等和软件解决方案所带来的灵活性（"方案"一旦实施也可以较容易地更改）之间寻求一种平衡。 ■

技术： 硬件/软件协同设计的技术仅仅在以下之时体现：检验每个需求和/或初始体系结构设计，记得去回答这个问题：这一需求，这一体系结构设计应该是在软件还是硬件中去实现？辅助的技术用来解决性能、可信性等等的评价问题。 ■

关于工具，软件设计本身有一些已经在诸多章节中提到。对于硬件/软件协同设计，也已经有一些现成的工具。我们可以参考 [191, 298]。

软件体系结构设计

- **学习本章的前提：** 你已经学习并掌握了关于领域刻面的第 11 章和关于需求刻面的第 19 章，并想要了解从领域到需求再到软件的其他开发是如何演进的。
- **目标：** 展示领域和接口需求如何演进到软件体系结构设计，特别是展示机器需求如何确定特定的软件构件。
- **效果：** 最后，在接下来的两章中，令你踏上成为全面的专业的软件工程之旅。
- **讨论方式：** 从系统到形式地。

26.1 前言

需求规定涉及了四个领域：企业过程再工程、领域需求、接口需求、机器需求。只有最后三组需求影响了计算系统（即机器）的设计。企业过程再工程规定用于对使用机器的人的行为产生重大影响。在这一章，我们将主要关注一些机器需求的体系结构意义。

这一章主要是基于形式化。那些希望仅非形式地学习本书的读者由此就不能享受使用形式规约所带来的许多好处了。"越接近"实际的程序实现，人们在程序设计记法中就不得不更多地表达软件设计。不过所使用的形式方法主要就是基于 RSL/CSP 的 CSP。我们在卷 1 的第 21 章的中探讨了这一 RSL 子集。所以就习惯它吧！

26.2 初始的领域需求体系结构

通常在开发领域需求的时候，我们能够递增地形式化所产生的领域需求，不仅仅是通过它们的性质，而且我们也能够给出面向模型的规定。对于一些接口需求来说也同样成立。但是对于一些其他的接口需求，并且即使不是全部，对于绝大多数的机器需求来说，我们不能形式化对实现所要求的性质，但人们能够形式化它们可能的、所声称的实现，即实际的体系结构软件设计。

面向模型的需求规定相当于部分的软件体系结构规约。让我们"慢慢地"展开这样一个软件体系结构规约。

例 26.1 **简单时刻表系统的构件图** 我们参考例 19.14。我们对该形式化做图，如图 26.1 所示。这里不把箭头看作通道。

―――――――― 形式表述：简单时刻表系统 ――――――――

我们能够通过如下来对图 26.1 建模：

    system: TT → **Unit**
    system(tt) ≡ client(tt) ⊓ staff(tt)

    client: TT → **Unit**
    client(tt) ≡ **let** q:Query **in let** v = $\mathcal{M}_q$(q)(tt) **in** system(tt) **end end**

    staff: TT → **Unit**
    staff(tt) ≡
      let u:Update **in**
      let (r,tt′) = $\mathcal{M}_u$(u)(tt) **in** system(tt′) **end end**

航班客户（**client**）和航班工作人员（**staff**）利用（共享的）航班时刻表（**timetable**）。由此认为其是不仅在领域和机器之间而且也在客户和工作人员之间共享的数据结构。　■

我们把图 26.1 所展示的构件称为领域需求构件。在这一情况中，我们可以说它由三个嵌入式构件构成。

    由于软件设计是我们的主题，我们现在逐渐转到面向模型的规约。在这一节，我们几乎就是开发并丰富面向进程的规约。

例 26.2　简单时刻表系统进程的形式模型　我们参考例 26.1 （上文），但是假定箭头指示通道。现在认为图 26.1 中三个子构件的每一个都是分别演进的行为，也即进程。

―――――――― 形式表述：简单时刻表系统进程 ――――――――

channel
    ctt:QU, ttc:VAL, stt:UP, ts:RES
value
    system: TT → **Unit**
    system(tt) ≡ client() ∥ time_table(tt) ∥ staff()

    client: **Unit** → **out** ct **in** tc **Unit**
    client() ≡ **let** qc:Query **in** ctt!$\mathcal{M}_q$(qc) **end** ttc?;client()

    staff: **Unit** → **out** st **in** ts **Unit**
    staff() ≡ **let** uc:Update **in** st!$\mathcal{M}_u$(uc) **end let** res = ts? **in** staff() **end**

    time_table: TT → **in** ctt,stt **out** ttc,tts **Unit**
    time_table(tt) ≡

> let qf = ctt? **in** ttc!qf(tt); time_table(tt) **end**
> [] **let** uf = st? **in let** (tt′,r)=uf(tt) **in** ts!r; time_table(tt′) **end end**

对于那些不能阅读这些公式的读者来说，我们可以大声地朗读框起的公式：在客户（client）和时刻表（time_table）之间有两个连接和两个接口，每一方向上有一个。类似地，在工作人员（staff）和时刻表之间也有两个连接和两个接口，每一个方向上有一个。系统（system）行为是三个行为的并行复合：客户、工作人员和时刻表。只有 time_table 具有时刻表。三个行为 client, staff 和 time_table 都是循环的：无限递归的。

　　client 行为发送查询请求给 time_table 行为，并在再循环前等待回应。staff 行为发送更新请求给 time_table 行为，并在再循环前等待回应。在任一情况中，client 和 staff 行为——在继续它们的行为之前—— 忽略回应。

　　作为顺从的服务器，time_table 行为在每一回合、每一循环中都准备好参与到 client 和 staff 行为的事件中。time_table 行为通过外部非确定性选择（[]）来表达它。请参考例 19.32。　　　■

• • •

在例 19.27 和 19.28，我们为本章的示例举例说明了接口需求一些方面。人们可以有一些论据地来说例 19.28 举例说明的内容可以说构成了软件设计规约。除了这里简短提及的接口软件设计外，在本章中我们将不再举例说明接口设计。

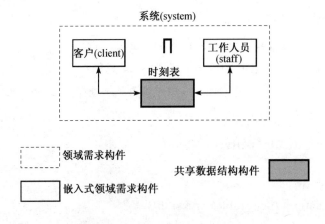

图 26.1　时刻表应用构件

26.3 初始机器需求体系结构

　　通常我们总是能说在"实现"领域需求的软件设计之后，人们能够接着与实现机器需求相关的软件设计。

例 26.3　时刻表系统的构件图和形式模型　我们将举例说明一个可以称作实现了领域需求的软件设计。请参考例 19.32，但现在它具有 n 个 client 进程（图 26.2）。

这将是第 26 章中我们显式展示数据结构构件的最后一个图。

―――――――――――― 形式表述：时刻表应用构件 ――――――――――――

type
    CIdx /* 1000 个终端的索引集合 */
channel
    { ct[i]:QU,tc[i]:VAL | i:CIdx }
    st:UP,ts:RES
value
    system: TT → **Unit**
    system(tt) ≡ ‖{client(i)|i:CIdx} ‖ time_table(tt) ‖ staff()

每一进程在下面定义。

―――――――――――― 形式表述：时刻表应用构件 ――――――――――――

    client: i:CIdx → **out** ct[i] **in** tc[i] **Unit**
    client(i) ≡ **let** qc:Query **in** ct[i]!$\mathcal{M}_q$(qc) **end** tc[i]?;client(i)

    staff: **Unit** → **out** st **in** ts **Unit**
    staff() ≡ **let** uc:Update **in** st!$\mathcal{M}_u$(uc) **end let** res = ts? **in** staff() **end**

    time_table: TT → **in** {ct[i]|i:CIdx},st **out** {tc[i]|i:CIdx},ts **Unit**
    time_table(tt) ≡
        [] {**let** qf = ct[i]? **in** tc[i]!qf(tt) **end** | i:CIdx}
        [] **let** uf = st? **in let** (tt′,r)=uf(tt) **in** ts!r; time_table(tt′) **end end**

请参考例 19.32。

为了那些不能阅读公式的读者，我们"大声朗读"它们：有一个客户（名）索引集合 **CIdx**。

对于每一 client，还有一个分离的通道对 ct[i] 和 tc[i]，也即与 time_table 进程通信的方式。这仅是对例 26.2 中所给模型的泛化。就像该模型中一样，在 staff 和 time_table 之间有一对通道 st 和 ts。system 是与 CIdx 中元素数量相同的 client 进程的并行、包含性复合及其与 staff 和 time_table 进程的同样并行的复合。本例和例 26.2 的模型之间的唯一区别首先是在 client 和 time_table 进程之间的通信发生在索引的通道之上，第二，time_table 进程外部非确定性地准备好参与到任何 client 进程中来。 ∎

由此在本节的连续示例中，我们进入到了现在关心由机器需求所确定的实现（即软件体系结构）问题的阶段。但首先让我们举例说明分析的问题。

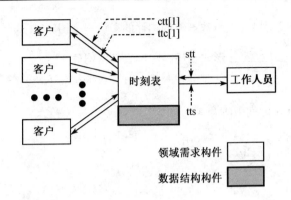

图 26.2   时刻表应用构件

26.4 一些机器需求的分析

在本节，我们决定关注于一些机器需求问题。尽管它可能对于实际开发来说不那么现实，它充分说明了在实际的软件设计开发中所包含的与机器需求实现相关的内容。

选定的机器需求问题是性能、可用性、可存取性和适应可维护性。

26.4.1 性能

请参考例 19.31 和 19.32。选择性能就是要确保 n 个客户能够同时在线。并且我们希望了解的软件设计问题是如何设计机器需求构件或一组这样的构件，它们把 n 个 client 进程和一个 staff 进程的选择与 time_table 进程分离开来。

26.4.2 可用性

请参考例 19.35。time_table 进程没有保证对自 client 进程和 staff 进程的输入的处理的"公平"选择。（比较例 26.3 非确定性外部选择（⌈⌉））。上文我们提及的内部非确定性选择是在时刻表进程对 n:Index client 进程输入的处理及其对 staff 进程输入的处理之间。⌈⌉ 的 RSL 语义允许 ⌈⌉ 操作符的一边，即一个操作数，能够被不定地选择。"公平性"是确保 ⌈⌉ 的两个进程操作数都得到关于愿意"进行"的"问询"。[1] 也即，client 和 staff 进程都应当得到与 time_table 进程通信的公平机会。

26.4.3 可存取性

请参考例 19.34。可以说当前的软件体系结构规定了 client 和 staff 进程就 time_table 进程而言严格互斥的序列化。这对于零时间操作来说可能是可接受的，但是对于耗费时间的时刻表操作（如**连接**查询）来说是不可接受的! 对如旅程这样的"小巧快速的"查询的处理可以同如连接这样的"耗费大量时间的"查询的处理交织在一起。

---

[1] 我们对非确定性内部选择操作符 ⌈⌉ 的思考相同。

26.4.4 适应可维护性

请参考例 19.40。我们关注于 time_table 和 client 和 staff 进程之间的直接通道。这些直接通道如果也同样（直接）实现为通道，可能会阻碍 client 进程若干相异实现的开发（即精化）。

26.5 设计决策的优先

设计决策包括优先排序：哪些机器需求首先、哪些其次地确定程序组织的设计决策。我们示例的优先顺序是：

- 首先是**性能**，然后是
- **可用性**，然后是
- **可存取性**，最后是
- **适应可维护性**。

我们不给出特定优先的动机。特定的机器需求令一个需求优先于另一个。对于优先，可能有不同的原因。这些优先原因通常在信息文档中给出。我们将不深入到机器需求优先的讨论。

26.6 相应的设计

因此，一方面问题是确定如何建议实现了机器需求的软件体系结构设计（即"一个构件或两个"）—— 最终能够展示通过某种方式满足了（通常是面向性质的）机器需求的设计。另一方面问题是选择表示这一设计决策的方式。

这一节强调的是使用图来表达设计：(i) 用一些框来表示领域需求实体和函数，即领域需求构件；(ii) 用一些其他的框表示机器需求设计选择，即机器需求构件和(iii) 用一些连接这些框的箭头来表示调用各自构件中函数的方式。

26.6.1 关于性能的设计决策

我们在第 26.4.1 节中举例说明了更大的机器需求问题的仅一个方面：性能。它基于例 19.31 和 19.32。现在我们将举例说明使用"框和箭头"的图形的形式记录的设计决策。贯穿于其和下一设计决策（第 26.6.2~26.6.4 节），我们将使用这一非形式的"设计和推理"模式，它基于把框理解为通常是循环的进程以及把箭头理解为单向或双向的输入/输出事件通道。也即，我们将略去对监测和控制在进程（即框）中（及其之间）事件（"沿"箭头的同步和通信）的协议所进行的关键规约。

例 26.4 性能构件设计 请参考图 26.2。我们注意到 time_table 进程在 n 个客户请求和一个工作人员请求之间进行选择。我们决定把—— 选择的—— 这一方面从 time_table 进程析出来而放到一个机器需求构件 cli_mpx （客户多路复用构件），以及一个机器需求构件 cli_stf_mpx （客户/工作人员多路复用构件）。 请参考图 26.3。我们暂时把这两个机器需求

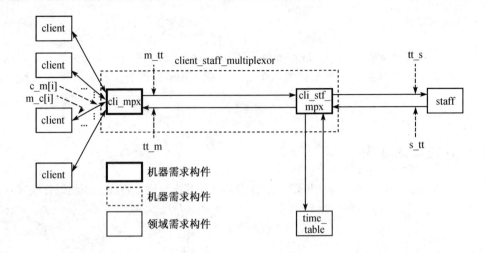

图 26.3   客户/工作人员多路复用器（multiplexor）构件

构件看作一对"不可分割、背靠背的"构件。非形式地说，框和通道中的内容如下：假定一个客户，如客户 i，希望对时刻表进行查询通信。客户多路复用器则在这一客户 i 请求和可能其他这样的客户 $j,i \neq j$ 请求之间进行决定，并选择一个，如客户 j。现在客户多路复用器把该请求传递给客户工作人员多路复用器。假设工作人员同样在发出客户请求 $i,\ldots,j,\ldots,k$ 的时候也发出了更新请求。现在客户多路复用器就如下两个决定一个：客户 j 查询和工作人员更新。假定客户多路复用器决定选择工作人员请求。该工作人员请求就被传递给时刻表，得到服务，并且结果（响应）被返回给客户工作人员多路复用器，它又将其返回给工作人员。就在此之后，客户工作人员多路复用器可以选择服务客户（j）的查询。它可以选择一个其他的工作人员更新，若对这样一个请求的发出紧跟前一已得到服务的更新请求之后。现在我们假定客户工作人员多路复用器服务（"仍存在的"）客户（j）查询。它被传递给时刻表并得到服务，并且结果（值）被返回给客户工作人员多路复用器，它又将其返回给客户多路复用器（于是客户工作人员多路复用器得到解放来服务工作人员更新）。客户多路复用器把客户 j 的查询结果返回给该客户，且客户多路复用器则得到解放以服务"仍存在的"或新的客户请求。注意在设计的这一阶段，我们选择令这两个多路复用器进程等待最近服务过的请求的结束。   ▪

26.6.2 可用性的设计决策

例 26.5   可用性构件设计   首先参考例 19.35，然后参考第 26.4.2 节的讨论。为了解决客户多路复合器中在客户查询请求之间或在选定的客户请求和工作人员请求之间进行非公平选择的非确定性，我们必须修改两个多路复用器。我们的设计选择是为两个多路复用器"配备"包含在仲裁器（arbiter）构件 中的它们自己的仲裁程序。

由此这些仲裁者应当确保在两类用户中或之间一个"更加公平的"选择——可能"不那么非确定性"。一个解决方案可以是令一个内部时钟（或"选择单元"）来分别确保采样客户查询（到客户工作人员仲裁器）的交替进行，以及确保采样选择的客户和工作人员请求（到时刻表进程）的交替进行。参考图 26.4。   ▪

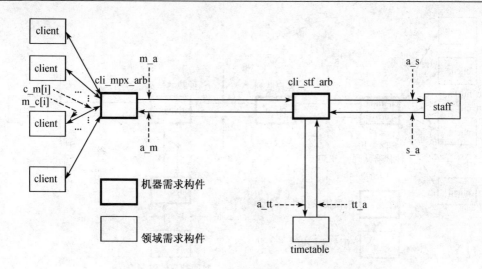

图 26.4　仲裁器构件

请注意刚刚给出的两个示例，例 26.4 和例 26.5，由于随后的设计决策，前一设计决策的框改变了"性质"（即意义）。这是由于我们希望具有设计自由（即设计选择）以令其经常出现，并且在这一非形式步骤中我们避免细化框的"内部工作机制"等等。现在我们只需要完全规约（包括可能形式化）最后的设计决策累积起来的步骤。

26.6.3　关于可存取性的设计决策

例 26.6　可存取性构件设计　首先，请参考例 19.34，然后参考第 26.4.3 节。目前的软件体系结构（仍然）规定了就 time_table 而言 client 和 staff 进程的严格互斥的序列化。这对于耗费时间的 time_table 操作来说是不可接受的。因此在这一步骤中，我们的设计决策是规定 time_table 进程为时间共享进程。由此 time_table 进程将接受任何顺序的多至若干的请求以及以某种循环的方式使用时间片来服务每一请求，使得分配给特定请求的零个、一个或多个但有限的小数量时间片产生对于该请求的部分乃至最终完全的结果。

　　由此为了交织 client 请求就暗示了 client 标识的传递—— 一直到 time_table 进程。在 time_table 进程处，它们与时间共享处理关联起来，并被附着在部分或完全计算的结果上，为了在它们被传递回去时分清哪些部分或完成（即完全）的结果"属于哪个请求"。

　　即使是对于尽可能一般性的 time_table 进程的设计来说这是一个可接受的解决方案！或者是操作系统处理时间共享，并且该系统接着处理 client （现在同样也有 staff）请求的标识，或者时刻表子系统必须处理！

　　因此我们决定确保两个或者多个 client 请求能够在互相重叠的时间区间中得到服务。这将通过以下来实现：在客户多路复用器进程（即构件）和客户工作人员仲裁器进程（即构件）之间插入的客户队列（client queue）进程（cli_q），以及在客户工作人员仲裁器进程（即构件）和时刻表进程（即构件）之间插入的客户工作人员队列（client staff queue）进程（cli_stf_q）。后一队列确保了同样连续服务的工作人员更新能够被分片式地时间共享和"计算"。请参考图 26.5。前面的**客户多路复用器**和**仲裁器**进程（即构件）必须要考虑到"添加"客户和（是否是**客户** i 或）工作人员标识到转递给**时刻表**进程的请求来予以精化。

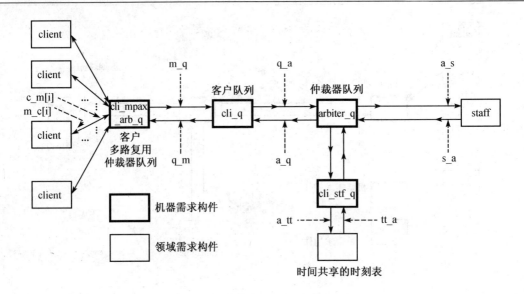

图 26.5   时间共享的交织起来的构件

由此时刻表进程所处理的旅程查询可以同对来自另一**客户**的**连接**查询的处理交织进行。前者可能要先于后者"到达"time_table 进程，但是该进程可能决定先服务后者。可以给出对请求处理中所发生内容的更加详细的规约：

我们首先规约自**客户**和**工作人员**向**时刻表**进程的请求的有序流。其后我们规约从**时刻表进程**分别回到**客户**和**工作人员**进程的部分和/或完成的结果的有序流。这两条流自己本身必须是交织的且不会互相干扰。

每一**客户**请求在通过**客户多路复用仲裁器**仲裁选定之后，就注释有其发起方（$client_i$）并被传递给**客户队列**。同时**客户多路复用仲裁器**得以释放以接受其他请求。**客户队列**注意到 $client_i$ 发出请求且把该请求传递给**客户工作人员仲裁器**，并得到释放以接受其他注释的**客户**请求。**客户工作人员仲裁器**选择**客户**和**工作人员**请求，并把所选定的传递给**客户工作人员队列**，同时予以释放来仲裁随后的**客户**和**工作人员**请求。**客户工作人员队列**进程注意到请求的标识，并将其传递给**时刻表**进程。

在每一时间片 time_table 有一个与**客户**或**工作人员**请求关联的部分或完成的结果，它把该结果返回给**客户工作人员队列**进程。如果该结果被标记为完成一个请求，则**客户工作人员队列**进程从其待处理请求的列表中将其移除，因为在任何将结果返回给**客户工作人员仲裁器**的情况中，它已经得到队列和**时刻表**进程的完全服务。该进程，检查附着在（由 time_table 进程）返回结果上的标识，决定把结果传递到哪里：给**工作人员**进程，或**客户工作人员队列**进程。在前一情况中，被返回的（部分或完成的）结果已得到完全处理。在后一情况中，**客户工作人员队列**进程检查返回值以了解它是否表示部分或完成了的请求值。如果是后者，则**客户工作人员队列**进程将其从未处理**客户**请求的队列中移除，因为现在它已经得到了队列和 time_table 进程的完全服务。在两种情况中，返回值都是通过**客户多路复用仲裁器**被返回给**客户**。

上文的模式允许在任何时候由客户/工作人员时刻表服务系统（前面我们对其并未提及）检查未处理请求的状态。

26.6.4 关于适应性的设计决策

例 26.7   适应可维护性连接器设计 首先，请参考例 19.40，然后是第 26.4.4 节。为了确保开发者没有利用**客户、工作人员、时刻表**和任何其他构件过程是如何实现的有关知识的"白盒"特征，建议在这些和（新引入的）**仲裁器**进程之间加入连接器。这些连接器的存在强制执行了这些被连接进程之间的"标准"（"黑盒"）接口。想法是一方面是领域和机器需求构件进程，另一方面是连接器进程之间的通信协议能够使得以前相邻的构件进程就"白盒"知识而言彼此"有效"屏蔽。参考图 26.6。

阴影环和圆角框（两个都无黑边）表示这些连接器。构件间插入的连接器没有改变进程网络之间的消息流。所以我们基本上继承了在例 26.6 的结尾为进程网络中的请求和结果流所给出的详细的非形式规约。

连接器的意义可以在很大范围内予以解释。举例来讲。令在 client 和 client_multiplexor_arbiter 之间的双箭头线路代表广域通信线路。在某实现中，存在有对这些线路的信任：无噪音，无侵扰。在这些双箭头线路之上的连接器由此就可以非常简单。在其他的实现中，有噪音，但是没有侵扰的危险。这样这些连接器就需要实现一些确保无损害的消息接收的协议。在另一些实现中，有侵扰的威胁。这样这些连接器必须实现某加密机制。以此类推。

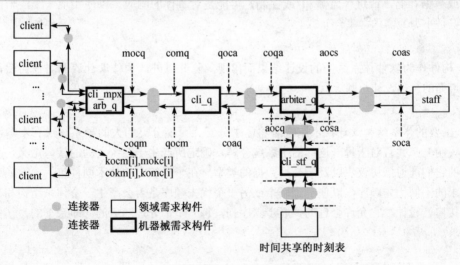

图 26.6   适应连接器

26.7 讨论

26.7.1 概述

我们总结了一个开发阶段。从一组需求，我们已经非形式地开发了一个软件体系结构，软件设计的第一阶段。这一软件设计是非形式的，在某种意义上是不完全的。在如下意义上它是不完全的：我们尚未规约每一领域和机器需求构件和每一连接器构件的个体行为。它在如下意义上是"完全的"：我现在有了一个"图像"，它规约了有这些和那些进程，有这些和那些通道，并无其他！

这一阶段的体系结构设计使用了一个技术—— 使用了一个设计方法—— 它是非形式的。它基于"框和箭头"。这一技术基于对"框和箭头"的插入和可能的重命名（即重定义）。在每一设计决策步骤中，我们（在相应示例的结尾）展示了进程网络的行为如何来详细规约。但是仅在最后一个步骤中，我们才进行最终必须实现的规约。

26.7.2 原则和技术

我们总结：

原则： 软件体系结构的原则是勾勒初步的软件设计，处理认为是最关键的需求，令漫长的软件设计过程"启程"。∎

原则： 软件体系结构设计的原则基本上是分而治之，即关注分离，整体构件组织结构确定，确定主要的接口，以便允许不同的设计小组来分别处理构件开发。∎

原则： 构件的思想是它作为一个适当独立的模块集合，它们一起提供了功能（即能够执行函数），或数据存储，或进程监测和/或控制，可能是对事件的响应，以便实现一个清晰可标识的（最好是小型）需求（集合）。∎

原则： 构件作为软件体系结构的设计结果而出现。除此以外，构件设计遵循对任何软件进行设计所遵循的全部设计原则。∎

技术： 主要的体系结构设计技术围绕着将需求分解为可能分离的大的子系统（在本章没有对此举例说明）；并且对于每一这样的子系统分解，确定所产生子系统之间的接口定义，在这些接口上的它们的通信协议，以及所交换数据的类型。在子系统中的技术同样包括探索（试验）相关需求的不同优先顺序，以便确定一个或另一个优先顺序是否会产生一个体系结构和构件结构（和接口）设计，它允许合理的扩展步骤序列，每一个都处理随后的（即余下的）（仍相关的）需求。∎

随后的章节将揭示其他的原则和技术。

26.8 文献评注

卡内基梅隆大学的 David Garlan 小组（G.D. Abowd, R. Allen, M. Shaw, C. Shekaran 及其他）对于许多软件体系结构问题的澄清做出了非常重大的贡献，特别是与构件及其连接相关的那些：[1, 2, 7–9, 109–112, 327]。

26.9 练习

26.9.1 序言

请参考第 1.7.1 节，关于列出的贯穿全文的 15 个领域（需求和软件设计）示例；并请参考第 1.7.2 节的介绍性评述，关于"选定主题"这一术语的使用。

26.9.2 练习

最后四个练习，即练习 26.5~26.8，是特定于本章的。前面的练习假定你已选择了主题，并围绕这一选定主题进行一系列的解答，也即对前面的章节和现在本章练习的解答。

练习 26.1 进程软件体系结构。 对于由你选定的固定主题。 假定关于大量（在你所选定主题中你能确认的行为的每一类）行为的一些领域需求。然后如例 26.3（参见图 **??**），对这些行为进行图形表示，作为软件体系结构设计的初步尝试。

 提示： 你可以从第 11.2.3 节（即图 11.1~11.4）的图寻找灵感。

练习 26.2 实现可存取性。 对于由你选定的固定主题。 假定一些有意义的可存取性（即机器可信性）需求，然后为你对练习 26.1 的解答给出重构的建议。

练习 26.3 实现可用性。 对于由你选定的固定主题。 假定一些有意义的可用性（即机器可信性）需求，然后为你对练习 26.2 的解答给出重构的建议。

练习 26.4 实现适应性。 对于由你选定的固定主题。 假定一些有意义的适应性（即机器维护）需求，然后为你对练习 26.3 的解答给出重构的建议。

练习 26.5 性能构件设计。 参考例 26.4。请形式化该例所示及的模型。

练习 26.6 可用性构件设计。 参考例 26.5。请形式化该例所示及的模型。

练习 26.7 可存取性构件设计。 参考例 26.6。请形式化该例所示及的模型。

练习 26.8 适应可维护性构件设计。 参考例 26.7。请形式化该例所示及的模型。

构件设计的范例分析

- **学习本章的前提**：即使不是在书写方面，你也已经能够适度熟练地阅读形式规约了—— 当你同样学习它的严格开发时，这一章就非常理想了。但这一章的阅读也可以略去那些框起来的形式化，这同样也传递了本质上的内容。
- **目标**：举例说明在确保软件系统的鲁棒性需求的同时，逐渐引入另外的用户功能，由此展示"新的需求"可能作为软件设计的结构而"突然出现"，举例说明数据精化技术、抽象函数和一种正确标准。
- **效果**：使得你在设计系统方面游刃有余。
- **讨论方式**：从严格到形式的。

27.1 概述性前言

这一节展示了一个很大的示例。其中我们展示了对软件体系结构—— 它满足一些初始的领域需求——的逐步开发如何与构件结构的开发交替进行。这一构件结构满足一些更深层的机器需求，这些需求只有在体系结构设计的"半途中"才能真正地"发现"。这一示例同样举例说明了数据精化 技术的使用，其目的是克服系统的体系结构复杂性。

27.1.1 系统复杂性

也就是说，我们经常要面对一个问题：设计一个具有非常多性质的系统以至于很难在任何仅一次的表述中理解它。我们展示一个技术，籍此能够逐步地开发体系结构，即全部种类的全部性质。从一个小的体系结构规约—— 们证了被看作最为基本的性质—— 人们逐步地到达，复杂递增的设计。在每一步，性质的一个新的、小集合被"添加"到前面的描述中。

有时软件系统包含不必要那么多的、似乎无关的概念。偶尔大量地这样的概念却是必要的。它们的出现是为了处理各种各样的领域需求、接口需求，特别是机器需求的需求。

在所有的情况下，掌握全部概念，适当的选择并彼此关联它们是非常困难的。在许多情况下，把一个软件体系结构切分为其许多组成概念严重地受到没有清楚表达它们彼此之间的依赖关系的阻碍。

27.1.2 建议的解决办法

> 你可以使用两种方式来设计软件:
> 或者你令它简单明了, 使得其显然没有错误,
> 或者你令它复杂, 使得其没有明显的错误。
>
> Tony Hoare 爵士

"解决"这一明显的复杂性问题存在有三种可能:两个极端,和一条"中间路线"。这些选择是根本不要设计这样的多概念系统,或者接着使用旧式的"黑客"方式设计它们。有时我们选择第一个极端,有时选择下文所概述的"中间路线",但是永远不会选择第二种"妥协"!

27.1.3 逐步开发

特性描述:通过软件设计的逐步开发 —— 其他可互换的术语是逐步精化、逐步具体化、逐步变换 —— 我们理解如下:首先建立一个模型,它适度抽象地呈现出来内在概念和设施(对于其需要软件),也即满足领域需求的模型。接着该模型要进行数据和/或操作精化。对精化选择的确定是为了满足那些在第一步骤中没有照料到的领域需求,以及为了—— 类似地——满足(其余的)接口需求,满足机器需求。

在这一章,我们将强调各种各样的数据精化和 数据具体化 ,这被称之为共同的术语数据变换。可能需要一序列的变换。每一步骤都引入了其他的性质和/或细节,在把它们暴露给外部世界中没有利用它们,或者利用了一些或全部。步骤的顺序和它们的性质由如技术和/或产品策略的考虑来决定。

27.1.4 逐阶段迭代

通过软件设计逐阶段迭代—— 其他可互用的术语是逐阶段进化或逐阶段螺旋运动,我们理解如下:

- 在一个阶段 s 中的一个或者多个开发步骤被执行。("起始"于阶段 s。)
- 然后在下一阶段 s' 中的一个或者多个开发步骤被执行。(前进到阶段 s'。)
- 然后在阶段 s 中的一个或多个开发步骤被执行。(后退到阶段 s。)
- 以此类推, 在阶段 $s, s', s'', \ldots, s'''$ 之间交替进行。(迭代、前行和后退。)

我们的例子展示了逐阶段的迭代。

27.2 示例概述

我们的例子是一个文件处理器系统的例子:

0. 在体系结构的顶层(步骤 0), 我们关注于作为数据(data)的文件(file)、文件名(file name)、页(page)和页名(page names)和作为操作(operation)的文件创建

（creation）和消除（ erasure）、页的写（write）、更新（update）、读取（read）和删除（delete）。

在这一步骤，文件被命名且由命名的页构成。

在顶层，没有就文件及其页可能存储在各种各样的存储媒体之上作出规定，如前台（快速，"核心"）或后台（低速，"磁盘"）存储。由此所记录的最终把文件和页的存储实现在类似磁盘的设备之上的决定就意味着能够适度快速"查找"的需求，其中文件和页存储在可能若干个的硬盘之上。

1., 2. 在接下来的两个步骤中，我们首先介绍编目（catalogue）和目录（directory）的概念，以及随后作为进一步开发步骤的主存储器（storage）和磁盘（disks）的抽象。

编目最终记录文件目录的磁盘地址，每个文件有一个。目录最终记录页的磁盘地址。我们的文件系统在这一层上有一个编目。在主存储器和磁盘层上，我们认为这一编目始终驻留在主存储器中，而所有目录一般仅存储在磁盘上。

为了加速对磁盘页的访问，我们操作目录的主存储器拷贝。对文件操作的意图由其开（open）来表示，它是把文件目录拷贝放入主存储器的"动作"。不再操作文件的意图则由其闭（close）来标识，它是上文拷贝的逆"动作"。

3. 因此开和闭操作在步骤 3 中予以介绍。

开和闭是文件相关的概念，主要由我们对效率的考虑引出。这些效率的考虑根植于技术的不够。由此它们表示机器性能需求。

无论是文件处理器"体系构建"的顶层还是第二层（即步骤 2 和 3），我们都没有处理机器需求的可靠性（reliability）问题。这里我们定义我们的文件处理器的可靠性为其从崩溃（crash）中恢复的能力。

通过"崩溃"，我们限定性地指使主存储器信息（编目和开的目录）无用的任何事物。通过完全"幸存"，我们指在"崩溃"之后能够继续（一段时间），就好像没有"崩溃"发生过一样的能力。通过"部分幸存"，我们指在"崩溃"之后能够继续且至少有一个非空的文件子集的能力—— 文件的补集得到清晰地标识。

4. 在第四步，基于编目、目录和页记录的冗余，我们介绍检查点文件和从"崩溃"自动恢复（recovery）的概念。

5., 6. 最后的步骤—— 如这里所示—— 示及了存储器和磁盘的空间分配：我们介绍未使用自由列表、可用磁盘存储器等等。

27.3 方法论概述

我们通过给出对将要应用的原则和技术的概述来解释上文。

27.3.1 原则

我们可以对原则总结如下：

1. 逐步展开软件体系结构: 没有一下子从（全部）需求进入到（全部的）体系结构中去，我们把一个简单文件处理器的软件体系结构的开发的这一阶段分解成为步骤，每一步考虑一个问题。

2. 交织在一起的领域和机器需求实现: 没有在开始时考虑全部的领域需求，我们在考虑领域需求和机器需求之间交替进行。

3. 不变性: 通常抽象类型定义（即分类）要在表达类型（即其值）的性质的公理中用到。通常对这些公理的分类性质的表达与可应用到类型的（在其他方面良构的）值的各种各样的函数相关(即使用其来表达)。

   在逐阶段和逐步骤的精化中，人们通常使用具体类型（比如，集合、笛卡尔、列表、映射等等）来标识抽象（即分类）类型。在这样做的过程中，具体类型通常能够表达比所需的要"更多"的值，即没有正确表示任何相应的抽象（分类）值的那些值—— 就是这一想法。由此我们需要表达类型的值得不变性，即一个子类型。我们通过定义显式的不变性谓词来这样做。

4. 抽象、适当性和充分性: 在遵循上述原则之时，我们也遵循考虑如下函数的原则：把后面的设计步骤抽象"回"到前面的设计步骤的函数，或者就前面的设计步骤而言，表达一个表示（即后面的设计步骤（即一个设计决策））的适当性，或者表达一个表示的充分性。

5. 正确性: 当"执行"从"更加"抽象的设计到"更加"具体的设计的开发步骤时，人们必须论证为什么选定的步骤实现了这一抽象。通常需要形式证明。通常非形式的但精确的推理就足够令人信服了。

27.3.2 技术

我们总结一下技术，参考第 27.2 节，因为在不同的步骤中都要应用它们：

- 内在领域需求：
  - ★ 步骤 0: 内在体系结构：   （第 27.4 节）
            文件、创建、消除、页、写、更新和删除
  给出了我们所考虑的文件处理器领域需求的规定。同时，我们也可以把这一规定看作基本的软件体系结构规约，从其我们进一步开发完整的软件体系结构。如果我们要是使用了分类、文件处理器命令函数的基调，以及在其上的公理的方式，则我们就可以说下文给出的规约其实就是一个基本的软件体系结构。

- 机器需求：
  - ★ 步骤 1: 编目   （第 27.5 节）
  - ★ 步骤 2: 磁盘   （第 27.6 节）
  接下来是两个数据精化步骤：我们选定一个比步骤 0 所给出的"更加"具体的（系统）标识；我们定义一个不变性谓词；我们重新定义文件处理器命令函数；我们表达适当性、充分性和正确性。我们不证明正确性。

- 领域和机器需求：
  - ★ 步骤 3: 开和闭命令。   （第 27.7 节）

我们基于对技术的考虑论证设计决策，并（再一次）相应地选择比步骤 1 所给出的"甚至更加"具体的文件处理器系统表示。然后我们定义不变性和抽象函数，重新定义一些文件处理器命令函数，并把适当性、充分性和正确性的表达留给读者。同样我们不证明正确性。

- 详细地构件结构：
  - ★ 步骤 4：崩溃的鲁棒性：检查和崩溃 　　　　　　　　　　　　（第 27.8 节）
  - ★ 步骤 5："扁平"存储 　　　　　　　　　　　　　　　　　　（第 27.9 节）
  - ★ 步骤 6：空间管理 　　　　　　　　　　　　　　　　　　　（第 27.10 节）

27.4 步骤 0：文件和页

下面的四小节展示文件系统体系结构的抽象。

27.4.1 "快照"

图 27.1 抽象三个命名为 f1、f2、f3 文件的文件系统。第一个文件包含两页，第二个文件为空，第三个文件包含三页。

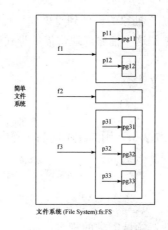

文件系统 (File System):fs:FS

图 27.1　基文件系统

27.4.2 抽象的形式模型

基于下文对我们的顶层文件处理器状态的类型是什么的中文[1]陈述，我们非形式地"导出"形式类型定义。

我们的文件处理器的唯一数据结构由一个唯一命名的文件的集合构成。每一文件由一个唯一命名的页的集合构成。令 Fn、Pn、PAGE 标识未进一步规约的文件名（file name）、页名（page name）和页。则：

——————— 形式表述：步骤 0：体系结构：文件和页 ———————

type

---
[1] 译者注：原著为"英文"。

[步骤 0]

FileSystem, File, Fn, Page, Pn, FILE, PAGE

FS0 = Fn $\underset{m}{\rightarrow}$ FILE

FILE = Pn $\underset{m}{\rightarrow}$ PAGE

value

obs_Fns: FileSystem $\rightarrow$ Fn-**set**

obs_Files: FileSystem $\overset{\sim}{\rightarrow}$ File-**set**

obs_FS0: FileSystem $\overset{\sim}{\rightarrow}$ FS0

obs_Fn: File $\overset{\sim}{\rightarrow}$ Fn

obs_FILE: File $\overset{\sim}{\rightarrow}$ FILE

obs_Pns: Page $\overset{\sim}{\rightarrow}$ Pn-**set**

obs_Pages: File $\overset{\sim}{\rightarrow}$ Page-**set**

obs_Pn: Page $\overset{\sim}{\rightarrow}$ Pn

obs_PAGE: Page $\overset{\sim}{\rightarrow}$ PAGE

我们已经完成了第一个任务：首先规约最重要的方面，即语义类型。我们需要表达一个不变性：系统的文件名是系统的文件的名字。系统的页名是系统的页的名字。

—— 续—— 形式表述：步骤 0：体系结构：文件和页 ——

axiom

∀ fs:FileSystem •

   let fns = obs_Fns(fs), files = obs_Files(fs) **in**

   fns = { obs_Fn(f) | f:File • f ∈ files } ∧

   ∀ f:File • f ∈ files •

      let pns = obs_Pns(f), pages = obs_Pages(f) **in**

      pns = { obs_Pn(p) | p:Page • p ∈ pages }

   end end

27.4.3 抽象和具体的基本动作

为了创建（create）初始为空（没有页）的文件，我们需要规约一个新的、至今未用的文件名。为了消除（erase）一个存在的文件，我们需要规约已存在于系统中的文件的名字。为了把一页放入(put)文件，我们需要规约文件和页的名字，以及页本身。为了从文件得到（get）一页，我们需要规约文件和页的名字。最后，为了删除（delete）一页，我们需要规约的是一样的：

—— 形式表述：抽象和具体的基本动作 ——

• 创建文件：

  ★ 抽象的：

value

    crea: Fn $\overset{\sim}{\to}$ FileSystem $\overset{\sim}{\to}$ FileSystem

    crea(fn)(fs) **as** fs$'$

    pre: fn $\notin$ obs_Fns(fs)

    post: obs_FS0(fs$'$) = obs_FS0(fs) $\cup$ [fn $\mapsto$ [ ]]

或:

axiom

    empty: File $\to$ **Bool**

    empty((crea(fn)(fs))(fn)),

    $\sim$empty((crea(fn)(put(fn,pn,pg)(fs)))),

    undef(empty((crea(fn)(eras(fn)(fs)))))

  $\star$ 具体的:

    value

      crea0: Fn $\overset{\sim}{\to}$ FS0 $\overset{\sim}{\to}$ FS0

      crea0(fn)(fs) $\equiv$ fs $\cup$ [fn $\mapsto$ [ ]]

      pre: fn $\notin$ obs_Fns(fs)

• 放入文件:

  $\star$ 抽象的:

    value

      put: Fn $\times$ Page $\overset{\sim}{\to}$ FileSystem $\overset{\sim}{\to}$ FileSystem

      put(fn,pg)(fs) **as** fs$'$

      pre: fn $\in$ obs_Fns(fs)

      post: **let** cfs = obs_FS(fs), cfs$'$ = obs_FS(fs$'$),

           pn = obs_Pn(pg), cpg = obs_PAGE(pg),

           cfile = obs_FILE((obs_FS(fs))(fn)) **in**

        cfs$'$ = cfs † [fn $\mapsto$ pgs † [pn $\mapsto$ cpg]] **end**

    或:

    axiom

      get(fn)(put(fn,pn,pg)(fs)) = pg,

      undef(get(fn)(del(fn)(fs)))

  $\star$ 具体的:

    value

      put0: Fn $\times$ Pn $\times$ PAGE $\overset{\sim}{\to}$ FS $\overset{\sim}{\to}$ FS

      put0(fn,pn,pg)(fs) $\equiv$ fs†[fn $\mapsto$ fs(fn)†[pn $\mapsto$ pg]]

      pre: fn $\in$ **dom** fs

27.4.4 具体动作

———— 形式表述：具体动作 ————

value

    eras0: Fn $\tilde{\to}$ FS0 $\tilde{\to}$ FS0

    eras0(fn)(fs) ≡ fs \ {fn}

      pre: fn ∈ **dom** fs

    get0: Fn × Pn $\tilde{\to}$ FS0 $\tilde{\to}$ PAGE

    get0(fn,pn) ≡ (fs(fn))(pn)

      pre: f ∈ **dom** fs ∧ p ∈ **dom** (fs(fn))

    del0: Fn × Pn $\tilde{\to}$ FS0 $\tilde{\to}$ FS0

    del0(fn,pn)(fs) ≡ fs † [fn ↦ (fs(fn)) \ {pn}]

      pre: f ∈ **dom** fs ∧ p ∈ **dom** (fs(fn))

我们已经完全规约了一个简单文件处理器系统的基本、主要的函数。抽象就是：我们已经从实际的命令输入，包括页的输入，以及页的输出如何发生抽象出来。我们也同样抽象"掉了"在错误输入的情况下应考虑什么样的诊断—— 我们只是在前提中定义了我们用错误输入来指什么。我们从文件，以及实际上的整个文件系统的任何表示上抽象出来。最后，我们在这一整个示例中没有，也不应关心什么是页。

27.5 步骤 1：编目、磁盘和存储器

我们把下一开发分成三个步骤。首先我们介绍编目(catalogue)和目录(directory)的数据概念，然后是磁盘的数据概念，最后是存储和磁盘的数据概念。这一层的唯一目标是引入开（open）和闭（close）的概念。

27.5.1 编目目录

图 27.2 实例化了对图 27.1 的具体化的第一步骤。作为获取访问文件页的方式，编目和一些文件目录已经被"插入"进来。

数据结构

我们现在根据开发的步骤的数量来注释我们的类型名。对于（顶层的）第零步，我们有 FS0。

对于 FS1 中的每一文件，我们现在关联一个页目录。每一目录记录了页在哪里存储。目录被命名，而这些名字被记录在编目中。

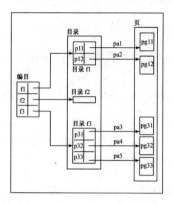

图 27.2　编目 + 目录 + 页

──────────── 形式表述: 编目 + 目录 + 页 ────────────

type

　　[步骤 0]

　FS0 = Fn $\rightarrowtail$ (Pn $\rightarrowtail$ PAGE)

　　[步骤 1]

　FS1 = CTLG1 × DIRS1 × PGS1

你有理由认为目录把面向用户的页名翻译为面向系统的页地址，PGS1 是一个类似于磁盘的空间，在其中所有文件的所有页都得到分配。令：

$$
\begin{bmatrix}
f_1 \mapsto \begin{bmatrix} p_{11} \mapsto g_{11}, \\ p_{12} \mapsto g_{12} \end{bmatrix}, \\
f_2 \mapsto \begin{bmatrix} p_{21} \mapsto g_{21} \end{bmatrix}, \\
f_3 \mapsto \qquad [\,]
\end{bmatrix}
$$

为抽象的 FS0 文件系统。在 FS1 中对应的是：

$$
\left(
\begin{array}{l}
\begin{bmatrix} f_1 \mapsto d_1, \\ f_2 \mapsto d_2, \\ f_3 \mapsto d_3 \end{bmatrix}, \\[6pt]
\begin{bmatrix} d_1 \mapsto \begin{bmatrix} p_{11} \mapsto a_{11}, \\ p_{12} \mapsto a_{12} \end{bmatrix}, \\ d_2 \mapsto \begin{bmatrix} p_{21} \mapsto a_{21} \end{bmatrix}, \\ d_3 \mapsto \qquad [\,] \end{bmatrix}, \\[6pt]
\begin{bmatrix} a_{11} \mapsto g_{11}, \\ a_{12} \mapsto g_{12}, \\ a_{21} \mapsto g_{21} \end{bmatrix},
\end{array}
\right)
$$

不变式

类型定义定义了太多的内容。并不是所有的编目、目录、页的组合都能在一起。我们必须要求对于每一文件来说存在有一个在 CTLG1 中编目的 DIRS1 之中的相异目录 DIRS1；在 PGS1 中编址的页实际上都记录在目录中；理解为页地址的每一页都仅在一个目录中描述（也即仅属于一个文件）。

──────── 形式表述：编目 ＋ 目录 ＋ 页不变式 ────────

```
type
    [ 步骤 0 ]
  FS0 = Fn →͞ₘ (Pn →͞ₘ PAGE)


    [ 步骤 1 ]
  Dn, Pa
  FS1 = CTLG1 × DIRS1 × PGS1
  CTLG1 = Fn →͞ₘ Dn
  DIRS1 = Dn →͞ₘ DIR1
  DIR1 = Pn →͞ₘ Pa
  PGS1 = Pa →͞ₘ PAGE


value
  inv_CTLG1: CTLG1 → Bool
  inv_CTLG_1(ctlg) ≡ card dom ctlg = card rng ctlg

  inv_DIRS1: → Bool
  inv_DIRS1(dirs) ≡
     card dom dirs = card rng dirs ∧
      ∀ dir:DIR1 • dir ∈ rng dirs ⇒ inv_DIR1(dir)

  inv_DIR1: → Bool
  inv_DIR1(dir) ≡ card dom dir = card rng dir

  inv_PGS1: → Bool
  inv_PGS1(pgs) ≡ card dom pgs = card rng pgs

  inv_FS1: FS1 → Bool
  inv_FS1(ctlg,dirs,pgs) ≡
     inv_CTLG_1(ctlg) ∧inv_DIRS1(dirs) ∧ inv_PGS1(pgs) ∧
     rng ctlg = dom dirs ∧
```

$$\bigcup \{ \textbf{rng}\ dir \mid dir:DIR1 \bullet dir \in \textbf{rng}\ dirs \} = \textbf{dom}\ pgs\ \wedge$$
$$\forall\ pa:Pa\bullet pa \in \textbf{dom}\ pgs\bullet\exists!\ dn:Dn\bullet dn \in \textbf{dom}\ dirs\bullet pa \in \textbf{rng}\ dirs(dn)$$

注释:

- 更具体的编目是良构的,如果它是一个双射:对于每一文件名,相应有一个唯一的目录名。
- 更具体的目录集合是良构的,如果它是一个双射:对于每一目录名,不仅相应有一个唯一的目录,而且这些目录中的每一个都是良构的,即也是一个双射。目录把每一页名映射到唯一的页。
- 更加具体的页的集合是良构的,如果它是一个双射:对于每一页地址,相应有一个唯一的页。

前三项仅考虑了整个更加具体的文件系统的各自构件的良构性。现在陈述的是所缺失的"超越了"这一个三元组结构的约束:

- 更加具体的文件系统是良构的:
  - ★ 如果其每一部分是良构的;
  - ★ 如果在编目中提及的目录名唯一地相应于目录集合中所提到的那些;
  - ★ 如果对于页集合中的每一页地址,存在一个唯一的目录名,在该目录中提及了该页。

27.5.2 抽象

给定一个 FS1 文件系统,我们能够从其抽象出一个"相应的" FS0。抽象是一个函数。

────── 形式表述:编目 + 目录 + 页抽象 ──────

```
type
     [ 步骤 0 ]
   FS0 = Fn ─m→ (Pn ─m→ PAGE)


     [ 步骤 1 ]
   Dn, Pa
   FS1 = CTLG1 × DIRS1 × PGS1
   CTLG1 = Fn ─m→ Dn
   DIRS1 = Dn ─m→ DIR1
   DIR1 = Pn ─m→ Pa
   PGS1 = Pa ─m→ PAGE

value
   abs_FS0: FS1 ⥲ FS0
   abs_FS0(ctlg,dirs,pgs) ≡
      [ fn ↦ [ pn ↦ pgs((dirs(ctlg(fn)))(pn))
```

$$| \ pn{:}Pn \cdot pn \in \mathbf{dom} \ dirs(ctlg(fn)) \ ]$$
$$| \ fn{:}Fn \cdot fn \in \mathbf{dom} \ ctlg \ ]$$
$$\mathbf{pre}{:} \ inv\_FS1(ctlg,dirs,pgs)$$

我们只能取还（即抽象）良构的文件系统。

- 从更加具体的文件系统抽象（即取还）其抽象的对应物就是：
  - ★ 对于每一文件名，在具体的编目中，
  - ★ 重新构建命名的页：
    - · 也即，对于该文件的目录中的每一页地址，
    - · 将其映射到在页集合中的它的页。

一句题外话：除了抽象函数，我们同样也能够定义它们的"逆"，单射函数：

type
  A, B
value
  wf_A: A → **Bool**, wf_B: B → **Bool**
  abs_A: B $\xrightarrow{\sim}$ A, inj_B: A $\xrightarrow{\sim}$ B-**infset**
axiom
  $\forall$ a:A • wf_A(a) $\Rightarrow$ $\forall$ b:B • wf_B(b) $\Rightarrow$ b $\in$ inj_B(a) $\Rightarrow$ abs_A(b)=A

27.5.3 动作

我们使用新的语义类型来重写动作函数：

动作基调

─────── 形式表述：动作基调 ───────

value
  crea1: Fn → FS1 $\xrightarrow{\sim}$ FS1
  eras1: Fn → FS1 $\xrightarrow{\sim}$ FS1
  put1: (Fn × Pn × PAGE) → FS1 $\xrightarrow{\sim}$ FS1
  get1: (Fn × Pn) → FS1 $\xrightarrow{\sim}$ PAGE
  del1: (Fn × Pn) → FS1 $\xrightarrow{\sim}$ FS1

有五个命令：crea1, eras1, put1, get1 和 del1 （创建、消除、放入、得到和删除）。为了创建一个文件，所需要的全部句法就是一个新的文件名。为了进行更新，需要整个文件系统——并产生一个新的文件系统。我们把剩下的基调的"阅读"留给读者去理解。

创建和消除文件动作

─────── 形式表述：创建和消除文件动作 ───────

value
    crea1(fn)(ctlg,dirs,pgs) ≡
        let d:D • d ∉ **dom** dirs **in** (ctlg ∪ [fn↦d],dirs ∪ [d↦[ ]],pgs) **end**
    pre: f ∉ **dom** ctlg

    eras1(fn)(ctlg,dirs,pgs) ≡
        (ctlg \ {fn},dirs \ {ctlg(fn)},pgs \ **rng** dirs(ctlg(fn)))
    pre: f ∈ **dom** ctlg

创建一个命名了的文件就是"获取"一个新的目录名，令该目录名为在编目中文件名的指代，初始化命名的目录为空，且并不改变页集合。

放入页的动作

─────── 形式表述：放入页的动作 ───────

value
    put1(fn,pn,pg)(ctlg,dirs,pgs) ≡
        if pn ∈ **dom** dirs(ctlg(fn))
            then
                (ctlg,dirs,pgs † [(dirs(ctlg(fn)))(pn) ↦ pg])
            else
                let pa:Pa • pa ∉ **dom** pgs **in**
                let dirs′ = dirs ∪ [ctlg(fn)↦(dirs(ctlg(fn)))]∪[pn↦pa],
                    pgs′ = pgs ∪ [pa ↦ pg] **in**
                (ctlg,dirs′,pgs′) **end end end**
    pre: f ∈ **dom** ctlg

把页放入文件系统，如果已经存在有该名（和由此的地址），则盖写在页集合中该命名页。否则，它"获取"一个新的页地址，并以页名到页地址的关联来扩展适当的目录，接着相应地扩展页的集合。前者是更新，后者是写。

得到和删除页动作

─────── 形式表述：得到和删除页动作 ───────

value

get1(fn,pn)(ctlg,dirs,pgs) ≡ pgs(dirs(ctlg(fn))(pn))
pre: f ∈ **dom** ctlg ∧ pn ∈ **dom**(dirs(ctlg(fn)))

del1(fn,pn)(ctlg,dirs,pgs) ≡
  (ctlg,
  dirs † [ctlg(fn) ↦ (dirs(ctlg(fn))) \ {pn}],
  pgs \ {(dirs(ctlg(fn)))(pn)})
pre: f ∈ **dom** ctlg ∧ pn ∈ **dom**(dirs(ctlg(fn)))

从命名文件得到命名页是在编目所指示的目录中的地址下面的页集合中查找。从命名文件中删除命名页是从目录中删除页名到页地址的关联以及从页集合中删除页。

27.5.4 适当性和充分性

就使用 FS1 来实现 FS0 而言上述语义动作实现的正确性是通过抽象函数来表达的。

我们把正确性考虑"划分"为三个部分：所选择的数据表示的适当性及其充分性，就相应的抽象动作规约而言的每一具体动作规约的正确性。

适当性

—— 形式表述：适当性 ——

axiom
  ∀ fs0:FS0, ∃ fs1:FS1 • inv_FS1(fs1) ⇒ fs0 = abs_FS0(fs1)

具体的文件系统模型就抽象的文件系统模型而言是适当的，如果对于每一抽象的文件系统，相应有一个更加具体的良构的文件系统，它抽象到（即取还为）抽象文件系统。

充分性

—— 形式表述：充分性 ——

axiom
  ∀ fs1:FS1 • inv_FS1(fs1) ⇒ abs_FS0(fs1) ∈ FS0

具体的文件系统就抽象的文件系统模型来说是充分的，如果每一良构的具体的文件系统都抽象到抽象文件系统。

27.5.5 正确性

可比较的结果

为了表达具体动作规约就具体动作规约而言的正确性，我们需要定义在结果（RES）上的抽象函数。

—————— 形式表述：可比较的结果 ——————

type
　　[步骤 0]
　RES0 = FS0 | PAGE
　　[步骤 1]
　RES1 = FS1 | PAGE
value
　abs_RES0: RES1 $\overset{\sim}{\to}$ RES0
　abs_RES0(r) ≡
　　if r ∈ FS1
　　　then if inv_FS1(r) **then** abs_FS0(r) **else** undef **end**
　　　else r **end**

对一个完全具体的文件系统的结果所进行的抽象要求该具体文件系统是不变式，即良构的，然后是其抽象。在这一开发中，具体页并没有不同于抽象页。

正确性表述

—————— 形式表述：正确性表述 ——————

axiom
　[适当性] ∧ [充分性] ∧
　abs_RES0(crea1(fn)fs1) = crea0(fn)fs0 ∧
　abs_RES0(eras1(fn)fs1) = eras0(fn)fs0 ∧
　abs_RES0(put1(fn,pn,pg)fs1) = put0(fn,pn,pg)fs0 ∧
　abs_RES0(get1(fn,pn)fs1) = get0(fn,pn)fs0 ∧
　abs_RES0(del1(fn,pn)fs1) = del0(fn,pn)fs0

其中 '=' "扩展" 到：undef = undef !

这一步骤开发的正确性现在就是：语义类型（即具体数据表示）在这一步是适当的；其具体数据表示是充分的；每一具体操作产生一个结果，它与相应的抽象操作的结果是可比较的。这可以画作两个代数的转换。见图 27.3。

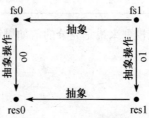

图 27.3   正确性：两个代数的转换（FS0, FS1）

让我们把正确性定理表达地更清楚一些。对于每一抽象（fs0:FS0）和具体（fs1:FS1）文件系统对，其中具体文件系统抽象到抽象文件系统，则我们得到对于各自相应的操作（o0, o1），结果（o0(fs0), o1(fs1)）是可比较的。

27.6 步骤 2：磁盘

27.6.1 数据精化

这一步骤的数据精化涉及目录和页的"聚集"（形成 FS2 的一个构件）也即，上文的 FS1 的 DIRS1 和 PGS1 的构件的"聚集"，称作 DSK2。DIRS1 和 PGS1 被建模为映射，由此 DSK2 将是类似映射的"合并"类型。以前编目和目录映射值域类型分别是目录名和页地址：

$$
\left(
\begin{array}{l}
\begin{bmatrix} f_1 \mapsto d_1, \\ f_2 \mapsto d_2, \\ f_3 \mapsto d_3 \end{bmatrix}, \\
\begin{bmatrix} d_1 \mapsto \begin{bmatrix} p_{11} \mapsto a_{11}, \\ p_{12} \mapsto a_{12} \end{bmatrix}, \\ d_2 \mapsto \begin{bmatrix} p_{21} \mapsto a_{21}, \end{bmatrix} \\ d_3 \mapsto \qquad [\,] \end{bmatrix}, \\
\begin{bmatrix} a_{11} \mapsto g_{11}, \\ a_{12} \mapsto g_{12}, \\ a_{21} \mapsto g_{21} \end{bmatrix}
\end{array}
\right)
$$

"合并"（或"聚集"）类型在其映射定义集中仅有地址。我们把 DSK2 看作对"实际"磁盘的建模。

27.6.2 磁盘类型

"快照"

图 27.4 用于展示整体状态，它由三个部分构成：编目、磁盘目录、磁盘页。编目要在（前台的）存储中，而目录和页要在磁盘中——如围绕后者的矩形所示。形式化捕捉了这一分组。

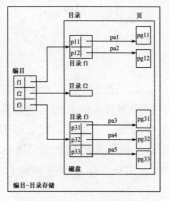

图 27.4　"快照"

27.6.3 FS0、FS1、FS2 类型

具体语义类型

────────── 形式表述：具体语义类型 ──────────

type

    [步骤 0]

  Fn, Pn, PAGE

  FS0 = Fn $\overrightarrow{m}$ (Pn $\overrightarrow{m}$ PAGE)

    [步骤 1]

  Dn, Pa

  FS1 = CTLG1 × DIRS1 × PGS1

  CTLG1 = Fn $\overrightarrow{m}$ Dn

  DIRS1 = Dn $\overrightarrow{m}$ DIR1

  DIR1 = Pn $\overrightarrow{m}$ Pa

  PGS1 = Pa $\overrightarrow{m}$ PAGE

    [步骤 2]

  Adr = Dn | Pa

  FS2 = CTLG2 × DISK2

  CTLG2 = Fn $\overrightarrow{m}$ Adr

  DISK2 = Adr $\overrightarrow{m}$ (DIR2 | PAGE)

  DIR2 = Pn $\overrightarrow{m}$ Adr

也即：

type

  DISK2 = (Dn $\overrightarrow{m}$ DIR2) $\bigcup$ (Pa $\overrightarrow{m}$ PAGE)

这里地址 Adr （像文件名 Fn、页名 Pn、页 PAGE）是未进一步定义的。在映射类型上的 $\bigcup$ 操作符不是真正的 RSL，但无需很麻烦就可以这样。

27.6.4 磁盘类型不变式

    同样，类型定义定义的太多了。除了那些 [从 FS1 的非常类似的定义 "延续" 过来的] 不变式，我们必须（首先）确保（列在编目中的）目录地址真实地表示在磁盘上的目录，列在目录中的页地址真实地表示在磁盘中的页。一旦将其建立起来，我们能够从这一 "试验性良构的" FS2 数据取还 FS1 数据，而这一被抽象的数据必须满足前面所陈述的约束。

────────── 形式表述：磁盘类型不变式 ──────────

value

  inv_FS2: FS2 → **Bool**

wf_Dirs: FS2 → **Bool**

inv_FS2(fs2) ≡ wf_Dirs(fs2) ∧ inv_FS1(abs_FS1(fs2))

wf_Dirs(ctlg,disk) ≡
  ∀ a:Adr • a ∈ **rng** ctlg
    ⇒ a ∈ Dn ∧ disk(a) ∈ DIR2 ∧ ∀ a′:Adr • a′ ∈ **rng** disk(a)
      ⇒ a′ ∈ Pa ∧ disk(a′) ∈ PAGE

27.6.5 磁盘类型抽象

我们把叙述从 FS2 到 FS1 的抽象函数作为练习。但这里还是给出形式化:

———— 形式表述: 磁盘类型抽象 ————

value
  abs_FS1: FS2 $\tilde{\rightarrow}$ FS1
  abs_FS1(ctlg,disk) ≡
    (ctlg,[a ↦ disk(a) | a:Adr • a ∈ **rng** ctlg],disk \ **rng** ctlg)

27.6.6 适当性、充分性、操作和正确性

我们把定义适当性、充分性,语义动作: crea2、eras2、put2、get2 和 del2,以及正确性留作练习。

27.7 步骤 3: 高速缓存

27.7.1 技术考虑

我们列举一些技术约束,它们有助于给出我们下一设计决策的动机。

- 存储空间是昂贵的。磁盘空间不那么昂贵。
- 存储空间访问是快速的。磁盘访问不那么快。
- 由此一些数据在存储中;绝大多数都在磁盘中。
- 由此可访问的数据必须首先被"打开"。

接着我们将了解到(即接下来的)对上文的技术约束我们给出的"设计决策响应"。

27.7.2 高速缓存的目录和页访问

现在我们面临着存储和磁盘的现实情况。通过存储,我们理解一个记忆媒体,对其的信息访问要比我们称之为磁盘的信息访问要快许多数量级! 对(磁盘上的)页的访问要经过编目和目录,而后者也在磁盘上。由此每一页访问有两个磁盘访问。(在这一讨论中,我们认为编目

驻留在存储中）。为了减少磁盘访问，因此我们决定把所要访问的页的那些文件的目录拷贝到存储中。在所产生的模型中，仍认为所有的页都只是存储在磁盘中。

图 27.5 展示了一些目录是如何打开的，也即，是如何高速缓存（也即拷贝）到快速存储中的。

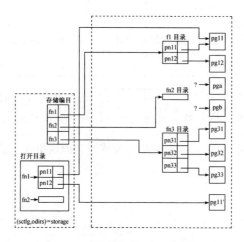

图 27.5   高速缓存的目录和页访问

────────── 形式表述：语义数据类型 ──────────

type

[步骤 0]

Fn, Pn, PAGE

$FS0 = Fn \xrightarrow{m} (Pn \xrightarrow{m} PAGE)$

[步骤 1]

Dn, Pa

$FS1 = CTLG1 \times DIRS1 \times PGS1$

$CTLG1 = Fn \xrightarrow{m} Dn$

$DIRS1 = Dn \xrightarrow{m} DIR1$

$DIR1 = Pn \xrightarrow{m} Pa$

$PGS1 = Pa \xrightarrow{m} PAGE$

[步骤 2]

$Adr = Dn \mid Pa$

$FS2 = CTLG2 \times DISK2$

$CTLG2 = Fn \xrightarrow{m} Adr$

$DISK2 = Adr \xrightarrow{m} (DIR2 \mid PAGE)$

$DIR2 = Pn \xrightarrow{m} Adr$

```
┌─────────────────────────────────────────────┐
│    [ 步骤 3 ]                                 │
│    FS3 = STG3 × DISK3                         │
│    STG3 = CTLG2 × (Fn ⇛ DIR2)                 │
│    DISK3 = DISK2                              │
│ value                                        │
│    open3: Fn → FS3 ⥲ FS3                      │
│    clos3: Fn → FS3 ⥲ FS3                      │
└─────────────────────────────────────────────┘
```

因此数据系统现在由驻留在存储的部分和驻留在磁盘上的另一部分构成。存储部分有两个部分：（那里有的）唯一的编目和打开文件的目录。磁盘部分由所有的目录和所有的页构成，它们被合并为一个映射，就像前一步骤那样。

27.7.3 不变性

```
─────────────────── 形式表述: 不变性 ───────────────────
┌─────────────────────────────────────────────────────────────┐
│ value                                                        │
│    inv_FS3: FS3 → Bool                                        │
│    wf_StgDiskOverlap: FS3 → Bool                             │
│                                                              │
│    inv_FS3(fs3) ≡ wf_StgDiskOverlap(fs3) ∧ inv_FS2(abs_FS2(fs3)) │
│                                                              │
│    wf_StgDiskOverlap((ctlg,odirs),disk) ≡                     │
│       dom odirs ⊆ dom ctlg ∧ ∀ fn:Fn • fn ∈ dom ctlg          │
│         ⇒ odirs(fn)/dom disk(ctlg(fn)) = disk(ctlg(fn))/dom odirs(fn) │
└─────────────────────────────────────────────────────────────┘
```

新的文件系统的良构性有两个部分：首先，在那些驻留在存储中的（打开的）目录和那些驻留在磁盘上的同样的文件之间一定要有"一致性"（被称之为"覆盖"）。第二，从现在更加具体的新的文件系统抽象出来的文件系统必须是不变量。我们了解到打开的（在存储中或驻留其中的）目录比驻留在磁盘上的类似的文件目录要优先。也就是说，在关闭每一目录之前，对打开目录的更新没有传递"回"到磁盘上。

这在抽象函数中得到了反映，它从更加具体的文件系统（步骤 3）中取还"更加抽象的"文件系统（步骤 2）。见下文。

27.7.4 抽象

```
─────────────────── 形式表述: 抽象 ───────────────────
┌─────────────────────────────────────────────────────────────┐
│ value                                                        │
│    abs_FS2: FS3 ⥲ FS2                                         │
```

abs_FS2(stg,dsk) ≡
  (ctlg,disk † [ctlg(fn) ↦ odirs(fn) | fn:Fn • fn ∈ **dom** odirs])

我们把对抽象函数的叙述留给读者。

27.7.5 动作

我们把对更加具体的（步骤 3）动作的规约的注释留给读者。

──────── 形式表述：动作 ────────

开和闭动作

type
  FS3 = STG3 × DISK3
  STG3 = CTLG2 × (Fn $\overrightarrow{m}$ DIR2)
  DISK3 = Adr $\overrightarrow{m}$ (DIR2 | PAGE)
  CTLG2 = Fn $\overrightarrow{m}$ Adr
  DIR2 = Pn $\overrightarrow{m}$ Adr

value
  open3: Fn → FS3 $\overset{\sim}{\to}$ FS3
  clos3: Fn → FS3 $\overset{\sim}{\to}$ FS3

  open3(fn)((ctlg,odirs),disk) ≡
    ((ctlg,odirs ∪ [fn ↦ disk(ctlg(fn))]),disk)
  pre: fn ∈ **dom** ctlg ∧ fn ∉ **dom** odirs

  clos3(fn)((ctlg,odirs),disk) ≡
    ((ctlg,odirs \ {fn}),disk † [ctlg(fn) ↦ odirs(fn)])
  pre: fn ∈ **dom** ctlg ∧ fn ∈ **dom** odirs

创建和放入动作

value
  crea3: Fn → FS3 $\overset{\sim}{\to}$ FS3
  crea3(fn)((ctlg,odirs),disk) ≡
    let dn:Adr/Dn • a ∉ **dom** disk **in**
    ((ctlg ∪ [fn ↦ dn],odirs),disk ∪ [dn ↦ []]) **end**
    pre: fn ∉ **dom** ctlg

put3: Fn × Pn × PAGE → FS3 $\tilde{\rightarrow}$ FS3
put3(fn,pn,pg)((ctlg,odirs),disk) ≡
   if pn ∈ **dom** odirs(fn)
     then
       ((ctlg,odirs),disk † [(odirs(fn))(pn) ↦ pg])
     else
       let pa:Adr/Pa • pa ∉ **dom** disk **in**
       let odirs′ = odirs † [fn ↦ odirs(fn) ∪ [pn ↦ pa]],
         disk′ = disk ∪ [pa ↦ pg] **in**
       ((ctlg,odirs′),disk′)
   end end end
   pre: f ∈ **dom** ctlg ∧ fn ∈ **dom** odirs

消除、得到和删除动作

将它们留作练习！

27.7.6 适当性、充分性和正确性

同样把它们留作练习！提示：回忆一下在 FS2 和 FS3 中 Dn 和 Pa 的非确定性选择。由此假定存在 Dn（对）之间、Pa（对）之间以及 Adr、Dn 或 Pn 之间的一一映射。

27.8 步骤 4：存储崩溃

通过存储崩溃，我们指除去硬盘所保存的信息以外，由存储所保存的信息（即数据）被损坏，且不能再被依赖。

27.8.1 存储和磁盘

编目在存储中维护，如果崩溃发生，它不能再被使用于对磁盘的访问。由此，为了预防数据丢失，编目的拷贝保留在了磁盘之上。不时地，存储（"主"）目录被拷贝到磁盘上——在其上"设置检查点"。当崩溃发生时，认为磁盘是完好的，编目的磁盘拷贝就被复制"回"存储。在最近的检查点和高速缓存恢复之间执行的某些动作必须要被重复的执行。

与图 27.5 相较而言，图 27.6 展示了磁盘上存储（和由此的磁盘）编目的拷贝。

27.8.2 具体语义类型

———— 形式表述：具体语义类型 ————

type
  [步骤 3]
  FS3 = STG3 × DISK2

$$STG3 = CTLG2 \times (Fn \xrightarrow[m]{} DIR2)$$

$$DISK2 = Adr \xrightarrow[m]{} (DIR2 \mid PAGE)$$

$$CTLG2 = Fn \xrightarrow[m]{} Adr$$

$$DIR2 = Pn \xrightarrow[m]{} Adr$$

[步骤 4]

$$FS4 = STG3 \times DISK4$$

$$DISK4 = CTLG2 \times DISK2$$

value

inv_FS4: FS4 → **Bool**

inv_FS4(stg.disk) ≡ consSTG(stg,disk) ∧ consDISK(disk)

consSTG: FS4 → **Bool**

consDISK: DISK4 → **Bool**

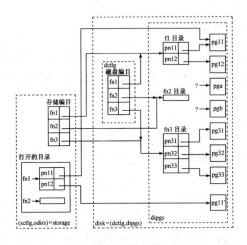

图 27.6   复制编目

27.8.3 不变性

第四步文件系统设计的良构性是一致的存储和一致的存储-磁盘页的合取。

27.8.4 一致的存储和磁盘

一致的存储

一致性的存储令全部打开的（由此在存储中的）目录名是磁盘目录的子集。另外，当从存储目录和另外定义的磁盘目录检索磁盘系统时，该当前磁盘系统，被限制（/）到那些可以从存储目录到达的页（as，不包括空的、旧页面），但扩展了（†）可从存储目录到达的磁盘系统（ds），应当是磁盘系统 2 （即 DIR2）不变量。

———————— 形式表述：一致的存储 ————————

```
value
   consSTG: FS4 → Bool
   consSTG((ctlg,odirs),(,dipgs)) ≡
      dom odis ⊆ dom ctlg
      ∧ inv_FS2(ctlg,currentSDiPgs((ctlg,odirs),dipgs))


   currSDiPgs: (STG3×(Fn ⇸ DIR2))×DISK2 → DISK2
   currSDiPgs((stg,odirs),dipgs) ≡
      let as = currSAddrs((ctlg,odirs),dipgs) in
      let ds = [ctlg(fn)↦odirs(fn)|fn:Fn•fn ∈ dom odirs] 
      in (disk / as) † ds end end


   currSAddrs: (STG3×(Fn ⇸ DIR2))×DISK2 ⥲ Adr-set
   currSAddrs((stg,odirs),dipgs) ≡
      let das = rng ctlg,
          opas = ⋃ { rng dir | dir:DIR2 • dir ∈ rng odirs},
          cpas = ⋃ { rng dipgs(a) | a:Adr • a ∈ { ctlg(fn)
                            | fn:Fn • fn ∈ dom ctlg \ dom odirs}} in
      das ∪ opas ∪ cpas end
```

一致的磁盘

当前磁盘系统仅包括那些可以从磁盘编目"到达"（即在其中被编址的）的页。

———————— 形式表述：一致的磁盘 ————————

```
type
   DISK4 = CTLG2 × DISK2
         = (Fn ⇸ Adr/Dn) × ((Adr/Pa) ⇸ ((Dn ⇸ Adr) | PAGE))
value
   consDISK: DISK4 → Bool
   consDISK(dctlg,dipgas) ≡ inv_FS2(dctlg,currDDiPgs(dctlg,dipgas))


   currDDiPgs:  DISK4 → Bool
   currDDiPgs(dctlg,dipgs) ≡ dipgs / currDAddrs(dctlg,dipgs)


   currDAddrs: DISK4 ⥲ Adr-set
```

currDAddrs(dctlg,dipgs) $\equiv$
 let das = **rng** dctlg **in**
 let pas = $\bigcup$ { **rng** dipgs(a) | a:Adr • a $\in$ das } **in**
 das $\cup$ pas **end end**

27.8.5 抽象

人们可以基于存储编目或者基于磁盘编目来抽象（即取还）到步骤 3。相应的取还函数所使用的限制函数与上文分别为存储和磁盘子系统的一致性所定义的相同。

———————— 形式表述：取还函数 ————————

从存储：

value
 abs_FS3_STG: FS4 $\overset{\sim}{\to}$ FS3
 abs_FS3_STG((sctlg,odirs),(,dipgs)) $\equiv$
  ((sctlg,odirs),dsk/CurrSAddrs(sctlg,dipgs))

从磁盘：

value
 abs_FS3_DSK: FS4 $\overset{\sim}{\to}$ FS3
 abs_FS3_STG(,(dctlg,dipgs)) $\equiv$
  ((sctlg,[ ]),dipgs/CurrDAddrs(sctlg,dipgs))

27.8.6 垃圾收集

在垃圾收集中，我们删除所有那些从当前存储和磁盘目录不能再"到达"的页面。

———————— 形式表述：垃圾收集 ————————

value
 GarbColl: FS4 $\overset{\sim}{\to}$ FS4
 GarbColl((sctlg,odirs),(dctlg,dipgs)) $\equiv$
  let sas = currSAddrs((sctlg,odirs),dipgs),
   das = currDAdrs(dctlg,dipgs) **in**
  ((sctlg,odirs),(dctlg,dipgas/sas $\cup$ das)) **end**

27.8.7 新动作

检查和崩溃动作

对文件进行检查点操作是指以该文件的存储目录的最近版本来更新磁盘。对于其，"获取"了一个新的地址，且存储和磁盘的编目适当地进行了更新。

─────── 形式表述：检查和崩溃动作 ───────

value

    check: Fn → FS4 $\overset{\sim}{\to}$ FS4

    check(fn)((sctlg,odirs),(dctlg,dipgs)) ≡

        let a:Addr • a ∉ **dom** dipgs **in**

        ((sctlg † [fn ↦ a],odirs),

                (dctlg † [fn ↦ a],

                      dipgs ∪ [a ↦ odirs(fn)])) **end**

    pre: fn ∈ **dom** sctlg ∧ fn ∈ **dom** odirs

    crash: () → FS4 $\overset{\sim}{\to}$ FS4

    crash()(,(dctlg,dipgs)) ≡ ((dctlg,[ ]),(dctlg,dipgs))

崩溃这里指使得存储编目为空。

27.8.8 一些以前的命令

开和闭动作

我们把"追踪"就步骤 3 而言开和闭命令的规约变化留给感兴趣的读者。

─────── 形式表述：开和闭动作 ───────

value

    open4: Fn $\overset{\sim}{\to}$ FS4 $\overset{\sim}{\to}$ FS4

    open4((sctlg,opdirs),(dctlg,dipgs)) ≡

        ((sctlg,odirs ∪ [fn ↦ dipgs(sctlg(fn))]),(dctlg,dipgs))

    pre: fn ∈ **dom** sctlg ∧ fn ∉ **dom** odirs

    close4: Fn $\overset{\sim}{\to}$ FS4 $\overset{\sim}{\to}$ FS4

    close4((sctlg,opdirs),(dctlg,dipgs)) ≡

        let a:Adr • a ∉ **dom** dipgs **in**

        ((sctlg † [fn ↦ a],odirs \ {fn}),(dctlg,dipgs ∪ [a ↦ odirs(fn)])) **end**

    pre: fn ∈ **dom** odirs

放入动作

———— 形式表述：放入动作 ————

value
    put4: Fn × Pn × PAGE $\xrightarrow{\sim}$ FS4 $\xrightarrow{\sim}$ FS4
    put4(fn,pn,pg)((sctlg,opdirs),(dctlg,dipgs)) ≡
        let a:Adr • a $\notin$ **dom** dipgs **in**
        ((sctlg,odirs † [fn $\mapsto$ odirs(fn) † [pn $\mapsto$ a]]),
                (dctlg,dipgs ∪ [a $\mapsto$ pg])) **end**

放入动作类似于检查文件的动作。

27.9 步骤 5：扁平化存储和磁盘

27.9.1 "扁平"存储和磁盘

　　开发的前一步骤中将磁盘建模为由编目和"前一"磁盘模型构成的对。现在我们把前者"合并"到后者之中。

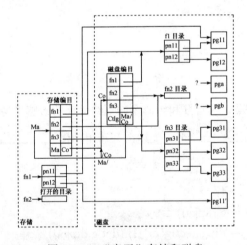

图 27.7　　"扁平"存储和磁盘

图 27.7 实际上非常类似于图 27.6。在前图中，一些虚线（磁盘）框（磁盘编目和磁盘页）以及实线存储框（打开的目录）表明了可分开访问的磁盘和存储区。现在它们都"合并"起来，成为一般可寻址的。

———— 形式表述："扁平"存储和磁盘 ————

从前一模型，我们有：

type

[步骤 3]

FS3 = STG3 × DISK2

STG3 = CTLG2 × (Fn $\underset{m}{\to}$ DIR2)

DISK2 = Adr $\underset{m}{\to}$ (DIR2 | PAGE)

CTLG2 = Fn $\underset{m}{\to}$ Adr

DIR2 = Pn $\underset{m}{\to}$ Adr

[步骤 4]

FS4 = STG3 × DISK4

DISK4 = CTLG2 × DISK2

使用一些前面的类型来定义，我们得到：

[步骤 5]

Loc, Adr

FS5 :: STG5 × DISK5

STG5 = ({master} $\underset{m}{\to}$ SCTLG5) $\bigcup$ (Loc $\underset{m}{\to}$ DIR5)

DISK5 = ({copy} $\underset{m}{\to}$ DCTLG5) $\bigcup$ (Adr $\underset{m}{\to}$ (DIR5|PAGE))

SCTLG5 = ({master} $\underset{m}{\to}$ {copy}) $\bigcup$ (Fn $\underset{m}{\to}$ DAdr)

DCTLG5 = ({ctlg} $\underset{m}{\to}$ {master,copy}) $\bigcup$ (Fn $\underset{m}{\to}$ Adr)

DAdr = Adr × Ref

Ref == nil | Loc

27.9.2 "其他"

我们把不变式、抽象函数、动作、适当性、充分性、正确性的定义留给读者作为练习。

27.10 步骤 6：磁盘空间管理

27.10.1 问题

请参考图 27.8。通常我们可以把存储和磁盘看作都是由（由此两个的）段的有限集合构成。在任何时候，对于存储和磁盘编目、目录和文件页，这些页中的一些正在使用。在任何时候，其余未使用的段就是"自由的"。因此，我们决定维护到自由段的引用"列表"（实际上是集合）。

可以为新的文件（磁盘）页或新的文件（存储或磁盘）目录分配自由段。这样的分配从适当的"自由列表"中删除了一个对自由段的引用。每当目录和文件页被删除且使得存储和磁盘编目和目录相对应，则可以应用垃圾收集。现在垃圾收集把对垃圾收集了的段的引用"返回"给"自由列表"。

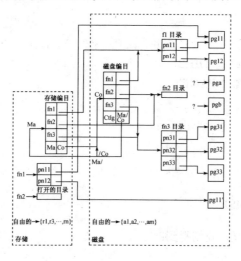

图 27.8   空间管理

27.10.2 "其他"

我们把类型、不变式、抽象函数、动作、适当性、充分性、正确性的定义留给读者作为练习。

27.11 讨论

27.11.1 概述

一次漫长之旅结束了。我们"逐渐地"以小的、一致的步骤展开了软件构件设计。以一个"小"系统构件为基础,我们一一添加上了另外的性质。一些性质是由领域需求的考虑所确定的。其他的性质是由机器需求的考虑所确定的。一些"新添加的"性质可以通过新的命令来调用。其他"新添加的"性质则"总是"在那里。为了适当地阅读和理解本章,读者必须仔细的阅读并确保理解每一细微的步骤、其设计决策,即规约的每一行,以及其宏观步骤。真正的理解需要耐心,需要读者回答给出的练习。

同样我们逐步展示的设计细节紧密集结起来,展示了方法原则和技术。逐步展开就是这样的一条原则。在每一步骤,特别是从一步到下一步的变迁之中,有子原则和技术。这些包括考虑和定义不变式(即良构性);把"更加具体的步骤"关联到"更加抽象的前一步骤",并由此定义抽象函数;考虑逐步精化和扩展的正确性,以及由此建立正确性标准。作为一个原则问题,即一个元原则,本书没有展示实际的正确性证明。

这一章的主要内容可以总结如下:在设计有许多概念的系统之时,通过精化和扩展的阶段来这样做。也即,一次引入少许概念。粗略描述不变式、抽象函数和正确性标准。基本上在每一步骤重新定义语义函数。了解一下对当前步骤的设计决策是否有把握是一个好的方式。

27.11.2 原则和技术

我们总结一下:

原则：另一个构件开发的原则是可能有助于发现新的、在初始时（即需求开发期间）未预见的需求。∎

原则：构件开发的一个可能性是逐步展开外部可观测的性质。也即，扩展了处理一些但非全部需求的体系结构以逐步满足另外的需求。∎

原则：另一个构件开发原则是逐步精化或逐步扩展：或者使得数据类型更加具体同时重新定义在这样的数据类型上的操作（精化），或者"添加"另外的操作（扩展）。在多达若干个的步骤中这样做。∎

技术：构件开发的相应技术包括如下的开发：不变式（良构性）、抽象（和单射）函数、适当性和充分性关系、更加具体化操作（动作）定义、正确性陈述和可能的证明。∎

27.12 文献评注

本章所勾勒的文件系统是基于 Stoy 和 Strachey 的非常优雅的操作系统 OS6 [344]。本模型的工作从 [3] 中的条目 (4) 所记录的 Abrial 的方法得到提示。

27.13 练习

27.13.1 序言

请参考第 1.7.1 节，关于列出的贯穿全文的 15 个领域（需求和软件设计）示例；并请参考第 1.7.2 节的介绍性评述，关于"选定主题"这一术语的使用。

27.13.2 练习

练习 27.1～27.4 假定你已经选择一个主题，在给出一系列关于这一选定的主题的解答，即前面章节练习的解答和本章练习的解答。练习 27.5～27.13 特定于本章。你可能希望先动脑筋处理后面的这些练习。

练习 27.1 非形式的：特定主题的系统，初始构件 Γ_{i_0}。 对于由你选定的固定主题。且基于练习 26.1 的解答，为三个过程构件 $\Gamma_{1_0}, \Gamma_{2_0}, \Gamma_{3_0}$ 中的每一个给出一个主状态，如 Σ_{i_0}（类似于本章的文件系统：FS0 是一个状态），以及在这些之上的一些动作，即 α_{i_j}，这里 $j = 1, 2, \ldots, n_i$（即操作和函数）。描绘某一状态结构（图 27.1 是这样的一个描绘），并叙述一些动作（等等）。（Σ_{i_0} 和 $\{\alpha_{1_1}, \alpha_{1_2}, \ldots, \alpha_{1_{n_1}}\}$ 一起构成了 Γ_{i_0}。）

练习 27.2 形式的：特定主题的系统，初始构件 Γ_{i_0}。 本练习接着练习 27.1。基于你的非形式规约，现在形式化每一 Γ_{i_0}：状态 Σ_{i_0} 和在 Σ_{i_0} 之上的动作（操作和函数）。

练习 27.3　非形式的：特定主题的系统，具体构件 Γ_{i_k}。　本练习接着练习 27.1。为每一构件 Γ_i 给出你所选定的状态和操作的一序列的一个或者多个步骤的开发：画出描绘图（类似于图 27.2 和 27.4~27.8），并叙述不变性、抽象、适当性、充分性、动作和正确性规约的选择。

练习 27.4　形式的：特定主题的系统，具体构件 Γ_{i_k}。　本练习接着练习 27.3。基于你的非形式规约，现在形式化每一 Γ_{i_k}：状态 Σ_{i_k} 和 Σ_{i_k} 之上的动作（操作和函数）。

练习 27.5　抽象函数叙述：abs_FS2。　请参考第 27.6.5 节。为从类型 FS2 的值到类型 FS1 的值的抽象函数给出简要叙述。

练习 27.6　非形式的：步骤 2 的适当性、操作和正确性。　请参考第 27.6.6 节。叙述适当性和充分性的关系，create2、erase2、put2、get2 和 delete2 动作，以及就步骤 1 而言步骤 2 的正确性陈述。

练习 27.7　形式的：步骤 2 的适当性、充分性、操作和正确性。请参考第 27.6.6 节和练习 27.6。形式化练习 27.6 中所提问题的解答。

练习 27.8　非形式的：步骤 3 消除、得到和删除动作。　请参考第 27.7.5 节。叙述如定义在 FS3 之上的 erase2、get2 和 delete2 动作。

练习 27.9　形式的：步骤 3 消除、得到和删除动作。　请参考第 27.7.5 节和练习 27.8（上文）。形式化如定义在 FS3 之上和练习 27.8 所叙述的 erase2、get2、delete2 动作。

练习 27.10　非形式的：步骤 3 适当性、充分性和正确性。　请参考第 27.7.6 节。为步骤 3 叙述适当性、充分性和正确性标准。

练习 27.11　形式的：步骤 3 适当性、充分性和正确性。　请参考第 27.7.6 节和练习 27.10。为步骤 3 形式化适当性、充分性、正确性标准。

练习 27.12　形式步骤 5："其他"。　请参考第 27.9.2 节。为步骤 5 叙述和形式化不变式、抽象函数、动作函数定义，适当性、充分性和正确性标准。

练习 27.13　形式步骤 6："其他"　请参考第 27.10.2 节。为步骤 6 叙述和形式化不变式、抽象函数、抽象函数定义，以及适当性、充分性和正确性标准。

28

特定领域的体系结构

- **学习本章的前提**：你已经牢牢地掌握了绝大多数前面的内容，以及非常熟悉如编译器系统、操作和实时系统、数据库系统、管理数据处理系统、数据通信系统等概念。
- **目标**：与 Michael Jackson 相反，我们主张没有一个"方法"，即没有一套全面的原则和技术集合，对所有的软件开发来说是足够的，介绍问题框架集合的概念，其中每一框架有其多样性，如领域、需求和设计技术，以及特别举例说明如翻译、信息储存库、客户端/服务器、工件、反应系统和连接框架。
- **效果**：使得你—— 软件工程师—— 更好地选择最"适合的"问题框架，和由此的模型和开发原则、技术和工具。
- **讨论方式**：从系统到形式的。

28.1 前言

基本想法是：我们能够为一类清晰描述的软件包和系统的开发建议一个特殊的原则、技术和工具集合吗？基本答案是：是的，对某些这样标识的类来说我们能够。由此这一章就"全部"是关于它！

28.1.1 概述

请参考 Michael Jackson 关于问题框架的工作 [185,187]。

28.1.2 一些定义

特性描述：通过软件体系结构，我们理解两个或多个（软件）构件使用一个或者多个（软件）连接器的特定复合。

特性描述：通过构件，我们理解一个句法事物，其语义可以看作一个代数，也即一个实体集合和一个实体上的函数集合。我们深入这一理解，把构件看作进程，可能有许多选择性行为的进程。

特性描述：通过构件功能性，我们理解由构件的进程定义所规约的可分别调用的构件的函数—— 其中调用是通过从构件环境来的输入通信实现的。

特性描述：通过连接器协议，我们理解一个或者多个被连接构件的进程定义所规约的事件迹（即输入/输出行为）的集合。

特性描述：通过未解释的软件体系结构，我们几乎将其等同于软件体系结构，除了我们没有假设构件功能性和连接器协议以外。   ■

特性描述：通过实例化的软件体系结构，我们理解构件功能性和连接器协议已经得到规约的软件体系结构。   ■

特性描述：通过泛型软件体系结构，我们理解一个未解释的体系结构，其各自的实例化实现了在其他方面认为不同的需求。   ■

28.1.3 关于体系结构

第 26 章"软件体系结构设计"举例说明了一种软件体系结构。让我们假定如图 26.6 的该体系结构的构件和连接（即进程和通道）是未解释的。也即我们不规约任何构件（即框）的函数（即过程），或者在任何通道（即箭头）上的消息协议。

现在问题是：人们能否标识出许多不同的需求而它们又能够籍由相同的泛型软件体系结构通过某种方式来得以实现，也即通过重复使用一样的构件和连接复合，但通过定义不同的构件函数和不同的连接协议。人们能否标识出许多泛型体系结构，即足够相异的（见下文）构件和连接复合，其中对于每一复合，构件函数和连接协议的实例化都产生了有意义地实现了各自（一些）需求的软件体系结构吗？这一章肯定地回答了后一问题。

上文使用的"通过某种方式来得以实现"需要一个解释。通过"通过某种方式来得以实现"我们指未解释的软件体系结构的实例化，其中产生的软件体结构实现了需求。上文使用的"足够相异的"同样也需要一个解释。对于两个（可能未解释的）软件体系结构要足够相异，我们需要类似于不同的构件（连接）拓扑结构、构件的数量可能不同、连接器的连线模式可能不同的事物。

28.1.4 问题框架

上文提到的肯定回答将通过展示许多我们称为问题框架的事物来给出。

特性描述：通过问题框架，我们将理解一个问题的集合，它们部分的或全部的软件解决方案可以在一个相同的泛型软件体系结构中得以表达。   ■

我们标识出如下的问题框架在下面的节中讨论：

- **翻译器框架**： 问题的集合：各种各样的程序设计语言的描述，以及对这些程序设计语言的解释器和编译器的分别规定的需求的实现。
- **信息储存库框架**： 问题的集合：实际生活中储存库系统（保存和维护大量信息的系统）的描述，以及对这样计算机化了的信息系统（即数据库系统）所规定需求的定义和实现。
- **客户端/服务器框架**： 问题的集合："主仆"（即"客户端和服务器"）系统的描述，以及对我们称之为客户端/服务器系统所规定的规约的实现。也即，领域或软件，在领域中或对于软件来说许多主体（即客户端）可以具有一些令共享主体（即服务器）来处理的函数（即一些服务）。

- **工件框架：** 问题的集合：典型地管理性或基于设计的活动的描述，以及对这些基于文档或工件的行动所规定的需求的时限：从公共管理（比如国家税务局［税和货物税］），到私人服务行业（如保险公司），再到如 CAD/CAM 的设计开发。

- **工作流框架：** 问题的集合：对系统的描述和所规定的需求的实现。这些系统可以由如在生产（即制造）、物流和运输、以及保健（即医院）中的人、（其他）资源、材料、信息和控制的流和交互来很好地刻画。

  我们在卷 2 第 12 章的第 12.5 节举例说明了工作流框架的概念。

- **反应系统框架：** 问题的集合：对在如汽车、飞行器、发电厂、水泥厂和炼油厂中的机械、电子机械、化学过程的监测和控制的描述和所规定的需求的实现。

- **连接框架：** 问题的框架：连接系统的描述和所规定的需求的实现——其中强调连接，即可能嘈杂的数据连接或消息通道协议——如敏感器和执行器，比如可能通过电信（无论无线或有线）一方面连接到人或机械过程，另一方面连接到计算机。

请注意上文句子的一般模式："问题集合：对 ... 的描述和 ... 所规定的需求的实现"。这些句子揭示了由三个部分构成的问题框架的适当描述：领域的一般刻画，需求的一般刻画，以及最后特定领域的软件体系结构刻画。

28.1.5 章节结构

本章其余的结构沿一系列的节进行，每一上文所列的问题框架都有一个，之后跟有复合问题框架的一个讨论。每一节都有相应于领域、需求、软件体系结构设计的子节。

28.2 翻译器体系结构

本节的目标是给出解释器和编译器软件的著名的体系结构的动机。

特性描述： 通过翻译器框架，我们理解问题的集合：对各种各样的程序设计语言的描述以及这样的程序设计语言的解释器和编译器所规定的需求的实现。 ∎

28.2.1 翻译器领域

翻译的基础领域： 如果能够使用两种形式语言来表达领域：它们的形式句法（L_1, L_2）和语义（D_1, D_2, M_1, M_2），则我们就有翻译的问题框架基础。 ∎

type
    L_1, L_2, D_1, D_2
value
    $M_1: L_1 \overset{\sim}{\to} D_1,$
    $M_2: L_2 \overset{\sim}{\to} D_2$

通常，对于形式语言来说，意义函数 M_1, M_2 可以表达为两个函数的复合：静态语义和动态语义函数（Mss_i, Mds_i）：

value

    Mss_i: $L_i \rightarrow$ **Bool**

    Mds_i: $L_i \rightarrow D_i$

    $M_i(p_i) \equiv$ **if** $\text{Mss}_i(p_i)$ **then** $\text{Mds}_i(p_i)$ **else** $\perp$ **end**

翻译领域： 如果我们此外具有两个语言的语义领域之间的一个抽象或取还函数集合，则我们就有了翻译框架（图 28.1）。

为了表达取还关系，我们假定"状态"的概念，D_1 的子集 S_1 和 D_2 的子集 S_2 。[1] 则：

- 取还（Retrieve）： R: $S_2 \rightarrow S_1$;
- 抽象（Abstraction）： A: $D_2 \times D_1 \rightarrow$ **Bool**.

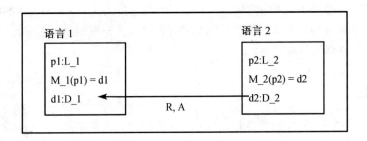

图 28.1　翻译领域

28.2.2 翻译器需求

翻译需求定义了翻译器 T 的最小要求是什么，即翻译保留语义，也即：L_1 中的抽象程序 p_1 的意义 M_1 由具体的、T 翻译的 L_2 中的程序 p_2 的意义 M_2 以某种方式（即 A）保留下来。我们没有对意义作出假设，而是假设可比较的（R）抽象和具体的状态，然后"运行"这些状态上的意义。

翻译需求： 翻译器 T 的需求使用了图的转换来表达。

- 转换： $R(s_1, s_2) \supset A(M_1(p_1)s_1, M_2(T(p_1)s_2))$.

如果状态是可比较的，则抽象和翻译的（T）程序的解释（M）也是。

交互诊断和编辑需求属于类似于工件的框架。

---

[1] 目前，除了状态以外，对其他的了解并不重要！

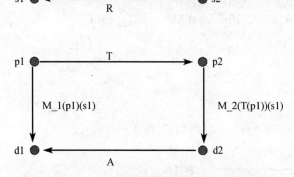

图例: p1,p2: L_1,L_2的文本; d1,d2: D_1,D_2的指称
　　　　s1,s2: D_1,D_2中的指称 ("状态")
　　　　R: "状态"间的取还函数到 (关系)
　　　　T: 从L_1到L_2的翻译函数
　　　　A: 指称之间的抽象函数 (关系)

图 28.2　翻译需求

28.2.3 翻译器设计

翻译器（编译器）设计:　遵循一个编译器设计范型，我们可以把程序组织结构化为:

- **词法扫描器:**　在词法扫描器中，输入语言（L_1）文本令其单个的字符组装起来，即"翻译为"标符。
- **句法分析器:**　在句法分析器中，对标符的线性序列进行语法分析，也即: "翻译"为 PS_1 语言的语法解析（即树状）文本。
- **静态语义分析器:**　静态语义分析器实现 Mss_1。
- **"优化器":**　"优化器"可以重新组织抽象的 PS_1 的文本，使得后面的代码生成器能够生成所谓的"高效"文本。
- **代码（文本）生成器:**　代码生成器"实现" Mds_1 的一些部分，使得图互相转化。所产生的文本通常是抽象标符或具体字符的线性序列，包括空格、换行等等。

翻译器函数

type TK$_1$, PS$_1$
value
　　LS: $L_1 \overset{\sim}{\to} TK_1$　　　/∗ 词法扫描器（Lexical scanner）∗/
　　PS: $TK_1 \overset{\sim}{\to} PS_1$　　　/∗ 语法分析器（Parser）∗/
　　SA: $PS_1 \to \mathbf{Bool}$　　/∗ 静态分析（Static Analysis）∗/
　　OPT: $PS_1 \to PS_1$　　/∗ 优化器（Optimiser）∗/
　　CG: $PS_1 \to L_1$　　　/∗ 代码生成器（Code Generator）∗/
axiom
　　∀ p$_1$:L$_1$, ∃ s$_1$:S$_1$, s$_2$:S$_2$ •

$$R(s_1,s_2) \Rightarrow \textbf{let } ps = PS(LS(p_1)) \textbf{ in}$$
$$SA(ps) \Rightarrow A(M_2(CG(ps)(s_2)),M_1(p_1)(s_1)) \textbf{ end}$$

多遍编译器

整体是一个多遍编译器（翻译器），通常如图 28.3 所示。

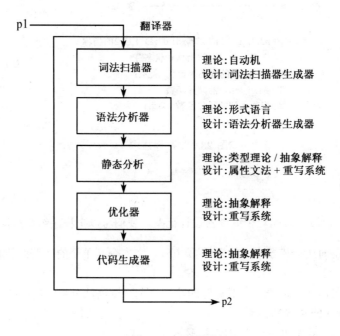

图 28.3　翻译设计

与第 26 章使用框（作为过程）和箭头（作为通道）来表示体系结构的形式相一致，使用前一形式来展示图 28.3（图 28.4）。

图 28.4　简单编译器体系结构

词法扫描器框左面的双箭头指：（左部）输出箭头指代词法扫描器想要输入下一字符。（左部）输入箭头指代词法扫描器接受这样的字符输入。在框间的双箭头指：（左部）输出箭头指代框过程准备好接受更多的输入。（左部）输入箭头指代框过程接收这样的输入。（右部）输出箭头指代该框过程准备好递交输出。（右部）输入箭头指代该框过程得到请求，令其递交这样的输出。代码生成器框右部的单箭头指：代码生成器框准备好要递交输出，以及把输出递交。

通过多遍程序，我们指反复读取可以看作"相同输入"的事物的程序。通过多遍编译器，我们指一个编译器，它首先读取一个外部输入，即程序字符列表，并以标符序列的形式"构建"内部表示。然后它读取标符序列，对其语法分析，并以语法分析树的形式"构建"内部表示。接着多遍程序读取该语法分析树，以静态分析的结果对其注释，由此以注释的语法分析树的形式"构建"新的内部表示。

然后它读取注释的语法分析树，重新组织子树（为了反映"优化"），由此"构建"新的内部表示，仍然采用注释的语法分析树的形式；最后读取该注释的，可能"优化了的"语法分析树，并由此决定产生什么样的代码。

编译器的多遍"特性"能够重新解释为一遍编译器：不是把构建过程理解为并行过程，可以把其看作协同例程。

28.2.4 翻译器开发的过程图

在这一节，我们"避开"本章的主要目的以简要地考虑一下，人们如何结构化大型的、复杂的、这里是并行的程序设计语言编译器的整体开发。请参考图 28.5。

我们依次考虑开发的三个时期：首先，领域和需求工程，接着为软件设计准备一些材料，最后是软件设计。

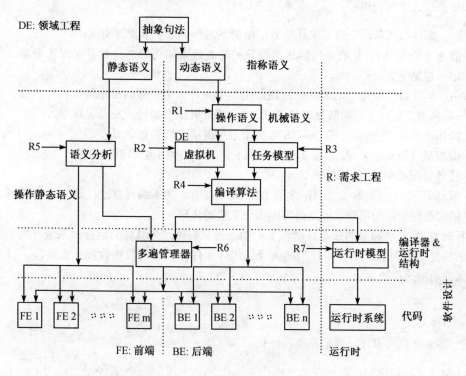

图 28.5　编译器开发图

领域工程

在这一仅考虑程序设计语言本身最内在的一些方面，而不是程序设计人员所使用方式的情况中，领域工程相当于如下的描述：

- **句法：** BNF 和我们这里抽象的 RSL 句法的精确描述，以及它们之间适当的关系。
- **静态语义：** 所有语言文本的句法良构性的精确描述。
- **动态语义：** 所有语言文本的语义意义的精确描述。对于并行程序设计语言来说，动态语义蕴含了抽象的任务模型（即并发任务如何同步和交换信息的模型）的描述。

软件设计

为了系统阐述需求（在我们的示例说明中，它们被命名为 R_1, R_2, R_3, R_4, R_5, R_6 和 R_7，在下文对它们予以进一步解释），即为了令阐述（R_i）精确，人们必须首先规定编译器和运行时系统必须做什么：

- **"前端"：** "前端"检查所有静态可判定地句法约束，也即，名字的定义必须先于使用，操作数表达式具有正确的类型等等。
- **"后端"：** "后端"为目标计算机生成了代码。
- **运行时系统：** 比如，运行时系统 (i) 处理串行计算机上的并行程序的串行，或者 (ii) 并行计算机上并行程序任务之间的同步和通信，或者 (iii) 关于其的组合。

为了使得需求的阐述（$R_1, R_2, R_3, R_4, R_5, R_6$ 和 R_7）精确，我们发现在开发的各个阶段精化静态和动态语义非常有用：

- **前端：** 编译器"前端"的需求开发通常由如下的一个或多个步骤构成：
  - ★ **静态分析精化：** 从通常所描述的抽象的静态语义，为静态分析开发逐步更加具体的规定。详见下文。
- **后端：** 编译器"后端"的需求开发通常由一个或者多个步骤的动态语义精化构成。我们在这一系列关于软件工程的教材的卷 2 第 16~18 章展示了如何开发后端规定。
  - ★ **操作语义：** 参见卷 2 第 16~18 章关于宏扩展语义的各自章节。
  - ★ **虚拟机（设计）：** 参见卷 2 第 16 章第 16.7 节，关于机器语言的设计。
  - ★ **任务分配模型：** 参见卷 2 第 19 章。
  - ★ **编译算法：** 参见卷 2 第 16 章第 16.8~16.10 节，关于编译算法。这一规定说明了对于语言的每一短句部分编译器必须生成什么样的代码。
- **运行时模型：** 从抽象的任务分派模型的动态语义描述，为具体的运行时系统开发了规定和它所应处理的内容：从"运行"的编译代码（即任务）它可以接收到什么调用，以及它必须如何响应这样的调用。

需求

为了进一步解释软件设计，我们需要首先提及（一些）需求：

- R_1：编译了的程序要在单处理器（硬件平台）上执行。
- R_2：一个同样的编译了的程序要在不同的单处理器体系结构（硬件平台）上执行。
- R_3：编译了的程序不应依赖于任何计算机操作系统，除了为这一程序设计语言专门设定的运行时系统（软件平台）。
- R_4：编译了的程序应"适于"128K 字节内的存储编址空间。
- R_5：编译器前端本身应适于 128K 字节内的存储编址空间。

- R_6：类似地，编译器后端应适于 128K 字节内的存储编址空间。
- R_7：编译器应编译不定大小的程序。

软件设计——回顾

　　在为一些设计决策做准备中，让我们回顾一些编译的可能性，它们根植于编译器可能如何规定程序文本的遍历。

语法解析树遍历： 请参考图 28.6。它展示了语法解析树，三个自左向右的遍历：前、中、后序遍历。

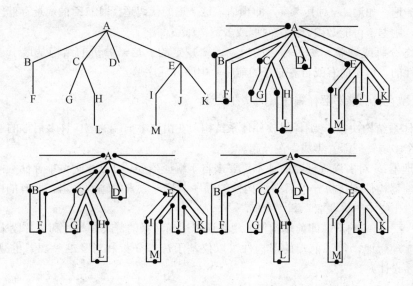

图 28.6　　自左向右的语法解析树遍历

- **线性遍历：** 为了能够满足编译器需求 R_5, R_6 和 R_7，我们决定在"前台"存储中只保存程序的一部分，即语法解析树的一部分，它"位于"短句树的根和前端或后端的任何部分当前所处理的节点之间的路径之上。
- **自左向右和自右向左的遍历：** 人们可能希望利用向前（自左向右）和向后（自右向左）遍历语法分析树的可能性。[2] 要自右向左遍历的一个原因是收集在其"使用"之前的向前跳程序点（标号）。所以人们应当阅读静态分析和编译算法规约的具体规定，目的是确定一遍又一遍之中要使用哪一遍历。
- **前、中、后序遍历：** 对语法分析树节点的处理可以仅通过前序，或者中序，或者后序的方式来进行，同样这依赖于当前在考虑哪一遍。

多遍编译器： 由此总共有六种可能的遍历顺序。每一遍历都相应一遍。

---

[2] 在特殊的硬件上，特别是存储体系结构，最为显著的是磁盘体系结构，人们能够从后备存储以相反的顺序读取曾被写入的内容，且具有一定的访问时间便利。

- **规定分析**： 所以需要审查前端和后端规定，即（开发最后一步的）静态分析和编译算法：
  - ★ 需要逐行地阅读这些文档。对于每一行，乃至行的一小段，需要确定该行（段）所规定的内容应当在第一遍，还是第二遍等等，来实现。
  - ★ 也即，在最早的哪一遍编译器可以遵从该规定。
  - ★ 对于每一遍，需要进一步确定遍历最恰当的形式：自左向右或者自右向左，以及前序、中序或后序。
  - ★ 在上文三个条目中所勾勒的决策彼此相互影响。
- （静态分析和编译算法）这一分析的结果是最小数量的逻辑的、线性的、自左向右或自右向左的前序、中序或后序遍。
- 对于每一遍，如遍 i，对其考察，即预估，这一遍的代码适于 128K 的编址存储空间。如果不适合，则遍 i 可能必须分解为两遍或多遍：$i_1, \ldots, i_{i_n}$。
- （在静态分析或编译算法所标记的每一遍 i 规定的）这一分析的结构是最小数量的物理的、线性的、自左向右或自右向左的前序、中序或后序遍。

基于上文，现在我们能够解释编译器的软件设计。

- **主要的体系结构决策**： 编译器软件体系结构现在由许多前端的遍，许多后端的遍构成——通过一个多遍管理器"集成"在一起。
- **多遍管理器**： 对多遍管理器的基本需要来自于编译器要适于 128K 编址存储空间的需求：多遍管理器构件安排每一前后端遍构件的顺序，管理原来的输入文本、所有的中间文本、最终的输出文本的"获取"和"存储"。
- **前端**： 每一前端的遍（即前端构件）现在通过适当注释的静态分析行和行片段来规定。
- **遍 F_1**： 理想地，每一前端的遍构件可以仅基于静态分析和对多遍管理器的规约来编码（即程序设计）。
  $$\vdots$$
- **遍 F_f**： 这些程序设计条目的可能执行与任何其他的遍构件独立。
- **后端**： 每一后端的遍（即后端构件）现在通过适当注释的编译算法的行和行片段来规定。
- **遍 B_1**： 理想地，每一后端的遍构件可以仅基于编译算法和对多遍管理器的规约来编码（即程序设计）。
  $$\vdots$$
- **遍 B_b**： 这些程序设计条目的可能执行与任何其他遍构件的程序设计独立。
- **运行时系统**： 独立于编译器的程序设计，人们可以仅基于运行时模型的规定来程序设计运行时系统。

这就结束了我们为一大类如 Chill [130, 131]、Ada [38, 57]、Java 和 C# 的程序设计语言开发编译器的适当过程所进行的很长的叙述。

28.3 信息储存库体系结构

我们希望捕捉其主要实现的特点是共享数据库的系统的本质。人们认为数据库表示了形式化的信息表示。且该信息驻留在实际世界中，即在领域中。

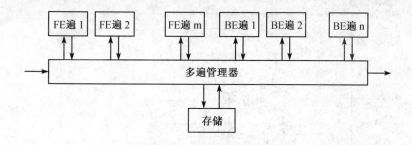

图 28.7   多遍编译器体系结构

例 28.1   信息基础   信息的示例可以是:

(1) 公司人员的信息:雇佣状态(职位、薪水等等),他们的组织安排(部门、老板等等),他们的工作时间和考勤单,他们的家庭和健康状态等等。

(2) 公司市场和销售的信息:销售目录、已订购但未交付的销售、过去已交付的销售、故障或不合格商品的返还、退款等等。

(3) 天气的信息:过去一周的、昨天的、今天的实际天气,"我们周围"天气的卫星图像,等等。

(4) 就刚才、当前和安排了的将来的病人而言医院的状态,这些病人的医疗记录,员工信息:人名、资格、工作时间、分配和调度,等等。

(5) 关于地理区域的自然资源及其状态,一块一块的土地的信息:其坐标、表面和其他矿物、含水量、目前的使用等等。∎

在"转换"信息的过程中,出现了很多抽象,作出了许多表示决策。在这一转换过程中,考虑在领域中人们对信息所应用的以及由此对于软件实现可能希求的操作通常是一个好想法。

例 28.2   信息抽象、表示和操作   抽象、表示和操作的示例可以是:(1) 对于公司人员领域,我们从更细致的健康细节抽象出来;另外我们使用标量数据和字符串的记录(结构或笛卡尔)形式;操作基本上是抽取记录字段(笛卡尔分量)、用其他来改变如字符串的字段值、添加工作天数以及所挣得的薪水字段。∎

抽象、表示和操作问题就在下面的节中予以捕捉。

28.3.1 信息储存库领域

我们通过展示非形式领域,即云状部分来开始(图 28.8)。

对于其,我们添加上我们对这些信息的非形式视图,椭圆、圆环和圆角框,都在云状的"内部"。接着我们添加抽取,以这些信息的数据形式——云状下面紧接着的第一排矩形。最后,我们在这些数据上进行计算并得到模型(预测)数据,云状下面的第二排矩形。

信息储存库领域基础:如果给定"现实世界" W 的模型,且使用其一些原子或复合个体的 $i = 1, \ldots, m$ 个类型 W_i,其观测器函数(关系)的基调 Q_i $(j = 1, \ldots, m)$,以及约束一些其(原子或复合)个体的谓词 P_j $(k = 1, \ldots, n)$ 来表示,则我们得到一个信息储存库系统框架的基础。∎

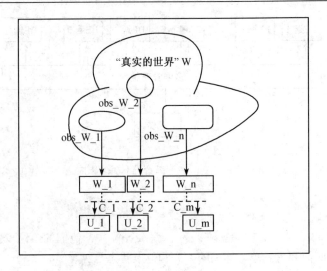

图 28.8　信息存储库系统领域

信息类型和函数空间：储存库框架

type for $(i, j) = 1, 2, ..., (m, n)$:
　　W, W_i, Index
　　$\Sigma = T \overset{\sim}{\to} W$
　　$Q_i = \Sigma \to T \to i{:}\text{Index} \overset{\sim}{\to} W_i$
　　$P_j = W_{k_1} \times W_{k_2} ... W_{k_\ell} \to \textbf{Bool}$

Q_i（观测器）函数——给定观测时间和索引，如要观测的信息名——作为从"现实世界"到 W_i 的"投影"。典型地观测器函数，在非计算机化的"世界"中，相当于一般的人类数据收集：在书面文件中对人口普查的收集，或者从一系列的科学实验及类似地书面文件中收集实验数据，谓词 P_j 相应于数据检查，通常在上文的非形式示例情况中实现，即人工检查和交叉检查所收集的数据满足不同的约束。

信息储存库领域：如果——除了上文的基础以外——我们另外还有许多数据类型 U_d 和函数 C_f，后者在许多被投影的（和产生的）数据 W_{i_i}, U_{j_j} 之上执行许多计算，则我们得到一个信息储存库系统框架。　　■

计算：储存库框架

type
　　$U_1, U_2, ..., U_d$
value
　　for $f = 1, 2, ..., g$:
　　　　$C_f: W_{i_1} \times W_{i_2} \times ... \times W_{i_k} \times U_{j_1} \times U_{j_2} \times ... \times U_{j_\ell} \overset{\sim}{\to} U\mu$

领域工程的全部力量这里当然适用：人们必须仅非形式地或者既非形式地又形式地对特别选定的论域全部的领域进行适当地建模，即描述。这包括内在、支持技术、管理和组织、规则和规定等等。上面的公式其实就示及了这样一个描述，所以能够看作是元语言的。

28.3.2 信息储存库需求

信息储存库系统需求： 信息储存库需求的表达基本上如下：

- **数据收集和检查：** 需求规定了观测器（数据收集）函数 Q_i，和表达为谓词 P_j 的数据检查。
- **数据存储：** 需求规定了数据文件（包括书面数据文件的迁移 [即转换]）。
- **数据查询：** 需求规定了提供暂时存储和显示的计算 C_j，对于某 j。
- **数据"创建"：** 需求规定了提供长期存储和显示的其余计算 C_j，对于其他的 j。
- **"完善"：** 鉴于领域函数 Q_i, C_f 和谓词 P_j 可能是不完全的，它们的需求定义现在必须"被完善"，实例化、确定、可能的扩展和调整。

图 28.9 十分非形式地试图"画出"一个特别要求的储存库系统应当维护哪些数据，以及应用到这些数据上的函数。

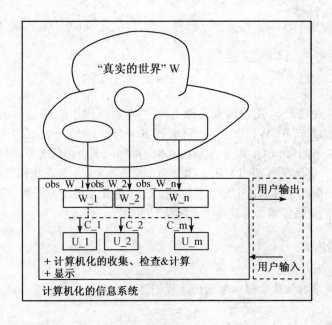

图 28.9　信息系统需求

当然，需求工程的全部力量这里适用：人们必须仅非形式地或者既非形式地又形式地对需求适当地建模，即描述：企业过程再工程、领域需求（投影、确定、实例化、扩展和调整）、接口需求—— 在信息储存库的情况中，很大一部分是所需要的软件以及机器需求。

　　上文的公式其实就示及了这样一个规定，所以能够看作是元语言的。

28.3.3 信息储存库设计

数据库管理系统的角色

图 28.10 展示了一般的储存库体系结构的简单性。当我们考虑信息的表示方式时就涉及到复杂性了，比如采用 SQL 数据库的形式，以及要表示数据检查和查询函数 P_j、Q_i 和建模函数 C_f。

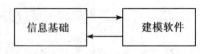

图 28.10　储存库"体系结构"

信息基础构件通常是一个数据库管理系统，而建模软件典型地是一个基于工件的子系统。建模软件的"体系结构"要实现一些信息储存库需求，而其他的信息储存库需求将由数据库管理系统来实现。由此建模软件要实现数据收集和检查、数据查询、数据"创建"和数据"完善"功能。数据库管理系统要实现其余的信息储存库需求、数据存储功能。

关系数据库管理系统体系结构

我们使用 RDMS 来标识关系数据库管理系统（Relation[al] Database Management System）。

动机

我们提醒读者在这一节我们仅考虑储存库"体系结构"的信息基础方面。我们给出从第 28.3.1 和 28.3.2 节 的 W、Qi、Wi 到本节 RDMS 的一个看上去"大跳跃"的动机。第 28.3.1 和 28.3.2 节的每一 Qi 和每一 Wi 基本上都相应于所谓的关系。每一 Qi 和每一 Wi 通常由分量值构成。（这在第 28.3.1 和 28.3.2 节中没有示及。）现在我们做出简单化假设：在 Qi 和 Wi 中的每一值都建模为笛卡尔，且这些笛卡尔的元素值是原子的。笛卡尔变成了第一范式（即原子值）的关系元组。这就是"大跳跃"的动机。

RDMS 体系结构的总结

特性描述： 通过关系数据库管理体系结构，我们指为许多关系模式提供许多关系并初始化、查询和更新关系的概念。　　　　　　　　　　　　　　　　　　　　　　　　　■

特性描述： 通过关系，我们理解一个笛卡尔值的集合，也称作元组或行，其中所有的关系元组都具有相同的元目。　　　　　　　　　　　　　　　　　　　　　　　　　　　　■

特性描述： 通过关系元组，我们理解一个笛卡尔值。一个元组的元素值的数目被称作元目。　　■

特性描述： 通过关系元组元目，我们理解元组的元素值的数目。　　　　　　　　　　　　　■

特性描述：通过关系元组属性，我们理解关系元组元素值的类型。∎

特性描述：通过关系元组属性名，我们理解用户为关系元组元素值的类型选择的名字。∎

特性描述：通过关系元组元素值，我们理解在元组中的特定位置的值。∎

对于任何关系以及对于该关系的任何两个元组，我们假定来自于两个元组同样位置的元素具有相同的类型。

特性描述：通过关系模式声明，我们理解关系的命名和一个其每一属性的类型定义的集合。∎

特性描述：通过关系数据库实例化，我们理解用户的创建和数据库管理系统对许多关系模式和由模式所命名的一些或全部关系的初始数据的存储，其中关系元组元素值符合关系模式声明。∎

特性描述：通过关系查询，我们理解对一个关系或元组结果的计算，其中这一结果计算——使用某方式或其他方式——自数据库管理系统中的关系。∎

特性描述：通过关系更新，我们理解基于——使用某方式或其他方式——一些条件，关系或关系中元组的删除或关系中新元组的插入。

这一"某方式或其他方式"是特定数据库管理系统（更确切地来说其查询和更新语言）的一个函数、性质。下文中我们将回到这一问题。

一个 RDMS 的语义类型

─────── 形式表述：RDMS：语义类型，I ───────

type

   VAL = BoolVAL | StringVAL | IntVAL | RealVAL

   BoolVAL == mkBool(b:**Bool**)

   StringVAL == mkString(s:**Text**)

   IntVAL == mkInt(i:**Int**)

   RealVAL == mkReal(r:**Real**)

   ValTyp == boolean | string | integer | float

   TUP = {| vl:VAL* • **len** vl$\geq$1 |}

   TupTyp = {| vtl:ValTyp* • **len** vtl$\geq$1 |}

   REL' = TUPLE-**set**

   REL = {| r:REL' • wf_REL(r) |}

   Rn

   RDB' = Rn $\underset{m}{\rightarrow}$ (TupTyp×REL)

   RDB = {| rdb:RDB' • wf_RDB(rdb) |}

value

$$\text{wf\_REL: REL}' \to \textbf{Bool}$$
$$\text{wf\_REL(r)} \equiv \forall\ t,t':\text{TUP} \bullet \{t,t'\} \subseteq r \Rightarrow \textbf{dom}\ t = \textbf{dom}\ t'$$

$$\text{wf\_RDB: RDB}' \to \textbf{Bool}$$
$$\text{wf\_RDB(rdb)} \equiv$$
$$\forall (tt,rel):(\text{TupTyp} \times \text{REL}) \bullet (tt,rel) \in \textbf{rng}\ rdb \Rightarrow \text{wfR}(tt,rel)$$

$$\text{wf\_R: TupTyp} \times \text{REL} \to \textbf{Bool}$$
$$\text{wf\_R(tt,rel)} \equiv$$
$$\forall\ t:\text{TUPE} \bullet t \in rel \Rightarrow$$
$$\textbf{len}\ t = \textbf{len}\ tt \land \forall\ i:\textbf{Nat} \bullet i \in \textbf{inds}\ t \Rightarrow tt(i) = \text{xtr\_type}(t(i))$$

$$\text{xtr\_type: VAL} \to \text{ValTyp}$$
$$\text{xtr\_typ(v)} \equiv$$
$$\quad \textbf{case}\ v\ \textbf{of}$$
$$\quad\quad \text{mkBool}(\_) \to \text{boolean, mkString}(\_) \to \text{string,}$$
$$\quad\quad \text{mkInt}(\_) \to \text{integer,}\quad \text{mkReal}(\_) \to \text{float}$$
$$\quad \textbf{end}$$

叙述和[3] 注释

- 原子值是布尔、字符串、整数或实数值。
- 这些值被建模为适当种类的给定类型的（即加标签的）值。（mkBool、 mkString、mkInt、mkReal 构造器函数是这些标签）。
- 对于每一值的类型，有一个相应的值类型（ValTyp）。
- 元组是值的列表。
- 相应的元组类型是值类型的列表。
- 关系是元组的良构集合。
- 关系数据库是元组类型（即模式声明）和关系构成的唯一关系命名对的良构集合。
- 关系是良构的是指其所有元组具有相同的属性名集合。
- 关系数据库是良构的是指每一关系元组符合其模式声明。
- 元组符合其模式声明是指对于每一属性，元组元素值具有声明的类型。
- 抽取类型（extract type）函数 xtr_typ 确保了符合。

句法类型

对于需要类似于 SQL 的 RDMS 查询语言的动机，在通常的集合内涵表达式中找到：

$$\{\ (a,b,...,c)\ |\ a:A,b:B,...,c:C \bullet p(a,b,...,c)\ \}$$

---

[3] "叙述"这一术语是给那些略过上面的公式的读者，"注释"是给那些阅读了上面的公式的读者。

上文集合内涵的单个的 a、b 、...、c 是元组的元素值，这些的子序列是关系的元组值。也即，上文集合内涵的单个的 A、B、...、C 是属性名，这些的子序列是关系名。谓词 p 即是如此。现在本节中举例说明的类似于 SQL 的 RDMS 查询语言遵循上文模式化的集合内涵。

──────────── 形式表述：RDMS：句法类型，II ────────────

type

Rid, Tid

Query$'$ = Targ* (Rid $\overrightarrow{m}$ Range) × Wff

Query = {| q:Query$'$ • wfQ(q) |}

Targ == mkRn(ri:Rid) | mkRnIdx(ri:Rid,i:**Nat**)

Range == mkRnm(rn:Rn) | mkInfR(lr:Range,o:RelOp,rr:Range)

RelOp == UNION | INTERSECT | COMPL

Wff = QPre | IPre | NPre | APre

QPre == mkQ(q:Quan,ti:Tid,rn:Rnm,cond:Wff)

Quan == ALL | EXISTS

IPre == mkI(lp:Wff,ao:BOp,rp:Wff)

BOp == AND | OR

NPre == mkN(pr:Wff)

APre == mkA(lt:Term,ar:ARel,rt:Term)

ARel == LESSEQ | LESS | EQUAL | NOTEQ | LARG | LARGEQ

Term = Val | Elem

Val == mkV(v:VAL)

Elem == mkE(vt:RTid,i:**Nat**)

RTid == mkR(ri:Rid) | mkT(ti:Tid)

叙述和注释

- 标符类型 Rid 和 Tid 对各种各样的（自由）标识符建模。Rid 代表（定义在值域表达式中的）关系，Tid 代表（定义在量化表达式中的）元组（见下文）。
- 查询由三个部分构成：
  - ★ 目标列表，相应于集合内涵的 (a,b,...,c) 表达式，
  - ★ 变量标识符到关系的绑定，
  - ★ 相应于集合内涵的 p(a,b,...,c) 谓词的良构公式（well-formed formula, Wff）。
- 目标列表由关系名或元组元素索引限定的关系名构成。
- 值域表达式命名一个关系，或者是表示两个值域表达式值的并、交、补。
- 良构的公式是量化、中缀、否定或原子的良构公式。
  - ★ 量化的良构公式表明量词（∀,∃）通过 t:Tid 标识命名关系（rn:Rnm）中任意的量化元组的名字，并声明了子良构公式（其中，认为 t 自由出现且值域为被命名关系 rn:Rnm 的元组）。
  - ★ 中缀的良构公式表达了两个子良构公式的合取（与）或析取（或）。

- ★ 否定的良构公式表达了（子）良构公式的否。
- ★ 原子的良构公式表达了两个项值之间的算术关系（小于、小于等于、等于、不等于、大于等于、大于）。
- 项表达式是简单值或代表索引的元组元素值。

—————— 形式表述：RDMS：句法上良构的谓词，III ——————

value

    attributes: Rnm → RDB → **Nat-set**

    attributes(rn)(rdb) ≡ **let** (tt,_) = rdb(rn) **in inds** tt **end**

    pre_E_Query: Query → RDB → **Bool**

    pre_E_Query(tal,rm,wff) ≡

        wfTargl(tal)(dict(rm,rdb))

    ∧ wfRanges(rm)(rdb)

    ∧ wfWff(wff)(rdb)(dict(rm,rdb))

type

    Δ = (Rid|Tid) $\overrightarrow{m}$ **Nat-set**

value

    dict: (Rid $\overrightarrow{m}$ Range) × RDB → Δ

    dict(rm,rdb) ≡

        [rn↦attrs(rm(rn),rdb)|rn:Rnm•rn ∈ **dom** rm]

    attrs: Range × RDB → **Nat-set**

    attrs(range,rdb) ≡

        case range **of**

            mkRnm(rn)→attributes(rnm)(rdb),

            mkInfR(lr,_,_)→attrs(lr,rdb)

        end

    wfTargl: Targ* → Δ → **Bool**

    wfTargl(tal)(δ) ≡ ∀ t:Targ • t ∈ **elems** tal ⇒ wfTarg(t)

    wfTarg: Targ → Δ → **Bool**

    wfTarg(t)(δ) ≡

        case t **of**

            mkRn(ri) → ri ∈ **dom** δ,

            mkRnAn(ri,i) → ri ∈ **dom** δ ∧ i ∈ δ(ri)

        end

wfRanges: (Rid $\overrightarrow{m}$ Range) → RDB → **Bool**
wfRanges(rm)(rdb) ≡
  ∀ range:Range • range ∈ **rng** rm ⇒ wfRange(**rng**)(rdb)

wfRange: Range → RDB → **Bool**
wfRange(range)(rdb) ≡
  case range **of**
    mkRnm(rn) →
      rn ∈ **dom** rdb,
    mkInfR(lr,_,rr) →
      wfRanges(lr)(rdb)∧wfRanges(rr)(rdb)
      ∧ attrs(lr)(rdb)=attrs(rr)(rdb)
  end

wfWff: Wff → RDB → Δ → **Bool**

wfWff(wff)(rdb)(δ) ≡
  case wff **of**
    mkQ(_,ti,rn,pr) →
      rn ∈ **dom** rdb
      ∧ wfWff(pr)(δ†[ti↦attrs(rn)(rdb)]),
    mkI(lp,_,rp) →
      wfWff(lp)(rdb)(δ) ∧ wfWff(rp)(rdb)(δ),
    mkN(pr) →
      wfWff(pr)(rdb)(δ),
    mkA(lt,ar,rt) →
      wfTerm(lt)(δ)∧wfTerm(rt)(δ)
  end

wfTerm: Term → Δ → **Bool**
wfTerm(trm)(δ) ≡
  case trm **of**
    mkV(_) → **true**,
    mkE(mkR(ri),i) → ri ∈ **dom** δ ∧ i ∈ δ(ri),
    mkE(mkT(ti),i) → ti ∈ **dom** δ ∧ i ∈ δ(ti)
  end

叙述和注释

- 函数 attributes 产生命名关系的一个属性集合。
- 要对查询求值，对其前提的求值必须成立：
  - ★ 目标列表必须是良构的，
  - ★ 值域表达式必须是良构的，
  - ★ 谓词（wff）必须是良构的。

  这些句法量的良构性依赖于上下文。
  - ★ 关于目标列表的良构性，上下文是一个字典 Δ，它映射元组的标识符到索引集合。
  - ★ 关于值域表达式的良构性，上下文是关系数据库。
  - ★ 对于谓词的良构性，上下文既是上文提及的字典也是数据库。
- 函数 dict 从值域表达式和数据库创建了字典。它使用了辅助函数 attrs 来这样做。对于值域表达式映射 rm 的每一关系名 rn，attrs 提取该关系的属性名。
- 函数 attrs 在一定程度上应当是自解释的。
- 目标列表是良构的，如果其全部目标表达式在同样的字典上下文中是良构的。
  - ★ 目标表达式是一个必须在字典中定义的简单关系标识符，
  - ★ 或者是一个关系标识符和一个属性名构成的对，其中前者必须定义在字典中，后者必须在该关系标识符的属性名的定义集中。
- （从关系标识符到值域表达式的）值域表达式映射是良构的，若所有的值域表达式是良构的。
  - ★ 值域表达式是必须定义在数据库中的关系名，
  - ★ 或者它是一个中缀值域表达式，其两个值域表达式必须是良构的。
- 谓词表达式 wff 的良构性依赖于它所是的表达式的种类。
  - ★ 如果 wff 是一个量化表达式，则其关系名 rn 必须定义在数据库中且所包含的 wff，即 pr，必须在上下文中是良构的，其中上下文保留着数据库，但更新了字典以映射量化的元组变量到关系 rn 的属性名集合。
  - ★ 如果 wff 是一个中缀谓词表达式，则两个谓词表达式操作数必须是良构的。
  - ★ 如果 wff 是否定谓词表达式，则谓词表达式操作数必须是良构的。
  - ★ 最后，如果 wff 是两个项（和一个算术关系操作符）的原子表达式，则两个项必须是良构的。
- 项的良构性依赖于它所是的表达式的种类。
  - ★ 简单项值始终是良构的。
  - ★ 关系或元组标识符和元素元组索引的项引用是良构的，如果
    - · 关系或元组标识符定义在字典中，
    - · 索引在（字典中的）该标识符的定义集中。

—————————— 形式表述：RDMS：求值函数，IV ——————————

type
  V_Rs = Rid $\twoheadrightarrow$ REL
  VRs = (Rid $\twoheadrightarrow$ TUP)-set

value

    G: V_Rs → VRs

    G(vrs) ≡

        if vrs=[] **then** {[]}

        else { [v↦t] ∪ m | v:Rid,t:TUP •

                v ∈ **dom** vrs∧t ∈ vrs(v)∧m ∈ G(vrs\{v})} **end**

    C: Targ* × VRs → TUP*

    C(tal)(vrs) ≡

        ⟨ **case** tal(i) **of**

             mkRn(rn) → vrs(rn),

             mkRnAn(rn,i) → ⟨(vrs(rn))(i)⟩ **end** | i **in** [1..len tal] ⟩

    Conc: TUP* → TUP

    Conc(tupl) ≡ **if** tupl=⟨⟩ **then** ⟨⟩ **else hd** tupl ⌢ Conc(**tl** tupl) **end**

一些技术细节:

- 函数 G、C、Conc 是辅助函数。
- G: 对于

  [a1↦{b11,...,b1m1},a2↦{b21,...,b2m2},...,an↦{bn1,... bnmn}]

  中的每一组合 (a1,b1j),...,(an,bnj) ,G 产生了在这些映射的集合 G(rm) 中的映射

  [a1↦b1j,...,an↦bnj]。
- C: 对于由列表 ⟨a′,a″,...,a‴⟩ 和映射 m:[a1↦b1j,...,an↦bnj] 所构成的列表,C 产生一个元组 ⟨ m(a′),m(a″),...,m(a‴)⟩。
- Conc 接收元组的一个列表并产生一个元组。

value

    E_Query: Query → RDB → REL

    E_Query(tal,rm,wff)(rdb) ≡

        let v_rs = [v↦E_Range(rm(v))(rdb)|v:Vid•v ∈ **dom** rm] **in**

        {Conc(C(tal,m))|m:VRS•m ∈ G(v_rs)∧E_Pred(wff)(m)(rdb)}

        end

    E_Pred: Wff → VRs → RDB → **Bool**

    E_Pred(wff)(vrs)(rdb) ≡

        case wff **of**

            mkQ(q,ti,rn,pr) →

                let (_,rel) = rdb(rn) **in**

                case q **of**

                    ALL → ∀ tup:TUP • tup ∈ rel

$$\land \text{E\_Pred}(pr)(vrs \dagger [ti \mapsto tup])(rdb),$$

$$\text{EXISTS} \to \exists \, tup:TUP \bullet tup \in rel$$

$$\land \text{E\_Pred}(pr)(vrs \dagger [ti \mapsto tup])(rdb)$$

end end

$mkI(lp,bo,rp) \to$

let $lb = \text{E\_Pred}(lp)(vrs)(rdb)$, $rb = \text{E\_Pred}(rp)(vrs)(rdb)$ **in**

case bo **of** $AND \to lb \land rb$, $\to OR \to lb \lor rb$ **end**,

$mkN(pr) \to \sim\text{E\_Pred}(pr)(vrs)(rdb)$,

$mkA(lt,ao,rt) \to$

let $lv = \text{E\_Term}(lt)vrs$, $rv = \text{E\_Term}(rt)vrs$ **in**

case ao **of**

$LESSEQ \to lv \leqslant rv$, $LESS \to lv < rv$, $EQUAL \to lv = rv$,

$NOTEQ \to lv \neq rv$, $LARG \to lv > rv$, $LARGEQ \to lb \geqslant rv$

end end end end

$\text{E\_Term: Term} \to \text{VRs}$

$\text{E\_Term}(t)vrs \equiv$

case t **of**

$mkV(v) \to v$,

$mkE(vt,i) \to (vrs(vt))(i)$,

$mkT(ti) \to (vrs(ti))(i)$,

end

叙述和注释

- 查询的求值 E_Query 产生一个关系。
- ★ 查询的求值在数据库状态的上下文中发生。
- ★ 并使用辅助求值函数 E_Pred。
- ★ 辅助函数 G、C、Conc。
- ★ G 被应用到值域定义并产生从值域标识符到元组的映射集合。
- ★ 对于每一这样的映射 m，E_Pred 被应用到查询 wff 和数据库。如果为真，则通过目标列表和使用函数 C，令映射 m 成为元组的一个元组。
- ★ 最后，通过函数 Conc 元组的元组被"扁平化"为一个简单元组。
- ★ 这在所有的映射 m 上实现，由此生成了一个简单元组的集合，即关系。
- 谓词的求值 E_Pred 根据谓词的形式来进行。
- ★ 谓词 wff:mkQ(ALL,ti,rn,pr) 成立，若对于绑定到在数据库 rdb 中的命名为 rn 的关系中的每一元组 tup 的 ti 来说，谓词 pr 成立。
- ★ 谓词 wff:mkQ(EXISTS,ti,rn,pr) 成立，若对于绑定到命名为 rn 的关系中的某元组 tup 的 ti 来说，pr 谓词成立。
- ★ 谓词 wff:mkI(lp,AND,rp) 成立，若谓词 lp 和 rp 成立。

★ 谓词 wff:mkI(lp,OR,rp) 成立，若谓词 lp 或 rp 成立。

★ 谓词 wff:mkN(pr) 成立，若 pr 不成立。

★ 原子表达式 wff:mkA(lt,ao,rt) 成立，若项 lt 和 rt 的值在由算术关系操作符 ao 所指代的关系中成立。

● 项 t 的求值 E_Term 根据项 t 的形式进行。

★ 项 t:mkV(v) 求值为该值 v。

★ 项 t:mkE(vt,i) 求值为由 i 索引的 vt 所指代的元组值。

★ 项 t:mkT(ti) 求值为由 i 索引的 ti 所指代的元组值。

其他的数据库管理系统体系结构和讨论

除了上文详细描述的关系数据库模型外，有或者应当说过去还有其他的数据库管理系统模型。[4] 第一个适度"清晰的"模型首次出现在 20 世纪 60 年代末期，由 IBM 以信息管理系统（Information Management System，IMS）产品的形式"开创"的层次数据库模型 [36,77,78]。第二个适度"清晰的"模型是数据和系统语言（Conference of Data and Systems Language，CODASYL）数据库任务组（Database Task Group，DBTG）会议的报告所"开创"的网络数据库模型 [58,77,78,216]。Chris Date 第一个清晰地表达了层次和网络数据库模型 [77,78]。这些和关系数据库模型在 [31,36,37] 中予以形式化。关系数据库模型之美应当归于 Ted Codd [59]。

28.4 客户端/服务器体系结构

客户端/服务器概念不是一个，而是若干相关的概念。在这一节，我们给出这些概念的许多模型。首先，我们将展示两个不涉及 RSL/CSP 输入/输出的简单形式模型。然后，我们将展示基本上同样种类的模型，但是现在则带有 RSL/CSP 输入/输出。也即，这一节必然需要形式化，至少以简单 RSL/CSP "程序"的形式。

28.4.1 客户端/服务器领域/需求模型

首先，我们展示可以称之为单客户端、单服务器概念的模型。接着的是多客户端、单服务器概念，最后是多客户端、多服务器概念。然后我们给出一系列通过服务器所表示的内容的更加详细的模型：特定种类的应用系统（或者，若你喜欢这术语，子系统[5]）。也即，我们把应用系统展示为构件或模块的集合，其中分别没有和有终端用户事件通知。在后者中，一有事件出现就直接和立即通知，或者同步地，即仍是"立即的"，但通过共享的"事件管理"构件来通知，或者异步地，仍然通过共享的"事件管理器"构件，但不由这一构件轮询。

单客户端、单服务器领域/需求体系结构

单客户端、单服务器体系结构—— 浅显地来说—— 让我们想起了储存库体系结构。

---

[4] 我们写"过去还有"，这是因为这些其他的模型似乎在今天，2006 年 1 月，都已不流行了。

[5] 似乎一些软件工程师和程序设计人员以及计算科学家对非精确陈述的、很可能也是混乱的系统和子系统、部分和整体的描述感到神魂颠倒，即兴奋。你怎么样？

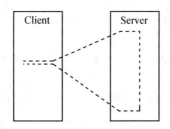

图 28.11   单客户、单服务器系统

通俗地来说，想法是客户端需要某物来帮忙执行有限个种类的服务中的一个。这一某物我们称之为服务器。

——————— 形式表述：客户端、服务器"系统"，I ———————

type
   Γ, VAL
   Service == s1 | s2 | ... | sn
value
   γ:Γ

   system: $\Gamma \rightarrow$ **Unit**
   system(γ) $\equiv$ client(γ)

   client: $\Gamma \rightarrow$ **Unit**
   client(γ) $\equiv$
     let s = s1 $\bigsqcap$ s2 $\bigsqcap$ ... $\bigsqcap$ sn **in**
     client(update(s,server(request(s)(γ)))(γ)) **end**

   update: Service $\times$ VAL $\rightarrow \Gamma \rightarrow \Gamma$

有未进一步解释的概念**客户**状态：γ:Γ，和值 VAL。可以提供确定数量的不同服务：s_i。 单客户/单服务器系统（system）被建模为客户（client）。客户（内部）非确定性地选择一个服务：s。请求（request）该服务的服务器（server）函数，使用该请求和把请求应用在客户状态 γ 上的 server 函数所产生的结果状态来更新（update）客户的状态，随之客户又"重新启动"！

——————— 形式表述：单客户、单服务器"系统"，II ———————

type
   Req = R1 | R2 | ... | Rn
   ..., Ri == mkRi(...), ...
value

request: Service → Γ → Req
request(s)(γ) ≡
  case s **of**
    s1→make_r1(γ),s2→make_r2(γ),...,sn→make_rn(γ)
  end
server: R → VAL
server(r) ≡
  case r **of**
    mkR1(...)→srv1(r),mkR2(...)→srv2(r),...,mkRn(...)→srvn(r)
  end
make_r1: Γ → R1, make_r2: Γ → R2, ..., make_rn: Γ → Rn
srv1: R1 → VAL, srv2: R2 → VAL, ..., srvn: Rn → VAL

请求（request）函数就接收一个服务（Service）标符 s_i，发出（make）一个适当的请求——通常人们提供给选定的服务以参数。我们并不细化这一提供 make_r_i 是如何实现的。依赖于服务请求 mkR$_i$，服务器（server）函数执行实际的服务函数 srv$_i$，没有对其细化。

多客户、多服务器领域/需求模型

我们将其留给读者来解读和解释下一模型（参见图 28.12）。

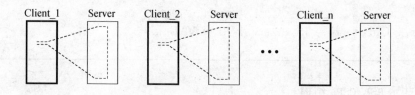

图 28.12　多客户、多服务器系统

———— 形式表述：多客户、多服务器模型 ————

type
  Γ, VAL, CIdx
  Ψ = CIdx $\overrightarrow{m}$ Γ
  Service == s1 | s2 | ... | sn
  R = R1 | R2 | ... | Rn
  ..., Ri == mkRi(...), ...
value
  ψ:Ψ

  system: Γ → **Unit**

$$system(\gamma) \equiv \| \{ client(i)(\psi(i)) \mid i{:}CIdx \}$$

$$client: CIdx \to \Gamma \to \textbf{Unit}$$
$$client(i)(\gamma) \equiv$$
$$\quad \textbf{let } s = s1 \sqcap s2 \sqcap ... \sqcap sn \textbf{ in}$$
$$\quad client(i)(update(i,s,server(request(i,s)(\gamma)))(\gamma))$$
$$\quad \textbf{end}$$

$$update: CIdx \times Service \times VAL \to \Gamma \to \Gamma$$

$$request: CIdx \times Service \to \Gamma \to REQ$$
$$request(i,s)(\gamma) \equiv$$
$$\quad \textbf{case } s \textbf{ of}$$
$$\quad\quad s1{\to}mkr\_1(i)(\gamma), s2{\to}mkr\_2(i)(\gamma),...,sn{\to}mkr\_n(i)(\gamma)$$
$$\quad \textbf{end}$$

$$server: R \to VAL$$
$$server(r) \equiv$$
$$\quad \textbf{case } r \textbf{ of}$$
$$\quad\quad mkR1(...){\to}srv\_1(r), mkR2(...){\to}srv\_2(r),...,mkRn(...){\to}srv\_n(r)$$
$$\quad \textbf{end}$$

$$..., mkr\_i: CIdx \to \Gamma \to Ri, ..., srv\_i: Ri \to VAL, ...$$

28.4.2 一些元 RSL/CSP 结构

在我们展示使用 RSL/CSP 规约语言结构来表达各种模型之前，让我们首先给出一些记法简写。按顺序介绍和使用了这些概念，希望它们更好地突出显示*客户端*和*服务器*之间的交互。

动机和论证

在两个进程行为 P, Q 之间，人们通常观察到如下的交互：

- (0) 输入（in）、计算、输出（out）：P 期盼自 Q 的一些输入；一旦（从 Q）得到输入 m，P 在 m 上计算；并输出结果 v 给 Q。
- (1) 输出、输入：P 输出一个值 v 给 Q；P 接着继续等待自 Q 的输入；一旦（从 Q）得到输入 m，P 继续进行（它所希望 [对 v] 做的任何事情）。
- (2) P 仅输出一个值 v 给 Q，然后接着进行（它所希望做的任何事情）。
- (3) P 仅从 Q 输入一个值 v，并继续进行（它所希望 [对 v] 做的任何事情）。

三个进程交互宏

情况 (0) 和 (1) 是互逆的。这四个情况由此论证了我们使用某相反顺序对三个宏的介绍：

output: Channel_name × ARG → **Unit**

input: Channel_name → RES

output_input: Channel_name × ARG → RES

上文的四个情况 (0)–(3)"翻译"到如下的宏的使用：

(0) **let** val = input(ch) **in** output(ch,compute(val)) **end**

(1) output(ch,v) ; **let** val = input(ch) **in** ... val ... **end**

(2) output(ch,v)

(3) **let** val = input(ch) **in** ... val ... **end**

接下来我们将更加适当地定义宏，然后使用不同的客户端/服务器模型来举例说明它们的使用。

三个进程交互宏的"意义"

我们解释宏指代内容所要表示的意义： output(ch,v) 规定了把任何值 v 输出到通道 ch。input(ch) 规定了在通道 ch 上（即从其）得到的任何值的输入。 output_input(ch,v) 规定了串行动作，首先输出值 v 到通道 ch 上，接着很快在同一通道 ch（即从其）输入任何值。这里 ch 被看作一个通道，在其上 P 和 Q 可以同步和交换信息，即参与会合。

type

ARG, RES

MSG = ARG | RES

Channel_name == c1 | c2 | ... | cn

channel

c1,c2,...,cn:MSG

macros:

output: Channel_name × ARG → **Unit**

output(ch_n,a) ≡ ch_n!a

input: Channel_name → RES

input(ch_n) ≡ ch_n?

output_input: Channel_name × ARG → RES

output_input(ch_n,a) ≡ output(ch_n,a) ; input(ch_n)

宏的语用

通过宏，我们指一个函数，当其被应用到由其形式参数所指定的种类的参数值时，生成了在调用环境求值的由宏的体所规定的文本，除了形式参数标识符要绑定到实际参数以外。后者与 λ 表达式相比，其体是在定义环境中予以求值的。

由此当带有参数的宏出现时，以实际参数来代入其体的形式参数标识符从而产生结果文本。使用该文本而非宏"调用"，然后对这一文本求值，就像对任何其他的 RSL 文本求值一样。

28.4.3 单客户端、单服务器模型

单客户端、单服务器的进程配置基本上只是把一个问题（或进程）分解为两个。进行这一分解可能是若干原因（一个或全部）：为了表达分别关注，为了通过简化两个假定的构件中的每一个以及通过强调它们之间"整洁的"界面来简化整体格局，或者是为更复杂的概念作准备——正如在后面的章节中将要展示的。

我们展示两个版本的单客户端单服务器模型。我们展示一个模型，其中客户提供在一个连接单服务器的通道上的 n 种交互；我们展示另外一个模型，其中它提供了在 n 个相异通道上基本上相同的 n 种交互内容。

例 28.3 抽象的单客户单服务器模型，I 每一构件（客户和服务器）具有其自己的状态。服务器可以非确定性地内部调用它这里所交互的一个服务器的不同服务。

```
type
    Γ, Σ, VAL
    R = R1 | R2 | ... | Rn
    ..., Ri == mkRi(...), ...
    Service == s1 | s2 | ... | sn
channel
    cs:M
value
    γ_0:Γ, σ_0:Σ


    system: Unit → Unit
    system() ≡ client(γ_0) ‖ server(σ_0)


    client: Γ → in,out cs  Unit
    server: Σ → in,out cs  Unit


    client(γ) ≡
        let s = s1 ⊓ s2⊓ ... ⊓ sn in
        let r = request(s)(γ) in
        let v =  output_input(cs,r) in
        client(c_update(r,v)(γ))
        end end end


    c_update: R × V → Γ → Γ


    request: Service → Γ → R
    request(s)(γ) ≡
        case s of
```

```
            s1 → mR1(...),
            s2 → mR2(...),
            ...,
            sn → mRn(...)
        end
```

请求 r 是 n 个 mkRi(...) 形式中的任何一个。这在服务器情况区分中予以体现。

value
 server(σ) ≡
  let r = input(cs) **in**
  let v =
   case r **of**
    mkR1(...) → serve_1(r)(σ),
    mkR2(...) → serve_2(r)(σ),
    ...
    mkRn(...) → serve_n(r)(σ)
   end in
   output(cs,v) ;
  server(s_update(r,v)(σ))
  end end

..., serve_i: Ri → Σ → VAL, ..., s_update: R × VAL → Σ → Σ

例 28.4 抽象的单客户端单服务器模型，II 客户端对于要请求哪一服务的内部非确定性选择在特定于请求的客户端/服务器通道上产生了通信提请。

type
 Γ, Σ, VAL
 R = R1 | R2 | ... | Rn
 Service == s1 | s2 | ... | sn

channel
 cs1:R1,cs2:R2,...,csn:Rn

value
 γ_0:Γ, σ_0:Σ

system: **Unit** → **Unit**

system() ≡ client(γ_0) ‖ server(σ_0)

client: $\Gamma \rightarrow$ **out,in** cs1,c2,...,csn **Unit**

server: $\Sigma \rightarrow$ **in,out** cs1,c2,...,csn **Unit**

由于通道区别已足够了，不再需要确保通信请求的类型区别。也即，R 不必是区分类型的并。

一个表达式形式

value
    client(γ) ≡
        let s = s1 $\sqcap$ s2$\sqcap$ ... $\sqcap$ sn **in**
        let v = **case** s **of**
          s1 $\rightarrow$
            let r1 = request_1(s1)(γ) **in**
            output_input(cs1,mkR1(m)) **end**
          s2 $\rightarrow$
            let r2 = request_2(s2)(γ) **in**
            output_input(cs1,mkR2(m)) **end**
          ...
          sn $\rightarrow$
            let rn = request_n(sn)(γ) **in**
            output_input(cs1,mkRn(m)) **end**
          end in
        client(c_update(s,v)(γ))
        end end

另一个表达式形式

value
    client(γ) ≡
      let v =
          let r1 = request_1(s1)(γ) **in**
          output_input(cs1,mkR1(m)) **end**
        $\sqcap$
          let r2 = request_2(s2)(γ) **in**
          output_input(cs1,mkR2(m)) **end**
        $\sqcap$
        ...
        $\sqcap$
          let rn = request_n(sn)(γ) **in**

```
                output_input(cs1,mkRn(m)) end
        in client(c_update(s,v)(γ)) end


..., request_i: Service → Γ → Ri, ...,
c_update: Service×V → Γ → Γ
```

使用 n 个外部非确定性子句来规定服务器:

```
server(σ) ≡
    let r1 = cs1? in
    let v1 = serve_1(r1)(σ) in
    cs1!v1 ; server(s_update(r1,v1)(σ)) end end
⌷
    let r2 = cs2? in
    let v2 = serve_2(r2)(σ) in
    cs2!v2 ; server(s_update(r2,v2)(σ)) end end
⌷
    ...
⌷
    let rn = csn? in
    let vn = serve_n(rn)(σ) in
    csn!vn ; server(s_update(rn,vn)(σ)) end end


..., serve_i: Ri → Σ → VAL, ..., s_update: R> VAL → Σ → Σ
```

在第二个版本中,客户端的内部非确定性由服务器的外部非确定性予以"匹配"。　■

我们留给读者来进一步学习后两个例子。

28.4.4 多客户端、多服务器模型

同样我们令读者解读和解释这些公式。

例 28.5 抽象的多客户、单服务器模型

───────── 程序规约:多客户、单服务器模型 ─────────

```
type
    Γ, Σ, VAL, CIdx
    R = R1 | R2 | ... | Rn
    ..., Ri == mkRi(...), ...
    Service == s1 | s2 | ... | sn
channel
```

```
    { cs[c]:M | c:CIdx }
value
    γ_0:Γ, σ_0:Σ

    system: Unit → Unit
    system() ≡ ‖ { client(c)(γ_0) | c:CIdx } ‖ server(σ_0)

    client: CIdx → Γ → in,out cs  Unit
    server: Σ → in,out cs  Unit

    client(c)(γ) ≡
        let s = s1 ⌈⌉ s2⌈⌉ ... ⌈⌉ sn in
        let r = request(s)(γ) in
        let v = output_input(cs[c],r) in
        client(c)(c_update(r,v)(γ)) end end end

    server(σ) ≡
        ⌈⌉ { let r =  input(cs[c]) in
            let v =
                case r of
                    mkR1(...) → serve_1(c,r)(σ),
                    mkR2(...) → serve_2(c,r)(σ),
                    ...
                    mkRn(...) → serve_n(c,r)(σ)
                end in
              output(cs[c],v); server(s_update(c,r,v)(σ))
            end end | c:CIdx }

    request: Service → Γ → R,
    c_update: R → Γ → Γ
    ...,
    serve_i: CIdx×Ri → Σ → VAL,
    ...
    s_update: CIdx×R×VAL → Σ → Σ
```

28.4.5 客户端/服务器事件管理器模型

典型的至少是"经典的"应用系统 A 提供许多（即 n）次的不同服务 A_i 给用户。用户

(u) 通过到 A 的界面 I 来调用这些服务。这些服务 A_i 这里被建模为独立的进程。A 被建模为与 I 并行的所有 A_i 的并行复合。I 解释一个用户请求并把该请求传递给适当的应用包 A_i。

应用包 A_i 可以 (i) "完全由其"处理一个用户请求，而无需调用其他的应用包 A_j；或者 (ii) 请求另一个应用包 A_j 来执行一些对 A_i 的服务，然后它通过 I 把原始请求的服务结果返回给请求用户。(iii) 或者 A_i 可以在一些计算之后，把得到的中间服务结果传递给另一个应用包 A_k，它接着"完成"服务请求并通过 I 把原始请求服务的结果返回给请求用户。(iv) 或者可以通过两个或者多个子服务 (ii) （动态上良构的）复合，并跟有一个子服务 (iii) 来处理—— 而这又产生了形式 (iv) 的复合。我们将在例 28.6 中对上文建模。

除了上文的服务/子服务概念，我们另外引出了应用事件通知管理的概念。通过应用事件通知，我们这里指如下之一—— 相对于上文所粗略描述的应用系统来解释—— 在任何子服务 (A_i) 的计算中，A_i 可能希望通知请求用户 u 关于正常或异常的请求处理；或者 A_i 可能希望通知某其他参与者关于就用户 u 而言正常或异常的请求处理；或者 A_i 可能希望"立即"通知某其他子服务；或者 A_i 可能希望"时间上延迟"通知某其他服务。通知被分别看作发送给用户和"其他参与者"的消息—— 比如采用电子邮件、SMS 消息、信件、声音录音器电话消息或其他。通知没有立即影响：它由被通知人来对其决策。然后这样的影响才会立即发生，即要求并行动作，或者推迟（如排队）。

接下来的示例引出了后面的练习，它们举例说明了上文所粗略描述的事件通知管理问题的各种各样的"解决办法"。例 28.6 本身举例说明了没有事件通知"管理"的情况。练习 28.7 处理了直接 A_i 事件通知管理情况。练习 28.8 处理了通过事件管理器服务 E_{synch} 的事件通知管理，使得 A_i 通过（即从）E_{synch} 来请求这一服务—— 其中期望 E_{synch} 同步地（即基于请求"立即地"）执行事件通知服务。练习 28.9 处理通过事件管理器服务 E_{asynch} 的延迟事件通知管理（由 I 调用，同时 I 也调用 A_i）—— 这里 E_{asynch} 本身找到也要"发出"事件的需求。E_{asynch} 可以与 A_i 对原始服务请求的处理异步地（即步调不一致地）来处理这一事件通知服务。[6]

我们给出由若干可独立调用的应用函数构成的原型应用系统的一般模型。我们不强调在任何一个特定的应用函数（A_i，即应用包）和一个调用用户之间的交互。可能会有这样的用户/A_i 交互，但是我们忽略它们。

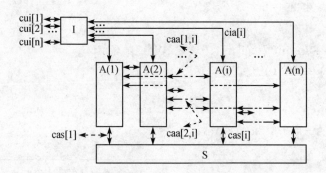

图 28.13　模式化图形：I、A(i)、S 进程和通道的复合体

例 28.6 应用系统 应用系统 A 由 n 个可独立调用的应用包 A_i（i 在有 n 个索引的索引 AIdx 集合中）；作为 A，即 n 个可独立调用的应用包 A_i，和用户之间的界面的接口/解释器 I；所有 A_i 之间共享的存储 S 构成。个体 A_i 可以有局部的、"随便一块"存储，由下文不同的 v, v', v'' 等指代，但它是全部 A_i 能够访问的共享存储。你可以把 S 看作共享数据库。

另外模型关注于用户的索引集合 UIdx；在用户和共同接口 I 之间的通道 cui[i]；应用包的索引集合 AIdx；在 I 和 A_i 之间的通道 cia[i]；在任何相异 A_i 的对之间的通道 caa[i,j] —— 其中 $i > j$；在任何 A_i 和共享存储 S 之间的通道 cas[i]。图 28.13 用于画出一般应用系统的图形。此图与例 28.6 末尾的图28.14 和 28.15 相称。

─────── 程序规约：应用系统 ───────

```
type
    Σ, AIdx, UIdx, R, V, L
    M == stop
        | mkReadCoUpdRet(m:V)
        | mkReadCoCallCoUpdRet(m:V)
        | mkReadCoCallCoCallCoUpdRet(m:V)
        | mkReadCoUpdPassOn(m:V)
        | ...
    RW = Read | Write
    Read == mkRead(ℓ:L)
    Write == mkWrite(ℓ:L,v:V)
    LV = L×V
channel
    { cui[u]:(R|V) | i:Uidx }, { cia[i]:(M|V) | i:Aidx }
    { caa[i,j]:M | i,j:Aidx • i>j }, { cas[i]:(RW|V) | i:Aidx }

value
    σ_0:Σ

    System: Unit → in,out { cui[u]:(R|V) | i:Uidx }  Unit
    System() ≡ A() ‖ S(σ_0)

    A: Unit → Unit,
    A() ≡ (I() ‖ { Ai(i) | i:AIdx }) ; A()
```

定义 A()≡(I()‖{Ai(i)|i:AIdx});A() 反映了一旦完成了一个用户请求则全部 Ai(i) 和 I() 也要业已完成，且必须重启。图 28.13 模式化地展示了通道和进程的复合体。图 28.14 和图 28.15 接着图 28.13。I() 可能与所有用户和所有应用包通信。let r = input(cui[u]) in 指代自用户

u 的请求 r 的接收。**let** (j,m) = analyse(r) **in** 指代对请求 r 的分析，它产生对应用包 A_j 和传递给 A_j 的消息 m 的标识。 output(cia[j],m) 指代 A_j 的调用。非确定性外部选择 $\lceil\rceil${**let** v= input(cia[k]) **in** output(cui[u],v) **end**|k:AIdx} 指代从某应用包 A_k 收到最终的服务结果—— 以及把这一最终结果传递给初始请求的用户。（尽管开始调用的应用包是 A_i，最终结果可以形成自另一应用包，A_k。） 最后，初始化器通过消息 stop 重置所有的应用包为 **stop**。

—————— 程序规约：应用系统（续）——————

```
value
  I: Unit →
      in,out {cui[u]:(R|V)|u:Uidx}
      out,in {cia[i]:(M|V)|i:Aidx} Unit
  I() ≡
      [] { let r = input(cui[u]) in
         let (j,m) = analyse(r) in
          output(cia[j],m);
         []{let v= input(cia[k]) in output(cui[u],v) end|k:AIdx};
         ||{ output(cia[i],stop)|i:AIdx•i≠j}
         end end | u:UIdx }
```

当 I() 已停止了所有的应用包时，它终止自己。这些停止和终止动作仅是技术细节。定义 A()≡(I()||{Ai(i)|i:AIdx});A() 则规定了 A() 被重复调用：系统为下一读者请求做好了准备。

共享的存储行为表达了愿意参与任何应用包的更新（写）或读。与应用行为 A() 并行地构造存储行为 S()。由此在任何读/写之后 S() 递归—— 在后一情况中可能有更新的状态 σ。

—————— 程序规约：应用系统（续）——————

```
value
  S: Σ →
          in,out {cas[i]|i:AIdx} Unit
  S(σ) ≡
      [] { let m = input(cas[i]) in
         case m of
           mk_Write(ref,val) →
               S(update_stg(ref,val)(σ)),
           mk_Read(ref) →
               output(cas[i],read_stg(ref)(σ)) ; S(σ)
         end end | i:AIdx }

  update_stg: L × V → Σ → Σ
  read_stg: L → Σ → V
```

"一般性地"规定了 A(i) 的行为。也即，这四种可能仅是例子。可以有其他的可能性。我们把其他的可能性的定义留给读者来完成。所有辅助函数的细节未予以规约，除了它们的基调以外。任何一个 A(i) 可以允许下文中的功能的任意子集。主函数定义 A(i) 基于自接口解释器或其他应用包（A(j)，A(k)）的输入来选择四个功能的任意一个。我们把理解这四个选项留给读者来完成。

―――――――――― 程序规约：应用系统（续）――――――――――

Ai: i:AIdx → **in,out** {caa[j,i]|j:AIdx•j>i}, cas[i], **out** cai[i] Unit
Ai(i) ≡
  let m = input(cia[i]) **in**
  if m ≠ stop
  then case m **of**
    mkReadCoUpdRet(v) →
      rd_comp_upd_return(i,v),
    mkReadCoCallCoUpdRet(v) →
      rd_comp_call_comp_upd_return(i,v),
    mkReadCoCallCoCallCoUpdRet(v) →
      rd_comp_call_comp_call_comp_upd_return(i,v),
    mkReadCoUpdPassOn(v) →
      rd_comp_upd_pass_on(i,v),
    ...
    end ; Ai(i)
  else skip end end

现在描述四个选项功能的每一个。rd_comp_upd_return 从存储读；计算；更新存储，同时通过解释器把结果返回给用户。

―――――――――― 程序规约：应用系统（续）――――――――――

value
  rd_comp_upd_return:
    i:AIdx × V → **out,in** cas[i], **out** cia[i] Unit
  rd_comp_upd_return(i,v) ≡
    let v′ = output_input(cas[i],mk_Read(rcur_get_loc(i,v))) **in**
    let v″ = rcur_compute(i,v) **in**
    (output(cas[i],mk_Write(rcur_get_loc_val(i,v″))) ‖
      output(cia[i],v″)) **end end**

  rcur_get_loc: AIdx × V → Read
  rcur_compute: AIdx × V → V

rcur_compute: AIdx × V × AIdx → V

rcur_get_loc_val: AIdx × V → Write

rd_comp_call_comp_upd_return 从存储读入；计算部分的（自己的）结果；调用另一个应用包；从这一其他应用包接收部分的结果。接着它进一步计算最终结果；并更新存储，同时通过解释器把结果返回给用户。

──────── 程序规约：应用系统（续）────────

value

   rd_comp_call_comp_upd_return:

    i:AIdx × V → **out,in** cas[i], **out** cia[i],

                   out,in {caa[j,i]|j:AIdx•j>i} **Unit**

   rd_comp_call_comp_upd_return(i,v) ≡

    let v′ = output_input(cas[i],rcccur_get_loc(i,v)) **in**

    let (j,v″) = rcccur_compute_1(i,v′) **in**

    let v‴ = output_input(caa[i,j],rcccur_call_fct(i,v″)) **in**

    let v⁗ = rcccur_compute_2(j,v‴) **in**

    (output(cas[i],rcccur_get_loc_val(i,v⁗)) ‖

      output(cia[i],v⁗)) **end end end end**

   rcccur_get_loc: AIdx × V → Read

   rcccur_compute_1: AIdx × V → AIdx × V

   rcccur_call_fct: AIdx × V → V

   rcccur_compute_2: AIdx × V → V

   rcccur_get_loc_val: AIdx × V → Write

rd_comp_call_comp_call_comp_upd_return 从存储读取；计算部分的（自己的）结果的第一部分；调用另一个应用包，并从这一其他包接收部分结果。接着它计算部分的（自己的）结果的第二部分；调用另一应用包，并从这一其他包中接收部分结果。接着它计算最终的结果；并更新存储，同时通过解释器把结果返回给用户。

──────── 程序规约：应用系统（续）────────

value

   rd_comp_call_comp_call_comp_upd_return:

    i:AIdx × V → **out,in** cas[i], **out** cia[i],

                   out,in {caa[j,i]|j:AIdx•j>i} **Unit**

   rd_comp_call_comp_call_comp_upd_return(i,v) ≡

    let v′ = output_input(cas[i],rcccur_get_loc(i,v)) **in**

    let (j,v″) = rcccur_compute_1(i,v′) **in**

```
    let v‴ =  output_input(caa[i,j],rcccur_call_fct_1(i,v″)) in
    let (k,v⁗) = rcccur_compute_2(j,v‴) in
    let v⁗′ =  output_input(caa[i,k],rcccur_call_fct_2(i,v⁗)) in
    let v⁗″ = rcccur_compute_3(k,v⁗′) in
    (  output(cas[i],rcccur_get_loc_val(i,v⁗″)) ‖
        output(cia[i],v⁗″) ) end end end end end end


rcccur_get_val: AIdx × V → Read
rcccur_compute_1: AIdx × V → AIdx × V
rcccur_call_fct_1: AIdx × V → V
rcccur_compute_2: AIdx × V → V
rcccur_call_fct_2: AIdx × V → V
rcccur_compute_3: AIdx × V → V
rcccur_get_loc_val: AIdx × V → Write
```

rd_comp_upd_pass_on 从存储读取；计算中间的（自己的）结果；并更新存储，同时把中间结果传递给另一个应用包。这一"其他"应用包接手进一步的控制：没有发生到 A(i) 的返回传递——它终止了。

—————————— 程序规约：应用系统（续）——————————

```
value
    rd_comp_upd_pass_on:
        i:AIdx × V → in,out cas[i], out cia[i],
                            in,out {caa[j,i]|j:AIdx•j>i}  Unit
    rd_comp_upd_pass_on(i,v) ≡
        let v′ =  output_input(cas[i],rcupo_get_loc(i,v)) in
        let v″ = rcupo_compute(i,v,v′) in
        (  output(cas[i],rcupo_get_loc_val(i,v″)) ‖
            output(caa[i,j],rcupo_pass_on_val(i,v″)) ) end end


rcupo_get_loc: AIdx × V → Read
rcupo_compute: AIdx × V × V → V
rcupo_get_loc_val: AIdx × V → Write
rcupo_pass_on_val: AIdx × V → V
```

A 的流问题如下：(i) 当 I 调用 A(i) 且 A(i) 没有调用任何其他的 A(j)，而是把其结果返回给 I，则流没有问题。(ii) 如果上文的 A(i) 调用 A(k)，且 A(k) 把其结果返回给 A(i) 等等，则流没有问题。(iii) 如果上文的 A(i) 把流交给 A(k)，也即当不期望 A(k) 把其结果交给 A(i) 等等时，则可能有一个流问题。在任何情况下，如果上文的 A(i) 把流交给 A(k)，则期望 A(i) 终止。(iv) 上文的 A(k) 可能把其最终结果交给 I，这样没有流问题。(v) 上文的 A(k) 可以调用某 A(j)，然后它把其结果返回给 A(k)，然后接着就像情况 (iv) 一样，这样就没有 流问题。(vi) 或者上文的 A(k) 可以把流交给某 A(j)，则我们就有了类似于情况 (iii) 的流问题。

　　流问题的确定不可能静态地来完成：不可能仅通过对 A(i) 的规约文本进行简单的线性静态审查就能够完成。必须执行迭代的（递归的）流分析 —— 让人想起"程序执行"。这里我们将不探讨流分析的这一重要方面—— 除了提及 Patrick Cousot 等人的原创性工作以外 [62–70]。

　　图 28.14 举例说明了：I 调用 A(2)；A(2) 首先调用 A(i)，A(i) 调用 A(n)；A(n) 返回 A(i)，它返回 A(2)；接着 A(2) 调用 A(1)，A(1) 返回 A(2)；最后 A(2) 把结果返回给 I。

　　图 28.15 举例说明了：I 调用 A(2)；A(2) 调用 A(i)，它返回 A(2)；A(2) 传到 A(n)；A(n) 调用 A(i)，它返回 A(n)；最后 A(n) 把结果返回给 I。 ■

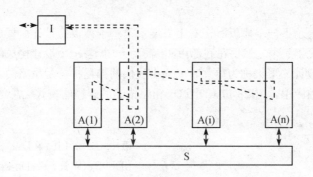

图 28.14　简单的服务调用

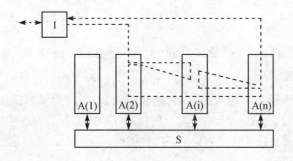

图 28.15　服务的调用和传递

28.4.6 讨论

　　客户端/服务器问题框架与连接问题框架非常相关（第 28.7 节）。为此，这里我们提及协调语言的概念。使用这些进行程序设计，人们可以表达客户端/服务器协议。从 19 世纪 90 年代中期开始，协调语言逐步地演进。举行了若干学术研讨会。在施普林格的计算机科学讲

义系列中发表了会议论文集（卷 1061、1282、1594、1906、2315、2949、3454）。我们推荐
Jean-Marie Jacquet 等人的论文 [45, 46, 190]。

28.5 工件体系结构

属于工件框架的问题示例是：(i) 管理表格（预算和账户、调拨单、支票、申请等等），
它们的创建和处理；(ii) CAE/CAD（制图、设计）；(iii) 图形用户接口（graphical user
interfaces，GUI）；(iv) 软件开发（"文档编制就是全部！"）。

28.5.1 工件领域

工件领域： 当可以使用如下来对论域刻画时，我们就有了一个工件框架：用户、模板、设计
和聚集。用户操作可触知的、显然的文档，如模板、设计和聚集。模板是一种文档—— 把它
们看作准备"让人填写的"有预先格式化的规则和规定的表格。设计师部分或完全"完成的"
模板。聚集基于模板，且由零个、一个或多个设计构成。   ■

图 28.16 在左上方展示了一个模板，在右上方展示了基于模板的设计。接着它在中部展示了 n
个设计，其中实例化了三个。然后在底部用图展示了一个这 n 个设计构成的简单聚集。

我们把模板、设计、聚集称为单元。上文中我们的描述特意是粗略的。这允许我们考虑一
大类属于工件框架的应用。图 28.17 给出这一粗略描述的解释的模式化总结。

模式化地：

type   gDe: Te × Inf $\overset{\sim}{\to}$ De
   Te, De, Ag, Inf   bDe: Te × Inf $\overset{\sim}{\to}$ De-**set**

value   uDe: De × Inf $\overset{\sim}{\to}$ De
   gTe: Inf $\overset{\sim}{\to}$ Te   gAg: Te × Inf × De* $\overset{\sim}{\to}$ Ag
   bTe: Inf $\overset{\sim}{\to}$ Te-**set**   bAg: Te × Inf $\overset{\sim}{\to}$ Ag-**set**
   uTe: Te × Inf $\overset{\sim}{\to}$ Te   uAg: Ag × Inf × De* $\overset{\sim}{\to}$ Ag

图例： Te: 模板，De: 设计，Ag: 聚集，Inf: 信息，g: 生成，b: 浏览，u: 更新。

解释： gTe：基于（一些）信息生成模板。bTe：浏览有（些）信息的（适当）模板。uTe：
以（一些）信息更新（给定）模板。gDe：给定模板和（一些）信息生成设计。uDe：以（一
些）信息更新给定设计。gAg：给定（其）模板和（输入）设计列表生成聚集。uAg：以信息
和（输入）设计列表来更新（给定）聚集。以此类推。

28.5.2 工件需求

工件需求： 工件需求典型的陈述是：在计算机上实现工件"系统"。也即，并非是明显的
（可触知的）单元和用户之间对这些的物理交流，而是籍由计算的支持模板、设计和聚集——
它们的"存储"和操作（创建、更新等等）（图 28.18）。   ■

模板

表号: DS 12345	
表名: Household Data	
姓名 地址	
家庭成员数量	
家庭收入	
家庭支出	
签名	

设计

表号: DS 12345	
表名: Household Data	
姓名 地址	John Doe 12 1st Ave.
家庭成员数量	5
家庭收入	US$ 120,000
家庭支出	US$ 89,500
签名	

设计 1

表号: DS 12345	
表名: Household Data	
姓名 地址	NNa 123 NE Ave.
家庭成员 数量	6
家庭收入	US$ 48,000
家庭支出	US$ 51,000
签名	

设计 2

表号: DS 12345	
表名: Household Data	
姓名 地址	NNb 34 NW Rd.
家庭成员 数量	4
家庭收入	US$69,000
家庭支出	US$58,000
签名	

· · ·

设计 n

表号: DS 12345	
表名: Household Data	
姓名 地址	NNz 9 2nd Ave.
家庭成员 数量	1
家庭收入	US$24,000
家庭支出	US$22,000
签名	

· · ·

聚集

表号: DS 12345 Aggr.	
表名: Household Stat.	
开始表号: DS 12345	
开始表名: Household Data	
平均家庭成员数量	3.67
平均家庭成员收入	US$ 47,000
平均家庭支出	US$ 43.667
签名	

图 28.16   一个模板和设计 + n 个聚集的设计

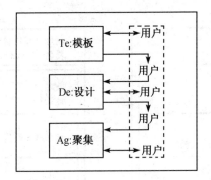

图 28.17   工件领域

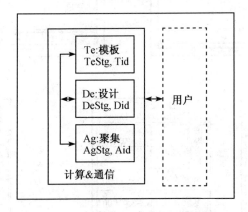

图 28.18   工件需求

工件需求通常在它们对模板、设计、聚集及其之上操作的描述中更加详细。典型地，单元都具有它们自己的、唯一的标识和分离或共享的存储。有时单元的时间戳版本被保留下来作为参考，等等。

type
    T, Ti, Di, Ai, Inf
    Temp = Ti × Te
    Dsgn = Di × Ti × De
    Aggr = Ai × Ti × Ag
    Σ = TeStg × DeStg × AgStg
    TeStg = Ti $\overrightarrow{m}$ (T $\overrightarrow{m}$ Te)
    DeStg = Ti $\overrightarrow{m}$ Di $\overrightarrow{m}$ (T $\overrightarrow{m}$ De)
    AgStg = Ti $\overrightarrow{m}$ Ai $\overrightarrow{m}$ (T $\overrightarrow{m}$ Ag)
value
    GTe: Inf → T $\xrightarrow{\sim}$ Σ $\xrightarrow{\sim}$ Σ × Ti
    BTe: Inf → Σ → Ti-**set**
    UTe: Ti × Inf → T $\xrightarrow{\sim}$ Σ $\xrightarrow{\sim}$ Σ

GDe: Ti × Inf → T $\tilde{\to}$ Σ $\tilde{\to}$ Σ × Di

BDe: Ti × Inf → Σ $\tilde{\to}$ Di-set

UDe: Di × Inf → T $\tilde{\to}$ Σ $\tilde{\to}$ Σ

GAg: Ti × Inf × Di* → T $\tilde{\to}$ Σ $\tilde{\to}$ Σ × Ai

BAg: Ti × Inf → Σ $\tilde{\to}$ Ai-set

UAg: Ai × Di* × Inf → T $\tilde{\to}$ Σ $\tilde{\to}$ Σ

图例： T 代表时间（领域）。Ti、Di、Ai 是模板、设计和聚集标识符。Temp、Dsgn、Aggr 是 Te、De、Ag "更加" 具体的形式。Σ 是 "总的" 状态。它由模板、设计、聚集存储构成。G、B、U 代表生成（generate）、浏览（browse）和更新（update）。

解释： 设计和聚集 "带有" 它们的模板标识。模板、设计和聚集的存储是有时间戳的—— 由此 "老" 版本是（从不）被丢弃的。生成会更新存储且产生适当的（模板、设计或聚集）标识符。浏览可以产生零个、一个或者多个设计或者聚集标识符，但是不改变存储。更新应用于具有最近时间戳和标识了的模板、设计或聚集，且改变存储。

28.5.3 工件系统设计

根据成为工件的定义，模板、设计、聚集和信息 （即 Te, De, Ag, Inf）实体类型通常是高度结构化的，即是复合类型，并且从一个应用领域到另一个领域来说都是不同的。典型地，它们具有非常确定的句法，并且它们的生成、浏览 和更新 函数（即 G.., B.., U..）也相应地都是句法制导的。这意味着卷 2 第 6~9 章的所有的符号学原理和技术都适用。

典型地，它们的存储的处理是一个信息储存库（即数据库）问题。

除了那些具有句法和语义性质的挑战之外，生成、浏览和更新函数通常还呈现出如下的挑战：比如，典型地，可能意味着约束可满足性问题。我们引用对这一主题原创性介绍的 Krzysztof Apt 的不错的书《约束程序设计》（Constraint Programming） [14]。

28.6 反应系统体系结构

我们把 Michael Jackson 称作控制框架的事物称为反应系统框架。属于反应系统框架的问题示例是：自动过程监测和控制、计算机辅助的汽车监测和控制、技术上监测和人工 "控制的" 空中交通、火车调遣。

28.6.1 反应系统领域

反应系统领域 基础：如果领域的实体可以使用如下来表达，则我们就具有了反应系统框架的基础：时间 T、一个状态集合 S、一个外部输入集合 J、一个外部输出集合 O、作为时间上的关系的动态的输入和状态 Γ 和 Σ，以及通常非确定的下一状态和输出函数 F。

当使用一组微分方程来（隐式的描述，即）近似 F 时，其中时间是关键因素，则我们这里将其建模为 G。

———————————— 数学特性描述：反应系统领域，I ————————————

type

> T, S, J, O
> $\Sigma = T \overset{\sim}{\to} S$
> $\Gamma = T \overset{\sim}{\to} J$
>
> **value**
>
> F: $J{\times}S \overset{\sim}{\to} (S{\times}0)$-**infset**
>
> G: $(T \overset{\sim}{\to} (J{\times}S)) \overset{\sim}{\to} (T \overset{\sim}{\to} (S{\times}O)$-**infset**$)$

在图 28.19 中，未控制的运行系统，即所有可能的包括错误的（即不期望的）行为集合，[7] 由两条曲线之间的空间来"表征"。X 轴描述了时间，Y 轴是到三维点集空间 $(J \times S \times O)$-**set** 的一维的映射。

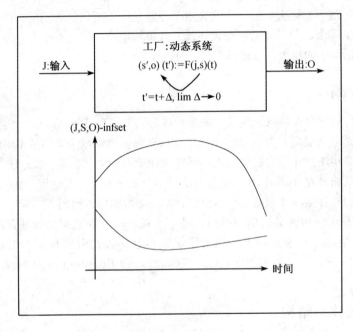

图 28.19   反应系统领域

进一步的控制领域：   观测器谓词表达了控制论概念，如相干性、稳定性、鲁棒性和可控制性等领域性质。

这些概念是经典的控制论概念。有一些书籍：[17, 28, 86, 105, 221]。一篇原创性的文章是：[368]。有各种各样的文章：[50–53, 102, 159–161, 213, 281, 321, 371]。

---

[7] 我们把 $T \to J \times S \times O$ 称之为行为的空间。序列类似于行为：

$$< (t, j, s, o), (t', j', s', o'), ..., (t'', j'', s'', o''), ... >$$

其中时间戳序列 $t, t', ..., t''$ 是密集和增长的。

─────── 数学特性描述：反应系统领域，II ───────

type

    Sys_base = T → J×S×O

    Sys = {| sb:Sys_base • coherent(sb) |}

value

    coherent: Sys_base → **Bool**

    stable: Sys → **Bool**

    robust: Sys → **Bool**

    observable: Sys → **Bool**

    controllable: Sys → **Bool**

28.6.2 反应系统控制需求

反应系统控制需求： 我们最终具有一个反应系统控制框架，如果除了其基础以外，我们还有对可观测变量的值约束，也即只允许所有可能的行为中的一些。 ∎

─────── 数学特性描述：反应系统控制需求 ───────

value P: (T → (J×S×O)-**infset**) → **Bool**

想法是除了其他以外，还使用**相干性、稳定性、鲁棒性**和**可控制性**等领域性质来表达 P。另外，最优条件构成了 P 的一部分。在图 28.20 中，约束象征性地展示为"更狭窄"空间的阴影行为。 主要的需求定义考虑是：将被投影（到计算机上）的状态的映像的确定、更新的规则

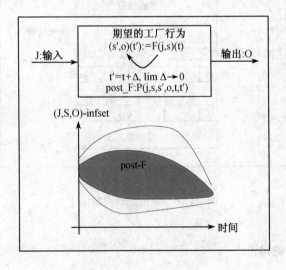

图 28.20 反应系统的监测和控制需求

性、初始输入。

28.6.3 反应系统控制设计

控制工程是关于基于所有（需要的）可观测值的过去值而对一些可观测变量的控制。时间上的迭代，以及输入的 j:J 的非确定的性质，蕴含了一个反馈循环。一些可观测的变量被采样（以规则的（包括计算机）时间期间来检测）。

控制设计： 如果具有如下内容，则我们就解决了控制需求：观测状态的采样（敏感器）函数 π、控制函数 C、反馈激活器函数 ϕ，使得在 $C(\pi(s)_{(t)}) = (c1, \ldots, cm)_{(t+\delta)}$ 中的 s'，和 $F(j \oplus \phi(c1, \ldots, cm)_{(t+\delta)}, s'')(t + \delta') = s'_{(t+\Delta)}$ 位于控制体系之中（s'' 是在时间 $t + \delta'$ 时的状态）。   ∎

参考在图 28.21 中的为反应系统的监测和控制所设定的经典的反馈控制。

──────────── 数学特性描述：控制设计 ────────────

type　　c1,...,cm:V
value
　　$\pi: \Sigma \to T \to (V \times T)$
　　$C: (V \times T) \to (V \times T)$
　　$\phi: (V \times T) \to J \times T$
　　$\oplus: J \times J \to J$
　　$F': J \to S \overset{\sim}{\to} T \overset{\sim}{\to} (S \times O)$

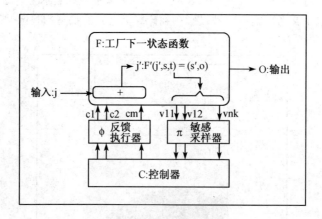

图 28.21　　反应系统控制设计

28.6.4 反应系统设计的讨论

除了上述的特性描述，我们将不再探讨反应系统开发的原则、技术和工具。反应系统的软件开发方法的领域目前可能是通常由客户强制要求使用形式方法的领域。形式验证，包括模型检查，这里都在前沿所使用着。反应系统（领域、需求和设计）建模的一些原则、技术和工具在卷 2 的第 12~15 章中予以详细地探讨。在 [284, 285, 330, 331, 334, 378, 379] 中可以找到举例说明特定的应用的示例报告和论文。关于嵌入式、实时系统开发的原创性教材是 [54, 212, 224–226]。

28.7 连接框架

属于连接框架的问题示例是支票和信用卡签单交易结算、在人或进程和计算机之间可程序控制的（电缆）敏感器和执行器连接。数据通信及其通信术语通信框架。

连接问题框架与客户端-服务器问题框架相关（第 28.4 节）。

28.7.1 连接领域

连接领域： 当一个或多个（所谓的）发送者中的一个希望把一个消息（信号、包）发送给一个或者多个（所谓的）接收者中的一个时，则我们就具有了连接框架的基础（参见图 28.22）。

我们假定所有的发送者和所有的接收者都是唯一标识的。发送者可以"存储"发送的消息，并在收到确认时，将它们如此标记。接收者可以"存储"收到的消息，并在收到确认时，将它们如此标记。[8]

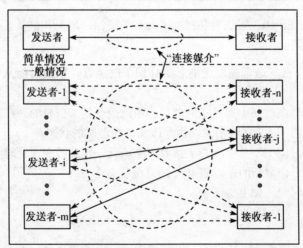

图 28.22 连接领域

———— 类型、基调、协议：连接领域 ————

type

---

[8] 在"现实世界"中，同一物理实体可以既具有发送者也具有接收者的角色，而我们的描述中并没有防止这一点的内容。

T, Si, Ri, M

$Sn = Ri \underset{m}{\rightrightarrows} (T \times M)\text{-set} \dots$

$Rc = Si \underset{m}{\rightrightarrows} (T \times M)\text{-set} \dots$

$\Sigma = (Si \underset{m}{\rightrightarrows} Sn) \times (Ri \underset{m}{\rightrightarrows} Rc) \dots$

value

SndAck: $Si \times M \times Ri \overset{\sim}{\rightarrow} T \overset{\sim}{\rightarrow} \Sigma \overset{\sim}{\rightarrow} \Sigma \times T$

snd: $M \overset{\sim}{\rightarrow} Sn \overset{\sim}{\rightarrow} T \overset{\sim}{\rightarrow} (Sn \times T)$

rcv: $M \overset{\sim}{\rightarrow} Rc \overset{\sim}{\rightarrow} T \overset{\sim}{\rightarrow} (Rc \times T)$

ack: $M \overset{\sim}{\rightarrow} Sn \overset{\sim}{\rightarrow} T \overset{\sim}{\rightarrow} (Sn \times T)$

max: $T^* \rightarrow T$

SndAck(s,m,r)(t)(ss,rs) $\equiv$

    let $(sn,rc) = (ss(s),rs(r))$ **in**

  1. **let** $(sn',t') = snd(m)(sn)(t)$ **in**

     let $t'':T \cdot t'' \geqslant \max\{t,t'\}$ **in**

  2. **let** $(rc',t''') = rcv(m)(rc)(t'')$ **in**

  3. **let** $(sn'',t'''') = ack(m)(sn')(t''')$ **in**

     let $t''''':T \cdot t''''' \geqslant \max\{t,t',t'',t''',t''''\}$ **in**

  4. $(ss \dagger [s \mapsto sn''], rs \dagger [r \mapsto rc'], t''''')$

end end end end end end

说明： T 代表时间。Si, Ri：发送者和接收者标识符。M：消息和确认。状态 Σ "总结"了所有的发送者和接收者。

解释： 任何时候，任意发送者都发送消息给标识了的接收者以及可能从其接收确认。接收者亦是类似。

    (1) 发送者 s 处理在时间 t 要发送的消息，由此改变其（自身的）在该时的状态。

    (2) 接收者 r 在时间 t''' 接收消息，由此改变其在此时的状态。

    (3) 发送者 s 在时间 t'''' 从接收者 r 接收一个确认，由此改变在此时的状态。

    (4) 总体结果是一个全新的在时间 t''''' 的系统状态。

通过媒介的连接需要时间，如上文所示。

28.7.2 连接需求

连接需求： 当一个或者多个（所谓的）发送者中的一个希望通过一个共享的连接器且在一段特定的时期中发送一个消息（信号、包或任何其他）给一个或者多个（所谓的）接收者中的一个时，则我们就具有了一个连接框架。

可以有一个或者多个可能共享的连接器。对于每一类型的消息和每对发送者和接收者，可以就只有一个连接器。像消息传输失败的问题另外使得这一问题成为数据通信 [由此的多] 框架问题。

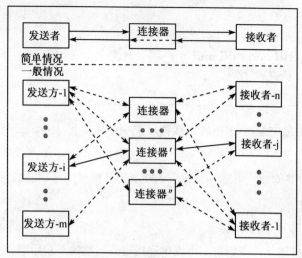

连接框架需求

图 28.23 连接需求

―――― 形式特性描述：连接需求 ――――

type

　　MTyp, Ci, $\varXi$, R

　　$\varPsi$ = ClrIns × Conns × $\varSigma$

　　ClrIns = (Si × MTyp × Ri) $\underset{m}{\rightarrow}$ Ci

　　Conns = Ci $\underset{m}{\rightarrow}$ $\varXi$

value

　　SndAck: Si × (MTyp × M) × Ri × T $\xrightarrow{\sim}$ $\varPsi$ $\xrightarrow{\sim}$ $\varPsi$

　　sc: Si × M × Ri × T $\xrightarrow{\sim}$ Sn $\xrightarrow{\sim}$ (R × T × Sn)

　　cr: R × Si × M × T $\xrightarrow{\sim}$ $\varXi$ $\xrightarrow{\sim}$ R × T × $\varXi$

　　ak: R × M × Si $\xrightarrow{\sim}$ Rc $\xrightarrow{\sim}$ T $\xrightarrow{\sim}$ R × T

　　rc: R × T $\xrightarrow{\sim}$ Rc $\xrightarrow{\sim}$ R × T × Rc

　　cs: R × T $\xrightarrow{\sim}$ $\varXi$ $\xrightarrow{\sim}$ R × T × $\varXi$

　　cl: R × T $\xrightarrow{\sim}$ Sn $\xrightarrow{\sim}$ Sn

　　TimeLimit: T×T×T×T×T×T → **Bool**

　　SndAck(s,(mt,m),r,t)(ψ) ≡

　　　　let (cins,cnns,σ) = ψ **in**

　　　　let c=cins(si,mt,ri), (ss,rs)=σ **in**

　　　　let (p,t′,σ_s)=sc(s,m,r,t)(ss(s)) **in**

　　　　let (p′,t″,ξ)=cr(p,s,m,t′)(cnns(c)) **in**

　　　　let (p″,t‴,σ_r)=rc(ak(p′,m,s),t″)(rs(r)) **in**

　　　　let (p‴,t⁗,ξ′) = cs(p″,t‴,s)(ξ) **in**

　　　　let σ'_s = cls(p‴,t⁗)(σ_s) **in**

$$
(\text{cins,cnns} \dagger [c \mapsto \xi'],
$$
$$
(\text{ss} \dagger [s \mapsto \sigma'_s], \text{rs} \dagger [r \mapsto \sigma_r]))
$$
end end end end end end end
$$
\textbf{post } TimeLimit(t,t',t'',t''',t'''',t''''')
$$

说明： MTyp 指代消息类型。Ci 指代连接器（更明确的）标识符。$\varXi$ 连接器状态。p:R 指代转发和回复报告。

解释： 把需求看作对"处理"消息转发和确认回复的严格时间限制的规定。

28.7.3 连接系统设计

除了上文的特性描述外，我们将不再探讨连接框架问题的开发原则、技术和工具。卷 1 的第 21 章并发规约程序设计和卷 2 的第 13 章消息和活序列图为规约连接框架的领域、需求和设计给出了原则、技术和工具。

以 David Garlan 为核心的卡内基梅隆大学小组（G.D. Abowd, R. Allen, M. Shaw, C. Shekaran 及其他人）的工作为澄清许多软件体系结构问题，特别是与构建及其连接相关的那些问题，作出了巨大的贡献：[1, 2, 7–9, 109–112, 327]。自 20 世纪 90 年代中期开始表达连接的协调语言的概念不断的演化。且召开了若干学术会议。施普林格在它们的计算机科学讲义系列中发表了许多文献（卷 1061, 1282, 1594, 1906, 2315, 2949 和 3454）。我们推荐 Jean-Marie Jacquet 等人的论文 [45, 46, 190]。最后我们推荐与连接框架相关的很好的教材，Robin Sharp 的《协议设计原理（Principles of Protocol Design）》。

28.8 讨论

28.8.1 概述

我们彼此独立地探讨了许多相异度递减的问题框架。不过，很少有任何一个问题仅属于这些框架之一。绝大多数的编译器开发包含翻译器和工具框架的主要元素。绝大多数的嵌入式、实时系统开发包含反应和连接框架的主要元素。绝大多数的信息系统开发包含储存库和工具框架的主要元素。以此类推。

28.8.2 原则、技术和工具

我们总结如下：

原则： **特定领域的体系结构** 的主要原则是准备好最适于需求的特定领域的体系结构（即设计），若适用则由此分析需求为适当的这样的体系结构，否则提出一个新的结构—— 很可能要通过把本章涉及的那些基础性的、特定领域的、体系结构进行适当的复合。

技术： **特定领域的体系结构** 这一章涉及了许多技术。对于每一框架，我们涉及了独立的一组技术。当然，这反映在如下之中：我们不能是完全特定的，以及我们向读者指出讨论这些专门框架的专家的教材和专著。请参考 Michael Jackson 关于问题框架——分析和结构化软件开发问题 [187]的著作，关于许多更加详细的原则和技术的更加翔实的探讨。∎

28.9 练习

28.9.1 序言

请参考第 1.7.1 节，关于列出的贯穿全文的 15 个领域（需求和软件设计）示例；并请参考第 1.7.2 节的介绍性评述，关于"选定主题"这一术语的使用。

28.9.2 练习

在试图回答练习 28.7~28.9 之前，请阅读下文的"事件通知管理"的小节（每一个都在三个黑点（●●●）的对之间）。

练习 28.1 你所选定的领域的问题框架。 对于由你选定的固定主题。 分析你的需求，并建议哪些问题框架适用于你的需求的不同部分。

练习 28.2 翻译框架。 在第 1.7.1 节中叙述的 15 个领域（需求和软件设计）示例中，哪些可以引出翻译框架？

练习 28.3 信息储存库框架。 在第 1.7.1 节中叙述的 15 个领域（需求和软件设计）示例中，哪些可以引出信息储存库框架？

练习 28.4 客户端/服务器框架。 在第 1.7.1 节中叙述的 15 个领域（需求和软件设计）示例中，哪些可以引出客户端/服务器框架？

练习 28.5 在第 1.7.1 节中叙述的 15 个领域（需求和软件设计）示例中，哪些可以引出工件框架？

练习 28.6 反应系统框架。 在第 1.7.1 节中叙述的 15 个领域（需求和软件设计）示例中，哪些可以引出反应系统框架？

●●●

事件通知管理，I

接下来的三个练习与第 28.4.5 节相关。

请特别参考例 28.6 之前的文本。我们涉及了一个事件通知管理概念。现在我们将进一步阐述这一概念。我们假定某用户 u 正在（通过 I）调用某服务 A_i。则四种事件通知是相关的：

1_n: （通过 I）请求 A_i 的用户的立即通知。

2_n: 某其他用户（或用户集合） u' 的立即通知。

3_n: 用户 u 对 A_i 的使用的某其他服务 A_k 的立即通知。

4_n: 用户 u 对 A_i 的使用的某其他服务 A_k 的时间延迟通知。

在接下来的三个练习之后，我们给出与那些练习相关的解释性更强的一些材料。

● ● ●

练习 28.7   立即事件管理。 通过直接 A_i 事件通知管理，我们理解软件 A_i 在所有适当的地方对事件通知需求检测的规约—— 按照"事件通知管理，I–II"段落中所描述的那样。你要建议用户对 A_i 服务的请求（即直接来自于 I）将如何处理此种形式的事件通知管理。基于 A_i 对服务请求分析的结果，A_i 可以决定执行还是不执行服务请求。

    提示：   开始时确定那些需要成为初始用户请求一部分的信息，以引出四种可能的事件通知。

练习 28.8   非直接、同步的事件管理。 现在我们寻找一个独立的事件管理器服务 E_{synch}，使得 A_i 请求这一服务来分析一个通知是否是需要的并对其处理。期望 E_{synch} 同步地（即接到请求时"立即"）执行分析和处理。依赖于 E_{synch} 对服务请求的分析结果，E_{synch} 可以决定让 A_i 执行或不执行服务请求。

    你要建议用户调用将如何处理此种形式的籍由 E_{synch} 的事件通知管理。

    提示：   开始时确定那些需要成为初始用户请求一部分的信息，以引出四种可能的事件通知—— 以及由此确定在 I 和 E_{synch} 之间、E_{synch} 和 A_i 之间所通信的消息。

练习 28.9   非直接、异步的事件管理。

    现在我们寻找另一种形式的独立的事件管理器服务 E_{asynch}。通过 I 来调用它，同时 I 调用 A_i。关于 E_{synch}，我们期望 E_{asynch} 本身能够发现事件通知的需求。E_{asynch} 可以以对于 A_i 对原始服务请求的处理来说异步地，即"步调不同地"处理这一事件通知服务。由此，无论 E_{asynch} 对服务请求的分析结果是什么，A_i 同样也要执行服务请求。

    你要建议用户对 I 的请求将如何籍由 E_{asynch} 来处理此种形式的事件通知管理。

    提示：   开始时确定需要那些成为初始用户请求一部分的信息，以引出四种可能的事件通知—— 以及由此确定在 I 和 E_{asynch} 之间所传递的消息。

● ● ●

事件通知管理，II

    通过提供如下的概念图可能能够更好地理解这三个事件通知管理"系统"（见图 28.24）。

    在 (1) 中，A_i 分析原始的用户请求，并确定四个可能的事件通知中的一个还是另一个应发生，还是都不应发生。如果这样的事件通知将要发生，则它应立即发生。

    在 (2) 中，E_{synch} 分析原始的用户需求，并确定四个可能的事件通知中的一个还是另一个发生，还是都不应发生。如果这样的事件通知将要发生，则它应立即发生，且在 A_i 的可能调用之前。

    在 (3) 中，E_{asynch} 分析原始的用户需求，并确定四个可能的事件通知中的一个还是另一个发生，还是都不应发生。如果这样的事件通知将要发生，则它能够在任何时候发生，而无需顾及 A_i 的调用。

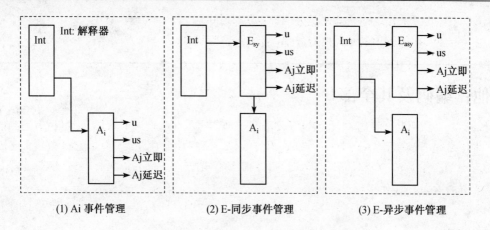

(1) Ai 事件管理　　　　　(2) E-同步事件管理　　　　　(3) E-异步事件管理

图 28.24　　三个事件通知管理系统

其他：编码及其全部！

- **学习本章的前提**：你已经结束了这一部分的学习，并疑惑：现在我如何处理最后的步骤，即从形式软件设计规约，到实际的程序设计？
- **目标**：表明从形式规约到当前的程序设计的翻译；更一般性地，从实际的角度来看待形式规约；在某种程度上把形式技术的世界和非形式程序设计的世界连接起来。
- **效果**：确保你作为专业的软件工程师实际上能够知道如何横跨自形式规约到实际程序设计的范围。
- **讨论方式**：论证的。

———————— 免责声明 ————————

这一章是粗略的。这一卷不是关于程序设计，也当然和"小型"程序设计，以及为高效计算设计算法和数据结构无关。假定读者在学习这一卷之前已经学习了这样的程序设计。本章的目的是把形式规约的原则、技术和工具连接到那些当前的程序设计语言上来。

29.1 从形式规约到程序设计

的确，领域描述和需求规定，乃至软件体系结构设计规约——通常——就它们的文本来说都不是立即（如通过解释或编译）可以作为计算基础的程序。也即，我们通常需要一个软件设计步骤，其中正如这几卷的绝大多数情况一样，RSL 规约要进一步"转化"为代码，即使用某程序设计语言的程序。这一章考虑了在这一转化过程中的一些问题。

29.1.1 从规约到程序

一个问题是抽象。通常抽象并不是立即可表示的以及绝大多数情况中并不是可高效地表示的。也即，如何能够使用选择的程序设计语言来对特定抽象编码并不是立即明显的。类似地，哪个这样的表示（即编码）在效率上是可取的也并不是立即明显的。

上文所使用的"立即明显的"这一模糊性是用于表明人们一般不能期待自动化从抽象到具体化的变换。在这一方向还能够做很多事情，并且在编译和优化这一令人兴奋的领域之中，已经且仍在做着很多事情 [12,304–306,309,310]。

29.1.2 从抽象类型到数据结构

当仅关注于从更抽象类型到更具体类型（这里通过后者我们指具体（即定义）类型）的变换时，这几卷已展示了许多这样的例子。为分类（即在 RSL 中"真正抽象的"类型）所选择的具体类型由在分类之上定义的操作的全集来确定。

比如，请参考卷 1 第 16 章第 16.4.5～16.4.6 节。那里我们展示了一系列的你可以看作从图的抽象模型到十分具体的、基于指针的数据结构的变换步骤。这是一个"小型的"具体化示例。数据类型的变换（具体化）接着的是相应的、相当明显的对涉及具体化数据类型的那些表达式的"翻译"。

作为另外一个示例，我们引用本卷的第 28 章。那里我们展示了一系列的你可以看作从"整个"文件系统的抽象模型到基于指针的数据结构的变换步骤。这是一个"大型的"具体化示例。从 RSL 的类型定义到所选定的程序设计语言的类型定义"最后的步骤"是显然的。实现分类和抽象类型的一般方法在 [114] 这本书中给出。除了这些少量的引用之外，我们就不再探讨类型到数据结构定义的变换。

29.1.3 从应用式到命令式程序

请参考卷 1 第 20 章，第 20.5 节：翻译：应用式到命令式，特别是第 20.5.3 节：应用式到命令式模式。上述参考的本质是为许多应用式结构到命令式结构的翻译给出了规定。那些没有显式探讨的通常是无需翻译的"普通的"操作符/操作数表达式，或者是非常简单的类型，期盼读者来"创造"这一翻译。原创性的 RSL 参考手册 [114] 为关于从应用式到命令式的翻译给出了其他提示。

29.1.4 翻译到并发程序

请参考卷 1 第 21 章，第 21.5 节：翻译模式。上述参考的本质是为许多应用式和命令式结构到并发结构的翻译给出了规定。

29.1.5 从 RSL 到 SML、Java、C# 和其他语言

上文中我们指出了这几卷前面的章节，其中我们展示了如何按照从应用式到命令式和从应用式或命令式到并发 RSL/CSP 结构的方向把一种 RSL 结构翻译为另一种。这些翻译被认为是通过规约者和程序设计者"人工"实现的。

不过其中一些翻译，包括那些从抽象数据结构到具体数据结构的变换或具体化是能够被机械化的。若干面向模型的规约语言（如 B [4]、RSL、VDM-SL [100] 和 Z [372]）能够提供工具，以帮助翻译具体的应用式（和命令式）结构到这些程序设计语言 C、C++、C# [157]、Java [16] 和 标准 ML （SML [138]）的命令式结构。

把抽象的形式规约语言结构转化为那些如 C、C++、Java [11, 322]、C# 或 SML [242] 的语言结构的数据结构具体化也具有研究价值。"还没有最终结论。"

29.2 程序设计之美

艺术、规范、工艺、科学、逻辑、实践

人们认为 Edsger W. Dijkstra 说出了：程序设计之美 [99]。程序设计亦是艺术 [200–202]、规范 [83]、工艺 [291]、科学 [126]、逻辑 [154]、实践 [155]。

上文给出的参考文献涵盖了算法和数据结构的发现和论证的许多激动人心的深入方法。在这几卷中，这一发现和论证被看作伴随软件工程的必不可少的活动。这几卷中我们所探讨的并不是发现和论证的替代物。通常发现和论证是一个人、一人思考的工作。而软件工程是关于工程师群体们所要坚持、遵循和使用的原则、技术和工具。软件开发管理人员必须确保在"小型程序设计"、算法发现和"大型的"软件工程之间平滑、和谐的相互作用。

29.3 程序设计实践

这些年来提出了许多程序设计原则和技术。它们曾一度吸引了许多程序设计人员的注意。多年来诞生的许多这样的"学派"将暂时地、更长时期地或永久不变地成名。艺术 [200–202]、 规范 [83]、 工艺 [291]、 科学 [126]、 逻辑 [154]、 实践 [155] 等参考文献，以及其他，特别是精化演算 [244] 和反应系统演算 [18] 有望持续很长一段时间。

29.3.1 结构化程序设计

非常值得熟悉一下 Michael A. Jackson 的结构化程序设计（JSP） [183]。简而言之，它除了软件开发的一些问题，其中信息（和数据）结构可以仅使用特定种类的（顺序数据结构）图来表达：JSP 图。

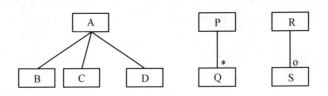

图 29.1   JSP 图

图 29.1 在意义上"等于"：

type
$$A = B \times C \times ... \times D$$
$$P = Q^*$$
$$R == nil \mid mkS(s:S)$$

其中 B, C, ..., D, Q 和 S 是一些进一步规约的数据类型。我们请读者学习 [183]。

29.3.2 极限程序设计

极限程序设计（extreme programming ， XP）的基本思想是：如果某程序设计实践似乎或者被认为是有益的，由于两个程序设计人员密切工作似乎是有益的，则令所有的程序设计都总是由两个程序设计人员一起在一台终端、大屏幕上工作等等！请参考 Kent Beck 的著作 [21, 22]。

如果你认为此种形式的程序设计 XP 是好的，则请实践它。在这三卷的原则和技术中，没有什么阻碍了对它们的极限使用！

29.3.3 面向对象和 UML 程序设计

卷 2 第 10 章介绍了模块化和对象的概念。同样也适度探讨了所谓的统一建模语言（UML）的类图概念 [42, 189, 258, 299]。

我们将避免定义面向对象 （object-oriented，OO） 的程序设计是什么—— 因为声称是 OO 的不同的"学派"在它们的定义上不同。在这几卷中，当我们把数据结构"封装"，基本上构成了一个进程的全部状态时，则可以说我们是 OO。进程输入/输出则是调用 OO 方法的消息，也即，它调用函数和接收返回值。我们"模拟"了 UML。

在这几卷中，当我们把数据结构及其操作"封装"在类（或模式或对象）中时，则可以说我们是 OO。我们仍然模拟了 UML。在这几卷中，当我们把 RSL 和佩特里网组合起来 [192, 268, 288–290] （如卷 2 第 12 章中），则我们也同样模拟了 UML。在这几卷中，当我们把 RSL 和消息序列图 [176–178]组合起来（如卷 2 第 13 章中），则我们也同样模拟了 UML。在这几卷中，当我们把 RSL 和状态图组合起来 [72, 145, 199] （如卷 2 第 14 章），则我们最终模拟了 UML。所以，卷 1~3 所给出的原则、技术和工具为 UML 提供了一个形式选择，也同样是对其的补充。

29.3.4 主程序员的程序设计

特性描述： 通过主程序员的程序设计，我们理解一个过程，其中在本质上来讲，一个人基本上决定了"所有的事情"。该人员决定如何对领域建模，决定将如何对需求建模，决定软件体系结构和主要的构件设计。 ∎

主程序员就好像建筑设计的主设计师。也即：通过主程序员，我们期望有类似于Andrea Palladio （靠近维琴察的圆厅别墅，意大利北部），Antonio Gaudí （圣家族教堂，巴塞罗那，西班牙），Frank Lloyd Wright（古根海姆博物馆，纽约城，NY，美国），Victor Horta （Horta 博物馆，布鲁塞尔，比利时），Mies van der Rohe （图根哈特别墅，布尔诺，捷克共和国), Le Corbusier （马赛公寓，马赛，法国), Oscar Niemeyer （巴西利亚，巴西），Jørn Utzon （悉尼歌剧院，澳大利亚），Richard Meier （格蒂博物馆，洛杉矶，美国），Paul Gehry （古根海姆博物馆，毕尔巴鄂，巴斯克地区，西班牙）等等的人。

多年来，成功的软件开发工程已与主程序员关联起来：Peter Naur （Gier Algol 60 编译器，[251]），Linus Torvalds （Linux 操作系统）。谦逊本应让我们避免提及 [39]！

我们期望我们的主程序员另外能够遵循这一系列关于软件工程的教材中的原则，应用其技术，并使用其工具。通过这样的主程序员的努力，我们希望获得优雅的、美丽的、令人满意的、充分和正确运行的软件系统。

29.4 构建信任的软件开发

特性描述：(I) 通过验证，我们粗略地理解一个过程，通过其一对形式规约（包括一个形式规约和一个具体程序）彼此得到形式地关联—— 其目的是声明一个规约是另一个的正确实现。 ∎

特性描述：(I) 通过模型检查，我们粗略地理解一个过程，通过其，一个规约，即"模型"，

作为另一个（实际）规约的动态（即一种程序执行）的参考—— 所作的断言是：实际规约的
行为正如模型所示。 ∎

特性描述： (I) 通过程序测试，我们粗略地指该程序对于不同的给定输入数据（即初始状态）
的一组执行，并使得执行结果与相应给定的期望结果集合进行比较—— 目的是声明具体规约
是抽象规约的正确实现（至少对那些输入来说）。 ∎

这三个对正在编码的程序构建信任的方法的最后一个将在下文予以适度详细地探讨
（第 29.5.3 节）。将只是粗略地提及其他两个（验证和模型检查）。

┌─────────────────── 探索式、实验性和增量软件开发 ───────────────────┐
第 29.4 节的真实目的是倡导探索领域、实验需求、增量开发、验证、模型检查和测试软件的
一种特殊方式。它的实现与开发领域需求、需求规定、软件体系结构设计、构件设计和单元
（即模块）编码密切关联。
└──┘

29.4.1 什么时候验证、模型检查和测试

在许多步骤中，我们面向增量设计软件系统这一特殊方式来思考我们的方式。

∨ 图

图 29.2 展示了所谓的 ∨ 图—— 经常在文献中被使用。使用它的目的是显式地解释在所
有的层次上，把误解引入到领域模型和需求规定，以及把错误引入到软件设计的问题！

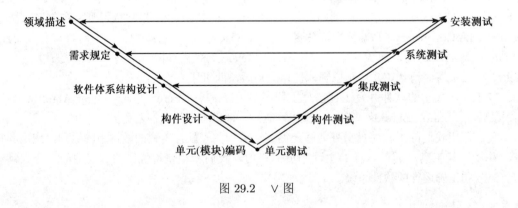

图 29.2   ∨ 图

测试顺序

让我们只关注于测试。传统知识说人们在能够对构件（模块的聚集）执行测试前必须首先
在模块上做测试。由此，传统知识也说人们只有在已经测试过两个或更多的构件之后才能做集
成测试，并且只有在测试过所有的构件之后才能执行系统测试。一旦产品进入领域，则通过最
终用户对其的日常使用对其进行安装测试和领域测试。

错误、错误解释、错误理解的发现

有了这一传统知识，由此我们感受到在模块设计和编码时进入到软件的错误通常可以在模块测试时发现，即立即或几乎是立即的。但是人们也发现对进入到构件设计的错误的首次发现——与设计顺序相反的顺序——是在模块测试之后，以此类推。现实的客户需求误读和领域误解的首次测试，也许是发现，最早是在安装测试之时，最坏是在产品已在领域（即使用）很久以后。

改正性维护的成本

相较而言，改正性维护的成本对于模块设计错误来说很小，对于构件设计错误来说更大一些，因为构件要"大一些"：是模块的聚集。改正体系结构的设计错误、需求规定误读、领域描述误解的成本与这些误解、误读和错误引入的时间和可能发现它们的时间之间的时间成比例增长。

特定改正性维护的不可能性

由此对领域错误理解的纠正可能成本如此之高，使得产品根本无效。必须对其撤销，因为可能要"改正"许许多多根本性的开发决策，如此之多以至于根本就不可能。截止到 2005 年，人们判断每三个几乎完全或已完全开发出来的软件系统中有一个就必须因此完全抛弃。

● ● ●

现在我们准备好论证我们对增量设计软件系统这一特殊方式的建议。

29.4.2 演示 → 框架 → 原型 → 系统

从此我们能得出什么？我们总结我们必须把测试、模型检查和验证的顺序反过来，理想上要遵循 | 图，图 29.3（读作 i 图）的提示。由此我们建议设计应当实现为：演示 → 框架 → 原型 → 系统。

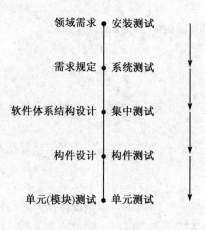

图 29.3 | 图

在 "I" 图中，我们希望表达人们不应当按照"某物正被测试"等等的相反顺序来进行测试、模型见车和验证，而是使用与"某物正被测试"等等、某物被首先引入相同的顺序。由此我们建议如下：

安装验证、模型检查、测试　应当通过断言领域描述的性质以及确保（即验证、模型检查、测试）它们对于领域描述成立来实现。

系统验证、模型检查、测试　应当通过断言需求规定的性质以及确保（即验证、模型检查、测试）它们对于需求规定成立来实现。

集成验证、模型检查、测试　应当通过断言软件体系结构设计的性质和确保（即验证、模型检查、测试）它们对于该设计成立来实现。

构件验证、模型检查、测试　应当通过断言构件设计的性质和确保（即验证、模型检查、测试）它们对于该设计成立。

单元（模块）验证、模型检查、测试　应当通过断言单元（模块）设计的性质和确保（即验证、模型检查、测试）它们对于设计成立来实现。

实现上述内容就意味着要被验证、模型检查和测试的内容，即描述（规定或规约）实际上能够如此进行分析。对于验证和模型检查，这表明规约应当是形式的。对于测试，这表明描述、规定和规约能够得以执行。现在，领域描述、需求规定、抽象的软件设计规约就其本身而言是没有准备（即不能立即）得到计算机的解释的。它们必须首先被具体化，但其具体化的方向不必是高效的解释。图 29.4，演示/框架/原型开发（Demo/Skeleton/Prototype，D/S/P）图试图展示现在问题是什么。

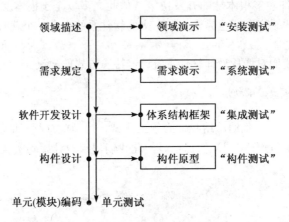

图 29.4　D/S/P 图

领域演示：　从领域描述构造了一个演示，它 (i) 令领域现象和概念可视化和动作化，(ii) 允许用户浏览领域描述文档。

需求演示：　从需求规定构造了一个演示，它 (i) 令需求现象和概念可视化和动作化，(ii) 允许用户浏览需求规定文档。

体系结构框架：　从软件体系结构设计规约构造了一个框架，它 (i) 令构件（即外部构件及其接口）可视化和动作化，它允许 (ii) 用户浏览软件体系结构设计规约文档。

构件原型：　从构建设计规约构造了一个原型，它 (i) 令个体（即内部）构件概念可视化和动作化，它 (ii) 允许用户浏览构件设计规约文档。

使用了一些技术术语。

演示： 通过演示，我们理解一个软件包，它能够把重要的现象和概念可视化和动作化，它允许用户自由地浏览一组文档，而演示即为其所构建。

可视化： 通过可视化，我们理解展示现象和概念的静止图片、图表、照片等等。

动作化： 通过动作化，我们理解系统的状态和事件的时间流，以及与系统的交互，而演示框架或原型即为系统所构建。

浏览： 通过浏览，我们指基于内容列表、加亮（或未加亮）文本及其相关而对文档文本的自由选择。浏览需要文本之间的复杂连接和对其的搜索。

框架： 通过框架，我们理解演示软件包，它允许用户看到、控制、监测构件间的接口，包括模拟"跨"接口的函数调用。

原型： 通过原型，我们理解框架软件包，它允许用户看到、控制、监测构件中的接口，包括模拟内部于构件的动作的结果。

请注意有一个暗含的序列：

$$领域演示 \rightarrow 需求演示 \rightarrow 体系结构框架 \rightarrow 构件原型$$

图 29.5 试图展示完成这一到最终软件系统的开发。V:MC:T 虚线楔形指示验证、模型检查和测试的目标是楔形所连接的规约之一或两者。

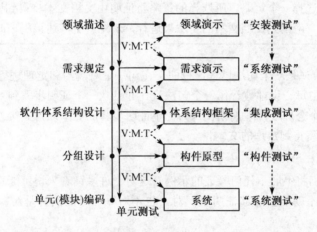

图 29.5　　D 图

　　基本想法是开发这一系列的软件包，使得在后面的时期或阶段中能够重用绝大多数在前面的时期和阶段所涉及和验证/模型检查/测试的内容。这些验证、模型检查和测试集成了前面阶段的那些，同时后面时期或阶段的软件演示或框架和/或原型设计是前面时期或阶段设计的精化或扩展。

　　理想情况是最终它变成了只是一个接一个地在各自构件槽中插入所有的模块，不经意地一个接一个地完成了系统。它可能不总是那样简单，但是有许许多多的开发能够这样来实现，而不会牺牲最终系统的效率。

29.5 验证、模型检查和测试

　　与领域确认和需求确认相关，我们已经大量地讨论了确认的概念：第 14.3 和 22.3 节。

——— 确认和验证 ———

我们引自 Barry Boehm [40]：

- **确认**： 确认与得到正确的产品有关。
- **验证**： 验证与令产品正确有关。

我们详细地考察验证、模型检查以及—— 特别是—— 测试的一些问题。确认在领域描述和需求规定上执行。验证、模型检查、测试就需求规定来执行。

29.5.1 验证

特性描述：(II) 通过（一个或一对规约的）验证，我们理解定理的证明，其中定理陈述了所陈述的该规约的（包含在定理中的）性质成立。 ∎

——— 验证基础 ———

验证的基础是（领域描述、需求规定和）软件设计文档。验证实际上指令所陈述的引理证明基于（一个或者多个）这样的文档。证明是纯粹的句法过程：自文档所陈述的内容以及将要证明的引理，可以选择一个策略。所选择的策略将证明由文档文本将得到引理—— 通过把证明规则（即句法量）应用到文档文本的句法来进行，最终产生陈述该引理的结论。

特性描述：(III) 验证是一个句法过程。也即，在句法上对规约和定理进行处理，证明由一序列的步骤构成，其中每一步都被看作一个句法量，并且从一个证明步骤到下一证明步骤的变迁是通过句法上把一个公理或推理规则代入为一个证明步骤的文本以得到接下来的证明步骤的文本来论证的—— 最终得到定理的文本。 ∎

　　在这几卷中我们将不展示任何验证的示例。这对于许多读者来说可能感到很惊讶。形式规约的整个目的终究不就是要能够证明吗？对，也不对！能够的回答是对；整个目的的回答是不对！

　　在这几卷中，我们强调了软件开发的规约，即抽象和建模部分，从领域描述，经过需求规定，再到现在所包括的软件设计。并且我们已经强调了在这些时期之间的工程、直觉上的关系。我们已经强调了把时期规约的开发分解为子规约开发的阶段和步骤。我们现在认为这最为重要。我们已经极其大量地探讨了抽象和建模的形式化方面，因为我们发现这很重要。如果软件工程师完全不懂得如何抽象和如何建模—— 以及要抽象和建模什么—— 正如我们认为我们在教授该软件工程师，则没有理由也同样教授验证。

　　现在我们已经做到了：教授该软件工程师抽象和建模。我们已经给出那些材料，即抽象和建模的原则和技术，使得对其的使用无需考虑规约语言是 RSL [113, 114] 或 B [4] （或 eventB [5]），或 VDM-SL [33, 34, 100]，或 Z [158, 336, 338, 372]，或者它与佩特里网 [192, 268, 288–290]、消息序列图 [176–178]、活序列图 [72, 145, 199]、状态图 [140, 141, 143, 144, 146]、时段演算 [376, 377] 组合在一起。现在是该软件工程师学习验证的时候了。对于其，我们想要引用一篇关于验证的著作，它就和我们所认为的我们对抽象和建模的讨论是与规约语言独立的一样。

但是还没有这样的著作。而且我们也没有了解到马上就可以有这样的著作了。唉！要学习验证，即教授验证，人们还必须受到手头特定的证明系统和特定的证明辅助工具和/或定理证明器的非常紧致地约束。

在某个意义上，我们依靠读者研习关于程序开发的特定课程，即包含相当数量的验证部分的课程。在另一个意义上说，我们期望读者，当在工业领域中实践且使用形式技术时，则由他们自己选择和学习一个特定的形式规约语言的证明规则、原则、技术、工具。这不是一项小任务。但是我们认为这一努力会有很好的回报。

一些规约方法，特别是 B [4] 和 eventB [5]，强烈倡导规约和证明之间的紧密交替。人们给出了有效的断言：若没有同样努力地思考验证，则其实不可能发现或选择到规约的最合适的形式。对其还有很多内容。如此之多，以至于我们其实很遗憾没有能够在任何严肃的深度上对验证予以探讨。不过，在这几卷所给出的内容还是完全相关的，我们对此感到一丝安慰。

RAISE [114] 作为一种方法，RSL [113] 作为其语言，带有证明规则（即证明系统）以及自动证明的辅助证明工具（通过翻译到 PVS [262, 263, 324, 325]）。要学习这些，仔细地学习 [114]，搜索互联网（www.iist.unu.edu/raise）关于可自由下载的文本和工具。我们引用一些文章，关于 RSL 规约验证和证明的原则和技术示例：[147–150, 215]。

现在有许多定理证明工具和证明辅助工具：PVS （谓词验证系统） [262, 263, 324, 325][1]，Isabelle/HOL （高阶逻辑） [255, 266][2]，Raise 工具集 [114][3]，还有很多很多其他的工具。关于证明工具相当新的信息，请参考很有影响的 **形式方法主页**：http://www.afm.sbu.ac.uk/，由 Jonathan P. Bowen 维护。

29.5.2 模型检查

特性描述： (II) 通过模型检查，我们理解一个语义过程：使用某模型检查语言，对人们所希望对其证明定理的规约建模、重新规约、重新程序设计，并且符号化地执行该模型。也即，创建了一个可能简化的规约模型。表达了一些语句，关于对该模型所期望的状态行为，也即所要"检查的"定理。并且模型检查器探索了（可能简化的）模型，关于其进入所期望状态（或状态序列）的能力。 ∎

模型检查的基础

由此模型检查的基础就是规约（领域描述、需求规定或软件设计）。模型检查实际上指令计算机执行基于这些规约之一的一个通常简化了的模型。除了规约和模型（即另一个规约），还有一个陈述（推测）—— 要被检查—— 即模型规约了特定行为。最后，有一个断言：模型行为正确地反应了由基础规约所蕴含的行为。

模型检查是一个研究和应用快速发展的领域。我们引用许多主页：关于可靠软件的 NASA/JPL 实验室，帕萨迪纳，加利福尼亚：SPIN；[4] 卡内基梅隆大学的模型检查@ CMU；[5]

---

[1] http://pvs.csl.sri.com/。

[2] http://www.cl.cam.ac.uk/Research/HVG/Isabelle/index.html。

[3] 点击开源软件：http://www.iist.unu.edu/。

[4] http://spinroot.com/spin/whatispin.html。

[5] http://www-2.cs.cmu.edu/~modelcheck/。

以及 形式系统（欧洲）有限公司 [6] 营销的除其他以外，用于 CSP 规约模型检查的 FDR2
工具。

29.5.3 测试

在第 14.2.2 和 22.2.2 节（分别关于领域工程和需求工程），我们简要示及了测试，而且
我们承诺了要适度深入地探讨。本节我们将进行该讨论，但是其涵盖的测试还没有到达从业
软件工程师所需要的深入。对于其，请参考 Hans van Vliet 的一本好书《软件工程》[365]的
第 13 章。

特性描述：(II) 通过规约（或软件、系统）测试，我们理解驳斥一个（即具体）规约（如程
序）就另一个（抽象）规约而言的正确性断言的系统性工作。   ∎

测试基础

测试的基础是（领域描述、需求规定或）软件设计文档。测试实际上指令计算机的执行基于
这些文档（之一）。除了文档以外，还提供了一些数据，数据的选择方式是为了操纵经过文
档特定部分的（在非常抽象的规约的情况下，是符号的）执行：以测试这些部分（描述、规
定和）规约了所期望的内容，或者测试文档规约的特定的（错误）动作不能发生。

测试目标

实际上处理测试，我们需要澄清术语错误、故障和失效。第 19.6.4 节这样做了。请读者参
考该节。下面的定义是在第 19.6.4 节所给出的那些的变体。

特性描述： 软件程序设计错误 是产生不正确结果的动作。   ∎

特性描述： 软件故障是在软件开发中的人的错误的结果。   ∎

特性描述： 软件故障可能引起（计算）失效。   ∎

主要的软件测试目标是发现软件中的故障，并评价（即确定）引起故障的错误。为了这样做，
测试者必须引起失效。

测试策略

因此测试策略就是找到所部署的在测试中会引起失效的测试用例的适当混合。为了达到测
试目标，在历史上实现了许多测试策略，有时经常是非常专门的。

测试覆盖率

测试覆盖是与所测试内容的文本相关的概念。有若干不同的覆盖条件：

---

[6] http://www.fsel.com.

- **控制流覆盖率:** 如果涉及一个（由一个或多个测试数据构成的）测试集合的某测试中,程序的所有路径都被执行,则我们说控制流覆盖率是 100%。
- **数据流覆盖率:** 与程序的数据变量相关。在条件测试或一般的表达式求值（与赋值和函数参数相关）中人们可以区分变量初始化、变量赋值、变量使用。对于数据变量这些不同"出现"的每一次,人们都可以关联有覆盖率数值。
- **故障播种:** 蓄意插入故障,其目的是检查测试的确捕捉这些故障,这可以令一些开发者相信这些测试也同样捕捉了相当比例的所有其他故障。
- **变异测试:** 是故障播种的变体:系统性地插入程序子文本变体,插入次数与变体个数相同。

测试用例和测试套件

特性描述: 测试用例是一个对:(i) 一个到初始状态（即那些数据变量）的赋值,它们的值通常是通过提供外部输入给程序来设定,(ii) 期望程序在执行过程中输出的一个值的集合。 ∎

对于要测试的编译器来说,这意味着提供使用该编译器语言的正确和错误的程序。

特性描述: 一个测试集合（即初始赋值和执行结果）被称作测试套件。 ∎

测试充分性标准—— 测试需求

通过测试的充分性标准,我们理解对于测试的需求:多大的覆盖率?相对于那些另外在领域中（每 N 个客户）每 M 个月所发现的故障来说,通过测试要发现多少故障?

经典的测试方法

我们将给出一个非常简短的概览。对于更加彻底的讨论,请读者参考更详细的测试讨论。Hans van Vliet 关于软件工程不错的著作的第 13 章 在我们看来是很好的新开始 [365]。[365] 的"进一步的阅读" 一节（第 13.11 节）给出其他文献权威性的引用。

黑盒/功能/基于规约的测试

在黑盒测试中,是不知道程序（即规约）的:只知道应当做什么。测试用例是从规约产生出来的。

白盒/结构化/基于实现的测试

在白盒测试中,我们可以考虑比如不同的覆盖标准。因此我们知道程序结构。测试用例是从程序文本产生出来的。

人工测试

若干形式的人工测试是可能的:

- **阅读:** 总是阅读你的规约（程序）且令其他人也阅读它们。
- **遍历（或审查）** 是通过已给成员分配了确定角色的小组来阅读:仲裁员、审查员、作者等等。审查起始于一种测试用例,称之为检查表。
- **基于场景的求值**是基于"用例"的遍历（审查）,也即,采取系统的面向应用行为的形式的场景。

基于形式规约的测试方法

上述许多测试技术都能够被自动化。基于规约的测试有时被称作抽象解释。抽象解释领域是"很悠久的"[62–70]。能够使用规约的抽象解释来解释的测试种类在日益增长。更多的抽象解释开始逐渐地靠近定理证明和模型检查的技术。

29.5.4 讨论

我们非常粗略地讨论了测试。某种意义上讲，我们没能够像我们所希望的那样来系统地展示测试。我们认为还需要很多的研究来"理清"和适当地建立上文所示及的许多测试技术的关联关系，并把它们关联到现代理论上来。我们引用由 Patrick Cousot 所领导的关于抽象解释的工作 [62–66,69,70]，以及由 Neil D. Jones 所领导的关于部分求值 [197] 的工作。

29.6 讨论

我们已经讨论了"编码和 ∀ 它！" 非常总结性地：讨论了一些而远非全部的刻面。这一选择是个人的。希望读者在其他大学更加特定性的—— 函数式、命令式、并行式、分布式、OO 等等的程序设计—— 的课程中学到这里所遗失的部分。

29.7 练习

29.7.1 序言

请参考第 1.7.1 节，关于列出的贯穿全文的 15 个领域（需求和软件设计）示例；并请参考第 1.7.2 节的介绍性评述，关于"选定主题"这一术语的使用。

29.7.2 练习

练习 29.1　领域演示。 对于由你选定的固定主题。 建议领域演示的结构，它使用你所能想到的系统方式来展示（即可视化，也许是动作化）所开发的领域。

练习 29.2　需求演示。 对于由你选定的固定主题。 遵循你对练习 29.1 的解答，建议需求演示的结构，它使用你所能想到的系统方式来展示（即可视化，也许是动作化）所开发的领域—— 并使得你能够重用领域演示。

练习 29.3　体系结构框架。 对于由你选定的固定主题。 遵循你对练习 29.2 的解答，建议软件体系结构框架的结构，它使用你所能想到的系统方式来展示（即可视化，也许是动作化）所设计的软件—— 并使得你能够重用需求演示。

练习 29.4　构件原型。 对于由你选定的固定主题。 遵循你对练习 29.3 的解答，建议一些构件的内容，即建议构件原型，它使用你所能想到的系统方式来展示（即可视化，也许是动作化）所开发的构件—— 并使得你能够重用体系结构框架。

练习 29.5　测试套件。 对于由你选定的固定主题。 遵循你对练习 29.1~29.4 的解答，为测试领域演示、需求演示、软件体系结构框架和构件原型建议测试用例套件。

计算系统设计过程模型

- **学习本章的前提：** 现在你已经完成了对软件开发时期的最后学习，并准备总结。
- **目标：** 回顾软件设计的主要阶段和步骤，回顾以适当、专业的方式展现软件设计过程成果所需要的全部文档。
- **效果：** 进一步，几乎是最终性地确保你将成为一个专业的软件工程师，你将会仔细地开发软件本身，并对其进行仔细地文档编制。
- **讨论方式：** 系统的和论证的。

对本章的了解，应当分别放在领域工程过程模型和需求工程过程模型的第 16 和 24 章类似章节的上下文中。

30.1 前言

计算系统设计过程模型必须考虑如下的事情：（高效的）算法和数据结构发现问题、构件之间模块的共享、对"连接"构件和连接模块的接口"粘合"的设计，等等。本章的讨论没有反映这些严肃的考虑，而是关注于整体的软件工程问题，而非上文列出的程序设计考虑。

30.2 软件设计的回顾

对本节的了解应当分别放在领域开发的回顾 和需求开发的回顾第 16.2 和 24.2 节类似节的上下文中。

30.2.1 过程模型

图 30.1 用于画出软件设计时期的阶段和步骤的理想化抽象。图 30.1 与图 16.1、图 24.1、图 24.2 的相应的领域和需求开发过程模型的图相对。我们解释图 30.1。

需求： 需求框表示需求开发的活动以及所产生的全部需求文档编制（见图 24.3）。

软件体系结构： 软件体系结构框表示软件体系结构设计的活动以及所产生的全部软件体系结构设计的文档编制。这些中的每一个都能被分别分解为 m 个阶段和设计文档 $SA_1 \ldots SA_m$ 的集合。

$\text{SA}_1\ldots\text{SA}_m$ 框周围的虚线框和把该框"连接"到软件体系结构框的虚线用于展示软件体系结构框可以顺序地分解为这些 $\text{SA}_1\ldots\text{SA}_m$ 框。

V:MC:T: 在领域、需求和软件体系结构框之间的 V:MC:T 楔形表示验证、模型检查和测试的可能性—— 目标是建立对软件体系结构设计就需求（规定）和领域（描述）而言的正确性的信任。

软件构件: 从软件体系结构设计的最后一步 SA_m，如第 26 和 27 章的示例所示，人们能够确定哪些是适当的构件 C_i，接着逐步地开发它们：$\text{C}_{i_1}, \text{C}_{i_2}, \ldots, \text{C}_{i_k}$。

全体 C_{i_j} 框周围的虚线框和把该框架"连接"到软件构件框的虚线用于展示软件构件框可以分解为这些 C_{i_j} 框。

编码: 自构件开发的最后一个步骤，每一个都有可能很多的、可能共享的（见下文）模块，接着的是最后一步的编码。一些形式规约语言工具集提供了从最后的模块设计步骤到程序设计语言代码的自动翻译的可能性。比如，RSL 提供了从低层 RSL 规约到 C++ 和 SML 的自动翻译。

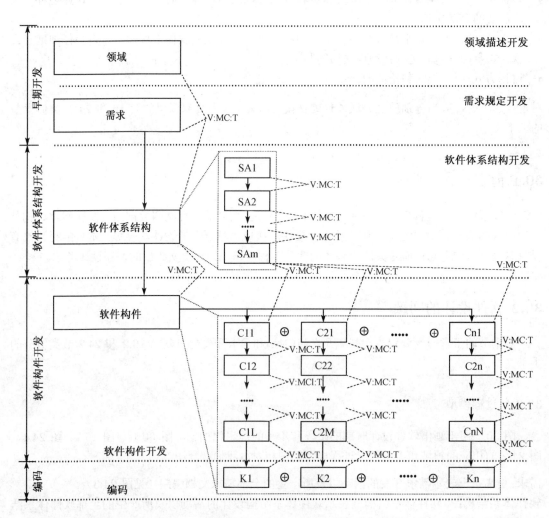

图 30.1   软件设计开发过程

30.2.2 讨论

现在给出许多评注。在图 30.1 中所画出的进程模型没有显示任何"反馈"线，但是它应当这样显示的。也即，在任何阶段——软件体系结构、构件和编码——之间及其内部，应当有从任意后面的框到任意前面的框的虚线箭头，它反映了一个阶段或一个步骤可以遇到从某早期的阶段或步骤开始需要重新设计的设计问题。

每一构件步骤可以涉及模块的设计和进一步的逐步精化，这在图 30.1 中完全没有展示。最后，有许多步骤的构件阶段应当比这里所展示的要更加详细一些地反映一个构件开发的特定部分是与其他构件开发共享的：在一个或者多个构件开发中，设计回顾可以揭示设计共享模块的可能性。

还可以探讨许多其他内容。全部这些和其他探讨说明与领域和需求开发过程的阶段和步骤的情况一样，软件设计过程在这些过程的部分中所涉及的工作开始之前是不能得到完全地规定的。开发者必须要准备好编辑相应的过程图—— 并作为文档编制的一部分来交付这些编辑版本。

30.3 软件设计文档回顾

对这一节的了解，应当放在领域文档回顾和需求文档回顾类似节（分别是第 16.3 和第 24.3 节）的上下文中。下文的列表用于展示一个软件设计时期的完全文档编制目录的理想化抽象。这一列表与第 16.3 和 24.4 节中相应的领域和需求开发目录相对。

1. 信息
   (a) 名字、地点、日期
   (b) 合作者
   (c) 目前情况
   (d) 需求和想法
   (e) 概念和工具
   (f) 范围和区间
   (g) 假设和依赖
   (h) 默认/派生目标
   (i) 纲要
   (j) 标准顺从性
   (k) 合同
   (l) 团队
      i. 管理人员
      ii. 开发人员
      iii. 咨询人员
2. 软件规约
   (a) 体系结构设计$(S_{a_1}, \ldots, S_{a_n})$
   (b) 构件设计$(S_{c_{1_i}}, \ldots, S_{c_{n_j}})$

   (c) 模块设计$(S_{m_1}, \ldots, S_{m_m})$
   (d) 程序编码$(S_{k_1}, \ldots, S_{k_n})$
3. 分析
   (a) 分析目标和策略
   (b) 验证$(S_{i_p}, S_i \sqsupseteq_{L_i} S_{i+1})$
      i. 定理和引理L_i
      ii. 证明脚本$\wp_i$
      iii. 证明Π_i
   (c) 模型检查$(S_i \sqsupseteq P_{i-1})$
      i. 模型检查器
      ii. 命题P_i
      iii. 模型检查$\mathcal{M}_i$
   (d) 测试$(S_i \sqsupseteq T_i)$
      i. 人工测试
      • 人工测试
         $M_{S_1} \ldots M_{S_\mu}$
      ii. 计算机化的测试
      A. 单元（或模块）测试
         C_u

B. 构件测试

    C_c

C. 集成测试

    C_i

D. 系统测试

    $C_s \ldots C_{s_{i_{t_s}}}$

(e) 分析充分性评估

$\wp_i$ 证明脚本

Π_i 证明列表

P 命题

$\mathcal{M}$ 模型检查（运行、报告）

T 测试表述

M 人工检查报告

C 计算机化检查（运行、报告）

$\sqsupseteq$ "就 …… 而言是正确的"

$\sqsupseteq_\ell$ "以 ℓ 为模，就 …… 而言是正确的"

说明：

S 规约

L 定理或引理

我们解释上文一般性的内容列表。

1. **信息：** 请参考第 2.4 节，关于项 1(a)~1(k) 所列出的信息文档所包含内容的一般性讨论。

2. **软件规约：**

    2(a). 体系结构设计： $S_{a_1} \ldots S_{a_n}$ 同样表明了逐步开发的软件体系结构设计文档的若干集合（相应于步骤 SA_1 到 SA_n）。

    2(b). 构件设计： 通过 $S_{c_{i_j}}$，我们指第 i 个构件的第 j 步精化的文档编制。

    2(c). 模块设计： 通过 $S_{m_{i_j}}$，我们指第 i 个模块的第 j 步精化的文档编制。需要设计多少数量（m）的模块要由 n 个构件来确定。在图 30.1 中没有展示某一模块 S_{m_i} 是否在两个或者多个模块之间被共享。

    2(d). 程序编码： 通过 S_{k_i}，我们指第 i 个构件的一个或者多个模块代码聚合。（比较第 30.2.2 节中的讨论。）

3. **分析：**

    3(a). 分析目标和策略： 开发人员必须文档记录正在分析（验证、模型检查和测试）的是哪些种类的性质，并依据什么样的策略来进行分析：是验证、模型检查和/或测试。需要文档记录下来这些考虑。

    3(b). 验证： 通过 S_{i_p}，我们指规约 S_i 的性质 p 的验证。通过 $S_i \sqsupseteq_{L_i} S_{i+1}$，我们指引理 L_i 的验证，它声明了就 S_i 而言精化或转换 S_{i+1} 是成立的。

    3((b)i). 定理和引理： 可以陈述许多引理（和定理）L_i，它们通常包含规约的文本。

    3((b)ii). 证明脚本： 通过 $\wp_i$，我们理解如何构造证明的计划。计划可以规定引理的证明能够分解为辅助引理的证明。

    3((b)iii). 证明： 通过 Π_i，我们指证明的完全文档编制，包括 S_{i_p} 或 S_i, S_{i+1}，两者都与 L_i 相关。

    3(c). 模型检查： 通过 $S_i \sqsupseteq P_{i-1}$，我们指性质 P_{i-1} 的模型检查，很显然 S_i 包含 S_{i-1} 的文本。通过 $\mathcal{M}_i$，我们指就 $S_i \sqsupseteq P_{i-1}$ 而言模型检查器的实际"运行"。

    3(d). 测试： 通过 $S_i \sqsupseteq T_i$，我们指就 T_i 而言对规约 S_i 进行测试。

    3((d)i). 人工测试： 通过 M_{S_i}，我们指对规约（包括编码）S_i 人工测试（阅读、遍历、检查等等）的全部文档编制。

    3((d)ii). 计算机化测试：

3((d)iiA). 单元（或模块）测试： 通过 C_μ，我们指单元（或模块）测试的全部文档编制：所测试单元（或模块）的名字、测试数据、测试结果、进行测试的主机系统配置、测试者名字和日期。

3((d)iiB). 构件测试： 通过 C_c，我们指构件测试的全部文档编制：所测试构件的名字、测试数据、测试结果、进行测试的主机系统配置、测试者名字和日期。

3((d)iiC). 集成测试： 通过 C_i，我们指集成测试的全部文档编制：两个或者多个所测试构件的名字（即其所有模块的名字）、测试数据、测试结果、进行测试的主机系统的配置、测试者名字和日期。

3((d)iiD). 系统测试： 通过 C_s，我们指完全的系统测试的全部文档编制：所测试的整个系统的名字（即所有构件的名字等等）、测试数据、测试结果、进行测试的主机系统的配置、测试者名字和日期。

3(e). 分析的充分性评估： 必须产生一个由软件设计合同的各方签字的文档。该文档评价所进行分析的充分性，通过还是没有通过，采用的挽救措施是什么，等等。

30.4 讨论

我们的漫长之旅就要抵达终点了。从图 30.1 （及其注释）以及从内容列表—— 两者都基于前面的若干章节—— 我们可以做出许多审慎的结论。比如，软件设计和领域与需求建模一样，需要许多开发阶段和步骤，以及许多仔细认真的文档编制。问题是：你准备好了吗？你的软件公司准备好了吗？你具备必要的文档编制工具吗？

结束语

三部曲开发过程模型

- **学习本章的前提：** 你已经学习了本卷的第 IV~VI 部分。
- **目标：** 非常简要地总结一个完整的软件开发项目的组合过程模型和文档编制：从所包括的软件描述开始，到软件规定，再到所包括的软件设计。
- **效果：** 确保你成为成熟的专业软件工程师。
- **讨论方式：** 论证的。

我们将简要地概览前面章节的材料。

31.1 时期过程模型

在这一节，我们以图的形式来重复一些过程模型。图的"重复"引用将同样列出它们的第一次出现。我们鼓励读者返回去并回顾那些所引用的前面的章节所给出的相关材料。

图 31.1 是第 1.3.6 节图 1.2 的重复。它展示软件开发的三个主要时期，(i) 领域开发，(ii) 需求开发，(iii) 软件设计。我们强调反馈循环，即从时间上在后面的框引到前面的框的箭头。这些表明开发者必须返回去并重新做一些前面的工作，结果是开发者还不得不重新做自这里开始的全部后续工作。

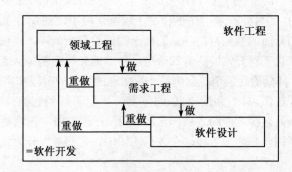

图 31.1　三部曲迭代时期开发：图 1.2

图 31.2 是图 1.3 第 1.3.6 节的重复。它展示了领域开发的阶段。它建议了一个这些阶段的特定顺序。但有可能领域工程师根据手头的问题，选择另一个顺序，或者对于一些领域开

发来说一些阶段是没有意义的——尽管（对我来说）很难相信是如此！图 31.3 是第 1.3.6 节
图 1.4 的重复。它展示了并非全部阶段，如图 31.2 所示，都必须顺序地来实现。一些如机器
需求的个体阶段能够在很多情况下通过需求工程师的不同的分组来"并发地"实现。

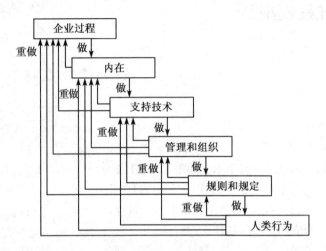

图 31.2   领域阶段迭代：图 1.3

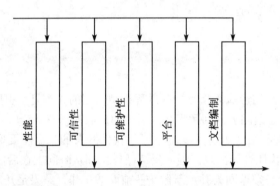

图 31.3   机器需求阶段迭代：图 1.4

图 31.4 是第 16.2 节图 16.1 的重复。它详细地展示了图 31.2。图 31.2 强调了领域模型构造本
身所包含的阶段。图 31.4 另外展示了先于和晚于领域建模阶段的那些阶段。同样，我们也略
去了通常从图中任意的后面的框到可能任意的前面的框的反馈循环。识别出哪些前面的框可以
作为重新工作的起点来自于对开发的所有部分进行仔细地文档编制和从争论的文本点处（可能
的反馈箭头由此发出）回溯追踪所争论问题第一次出现的最早的阶段和步骤的能力。

图 31.5 是第 24.5 节图 24.1 和图 24.2 的重复。我们了解到它在许多方面都非常类似于
图 31.4。在需求（领域）建模之前和之后，它含有相同序列的框。在这两组活动（即领域和需
求开发）之间的主要区别就是建模阶段。在各自的图中，它们被展开为建模动作的不同（顺序
的或并发的）集合。

这两个开发时期的这一相似性是有益处的。它提供了对行为及其结果（即文档）的回顾。
由此它能够依赖于共同的工具。

图 31.6 是第 30 章第 30.2.1 节图 30.1 的重复。我们了解到软件设计过程在动作流等方
面不同于领域和需求开发过程。软件设计过程强调逐步精化和/或转化。由此它强调重复的验

证、模型检查和测试。软件设计过程可能同样也是诉诸于个体程序设计员的过程。尽管领域和需求时期的许多阶段大量地依赖于协同工作，但好像软件设计时期的绝大多数阶段和步骤需要个体程序设计员的机敏。

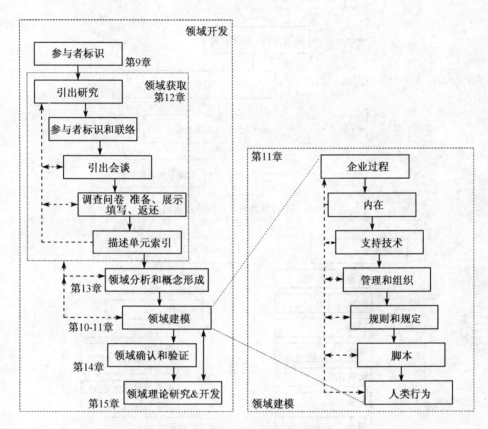

图 31.4　　领域开发过程模型：图16.1

31.2 时期文档编制目录

与时期（及其阶段和步骤）开发密切关联（即不可分别）的是文档产生。我们简要地回顾一下相应的开发文档类别。共同于三个列表（图 31.7、31.8、31.9）的是它们的部分 1: 信息及其全部子部分。如第 2.4 节所示，这些信息部分具有管理的，也即实际的，由此非常重要的性质。这些部分所给出的信息有助于我们理解对各自描述（规定）和分析文档进行理解所处的上下文。图 31.2 的领域开发文档列表是它在第 16 章的重复。

应当强调的是图 31.2~31.4 的内容列表只是表达了所提及的条目应当是"总体"文档编制的一部分。没有强制要求它们是否在整个时期的文档编制中按照所列出的顺序依次出现，或者比如（可能非常合理地）规约（领域描述、需求规定和设计规约）阶段或步骤的部分是否与适当的分析部分交替出现。合同可以规约所有文档之中的确切表现、顺序、命名规范和标题等。

图 31.8 的需求开发文档列表是其在第 24 章中的重复。

图 31.2 的软件设计 文档列表是其在第 30 章中的重复。

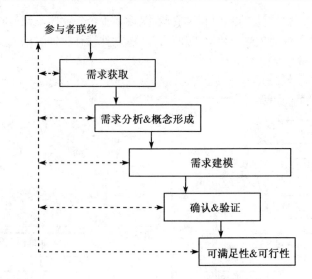

下文详细地展示了需求建模框:

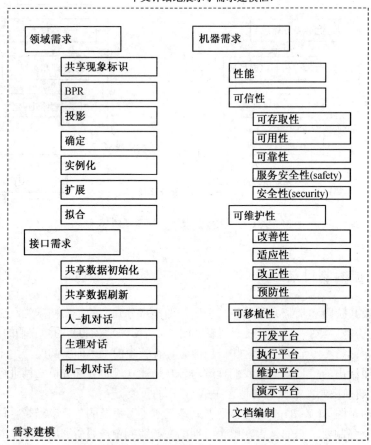

图 31.5   需求开发过程模型: 图 24.1 和图 24.2

典型情况下, 这些文档是以电子形式出现的。典型情况下, 它们出现在 Web 上。在某一适当的手册(或教材)中, 大量的公式(页)可以概念性地置于附录之中, 也即, 可以以不同的缩放程度来提供查找或审查（展示、读取）。典型情况下，这些文档会提供大量的查找和浏览工具。理想情况下，一个步骤、阶段或时期的每一（非形式和形式）文本部分都可以向前或向后链接的：(i) 相应的（如果是非形式的）形式或（如果是形式的）非形式的文本，(ii)（当可使用时）前面的开发时期、阶段和步骤，(iii) 及其分析（验证、模型检查和测试）。类似地，很显然，验证、模型检查和测试部分也能够类似地链接起来。

31.3 结论

我们已经结束了卷 1~3 的技术和科学上的教材内容的展示，是时候做出结论了。

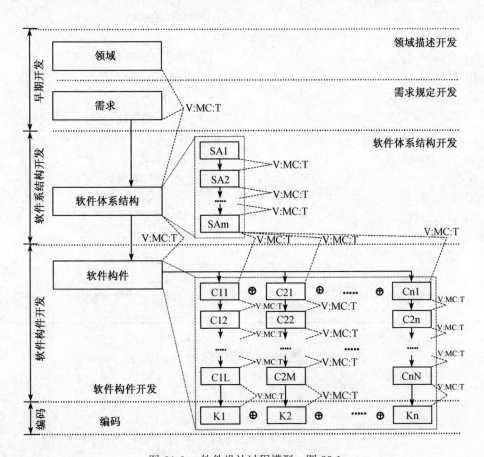

图 31.6   软件设计过程模型：图 30.1

─────────────── 领域描述文档：第 16.3 节 ───────────────

1. 信息   (c) 术语
   (a) 姓名，地址和日期   (d) 企业过程
   (b) 合作者   (e) 刻面：
   (c) 目前情况   i. 内在
   (d) 需求和想法   ii. 支持技术
   (e) 概念和工具   iii. 管理和组织
   (f) 范围和区间   iv. 规则和规定
   (g) 假设和依赖   v. 脚本
   (h) 隐含/派生目标   vi. 人类行为
   (i) 纲要   (f) 合并的描述
   (j) 标准一致性   3. 分析
   (k) 合同   (a) 领域分析和概念形成
   (l) 团队   i. 不一致性
      i. 管理人员   ii. 冲突
      ii. 开发人员   iii. 不完备性
      iii. 客户人员   iv. 决定
      iv. 咨询人员   (b) 领域确认
2. 描述   i. 参与者遍历
   (a) 参与者   ii. 决定
   (b) 获取过程   (c) 领域验证
      i. 研究   i. 模型检查
      ii. 会谈   ii. 定理和证明
      iii. 调查表   iii. 测试用例和测试
      iv. 索引的描述单元   (d) （面向）领域理论

图 31.7   领域描述文档

─────────────── 一般性的需求文档编制目录列表：第 24.4 节 ───────────────

1. 信息
   (a) 姓名、地址和日期
   (b) 合作者
   (c) 目前情况
   (d) 需求和想法（发现，I）
   (e) 概念和工具（发现，II）
   (f) 范围和区间
   (g) 假设和依赖
   (h) 隐含/派生目标
   (i) 纲要（发现，III）
   (j) 标准顺从性
   (k) 带有设计任务书的合同
   (l) 团队
       i. 管理人员
       ii. 开发人员
       iii. 客户工作人员
       iv. 咨询人员
2. 规定
   (a) 参与者
   (b) 获取过程
       i. 研究
       ii. 会谈
       iii. 问卷调查
       iv. 索引的描述单元
   (c) 粗略描述（发现，IV）
   (d) 术语表
   (e) 刻面
       i. BPR
          • 内在的神圣性
          • 支持技术
          • 管理和组织
          • 规则和规定
          • 人类行为
          • 脚本
       ii. 领域需求
          • 投影
          • 确定
          • 实例化
          • 扩展
          • 拟合
       iii. 接口需求
          • 共享现象和概念标识
          • 共享数据初始化
          • 共享数据刷新
          • 人机对话

          • 生理接口
          • 机机对话
       iv. 机器需求
          • 性能
            ★ 存储
            ★ 时间
            ★ 软件大小
          • 可信性
            ★ 可存取性
            ★ 可用性
            ★ 可靠性
            ★ 鲁棒性
            ★ 服务安全性
            ★ 安全性
          • 维护
            ★ 适应性
            ★ 纠错性
            ★ 改善性
            ★ 预防性
          • 平台（P）
            ★ 开发 P
            ★ 演示 P
            ★ 执行 P
            ★ 维护 P
          • 文档编制需求
          • 其他需求
       v. 完全需求刻面文档编制
3. 分析
   (a) 需求分析和概念形成
       i. 不一致性
       ii. 冲突
       iii. 不完备性
       iv. 决定
   (b) 需求确认
       i. 参与者遍历
       ii. 决定
   (c) 需求验证
       i. 定理证明
       ii. 模型检查
       iii. 测试用例和测试
   (d) 需求理论
   (e) 可满足性和可行性
       i. 满足性：正确性、无二义性、完备性、一致性、稳定性、可验证性、可更改性、可追溯性
       ii. 可行性：技术的、经济的、BPR

图 31.8   一般性的需求文档编制目录列表

─────── 一般性软件设计文档编制的内容列表：第 30.3 节 ───────

1. 信息
   (a) 名字、地点、日期
   (b) 合作者
   (c) 目前情况
   (d) 需求和想法
   (e) 概念和工具
   (f) 范围和区间
   (g) 假设和依赖
   (h) 默认/派生目标
   (i) 纲要
   (j) 标准顺从性
   (k) 合同
   (l) 团队
       i. 管理人员
       ii. 开发人员
       iii. 咨询人员

2. 软件规约
   (a) 体系结构设计$(S_{a_1}, \ldots, S_{a_n})$
   (b) 构件设计$(S_{c_{1_i}}, \ldots, S_{c_{n_j}})$
   (c) 模块设计$(S_{m_1}, \ldots, S_{m_m})$
   (d) 程序编码$(S_{k_1}, \ldots, S_{k_n})$

3. 分析
   (a) 分析目标和策略
   (b) 验证$(S_{i_p}, S_i \sqsupseteq_{L_i} S_{i+1})$
       i. 定理和引理L_i
       ii. 证明脚本$\wp_i$
       iii. 证明Π_i
   (c) 模型检查$(S_i \sqsupseteq P_{i-1})$
       i. 模型检查器
       ii. 命题P_i

       iii. 模型检查$\mathcal{M}_i$
   (d) 测试$(S_i \sqsupseteq T_i)$
       i. 人工测试
          • 人工测试
            $M_{S_1} \ldots M_{S_\mu}$
       ii. 计算机化的测试
          A. 单元（或模块）测试
             C_u
          B. 构件测试
             C_c
          C. 集成测试
             C_i
          D. 系统测试
             $C_s \ldots C_{s_{i_{t_s}}}$
   (e) 分析充分性评估

   说明：
   S 规约
   L 定理或引理
   $\wp_i$ 证明脚本
   Π_i 证明列表
   P 命题
   $\mathcal{M}$ 模型检查（运行、报告）
   T 测试表述
   M 人工检查报告
   C 计算机化检查（运行、报告）
   $\sqsupseteq$ "就 …… 而言是正确的"
   $\sqsupseteq_\ell$ "以 ℓ 为模，就 …… 而言是正确的"

图 31.9   一般性软件设计文档编制的内容列表

尾章

- **学习本章的前提：** 你已经结束了卷 3 非形式部分的学习，以及关于软件工程这几卷教材的形式部分的学习。你准备要做结论—— 就像作者一样！
- **目标：** 简要地评述可以学习本卷的两种方式：非形式和形式，把形式技术—— 正如在软件工程这三卷教材中所探讨的—— 置于传统的软件工程上下文中，回答一些典型的"常问问题"，示及形式技术目前和将来的研究和工具的领域，示及形式技术的应用领域。
- **效果：** 令你自由：通过使用关于软件工程的这三卷，现在你能够开始做一些小型的项目，与同事一起你能够开始做从大型一点到非常大型的项目。
- **讨论方式：** 系统的和论证的。

32.1 非形式和形式软件工程

卷 1 和 2 关注于抽象和形式建模的原则和技术，由此关注于软件工程的形式方面。本卷一方面关注于从领域到需求再到软件设计的非形式软件开发的原则和技术。另一方面，本卷也同样展示了领域模型、需求模型和软件设计如何能够形式地予以表达—— 如此，构建在前卷内容之上。现在人们可能会问：人们能够无需"形式内容"而仅是非形式地实现软件工程吗？了解到本卷能够非形式地和形式地来学习的可能性，对于此，我们的答案也就不会令人惊奇了，它将在下面两节给出。

32.1.1 非形式软件工程

将软件开发基本上划分为三个时期，软件工程、需求工程和软件设计十分合理，如果使用非形式工具和技术亦是如此。我们将走的更进一步并声称：非形式的软件工程，也即使用本卷的原则和技术的软件开发，是从业的一种相当负责的方式。并且我们将更加深入一步：如果人们不能使用本卷的原则和技术，则形式化也没有帮助，他们只会造成混乱。

32.1.2 形式软件工程

但是人们不会收获到卷 1 和 2 的原则和技术的真正的益处，除非人们也同样适用了形式技术和工具（即形式规约语言）。我们依然声称不使用卷 1 和 2 的形式技术和工具就是完全不负责任的工程。

32.1.3 结论

我们的结论是什么？它就是：对于每一个特定项目，个体软件开发群体在非形式和形式软件工程之间找到一个平衡，我们可以将其刻画为轻量级形式方法！ —— 它与项目的需求相称。为了帮助你找到这样一个平衡，我们给出本章的下一主要章节。

32.2 形式方法的神话和戒律

自 2005 年起，一些甚至是非常令人尊敬的软件工程师和学者都对他们称之为形式方法—— 对于其，我们更愿意称之为形式技术—— 的内容产生了问题。[1] 人们通常发现这些怀疑者谈及了不同的考虑。一些的形式是神话或断言。另外一些考虑反映了对这些形式技术如何能够进入大学课程和工业界的疑虑。

在这一节，我们将对其及其相关问题进行讨论。

本节的目标 是讨论一些—— 也许是，让我们期望是吧—— 历史上对形式技术和相关问题的反对意见。**本节的效果** 是令你准备好抗辩，一旦你参与到有关这些主题的讨论中。

32.2.1 头七个神话

Anthony Hall [134] 列出并消除了如下关于形式技术的神话（断言）：[2]

1. **使用形式技术能够保证软件是完美的。**

   当然，使用形式技术不能保证完美的软件。但当适当地遵循时，它能够—— 在大多数情况中确实能够—— 产生非常合适的软件。

2. **形式技术完全是关于程序证明。**

   至少在这三卷的软件工程教材中不是这样。在这三卷中，我们强调了抽象建模。

3. **形式技术仅对安全关键的系统有用。**

   形式技术对于任何种类的软件系统都有用，无论是翻译器（编译器、解释器），或数据库信息管理系统、反应系统、工件（电子表格、字处理器）系统等等。

4. **形式技术需要高度训练的数学家。**

   不，它们不需要。但是它们的确需要软件工程师愿意也能够抽象地思考，而这里数学则是非常棒的载体。实现证明并不需要高度训练的逻辑数学家，而是软件工程师有逻辑能力，有分析能力和推理的能力。

5. **使用形式技术增加开发成本。**

   不会。在大量的项目（一些是在 20 世纪 80 年代和 90 年代的欧盟 IT 研究计划的资助下完成的）中，已经证明了使用形式技术不会增加开发成本，在一些情况中，它减少成本。比如，考虑 Dansk Datamatik Center (DDC) 非常成功地开发了一个

---

[1] 回想一下，一个好的方法是选择和应用许多原则、技术和工具的一套原则，以（有效地）分析一个问题并为该问题提供（即构造、合成）一个（有效的）解决办法。已知这些原则不能被形式化，因为它们通常与实际问题—— 它们同样不能被形式化——相关，所以把它们称之为形式方法不是很明智。由此我们谈论形式技术和基于形式的工具。

[2] 我们列出 [134] 中枚举的"神话"和断言，但是后面缩排的评述则代表我们自己的观点。

完整的 Ada 编译器 [38,39,57]。DDC 花费了 44 个人年来开发美国国防部确认的编译器—— 而另外一个欧洲和若干美国公司花费了至少三到五倍的人力。

1. **形式技术对于用户来说是不可接受的。**

   谁说用户要阅读形式规约了？在本卷，我们强调了并发地开发和维护非形式和形式领域描述、需求规定和软件设计规约的重要性。

2. **形式技术不会用在实际的大型软件之上。**

   它们当然可以用。而且，在那些没有用到的地方，应当使用它们！做其他事情基本上就是犯罪，是在欺骗用户—— 因为可以使用形式技术。

我们鼓励读者研习 Anthony Hall 的 不错的 [134]。

32.2.2 其他的七个神话

Jonathan P. Bowen 和 Michael G. Hinchey [43] 构建在 Anthony Hall 的 分析 [134] 之上，另外添加了七个"神话"和断言：[3]

8. **使用形式技术延迟开发过程。**

   类似于上文的条目 5，一般来说使用形式技术不会延迟开发过程。通常它可能会要求更多的时间花在领域和需求建模以及软件设计的早期阶段之上。但是，同样在工业项目中，形式技术的使用则已经展示了能够大量地减少编码的时间长度和人力需求。

9. **形式技术没有得到工具的支持。**

   今日绝大多数的技术都伴随有工业规模的工具集。

10. **形式技术意味着放弃传统的工程设计方法。**

    不是。许多传统的工程方法仍然适用。一些需要做少许改进。

11. **形式技术只适用于软件。**

    不是。非常有意思，形式技术今日更多地用在硬件开发而非软件开发之上。似乎硬件生产者更加负责任，因为必须从市场召回芯片的代价很容易就到 3 亿美元了。

12. **形式技术不是必需的。**

    不，它们是必需的。特别是在英国，军事应用的软件都要求使用形式技术。

13. **形式技术没有得到支持。**

    现在有许多软件公司，特别是在欧洲，它们对在其他软件公司的形式开发中的形式技术的使用提供咨询建议。

14. **"形式方法" 人始终使用形式方法。**

    嗯，我们真的不能代表全体"形式方法人"来讲。所以，让我们留着它不评述了。

尽管另外的这七个神话中的一些似乎有些"过时"，我们仍鼓励读者研习 Bowen 和 Hinchey 的不错的 [43]。

---

[3] 我们列出 [43] 所枚举的"神话"和断言，但是后面缩排的评述代表我们自己的观点。

32.2.3 十个形式方法戒律

既然已经以可信的方式处理了神话和断言，我们就能够继续并重申这几卷所反复讲述的内容：在使用形式技术的时候，请仔细地考虑来自 Jonathan P. Bowen 和 Michael G. Hinchey [44] 的可靠建议：[4]

15. **选择适当的记法。**

当然。

16. **形式化，但是不要过度形式化。**

这里可能所指的是：选择适当的抽象层次。

17. **预估成本。**

始终这样。

18. **令一个形式方法权威随叫随到。**

看上文条目 13 的解答。

19. **不要丢弃传统的开发方法。**

看上文条目 10 的解答。

20. **足够的文档编制。**

关于软件工程的这三卷中的本卷几乎把这一点强调到极致。在绝大多数其他工程实践中，文档编制要比今天我们在软件开发中所目睹到的要广泛得多。所以遵循本卷的建议：编制文档、编制文档、编制文档。

21. **不会损害质量标准。**

实际上，加强你的质量标准。

22. **不要教条。**

创建抽象模型并就软件数据结构和算法作出设计决策需要极度开放的思想。一般来讲，开发软件需要至少两人，通常是 5~8 人的紧密合作。教条主义，固执于以前开发的（建模和设计）决策，绝对是"行不通的"。你的同事不会认同。

23. **测试、测试、再测试。**

本卷也强调了这一点。除了验证和模型检查以外，测试实际上也是必要的。本卷中，我们在第 29.4.2 节倡导了一种从演示到我们所谓的框架和原型，再到单元代码和系统的测试方法。它与软件开发的方法紧密地结合在一起。测试与该开发密切关联。

24. **重用。** 这里有两个问题。

(a) **软件设计重用：** 这里主要指的是模块的重用。由于我们在卷 2 的第 10 章对"模块"的探讨的深度没有达到大型规约和项目的要求，我们真的不能给出任何在这一领域中的合格的建议。对这位作者来说，"重用"就是"无用之物"，很少有人能够完成的所希望的事情。

比如，当编译器首次被开发之时，其从领域（即语言语义）描述到需求规定再到软件设计的开发所有阶段都被重用。我们希望。也就是说，开发第一个

---

[4] 我们列出了 [44] 中所列出的十条诫律，但随后缩排的评述代表我们自己的观点。

编译器的公司、团体能够制出该"同一"编译器的后面若干代，但现在只是为新的语言特性对需求做轻微或更轻微的变动。

这是我们所知道和熟悉的层次中的重用。对于我们来说，在一个完全不同的特定领域的体系结构开发中对自某一问题框架（即某特定领域的体系结构开发）的模块或甚至是构件的重用则不甚有意义。

不过在对象管理组（Object Management Group，OMG）对如词典构件的指南的意义中却是有意义的。所指的这类词典有一个基础部分，在编译器、操作系统、数据库和若干应用系统开发中可以对其重用。

因此，实际上，我们所能说的全部就是：陪审团仍旧缺席，期盼在下 1 个 10 年中会有判决！

(b) **领域描述和需求规定的重用：** 这是完全不同的问题。开发领域描述的目的就是在开发应用领域中的软件的需求时对其重用。

乃至一些应用的需求都能够部分的重用（即调整以适于）相同领域"邻接"区域的需求。

[44] 令人信服的报告类似地得到了 [180] 的补充。

32.3 FAQ（Frequently Asked Questions）：常见问题

32.3.1 概述

25. 参与者应该/要能够/必须理解形式规约吗？

不，不是必须的。正如我们所倡导的那样，适当的开发应当包含补充性的非形式和形式描述、规定和规约。

对于许多软件开发来说，客户可以令咨询者参与，也来检查形式规约、规定、规约达到标准。

对于许多软件产品来说，保险公司要求一个被认证的公司，比如劳合社 [220]（或类似这样的公司，如挪威船级社 [256]、法国船舶协会 [48] 或 TÜV [352]），定期和不定期地未通报地审查并通过各种方式来检查开发。这样的保险公司和"验证"公司逐渐地转向形式技术，由此它们的员工能够理解并专业地评价形式描述、规定和规约的使用。

26. 非形式描述的语言应当/可以是什么？

对于领域描述，它应当是民族语言，也即客户的自然语言加上领域的专业语言。基本上不需要 IT 行业术语—— 当然除非 IT 已经在已存在的领域中起到了非常大的作用。

对于需求规定，答案同领域描述的一样，除了允许人们在典型地为接口和机器需求的适当领域中使用适当的一般已确立的 IT 子语言。

对于软件—— 我们没有在任何严肃的意义上探讨非形式注释—— 当然有必要也同样使用 IT （软件）子语言。

对于特定领域的语言，也要确保建立起来所使用的 IT （软件）子语言的适当术语。

27. 形式描述的语言应该/可以是什么?

手头最适当的任何一个语言。对于我们所知晓的绝大多数开发,即对于绝大多数的问题框架,RAISE 规约语言(RAISE Specification Language)RSL 是足够的。你可以在需要的时候把佩特里网 [192, 268, 288–290]、消息序列图 [176–178]、活序列图 [72, 145, 199]、状态图 [140, 141, 143, 144, 146] 或时段演算 [376, 377] 描述、规定或规约—— 或者若干—— 添加到 RSL 描述、规定或规约上来。这些"添加"在卷 2 第 12~15 章中予以相当深度地探讨。

或者你可以使用 B [4]、eventB、VDM-SL [33, 34, 100] 或 Z [158, 336, 338, 372]—— 它们都带有或很快将带有适当的佩特里网、消息或活序列图、状态图、时段演算或 TLA+ [206, 233] 的添加。

UML 类图的 RSL 变体也同样是值得建议的(卷 2,第 10 章)。

28. 什么时候我们规约的就足够了—— 最少/最多?

当剩下的就是描述如标识符格式的事情的时候,你就已经非形式和形式地规约的足够了。也就是说,可能除此之外,你已经规约了所有的事情,则你就规约了必要和充分的量了。留下未规约的简单事物是那些可以确实信任软件设计者来对其做最终和可信的设计决策的事物。同样,图形用户界面、触觉输入的特定处理等等似乎也属于此类初始时未规约的事物。

32.3.2 领域

29. 为什么领域工程要通过计算科学家和软件工程师?

因为计算科学具有工具,即规约语言,也因为计算科学具有抽象建模的原则和技术。可以说数学家—— 在某种意义上—— 具有类似这样的工具,但是实际上他们没有。他们的抽象大大超出了领域建模所需要的。比如,他们对形式规约的证明系统不感兴趣—— 而对这样的证明系统能力等更一般性的概念感兴趣。最终,计算科学家在日常生活中与软件工程师交界—— 在今日艰苦的现实中,首先是由软件工程师提出了对领域理论的要求。

30. 人们应当使用规范和/或实例化的领域描述吗?

这是一个有争议的问题。对于一个特定的需求开发来说,人们很容易陷入仅开发一个实例化的领域描述,也即,已经实例化为一个特定领域的领域描述。但是,正如我们在本卷所看到的,第 IV 部分,开发高度可重用的领域描述(参考上文的条目 24(b))经常更加方便。

一些作者在他们的著作中假定了实例化的领域描述。本卷的作者建议规范的(即一般性的)领域描述。

31. 谁应当研究和开发领域理论?

基本上有三种可能,以因果顺序列出:

- 首先是大学和学术研究中心的**计算科学系**,即它们的员工,
- 然后是**特定领域的** 大学和学术研究中心的系,
- 最终是特定领域的**商业公司**。

初始时建议大学和学术研究中心计算科学的科学家研究和开发领域模型。如上文所示，在条目 29 中，初始时计算科学家具有所需的基本方法来做领域理论研究，同样也对大型的文档编制工程感兴趣，等等。

不过然后，在几年内，如在计算科学对领域理论的研究和开发启动的 3~5 年后，**特定领域**的研究团体也应当从事：在交通、医疗、金融服务、市场和销售（电子营销）中的领域理论研发等等。就像今日这些大学的系在使用（应用）数学一样，我们能够预见他们将很快能够使用甚至相当复杂的计算科学概念。

最后，私人的**商业公司**，比如擅长于某一特别应用领域的软件公司，将开始这样的领域理论研究和开发，为领域中的公司提供任何形式的技术的提供商将会这样做。

32. 领域理论的研究和开发的时间范围是什么？

人们坚信在能够确实地讲领域理论已经被建立起来之前，领域理论的研究和开发时间范围具有 10~20 年的级别，有时要达到 30 年。

换句话来说：需要耐心。需要坚信建立这样的理论具有极端重要性。

要进行领域理论的研究和开发似乎属于"巨大的挑战"的范畴（第 32.4.2 节）。

32.3.3 需求

对我们来说，基本上两个关于需求开发的问题：

33. 需求总是在变，所以为什么要形式化？

不！人们认为需求"总是在变"可能是真的。但是我们敢说这些"变化"实际上并没有那么"改变需求"，因为它们是，或者反映了，增加了的和更好的领域理解。

换句话说：给定了人们已经有了建立起来的（即适度全面的）领域理论，我们则断言需求不会改变（如以前所认为的那样）"那么多"！

34. 在软件设计之前我们必须严格地系统阐述需求吗？ 这一问题也可以出现在前一节，如：在需求规定之前我们必须严格确定领域描述吗？

这两种情况中的回答都是：是的，暂且是这样的。直到这样一个时候，即我们确实具有 (i) 相当坚实地建立了领域理论，(ii) 且对从领域理论"严格推导"出来需求的了解和体会不甚充分；直到这样一个时候，即我们由于商业（即竞争）压力，或多或少的迫使我们与需求规定连在一起开发领域描述，与软件设计的早期阶段一起开发需求规定。在第 29.4 节中所倡导的软件开发的特殊方法展示了一种方式，使用其来开发领域描述，同时交错地开发需求规定以及交错地开发软件体系结构设计—— 这里通过"交错地"，我们指一个时期几乎紧跟在前一时期的后面。

32.4 研究和工具开发

关于软件工程的这三卷教材代表了 2005/2006 年冬季时的发展现状。

32.4.1 演化的原则、技术和工具

随着程序设计方法学和计算科学（也即基础性的）研究的进展，目前的开发原则和技

术也将发展，可以期望它们会有更加优雅的形式。新的形势规约语言将会出现。为了它们的使用而出现的工具，包括验证、模型检查和测试工具，将会被构造出来。不过，有一件事情是可以确信的：这些新的原则、技术和工具（后者包括新的语言），将不会十分偏离这几卷所展示的内容。

32.4.2 巨大的挑战

把人放在月球上是一个巨大的技术和科学挑战。开始、进行、完成人类基因组计划类似地也是一个巨大的挑战。

三维的巨大挑战

与关于软件工程的这一系列的教材内容相关，我们可以阐述三组巨大的挑战：(i) 形式技术的集成，(ii) 可信的演化系统开发，(iii) 领域理论。我们将简要地对这些进行评述。

形式技术集成

卷 2 第 10、12~15 章介绍了UML 类图、佩特里网、消息和活序列图、状态图和时段演算。这些章节涉及了在适当的时候，这些其他的记法性的、绝大多数为图形的系统可以同比如 RSL 一起来联合使用。形式问题是：RSL 的语义如何适合 UML 类图、佩特里网、消息和活序列图、状态图和时段演算的语义？

所引用的章节给出了一些暗示。但是"陪审团仍然缺席！"

在我们能够在日常的工业实践中利用这些组合或集成之前，还需要做许多研究和许多实验性开发。目前它们可以使用在仔细监测和集成了形式技术的专家指导的工业开发中。我们提及一系列关于集成形式方法（IFM，Integrated Formal Methods）每年召开的会议，用以目前的研究和开发的参考 [15, 41, 49, 128, 294]。

- 我们认为这是一个"巨大的挑战"：实现一组形式技术和基于形式的工具，它们一起涵盖了所有今日和可立即预见的应用的软件开发。

可信的演化系统开发

软件系统是演化的。从它们第一次被交付开始，到最终被去除，它们通常经历了许多许多变化，也即它们得到了维护：改正（错误）、改善（添加了新的功能，使得旧的功能就资源消耗而言更加高效）、适应（新的平台）。软件系统演化，遗留系统（即使用了数十年的系统）的正确处理是一个主要问题。在初始开发中使用形式技术是没有任何障碍的，但我们坚信不使用形式技术和/或缺乏适当的、全面综合的文档编制是顺利的、无问题演化的障碍。

- 我们认为这是一个巨大的挑战：实现一组开发原则和技术以及一组管理实践，它们共同涵盖了全部今日和可立即预见的应用，并且若仔细地使用——和重用——它们能够保证软件系统，其从初始开发到反复的适应性改善型维护再到最后可能数十年之后被去除的演化保证就人类所能了解到的而言几乎没有错误的软件。

领域理论

我们重复我们的格言：在我们掌握软件的需求之前，不能设计软件；在我们适度理解软件领域之前，不能规定需求；由此本卷证实了（以某种方式）在领域理论之上构建需求开发具有极端的重要性。"以某种方式"这一不明确言辞为开发者一起开发领域描述和需求规定而留有余地。

- 我们认为如下是巨大的挑战的例子：为铁路、一般性的交通、市场（买方和卖方：消费者、零售商、批发商、制造商、代理商、分销商等等）、医疗、金融服务（银行、保险公司、证券代理和交易商、股票（等）交易所、证券管理机构等等）以及生产（即制造）等等实现领域理论。

"巨大的挑战"的本质

Tony Hoare 系统阐述了研究主题成为巨大的挑战的 17 条标准。我们从 [162] 借过来主题正文，但是编辑，即缩短 Hoare 的一般来说深刻的讨论。换句话说，我们强烈建议读者研习 Hoare 的论文。

下文的"它"指"巨大的挑战"。

1. **基础性的：** 它与一门学科的基础、本质和局限非常相关。
2. **惊人的：** 它蕴含了对挑战性的、迄今为止从未想到的某事物的构造。
3. **可测试的：** 一个巨大的挑战项目是成功或是失败必须是能够客观判定的。
4. **革命性的：** 它必须蕴含巨大的范型改变。
5. **面向研究的：** 它能够通过学术研究的方法来实现——好像仅由于商业兴趣是不能实现的。
6. **鼓舞人心的：** 几乎全部研究团体都必须热心地支持它，尽管并不是全部都参与到其中。
7. **可理解的：** 可由大众来理解的，且捕捉了大众的想象。
8. **挑战的：** 超越了初始时可能的内容，并需要洞察力以及在项目开始时不可得的技术和工具。
9. **有用的：** 产生科学或其他的回报——尽管整个项目可能失败。
10. **国际性的：** 它有国际性的范围：参与将会提升一个国家的研究姿态。
11. **历史的：** 最终将会说：很多年前规划的，还要很多年才会出现。
12. **可行的：** 现在理解了以前失败的原因，且现在能够克服。
13. **增量的：** 分解为可标识的个体研究目标。
14. **合作的：** 需要研究团体之间粗略计划的合作。
15. **竞争的：** 鼓励并得利于个体和团体之间的竞争——并且有谁要胜利或谁已经胜利的清晰条件。
16. **有效的：** 对结果的一般性了解和传播改变科学家和工程师的态度和行为。
17. **有风险管理的：** 确认失败的风险并应用应对的措施。

32.5 应用领域

这三卷是关于软件工程，其中在你面前的是第三卷，它们用许许多多的示例涉及了大量的应用领域。

32.5.1 其他领域

在这一节，我们将试图用一些其他的例子来补充该列表。但只是简单的论证这些例子。对于大量的这样的示例中的每一个，我们都将简要地勾勒应用领域，然后引用一本以相当的深度探讨该示例的专著、书。

我们提及下面的书籍：

- I. Hayes (ed.)：《规约用例研究（*Specification Case Studies*）》 (Prentice Hall, 1987), [152]。
- C. Jones, R. Shaw (eds.)：《系统的软件开发中的用例研究（*Case Studies in Systematic Software Development*）》 (Prentice Hall, 1990), [195]。
- H.D. Van, C. George, T. Janowski, R. Moore (eds.) [354]：《RAISE 规约用例研究 （*Specification Case Studies in RAISE*）》 (Springer, April 2002), [354]。

不用说：它们（应当）都属于专业软件工程师的参考文献。

32.5.2 示例

在下文的列表中，章引用是对上文中提及的以及在下文重复出现的第一个引用的文献中的章。第二个另外括起来的引用是对单个论文（章）的引用。

1. **UNIX 文件系统：**   第 4 章 [152] [245]
   题目解释了应用。
2. **CAVIAR 访问者信息系统：**   第 5 章 [152] [103]
   开发了一个相当复杂的公司访问者和会议（房间预订）系统。
3. **IBM CICS 事务系统：**   第 14~17 章 [152] [153]
   有许多论文描述了 IBM 客户信息和控制系统（Customer Information and Control System，CICS）的主要遗留系统的再工程。
4. **证明辅助器：**   第 4 章 [195] [243]
   仔细论证了带有定理存储的证明辅助系统、证明验证的设计。
5. **合一：**   第 5、6 章 [195] [101]
   有两章描述了合一的一些基本方面，这一技术大量地使用在证明系统、重写系统，包括如逻辑程序设计语言的解释器中。
6. **存储：**   第 7、8 章 [195] [115]
   有两篇论文探究了堆存储和垃圾回收。
7. **图形：**   第 13 章 [195] [228]
   论文探究和形式化了图形设备上的线的表示。
8. **大学图书馆系统：**   第 3 章 [354] [261]
   开发了相当复杂的图书馆系统。
9. **基于无线电通信的电话交换系统：**   第 4 章 [354] [87]
   在一个引人入胜的开发当中，开发了菲律宾基于无线电通信的电话通讯系统。它涉及一个集中站和约 40 个（菲律宾岛的远程）站、时分多路复用（time-division multiplexing,

TDM），以及许多基于其他技术的硬件设备要素。这一仔细的逐步开发展现为一个可实现的系统。

10. **财政部信息系统：** 第 5 章 [354] [214]

为越南财政部所开发的这一系统涉及税收、预算和财政部门以及它们内部和之间的动作：从计税基数，到所有部门的预算，再到税收收集。

请参考第 1.7.1 节的练习项 15，关于这一项目的领域的抽象描述。

11. **多语言文档处理：** 第 6 章 [354] [93]

开发了处理（创建、编辑、传递和展示）文档的系统。该文档包含由四个脚本方向任意组合而成的任意数量的脚本：水平自左向右（如英语），水平自右向左（如阿拉伯语），竖直自左向右（如蒙古语），以及竖直自右向左（如古汉语和日本语）。

12. **生产过程：** 第 7 章 [354] [260]

开发了制造系统，它涉及生产单元、存货处理以及所有相关的过程。

13. **旅游规划：** 第 8 章 [354] [329]

开发了一个相当复杂的旅游规划系统。

14. **认证：** 第 9 章 [354] [348]

阐述并证明了一些认证协议的安全性质。

15. **空间图形：** 第 10 章 [354] [254]

给出了（被称之为）Realm 的数据结构及其操作。Realm 数据结构被用在表示三维空间的数据和在其上的操作。

32.6 结束语

32.6.1 程序设计、工程和管理

即使不是全部，绝大多数的软件工程文本和手册都关注于程序设计和工程的管理方面和非形式的以人为中心的刻面。

我们在这三卷中关注于系统和语言的抽象和非形式和形式建模；我们关注于一种全新类型的工程的开发原则和技术：领域工程；我们提出了一个影响需求工程和软件设计时期的全新关注。也许正是由此我们才尚未探讨管理方面。提醒读者一下，这一全新的关注是基于所有在初始时基于大量的和严肃的领域工程的软件开发。领域需求阶段以及来自领域、接口、机器需求这三个中的任意一个或全部的设计软件阶段都强调了这一新的关注—— 正如坚持要共同开发非形式和形式规约一样。

从软件工程三部曲的这一角度来看，形成了一种对软件工程管理的全新认知。这样的管理是以对这三卷的原则和技术的系统的（“轻量级的”）或严格乃至形式的使用为依据。传统的工程管理以自然科学定律为依据，且必须考虑人的因素。相较而言，软件工程管理以更加数学化的计算科学的理论和引用领域为依据，也必须要考虑人的因素。软件开发管理是一个令人着迷的领域。但是它不是一个我们感到有能力对其“说教”的事物。

32.6.2 目前的软件工程综合体系

在今日的软件工程中，通常对于相同或几乎相同的问题没有两个相似的软件工程解决方案。对于几乎相同的应用问题来自于不同供应商的软件系统通常提供了差别巨大的用户界面；

而且经常是巨大不同的（"隐藏"）实现。每一个这样的软件系统通常都需要大量的培训。绝大多数从一个产品转换到另一个应该是相似的产品的用户经常都需要大量的重新培训。典型情况下，这样的"重复用户"都没有意识到这些相异的软件产品都在提供几乎相同的解决方案。结果用户对于他们所使用的软件系统都变得"很虔诚"。由于担心再培训的成本，公司在寻找新员工的时候通常都说明他们使用"这样那样的"软件产品，而且申请人必须有众所周知的"两年半的"以前对该产品的经验。我认为这是我们工业界的耻辱。有空中客车公司飞行经验的航班飞行员能够以可预计和可接受的成本来接受为波音公司的再训练。反之亦然。许多应用解决方案要求他们的用户学习一整套的概念词汇表。典型情况，这些词汇不是面向领域（理论）的；有时候它们是有些面向需求的；通常它们都是严重地面向实现的。在任何情况下，这样的词汇都对他们（所强迫的）用户的智力都是有害的。

32.6.3 目前的软件工程术语

不是所有的软件都是终端用户软件——在这些用户一般来说是没有受到 IT 训练的人士的意义上。能够被刻画为非终端用户软件（包）的两类软件（包）是：计算系统基础软件，如数据库系统、编译器、多用户操作系统，等等，以及所谓的中间件。目前的术语定义中间件软件为允许如 web 浏览器/服务器或其他终端用户软件包的"前端"和如数据库管理系统（即数据库）的"后端"基础软件通信的软件。

32.6.4 软件工程的全新视角

这几卷的要点是：勤勉地读者现在应当已经获取了同我们认为传统教材所倡导的软件工程视角非常不同的视角。这里的内容是软件工程师高度智力行为。除了好的工程分析以外，软件工程强调写出漂亮的文档。也通过如下来刻画这一视角：采用接受形式文本并产生形式文本的变换（精化和具体化）、验证、模型检查和测试、计算等形式，在文本上推理、计算。软件工程只在一小部分上是基于自然科学的。软件工程主要是基于计算科学以及逻辑、递归函数理论和现代代数的数学学科。当应用这三卷的原则和技术的非形式版本的时候，上文所述的视角也同样适用。当应用的是形式版本时，这三卷的要点涵盖了一个"形式"范围：对形式技术从系统（"轻量级"）到严格再到（完全）形式的使用。这一视角和这一主要内容主要通过这一系列的第 1 卷和第 2 卷有效地表达出来。如果读者只遵循第一项要点（而且几乎都没有使用甚至是轻量级的形式技术方法），或者遵循了从系统到形式方法中的任意一个，然后发现在学习这几卷之后，她关于软件工程的视角相应地发生了变化，则作者就实现了一个主要目标。

VIII

附录

A

RSL 入门

A.1 类型

这是关于 RAISE 规约语言 RSL（RAISE Specification Language）的一个非常简短的回顾。请读者首先学习本节到其子部分和子子部分的分解。

A.1.1 类型表达式

RSL 有许多 固有类型。有布尔、整数、自然数、实数、字符和文本。从这些，人们能够构成类型表达式：有限集合、无限集合、笛卡尔积等等。令 A、B、C 为任何类型名或类型表达式，由此如下（除了行号 [i]）是一般的类型表达式：

────────── 形式表达式 ──────────

```
type
  [1] Bool
  [2] Int
  [3] Nat
  [4] Real
  [5] Char
  [6] Text

  [7] A-set
  [8] A-infset
  [9] A × B × ... × C
  [10] A*
  [11] Aω
  [12] A ⇸ B
  [13] A → B
  [14] A ⁓→ B
  [15] (A)
```

[16] A | B | ... | C
[17] mk_id(sel_a:A,...,sel_b:B)
[18] sel_a:A ... sel_b:B

注释：

1. 真假值 **false** 和 **true** 的布尔类型。
2. 整数 $..., -2, -1, 0, 1, 2, ...$ 上的整数类型。
3. 正整数值 $0, 1, 2, ...$ 的自然数类型。
4. 实数值（即其数符可以写为一个整数，并跟有一个句点（"."），再跟有一个自然数（小数部分））的实数类型。
5. 字符值 "a", "b",... [1]的字符类型。
6. 字符串值 "aa", "aaa", ..., "abc", ... 的文本类型。
7. 有限集合值的集合类型，见下文。
8. 无限集合值的集合类型。
9. 笛卡尔值的笛卡尔类型，见下文。
10. 有限列表值的列表类型，见下文。
11. 无限列表值的列表类型。
12. 有限映射值的映射类型，见下文。
13. 全函数值的函数类型，见下文。
14. 部分函数值的函数类型。
15. 在 (A) 中，A 被约束为：
    - 笛卡尔 $B \times C \times ... \times D$，其中它等同于类型表达式种类 9，
    - 或者不是固有类型（比较 1-6）或类型的名字，在这种情况下括号用作简单分隔符，比如 $(A \twoheadrightarrow B)$、(A^*)-set、 $(A$-set)list、$(A|B) \twoheadrightarrow (C|D|(E \twoheadrightarrow F))$ 等等。
16. 类型 A、B... C 的（假定不相交的）并。
17. mk_id 命名的记录值 mk_id(av,...,bv) 的记录类型，这里 av ... bv 是各自类型的值。相异的标识符 sel_a 等指代选择器函数。
18. 未命名的记录值 (av,...,bv) 的记录类型，这里av, ..., bv 是各自类型的值。相异的标识符 sel_a 等指代选择器函数。

A.1.2 类型定义

具体类型：

类型可以是具体的，在这种情况下类型的结构通过类型表达式来规约：

───────────────── 形式表达式 ─────────────────

type
    A = Type_expr

───
[1] RSL 在字符和字符串的两边使用双引号 " 而非通常的对称的引号"..."

一些模式化的类型定义是:

_____ 形式表达式 _____

[1] Type_name = Type_expr /* 没有 | 或子类型 */
[2] Type_name = Type_expr_1 | Type_expr_2 | ... | Type_expr_n
[3] Type_name ==
         mk_id_1(s_a1:Type_name_a1,...,s_ai:Type_name_ai) |
         ... |
         mk_id_n(s_z1:Type_name_z1,...,s_zk:Type_name_zk)
[4] Type_name :: sel_a:Type_name_a ... sel_z:Type_name_z
[5] Type_name = {| v:Type_name′ • $\mathcal{P}$(v) |}

其中 [2~3] 的形式通过组合类型来提供:

_____ 形式表达式 _____

Type_name = A | B | ... | Z
A == mk_id_1(s_a1:A_1,...,s_ai:A_i)
B == mk_id_2(s_b1:B_1,...,s_bj:B_j)
...
Z == mk_id_n(s_z1:Z_1,...,s_zk:Z_k)

子类型

在 RSL 中,每一个类型都表示一个值的集合。这样的一个集合可以通过谓词来限定。具有类型 B 和满足谓词 $\mathcal{P}$ 的值 b 的集合构成了子类型 A:

_____ 形式表达式 _____

type
   A = {| b:B • $\mathcal{P}$(b) |}

分类(抽象类型)

类型可以是分类(抽象的),在这一情况下,没有规约它们的结构:

_____ 形式表达式 _____

type
   A, B, ..., C

A.2 RSL 谓词演算

A.2.1 命题表达式

令标识符（或命题表达式）a, b, ..., c 指代布尔值。则

———————————— 形式表达式 ————————————

false, true
a, b, ..., c
~a, a∧b, a∨b, a⇒b, a=b, a≠b

是具有布尔值的命题表达式。~, ∧, ∨, ⇒, = 是布尔连接词（即操作符）。它们读作：非、与、或、如果-则（或蕴含）、等于和不等。

A.2.2 简单谓词表达式

令标识符（或命题表达式）a, b, ..., c 指代布尔值，令 x, y, ..., z（或项表达式）指代非布尔值，令 i, j, ..., k 指代数值，则

———————————— 形式表达式 ————————————

false, true
a, b, ..., c
~a, a∧b, a∨b, a⇒b, a=b, a≠b
x=y, x≠y,
i<j, i⩽j, i⩾j, i>j, ...

是简单谓词表达式。

A.2.3 量化表达式

令 X, Y, ..., C 是类型名或类型表达式，令 $\mathcal{P}(x)$, $\mathcal{Q}(y)$ 和 $\mathcal{R}(z)$ 指代谓词表达式，其中 x, y, z 是自由的。则

———————————— 形式表达式 ————————————

∀ x:X • $\mathcal{P}(x)$
∃ y:Y • $\mathcal{Q}(y)$
∃! z:Z • $\mathcal{R}(z)$

是量化表达式—— 也同样是谓词表达式。它们"读"作：对于（在类型 X 中）所有的 x（值），谓词 $\mathcal{P}(x)$ 成立；（至少）存在有一个（在类型 Y 中的）y（值），使得谓词 $\mathcal{Q}(y)$ 成立；存在有一个唯一的（在类型 Z 中的）z（值），使得谓词 $\mathcal{R}(z)$ 成立。

A.3 具体 RSL 类型

A.3.1 集合枚举

令下文的 a 表示类型 A 的值，则下文指代简单集合枚举：

───────────────── 形式表达式 ─────────────────

$\{\{\}, \{a\}, \{a_1,a_2,...,a_m\}, ...\} \in \textbf{A-set}$

$\{\{\}, \{a\}, \{a_1,a_2,...,a_m\}, ..., \{a_1,a_2,...\}\} \in \textbf{A-infset}$

下文最后一行 $\equiv$ 右侧的表达式表达了集合内涵。该表达式"构建"了满足给定谓词的值的集合。在它没有通过一个具体的算法来如此实现的意义上来讲，它是高度抽象的。

───────────────── 形式表达式 ─────────────────

type

   A, B

   $P = A \to \textbf{Bool}$

   $Q = A \xrightarrow{\sim} B$

value

   comprehend: $\textbf{A-infset} \times P \times Q \to \textbf{B-infset}$

   $\text{comprehend}(s,\mathcal{P},\mathcal{Q}) \equiv \{ \mathcal{Q}(a) \mid a{:}A \bullet a \in s \wedge \mathcal{P}(a) \}$

A.3.2 笛卡尔枚举

令 e 遍及包含 $A, B, ..., C$ 的笛卡尔类型的值（允许用于解决歧义的索引），则下文的表达式是简单笛卡尔枚举：

───────────────── 形式表达式 ─────────────────

type

   A, B, ..., C

   $A \times B \times ... \times C$

value

   ... (e1,e2,...,en) ...

A.3.3 列表枚举

令 a 遍及类型 A 的值（允许用于解决歧义的索引），则下文的表达式是简单列表枚举：

───────────────── 形式表达式 ─────────────────

$\{\langle\rangle, \langle a\rangle, ..., \langle a1,a2,...,am\rangle, ...\} \in A^*$

$$\{\langle\rangle, \langle a\rangle, ..., \langle a1,a2,...,am\rangle, ..., \langle a1,a2,...,am,...\ \rangle, ...\} \in A^\omega$$

$$\langle\ ei\ ..\ ej\ \rangle$$

上文的最后一行假定 e_i 和 e_j 是整数值表达式。它表达了从值 e_i 到值 e_j（包括 e_j）的整数集合。如果后者小于前者，则该列表为空。

　　下文的最后一行表达了列表内涵。

──────── 形式表达式 ────────

type
　　A, B, P = A → **Bool**, Q = A $\tilde\rightarrow$ B
value
　　comprehend: A^ω × P × Q $\tilde\rightarrow$ B^ω
　　comprehend(lst,$\mathcal{P}$,$\mathcal{Q}$) ≡
　　　　$\langle\ \mathcal{Q}$(lst(i)) | i **in** $\langle 1..$**len** lst$\rangle$ • $\mathcal{P}$(lst(i)) $\rangle$

A.3.4 映射枚举

　　令 a 和 b 分别遍及类型 A 和 B 的值（允许用于解决歧义的索引）。则下文的表达式是简单映射枚举：

──────── 形式表达式 ────────

type
　　A, B
　　M = A $\overrightarrow{m}$ B
value
　　a,a1,a2,...,a3:A, b,b1,b2,...,b3:B

　　[], [a↦b], ..., [a1↦b1,a2↦b2,...,a3↦b3] ∀ ∈ M

下文的最后一行表达映射内涵：

──────── 形式表达式 ────────

type
　　A, B, C, D
　　M = A $\overrightarrow{m}$ B
　　F = A $\tilde\rightarrow$ C
　　G = B $\tilde\rightarrow$ D
　　P = A → **Bool**
value

comprehend: M×F×G×P → (C $\overrightarrow{m}$ D)

comprehend(m,$\mathcal{F}$,$\mathcal{G}$,$\mathcal{P}$) ≡

   [$\mathcal{F}$(a) $\mapsto$ $\mathcal{G}$(m(a)) | a:A • a $\in$ **dom** m $\wedge$ $\mathcal{P}$(a)]

A.3.5 集合操作

─────────── 形式表达式 ───────────

value

  $\in$: A $\times$ A-**infset** $\to$ **Bool**

  $\notin$: A $\times$ A-**infset** $\to$ **Bool**

  $\cup$: A-**infset** $\times$ A-**infset** $\to$ A-**infset**

  $\cup$: (A-**infset**)-**infset** $\to$ A-**infset**

  $\cap$: A-**infset** $\times$ A-**infset** $\to$ A-**infset**

  $\cap$: (A-**infset**)-**infset** $\to$ A-**infset**

  $\setminus$: A-**infset** $\times$ A-**infset** $\to$ A-**infset**

  $\subset$: A-**infset** $\times$ A-**infset** $\to$ **Bool**

  $\subseteq$: A-**infset** $\times$ A-**infset** $\to$ **Bool**

  $=$: A-**infset** $\times$ A-**infset** $\to$ **Bool**

  $\neq$: A-**infset** $\times$ A-**infset** $\to$ **Bool**

  card: A-**infset** $\xrightarrow{\sim}$ **Nat**

示例

  a $\in$ {a,b,c}

  a $\notin$ {}, a $\notin$ {b,c}

  {a,b,c} $\cup$ {a,b,d,e} = {a,b,c,d,e}

  $\cup${{a},{a,b},{a,d}} = {a,b,d}

  {a,b,c} $\cap$ {c,d,e} = {c}

  $\cap${{a},{a,b},{a,d}} = {a}

  {a,b,c} $\setminus$ {c,d} = {a,b}

  {a,b} $\subset$ {a,b,c}

  {a,b,c} $\subseteq$ {a,b,c}

  {a,b,c} = {a,b,c}

  {a,b,c} $\neq$ {a,b}

  card {} = 0, **card** {a,b,c} = 3

注释:

- $\in$ 隶属关系操作符表达了一个元素是一个集合的成员。
- $\notin$ 非隶属关系操作符表达了一个元素不是一个集合的成员。

- ∪ 中缀并操作符。当应用到两个集合时，操作符产生了其成员在两个操作数集合之中的任意一个或两者之中的集合。
- ∩ 中缀交操作符。当应用到两个集合时，操作符产生了其成员在两个操作数集合之中的集合。
- \ 集合补（或集合减）操作符。当应用到两个集合时，操作符产生了其成员在左操作数集合而不在右操作数集合的集合。
- ⊆ 子集操作符表达了左操作数集合的所有成员同样都在右操作数集合之中。
- ⊂ 真子集操作符表达了左操作数集合的所有成员同样也在右操作数集合，且这两个集合不同。
- = 相等操作符表达了两个操作数集合是相同的。
- ≠ 不相等操作符表达了这两个操作数集合是不相同的。
- **card** 势操作符给出了（有限）集合的元素个数。

可以把操作定义如下：

——— 形式表达式 ———

value
$s' \cup s'' \equiv \{ a \mid a{:}A \cdot a \in s' \vee a \in s'' \}$
$s' \cap s'' \equiv \{ a \mid a{:}A \cdot a \in s' \wedge a \in s'' \}$
$s' \setminus s'' \equiv \{ a \mid a{:}A \cdot a \in s' \wedge a \notin s'' \}$
$s' \subseteq s'' \equiv \forall a{:}A \cdot a \in s' \Rightarrow a \in s''$
$s' \subset s'' \equiv s' \subseteq s'' \wedge \exists a{:}A \cdot a \in s'' \wedge a \notin s'$
$s' = s'' \equiv \forall a{:}A \cdot a \in s' \equiv a \in s'' \equiv s \subseteq s' \wedge s' \subseteq s$
$s' \neq s'' \equiv s' \cap s'' \neq \{\}$
card s ≡
　　if s = {} **then** 0 **else**
　　let a:A · a ∈ s **in** 1 + **card** (s \ {a}) **end end**
　　pre s /* 是一个有限集合 */
card s ≡ **chaos** /* 测试 s 的无限性 */

A.3.6 笛卡尔操作

——— 形式表达式 ———

type
　　A, B, C
　　g0: G0 = A × B × C
　　g1: G1 = (A × B × C)
　　g2: G2 = (A × B) × C
　　g3: G3 = A × (B × C)

value

    va:A, vb:B, vc:C, vd:D

    (va,vb,vc):G0,

    (va,vb,vc):G1

    ((va,vb),vc):G2

    (va3,(vb3,vc3)):G3

分解表达式

    let (a1,b1,c1) = g0,

        (a1',b1',c1') = g1 **in** .. **end**

    let ((a2,b2),c2) = g2 **in** .. **end**

    let (a3,(b3,c3)) = g3 **in** .. **end**

A.3.7 列表操作

———— 形式表达式 ————

value

    hd: $A^\omega \overset{\sim}{\to} A$

    tl: $A^\omega \overset{\sim}{\to} A^\omega$

    len: $A^\omega \overset{\sim}{\to} \mathbf{Nat}$

    inds: $A^\omega \to \mathbf{Nat\text{-}infset}$

    elems: $A^\omega \to \mathbf{A\text{-}infset}$

    .(.): $A^\omega \times \mathbf{Nat} \overset{\sim}{\to} A$

    $\widehat{}$: $A^* \times A^\omega \to A^\omega$

    =: $A^\omega \times A^\omega \to \mathbf{Bool}$

    $\neq$: $A^\omega \times A^\omega \to \mathbf{Bool}$

示例

    hd$\langle$a1,a2,...,am$\rangle$=a1

    tl$\langle$a1,a2,...,am$\rangle$=$\langle$a2,...,am$\rangle$

    len$\langle$a1,a2,...,am$\rangle$=m

    inds$\langle$a1,a2,...,am$\rangle$={1,2,...,m}

    elems$\langle$a1,a2,...,am$\rangle$={a1,a2,...,am}

    $\langle$a1,a2,...,am$\rangle$(i)=ai

    $\langle$a,b,c$\rangle\widehat{}\langle$a,b,d$\rangle$ = $\langle$a,b,c,a,b,d$\rangle$

    $\langle$a,b,c$\rangle$=$\langle$a,b,c$\rangle$

    $\langle$a,b,c$\rangle \neq \langle$a,b,d$\rangle$

注释：

- **hd** 头（head）给出了非空列表的第一个元素。
- **tl** 尾（tail）给出了当非空列表的头被移除时余下的列表。
- **len** 长度（length）给出了有限列表的元素个数。
- **inds** 索引（indices）给出了从 1 到非空列表长度的索引集合。对于空列表，该集合也为空。
- **elems** 元素（elements）给出了列表中全部相异元素的可能无限的集合。
- $\ell(i)$ 对具有大于或等于 i 个元素的 ℓ 以自然数来索引，i 大于 0，则给出列表的第 i 个元素。
- ^ 拼接两个操作数列表为一个。左操作数的元素之后紧跟着右操作数的元素。保持了就每一列表而言的顺序。
- = 相等操作符表达了两个操作数列表是相同的。
- ≠ 不相等操作符表达了两个操作数列表是不相同的。

也可以把操作定义如下：

――――――――――― 形式表达式 ―――――――――――

```
value
   is_finite_list: Aᵂ → Bool

   len q ≡
      case is_finite_list(q) of
         true → if q = ⟨⟩ then 0 else 1 + len tl q end,
         false → chaos end

   inds q ≡
      case is_finite_list(q) of
         true → { i | i:Nat • 1 ≤ i ≤ len q },
         false → { i | i:Nat • i≠0 } end

   elems q ≡ { q(i) | i:Nat • i ∈ inds q }

   q(i) ≡
      if i=1
         then
            if q≠⟨⟩
               then let a:A,q′:Q • q=⟨a⟩^q′ in a end
               else chaos end
         else q(i−1) end

   fq ^ iq ≡
```

$\langle$ **if** $1 \leqslant i \leqslant$ **len** fq **then** fq(i) **else** iq(i − **len** fq) **end**
  | i:**Nat** • **if len** iq≠**chaos then** i ≤ **len** fq+**len end** $\rangle$
pre is_finite_list(fq)

iq$'$ = iq$''$ ≡
  inds iq$'$ = **inds** iq$''$ ∧ ∀ i:**Nat** • i ∈ **inds** iq$'$ ⇒ iq$'$(i) = iq$''$(i)

iq$'$ ≠.iq$''$ ≡ ∼(iq$'$ = iq$''$)

A.3.8 映射操作

─────────────── 形式表达式 ───────────────

value
  m(a): M → A $\overset{\sim}{\to}$ B, m(a) = b

  dom: M → A-**infset** [映射的定义域]
    dom [a1↦b1,a2↦b2,...,an↦bn] = {a1,a2,...,an}

  rng: M → B-**infset** [映射的值域]
    rng [a1↦b1,a2↦b2,...,an↦bn] = {b1,b2,...,bn}

  †: M × M → M [覆盖扩展]
    [a↦b,a$'$↦b$'$,a$''$↦b$''$] † [a$'$↦b$''$,a$''$↦b$'$] = [a↦b,a$'$↦b$''$,a$''$↦b$'$]

  ∪: M × M → M [合并 ∪]
    [a↦b,a$'$↦b$'$,a$''$↦b$''$] ∪ [a$'''$↦b$'''$] = [a↦b,a$'$↦b$'$,a$''$↦b$''$,a$'''$↦b$'''$]

  \: M × A-**infset** → M [以... 限制]
    [a↦b,a$'$↦b$'$,a$''$↦b$''$]\{a} = [a$'$↦b$'$,a$''$↦b$''$]

  /: M × A-**infset** → M [限制为]
    [a↦b,a$'$↦b$'$,a$''$↦b$''$]/{a$'$,a$''$} = [a$'$↦b$'$,a$''$↦b$''$]

  =,≠: M × M → **Bool**

  °: (A $\overset{}{\underset{m}{\to}}$ B) × (B $\overset{}{\underset{m}{\to}}$ C) → (A $\overset{}{\underset{m}{\to}}$ C) [复合]
    [a↦b,a$'$↦b$'$] ° [b↦c,b$'$↦c$'$,b$''$↦c$''$] = [a↦c,a$'$↦c$'$]

注释:

- $m(a)$ 应用给出了在映射 m 中 a 所映射到的元素。
- **dom** 定义域集合给出了映射中映射到其他值的那些值。
- **rng** 值域/映像集合给出了在映射中被映射到的那些值。
- † 覆盖/扩展。当应用到两个操作数映射时,它给出了好像是用右边的操作数映射的全部或一些"配对"来覆盖左操作数映射所得到的一个映射。
- ∪ 合并。当应用到两个操作数映射时,它给出了这些映射的合并。
- \ 限制。当应用到两个参数映射时,它产生了把左操作数映射限制为不在右操作数集合中的元素的映射。
- / 限制。当应用到两个操作数映射时,它产生了把左操作数映射限制为右操作数集合的元素的映射。
- = 相等操作符表达了两个操作数映射是相同的。
- ≠ 不相等操作符表达了两个操作数映射是不同的。
- ° 复合。当应用到两个操作数映射时,它产生了自左操作数映射 m_1 的定义集元素到右操作数映射 m_2 的值域元素的映射,使得如果 a 在 m_1 的定义集合中且映射到 b,且如果 b 在 m_2 的定义集中且映射到 c,则在复合中 a 映射到 c。

同样可以把映射操作定义如下:

──────── 形式表达式 ────────

value
   rng m ≡ { m(a) | a:A • a ∈ **dom** m }

   m1 † m2 ≡
     [a↦b | a:A,b:B •
       a ∈ **dom** m1 \ **dom** m2 ∧ b=m1(a) ∨ a ∈ **dom** m2 ∧ b=m2(a)]

   m1 ∪ m2 ≡ [a↦b | a:A,b:B •
          a ∈ **dom** m1 ∧ b=m1(a) ∨ a ∈ **dom** m2 ∧ b=m2(a)]

   m \ s ≡ [a↦m(a) | a:A • a ∈ **dom** m \ s]
   m / s ≡ [a↦m(a) | a:A • a ∈ **dom** m ∩ s]

   m1 = m2 ≡
     dom m1 = **dom** m2 ∧ ∀ a:A • a ∈ **dom** m1 ⇒ m1(a) = m2(a)
   m1 ≠ m2 ≡ ∼(m1 = m2)

   m°n ≡

[a↦c | a:A,c:C • a ∈ **dom** m ∧ c = n(m(a))]
pre rng m ⊆ **dom** n

A.4 λ 演算和函数

RSL 支持 λ 抽象的函数表达式。

A.4.1 λ 演算句法

———————— 形式表达式 ————————

type /∗ BNF 句法：∗/
   ⟨L⟩ ::= ⟨V⟩ | ⟨F⟩ | ⟨A⟩ | (⟨A⟩)
   ⟨V⟩ ::= /∗ 变量，即标识符 ∗/
   ⟨F⟩ ::= λ⟨V⟩ • ⟨L⟩
   ⟨A⟩ ::= (⟨L⟩⟨L⟩)
value /∗ 例 ∗/
   ⟨L⟩: e, f, a, ...
   ⟨V⟩: x, ...
   ⟨F⟩: λ x • e, ...
   ⟨A⟩: f a, (f a), f(a), (f)(a), ...

A.4.2 自由和约束变量

———————— 形式表达式 ————————

令 x, y 为变量名且 e, f 为 λ 表达式。

- ⟨V⟩: 变量 x 在 x 中自由。
- ⟨F⟩: x 在 $λy • e$ 中是自由的，如果 $x \neq y$ 且 x 在 e 中是自由的。
- ⟨A⟩: x 在 $f(e)$ 中是自由的，如果它在 f 或 e 中（也即，在两者之中也是）自由的。

A.4.3 代入

在 RSL 中，应用如下的代入规则：

———————— 形式表达式 ————————

- **subst**([N/x]x) ≡ N；
- **subst**([N/x]a) ≡ a，
    对于所有的变量 a≠ x；

- **subst**([N/x](P Q)) ≡ (**subst**([N/x]P) **subst**([N/x]Q))；
- **subst**([N/x]($\lambda x \cdot P$)) ≡ λ y•P；
- **subst**([N/x](λ y•P)) ≡ $\lambda y \cdot$ **subst**([N/x]P)，
    如果 x≠y 且 y 在 N 中不是自由的或者 x 在 P 中不是自由的；
- **subst**([N/x]($\lambda y \cdot P$)) ≡ $\lambda z \cdot$**subst**([N/z]**subst**([z/y]P))，
    如果 y≠x 且 y 在 N 中是自由的且 x 在 P 中是自由的，
    （其中 z 在 (N P) 中不是自由的）。

A.4.4 α 重命名和 β 归约

──────── 形式表达式 ────────

- α 重命名：$\lambda x \cdot M$
    如果 x y 是相异的变量，则在 $\lambda x \cdot M$ 中用 y 来替换 x 将产生$\lambda y \cdot$**subst**([y/x]M)：我们可以重命名 λ 函数表达式的形式参数，条件是其体 M 中没有自由变量会由此成为约束变量。
- β 归约：$(\lambda x \cdot M)(N)$
    在 M 中的所有 x 的自由出现由表达式 N 来替换，条件是 N 中没有自由变量在结果中由此成为约束的。
    $(\lambda x \cdot M)(N) \equiv$ **subst**([N/x]M)

A.4.5 函数基调

对于一些函数来说，我们想要从函数体抽象出来：

──────── 形式表达式 ────────

value
    obs_Pos_Aircraft: Aircraft → Pos,
    move: Aircraft × Dir → Aircraft,

A.4.6 函数定义

可以显式地定义函数及其体

──────── 形式表达式 ────────

value
    f: A × B × C → D
    f(a,b,c) ≡ Value_Expr

g: B-**infset** × (D $\underset{m}{\rightarrow}$ C-**set**) $\overset{\sim}{\rightarrow}$ A*
g(bs,dm) ≡ Value_Expr
pre $\mathcal{P}$(dm)

或隐式的

──────── 形式表达式 ────────

value
   f: A × B × C → D
   f(a,b,c) **as** d
   post $\mathcal{P}_1$(d)

   g: B-**infset** × (D $\underset{m}{\rightarrow}$ C-**set**) $\overset{\sim}{\rightarrow}$ A*
   g(bs,dm) **as** al
   pre $\mathcal{P}_2$(dm)
   post $\mathcal{P}_3$(al)

符号 $\overset{\sim}{\rightarrow}$ 表明函数是部分的, 由此没有为全部参数定义。部分函数应当通过前置条件来辅助阐述对该函数有意义的参数的标准。

A.5 其他的应用式表达式

A.5.1 let 表达式

简单（非递归）**let** 表达式：

──────── 形式表达式 ────────

let a = $\mathcal{E}_d$ **in** $\mathcal{E}_b$(a) **end**

是如下的"展开"形式：

──────── 形式表达式 ────────

$(\lambda a.\mathcal{E}_b(a))(\mathcal{E}_d)$

递归 **let** 表达式写作：

──────── 形式表达式 ────────

let f = λa:A • E(f) **in** B(f,a) **end**

"等同"于：

let f = **YF in** B(f,a) **end**

其中：

F ≡ λg•λa•(E(g)) 且 YF = F(YF)

直谓 **let** 表达式：

──────────────── 形式表达式 ────────────────

let a:A • $\mathcal{P}$(a) **in** $\mathcal{B}$(a) **end**

表达了为在体 $\mathcal{B}$(a) 中求值而选择满足谓词 $\mathcal{P}$(a) 的类型 A 中的值 a。

可以使用模式和通配符：

──────────────── 形式表达式 ────────────────

let {a} ∪ s = set **in** ... **end**
let {a,_} ∪ s = set **in** ... **end**

let (a,b,...,c) = cart **in** ... **end**
let (a,_,...,c) = cart **in** ... **end**

let ⟨a⟩^ℓ = list **in** ... **end**
let ⟨a,_,b⟩^ℓ = list **in** ... **end**

let [a↦b] ∪ m = map **in** ... **end**
let [a↦b,_] ∪ m = map **in** ... **end**

A.5.2 条件

RSL 提供了不同种类的条件表达式：

──────────────── 形式表达式 ────────────────

if b_expr **then** c_expr **else** a_expr **end**

if b_expr **then** c_expr **end** ≡ /* 等同于：*/
    if b_expr **then** c_expr **else skip end**

if b_expr_1 **then** c_expr_1

> **elsif** b_expr_2 **then** c_expr_2
> **elsif** b_expr_3 **then** c_expr_3
> ...
> **elsif** b_exprt_n **then** c_expr_n **end**
>
> **case** expr **of**
>   choice_pattern_1 → expr_1,
>   choice_pattern_2 → expr_2,
>   ...
>   choice_pattern_n_or_wild_card → expr_n
> **end**

A.5.3 操作符/操作数表达式

—— 形式表达式 ——

⟨Expr⟩ ::=
  ⟨Prefix_Op⟩ ⟨Expr⟩
  | ⟨Expr⟩ ⟨Infix_Op⟩ ⟨Expr⟩
  | ⟨Expr⟩ ⟨Suffix_Op⟩
  | ...
⟨Prefix_Op⟩ ::=
  − | ∼ | ∪ | ∩ | **card** | **len** | **inds** | **elems** | **hd** | **tl** | **dom** | **rng**
⟨Infix_Op⟩ ::=
  = | ≠ | ≡ | + | − | ∗ | ↑ | / | < | ⩽ | ⩾ | > | ∧ | ∨ | ⇒
  | ∈ | ∉ | ∪ | ∩ | \ | ⊂ | ⊆ | ⊇ | ⊃ | ^ | † | °
⟨Suffix_Op⟩ ::= !

A.6 命令式结构

遵循 RAISE 方法，通常软件开发起始于高度抽象的应用式结构，它通过精化的阶段成为具体和命令式的结构。由此命令式结构在 RSL 中是必然的。

A.6.1 变量和赋值

—— 形式表达式 ——

0. **variable** v:Type := expression
1. v := expr

A.6.2 语句序列和 skip

通过 ";" 操作符来实现序列化。**skip** 是没有值或副作用的空语句。

―――――――――― 形式表达式 ――――――――――

2. **skip**
3. stm_1;stm_2;...;stm_n

A.6.3 命令式条件

―――――――――― 形式表达式 ――――――――――

4. **if** expr **then** stm_c **else** stm_a **end**
5. **case** e **of**: p_1→S_1(p_1),...,p_n→S_n(p_n) **end**

A.6.4 迭代条件式

―――――――――― 形式表达式 ――――――――――

6. **while** expr **do** stm **end**
7. **do** stmt **until** expr **end**

A.6.5 迭代序列化

―――――――――― 形式表达式 ――――――――――

8. **for** b **in** list_expr • P(b) **do** S(b) **end**

A.7 进程结构

A.7.1 进程通道

令 A, B 代表通道消息类型，KIdx 代表通道数组索引。则

―――――――――― 形式表达式 ――――――――――

channel c:A
channel { k[i]:B • i:KIdx }

声明了一个通道 c，一个通道数组 k，其每一通道 k[i] 能够传递指定类型的值。

A.7.2 进程复合

令 P 和 Q 代表进程函数名，即表达了愿意在所声明的通道上通信来参与输入和/或输出事件的函数的名字。

令 P() 和 Q(i) 代表进程表达式[2]，则

────── 形式表达式 ──────

P() ‖ Q(i)　　并行复合
P() ⫾ Q(i)　　非确定性外部选择（或者...或者...）
P() ⫿ Q(i)　　非确定性内部选择（或者...或者...）
P() ∦ Q()　　联锁并行复合

表达了两个进程的并行（‖），两个进程之间的非确定性选择，或者是外部的（⫾）或者是内部的（⫿）。联锁（∦）复合表达了两个进程必须仅与另一个通信，直到其中之一结束。

A.7.3 输入/输出事件

令 c 和 k[i] 指代类型 A 的通道，令 e 指代类型同样为 A 的表达式。则

────── 形式表达式 ──────

c ?, k[i] ?　　　　　输入表达式（一个子句）
c ! e, k[i] ! e　　　　输出子句（一个语句）

表达了愿意参与从输入"读"，向输出"写"的事件中来。

A.7.4 进程定义

下文的基调仅是示例。它们强调了进程函数必须通过某种方式在它们的基调中表达它们希望通过哪些通道来参与到输入和输出事件中来。

────── 形式表达式 ──────

value
　P: **Unit** → **in** c **out** k[i]　**Unit**
　Q: i:KIdx → 　**out** c **in** k[i] **Unit**

　P() ≡ ... c ? ... k[i] ! e ...
　Q(i) ≡ ... k[i] ? ... c ! e ...

进程函数定义（即它们的体）表达了可能的事件。

---

[2] 表达式 (P() 和 (Q(i)) 命名进程定义（P 和 Q）。P 没有形式参数。Q 具有唯一的参数，一个通道数组索引。由此前者的 P() 无参数调用 P，后者的 Q(i) 以一个通道数组索引参数来调用 Q。

A.8 简单 RSL 规约

通常我们不希望把小型规约封装在模式、类、对象中，正如在 RSL 中所经常做的那样。一个 RSL 规约就是在 **type, variable, channel, value** 和 **axiom** "标题"下所分别列出的一个或者多个类型，一个或者多个值（包括函数），零个、一个或者多个变量，零个、一个或者多个通道，以及一个或者多个公理的一个序列。我们倾向于按如下所示顺序列出：

形式表达式
---

type
    ...
variable
    ...
channel
    ...
value
    ...
axiom
    ...

在实践当中，完整的规约会重复上述所列内容许多次，规约的每一"模块"（即方面、刻面、视角）就有一次。这样的每一模块可以被"包裹"为模式、类或对象定义。[3]

---

[3] 对于模式、类、对象，请参考这一系列教材的卷 2 第 10 章。

B

术语表

卷 1 附录 B 的术语表列出了 788 个术语。这里我们定义少量的另外一些术语。

𝓑

1. **后端（Back end）**：通过"后端"（软件），使用了一种俚语或行话，我们指靠近硬件（即计算机）的软件，或者我们指编译器的一部分，它依赖于目标机器且典型情况下为特定的目标计算机硬件（或者为一个抽象代码解释器）生成代码。（参见**前端**（front end）。）

𝓕

2. **故障树（Fault tree）**：故障树是有如下交替种类的节点的树：事件和逻辑节点。故障树的根是事件节点，所有的叶节点也是。事件节点标号（计算系统的不良）事件（或状态）。逻辑节点指代像合取、析取等等的组合子。（参见[卷 1 的附录 B 项 88, 270, 276, 464, 614, 679, 750] 分支（branch）、事件（event）、故障（fault）、节点（node）、根（root）、状态（state）和树（tree）的定义。）

3. **故障树分析（Fault tree analysis）**：安全分析的一种形式，它评估计算系统的安全性以提供指示关键故障可能造成的结果的失效统计和敏感性分析。（在以故障树分析而为人所知的技术中，不期望的结果被作为逻辑树的根（"顶部事件"）。接着，可能引起该结果的每一情形都以一系列的逻辑表达式而被添加到树。当故障树以失效概率的实际数值来标号时（由于测试的代价，这在实践中通常是不可得的），计算机程序能够从故障树来计算失效概率。参见**危险性分析**（hazard analysis）。）

4. **前端（Front end）**：通过"前端"（软件），使用了一种俚语或行话，我们指靠近用户的软件，或者我们指编译器的一部分，它与目标机器独立并分析所编译程序的句法良构性和其它程序设计语言或特定程序的性质。（参见 **后端**（back end）。）

𝓗

5. **危险性（Hazard）**：危险性是危险的来源。

6. **危险性分析（Hazard analysis）**：危险性分析是用于确定设备如何能够引起危险性发生并由此把风险降到可接受程度的过程。（该过程包括：(1) 确定设备哪里可能出错、(2) 确定如何减轻故障结果、(3) 实现和测试减轻措施的系统开发者。）

	M

7. 中间件（**Middleware**）：通过中间件，使用一种术语或行话，我们指允许如 web 浏览器/服务器或其他终端软件包的"前端"来与如数据库管理系统（即数据库）的"后端"基础软件进行通信的软件。

	R

8. 风险（**Risk**）：简明牛津词典 [218]   使用暴露于灾难的危险（hazard）、机会、坏的结果、损失等等来定义 risk（名词）。术语风险的其他刻画是：制造或显示危险性以及损失或伤害的可能性的某人或某事物。

参考文献

1. G. Abowd, R. Allen, D. Garlan: *Using style to understand descriptions of software architecture.* SIGSOFT Software Engineering Notes **18**, 5 (1993) pp 9–20

2. G. Abowd, R. Allen, D. Garlan: *Formalizing style to understand descriptions of software architecture.* ACM Transactions on Software Engineering and Methodology **4**, 4 (1995) pp 319–364

3. J. Abrial: (1) The Specification Language Z: Basic Library, 30 pgs.; (2) The Specification Language Z: Syntax and "Semantics", 29 pgs.; (3) An Attempt to use Z for Defining the Semantics of an Elementary Programming Language, 3 pgs.; (4) A Low Level File Handler Design, 18 pgs.; (5) Specification of Some Aspects of a Simple Batch Operating System, 37 pgs. Internal Reports, Programming Research Group (1980)

4. J.-R. Abrial: *The B Book: Assigning Programs to Meanings* (Cambridge University Press, Cambridge, England 1996)

5. J.-R. Abrial, L. Mussat. *Event B Reference Manual (Editor: Thierry Lecomte)*, June 2001. Report of EU IST Project Matisse IST-1999-11435.

6. A.V. Aho, R. Sethi, J.D. Ullman: *Compilers: Principles, Techniques, and Tools* (Addison-Wesley, Reading, Mass., USA 1977, Januar 1986)

7. R. Allen, D. Garlan: A formal approach to software architectures. In: *IFIP Transactions A (Computer Science and Technology); IFIP Wordl Congress; Madrid, Spain*, vol vol.A-12 (North Holland, Amsterdam, Netherlands 1992) pp 134–141

8. R. Allen, D. Garlan: Formalizing architectural connection. In: *16th International Conference on Software Engineering (Cat. No.94CH3409-0); Sorrento, Italy* (IEEE Comput. Soc. Press, Los Alamitos, CA, USA 1994) pp 71–80

9. R. Allen, D. Garlan: A case study in architectural modeling: the AEGIS system. In: *8th International Workshop on Software Specification and Design; Schloss Velen, Germany* (IEEE Comput. Soc. Press, Los Alamitos, CA, USA 1996) pp 6–15

10. G. Allwein, J. Barwise: *Logical Reasoning with Diagrams* (Oxford University Press, New York, N.Y., USA 1996)

11. Edited by J. Alves-Foss: *Formal Syntax and Semantics of Java* (Springer–Verlag, 1998)

12. M. Andersen, R. Elmstrøm, P.B. Lassen, P.G. Larsen: *Making Specifications Executable – Using IPTES Meta-IV.* Microprocessing and Microprogramming **35**, 1-5 (1992) pp 521–528

13. A. Appel: *Compiler Construction using Java* (Addison Wesley, 1999)

14. K.R. Apt: *Principles of Constraint Programming* (Cambridge University Press, August 2003)

15. K. Araki, A. Galloway, K. Taguchi, editors. *IFM 1999: Integrated Formal Methods*, volume 1945 of *Lecture Notes in Computer Science*, York, UK, June 1999. Springer. Proceedings of 1st Intl. Conf. on IFM.

16. K. Arnold, J. Gosling, D. Holmes: *The Java Programming Language* (Addison Wesley, US 1996)

17. K. Åström, B. Wittenmark: *Adaptive Control* (Addison-Wesley Publishing Company, 1989)

18. R.-J. Back, J. von Wright: *Refinement Calculus: A Systematic Introduction* (Springer-Verlag, Heidelberg, Germany 1998)

19. F. Bauer, H. Wössner: *Algorithmic Language and Program Development* (Springer-Verlag, 1982)

20. K. Beck: *Test–Driven Development: By Example* (Addison-Wesley, 2003)

21. K. Beck: *Extreme Programming Explained: Embrace Change* (Addison-Wesley, (October 5, 1999)

22. K. Beck, M. Fowler: *Planning Extreme Programming* (Addison-Wesley, October 13, 2000)

23. C. Bell: The Aesthetic Hypothesis. In: *The Philosophy of Art: Readings Ancient and Modern* (McGraw–Hill Inc., 1995)

24. A. Benveniste, M.L. Borgne, P.L. Guernic. *SIGNAL as a Model for Real-Time and Hybrid Systems*, pages 20–38. Lecture Notes in Computer Science, Springer-Verlag, 1992.

25. B. Berard, M. Bidoit, A. Finkel et al: *Systems and Software Verification* (Springer Verlag, Berlin and Heidelberg, Germany August 2001)

26. G. Berry, G. Gonthier: *The Synchronous Programming Language ESTEREL: Design, Semantics, Implementation.* Sience of Computer Programming **19**, 2 (1992) pp 83–152

27. M. Bidoit, P.D. Mosses: CASL *User Manual* (Springer, 2004)

28. J. Billingsley: *Controlling with Computers: Control Theory and Practical Digital Systems* (McGraw-Hill, 1989)

29. G. Birtwistle, O.-J.Dahl, B. Myhrhaug, K. Nygaard: *SIMULA* **begin** (Studentlitteratur, Lund, Sweden, 1974)

30. D. Bjørner: Programming in the Meta-Language: A Tutorial. In: *The Vienna Development Method: The Meta-Language, [33]*, ed by D. Bjørner, C.B. Jones (Springer–Verlag, 1978) pp 24–217

31. D. Bjørner: Realization of Database Management Systems. In: *See [34]* (Prentice-Hall, 1982) pp 443–456

32. D. Bjørner: The Grand Challenge – FAQs of the R&D of a Railway Domain Theory. In: *IFIP World Computer Congress, Topical Days: TRain: The Railway Domain* (Kluwer Academic Press, Amsterdam, The Netherlands 2004)

33. Edited by D. Bjørner, C. Jones: *The Vienna Development Method: The Meta-Language*, vol 61 of *LNCS* (Springer–Verlag, 1978)

34. Edited by D. Bjørner, C. Jones: *Formal Specification and Software Development* (Prentice-Hall, 1982)

35. D. Bjørner, C. Jones, M.M. an Airchinnigh, E. Neuhold, editors. *VDM – A Formal Method at Work*. Proc. VDM-Europe Symposium 1987, Brussels, Belgium, Springer-Verlag, Lecture Notes in Computer Science, Vol. 252, March 1987.

36. D. Bjørner, H.H. Løvengreen: Formal Semantics of Data Bases. In: *8th Int'l. Very Large Data Base Conf.* (1982)

37. D. Bjørner, H.H. Løvengreen: Formalization of Data Models. In: *Formal Specification and Software Development, [34]* (Prentice-Hall, 1982) pp 379–442

38. D. Bjørner, O. Oest: *The DDC Ada Compiler Development Project.* [39] (1980) pp 1–19

39. Edited by D. Bjørner, O. Oest: *Towards a Formal Description of Ada*, vol 98 of *LNCS* (Springer–Verlag, 1980)

40. B. Boehm: *Software Engineering Economics* (Prentice-Hall, Englewood Cliffs, NJ., USA, 1981)

41. E.A. Boiten, J. Derrick, G. Smith, editors. *IFM 2004: Integrated Formal Methods*, volume 2999 of *Lecture Notes in Computer Science*, London, England, April 4-7 2004. Springer. Proceedings of 4th Intl. Conf. on IFM. ISBN 3-540-21377-5.

42. G. Booch, J. Rumbaugh, I. Jacobson: *The Unified Modeling Language User Guide* (Addison-Wesley, 1998)

43. J. Bowen, M. Hinchey: Seven More Myths of Formal Methods. Technical Report PRG–TR–7–94, Oxford Univ., Programming Research Group, Wolfson Bldg., Parks Road, Oxford OX1 3QD, UK (1994)

44. J. Bowen, M. Hinchey: Ten Commandments of Formal Methods. Technical Report, Oxford Univ., Programming Research Group, Wolfson Bldg., Parks Road, Oxford OX1 3QD, UK (1995)

45. A. Brogi, J.-M. Jacquet: Modelling Coordination via Asynchronous Communication. In: *Proceedings of the Second International Conference on Coordination Languages and Models, Eds.: D. Garlan and D. Le Métayer*, vol 1282 of *Lecture Notes in Computer Science* (Springer-Verlag, 1997) pp 238–255

46. A. Brogi, J.-M. Jacquet, A. Linden: *On Modelling Coordination via Asynchronous Communication and Enhanced Matching*. Electronic Notes in Theoretical Computer Science **68**, 3 (2002)

47. S.D. Brown, R.J. Francis, J. Rose: *Field-Programmable Gate Arrays* (Kluwer Academic Publishers, April 10, 2003)

48. Bureau Veritas. The Bureau Veritas Home Page. Electronically, on the Web: `http://www.bureauveritas.com/homepage_frameset.html`, 2005.

49. M.J. Butler, L. Petre, K. Sere, editors. *IFM 2002: Integrated Formal Methods*, volume 2335 of *Lecture Notes in Computer Science*, Turku, Finland, May 15-18 2002. Springer. Proceedings of 3rd Intl. Conf. on IFM. ISBN 3-540-43703-7.

50. X. Cao: *A Comparison of the Dynamics of Continuous and Discrete Event Systems*. Proc. of the IEEE **77**, 1 (1989) pp 7–13

51. X. Cao, Y. Ho: *Models of Discrete Event Dynamic Systems*. IEEE Control System Magazine **10**, 4 (1990) pp 69–76

52. C. Cassandras, P. Ramadge: *Toward a Control Theory for Discrete Event Systems*. IEEE Control System Magazine **10**, 4 (1990) pp 66–68

53. C. Cassandras, S. Strickland: *Sample Path Properties of Timed Discrete Event Systems*. Proc. of the IEEE **77**, 1 (1989) pp 59–71

54. A.M.K. Cheng: *Real-time Systems Scheduling, Analysis, and Verification* (Wiley-Interscience,, Hoboken, NJ, USA 2002)

55. Carnegie Mellon University Model Checking Group home page. Electronically, on the Web: `http://www-2.cs.cmu.edu/~modelcheck/`, 2004.

56. E.M. Clarke, O. Grumberg, D.A. Peled: *Model Checking* (The MIT Press, Five Cambridge Center, Cambridge, MA 02142-1493, USA January 2000)

57. G. Clemmensen, O. Oest: Formal Specification and Development of an Ada Compiler – A VDM Case Study. In: *Proc. 7th International Conf. on Software Engineering, 26.-29. March 1984, Orlando, Florida* (1984) pp 430–440

58. Data base task group (DBTG), CODASYL report. Assoc.f.Comp.Mach., N.Y., USA, 1971.

59. E.F. Codd: *A Relational Model For Large Shared Databank*. Communications of the ACM **13**, 6 (1970) pp 377–387

60. CoFI (The Common Framework Initiative): CASL *Reference Manual*, vol 2960 of *Lecture Notes in Computer Science (IFIP Series)* (Springer–Verlag, 2004)

61. U.N.R. Commission: *Fault Tree Handbook.* Washington, DC, USA (1981)

62. P. Cousot: Semantic Foundation of Program Analysis. In: *Program Flow Analysis: Theory and Applications*, ed by S. Muchnick, N. Jones (Prentice–Hall, 1981) pp 303–342

63. P. Cousot: *Abstract Interpretation.* ACM Computing Surveys **28**, 2 (1996) pp 324–328

64. P. Cousot: *Constructive Design of a Hierarchy of Semantics of a Transition System by Abstract Interpretation (Extended Abstract).* Theoretical Computer Science **6** (1997) p 25

65. P. Cousot, R. Cousot: Abstract Interpretation: A Unified Lattice Model for Static Analysis of Programs by Construction or Approximation of Fixpoints. In: *4th POPL: Principles of Programming and Languages* (ACM Press, 1977) pp 238–252

66. P. Cousot, R. Cousot: Systematic Design of Program Analysis Frameworks. In: *6th POPL: Principles of Programming and Languages* (ACM Press, 1979) pp 269–282

67. P. Cousot, R. Cousot: Induction Principles for Proving Invariance Properties of Programs. In: *Tools & Notions for Program Construction, Ed. D. Néel* (Cambridge University Press, 1982) pp 43–119

68. P. Cousot, R. Cousot: Inductive Definitions, Semantics and Abstract Interpretation. In: *19th POPL: Principles of Programming and Languages* (ACM Press, 1992) pp 83–94

69. P. Cousot, R. Cousot: Higher-order Abstract Interpretation (and application to comportment analysis generalising strictness, termination, projection and PER analysis of functional languages). In: *1994 ICCL* (IEEE Comp. Sci. Press, 1994) pp 95–112

70. P. Cousot, R. Cousot: Formal Language, Grammar and Set-constraint-based Program Analysis by Abstract Interpretation. In: *7th FPCA* (ACM Press, 1995) pp 170–181

71. CVS. Concurrent Versions System Home Page. Electronically, on the Web: `www.cvshome.org`, 2005.

72. W. Damm, D. Harel: *LSCs: Breathing Life into Message Sequence Charts.* Formal Methods in System Design **19** (2001) pp 45–80

73. Edited by J. Dancy, E. Sosa: *The Blackwell Companion to Epistemology* (Blackwell Publishers, 108 Cowley Road, Oxford OX4 1JF, UK 1994)

74. A. Dardenne, S. Fikas, A. van Lamsweerde: Goal–Directed Concept Acquisition in Requirements Elicitation. In: *Proc. IWSSD-6, 6th Intl. Workshop on Software Specification and Design* (IEEE Computer Society Press, Como, Italy 1991) pp 14–21

75. A. Dardenne, A. van Lamsweerde, S. Fikas: *Goal–Directed Requirements Acquisition.* Science of Computer Programming **20** (1993) pp 3–50

76. R. Darimont, A. van Lamsweerde: Formal Refinement Patterns for Goal–Driven Requirements Elaboration. In: *Proc. FSE'4, Fourth ACM SIGSOFT Symp. on the Foundations of Software Enginering* (ACM, 1996) pp 179–190

77. C. Date: *An Introduction to Database Systems, I* (Addison Wesley, 1981)

78. C. Date: *An Introduction to Database Systems, II* (Addison Wesley, 1983)

79. C. Date, H. Darwen: *A Guide to the SQL Standard* (Addison-Wesley Professional, November 8, 1996)

80. J. Davies. Announcement: Electronic version of Communicating Sequential Processes (CSP). Published electronically: `http://www.usingcsp.com/`, 2004. Announcing revised edition of [164].

81. B. Denvir: Enriching VDM with CCS: a Study. Technical Report, Standard Telecommunication Laboratories Ltd. (1985)

82. R. Diaconescu, K. Futatsugi, K. Ogata: *CafeOBJ: Logical Foundations and Methodology*. Computing and Informatics **22**, 1–2 (2003)

83. E. Dijkstra: *A Discipline of Programming* (Prentice-Hall, 1976)

84. E. Dijkstra, W. Feijen: *A Method of Programming* (Addison-Wesley, 1988)

85. E. Dijkstra, C. Scholten: *Predicate Calculus and Program Semantics* (Springer–Verlag: Texts and Monographs in Computer Science, 1990)

86. R. Dorf: *Modern Control Systems* (Addison-Wesley Publishing Company, 1967 (fifth ed. 1989))

87. R.W. Durmiendo, C.W. George: Development of a Distributed Telephone Switch. In: *[354]* (Springer–Verlag, April 2002) pp 99–130

88. E.H. Dürr, J. van Katwijk: VDM^{++} – A Formal Specification Language for Object-oriented Designs. In: *Technology of Object-oriented Languages and Systems*, ed by B.M. Georg Heeg Boris Magnusson (Prentice Hall, 1992) pp 63–78

89. E.H. Dürr, J. van Katwijk: VDM++, A Formal Specification Language for Object Oriented Designs. In: *COMP EURO 92* (IEEE, 1992) pp 214–219

90. E.H. Dürr, W. Lourens, J. van Katwijk: The Use of the Formal Specification Language VDM^{++} for Data Acquisition Systems. In: *New Computing Techniques in Physics Research II*, ed by D. Perret-Gallix (World Scientific Publishing Co., Singapore 1992) pp 47–52

91. P.B. (ed.): *Dependability of Critical Computer Systems*. Vol. 3, Elsevier Applied Science (1988)

92. E. Engeler: *Symposium on Semantics of Algorithmic Languages*, vol 188 of *Lecture Notes in Mathematics* (Springer-Verlag, 1971)

93. M. Erdenechimeg, Y. Namstrai, R.C. Moore: Multi–lingual Document Processing. In: *[354]* (Springer–Verlag, April 2002) pp 155–186

94. R. Fagin, J.Y. Halpern, Y. Moses, M.Y. Vardi: *Reasoning about Knowledge* (The MIT Press, Massachusetts Institute of Technology, Cambridge, Massachusetts 02142 1996)

95. A. Fantechi: On Combining Meta-IV and CCS. Technical Report, Dept. of Comp. Sci., Techn. Univ. of Denmark (1984)

96. D. Favrholdt: *Filosofisk Codex — Om begrundelsen af den menneskelige erkendelse* (Gyldendal, Nordisk Forlag, Klareboderne, Copenhagen K, Denmark 1999)

97. D. Favrholdt: *Æstetik og filosofi* (Høst & Søn, Købmagergade 62, DK–1150 Copenhagen K, Denmark 2000)

98. M. Feather, S. Fikas, A. van Lamsweerde, C. Ponsard: Reconciling System Requirements and Runtime Behaviours. In: *Proc. IWSSD'98, 9th Intl. Workshop on Software Specification and Design* (IEEE Computer Society Press, Isobe, Japan 1998)

99. W. Feijen, A. van Gasteren, D. Gries, J. Misra, editors. *Beauty is Our Business*, Texts and Monographs in Computer Science, New York, NY, USA, 1990. Springer-Verlag. A Birthday Salute to Edsger W. Dijkstra.

100. J.S. Fitzgerald, P.G. Larsen: *Developing Software using VDM-SL* (Cambridge University Press, The Edinburgh Building, Cambridge CB2 1RU, England 1997)

101. J.S. Fitzgerald, S. Vadera: Unification: Specification and Development, and: Building a Theory of Unification. In: *[195]* (Prentice-Hall International, 1990) pp 127–162 and 163–194

102. Edited by W. Fleming: *Report of the Panel on Future Directions in Control Theory: A Mathematical Perspective* (SIAM, 1988)

103. B. Flinn, I.H. Sørensen: CAVIAR: a case study in specification. In: *[152]* (Prentice-Hall International, 1987) pp 79–110

104. A. Fraenkel, Y. Bar-Hillel, A. Levy: *Foundations of Set Theory*, 2nd revised edn (Elsevier Science Publ. Co., Amsterdam, The Netherlands 1 Jan 1973)

105. G. Franklin, J. Powell, M. Workman: *Digital Control of Dynamic Systems* (Addison-Wesley Publishing Company, 1980 (second ed. 1990))

106. K. Futatsugi, R. Diaconescu: *CafeOBJ Report The Language, Proof Techniques, and Methodologies for Object-Oriented Algebraic Specification* (World Scientific Publishing Co. Pte. Ltd., 5 Toh Tuck Link, SINGAPORE 596224. Tel: 65-6466-5775, Fax: 65-6467-7667, E-mail: wspc@wspc.com.sg 1998)

107. K. Futatsugi, A. Nakagawa, T. Tamai, editors. *CAFE: An Industrial–Strength Algebraic Formal Method*, Sara Burgerhartstraat 25, P.O. Box 211, NL–1000 AE Amsterdam, The Netherlands, 2000. Elsevier. Proceedings from an April 1998 Symposium, Numazu, Japan.

108. B. Ganter, R. Wille: *Formal Concept Analysis — Mathematical Foundations* (Springer-Verlag, January 1999)

109. D. Garlan: *Research directions in software architecture*. ACM Computing Surveys **27**, 2 (1995) pp 257–261

110. D. Garlan: Formal approaches to software architecture. In: *Studies of Software Design. ICSE '93 Workshop. Selected Papers* (Springer-Verlag, Berlin, Germany 1996) pp 64–76

111. D. Garlan, M. Shaw: Experience with a course on architectures for software systems. In: *Software Engineering Education. SEI Conference 1992; San Diego, CA, USA* (Springer-Verlag, Berlin, Germany 199) pp 23–43

112. D. Garlan, M. Shaw. *An introduction to software architecture*, pages 1–39. World Scientific, Singapore, 1993.

113. C.W. George, P. Haff, K. Havelund et al: *The RAISE Specification Language* (Prentice-Hall, Hemel Hampstead, England 1992)

114. C.W. George, A.E. Haxthausen, S. Hughes et al: *The RAISE Method* (Prentice-Hall, Hemel Hampstead, England 1995)

115. C.W. George, M.I. Wolczko: Heap Storage, and Garbage Collection. In: *[195]* (Prentice-Hall International, 1990) pp 195–210, and 21–233

116. C.W. George, Y. Xia: An Operational Semantics for Timed RAISE. In: *FM'99 — Formal Methods*, ed by J.M. Wing, J. Woodcock, J. Davies (Springer–Verlag, 1999) pp 1008–1027

117. C. Ghezzi, M. Jazayeri, D. Mandrioli: *Fundamentals of Software Engineering* (Prentice Hall, 2002)

118. T.C. Giras: A Stochastic framework for train domain theories. In: *IFIP World Computer Congress, Topical Days: TRain: The Railway Domain* (Kluwer Academic Press, Amsterdam, The Netherlands 2004)

119. Edited by J.A. Goguen, M. Girotka: *Requirements Engineering: Social and Technical Issues* (Academic Press, 1994)

120. J.A. Goguen, C. Linde: Techniques for Requirements Elicitation. In: *Proc. RE'93, First IEEE Symposium on Requirements Engineering* (IEEE Computer Society Press, San Diego, Calif., USA 1993) pp 152–164

121. J. Gosling, F. Yellin: *The Java Language Specification* (ACM Press Books, 1996)

122. S.J. Greenspan, J. Mylopoulos, A. Borgida: Capturing More World–Knowledge in Requirements Specification. In: *Proc. 6th ICSE: Intl. Conf. on Software Engineering* (IEEE Computer Society Press, Tokyo, Japan 1982)

123. S.J. Greenspan, J. Mylopoulos, A. Borgida: *A Requirements Modelling Language*. Information Systems **11**, 1 (1986) pp 9–23

124. J.-C. Grégoire, G.J. Holzmann, D. Peled, editors. *The SPIN Verification System*, volume 32 of *DIMACS series*. American Mathematical Society, 1997. ISBN 0-8218-0680-7, 203p.

125. D. Gries: *Compiler Construction for Digital Computers* (John Wiley and Sons, N.Y., 1971)

126. D. Gries: *The Science of Programming* (Springer-Verlag, 1981)

127. D. Gries, F.B. Schneider: *A Logical Approach to Discrete Math* (Springer–Verlag, 1993)

128. W. Grieskamp, T. Santen, B. Stoddart, editors. *IFM 2000: Integrated Formal Methods*, volume of *Lecture Notes in Computer Science*, Schloss Dagstuhl, Germany, November 1-3 2000. Springer. Proceedings of 2nd Intl. Conf. on IFM.

129. C. Gunter, D. Scott: Semantic Domains. In: *[209] — vol.B.*, ed by J. Leeuwen (North-Holland Publ.Co., Amsterdam, 1990) pp 633–674

130. Edited by P. Haff: *The Formal Definition of CHILL* (ITU (Intl. Telecmm. Union), Geneva, Switzerland 1981)

131. P. Haff, A. Olsen: Use of VDM within CCITT. In: *[35]* (Springer-Verlag, 1987) pp 324–330

132. N. Halbwachs: *Synchronous programming of reactive systems* (Kluwer Academic Pub., 1993)

133. N. Halbwachs, P. Caspi, P. Raymond, D. Pilaud: *The synchronous dataflow programming language Lustre*. Proceedings of the IEEE **79**, 9 (1991) pp 1305–1320

134. A. Hall: *Seven Myths of Formal Methods*. IEEE Software **7**, 5 (1990) pp 11–19

135. M. Hammer, J.A. Champy: *Reengineering the Corporation: A Manifesto for Business Revolution* (HarperCollins Publishers, 77–85 Fulham Palace Road, Hammersmith, London W6 8JB, UK May 1993)

136. M. Hammer, S.A. Stanton: *The Reengineering Revolutiuon: The Handbook* (HarperCollins Publishers, 77–85 Fulham Palace Road, Hammersmith, London W6 8JB, UK 1996)

137. K.M. Hansen: Linking Safety Analysis to Safety Requirements. PhD Thesis, Department of Computer Science, Technical University of Denmark, Building 344, DK-2800 Lyngby, Denmark (1996)

138. M.R. Hansen, H. Rischel: *Functional Programming in Standard ML* (Addison Wesley, 1997)

139. D. Harel: *Algorithmics —The Spirit of Computing* (Addison-Wesley, 1987)

140. D. Harel: *Statecharts: A Visual Formalism for Complex Systems*. Science of Computer Programming **8**, 3 (1987) pp 231–274

141. D. Harel: *On Visual Formalisms*. Communications of the ACM **33**, 5 (1988)

142. D. Harel: *The Science of Computing — Exploring the Nature and Power of Algorithms* (Addison-Wesley, April 1989)

143. D. Harel, E. Gery: *Executable Object Modeling with Statecharts*. IEEE Computer **30**, 7 (1997) pp 31–42

144. D. Harel, H. Lachover, A. Naamad et al: *STATEMATE: A Working Environment for the Development of Complex Reactive Systems*. Software Engineering **16**, 4 (1990) pp 403–414

145. D. Harel, R. Marelly: *Come, Let's Play – Scenario-Based Programming Using LSCs and the Play-Engine* (Springer-Verlag, 2003)

146. D. Harel, A. Naamad: *The STATEMATE Semantics of Statecharts*. ACM Transactions on Software Engineering and Methodology (TOSEM) **5**, 4 (1996) pp 293–333

147. A.E. Haxthausen, T. Gjaldbæk: Modelling and Verification of Interlocking Systems for Railway Lines. In: *10th IFAC Symposium on Control in Transportation Systems, Tokyo, Japan* (2003)

148. A.E. Haxthausen, J. Peleska: Formal Development and Verification of a Distributed Railway Control System. In: *Proceedings of Formal Methods World Congress FM'99*, no 1709 of *Lecture Notes in Computer Science* (Springer-Verlag, 1999) pp 1546 – 1563

149. A.E. Haxthausen, J. Peleska: *Formal Development and Verification of a Distributed Railway Control System*. IEEE Transaction on Software Engineering **26**, 8 (2000) pp 687–701

150. A.E. Haxthausen, J. Peleska: A Domain Specific Language for Railway Control Systems. In: *Sixth Biennial World Conference on Integrated Design and Process Technology, (IDPT2002), Pasadena, California* (Society for Design and Process Science, P.O.Box 1299, Grand View, Texas 76050-1299, USA 2002)

151. A.E. Haxthausen, X. Yong: Linking DC together with TRSL. In: *Proceedings of 2nd International Conference on Integrated Formal Methods (IFM'2000), Schloss Dagstuhl, Germany, November 2000*, no 1945 of *Lecture Notes in Computer Science* (Springer-Verlag, 2000) pp 25–44

152. Edited by I. Hayes: *Specification Case Studies* (Prentice-Hall International, 1987)

153. I. Hayes, S. King: Chapters 13–17 on the formal modelling of the IBM CICS Transaction Processing System. In: *[152]* (Prentice-Hall International, 1987) pp 179–243

154. E. Hehner: *The Logic of Programming* (Prentice-Hall, 1984)

155. E. Hehner: *a Practical Theory of Programming*, 2nd edn (Springer-Verlag, 1993)

156. M. Heidegger: *Sein und Zeit (Being and Time)* (Oxford University Press, 1927, 1962)

157. A. Hejlsberg, S. Wiltamuth, P. Golde: *The C# Programming Language* (Addison-Wesley, 75 Arlington Street, Suite 300, Boston, MA 02116, USA, (617) 848-6000 2003)

158. M.C. Henson, S. Reeves, J.P. Bowen: *Z Logic and its Consequences*. Computing and Informatics **22**, 1–2 (2003)

159. M. Heymann: *Concurrency and Discrete Event Control*. IEEE Control System Magazine **10**, 4 (1990) pp 103–112

160. Y. Ho: *Dynamics of Discrete Event Systems*. Proc. of the IEEE **77**, 1 (1989) pp 3–6

161. Y. Ho: *Special Issue on the Dynamics of Discrete Event Systems*. Proc. of the IEEE **77**, 1 (1989)

162. C.A.R. Hoare: *The Verifying Compiler: A Grand Challenge for Computing Research*. Journal of the ACM **50** (2003) pp 63–69

163. C.A.R. Hoare, J.F. He: *Unifying Theories of Programming* (Prentice Hall, 1997)

164. T. Hoare: *Communicating Sequential Processes* (Prentice-Hall International, 1985)

165. T. Hoare. Communicating Sequential Processes. Published electronically: `http://www.-usingcsp.com/cspbook.pdf`, 2004. Second edition of [164]. See also `http://www.usingcsp.com/`.

166. G.J. Holzmann: *Design and Validation of Computer Protocols* (Prentice-Hall, Englewood Cliffs, New Jersey 1991)

167. G.J. Holzmann: *The SPIN Model Checker, Primer and Reference Manual* (Addison-Wesley, Reading, Massachusetts 2003)

168. N. Horspool, P. Gorman: *The ASIC Handbook* (Prentice Hall PTR, May 16, 2001)

169. W. Humphrey: *Managing The Software Process* (Addison-Wesley, 1989)

170. V.D. Hunt: *Process Mapping: How to Reengineer Your Business Processes* (John Wiley & Sons, Inc., New York, N.Y., USA 1996)

171. A. Hunter, B. Nuseibeh: *Managing Inconsistent Specifications: Reasoning, Analysis and Action*. ACM Transactions on Software Engineering and Methodology **7**, 4 (1998) pp 335–367

172. IEEE Computer Society: IEEE–STD 610.12-1990: Standard Glossary of Software Engineering Terminology. Technical Report, IEEE, IEEE Headquarters Office, 1730 Massachusetts Avenue, N.W., Washington, DC 20036-1992, USA. Phone: +1-202-371-0101, FAX: +1-202-728-9614 (1990)

173. IEEE: The Institute for Electrical and Electronics Engineers. The IEEE Home Page. Electronically, on the Web: `http://www.ieee.org`, 2005.

174. ISO: *Information Technology — Database Languages — SQL* (American National Standards Institute, 1430 Broadway, New York, NY 10018, USA 1992)

175. ISO: The International Standards Organisation. The ISO Home Page. Electronically, on the Web: http://www.iso.org, 2005.

176. ITU-T. CCITT Recommendation Z.120: Message Sequence Chart (MSC), 1992.

177. ITU-T. ITU-T Recommendation Z.120: Message Sequence Chart (MSC), 1996.

178. ITU-T. ITU-T Recommendation Z.120: Message Sequence Chart (MSC), 1999.

179. ITU: The International Telecommunications Union. The ITU Home Page. Electronically, on the Web: http://www.itu.org, 2005.

180. M.H. J. Bowen: *Ten Commandments of Formal Methods ... Ten Years Later*. IEEE Computer (January 2006) pp 58–66

181. M.B. J. Dugan S. Bavuso: *Fault Trees and Markov Models for Reliability Analysis of Fault-Tolerant Digital Systems*. In: Reliability Engineering and System Safety, **39**:291–307 (1993)

182. J.M. Jacka, P.J. Keller: *Business Process Mapping: Improving Customer Satisfaction* (John Wiley & Sons, Inc., New York, N.Y., USA 2002)

183. M.A. Jackson: *Principles of Program Design* (Academic Press, 1969)

184. M.A. Jackson: *System Design* (Prentice-Hall International, 1985)

185. M.A. Jackson: *Software Requirements & Specifications: a lexicon of practice, principles and prejudices* (Addison-Wesley Publishing Company, Wokingham, nr. Reading, England; E-mail: ipc@awpub.add-wes.co.uk 1995)

186. M.A. Jackson: *Software Hakubutsushi: Sekai to Kikai no Kijutsu (Software Requirements & Specifications: a lexicon of practice, principles and prejudices)* (Toppan Company, Ltd., 2-2-7 Yaesu, Chuo-ku, Tokyo 104, Japan 1997)

187. M.A. Jackson: *Problem Frames — Analyzing and Structuring Software Development Problems* (Addison–Wesley, Edinburgh Gate, Harlow CM20 2JE, England 2001)

188. M.A. Jackson, G. Twaddle: *Business Process Implementation — Building Workflow Systems* (Addison–Wesley, 1997)

189. I. Jacobson, G. Booch, J. Rumbaugh: *The Unified Software Development Process* (Addison-Wesley, 1999)

190. J.-M. Jacquet, A. Linden: On Methodologies for Coordinating Programs. In: *Proceedings of the 18th ACM Symposium of Applied Computing, Florida, USA* (ACM Press, 2003) pp 115–121

191. A. Jantsch: *Modeling Embedded Systems and SoC's: Concurrency and Time in Models of Computation* (Morgan Kaufmann, June 2003)

192. K. Jensen: *Coloured Petri Nets*, vol 1: Basic Concepts (234 pages + xii), Vol. 2: Analysis Methods (174 pages + x), Vol. 3: Practical Use (265 pages + xi) of *EATCS Monographs in Theoretical Computer Science* (Springer–Verlag, Heidelberg 1985, revised and corrected second version: 1997)

193. C.B. Jones: *Systematic Software Development Using VDM* (Prentice-Hall, 1986)

194. C.B. Jones: *Systematic Software Development using VDM*, 2nd edn (Prentice Hall International, 1990)

195. C.B. Jones, R.C. Shaw: *Case Studies in Systematic Sotware Development* (Prentice-Hall International, 1990)

196. N.D. Jones: *Computability and Complexity — From a Programming Point of View* (The MIT Press, Cambridge, Mass., USA, 1996)

197. N.D. Jones, C. Gomard, P. Sestoft: *Partial Evaluation and Automatic Program Generation* (Prentice Hall International, 1993)

198. M.H. Kay: XML five years on: a review of the achievements so far and the challenges ahead. In: *Proceedings of the 2003 ACM Symposium on Document Engineering, [363]* (2003) pp 29 – 31

199. J. Klose, H. Wittke: An Automata Based Interpretation of Live Sequence Charts. In: *TACAS 2001*, ed by T. Margaria, W. Yi (Springer-Verlag, 2001) pp 512–527

200. D. Knuth: *The Art of Computer Programming, Vol.1: Fundamental Algorithms* (Addison-Wesley, Reading, Mass., USA, 1968)

201. D. Knuth: *The Art of Computer Programming, Vol.2.: Seminumerical Algorithms* (Addison-Wesley, Reading, Mass., USA, 1969)

202. D. Knuth: *The Art of Computer Programming, Vol.3: Searching & Sorting* (Addison-Wesley, Reading, Mass., USA, 1973)

203. R. Kurki-Suonio: *A Practical Theory of Reactive Systems: Incremental Modeling of Dynamic Behaviors* (Springer, April 2005)

204. I. Lakatos: *Proofs and Refutations: The Logic of Mathematical Discovery (Eds.: J. Worrall and E. G. Zahar)* (Cambridge University Press, The Edinburgh Building, Shaftesbury Road, Cambridge CB2 2RU, England 2 September 1976)

205. L. Lamport: *The Temporal Logic of Actions.* Transactions on Programming Languages and Systems **16**, 3 (1995) pp 872–923

206. L. Lamport: *Specifying Systems* (Addison–Wesley, Boston, Mass., USA 2002)

207. R.D. Landtsheer, E. Letier, A. van Lamsweerde: Deriving Tabular Event-Based Specifications from Goal-Oriented Requirements Models. In: *RE'03, 11th IEEE Joint International Requirements Engineering Conference* (IEEE CS Press, Monterey, California, USA 2003) pp 200–210

208. Edited by J. Laprie: *Dependability: Basic Concepts and Terminology*, vol 5 of *Dependable Computing and Fault–Tolerant Systems* (Springer–Verlag, Vienna 1992)

209. Edited by J. van Leeuwen: *Handbook of Theoretical Computer Science, Volumes A and B* (Elsevier, 1990)

210. E. Letier, A. van Lamsweerde: Agent-Based Tactics for Goal-Oriented Requirements Elaboration. In: *Proceedings ICSE'2002 - 24th International Conference on Software Engineering* (IEEE CS Press, Orlando, Florida, USA 2002)

211. E. Letier, A. van Lamsweerde: Deriving Operational Software Specifications from System Goals. In: *Proceedings FSE'10 - 10th ACM S1GSOFT Symp. on the Foundations of Software Engineering* (ACM, Charleston, NC, USA 2002)

212. S. Levi, A. Agrawala: *Real-Time System Design* (McGraw-Hill, New York, NY, USA 1990)

213. Y. Li, W. Wonham: *On Supervisory Control of Real-Time Discrete Event Systems.* Information Sciences **46**, 3 (1988) pp 159–183

214. T.M. Lien, L.L. Chi, P.P. Nam et al: Developing a National Financial Information System. In: *[354]* (Springer–Verlag, April 2002) pp 131–

215. M.P. Lindegaard, P. Viuf, A.E. Haxthausen: Modelling Railway Interlocking Systems. In: *Proceedings of the 9th IFAC Symposium on Control in Transportation Systems 2000, June 13-15, 2000, Braunschweig, Germany* (2000) pp 211–217

216. J. Lindenau: Eine Deskriptive Anfragesprache für das Netzwerk-Datenmodell mit formaler Definition der Semantik in Meta-IV. MA Thesis, Inst. f. Informatik, Christian-Albrechts-Univ., Kiel (1981) pp 1–175

217. T. Lindholm, F. Yellin: *The Java Virtual Machine Specification* (ACM Press Books, 1996)

218. W. Little, H. Fowler, J. Coulson, C. Onions: *The Shorter Oxford English Dictionary on Historical Principles* (Clarendon Press, Oxford, England, 1987)

219. Z. Liu, A. Ravn, E. Sørensen, C.C. Zhou: A Probabilistic Duration Calculus. In: *Responsive Computer Systems*, vol 7 of *Dependable Computing and Fault-Tolerant Systems*, ed by H. Kopetz, Y. Kakuda (Springer Verlag Wien New York, 1993) pp 30–52

220. Lloyd's Register. The Lloyd's Register Home Page. Electronically, on the Web: http://www.lr.org/code/home.htm, 2005.

221. D. Luenberger: *Introduction to Dynamic Systems Theory: Theory, Models & Applications* (Wiley, 1979)

222. M.. Lyu: *Software Fault Tolerance.* (Chichester, UK, 1995)

223. Z. Manna: *Mathematical Theory of Computation* (McGraw-Hill, 1974)

224. Z. Manna, A. Pnueli: *The Temporal Logic of Reactive and Concurrent Systems: Specification* (Springer-Verlag, New York, NY, USA 1992)

225. Z. Manna, A. Pnueli: *The Temporal Logic of Reactive and Concurrent Systems: Safety* (Springer-Verlag, New York, NY, USA 1995)

226. Z. Manna, A. Pnueli: *The Temporal Logic of Reactive and Concurrent Systems: Progress* (Unpublished, Stanford University, Computer Science Department, http://theory.stanford.edu/~zm/tvors3.html 2004)

227. Z. Manna, R. Waldinger: *The Logical Basis for Computer Programming, Vols.1-2* (Addison-Wesley, 1985–90)

228. L.C. Marshall: Line Representation on Graphics Devices. In: *[195]* (Prentice-Hall International, 1990) pp 337–364

229. D. Mayhew: *Principles and Guidelines in Software User Interface Design.* Prentice Hall (1992)

230. ANSI: *Database Language SQL* (American National Standards Institute, 1430 Broadway, New York, NY 10018, USA 1992)

231. A.A. McEwan, J. Woodcock: The need for integrated formal methods in specifying models of railways. In: *IFIP World Computer Congress, Topical Days: TRain: The Railway Domain* (Kluwer Academic Press, Amsterdam, The Netherlands 2004)

232. D.H. Mellor, A. Oliver: *Properties* (Oxford Univ Press, May 1997)

233. S. Merz: *On the Logic of TLA+.* Computing and Informatics **22**, 1–2 (2003)

234. U. Meyer-Baese: *Digital Signal Processing with Field Programmable Gate Arrays* (Springer Verlag, Berlin Heidelberg, Germany September 15, 2001)

235. J.B.e. M.G. Hinchey: *Applications of Formal Methods.* (Prentice Hall, 1995)

236. Microsoft Corporation: *MCAD/MCSD Self-Paced Training Kit: Developing Web Applications with Microsoft Visual Basic .NET and Microsoft Visual C# .NET* (Microsoft Corporation, Redmond, WA, USA 2002)

237. Microsoft Corporation: *MCAD/MCSD Self-Paced Training Kit: Developing Windows-Based Applications with Microsoft Visual Basic .NET and Microsoft Visual C# .NET* (Microsoft Corporation, Redmond, WA, USA 2002)

238. R. Milne, C. Strachey: *A Theory of Programming Language Semantics* (Chapman and Hall, London, Halsted Press/John Wiley, New York 1976)

239. R. Milner: *Calculus of Communication Systems*, vol 94 of *Lecture Notes in Computer Science* (Springer-Verlag, 1980)

240. R. Milner: *Communication and Concurrency* (Prentice Hall, 1989)

241. R. Milner: *Communicating and Mobile Systems: The π–Calculus* (Cambridge University Press, 1999)

242. R. Milner, M. Tofte, R. Harper: *The Definition of Standard ML* (The MIT Press, Cambridge, Mass., USA and London, England, 1990)

243. R.C. Moore: Muffin: A Proof Assistant. In: *[195]* (Prentice-Hall International, 1990) pp 91–126

244. C.C. Morgan: *Programming from Specifications* (Prentice Hall, Hemel Hempstead, Hertfordshire HP2 4RG, UK 1990)

245. C.C. Morgan, B. Suffrin: Specification of the UNIX filing system. In: *[152]* (Prentice-Hall International, 1987) pp 45–78

246. T. Mossakowski, A.E. Haxthausen, D. Sanella, A. Tarlecki: *CASL — The Common Algebraic Specification Language: Semantics and Proof Theory*. Computing and Informatics **22**, 1–2 (2003)

247. P.D. Mosses: *Action Semantics* (Cambridge University Press: Tracts in Theoretical Computer Science, 1992)

248. J. Mylopoulos: *Information Modelling in the Time of revolution*. Information Systems **23**, 3/4 (1998) pp 127–155

249. J. Mylopoulos, L. Chung, B. Nixon: *Representing and Using Non–Functional Requirements: A Process–oriented Approach*. IEEE Trans. on Software Engineering **18**, 6 (1992) pp 483–497

250. J. Mylopoulos, L. Chung, E. Yu: *From Object–Oriented to Goal–Oriented Requirements Analysis*. CACM: Communications of the ACM **42**, 1 (1999) pp 31–37

251. P. Naur: *The Design of the GIER Algol Compiler*. BIT, Nordisk Tidsskrift for Informations Behandling **3**, 2 (1963)

252. P. Naur, B. Randall, editors. *Software Engineering: The Garmisch Conference*. NATO Science Committee, Brussels, 1969.

253. F. Nekoogar, F. Nekoogar: *From ASICs to SOCs: A Practical Approach* (Prentice Hall PTR, May 28, 2003)

254. Q.T. Ngo, H.D. Van: Formalsiation of Realm–Based Spatial Data Types. In: *[354]* (Springer–Verlag, April 2002) pp 259–286

255. T. Nipkow, L.C. Paulson, M. Wenzel: *Isabelle/HOL, A Proof Assistant for Higher-Order Logic*, vol 2283 of *Lecture Notes in Computer Science* (Springer-Verlag, 2002)

256. Norske Veritas. The DNV (Det Norske Veritas) Home Page. Electronically, on the Web: `http://www.dnv.com/`, 2005.

257. B. Nuseibeh, J. Kramer, A. Finkelstein: *A Framework for Expressing the Relationships between Multiple Views in Requirements Specifications*. IEEE Transactions on Software Engineering **20**, 10 (1994) pp 760–773

258. Object Management Group: *OMG Unified Modelling Language Specification*, version 1.5 edn (OMG/UML, http://www.omg.org/uml/ 2003)

259. T. Ogino: CyberRail and the TRain R&D. In: *IFIP World Computer Congress, Topical Days: TRain: The Railway Domain* (Kluwer Academic Press, Amsterdam, The Netherlands 2004)

260. A. Ojo, T. Janowski: Formalsing Production Processes. In: *[354]* (Springer–Verlag, April 2002) pp 187–217

261. P.J. Ok, R.H. Sul, C.W. George: A University Library System. In: *[354]* (Springer–Verlag, April 2002) pp 81–98

262. S. Owre, N. Shankar, J.M. Rushby, D.W.J. Stringer-Calvert. *PVS Language Reference*. Computer Science Laboratory, SRI International, Menlo Park, CA, Sept. 1999.

263. S. Owre, N. Shankar, J.M. Rushby, D.W.J. Stringer-Calvert. *PVS System Guide*. Computer Science Laboratory, SRI International, Menlo Park, CA, Sept. 1999.

264. T.A. P.A. Lee: *Fault Tolerance, Principles and Practice.* (Springer 1990)

265. D.L. Parnas: *Software Fundamentals: Collected Papers, Eds.: David M. Weiss and Daniel M. Hoffmann* (Addison–Wesley Publ. Co., 2001)

266. L. Paulson: *Logic and Computation: Interactive proof with Cambridge LCF* (Cambridge University Press, 1987)

267. M. Pěnička: From railway resource planning to train operation. In: *IFIP World Computer Congress, Topical Days: TRain: The Railway Domain* (Kluwer Academic Press, Amsterdam, The Netherlands 2004)

268. C.A. Petri: *Kommunikation mit Automaten* (Bonn: Institut für Instrumentelle Mathematik, Schriften des IIM Nr. 2, 1962)

269. C. Petzold: *Programming Windows with C# (Core Reference)* (Microsoft Corporation, Redmond, WA, USA 2001)

270. S.L. Pfleeger: *Software Engineering, Theory and Practice*, 2nd edn (Prentice–Hall, 2001)

271. P&O Nedlloyd. A–Z Shipping Terms. Electronically, on the Web: `http://www.ponl.com/-topic/home_page/language_en/about_us/useful_information/az_of_shipping_terms`, 2004.

272. K.R. Popper: *Logik der Forschung* (Julius Springer Verlag, Vienna, Austria 1934 (1935))

273. K.R. Popper: *The Logic of Scientific Dicovery* (Hutchinson of London, 3 Fitzroy Square, London W1, England 1959,. . . ,1979)

274. K.R. Popper: *Conjectures and Refutations. The Growth of Scientific Knowledge* (Routledge and Kegan Paul Ltd. (Basic Books, Inc.), 39 Store Street, WC1E 7DD, London, England (New York, NY, USA) 1963,. . . ,1981)

275. K.R. Popper: *Autobiography of Karl Popper* (Open Court Publishing Co., Illinos, USA 1976)

276. K.R. Popper: *Unended Quest: An Intellectual Autobiography* (Fontana/Collins, England 1976–1982)

277. K.R. Popper: *A Pocket Popper* (Fontana Press, England 1983)

278. K.R. Popper: *The Myth of the Framework. In defence of science and rationality* (Routledge, 11 New Fetter Lane, London EC4P 4EE, England 1994, 1996)

279. R.S. Pressman: *Software Engineering, A Practitioner's Approach*, 5th edn (McGraw–Hill, 1981–2001)

280. A. Ralston, P. Rabinowitz: *A First Course in Numerical Analysis* (Dover Pubns; 2nd rev edition, 2001)

281. P. Ramadge, W. Wonham: *The Control of Discrete Event Systems.* Proc. of the IEEE **77**, 1 (1989) pp 81–98

282. B. Randell: On Failures and Faults. In: *FME 2003: Formal Methods*, vol 2805 of *Lecture Notes in Computer Science* (Springer–Verlag, 2003) pp 18–39

283. B. Randell, L. Russell: *ALGOL 60 Implementation, The Translation and Use of* ALGOL 60 *Programs on a Computer* (Academic Press, 1964)

284. A. Ravn, H. Rischel, K. Hansen: *Specifying and Verifying Requirements of Real-Time Systems.* IEEE Trans. Software Engineering **19** (1992) pp 41–55

285. A. Ravn, H. Rischel, E. Sørensen: Control Program for a Gas Burner: Requirements, ProCoS Case Study 0. Technical Report, Dept. of Computer Science, Technical University of Denmark (1989)

286. E.T. Ray: *Learning XML, Guide to Creating Self-Describing Data* (O'Reilly Publ., UK, January 2001)

287. W. Reif: Integrated formal methods for safety analysis. In: *IFIP World Computer Congress, Topical Days: TRain: The Railway Domain* (Kluwer Academic Press, Amsterdam, The Netherlands 2004)

288. W. Reisig: *Petri Nets: An Introduction*, vol 4 of *EATCS Monographs in Theoretical Computer Science* (Springer Verlag, 1985)

289. W. Reisig: *A Primer in Petri Net Design* (Springer Verlag, 1992)

290. W. Reisig: *Elements of Distributed Algorithms: Modelling and Analysis with Petri Nets* (Springer Verlag, 1998)

291. J.C. Reynolds: *The Craft of Programming* (Prentice-Hall, 1981)

292. J.C. Reynolds: *Theories of Programming Languages* (Cambridge University Press, Edinburgh Building, Shaftesbury Road, Cambridge CB2 2RU, England 1998)

293. J.C. Reynolds: *The Semantics of Programming Languages* (Cambridge University Press, 1999)

294. J.M. Romijn, G.P. Smith, J.C. van de Pol, editors. *IFM 2005: Integrated Formal Methods*, volume 3771 of *Lecture Notes in Computer Science*, Eindhoven, The Netherlands, December 2005. Springer. Proceedings of 5th Intl. Conf. on IFM. ISBN 3-540-30492-4.

295. Edited by A.W. Roscoe: *A Classical Mind: Essays in Honour of C.A.R. Hoare* (Prentice Hall International, 1994)

296. A.W. Roscoe: *Theory and Practice of Concurrency* (Prentice-Hall, 1997)

297. Edited by A.W. Roscoe, J.C.P. Woodcock: *A Millenium Perspective on Informatics* (Palgrave, 2001)

298. C. Rowen, S. Leibson: *Engineering the Complex SOC : Fast, Flexible Design with Configurable Processors* (Prentice Hall PTR, June 9, 2004)

299. J. Rumbaugh, I. Jacobson, G. Booch: *The Unified Modeling Language Reference Manual* (Addison-Wesley, 1998)

300. J. Rushby: Formal Methods and the Certification of Critical Systems. Technical Report SRI-CSL-93-7, Computer Science Laboratory, SRI International, Menlo Park, CA., USA (1993)

301. J. Rushby: Formal Methods and their Role in the Certification of Critical Systems. Technical Report SRI-CSL-95-1, Computer Science Laboratory, SRI International, Menlo Park, CA (1995)

302. D. Sabatier: Domain oriented formal models in industry. In: *IFIP World Computer Congress, Topical Days: TRain: The Railway Domain* (Kluwer Academic Press, Amsterdam, The Netherlands 2004)

303. K.B. Sall: *XML Family of Specifications* (Pearson Professional Education, imprint Addison Wesley, 12 Jun 2002)

304. U. Schmidt: Ein neuartiger, auf VDM basierender Codegenerator-Generator. PhD Thesis, Christian-Albrechts-Universität, Kiel (1983)

305. U. Schmidt, H.-M. Hörcher: Programming with VDM Domains. In: *VDM '90 VDM and Z — Formal Methods in Software Development*, ed by D. Bjørner, C.A.R. Hoare, H. Langmaack (Springer-Verlag, 1990) pp 122–134

306. U. Schmidt, H.-M. Hörcher: The VDM Domain Compiler a VDM Class Library Generator. In: *VDM '91: Formal Software Development Methods* (Springer-Verlag, 1991) pp 675–676

307. S. Schneider: *Concurrent and Real-time Systems — The CSP Approach* (John Wiley & Sons, Ltd., Baffins Lane, Chichester, West Sussex PO19 1UD, England 2000)

308. E. Schnieder: TRain: transportation engineering meets computing science. In: *IFIP World Computer Congress, Topical Days: TRain: The Railway Domain* (Kluwer Academic Press, Amsterdam, The Netherlands 2004)

309. J. Schwartz: The SETL Language and Examples of its Use. Technical Report, Courant Institute of Mathematics, New York University (1973)

310. J. Schwartz: *Programming with Sets: An Introduction to SETL* (Springer-Verlag, N.Y., 1986)

311. D. Scott: The Lattice of Flow Diagrams. In: *[92]* (1970) pp 311–366

312. D. Scott: Outline of a Mathematical Theory of Computation. In: *Proc. 4th Ann. Princeton Conf. on Inf. Sci. and Sys.* (1970) p 169

313. D. Scott: Continuous Lattices. In: *Toposes, Algebraic Geometry and Logic*, ed by F. Lawvere (Springer-Verlag, Lecture Notes in Mathematics, Vol. 274 1972) pp 97–136

314. D. Scott: Data Types as Lattices. Unpublished Lecture Notes, Amsterdam (1972)

315. D. Scott: Lattice Theory, Data Types and Semantics. In: *Symp. Formal Semantics*, ed by R. Rustin (Prentice-Hall, 1972) pp 67–106

316. D. Scott: Lattice-Theoretic Models for Various Type Free Calculi. In: *Proc. 4th Int'l. Congr. for Logic Methodology and the Philosophy of Science,* Bucharest (North-Holland Publ.Co., Amsterdam, 1973) pp 157–187

317. D. Scott: *Data Types as Lattices.* SIAM Journal on Computer Science **5**, 3 (1976) pp 522–587

318. D. Scott: Domains for Denotational Semantics. In: *International Colloquium on Automata, Languages and Programming, European Association for Theoretical Computer Science* (Springer-Verlag, 1982) pp 577–613

319. D. Scott: Some Ordered Sets in Computer Science. In: *Ordered Sets*, ed by I. Rival (Reidel Publ., 1982) pp 677–718

320. D. Scott, C. Strachey: Towards a Mathematical Semantics for Computer Languages. In: *Computers and Automata*, vol 21 of *Microwave Research Inst. Symposia* (1971) pp 19–46

321. R. Sengupta, S. Lafortune: A Deterministic Optimal Control Theory for Discrete Event Systems: Formulation and Existence Theory. Technical Report # CGR-93-7, Control Group, College of Engineering, Univ. of Michigan, USA (1993)

322. P. Sestoft: *Java Precisely* (The MIT Press, 2002)

323. N. Shankar: *Metamathematics, Machines and Gödel's Proof* (Cambridge University Press, Cambridge, UK 1994)

324. N. Shankar, S. Owre, J.M. Rushby. *PVS Tutorial.* Computer Science Laboratory, SRI International, Menlo Park, CA, Feb. 1993. Also appears in Tutorial Notes, *Formal Methods Europe '93: Industrial-Strength Formal Methods*, pages 357–406, Odense, Denmark, April 1993.

325. N. Shankar, S. Owre, J.M. Rushby, D.W.J. Stringer-Calvert. *PVS Prover Guide.* Computer Science Laboratory, SRI International, Menlo Park, CA, Sept. 1999.

326. R. Sharp: *Principles of Protocol Design* (Prentice Hall, 1994)

327. C. Shekaran, D. Garlan, et al.: The role of software architecture in requirements engineering. In: *First International Conference on Requirements Engineering (Cat. No.94TH0613-0); Colorado Springs, CO, USA* (IEEE Comput. Soc. Press, Los Alamitos, CA, USA 1994) pp 239–245

328. B. Shneiderman: *Designing the User Interface (2nd ed.): Strategies for Effective Human-Computer Interaction.* 3rd ed. (Addison-Wesley, Mass. USA 1997)

329. N. Shresta, T. Janowski: Model–Based Travel Planning. In: *[354]* (Springer–Verlag, April 2002) pp 219–242

330. J.U. Skakkebæk: Development of Provably Correct Systems. Technical Report, Dept. of Computer Science, Technical University of Denmark (M.Sc. Thesis)

331. J.U. Skakkebæk, A.P. Ravn, H. Rischel, C.C. Zhou: Specification of Embedded, Real-Time Systems. In: *Proceedings of 1992 Euromicro Workshop on Real-Time Systems* (IEEE Computer Society Press, 1992) pp 116–121

332. J.U. Skakkebæk, A.P. Ravn, H. Rischel, C.C. Zhou: Specification of Embedded, Real-time Systems. Technical Report, Dept. of Computer Science, Technical University of Denmark (December 1991)

333. I. Sommerville: *Software Engineering*, 6th edn (Addison-Wesley, 1982–2001)

334. E. Sørensen, N. Hansen, J. Nordahl: *From CSP Models to Markov Models: A Case Study.* IEEE Trans. Software Engineering **19** (1993) pp 554–570

335. J.F. Sowa: *Knowledge Representation: Logical, Philosophical, and Computational Foundations* (Pws Pub Co, August 17, 1999)

336. J.M. Spivey: *Understanding Z: A Specification Language and its Formal Semantics*, vol 3 of *Cambridge Tracts in Theoretical Computer Science* (Cambridge University Press, 1988)

337. J.M. Spivey: *The Z Notation: A Reference Manual* (Prentice Hall, Hemel Hempstead, Hertfordshire HP2 4RG, UK 1989)

338. J.M. Spivey: *The Z Notation: A Reference Manual*, 2nd edn (Prentice Hall International Series in Computer Science, 1992)

339. Staff of Encyclopœdia Brittanica. Encyclopœdia Brittanica. Merriam Webster/Brittanica: Access over the Web: http://www.eb.com:180/, 1999.

340. Staff of Merriam Webster. Online Dictionary: http://www.m-w.com/home.htm, 2004. Merriam–Webster, Inc., 47 Federal Street, P.O. Box 281, Springfield, MA 01102, USA.

341. Edited by J. Staunstrup, W. Wolff: *Hardware/Software Co-Design: Principles and Practice* (Kluwer Academic press, Dordrecht, The Netherlands 1997)

342. Edited by J. Stein: *The Random House American Everyday Disctionary* (Random House, New York, N.Y., USA 1949, 1961)

343. J. Stoy: *Denotational Semantics: The Scott-Strachey Approach to Programming Language Theory* (MIT Press, 1977)

344. J. Stoy, C. Strachey: *OS6 – An Experimental Operating System for a Small Computer,* Part 1: *General Principles and Strucure,* and Part 2: *Input-Output and Filing System.* Computer Journal **15**, 2-3 (1972) pp 117–124, 194–203

345. C. Strachey: Fundamental Concepts in Programming Languages. Unpubl. Lecture Notes, NATO Summer School, Copenhagen, 1967, and Programming Research Group, Oxford Univ. (1968)

346. C. Strachey: The Varieties of Programming Languages. Techn. Monograph 10, Programming Research Group (1973)

347. C. Strachey: Continuations: A Mathematical Semantics which can deal with Full Jumps. Techn. Monograph, Programming Research Group (1974)

348. T. Tanaka, C.W. George: Proving Safety of Authentication Protocols. In: *[354]* (Springer–Verlag, April 2002) pp 243–258

349. W. Tatarkiewicz: *What is Art ? Problem of Definition Today.* The British Journal of Aesthetics **11**, 4 (1971)

350. J. Taylor: *A Background to Risk Analysis.* Volume 2, Technical Report, Risø Research Center, Denmark (1979)

351. K. Trivedi: *Probability and Statistics with Reliability, Queueing and Computer Science Application.* Prentice Hall (1982)

352. TÜV. The TÜV Certification Home Page. Electronically, on the Web: http://www.tuev-cert.de/index_en.html, 2005.

353. University of California at Irvine. Business Process Re–engineering, Administrative and Business Services Department. Electronically, on the Web: `http://www.abs.uci.edu/depts/vcabs/-4-1.html`, 2004.

354. Edited by H.D. Van, C. George, T. Janowski, R. Moore: *Specification Case Studies in RAISE* (Springer–Verlag, April 2002)

355. J. van Benthem: *The Logic of Time*, vol 156 of *Synthese Library: Studies in Epistemology, Logic, Methhodology, and Philosophy of Science (Editor: Jaakko Hintika)*, 2nd edn (Kluwer Academic Publishers, P.O.Box 17, NL 3300 AA Dordrecht, The Netherlands 1983, 1991)

356. A. van Lamsweerde: Requirements Engineering in the Year 00: A Research Perspective. In: *Proceedings 22nd International Conference on Software Engineering* (IEEE Computer Society Press, 2000)

357. A. van Lamsweerde: Building Formal Requirements Models for Reliable Software. In: *6th International Conference on Reliable Software Technologies, Ada-Europe 2001*, vol 2043 of *Lecture Notes in Computer Science* (Springer–Verlag, Leuven, Belgium 2001)

358. A. van Lamsweerde: Goal-Oriented Requirements Engineering: A Guided Tour. In: *RE'01 - 5th IEEE International Symposium on Requirements Engineering* (IEEE CS Press, Toronto, Canada 2001) pp 249–263

359. A. van Lamsweerde, R. Darimont, E. Letier: *Managing Conflicts in Goal–Driven Requirements Engineering*. IEEE Transaction on Software Engineering (1998)

360. A. van Lamsweerde, E. Letier: Integrating Obstacles in Goal–Driven Requirements Engineering. In: *Proc. ICSE–98: 20th International Conference on Software Enginereering* (IEEE Computer Society Press, Kyoto, Japan 1998)

361. A. van Lamsweerde, L. Willemet: *Inferring Declarative Requirements Specification from Operational Scenarios*. IEEE Transaction on Software Engineering (1998) pp 1089–1114

362. A. van Lamsweerde, L. Willemet: *Handling Obstacles in Goal–Driven Requirements Engineering*. IEEE Transaction on Software Engineering (2000)

363. C. Vanoirbeek, editor. *Proceedings of the 2003 ACM Symposium on Document Engineering*, New York, NY., USA, 2003. ACM Press. Grenoble, France. November 20 - 22. ISBN: 1-58113-724-9.

364. B. Venners: *Inside the Java 2.0 Virtual Machine (Enterprise Computing)* (McGraw-Hill; ISBN: 0071350934, 1999)

365. H. van Vliet: *Software Engineering: Principles and Practice* (John Wiley & Sons, Ltd., Baffins Lane, Chichester, West Sussex PO19 1UD, England 2000)

366. J. Wamberg: Kunsbegrebets forældelse. In: *Kunstteori: Positioner i nutidig kunstdebat* (Borgen, Copenhagen, Denmark, 1999) pp 187–188

367. R. Wilhelm: *Compiler Design* (Addison Wesley, 1995)

368. J. Willems: *Paradigms and Puzzles in the Theory of Dynamical Systems*. IEEE Trans. on Automatic Control **36**, 3 (1991) pp 259–294

369. L.J.J. Wittgenstein: *Tractatu Logico–Philosophicus* (Oxford Univ. Press, London (1921) 1961)

370. L.J.J. Wittgenstein: *Philosophical Investigations* (Oxford Univ. Press, 1958)

371. W. Wonham: A Control Theory for Discrete Event Systems. In: *Advanced Computing Concepts and Techniques in Control Engineering*, vol 47 of *Computer and Systems Sciences*, ed by M. Denham, A. Laub (Springer-Verlag, 1988) pp 129–169

372. J.C.P. Woodcock, J. Davies: *Using Z: Specification, Proof and Refinement* (Prentice Hall International Series in Computer Science, 1996)

373. J.C.P. Woodcock, M. Loomes: *Software Engineering Mathematics* (Pitman, London, 1988)

374. Y. Xia, C.W. George: An Operational Semantics for Timed RAISE. In: *FM'99 — Formal Methods*, ed by J.M. Wing, J. Woodcock, J. Davies (Springer–Verlag, 1999) pp 1008–1027

375. E. Yu, J. Mylopoulos: Understanding "why" in Software Process Modelling, Analysis and Design. In: *Proc. 16th ICSE: Intl. Conf. on Software Engineering* (IEEE Press, Sorrento, Italy 1994)

376. C.C. Zhou, M.R. Hansen: *Duration Calculus: A Formal Approach to Real–time Systems* (Springer–Verlag, 2004)

377. C.C. Zhou, C.A.R. Hoare, A.P. Ravn: *A Calculus of Durations*. Information Proc. Letters **40**, 5 (1992)

378. C.C. Zhou, A.P. Ravn, M.R. Hansen: An Extended Duration Calculus for Real-time Systems. Research Report 9, UNU/IIST, P.O.Box 3058, Macau (1993)

379. C.C. Zhou, J. Wang, A.P. Ravn: A Formal Description of Hybrid Systems. Research Report 57, UNU/IIST, P.O.Box 3058, Macau (1995)